中国石油和化学工业优秀教材
普通高等教育“十二五”规划教材

山东省精品课程教材

化工原理

下册

王晓红　田文德　主编

化学工业出版社

·北京·

全书共十四章，分上、下两册出版。上册以流体流动原理及应用、流体输送机械、固体颗粒流体力学基础与机械分离、传热原理及应用、蒸发及液体搅拌为重点；下册包括传质与分离过程概论、液体蒸馏、气体吸收、塔式气液传质设备、液液萃取、固体干燥、膜分离技术及其他分离单元（结晶、吸附及离子交换）。每章章末均配有阅读资料、习题及思考题。

本书力求在关注学科最新发展动态，并结合我校科研特色的基础上，对单元操作基本概念及原理进行深入浅出的论述，同时着力突出培养工程能力的方法论，可作为高等院校相关专业的教材使用，也可供有关部门从事科研、设计和生产的技术人员参考。

图书在版编目（CIP）数据

化工原理. 下册/王晓红，田文德主编. —北京：化学工业出版社，2012.6（2023.3重印）

中国石油和化学工业优秀教材

普通高等教育“十二五”规划教材. 山东省精品课程教材

ISBN 978-7-122-13852-1

Ⅰ. 化…　Ⅱ. ①王…②田…　Ⅲ. 化工原理-高等学校-教材　Ⅳ. TQ02

中国版本图书馆CIP数据核字（2012）第055077号

责任编辑：刘俊之　　文字编辑：刘志茹

责任校对：陶燕华　　装帧设计：刘丽华

出版发行：化学工业出版社（北京市东城区青年湖南街13号　邮政编码100011）

印　　装：北京建宏印刷有限公司

787mm×1092mm　1/16　印张21¼　字数569千字　　2023年3月北京第1版第6次印刷

购书咨询：010-64518888　　售后服务：010-64518899

网　　址：http://www.cip.com.cn

凡购买本书，如有缺损质量问题，本社销售中心负责调换。

定　　价：49.80元

前　言

化工原理作为化学工程学科最重要的核心课程之一，是从基础理论课程过渡到工程专业课程的一个桥梁。本套教材是青岛科技大学化工原理教研室结合山东省精品课程建设编写的一套全新教材，分为上、下两册出版。根据化工类及相关专业人才培养方案、教学体系要求及不同学科发展需要，新教材的编写宗旨是力求知识结构系统完整，突出工程实践教育特色，介绍最新科技成果。

本套教材以动量、热量与质量传递理论为主线，突出工程学科的特点，系统而简明地阐述了典型过程工程单元操作的基本原理、工艺计算、主要设备的结构特点及性能、过程或设备的强化途径等。上册以流体流动原理及应用、流体输送机械、固体颗粒流体力学基础与机械分离、传热原理及应用、蒸发及液体搅拌为重点；下册包括传质与分离过程概论、液体蒸馏、气体吸收、塔式气液传质设备、液液萃取、固体干燥、膜分离技术及其他分离单元（结晶、吸附及离子交换）。

本套教材在编写过程中，注意吸收我校长期教学方面的丰富经验和体会，力争深入浅出、循序渐进、层次分明、论述严谨。同时注意引入过程工业领域不断更新的新理论、新技术、新设备等最新动态，并注意结合青岛科技大学的化工专业、橡胶专业、材料及机械等特色专业的最新科研成果，以便充分体现最新单元操作理念。

为了保证教学效果，每章章末均配有各类习题，同时提供特色阅读资料，其中包括计算机模拟技术在典型单元操作计算中的应用举例及针对典型工程实际问题的案例分析，以上内容在巩固学习基础的前提下，激发学习兴趣，让读者深切体会到“学有所用”的认同感。

本套教材可作为高等学校化工类及相关专业（化工、石油、制药、生物、环境、材料、自动化、食品、冶金等）的教材，也可供有关部门从事科研、设计和实际生产的科技人员参考。

与本套教材配套的《化工过程计算机设计基础》和《化工原理课程设计》也于2012年出版，可有效辅助化工原理课程的学习。

参加本书编写工作的是青岛科技大学化工学院化工原理教研室王晓红（绪论、流体流动原理及应用、流体输送机械、传热原理及应用、传质与分离过程概论、液体蒸馏、气体吸收、塔式气液传质设备、液液萃取）、田文德（固体颗粒流体力学基础与机械分离、蒸发、液体搅拌、固体干燥、膜分离技术、其他分离单元）。另外，该教研室的王立新、王许云、李红海、丁军委、王英龙、张俊梅及化工学院的张青瑞、段继海和杨霞老师均参与了本书的编写方案拟订和习题校核工作，对此，一并致以诚挚的谢意。

由于水平有限，书中不妥之处在所难免，恳请读者提出宝贵意见。

编　者
2012年2月

目录

上册

第1章 传质与分离过程概论

1.1 概述

质量传递（简称传质）是自然界和工程技术领域普遍存在的现象，它与动量、热量传递一起构成了过程工程中最基本的三种传递过程，简称为“三传”。质量传递可以在一相内进行，也可以在相际间进行。质量传递的起因是系统内存在化学势的差异，它可由浓度、温度、压力或外加电磁场等引起。在化工、石油、生物、制药、食品等工业中，质量传递是均相混合物分离的物理基础，同时也是反应过程中各个反应物互相接触及反应产物分离的基本依据。

在近代工业的发展中，传质分离过程起到了特别重要的作用。从航天飞机到核潜艇的制造，从绿色食品到珍贵药品的生产，从生物化工到环境保护，都离不开对均相混合物的分离。

依据分离原理的不同，传质分离过程可分为平衡分离和速率分离两类。

1.1.1 平衡分离过程

平衡分离过程是借助分离媒介（例如热能、溶剂、吸附剂等）使均相混合物系统变为两相体系，再以混合物中各组分在处于平衡的两相中分配关系的差异为依据而实现分离。因此，平衡分离属于相际传质过程。图1-1所示为几种相际传质过程示意图，主要分为以下几种类型。

（1）气液传质过程　气液传质过程是指物质在气、液两相间的转移，它主要包括气体的吸收（或解吸）、气体的增湿（或减湿）、液体的蒸馏（或精馏）等单元操作过程，如图1-1中的（a）、（b）、（c）所示。其中，蒸馏操作的气相是由液体经过汽化而得的。

（2）液液传质过程　液液传质过程是指物质在两个不互溶的液相间的转移，它主要包括液体的萃取等单元操作过程，如图1-1中的（d）所示。

（3）液固传质过程　液固传质过程是指物质在液、固两相间的转移，它主要包括结晶（或溶解）、液体吸附（或脱附）、浸取等单元操作过程，如图1-1中的（e）、（f）、（g）所示。

（4）气固传质过程　气固传质过程是指物质在气、固两相间的转移，它主要包括气体吸附（或脱附）、固体干燥等单元操作过程，如图1-1中的（f）、（h）所示。

应予指出，上述的固体干燥、气体的增湿或减湿、结晶等单元操作过程同时遵循热量传递和质量传递的规律，一般将其列入传质单元操作。

相际传质过程的进行是以其达到相平衡为极限的，而两相平衡的建立往往需要经过相当长的接触时间。在实际操作中，相际的接触时间一般是有限的，某组分由一相迁移到另一相的量则由传质速率所决定。因此，在研究传质过程时，一般都要涉及两个主要问题，其一是相平衡，决定物质传递过程进行的极限，并为选择合适的分离方法提供依据；其二是传递速率，决定在一定接触时间内传递物质的量，并为传质设备的设计提供依据。只有将相际平衡与传递速率二者统一考虑，才能获得最佳工程效益。

1.1.2 速率分离过程

速率分离过程是指借助某种推动力（如压力差、温度差、电位差等）的作用，利用各组

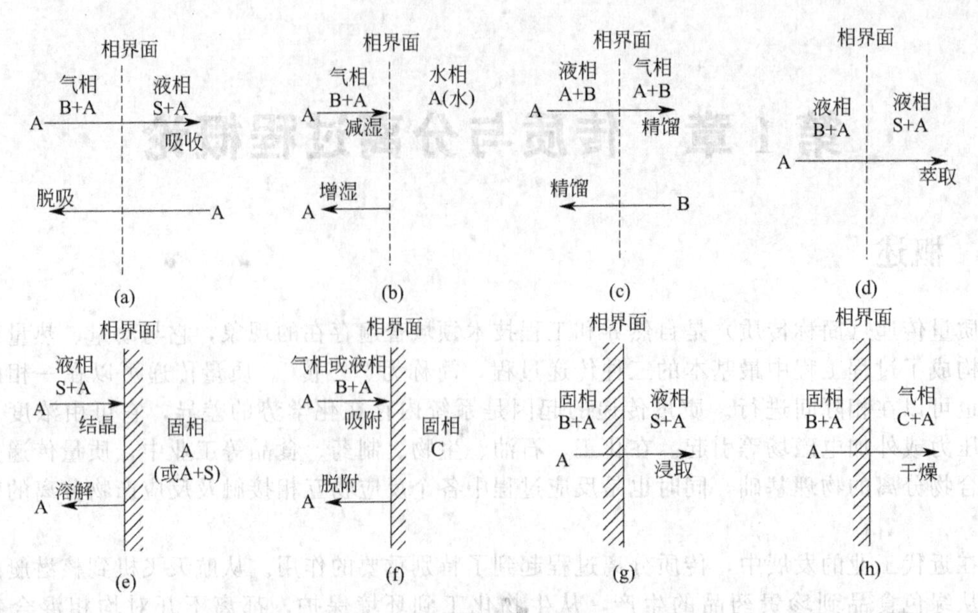

图 1-1 几种相际传质过程示意图

分扩散速度的差异而实现混合物分离的单元操作过程。这类过程的特点是所处理的物料和产品通常属于同一相态，仅有组成的差别。速率分离过程主要分为膜分离和场分离两类。

（1）膜分离 膜分离是指在选择性透过膜中，利用各组分扩散速度的差异而实现混合物分离的单元操作过程，它主要包括超滤、反渗透、渗析和电渗析等。

（2）场分离 场分离是指在外场（如电场、磁场等）作用下，利用各组分扩散速度的差异而实现混合物分离的单元操作过程，它主要包括电泳、热扩散、高梯度磁场分离等。

应予指出，传质分离过程的能量消耗通常是构成单位产品成本的主要因素之一，因此如何降低能耗受到普遍重视。膜分离和场分离是一类新型分离操作，由于其具有节能、不破坏物料及不污染环境等突出优点，在稀溶液、生化产品及其他热敏性物料分离方面，具有广阔的应用前景。

1.2 质量传递原理及方式

质量传递现象出现在诸如蒸馏、吸收、干燥及萃取等单元操作中。当物质由一相转移到另一相，或者在一个均相中，无论是气相、液相还是固相中传递，其基本机理都相同。

其中，不论气相还是液相，在单相内物质传递的原理有两种：分子扩散传质和涡流扩散传质。由于涡流扩散时也伴有分子扩散，所以这种现象称为对流传质。

1.2.1 分子扩散

1.2.1.1 分子扩散与费克定律（Fick Law）

（1）分子扩散现象 分子传质又称为分子扩散，简称为扩散，它是由于分子的无规则热运动而形成的物质传递现象。因此，分子传质是微观分子热运动的宏观结果。分子传质在固体、液体及气体中均能发生。

如图 1-2 所示，用一块隔板将容器分为左、右两室，两室中分别冲入温度和压力相同，而浓度不同的 A、B 两种气体。左室中，组分 A 的浓度高于右室，而组分 B 的浓度低于右室。

当流体内部存在某一组分的浓度差或浓度梯度时，则因分子的微观运动使该组分由高浓度处向低浓度处转移，如图 1-2 中，当中间隔板抽出后，由于气体分子的无规则热运动，左室中的 A、B 分子会进入右室，同时，右室中的 A、B 分子也会进入左室。但因左室 A 的浓度高于右室，故在同一时间内 A 分子进入右室较多而返回左室较少。同理，B 组分进入左室较多而返回右室较少，则其净结果必然是物质 A 自左向右传递，而物质 B 自右向左传递，即两种物质各自沿其浓度降低的方向传递。这种现象称为分子扩散，分子扩散可以用分子运动论解释，即随机运动，道路曲折，碰撞频繁。因此，分子扩散的速度是很慢的。

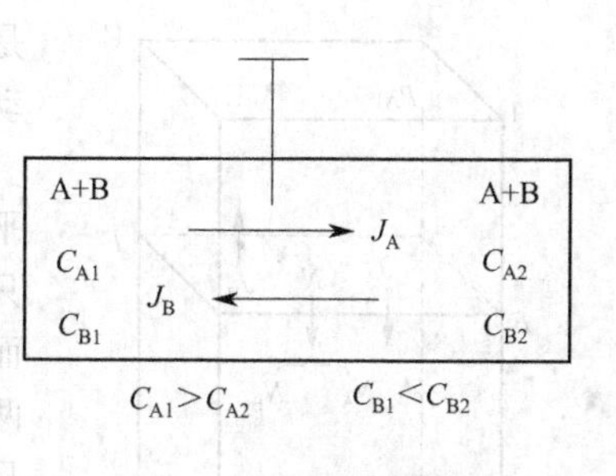

图 1-2　分子扩散现象

(2) 费克定律　分子扩散可以用费克定律作定量描述，即：

$$J_A=-D_{AB}\frac{dC_A}{dZ} \tag{1-1}$$

式中　J_A——组分 A 在 Z 方向上的扩散速率（扩散通量），kmol/(m²·s)；

D_{AB}——组分 A 在介质 B 中的分子扩散系数，m²/s；

Z——扩散方向上的距离，m；

dC_A/dZ——组分 A 的浓度梯度，kmol/m⁴。

式中负号表示扩散是沿着物质 A 浓度降低的方向进行的。

费克定律对 B 组分同样适用，即只要浓度梯度存在，必然产生分子扩散传质。对于气体混合物，费克定律常以组分的分压表示。费克定律与描述热传导规律的傅里叶定律在形式上类似，但两者有重要的区别，主要在于：热传导传递的是能量，而分子扩散传递的是物质。对于分子扩散而言，一个分子转移后，留下了相应的空间，必由其他分子补充，即介质中的一个或多个组分是运动的，因此，扩散通量（扩散速率）存在一个相对于什么截面的问题；而在热传导中，介质通常是静止的，而只有能量以热能的方式进行传递。

上述扩散过程将一直进行到整个容器中 A、B 两种物质的浓度完全均匀为止，此时，系统处于扩散的动态平衡中，在任一截面，物质 A、B 的净扩散通量为零，即

$$J=J_A+J_B=0 \tag{1-2}$$

(3) 分子对称面　双组分混合物在总浓度 C（对气相是总压 P）各处相等的情况下：

$$因\ C=C_A+C_B=常数 \tag{1-3}$$

$$则\frac{dC_A}{dZ}=-\frac{dC_B}{dZ}$$

又因

$$D_{AB}=D_{BA}=D \tag{1-4}$$

则

$$J_A=-J_B \tag{1-5}$$

则组分 A 和组分 B 等量反方向扩散通过的截面叫分子对称面。其特征是，仅对分子扩散而言，该截面上净通量等于零，且该截面既可以是固定的截面，也可以是运动的截面。

1.2.1.2　一维稳态分子扩散

一维指物质只沿一个方向扩散，其他方向无扩散或扩散量可以忽略。稳态则指扩散速率的大小与时间无关，它只随空间位置而变化。

在传质单元操作过程中，分子扩散有两种形式，即单向扩散（一组分通过另一停滞组分的扩散）和双向扩散（反方向扩散），现分别予以讨论。

(1) 单向扩散　单向扩散的情况通常在吸收操作中遇到。例如用水吸收空气中氨的过程，气相中氨通过不扩散的空气扩散至气液相界面，然后溶于水中，而空气在水中可被认为

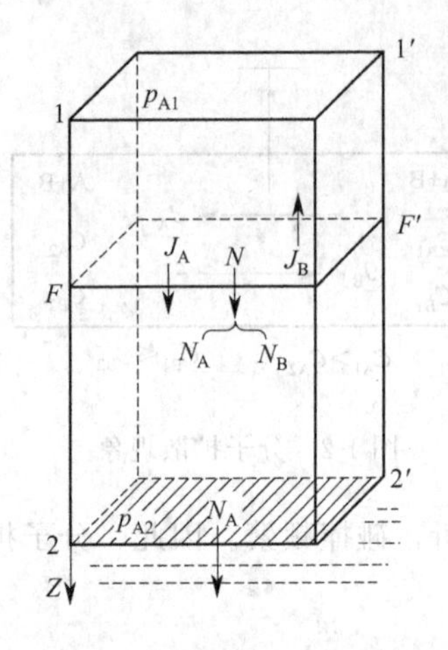

图 1-3　可溶性气体 A 通过惰性气体 B 的单向扩散（向下）

是不溶解的，故它并不能通过气液相界面，而是“停滞不动”的。

现说明如下，如图 1-3 所示，平面 1—1′代表气相主体，平面 2—2′代表两相界面，Z 表示 A 组分的扩散方向。假设只有气相溶质 A 不断由气相主体通过两相界面进入液相中，而惰性组分 B 不溶解且吸收剂 S 不气化。当 A 进入 S 后，在两相界面的气相一侧留出空间需要补充，由于 S 不气化，则只能由气相中的 A、B 同时补充。也就是说，由于气相中的 A 不断进入液相，气相主体与两相界面间出现了微小的压差。此压差使气相主体中的 A、B 同时向两相界面移动，即产生了宏观上的相对运动，这种移动叫总体流动，总体流动也叫摩尔扩散，摩尔扩散指分子群。

总体流动是由于分子扩散（这里指溶质 A 穿过两相界面）引起的，而不是外力驱动的，这是它的显著特点。因为总体流动与溶质的扩散方向一致，所以有利于传质。

由于气相中的 A 不断进入液相，使气相主体中的 A、B 与两相界面上的 A、B 分别出现浓度差，导致组分 A 由气相主体向两相界面扩散，组分 B 由两相界面向气相主体扩散。如图 1-3 所示，若在气相主体与两相界面间任取一固定截面 F，则该截面上不仅有分子扩散，还有总体流动。

根据分子对称面的特点，截面 F 不是分子对称面；若将分子扩散相对应的分子对称面看成一个与总体流动速度相同的运动截面，则一系列运动的分子对称面与固定的截面 F 重合。则截面 F 上的净物流通量 N' 为：

$$N'=N+J_A+J_B=N \tag{1-6}$$

固定截面 F 上包括运动的分子对称面，则有：$J_A=-J_B$

N 为总体流动通量，由两部分组成：

$$N=\frac{C_A}{C}N+\frac{C_B}{C}N \tag{1-7}$$

式中　$\frac{C_A}{C}N$——总体流动中携带的组分 A，kmol/(m^2·s)；

$\frac{C_B}{C}N$——总体流动中携带的组分 B，kmol/(m^2·s)。

应注意，式(1-6) 中 N' 与 N 数值相等，但两者含义不同。

若在截面 F 与两相界面间作物料衡算：

对组分 A：

$$J_A+\frac{C_A}{C}N=N_A \tag{1-8}$$

对组分 B：

$$\frac{C_B}{C}N=-J_B \tag{1-9}$$

上两式相加得：

$$N_A=N=N' \tag{1-10}$$

式中　N_A——组分 A 通过两相界面的通量，kmol/(m^2·s)。

注意，上式中 N_A、N 和 N' 虽然数值相等，但三者含义不同。

这里，组分 B 由两相界面向气相主体的分子扩散与由气相主体向两相界面的总体流动所带的组分 B 数值相等，方向相反，因此宏观上看，组分 B 是不动的或停滞的。所以说，由气相主体到两相界面，只有组分 A 在扩散，称为单向扩散或组分 A 通过静止组分 B 的扩散。由式(1-8) 可导出单向扩散速率计算式：

$$N_A=\frac{D_{AB}}{RTZ}\times\frac{P}{p_{Bm}}(p_{A1}-p_{A2}) \tag{1-11}$$

其中，

$$p_{Bm}=\frac{p_{B2}-p_{B1}}{\ln(p_{B2}/p_{B1})} \tag{1-12}$$

式中　p_{Bm}——1、2 两截面上组分 B 分压 p_{B1} 和 p_{B2} 的对数平均值，kPa。

对于液体的分子运动规律远不及气体研究得充分，因此只能仿照气相中的扩散速率方程写出液相中的响应关系式。

$$N'_A=\frac{D'_{AB}C}{Z'C_{Sm}}(C_{A1}-C_{A2}) \tag{1-13}$$

式中　N'_A——溶质 A 在液相中的传质速率，$kmol/(m^2\cdot s)$；

D'——溶质 A 在溶剂 S 中的扩散系数，m^2/s；

C——溶液的总溶质浓度，$kmol/m^3$；

C_{Sm}——溶剂 S 的对数平均浓度，$kmol/m^3$；

C_{A1}、C_{A2}——1、2 两截面上的溶质浓度，$kmol/m^3$。

【例 1-1】 在某一直立的细管底部装有少量的水，水在 315K 的恒定温度下向干空气中蒸发。干空气的总压为 101.3kPa，温度也为 315K。水蒸气在管内的扩散距离（由液面至顶部）为 20cm。在 101.3kPa 和 315K 条件下，水蒸气在空气中的扩散系数为 0.288×10^{-4} m^2/s。水在 315K 时的饱和蒸气压为 8.26kPa。试计算稳态扩散时水蒸气的传质通量。

解： 本例为组分 A（水蒸气）通过停滞组分 B（空气）的稳态扩散问题，可由式(1-11) 计算水蒸气的传质通量。

设在水面处，$Z=Z_1=0$，p_{A1} 等于水的饱和蒸气压，即 $p_{A1}=8.26kPa$

在管顶部处，$Z=Z_2=0.20m$，由于水蒸气的分压很小，可视为零，即 $p_{A2}=0$，

故

$$p_{B1}=P-p_{A1}=101.3-8.26=93.04kPa$$

$$p_{B2}=P-p_{A2}=101.3kPa$$

$$p_{Bm}=\frac{p_{B2}-p_{B1}}{\ln(p_{B2}/p_{B1})}=\frac{101.3-93.04}{\ln\left(\frac{101.3}{93.04}\right)}=97.11kPa$$

故水蒸气的传质通量为

$$N_A=\frac{D_{AB}}{RTZ}\frac{P}{p_{Bm}}(p_{A1}-p_{A2})$$

$$=\frac{0.288\times10^{-4}\times101.3}{8.314\times315\times0.20\times97.11}\times(8.26-0)=4.738\times10^{-7}kmol/(m^2\cdot s)$$

(2) 等分子反向扩散　理想精馏操作是等分子反向扩散的最好应用实例。根据分子对称面的概念，过程当产生组分 A 的扩散流时，必伴有方向相反的组分 B 的扩散流，即：$J_A=-J_B$，如图 1-4 所示。

对于等分子反向扩散，因为无总体流动现象，此时，分子对称面就是一个固定的截面，则：

$$J_A=N_A \tag{1-14}$$

$$J_B=N_B \tag{1-15}$$

由上两式可导出等分子反向扩散速率计算式：

$$N_A=\frac{D}{RTZ}(p_{A1}-p_{A2}) \tag{1-16}$$

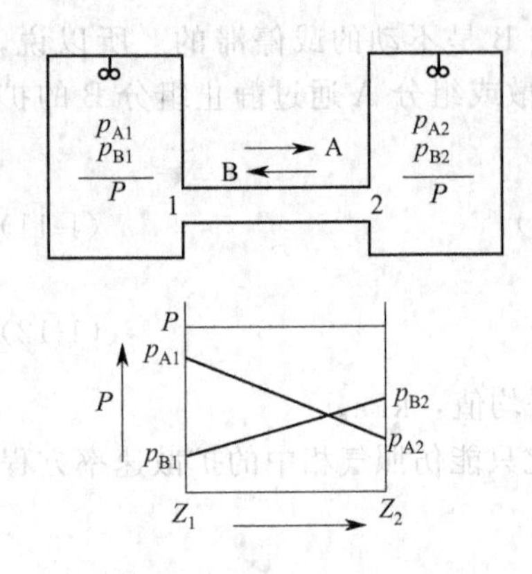

图 1-4　等分子反向扩散示意图

比较式(1-11)和式(1-16)可以看出，前者比后者多了一个因子 P/p_{Bm}。因为组分B分压的对数平均值 p_{Bm} 总小于总压 P，所以 P/p_{Bm} 恒大于1。显然，这是总体流动的贡献，如同顺水行舟，水流增加了船速，故称 P/p_{Bm} 为“漂流因子”。因为 $P=p_A+p_B=$常数，所以，当 p_A 增加时，p_B 和 p_{Bm} 就会下降，使 P/p_{Bm} 增大，反之亦然。当 P/p_{Bm} 趋近于1时，总体流动的因素可忽略，单向扩散与等分子反向扩散无差别。

而液相中发生等分子反向扩散的机会很少，而一个组分通过另一停滞组分的扩散则较物料多见。

(3) 扩散方向上的浓度分布　当发生等分子反向扩散时，组分A的分压 p_A-Z 的关系为直线关系；而当发生单向扩散时，p_A-Z 的关系为对数关系。

1.2.1.3　分子扩散系数 D

D 简称扩散系数，在传质计算中，D 就像导热计算中的热导率 λ 一样是不可缺少的重要物性参数。由费克定律可知，D 是表征单位浓度梯度下的扩散通量，它反映了某一组分在介质中分子扩散的快慢程度，是物质的一种传递属性。

D 是温度、压力、物质种类、浓度等因素的函数，比 λ 复杂。对于气体中的扩散，浓度的影响可以忽略；对于液体中的扩散，浓度的影响不能忽略，而压力的影响可以忽略。应用时可由以下三种方法获得，即直接查表（不全）；用经验公式或半经验公式估算；实验测定。

(1) 气体中的扩散系数　估算气体中扩散系数的经验公式或半经验公式很多，如福勒(Fuller)等人提出的半经验公式为：

$$D_{AB}=\frac{1.013\times10^{-5}T^{1.75}\left(\frac{1}{M_A}+\frac{1}{M_B}\right)^{1/2}}{P\left[(\sum\upsilon_A)^{1/3}+(\sum\upsilon_B)^{1/3}\right]^2} \tag{1-17}$$

式中　P——总压，atm；

T——热力学温度，K；

M_A、M_B——组分A、B的摩尔质量，kg/kmol；

$\sum\upsilon_A$、$\sum\upsilon_B$——组分A、B的摩尔扩散体积，cm^3/mol。一般有机化合物按化学分子式查原子扩散体积相加得到。注意，芳烃环或杂环化合物的原子体积要再加上 −20.2，简单物质可直接查得分子扩散体积，此半经验公式误差小于10％。

某些简单物质的分子扩散体积和某些元素的原子扩散体积列于表1-1及表1-2中。

表 1-1　简单分子的扩散体积

物质	分子扩散体积 $\sum\upsilon$ /(cm^3/mol)	物质	分子扩散体积 $\sum\upsilon$ /(cm^3/mol)
H_2	7.07	CO	18.90
D_2	6.70	CO_2	26.90
He	2.88	N_2O	35.90
N_2	17.90	NH_3	14.90
O_2	16.60	H_2O	12.70
空气	20.10	(CCl_2F_2)	114.80
Ar	16.10	(SF_6)	69.70

表 1-2　原子的扩散体积

元素	原子扩散体积 $\sum\upsilon$ /(cm³/mol)	元素	原子扩散体积 $\sum\upsilon$ /(cm³/mol)
C	16.50	(Cl)	19.5
H	1.98	(S)	17.0
O	5.48	芳香环	−20.2
(N)	5.69	杂环	−20.2

【例 1-2】 试用式(1-17) 估算在 110.5kPa、300K 条件下，乙醇（A）在甲烷（B）中的扩散系数 D_{AB}。

解：查表 1-2，计算出

$$\sum\upsilon_A=16.5\times2+1.98\times6+5.48=50.36\text{cm}^3/\text{mol}$$

$$\sum\upsilon_B=16.5+1.98\times4=24.42\text{cm}^3/\text{mol}$$

由式(1-17) 得

$$D_{AB}=\frac{1.013\times10^{-5}T^{1.75}\left(\dfrac{1}{M_A}+\dfrac{1}{M_B}\right)^{1/2}}{P\left[(\sum\upsilon_A)^{1/3}+(\sum\upsilon_B)^{1/3}\right]^2}$$

$$=\frac{1.013\times10^{-5}\times300^{1.75}\times\left(\dfrac{1}{46}+\dfrac{1}{16}\right)^{1/2}}{110.5\times(50.36^{1/3}+24.42^{1/3})^2}=1.323\times10^{-5}\text{m}^2/\text{s}$$

(2) 液体中的扩散系数　液体中溶质的扩散系数不仅与物质的种类、温度有关，而且随溶质的浓度而变。液体中的扩散系数可从有关资料中查得，液体中的扩散系数，其值一般在 $1\times10^{-9}\sim1\times10^{-10}\text{m}^2/\text{s}$ 范围内。

对于很稀的非电解质溶液，威尔盖（Wilke）等人提出：

$$D_{AS}=7.4\times10^{-8}\frac{(aM_S)^{1/2}T}{\mu_S\upsilon_A^{0.6}} \tag{1-18}$$

式中　T——溶液的热力学温度，K；

μ_S——溶剂 S 的黏度，mPa·s；

M_S——溶剂 S 的摩尔质量，g/mol；

a——溶剂 S 的缔合参数，水为 2.6，甲醇为 1.9，乙醇为 1.5，苯、乙醚等不缔合溶剂为 1.0；

υ_A——溶质 A 在正常沸点下的摩尔体积，cm³/mol。

一般来说，液相中扩散速度远远小于气相中的扩散速度，就数量级而论，物质在气相中的扩散系数比在液相中的扩散系数约大 10^5 倍，液相扩散系数的估算式不如气体的可靠。但是，液体的密度往往比气体大得多，因此液相中的物质浓度及浓度梯度可远远高于气相中的值。所以在一定条件下，气液两相中可达到相同的扩散通量。

表 1-3、表 1-4 分别列举了一些物质在空气及水中的扩散系数，供计算时参考。

表 1-3　一些物质在空气中的扩散系数（0℃，101.3kPa）

扩散物质	扩散系数 D_{AB}/(cm²/s)	扩散物质	扩散系数 D_{AB}/(cm²/s)
H_2	0.611	H_2O	0.220
N_2	0.132	C_6H_6	0.077
O_2	0.178	C_7H_8	0.076
CO_2	0.138	CH_3OH	0.132
HCl	0.130	C_2H_5OH	0.102
SO_2	0.103	CS_2	0.089
SO_3	0.095	$C_2H_5OC_2H_5$	0.078
NH_3	0.170		

表 1-4　一些物质在水中的扩散系数（20℃，稀溶液）

扩散物质	扩散系数 $D'_{AB}\times10^{-9}/(m^2/s)$	扩散物质	扩散系数 $D'_{AB}\times10^{-9}/(m^2/s)$
O_2	1.80	HNO_3	2.60
CO_2	1.50	NaCl	1.35
N_2O	1.51	NaOH	1.51
NH_3	1.76	C_2H_2	1.56
Cl_2	1.22	CH_3COOH	0.88
Br_2	1.20	CH_3OH	1.28
H_2	5.13	C_2H_5OH	1.00
N_2	1.64	C_3H_7OH	0.87
HCl	2.64	C_4H_9OH	0.77
H_2S	1.41	C_6H_5OH	0.84
H_2SO_4	1.73	$C_{12}H_{22}O_{11}$（蔗糖）	0.45

1.2.2　对流传质

1.2.2.1　涡流扩散现象

在传质设备中，流体的流动型态多为湍流。湍流与层流的本质区别是：层流流动时，质点仅沿着主流方向运动；湍流流动时，质点除了沿着主流方向运动外，在其他方向上还存在脉动（或出现涡流、旋涡）。

由于涡流的存在，使流体内部的质点强烈地混合，其结果不仅使流体的质点产生动量、热量传递，而且产生了质量传递。这种由于涡流产生的质量传递过程，称为涡流扩散。

涡流扩散速率要比分子扩散速率大得多，强化了相内的物质传递。与对流传热的同时存在热传导类似，涡流扩散的同时也伴随着分子扩散。因为涡流扩散现象相当复杂，所以至今没有严格的理论予以描述。

1.2.2.2　对流传质

通常把涡流扩散与分子扩散同时发生的过程称为对流传质，指运动流体与固体壁面之间，或两个有限互溶的运动流体之间的质量传递，它是相际间传质的基础。

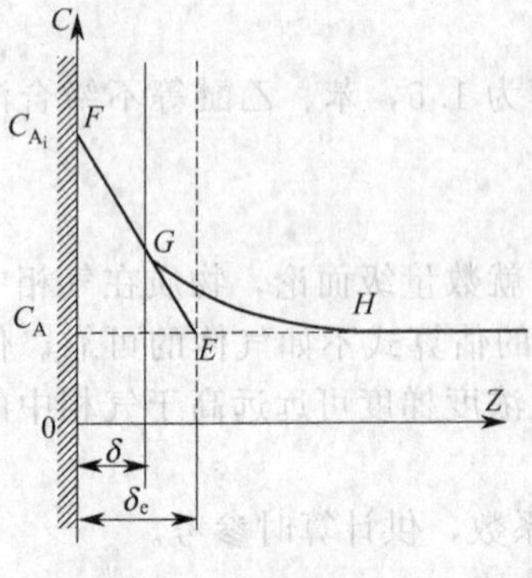

如图 1-5 所示，流体沿固体壁面作湍流流动时，在流体主体与固体壁面之间可分为三个区域，其相应的传质情况为：层流内层（紧靠固体壁面的很薄流体层）中，流体呈层流流动，以分子扩散方式进行传质，物质的浓度分布是一条直线或近似直线；过渡区中，对涡流扩散和分子扩散都要考虑，物质沿轴向的浓度分布是曲线；而在湍流区中，涡流扩散比分子扩散的速度大得多，则后者可忽略，所以浓度分布曲线近似为一条水平线。

图 1-5　膜模型示意图

将流体主体与固体壁面之间的传质阻力折合为与其阻力相当的 δ_e 厚的层流膜（又称虚拟膜、当量膜、有效膜）内，这样一来，对流传质的作用就折合成了相当于物质通过 δ_e 距离的分子扩散过程，这种简化处理的理论称为膜模型。

1.2.3　相际间的对流传质

对于相际间的对流传质问题，其传质机理往往很复杂。多年来，一些学者对传质机理进行了大量的研究，提出了多种传质模型，其中最具代表性的是双膜理论、溶质渗透理论和表面更新理论。

1.2.3.1　双膜理论

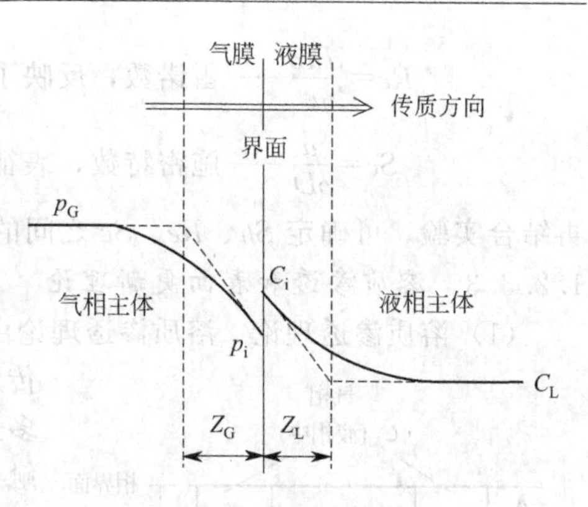

图 1-6　双膜理论示意图

双膜理论又称为停滞膜理论，由惠特曼于 1923 年提出，为最早提出的一种传质理论。该理论将两流体间的对流传质过程设想为如图 1-6 所示的模式，其基本论点如下：

① 相互接触的气液两相流体间存在着稳定的相界面，界面两侧各有一个很薄的有效层流膜，溶质以分子扩散的方式穿过此二层膜由气相主体进入液相主体。流体的流速越快，膜越薄。

② 相界面处气液处于相平衡状态，没有传质阻力。

③ 两相主体中由于质点间充分湍动，浓度均匀，无浓度梯度，即无阻力存在。

双膜理论把复杂的相际传质过程归结为两种流体有效层流膜内的分子扩散过程。依据此理论，在相界面处及两相主体中均无传质阻力存在。这样，整个相际间对流传质的阻力都集中在两个有效层流膜内。

双膜理论适用于有固定传质界面的传质设备，如湿壁塔的吸收操作，按膜模型推导出的传质结果与实际情况基本符合。

1.2.3.2　对流传质速率方程

应用双膜理论，可分别得到气相和液相的对流传质速率方程：

对于气膜：
$$N_A=\frac{D_G}{RT\delta_G}\times\frac{P}{p_{Bm}}(p_{A1}-p_{A2}) \tag{1-19}$$

对于液膜：
$$N_A=\frac{D_L}{\delta_L}\frac{C}{C_{Sm}}(C_{A1}-C_{A2}) \tag{1-20}$$

式中　δ_G、δ_L——气膜、液膜厚度，m。

令：
$$k_G=\frac{D_G}{RT\delta_G}\frac{P}{p_{Bm}} \tag{1-21}$$

$$k_L=\frac{D_L}{\delta_L}\frac{C}{C_{Sm}} \tag{1-22}$$

则对流传质速率方程可分别表示为：
$$N_A=k_G(p_{A1}-p_{A2}) \tag{1-23}$$
$$N_A=k_L(C_{A1}-C_{A2}) \tag{1-24}$$

式中　k_G、k_L——气相、液相的对流传质系数。

上述处理方法避开难以测定的膜厚 δ_G、δ_L，将所有影响对流传质的因素都集中于 k_G、k_L 中，这样便于实验测定和工程计算。

由理论分析和初步实验可知，影响对流传质系数的主要因素有：物性参数包括分子扩散系数 D、黏度 μ、密度 ρ；操作参数包括流速 u、温度 T、压力 P；传质设备特性参数即几何特性尺寸 l，则：
$$k=f(D,\mu,\rho,u,l) \tag{1-25}$$

由因次分析得特征数关联式：
$$Sh=f(Re,Sc) \tag{1-26}$$

式中　$Sh=\frac{kl}{D}=\frac{l/D}{1/k}$——施伍德数，包括待求的未知量，它表示分子扩散阻力/对流扩散阻力（它与传热中的努塞尔特数的作用相似），式中 l 为特征尺寸，可以指填料直径或塔径等，可根据不同的关联式而定；

$Re=\frac{du\rho}{\mu}$——雷诺数，反映了流动状态的影响，式中的 d 通常采用当量直径；

$Sc=\frac{\mu}{\rho D}$——施密特数，表征物性的影响。

再结合实验，可确定 Sh、Re、Sc 之间的具体函数关系。

1.2.3.3 溶质渗透和表面更新理论

（1）溶质渗透理论 溶质渗透理论由希格比于 1935 年提出，该理论将两流体间的对流传质描述成如图 1-7 所示的模式，该理论认为，在很多过程工业的传质设备中，例如填料塔内的气液接触，由于接触时间短且湍动剧烈，所以，在任一个微元液体与气体的界面上，所溶解的气体中的组分向微元液体内部进行非定态分子扩散，经过一个很短的接触时间 τ 以后，这个微元液体又与液相主体混合。假设所有液体微元在界面上和气体相接触的时间都是相同的。

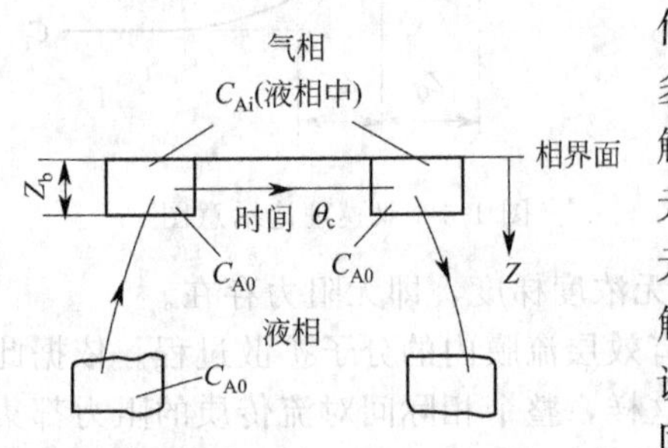

图 1-7 溶质渗透理论示意图

根据以上模型，可导出组分 A 的传质通量为

$$N_A=2\sqrt{D_L/(\pi\tau)}(C_{Ai}-C_{A0}) \tag{1-27}$$

式中 τ——渗透模型参数，是气、液相每次接触的时间，s。

对流传质速率方程可表示为

$$N_A=k_L(C_{Ai}-C_{A0}) \tag{1-28}$$

其中液膜传质系数的表达式为：

$$k_L=2\sqrt{D_L/(\pi\tau)} \tag{1-29}$$

由上式可看出，对流传质系数 k_L 可通过分子扩散系数 D_L 和气、液相每次接触的时间计算，气、液相每次接触的时间 τ 即为模型参数。

渗透理论比双膜理论更符合实际，它指明了缩短 τ 可提高液膜传质系数。因此，增加液相的湍动程度，增加液相的表面积均为强化传质的有效途径。

（2）表面更新理论 表面更新理论由丹克沃茨于 1951 年提出的，该理论对溶质渗透理论进行了修正，故又称为渗透-表面更新模型。

表面更新理论认为，渗透理论所假定的每个液体微元在表面和气体相接触的时间都保持相同是不可能的。实际的情况应是各个液体微元在相界面上的停留时间不同，而是符合随机的“寿命”分布规律，且不同寿命的表面液体微元被新鲜的液体微元置换的概率是相同的。因此，这一理论将液相分成界面和主体两个区域，在界面区里，质量传递是按照渗透模型进行的，不同的是这里的微元不是固定的，而是不断地与主体区的微元发生交换进行表面的更新；在主体区内，全部液体达到均匀一致的浓度。

由表面更新理论推导出的液相对流传质通量为

$$N_A=\sqrt{D_L S}(C_{Ai}-C_{A0}) \tag{1-30}$$

则液相对流传质系数的表达式为：

$$k_L=\sqrt{D_L S} \tag{1-31}$$

式中 k_L——按整个液面的平均值计的液相传质系数，m/s；

S——表面更新频率，即单位时间内液体表面被更新的百分率，s^{-1}。

上式表明，液相传质系数与表面更新频率的平方根成正比，因而给传质过程的强化提供了依据。

上述的三个传质理论都有可以接受的物理概念，但每种理论中都包含一个难以测定的模型参数，如双膜理论中的虚拟膜厚 δ，渗透理论中的气、液相每次接触的时间 τ 及表面更新理论中的表面更新频率 S。不过，正因为这些模型分别包含一个解决问题的思想方法，为从理论上进一步研究传质过程奠定了基础。

实际上，影响传质系数的因素相当复杂，只有在少数的情况下，传质系数可以由理论推算而得。在绝大多数情况下，是采用因次分析结合实验测定的方法，确定用无因次数群表示的对流传质系数关联式，并应用到实际的工程设计中去。

1.3 传质设备简介

应用于传质单元操作过程的设备统称为传质设备。因传质单元操作具有不同的类型，对设备的要求也不尽相同，故传质设备种类繁多，而且不断有新型设备问世，传质设备通常按以下方法分类。

1.3.1 传质设备的分类与性能

1.3.1.1 传质设备的分类

(1) 按所处理物系的相态分类 可分为气液传质设备（用于蒸馏、吸收等）、液液传质设备（用于萃取等）、气固传质设备（用于干燥、吸附等）、液固传质设备（用于吸附、浸取、离子交换等）。

(2) 按两相的接触方式分类 可分为逐级接触式设备（如各种板式塔、多级混合-澄清槽等）和微分（或连续）接触设备（如填料塔、膜式塔、喷淋塔等）。在逐级接触式设备中，两相组成呈阶梯式变化；而在微分接触设备中，两相组成呈连续式变化。

(3) 按促使两相混合与接触的动力分类 可分为无外加能量式设备和有外加能量式设备两类。前者是依靠一相流体自身所具有的能量分散到另一相中去的设备（如大多数的板式塔、填料塔、流化床等）；后者是依靠外加能量促使两相密切接触的设备（如搅拌式混合-澄清槽、转盘塔、脉冲填料塔等）。

1.3.1.2 传质设备的性能要求

对于各类传质设备，其主要功能是提供两相密切接触的条件，有利于相际传质的进行，从而达到组分分离的目的。性能优良的传质设备，一般应满足以下要求：

① 单位体积中，两相的接触面积应尽可能大；

② 两相分布均匀，避免或抑制沟流、短路及返混等现象发生；

③ 流体的通量大，单位设备体积的处理量大；

④ 流动阻力小，运转时动力消耗低；

⑤ 操作弹性大，对物料的适应性强；

⑥ 结构简单，造价低廉，操作调节方便，运行安全可靠。

1.3.2 典型传质设备简介

如上所述，传质设备的形式多样，但其中最常见的为塔设备。通常，在塔设备内液相靠重力作用自上而下流动，气相则靠压差作用自下而上，与液相呈逆流流动。两者之间要有良好的接触界面，这种界面由塔内装填的塔板或填料所提供，前者称为板式塔，后者称为填料塔。下面分别对板式塔和填料塔作简单介绍。

1.3.2.1　板式塔

如图 1-8 所示，在圆柱形塔体内部，按一定间距装有若干块塔板。塔内液体在重力作用下自上而下流经各层塔板，最后由塔底排出；气体则在压力差的作用下经塔板上的小孔（或阀、罩等）由下而上穿过每层塔板上的液层，最后由塔顶排出。气液两相在总体上呈逆流流动，而在每块塔板上呈错流流动。

在板式塔中，气液两相逐级接触，两相的组成沿塔高呈阶梯式变化，在正常操作下，液相为连续相，气相为分散相。

板式塔的主要功能是保证气液两相在塔板上充分接触，为传质过程提供足够大且不断更新的传质表面，获得最大可能的传质推动力，减少传质阻力。

一般而论，板式塔的空塔气速较高，因而生产能力较大，塔板效率稳定，操作弹性大，且造价低，检修、清洗方便，故工业上应用较为广泛。

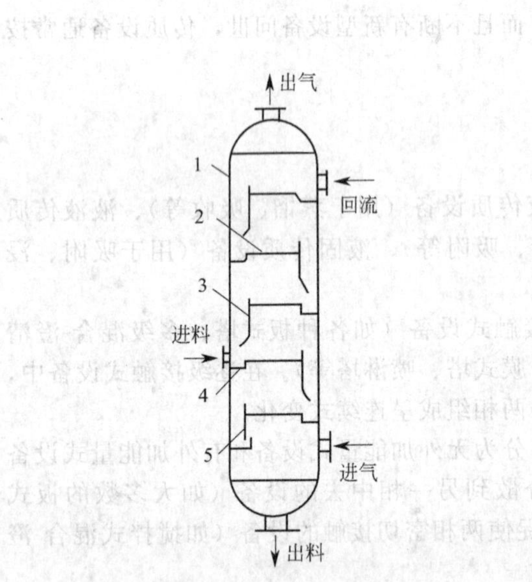

图 1-8　板式塔示意图

1—塔壳体；2—塔板；3—溢流堰；4—受液盘；5—降液管

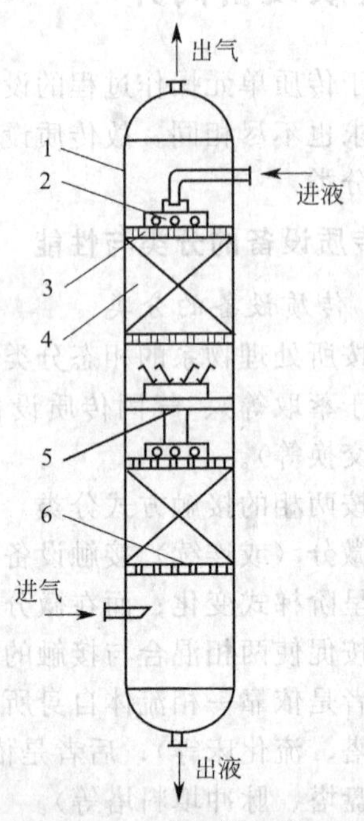

图 1-9　填料塔示意

1—塔壳体；2—液体分布器；3—填料压板；4—填料；5—液体再分布装置；6—填料支撑板

1.3.2.2　填料塔

如图 1-9 所示，填料塔是竖立的圆筒形设备，上、下有端盖，塔体上、下端适当位置上设有气液进出口，填料塔内填充某种特定形状的固体物——填料，以构成填料层，填料层是塔内实现气液接触的有效场所。由于填料层中有一定的空隙体积，气体可以在填料间隙所形成的曲折通道中流动，提高了湍动程度；同时，由于单位体积填料层中有一定的固体表面，使下降的液体可以分布于填料表面而形成液膜，从而提供气液接触机会。

在填料吸收塔内，气液两相流动方式原则上可为逆流，也可为并流。一般情况下塔内液体作为分散相，总是靠重力作用自上而下地流动，而气体靠压强差的作用下流经全塔，逆流时气体自塔底进入而自塔顶排出，并流时则相反。

填料塔属于连续接触式气液传质设备，两相组成沿塔高呈连续变化，在正常操作状态下，气相为连续相，液相为分散相。

当液体沿填料层向下流动时，有逐渐向塔壁集中的趋势，这种现象称为壁流。壁流效应会造成气液两相在填料层中分布不均匀，从而使传质效率下降。因此，当填料层较高时，需要进行分段，中间设置再分布装置。液体再分布装置包括液体收集器和液体分布器两部分，上层填料流下的液体经液体收集器收集后，送到液体再分布器，经重新分布后喷淋到下层填料上。

与板式塔相比，填料塔具有生产能力大、分离效率高、压降小、持液量小、操作弹性大等优点。填料塔也有一些不足之处，如填料造价高；但液体负荷较小时不能有效润湿填料表面，使传质效率低；不能直接用于有悬浮物或容易聚合的物系的分离等。

习　题

一、填空题

1. 依据分离原理的不同，传质分离过程可分为________和________两大类。

2. 分子传质是指________，描述分子传质的基本方程为________。

3. 对流传质是指________，描述对流传质的基本方程为________。

4. 双膜模型的模型参数为________和________。

5. 在板式塔中，气液两相________接触；在填料塔中，气液两相________接触。

二、单项选择题

1. 气体的吸收属于（　　）；液体的精馏属于（　　）；液体的萃取属于（　　）；固体的干燥属于（　　）。

A. 汽液传质过程；B. 气液传质过程；C. 液液传质过程；D. 气固传质过程

2. 在分子传质过程中，若漂流因数 $p_{总}/p_{Bm}>1$，则组分A的传质通量 N_A 与组分A的扩散通量 J_A 的关系为（ ）。

A. $N_A=J_A$　　B. $N_A<J_A$　　C. $N_A>J_A$　　D. 不好判断

3. 气体中的扩散系数 D_{AB} 与温度 T 的关系为（　　）。

A. $D_{AB}\propto T^{1.0}$　　B. $D_{AB}\propto T^{0.5}$　　C. $D_{AB}\propto T^{2.0}$　　D. $D_{AB}\propto T^{1.75}$

4. 气体中的扩散系数 D_{AB} 与总压 $p_{总}$ 的关系为（　　）。

A. $D_{AB}\propto p_{总}^{1.5}$　　B. $D_{AB}\propto p_{总}^{1.0}$　　C. $D_{AB}\propto p_{总}^{0.5}$　　D. $D_{AB}\propto p_{总}^{-1.0}$

三、计算题

1. 在直径为0.015m、长度为0.52m的圆管中 CO_2 气体通过 N_2 进行稳态分子扩散。管内 N_2 的温度为383K，总压为158.6kPa，管两端 CO_2 的分压分别为95.0kPa和12.0kPa，试计算 CO_2 的扩散通量。已知298K、101.3kPa下 CO_2 在 N_2 中的扩散系数为 $0.167\times10^{-4}m^2/s$。

2. 在总压为101.3kPa、温度为303K下，组分A自气相主体通过厚度为0.0125m的气膜扩散到催化剂表面，发生瞬态化学反应 $A\longrightarrow 3B$。生成的气体B离开催化剂表面通过气膜向气相主体扩散。已知气膜的气相主体一侧组分A的分压为29.6kPa，组分A在组分B中的扩散系数为 $1.92\times10^{-5}m^2/s$。试计算组分A、B的传质通量 N_A 和 N_B。

3. 在常压下，30℃的空气从一厚度为6mm、长度为500mm的萘板的上、下表面沿水平方向吹过。在30℃下，萘的饱和蒸气压为51.7Pa，固体萘的密度为 $1152kg/m^3$，空气与萘板间的对流传质系数为0.0159m/s。试计算萘板厚度减薄6%所需要的时间。

思 考 题

1. 平衡分离与速率分离各有哪些主要类型，它们的区别是什么？

2. 在进行分子传质时，总体流动是如何形成的，总体流动对分子传质通量有何影响？

3. 气体中的扩散系数与哪些因素有关？

4. 双膜理论的要点是什么？

5. 对流传质分离设备有哪些性能要求？

符 号 说 明

C——总浓度，$kmol/m^3$；

C_i——i 组分浓度，$kmol/m^3$；

D'——在液相中的分子扩散系数，m^2/s；

D——在气相中的分子扩散系数，m^2/s；

J——扩散通量，$kmol/(m^2 \cdot s)$；

N——总体流动通量，$kmol/(m^2 \cdot s)$；

N'——流动净通量，$kmol/(m^2 \cdot s)$；

N_A——A组分的传质通量，$kmol/(m^2 \cdot s)$；

Z——扩散距离，m；

k_G——气膜传质系数，$kmol/(m^2 \cdot s \cdot kPa)$；

k_L——液膜传质系数，m/s；

k_x——液膜吸收系数，$kmol/(m^2 \cdot s)$；

k_y——气膜吸收系数，$kmol/(m^2 \cdot s)$；

R——通用气体常数，8.314kJ/(kmol·K)；

Sc——施密特数，量纲为1；

Re——雷诺数，量纲为1；

Sh——施伍德数，量纲为1。

第2章 液体蒸馏

2.1 概述

蒸馏操作历史悠久，技术成熟，规模不限，应用广泛，其主要目的是分离液体混合物或液化了的气体混合物，来提纯或回收有用组分。例如在石油炼制中的原油精炼最初阶段，可将混合物分为汽油、煤油、柴油和润滑油等；某原料经过化学反应后，可能产生一个既有反应物又有生成物及副产物的液体混合物，如为了获得纯的生成物，若该混合物是均相的，通常采用精馏的方法予以分离等。

(1) 蒸馏操作的特点　蒸馏是目前应用最广泛的一类液体混合物分离方法，其具有如下特点。

① 通过蒸馏分离可以直接获得所需要的产品，而吸收、萃取等分离方法，由于有外加的溶剂，需进一步使所提取的组分与外加组分再行分离，因而蒸馏操作流程通常较为简单。

② 蒸馏分离的适用范围广，它不仅可以分离液体混合物，而且可用于气态或固态混合物的分离。例如，可将空气加压液化，再用精馏方法获得氧、氮等产品；再如，脂肪酸的混合物，可用加热使其熔化，并在减压下建立汽液两相系统，用蒸馏方法进行分离。

③ 蒸馏过程适用于各种浓度混合物的分离，而吸收、萃取等操作，只有当被提取组分浓度较低时才比较经济。

④ 蒸馏操作是通过对混合液加热建立汽液两相体系的，所得到的汽相还需要再冷凝液化。因此，蒸馏操作耗能较大。蒸馏过程中的节能是个值得重视的问题。

(2) 蒸馏操作的分类　工业上，蒸馏操作可按以下方法分类。

① 按操作方式分类　可分为简单蒸馏、平衡蒸馏（闪蒸）、精馏和特殊精馏等。简单蒸馏和平衡蒸馏为单级蒸馏过程，常用于混合物中各组分中挥发度相差较大，对分离要求又不高的场合；精馏为多级蒸馏过程，适用于难分离物系或对分离要求较高的场合；特殊精馏适用于某些普通精馏难以分离或无法分离的物系。工业生产中以精馏的应用最为广泛。

② 按操作流程分类　可分为间歇蒸馏和连续蒸馏。间歇蒸馏具有操作灵活、适应性强等优点，主要应用于小规模、多品种或某些有特殊要求的场合；连续蒸馏具有生产能力大、产品质量稳定、操作方便等优点，主要应用于生产规模大、产品质量要求高等场合。间歇蒸馏为非稳态操作，连续蒸馏为稳态操作。

③ 按物系中组分数目分类　可分为双组分蒸馏和多组分蒸馏。工业生产中，绝大多数为多组分精馏，但双组分蒸馏的原理及计算原则同样适用于多组分精馏，只是在处理多组分蒸馏过程时更为复杂些，因此常以双组分蒸馏为基础。

④ 按操作压力分类　可分为加压、常压和减压蒸馏。常压下为气态（如空气、石油气）或常压下泡点为室温的混合物，常采用加压蒸馏；常压下，泡点为室温至150℃左右的混合液，一般采用常压蒸馏；对于常压下泡点较高或热敏性的混合物（高温下易发生分解、聚合等变质现象），宜采用减压蒸馏，以降低操作温度。

本章重点讨论双组分物系连续精馏的原理及计算方法。

在本章讨论的双组分物系（A+B）中，习惯上将A组分称为易挥发组分或轻组分，则B组分称为难挥发组分或重组分。

2.2 双组分溶液的气液相平衡

蒸馏操作是气液两相间的传质过程，气液两相达到相平衡状态是传质过程的极限。因此，气液相平衡关系是分析精馏原理、解决精馏计算的基础。

2.2.1 双组分理想物系的气液相平衡

理想物系的含义是液相为理想溶液，平衡关系服从拉乌尔（Raoult）定律；气相为理想气体，服从理想气体定律及道尔顿分压定律。

2.2.1.1 自由度分析

相律表示平衡系统中的自由度 F、相数 ϕ 及独立组分数 C 之间的关系。即

$$F=C-\phi+2 \tag{2-1}$$

式中 F——自由度数，即指该系统的独立变量数；

C——独立组分数；

ϕ——相数；

2——外界只有温度 t 和压力 P 两个条件影响物系的平衡状态。

由相律可知，双组分气液相平衡系统的自由度数为 2。又知，对气相而言，两组分的摩尔分数 y_A 与 y_B 不是互相独立的；同理液相中的 x_A 与 x_B 也是不独立的。所以，双组分气液相平衡状态涉及的四个独立变量为 P、t、y 和 x，其中的任何两个变量都可用其他两个变量相对表示。换言之，上述的四个变量任意指定其中两个，则该系统的气液相平衡状态就被唯一确定。一般来说，由于蒸馏常采用恒压操作，则气液相平衡关系可用恒定 P 下的 t-$x(y)$ 或 x-y 的函数关系及其相图表示。

2.2.1.2 气液相平衡组成计算

（1）用饱和蒸气压表示的相平衡计算　对于理想溶液，拉乌尔定律为：

$$p_A=p_A^0 x_A \tag{2-2}$$

$$p_B=p_B^0 x_B=p_B^0(1-x_A) \tag{2-3}$$

式中 p_A，p_B——相平衡状态下 A、B 组分的蒸气分压，Pa；

p_A^0，p_B^0——同温度下 A、B 组分的饱和蒸气压，Pa；

x_A，x_B——A、B 组分在液相中的摩尔分数。

对于理想气体，道尔顿定律为：

$$P=p_A+p_B \tag{2-4}$$

联立式(2-2)～式(2-4)，整理可得

$$x_A=\frac{P-p_B^0}{p_A^0-p_B^0} \tag{2-5}$$

上式称为泡点方程，即在一定的总压 P 下，对于某一指定的相平衡温度 t，当确定 A、B 组分的饱和蒸气压 p_A^0 和 p_B^0 值后，可由式(2-5) 计算该相平衡状态下的液相组成 x_A。

纯组分的饱和蒸气压是温度的非线性函数即 $p^0=f(t)$，可由实验测定或经验公式计算。例如纯组分的饱和蒸气压和温度的关系可用安托因（Antoine）方程表示如下：

$$\lg p_i^0=a-\frac{b}{t+c} \tag{2-6}$$

式中，a、b、c 称为该组分的安托因常数，可由有关手册查得，其值由压力和温度的单位而定。

根据道尔顿分压定律

$$y_A=\frac{p_A}{P} \tag{2-7}$$

将式(2-2)和式(2-5)代入上式整理得：

$$y_A=\frac{p_A^0}{P}\times\frac{P-p_B^0}{p_A^0-p_B^0} \tag{2-8}$$

上式称为露点方程。在一定的总压 P 下，对于某一指定的相平衡温度 t，由上式可计算该相平衡状态下的气相组成 y_A。

(2) 用相对挥发度表示的相平衡计算

① 挥发度 v　对于纯液体而言，其挥发度指该液体在一定温度下的饱和蒸气压，而溶液中各组分的挥发度可用它在蒸气压中的分压和与之平衡的液相中的摩尔分数的比值表示。即

$$v_A=p_A/x_A \tag{2-9}$$

$$v_B=p_B/x_B \tag{2-10}$$

对于理想溶液

$$v_A=p_A^0=f(t) \tag{2-11}$$

$$v_B=p_B^0=\varphi(t) \tag{2-12}$$

显然，挥发度能反映出混合液中各组分挥发的难易程度，但该数值随温度的变化幅度大，在使用上不甚方便，故引出相对挥发度的概念。

② 相对挥发度 α　习惯上将溶液中易挥发组分 A 的挥发度与难挥发组分 B 的挥发度之比，称为相对挥发度 α，即

$$\alpha=\frac{v_A}{v_B}=\frac{p_A/x_A}{p_B/x_B}=\frac{y_A(1-x_A)}{x_A(1-y_A)} \tag{2-13}$$

将上式整理可得：

$$y_A=\frac{\alpha x_A}{1+(\alpha-1)x_A} \tag{2-14}$$

当 α 已知时，由式(2-14)可求得相平衡时气液相组成 x-y 的关系，故称该式为气液相平衡方程。由于 ν_A 与 ν_B 均随温度同时增大或缩小，因而 α 可取平均值视为常数，使用上非常方便。

α 值的大小可以用来判断某混合液是否能用蒸馏方法加以分离，以及分离的难易程度。当 $\alpha\neq1$ 时，表示组分 A 与 B 的挥发度有差别，α 值越大，说明越容易采用普通蒸馏操作对 A、B 混合物加以分离；而当 $\alpha=1$ 时，即 A、B 组分的挥发度相同，此时不能用普通的蒸馏方法分离该混合液。

【例 2-1】 苯(A)与甲苯(B)的饱和蒸气压与温度的关系可用安托因方程表达，即 $\lg p_A^0=6.032-\frac{1206.35}{t+220.24}$，$\lg p_B^0=6.078-\frac{1343.94}{t+219.58}$，式中 p^0 的单位为 kPa，温度 t 的单位为℃。苯和甲苯可视作理想物系。现测得某精馏塔的塔顶压力 $P_1=103.3\text{kPa}$，塔顶的液相温度为 $t_1=81.5$℃；塔釜压力 $P_2=109.3\text{kPa}$，液相温度 $t_2=112$℃。试求塔顶、塔釜的平衡液相和气相组成。

解： 本例可用饱和蒸气压或相对挥发度表示的相平衡关系来计算，关键是确定塔顶、塔釜温度下组分的饱和蒸气压。

(1) 塔顶的液、气相组成　塔顶温度下，苯和甲苯的饱和蒸气压用安托因方程计算，

即　$\lg p_A^0=6.032-\frac{1206.35}{81.5+220.24}=2.034$，则得到：$p_A^0=108.1\text{kPa}$

$\lg p_B^0=6.078-\frac{1343.94}{81.5+219.58}=1.614$，则得到：$p_B^0=41.11\text{kPa}$

则
$$x_A=\frac{P_1-p_B^0}{p_A^0-p_B^0}=\frac{103.3-41.11}{108.1-41.11}=0.928$$

$$y_A=\frac{p_A^0}{P_1}x_A=\frac{108.1}{103.3}\times 0.928=0.971$$

再由相对挥发度计算气相组成。由于苯和甲苯可视作理想物系，于是

$$\alpha_1=\frac{p_A^0}{p_B^0}=\frac{108.1}{41.11}=2.630$$

则
$$y_A=\frac{\alpha_1 x_A}{1+(\alpha_1-1)x}=\frac{2.630\times 0.928}{1+(2.630-1)\times 0.928}=0.971$$

以上两种方法求得的气相组成 y 值基本相同。

（2）塔釜的液、气相组成　和塔顶相同的方法求得各有关参数为

$$p_A^0=251.8\text{kPa}，p_B^0=105.9\text{kPa}$$

$$x_A=\frac{109.3-105.9}{251.8-105.9}=0.0233$$

$$y_A=\frac{251.8}{109.3}\times 0.0233=0.0537$$

或由
$$\alpha_2=\frac{251.8}{105.9}=2.378$$

求得
$$y_A=\frac{2.378\times 0.0233}{1+1.378\times 0.0233}=0.0537$$

比较 α_1、α_2 数值可看出，随着温度升高，相对挥发度值变小，即 $\alpha_2<\alpha_1$。

2.2.1.3　气液平衡相图

用相图来表达汽液平衡关系较为直观，尤其对双组分蒸馏的汽液平衡关系的表达更为方便，影响蒸馏的因素可在相图上直接反映出来。蒸馏中常用的相图为恒压下的蒸气压-组成图、温度-组成图及气相-液相组成图。

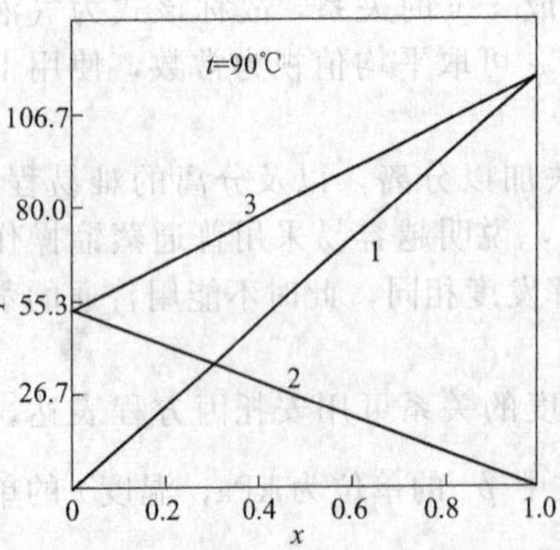

（1）蒸气压-组成（p-x）图　由相律可知，当温度一定时，气、液两相平衡时的自由度为 1，因此可以用蒸气压与组成关系图表示汽-液平衡。以图 2-1 中的苯-甲苯物系的 p-x 图为例，图的纵坐标为蒸气压，横坐标为液相组成（摩尔分数），它包括从 $x_{苯}=0$（左端）到 $x_{苯}=1$（右端）之间全部组成范围。图中的 1、2、3 线分别表示溶液中苯（易挥发组分）和甲苯（难挥发组分）的蒸气压和溶液的蒸气总压与液相组成的关系。因该混合液可视为理想溶液，故可近似用式(2-2) 和式(2-3) 表示。

图 2-1　苯-甲苯的蒸气压-组成（p-x）图
1—易挥发组分（苯）的蒸气压 p 与液相组成 x 的关系；2—难挥发组分（甲苯）的蒸气压与液相组成 x 的关系；3—溶液的蒸气总压与液相组成的关系

（2）温度-组成（t-x-y）图　当压力一定时，在相平衡状态下，分别以式(2-5) 所示的泡点方程和式(2-8) 所示的露点方程作图，构成温度组成相图，如图 2-2 所示。

由图 2-2 可知，图中有两条曲线，曲线两端点分别代表纯组分的沸点，左上端点代表纯重组分 B 的沸点，右下端点代表纯轻组分 A 的沸点；上方曲线（EHF）代表饱和蒸气线，也称为露点线，表示混合物的平衡温度 t 与气相组成 y 之间的关系，下方曲线（EJF）代表

饱和液体线，也称为泡点线，表示混合物的平衡温度 t 与液相组成 x 之间的关系。上述的两条封闭曲线将 t-x-y 图分为三个区域，饱和蒸气线上方的区域代表过热蒸气区；饱和液体线下方的区域代表过冷液体区；两条曲线之间的区域称为气液共存区。

如图所示，在恒定的压力下，若将温度为 t_1、组成为 x（图中点 A）的混合液加热，当温度升高到 t_2 时，溶液开始沸腾，此时产生第一个气泡，该温度即称为混合液的泡点温度 t_b。继续升温到 t_3 时，气液两相共存，其气相组成为 y_G、液相组成为 x_L，两相互成平衡。同样，若将温度为 t_5、组成为 y（图中点 B）的过热蒸气冷却，当温度降到 t_4 时，过热蒸气开始冷凝，此时产生第一个液滴，该温度即称为混合气的露点温度 t_d。继续降温到 t_3 时，气液两相共存。

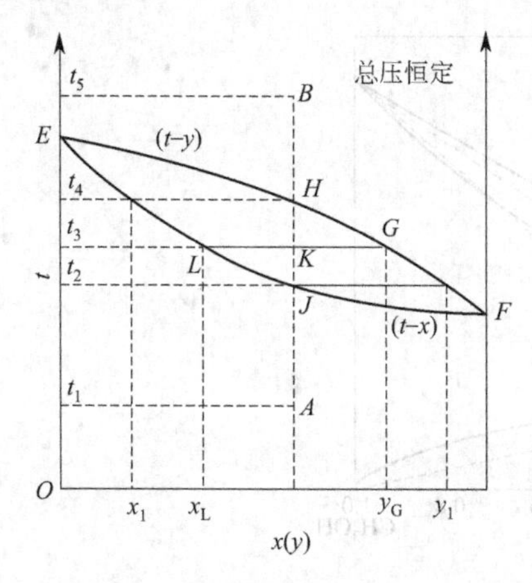

图 2-2　双组分溶液的 t-x-y 相图

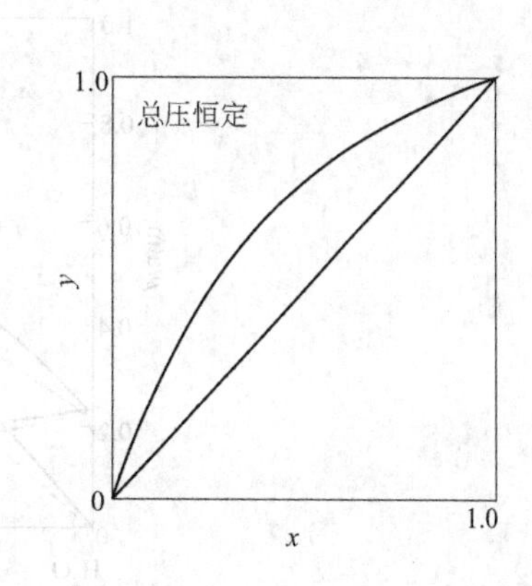

图 2-3　常压下苯-甲苯混合液的 x-y 图

当气液两相达到平衡状态时，两相具有相同的温度，但气相组成大于液相组成，及 $y>x$，显然，只有在气液共存区，才能起到一定的分离作用。

混合液的沸点不是一个定值，而是随组成不断变化，在同样组成下，泡点（开始产生第一个气泡时对应的温度）与露点（即开始产生第一滴液滴时对应的温度）并不相等，露点总是高于泡点。

恒压条件下的 t-x-y 图是分析精馏原理的理论基础。

(3) 气相-液相组成（x-y）图　x-y 相图可以通过 t-x（y）关系作出，如图 2-3 所示。

由图 2-3 可知，图中对角线上方的曲线称为相平衡曲线，该曲线上任意点表示组成为 x 的液相与组成为 y 的气相互成平衡，且表示该点有一确定的相平衡状态；图中对角线（即 $x=y$ 直线）作查图时参考用。当 $y>x$ 时，平衡线位于对角线上方，平衡线离对角线越远，表示该溶液越容易分离。在总压变化不大时，外压对 x-y 平衡线的影响可忽略，但 t-x-y 图随压力变化较大，因此常采用 x-y 相平衡曲线较为方便。

2.2.2　双组分非理想物系的气液相平衡

实际生产中所遇到的大多数物系为非理想物系。非理想物系可能有如下三种情况：

① 液相为非理想溶液，气相为理想气体；

② 液相为理想溶液，气相为非理想气体；

③ 液相为非理想溶液，气相为非理想气体。

蒸馏过程一般在较低的压力下进行，此时气相通常可视为理想气体，故多数非理想物系可视为第一种情况，在此作简要介绍。

溶液的非理想性来源于异分子间的作用力与同分子间的作用力不等，表现为其平衡蒸气压偏离拉乌尔定律，偏差可正可负，其中尤以正偏差居多。

2.2.2.1　正偏差系统

该系统的异分子间吸引力小于同分子间吸引力时，则异分子间排斥力占主要地位，分子较易离开液面而进入气相，所以泡点较理想溶液低，即溶液中各组分的分压均大于拉乌尔定律的计算值，混合时，体积变化$\Delta V>0$。

属于正偏差系统又有两种情况。

（1）正偏差较小　溶液的蒸气总压介于两纯组分蒸气压之间。例如甲醇-水溶液属于此类，其压力-组成、温度-组成及气-液组成相图如图 2-4 所示。在其 t-x-y 图中，其泡点线除两端点外均下移，使泡点线与露点线的间距增大，亦即使 α 增大。

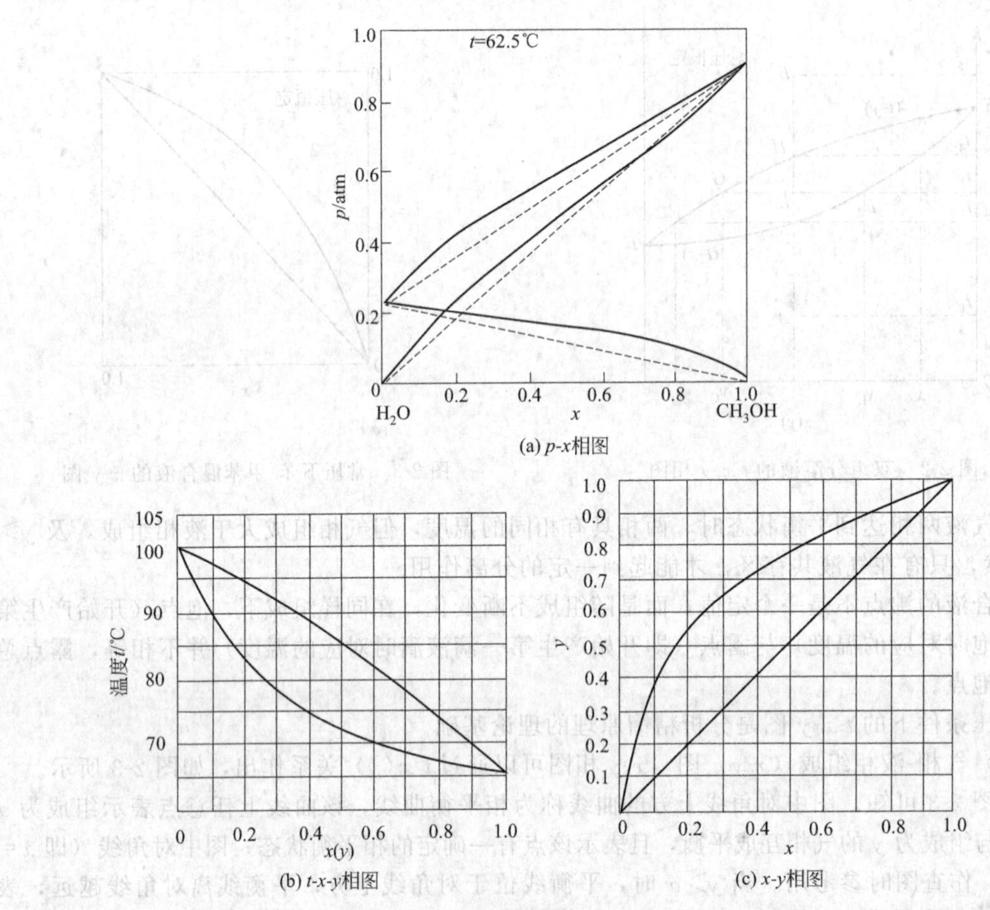

图 2-4　常压下甲醇-水溶液的相图（1atm＝101.325kPa）

（2）正偏差较大　以致溶液的蒸气总压在 p-x 图上出现最高点 M，相对应的 t-x-y 图出现最低恒沸点，例如乙醇-水系统为此类系统，其相图如图 2-5 所示。该溶液不能用普通精馏操作获得高纯度组分，必须采用特殊精馏的方法，例如萃取或恒沸精馏。

2.2.2.2　负偏差系统

该系统的异分子间吸引力大于同分子间吸引力，即吸引力占主要地位，分子较难离开液相进入气相，所以泡点比理想溶液高，混合时，$\Delta V<0$。属于负偏差也有两种情况。

（1）负偏差较小　溶液的蒸气总压介于两纯组分蒸气压之间。例如乙醚-氯仿溶液属于此类，其 p-x 图如图 2-6 所示。

（2）负偏差较大　以致溶液的蒸气总压在 p-x 图上出现最低点 M，例如硝酸-水溶液属

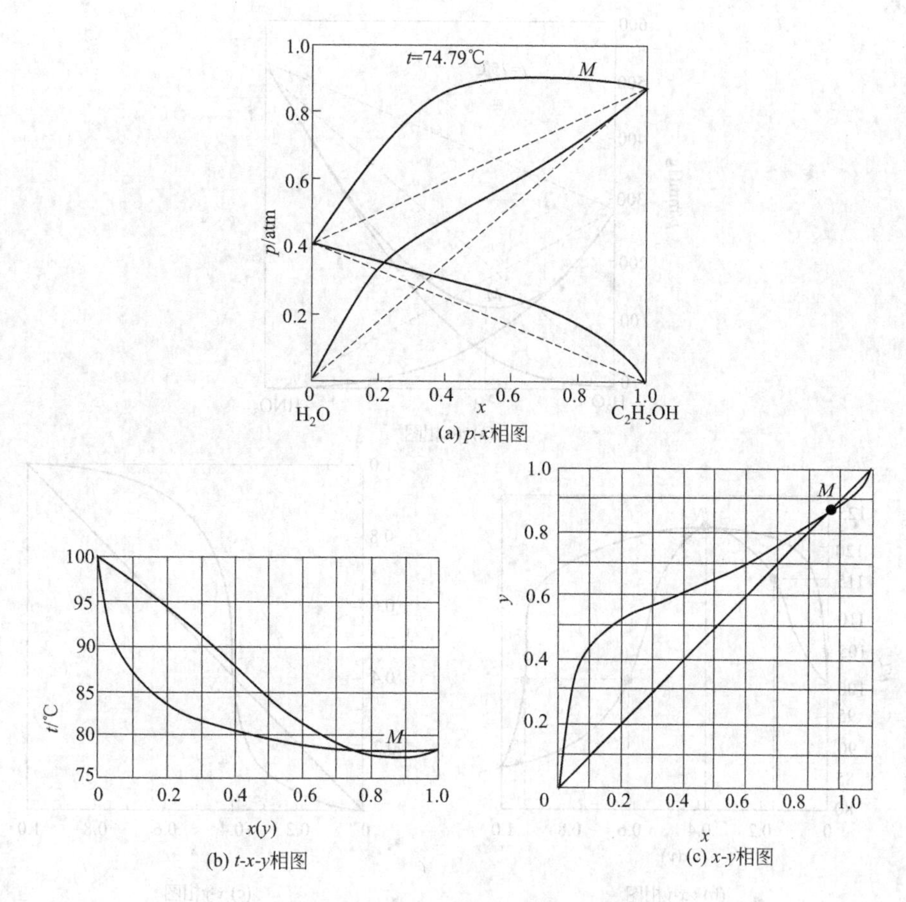

图 2-5 常压下乙醇-水溶液的相图

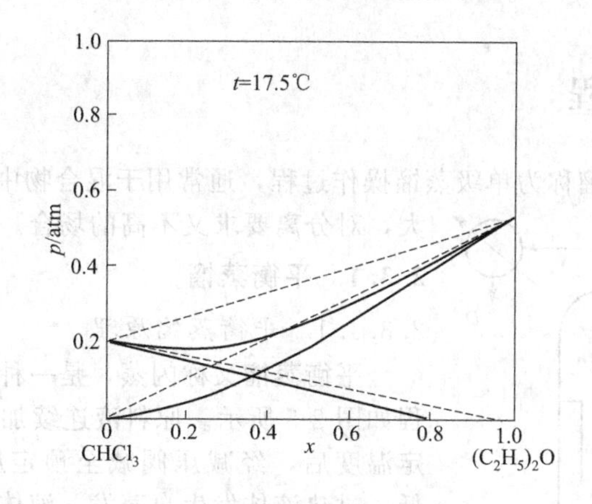

图 2-6 具有一般负偏差的乙醚-氯仿溶液的 p-x 相图

于此类，相对应的 t-x-y 图出现最高恒沸点，其相图如图 2-7 所示。

应当注意：

① 分离恒沸物应采用特殊蒸馏的方式；

② 恒沸点随总压变化，若采用变化压力来分离恒沸物，要做经济权衡，以做最后处理；

③ 非理想溶液不一定都有恒沸点，例如甲醇-水系统无恒沸点。

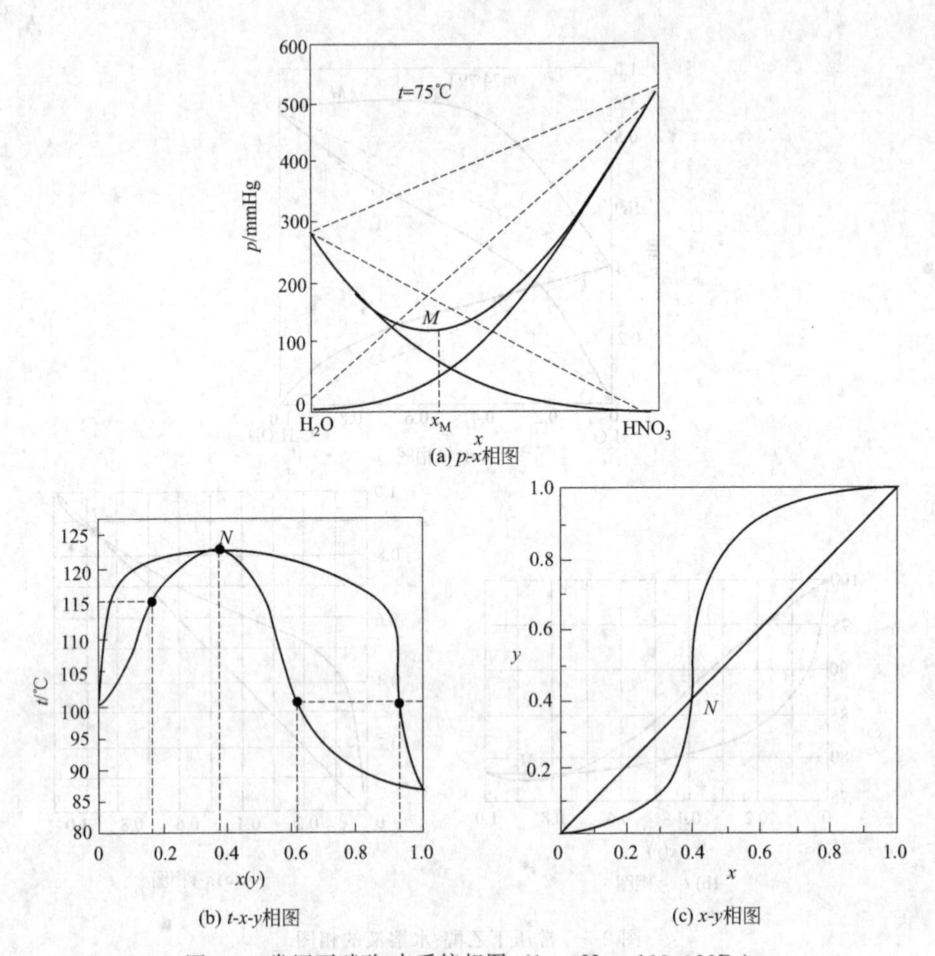

图 2-7　常压下硝酸-水系统相图（1mmHg＝133.322Pa）

2.3　单级蒸馏过程

平衡蒸馏和简单蒸馏称为单级蒸馏操作过程，通常用于混合物中各组分的挥发度相差较大，对分离要求又不高的场合。

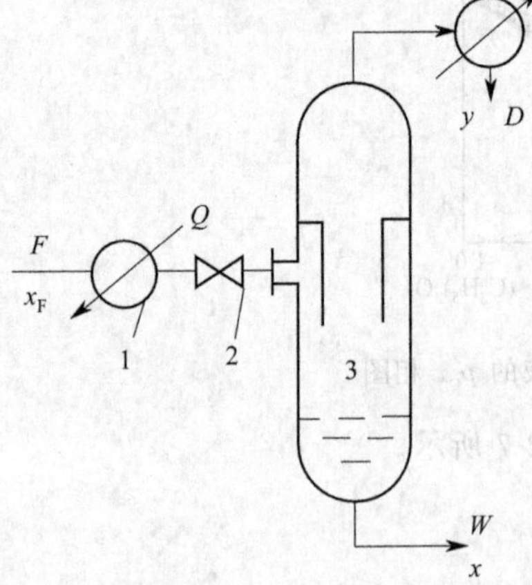

图 2-8　平衡蒸馏装置

1—加热器；2—节流阀；3—分离器

2.3.1　平衡蒸馏

2.3.1.1　平衡蒸馏原理

平衡蒸馏又称闪蒸，是一种单级连续蒸馏操作，流程如图 2-8 所示。原料液连续加入加热器中，预热至一定温度后，经减压阀减至预定压力，由于压力突然降低，过热液体发生自蒸发，液体部分汽化，气液两相在分离器中分开，塔顶易挥发组分产品得到提浓，同时底部难挥发组分产品增浓。因为闪蒸操作只经历了一次汽液平衡过程，所以对物料的分离十分有限。

2.3.1.2　平衡蒸馏计算

平衡蒸馏计算所应用的基本关系是物料衡算、热量衡算及汽液平衡关系。以双组分的平衡蒸馏为例介绍如下。

(1) 物料衡算　对图 2-8 所示的平衡蒸馏装置作物料衡算，得

总物料衡算：
$$F=D+W \tag{2-15}$$
易挥发组分物料衡算：
$$Fx_F=Dy+Wx \tag{2-16}$$
式中　F，D，W——原料液、气相和液相产品摩尔流量，kmol/h 或 kmol/s；

x_F、y、x——原料液、气相和液相产品中易挥发组分的摩尔分数。

联立式(2-15) 和式(2-16) 可得：
$$y=\left(1-\frac{F}{D}\right)x+\frac{F}{D}x_F \tag{2-17}$$
设$\frac{W}{F}=q$，式中 q 称为原料液的液化率，则$\frac{D}{F}=1-q$，$1-q$ 则称为原料液的气化率。将以上关系代入式(2-17) 并整理，可得：
$$y=\frac{q}{q-1}x-\frac{1}{q-1}x_F \tag{2-18}$$
式(2-18) 表示平衡蒸馏中气液相组成的关系。若 q 为定值时，在 x-y 相图上，式(2-18) 可以表示为通过点 (x_F、x_F)、斜率为 $q/q-1$ 的直线。

(2) 热量衡算　对图 2-8 所示流程中的加热器进行热量衡算，忽略加热器的热损失，可得加热原料液 t_F 到温度 T 所需的热量为：
$$Q=FC_p(T-t_F) \tag{2-19}$$
式中　Q——加热器的热负荷，kJ/h 或 kW；

F——原料液流量，kmol/h 或 kmol/s；

C_p——原料液的平均比热容，kJ/(kmol・℃)；

T——通过加热器后料液的温度，℃；

t_F——原料液的温度，℃。

对图 2-8 所示的节流阀和分离器作热量衡算，忽略热损失，则
$$FC_p(T-t_e)=(1-q)rF \tag{2-20}$$
式中　t_e——分离器中的平衡温度，℃；

r——料液平均摩尔汽化潜热，kJ/kmol。

则原料液离开加热器的温度为：
$$T=t_e+(1-q)\frac{r}{C_p} \tag{2-21}$$
(3) 汽液平衡关系　平衡蒸馏中，气液两相处于平衡状态，即两相温度相等，气液组成互为相平衡。若为理想物系，则有
$$y=\frac{\alpha x}{1+(\alpha-1)x} \tag{2-22}$$
应用上述基本关系，即可计算平衡蒸馏中气液相的平衡组成及平衡温度。

2.3.2　简单蒸馏

2.3.2.1　简单蒸馏原理

如图 2-9 所示，简单蒸馏也称为微分蒸馏，是一类间歇式操作。将一批料液一次加入蒸馏釜中，在外压恒定下加热到沸腾，生成的蒸气及时引入冷凝器中冷凝后，冷凝液作为产品分批进入贮槽，其中易挥发组分相对富集。过程

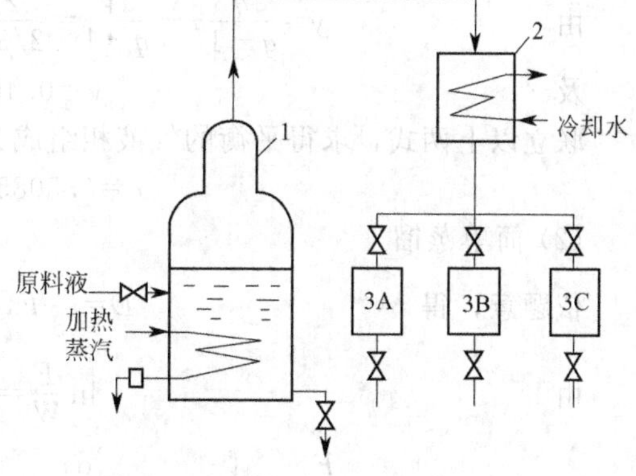

图 2-9　简单蒸馏装置

1—蒸馏釜；2—冷凝器；3A，3B，3C—馏出液容器

中釜内液体的易挥发组分浓度不断下降，蒸气中易挥发组分浓度也相应降低，因此釜顶部分批收集流出液，最终将釜内残液一次排出。显然，简单蒸馏得不到大量的高纯度产品。

2.3.2.2 简单蒸馏计算

前已述及，在简单蒸馏过程中，馏出液和釜液中易挥发组分的组成逐渐降低，釜温则逐渐升高，故简单蒸馏为非稳态过程。因此，简单蒸馏的计算应该进行微分衡算。

设在某瞬间 τ，釜液量为 Lkmol、组成为 x，经微分时间 $d\tau$ 后，釜液量变为 $(L-dL)$、组成为 $(x-dx)$，蒸出的气相量为 dD、组成为 y。

在 $d\tau$ 时间内进行物料衡算，得

总物料衡算：$dL=dD$

易挥发组分衡算：$Lx=(L-dL)(x-dx)+ydD$

联立以上两式，并略去二阶无穷小量，可得：$\dfrac{dL}{L}=\dfrac{dx}{y-x}$

将上式积分，积分限为：在 $L=F$，$x=x_F$

$$L=W,\ x=x_W$$

可得：

$$\ln\frac{F}{W}=\int_{x_W}^{x_F}\frac{dx}{y-x} \tag{2-23}$$

若已知汽液平衡关系，则可由式(2-23) 确定 F、W、x_F 及 x_W 之间的关系。

设汽液平衡关系可用式(2-22) 表示，代入上式积分，可得

$$\ln\frac{F}{W}=\frac{1}{\alpha-1}\left[\ln\frac{x_F}{x_W}+\alpha\ln\frac{1-x_W}{1-x_F}\right] \tag{2-24}$$

馏出液的平均组成$\bar{y}$可通过一批操作的物料衡算求得，即

$$D=F-W \tag{2-25}$$

$$\bar{y}=\frac{Fx_F-Wx_W}{F-W} \tag{2-26}$$

【例 2-2】 在常压下将组成为 0.6（易挥发组分的摩尔分数）的某理想二元混合物分别进行平衡蒸馏和简单蒸馏，若规定气化率为 1/3，试计算：

(1) 平衡蒸馏的气液相组成；(2) 简单蒸馏的易挥发组分平均组成及收率。

假设在操作范围内汽液平衡关系为：$y=0.46x+0.549$。

解：(1) 平衡蒸馏

依题意，液化率为

$$q=1-1/3=2/3$$

由

$$y=\frac{q}{q-1}x-\frac{x_F}{q-1}=\frac{2/3}{2/3-1}x-\frac{0.6}{2/3-1}=1.8-2x$$

及

$$y=0.46x+0.549$$

联立以上两式，求得平衡的气液相组成分别为

$$x=0.5085,\ y=0.7830$$

(2) 简单蒸馏

依题意，得

$$D=\frac{1}{3}F,\ \text{则}\ W=\frac{2}{3}F$$

由

$$\ln\frac{F}{W}=\int_{x_2}^{x_F}\frac{dx}{y-x}$$

$$\ln\frac{F}{2/3F}=\int_{x_2}^{0.6}\frac{dx}{0.549-0.54x}=\frac{1}{0.54}\ln\frac{0.549-0.54x_2}{0.549-0.54\times0.6}$$

解得：

$$x_2=0.498$$

馏出液的平均组成为

$$\bar{y}=x_F+\frac{W}{D}(x_F-x_2)=0.6+\frac{2/3F}{1/3F}\times(0.6-0.498)=0.804$$

易挥发组分的收率为

$$\frac{D\bar{y}}{Fx_F}\times100\%=\frac{1/3\ \bar{y}}{x_F}\times100\%=\frac{1/3\times0.804}{0.6}=44.67\%$$

2.4　精馏——连续多级蒸馏过程

上述的简单蒸馏及平衡蒸馏都只能使液体混合物得到有限的分离，通常不能满足工业上高产量连续化高纯度分离的要求，但它可以在精馏操作中实现。

2.4.1　精馏原理

如图 2-10 所示，精馏原理可用 t-x-y 图来说明。将组成为 x_F、温度为 t_F 的某混合液加热至泡点以上，则该混合物被部分气化，产生气液两相，其组成分别为 y_1 和 x_1'，此时 $y_1>x_F>x_1$。将气液两相分离，并将组成为 y_1 的气相混合物进行部分冷凝，则可得到组成为 y_2 的气相和组成为 x_2 的液相。继续将组成为 y_2 的气相进行部分冷凝，又可得到组成为 y_3 的气相和组成为 x_3 的液相，显然 $y_3>y_2>y_1$。如此进行下去，最终的气相经全部冷凝后，即可获得高纯度的易挥发组分产品。同时，将组成为 x_1' 的液相进行部分气化，则可得到组成为 y_2' 的气相和组成为 x_2' 的液相，继续将组成为 x_2' 的液相部分气化，又可得到组成为 y_3' 的气相和组成为 x_3' 的液相，显然 $x_3'<x_2'<x_1'$。如此进行下去，最终的液相即可获得高纯度的难挥发组分产品。

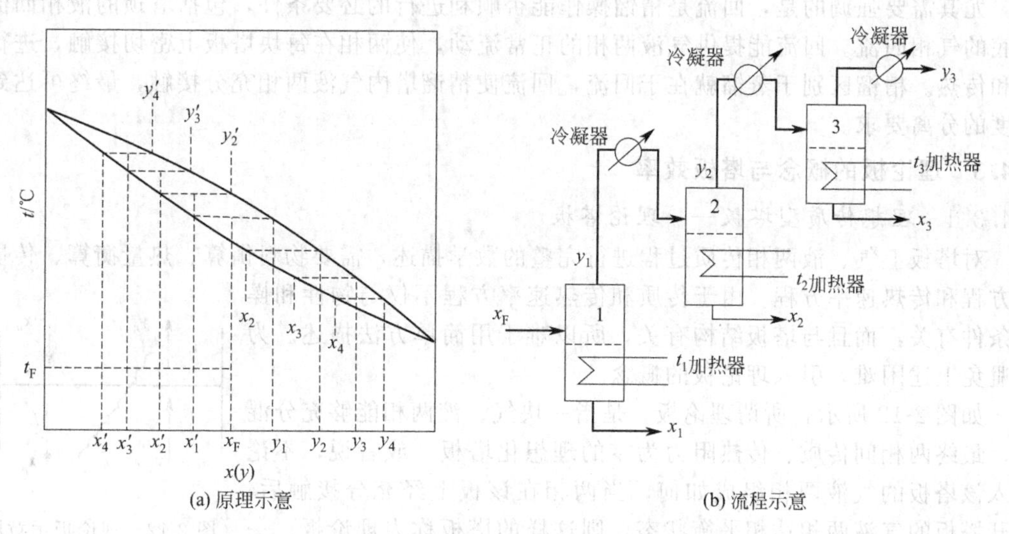

图 2-10　多次部分气化和冷凝示意

由此可见，液体混合物经多次部分气化和冷凝后，便可得到几乎完全的分离，这就是精馏过程的基本原理。

上述多次部分气化和冷凝的多级分离会得到许多中间产物，如组成 x_1、x_2、x_3 的液相产品等，如把这些中间产品分别再去进行多次部分气化和冷凝，则需要的设备多、能耗大、产品收率低，在实际生产中是很不经济的。有无更好的方法使得分离过程设备投资少、能耗低且产品的收率和纯度都很高呢？工业上常采用含多层塔板的塔设备来实现此目的，下面将详细介绍。

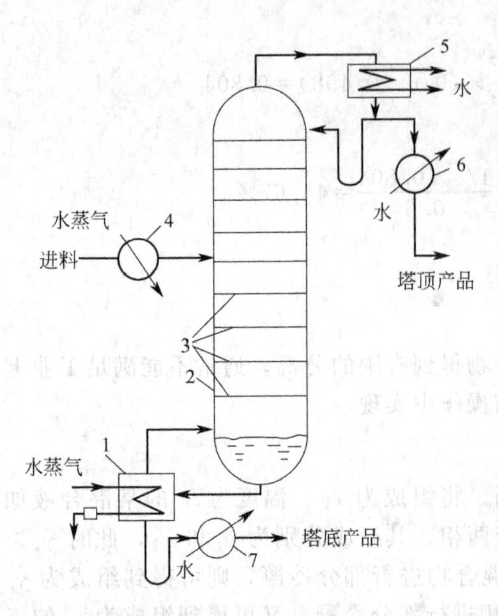

图 2-11 连续精馏装置的流程

1—再沸器；2—精馏塔；3—塔板；4—进料预热器；5—冷凝器；6—塔顶产品冷却器；7—塔底产品冷却器

2.4.2 精馏操作流程

上述的多次部分气化和冷凝过程是在如图 2-11 所示的精馏塔内进行的，料液自塔的中部某适当位置连续加入塔内，塔顶设有冷凝器将塔顶蒸气冷凝为液体，冷凝液的一部分回流入塔顶，称为回流，另一部分作为塔顶产品（馏出液）连续排出，塔底部设有再沸器（蒸馏釜），以加热液体产生部分蒸气返回塔底，另一部分液体作为塔底产品排出。塔内气、液两相逆流接触进行热量、质量交换。塔内上半部分（加料位置以上），对气相而言，随着气相上升，气相中难挥发组分浓度不断减少，易挥发组分浓度不断增多，完成了气相的精制任务，故称为精馏段；塔内下半部分（包括加料板以下），对液相而言，随着液相不断下流，液相中易挥发组分不断减少，难挥发组分不断增多，完成了液相的提纯任务，故称提馏段。

一个完整的精馏塔应包括精馏段、提馏段、塔顶冷凝器和塔底再沸器。在这样的塔内，可将双组分混合液连续地、高纯度地分离为轻、重两组分。

尤其需要强调的是，回流是精馏操作能否顺利进行的必要条件，包括塔顶的液相回流与塔底的气相回流。回流能提供气液两相的正常流动，使两相在每块塔板上密切接触，进行传质和传热。精馏区别于蒸馏就在于回流，回流使精馏塔内气液两相充分接触，最终可达到高纯度的分离要求。

2.4.3 理论板的概念与塔板效率

2.4.3.1 理想传质型塔板——理论塔板

对塔板上气、液两相传质过程进行完整的数学描述，需要物料衡算、热量衡算、传质速率方程和传热速率方程。由于传质和传热速率方程不仅与物性和操作条件有关，而且与塔板结构有关，所以难于用简单方法描述。为了避免上述困难，引入理论板的概念。

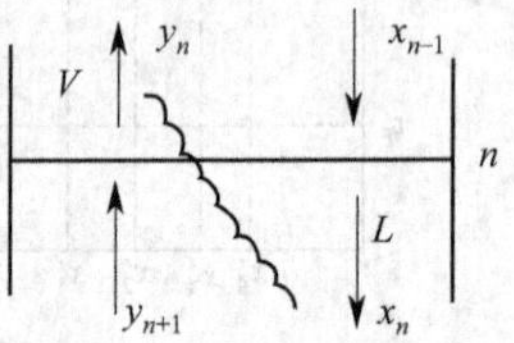

如图 2-12 所示，所谓理论板，是指一块气、液两相能够充分混合，最终两相间传质、传热阻力为零的理想化塔板。或者说，不论进入该塔板的气液两相组成如何，当两相在该板上经充分接触后，离开塔板的气液两相达相平衡状态，则这样的塔板称为理论板。一块理论塔板即为一个理论级或平衡级。

图 2-12 理论板示意图

理论板概念的引入，将严格的相平衡及传质、传热理论与复杂的实际精馏操作联系起来，可将复杂的精馏问题分解为两个子问题，即分别求精馏塔的理论板数和效率。前者仅决定于分离任务、相平衡关系和两相流率，而与物系的其他性质、两相的接触情况以及塔板的结构型式等复杂因素无关；而后者决定于物系的物性、两相接触情况、操作条件及塔板结构等许多复杂因素。这样，在解决具体精馏问题时，可以在塔板的结构型式尚未确定之前方便地求出所需理论板数，再根据分离任务的难易，选择适当的塔型和操作条件来确定塔板效率，从而最终确定所需实际塔板数。

2.4.3.2　塔板效率

塔板效率反映了实际塔板上气液两相间传质情况与理论板的差距，板式塔的效率可分别采用全塔效率和单板效率表示。

(1) 全塔效率 E_T（又称总板效率）　实际操作时离开每一块实际塔板的气、液两相的组成并未达到相平衡关系，故需要有比理论板更多的实际塔板才能实现规定的分离要求，因此引出了全塔效率的概念，定义为：

$$E_T=\frac{N_T}{N_P}\times 100\% \tag{2-27}$$

式中　N_T——全塔所需理论板数；

N_P——全塔所需实际板数。

全塔效率可用于理论板数与实际板数之间进行换算，它是一个影响因素众多的综合指标，与气液体系、物性及塔板类型及其具体结构有关，同时与操作状况有关，因此该数值一般均由实验测定后归纳整理成曲线或经验式。常见算法中，一类是例如由美国化工学会提出的 A. I. Ch. E 法，该类方法不仅包括了众多影响因素，而且能反映塔径放大对全塔效率的影响，对于过程开发很有意义；另一类是简化经验计算法，该类方法归纳了试验数据及工业数据，得出全塔效率与少数主要影响因素的关系，例如较多使用的奥康奈尔方法，对于精馏塔，奥康奈尔法将总板效率对液相黏度与相对挥发度的乘积进行关联，得到下式：

$$E_T=0.49\,(\alpha\mu_L)^{-0.245}$$

式中　α——塔顶与塔底平均温度下的相对挥发度，对多组分系统，应取关键组分间的相对挥发度；

μ_L——塔顶与塔底平均温度下的液体黏度，mPa·s。

对于多组分系统，μ_L 可按下式计算，即

$$\mu_L=\sum x_i\mu_{Li}$$

式中　μ_{Li}——液相任意组分 i 的黏度，mPa·s；

x_i——液相任意组分 i 的摩尔分数。

(2) 单板效率　单板效率又称为默弗里（MurPhree）板效率，是指气相或液相经过一层实际塔板前后的真实组成变化与经过该层塔板前后的理论组成变化的比值，如图 2-13 所示，图中第 n 层塔板的效率有如下两种表达方式：

① 按气相组成变化表示的单板效率为：

$$E_{mv}=\frac{y_n-y_{n+1}}{y_n^*-y_{n+1}} \tag{2-28}$$

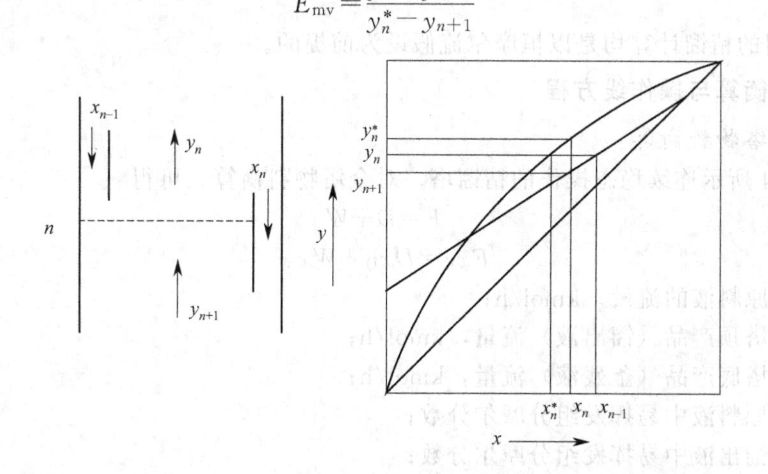

图 2-13　单板效率定义附图

② 按液相组成变化表示的单板效率为：

$$E_{ml}=\frac{x_{n-1}-x_n}{x_{n-1}-x_n^*} \tag{2-29}$$

式中 y_n^*——与第 n 板实际液相组成 x_n 成相平衡的气相组成；

x_n^*——与第 n 板实际气相组成 y_n 成相平衡的液相组成。

单板效率可直接反映该层塔板的传质效果。一般来说，同一层塔板的 E_{mv} 与 E_{ml} 数值并不相同，各层塔板的单板效率通常也不相等。即使塔内各板效率相等，全塔效率在数值上也不等于单板效率，这是因为二者定义的基准不同，全塔效率是基于所需理论板数的概念，而单板效率基于理论板增浓程度的概念。

还应指出，单板效率的数值有可能超过100%，在精馏操作中，液体沿精馏塔板面流动时，易挥发组分浓度逐渐降低，对 n 板而言，其上液相组成由 x_{n-1} 的高浓度降为 x_n 的低浓度，尤其塔板直径较大、液体流径较长时，液体在板上的浓度差异更加明显，这就使得穿过板上液层而上升的气相有机会与浓度高于 x_n 的液体相接触，从而得到较大程度的增浓。

2.4.3.3 恒摩尔流假设

一般情况下，若假设被分离的A、B两种组分的摩尔汽化潜热相等，且能够忽略显热变化和热损失的影响，则精馏段的气、液摩尔流率分别保持不变，提馏段的气、液摩尔流率也分别保持不变，称为恒摩尔流假设，包括恒摩尔气流和恒摩尔液流。

(1) 恒摩尔气流　指在精馏塔内，从精馏段或提馏段每层塔板上升的气相摩尔流量各自相等，但两段上升的气相摩尔流量不一定相等。即

精馏段　$V_1=V_2=V_3=\cdots=V=$常数

提馏段　$V_1'=V_2'=V_3'=\cdots=V'=$常数

式中，下标表示塔板序号，排序从上往下，下同。

(2) 恒摩尔液流　指在精馏塔内，从精馏段或提馏段每层塔板下降的液相摩尔流量分别相等，但两段下降的液相摩尔流量不一定相等。即

精馏段　$L_1=L_2=L_3=\cdots=L=$常数

提馏段　$L_1'=L_2'=L_3'=\cdots=L'=$常数

恒摩尔流假设中的几个基本假设是有事实依据的，由于精馏塔的塔体外均包有隔热层，故绝热的假设是可靠的。另外，不少混合液，尤其是由化学性质相近的液体组成的溶液，各组分的摩尔汽化潜热相近，且其数值与浓度变化的关系不大，故摩尔汽化潜热相等的假设是基本成立的。

后面介绍的精馏计算均是以恒摩尔流假设为前提的。

2.4.4 物料衡算与操作线方程

2.4.4.1 全塔物料衡算

如图2-14所示连续稳态操作的精馏塔，对全塔物料衡算，可得

$$F=D+W \tag{2-30}$$

$$Fx_F=Dx_D+Wx_W \tag{2-31}$$

式中 F——原料液的流量，kmol/h；

D——塔顶产品（馏出液）流量，kmol/h；

W——塔底产品（釜残液）流量，kmol/h；

x_F——原料液中易挥发组分摩尔分数；

x_D——馏出液中易挥发组分摩尔分数；

x_W——釜残液中易挥发组分摩尔分数。

全塔物料衡算式表示了进、出精馏塔的物料流率与组成的平衡关系。

在精馏计算中，分离要求除用轻、重两产品的分离纯度表示外，有时还用如下形式的回收率表示。

(1) 塔顶易挥发组分回收率：

$$\eta_A=\frac{Dx_D}{Fx_F}\times100\% \tag{2-32}$$

(2) 塔底难挥发组分回收率：

$$\eta_B=\frac{W(1-x_W)}{F(1-x_F)}\times100\% \tag{2-33}$$

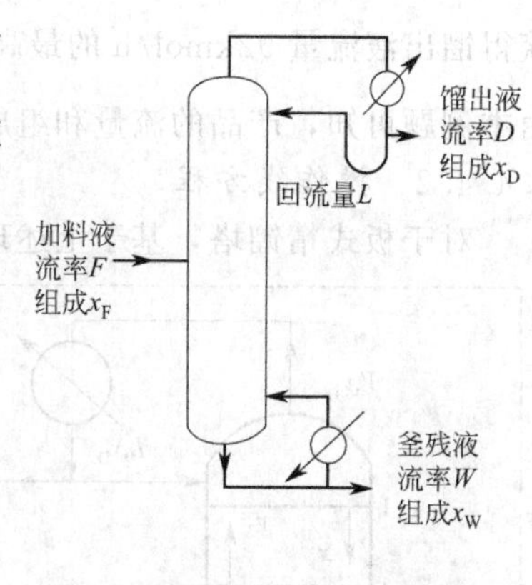

图 2-14 精馏塔的物料衡算示意图

另外，塔顶馏出液和塔底釜液的采出率可分别定义为：

$$\frac{D}{F}=\frac{x_F-x_W}{x_D-x_W} \tag{2-34}$$

$$\frac{W}{F}=\frac{x_D-x_F}{x_D-x_W} \tag{2-35}$$

在精馏操作中，通常原料液的量和组成由生产任务给定，当分离要求规定后，精馏操作必须满足全塔物料衡算方程，例如，规定了馏出液组成 x_D 与釜液组成 x_W，则馏出液 D 与釜液 W 的采出率也已确定；若规定了釜液量 W 和 x_W，则馏出液量 D 和 x_D 也就确定，不能随便改变。

【例 2-3】 在连续精馏塔中分离苯-甲苯混合液，原料液的处理量为 15000kg/h，其中苯的质量分数为 0.46，要求馏出液中苯的回收率为 98%，釜残液中甲苯的回收率不低于 97%，试求 (1) 馏出液和釜残液的流量和组成（摩尔流量和摩尔分数）；(2) 欲获得馏出液流量为 92kmol/h，而保持馏出液组成不变，是否可能？

解：(1) 两股产品的流量和组成

苯和甲苯的摩尔质量分别为 78kg/kmol 和 92kg/kmol，进料组成为

$$x_F=\frac{\frac{0.46}{78}}{\frac{0.46}{78}+\frac{0.54}{92}}=0.5012$$

进料的平均摩尔质量为

$$M_F=M_Ax_F+M_B(1-x_F)=78\times0.5012+92\times(1-0.5012)=84.98\text{kg/kmol}$$

则：

$$F=\frac{15000}{84.98}=176.5\text{kmol/h}$$

由题意可知

$$Dx_D=0.98Fx_F=0.98\times176.5\times0.5012=86.69\text{kmol/h} \tag{a}$$

$$W(1-x_W)=0.97F(1-x_F)=0.97\times176.5\times(1-0.5012)=85.40\text{kmol/h} \tag{b}$$

又由全塔物料衡算得

$$D+W=F=176.5\text{kmol/h} \tag{c}$$

及

$$Dx_D+Wx_W=Fx_F=176.5\times0.5012=88.46\text{kmol/h} \tag{d}$$

联立式(a)～式(d)，得到

$$D=89.33\text{kmol/h},W=87.17\text{kmol/h},x_D=0.9704,x_W=0.0203$$

(2) 欲获得馏出液流量 92kmol/h 的分析

欲保持 $x_D=0.9704$，而获得馏出液流量 92kmol/h 是不可能的，这是由于 $D'x_D=92\times0.9704=89.3\text{kmol/h}>Fx_F=88.46\text{kmol/h}$

获得馏出液流量 92kmol/h 的最高组成为 $x'_D = \frac{Fx_F}{D'} = \frac{176.5 \times 0.5012}{92} = 0.9615$

由本例题可知，产品的流量和组成受全塔物料平衡的限制。

2.4.4.2 操作线方程

对于板式精馏塔，基于上述理论板的概念，若已知离开任意理论板的一相组成，即可利用相平衡关系求得同时离开该理论板的另一相组成。为了进一步确定整个塔内气液两相组成的分布情况，还应设法找出任意相邻的两塔板之间上层板下降的液相组成 x_n 与下层板上升的气相组成 y_{n+1} 之间的关系。y_{n+1} 与 x_n 称为操作关系，其数学描述称为操作线方程。

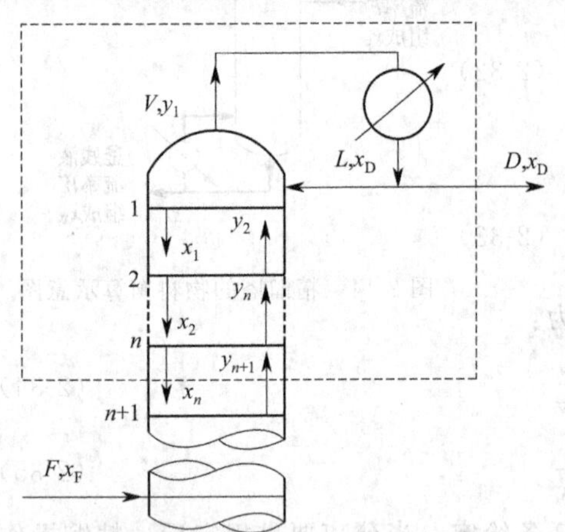

图 2-15 精馏段操作线方程推导

操作线方程可利用物料衡算导出。由于进料的影响，将使精馏段和提馏段的物流情况有所不同，所以，操作线方程应分段建立。

(1) 精馏段操作线方程

对如图 2-15 所示虚线范围（包括精馏段的第 $n+1$ 层板以上塔段与塔顶冷凝器之间）作物料衡算。

总物料衡算： $V = L + D$

易挥发组分物料衡算： $Vy_{n+1} = Lx_n + Dx_D$

联立上两式可得

$$y_{n+1} = \frac{L}{V}x_n + \frac{D}{V}x_D \tag{2-36}$$

或

$$y_{n+1} = \frac{L}{L+D}x_n + \frac{D}{L+D}x_D \tag{2-36a}$$

上式等号右边两项的分子及分母同时除以 D，则

$$y_{n+1} = \frac{\frac{L}{D}}{\frac{L}{D}+1}x_n + \frac{1}{\frac{L}{D}+1}x_D$$

设：$R = \frac{L}{D}$，代入上式中得：

$$y_{n+1} = \frac{R}{R+1}x_n + \frac{1}{R+1}x_D \tag{2-37}$$

式中，R 表示精馏段下降液体的摩尔流量与馏出液摩尔流量之比，称为回流比，是精馏塔的重要操作参数。根据恒摩尔流假定，L 为定值，且在稳态操作时，D 及 x_D 为定值，故 R 也是常量，其值一般由设计者选定。R 值的确定将在后面讨论。

式(2-36)、式(2-37) 均称为精馏段操作线方程式。该式在 x-y 相图上为一条直线，其斜率为 $R/(R+1)$，截距为 $x_D/(R+1)$。当作图时，该直线有个特点，就是当取 $x_n = x_D$ 时，同时有 $y_{n+1} = x_D$，即该直线在对角线上可画出一个点 $(x_D,\ x_D)$，若再确定了截距 $x_D/(R+1)$ 的数值和对应的点 $[0,\ x_D/(R+1)]$，则可将这两点连接成精馏段操作线，如图 2-16 所示。

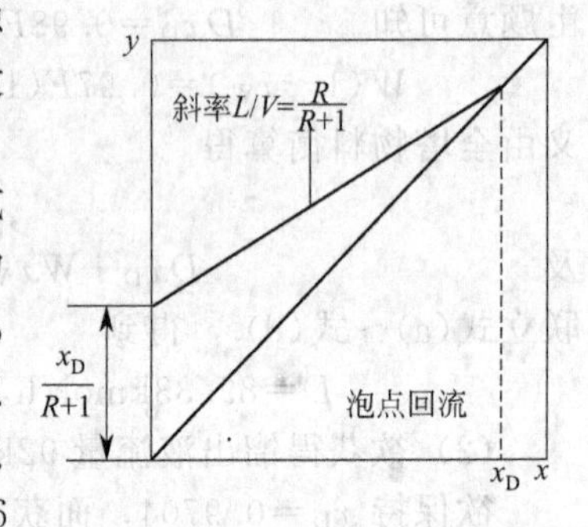

图 2-16 精馏段操作线图示

（2）提馏段操作线方程

如图2-17所示虚线范围（包括提馏段第m层板以下塔段与塔底再沸器之间），作物料衡算。

总物料衡算：$L'=V'+W$

易挥发组分物料衡算：$L'x_m=V'y_{m+1}+Wx_W$

联立上两式整理得

$$y_{m+1}=\frac{L'}{L'-W}x_m-\frac{W}{L'-W}x_W \qquad (2\text{-}38)$$

式(2-38)称为提馏段操作线方程，根据恒摩尔流假设，L'为定值，稳态操作时，W与x_W也为定值，因此式(2-38)在x-y相图上也可表示为一条直线。同样，该线也可在对角线上画出一个点（x_W，x_W），再利用截距$-Wx_W/(L'-W)$画出此线，但通常采用下面介绍的以q线来协助画提馏段操作线的方法。

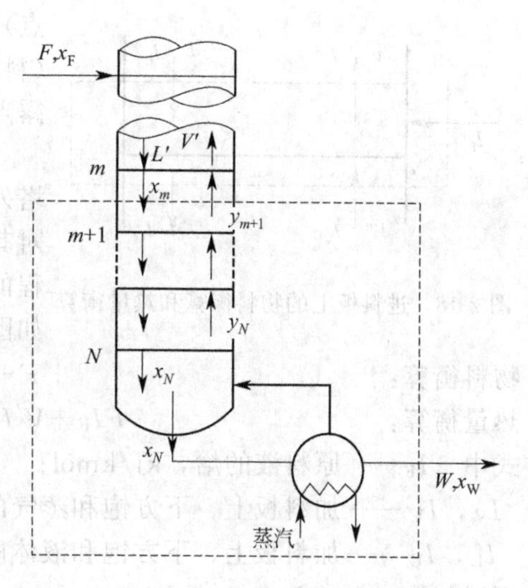

图2-17 提馏段操作线方程推导

由上述两操作线方程可知，精馏段操作线斜率小于1，而提馏段操作线斜率大于1。

【例2-4】 某二元混合液含易挥发组分0.35，泡点进料，经连续精馏塔分离，塔顶产品$x_D=0.96$，塔底产品$x_W=0.025$（均为易挥发组分的摩尔分数），设满足恒摩尔流假设。试计算塔顶、塔釜产品的采出率及塔顶、塔釜易挥发和难挥发组分的回收率。若回流比$R=3.2$，泡点回流，写出精馏段与提馏段操作线方程。

解： 已知$x_F=0.35$；$x_W=0.025$；$x_D=0.96$；$R=3.2$

（1）塔顶产品采出率：$\frac{D}{F}=\frac{x_F-x_W}{x_D-x_W}=\frac{0.35-0.025}{0.96-0.025}=0.348=34.8\%$

塔釜产品采出率：$\frac{W}{F}=\frac{x_D-x_F}{x_D-x_W}=\frac{0.96-0.35}{0.96-0.025}=0.652=65.2\%$

塔顶产品易挥发组分回收率：$\eta_A=\frac{Dx_D}{Fx_F}=\frac{0.348\times0.96}{0.35}=0.955=95.5\%$

塔釜产品难挥发组分回收率

$$\eta_B=\frac{W(1-x_W)}{F(1-x_F)}=\frac{0.652\times(1-0.025)}{1-0.35}=0.978=97.8\%$$

（2）精馏段操作线方程：

$$y=\frac{R}{R+1}x+\frac{1}{R+1}x_D=\frac{3.2}{3.2+1}x+\frac{0.96}{3.2+1}=0.762x+0.229$$

提馏段操作线方程：

$$y=\frac{L'}{L'-W}x-\frac{W}{L'-W}x_W=\frac{L+F}{L+F-W}x-\frac{W}{L+F-W}x_W$$

由题意及上述条件可知：$L=RD=3.2D$，$F=\frac{D}{0.348}$，

$$W=0.652F=0.652D/0.348$$

故可得提馏段操作线方程：$y=1.45x-0.0112$

2.4.5 进料热状况的影响与q线方程

2.4.5.1 进料热状况

组成一定的物料，可以五种不同的热状况加入塔内，即①冷液体进料（料液温度低于泡

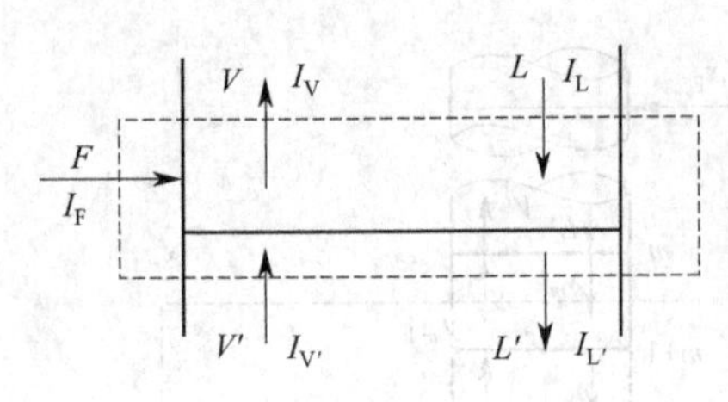

图 2-18 进料板上的物料衡算和热量衡算

点）；②饱和液体进料（即泡点进料）；③气液混合进料（料液温度介于泡点和露点之间）；④饱和蒸汽进料（即露点进料）；⑤过热蒸汽进料（料液温度高于露点）。

进料板是精馏段和提馏段的连接处，由于有物料自塔外引入，所以其物料、热量关系与普通板不同，必须对其进行物料和热量衡算，以讨论进料热状况对精馏过程的影响。

如图 2-18 所示，对进料板分别作物料和热量衡算，则

物料衡算：
$$F+V'+L=V+L' \tag{2-39}$$
热量衡算：
$$FI_F+V'I_{V'}+LI_L=VI_V+L'I_{L'} \tag{2-40}$$

式中 I_F——原料液的焓，kJ/kmol；

I_V，$I_{V'}$——加料板上、下方饱和蒸气的焓，kJ/kmol；

I_L，$I_{L'}$——加料板上、下方饱和液体的焓，kJ/kmol。

可近似取：$I_V \approx I_{V'}$，$I_L \approx I_{L'}$。

故联立上述的物料衡算式与热量衡算式可得：

$$\frac{L'-L}{F}=\frac{I_V-I_F}{I_V-I_L}$$

令：
$$q=\frac{I_V-I_F}{I_V-I_L}=\frac{\text{每千摩尔原料变成饱和蒸气所需的热量}}{\text{原料液的千摩尔汽化潜热}} \tag{2-41}$$

式中 q——进料热状况参数，从 q 值的大小可判断出进料的状态及温度。

若取
$$q=\frac{L'-L}{F} \tag{2-42}$$

则 q 的含义是表示进料中液相占有的分率，简称液化率，而 $1-q$ 则表示进料的气化率。所以，由上式可得

$$L'=L+qF \tag{2-43}$$

将式(2-43) 代入式(2-39)，可得：

$$V=V'+(1-q)F \tag{2-44}$$

式(2-43) 及式(2-44) 说明了可将进料划分为两部分分别对精馏段及提馏段气液摩尔流率的影响，其中一部分是 qF，表示由于进料而增加的提馏段饱和液体流量值，另一部分是 $(1-q)F$，表示因进料而增加的精馏段饱和蒸气的流量值，这些变化示于图 2-19 中。

2.4.5.2 进料热状况对塔内物流的影响

图 2-19 定性地表示了不同进料热状态对进料板上、下各股流量的影响。从图中看出：

(1) 冷液进料（$q>1$）：如图 2-19(a) 所示，进料液温度低于泡点，入塔后由提馏段上升的蒸气有部分冷凝，放出的潜热将进料液加热至泡点。此时，提馏段下降的液相分成三部分：即精馏段下降的液流量、进料量及进料板冷凝液量；而精馏段上升的蒸气量小于提馏段的蒸气量，即：

$$L'>L+F,\ V'>V$$

(2) 泡点进料（$q=1$）：如图 2-19(b) 所示，此种情况下有如下关系：

$$L'=L+F,\ V'=V$$

(3) 气液混合物进料（$0<q<1$）：如图 2-19(c) 所示，进料中气相部分与提馏段上升蒸气合并进入精馏段，液相部分作为提馏段下降液相的一部分。此种情况下有如下关系：

$$L<L'<L+F,\ V'<V$$

(4) 露点进料（$q=0$）：如图 2-19(d) 所示，此种情况下有如下关系：

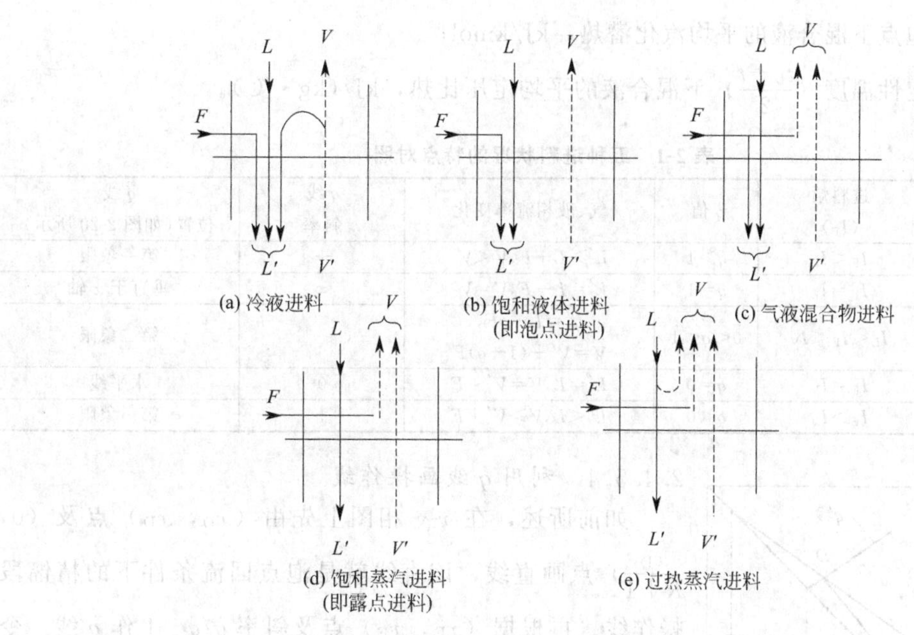

图 2-19　进料热状况对进料板上、下各股物流的影响示意图

$$L'=L,\ V=V'+F$$

(5) 过热蒸气进料 ($q<0$)：如图 2-19(e) 所示，过热蒸气进塔后首先放出显热而变为饱和蒸气，而此显热将使进料板上液体部分气化，此种情况下有如下关系：

$$L'<L,\ V>V'+F$$

2.4.5.3　q 线方程及其特点

由上述分析可知，进料板的物料衡算应同时满足精馏段和提馏段两个方程，即

精馏段物料衡算式　　$Vy=Lx+Dx_D$

提馏段物料衡算式　　$V'y=L'x-Wx_W$

联立上两式并整理得到

$$y=\frac{q}{q-1}x-\frac{1}{q-1}x_F \tag{2-45}$$

稳态操作时，q、x_F 均为定值，因此，进料板上相互接触的气液两相组成 y-x 的关系也是直线。作图时，该线也在对角线上对应一点 (x_F，x_F)，再利用 q 线的斜率 $q/q-1$，即可在 x-y 相图上画出 q 线的位置。

该直线是精馏段操作线与提馏段操作线交点的轨迹方程，它与进料热状况有关，不同热状况，其交点坐标不同，形成的轨迹方程也不同，统称为 q 线方程，如图 2-20 所示。

图 2-20　五种进料热状况的 q 线位置

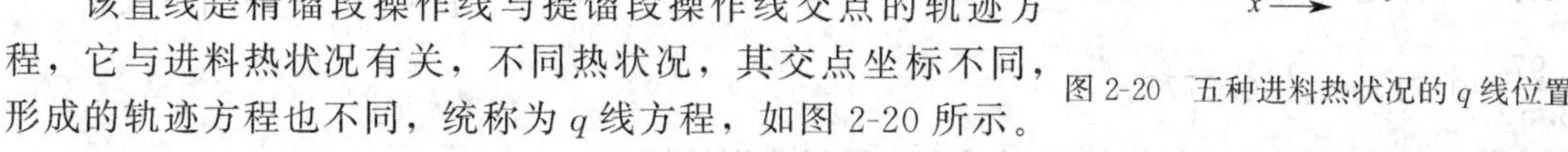

不同进料热状况的特点可由式(2-41) 分析。由于加料板上饱和蒸气的焓 I_V 总是大于饱和液体的焓 I_L，所以该式中的分母是不为零的正数，则由分子 I_V-I_F 的大小可知，进料热状况影响精馏段、提馏段的气、液相流率及 q 线的位置，如表 2-1 所示。

表中的 q 值均可用式(2-41) 计算，其中当计算过冷液进料的热状况参数时，也可采用下式：

$$q=\frac{[r_m+C_{pm}(t_b-t)]}{r_m} \tag{2-46}$$

式中　t_b——进料液的泡点温度，℃；

t——进料液的实际温度，℃；

r_m——泡点下混合液的平均汽化潜热，kJ/kmol；

C_{pm}——定性温度（$\frac{t_b+t}{2}$）下混合液的平均定压比热，kJ/(kg·℃)。

表 2-1 五种进料状况的特点对照

进料热状况	进料焓(I_F)	q值	气、液相流率变化	q线斜率	q线位置(如图 2-20 所示)
过冷液体	$I_F<I_L$	$q>1$	$L'>L+F,V<V'$	+	第一象限
饱和液体	$I_F=I_L$	$q=1$	$L'=L+F,V=V'$	∞	垂直于x轴
气液混合物	$I_L<I_F<I_V$	$0<q<1$	$L'=L+qF$, $V=V'+(1-q)F$	—	第二象限
饱和蒸气	$I_F=I_V$	$q=0$	$L'=L,V=V'+F$	0	水平线
过热蒸气	$I_F>I_V$	$q<0$	$L'<L,V>V'+F$	+	第三象限

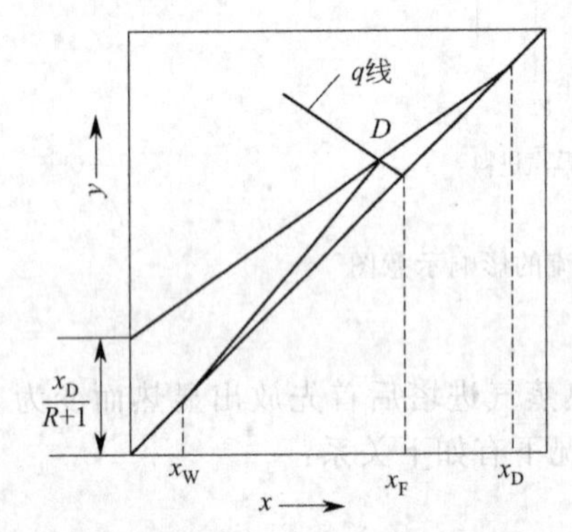

图 2-21 利用q线作操作线的方法

2.4.5.4 利用q线画操作线

如前所述，在x-y相图上先由（x_D，x_D）点及（0，$\frac{x_D}{R+1}$）点画直线，该直线就是泡点回流条件下的精馏段操作线。再根据（x_F，x_F）点及斜率$q/q-1$作q线。令精馏段操作线与q线交点为D，连接D点与对角线上的（x_W，x_W）点的直线就是提馏段操作线，如图 2-21 所示。

利用q线协助画操作线，尤其在饱和液体进料（$q=1$）及饱和蒸气进料（$q=0$）时使画操作线更简易，而且可使进料热状况的影响显示得更清楚。

【例 2-5】 在常压连续精馏塔中分离苯-甲苯混合液，原料液的流量为 100kmol/h，其组成为 0.4（苯的摩尔分数，下同），馏出液组成为 0.97，釜残液组成为 0.04，操作回流比为 2.5，试分别求以下三种进料热状况参数下的精馏段和提馏段操作线方程。

(1) 20℃下冷液体进料；

(2) 泡点进料；

(3) 露点进料。

假设操作条件下物系的平均相对挥发度为 2.47，原料液的泡点为 94℃，原料液的平均比热容为 1.85kJ/(kg·℃)，原料液的汽化热为 354kJ/kg。

解： 精馏段操作线方程由操作回流比R及馏出液组成x_D所决定，而不受加料热状况所影响，三种进料热情况下的精馏段操作线方程均相同，即$y_{n+1}=\frac{R}{R+1}x_n+\frac{x_D}{R+1}=\frac{2.5}{3.5}x_n+\frac{0.97}{3.5}=0.7143x_n+0.2771$。

提馏段操作线方程受进料热状况所影响，需要分别计算。

由全塔物料衡算求馏出液和釜残液的流量，即

$$D=F\frac{x_F-x_W}{x_D-x_W}=100\times\frac{0.4-0.04}{0.97-0.04}=38.71\text{kmol/h}$$

$$W=F-D=100-38.71=61.29\text{kmol/h}$$

则

$$L=RD=2.5\times38.71=96.78\text{kmol/h}$$

$$V=(R+1)D=3.5\times38.71=135.5\text{kmol/h}$$

(1) 20℃下冷液体进料 根据q的定义，20℃下冷液体进料时

$$q=\frac{r+C_p(t_b-t)}{r}=\frac{354+1.85\times(94-20)}{354}=1.387$$

则
$$L'=L+qF=96.78+1.387\times100=235.5\text{kmol/h}$$
$$V'=L'-W=235.5-61.29=174.2\text{kmol/h}$$

则
$$y'_{m+1}=\frac{L'}{V'}x'_m-\frac{W}{V'}x_W=\frac{235.5}{174.2}x'_m-\frac{61.29}{174.2}\times0.04=1.352x'_m-0.014$$

（2）泡点进料（$q=1$）

$$L'=L+F=96.78+100=196.8\text{kmol/h}$$
$$V'=V=135.5\text{kmol/h}$$

则
$$y'_{m+1}=\frac{196.8}{135.5}x'_m-\frac{61.29}{135.5}\times0.04=1.452x'_m-0.018$$

（3）露点进料（$q=0$）

$$L'=L=96.78\text{kmol/h}$$
$$V'=V-F=135.5-100=35.5\text{kmol/h}$$

则
$$y'_{m+1}=\frac{96.78}{35.5}x'_m-\frac{61.29}{35.5}\times0.04=2.726x'_m-0.069$$

由上面计算结果可如下规律：

① 精馏段操作线的斜率小于或等于 1，截距为正；提馏段操作线的斜率大于或等于 1，截距为负。

② 进料热状况明显影响提馏段操作线方程，随着 q 值加大，提馏段操作线的斜率和截距的绝对值变小。

2.5　双组分连续精馏的设计型计算

双组分连续精馏的工艺计算主要分为两种类型：一类是设计型计算，主要是根据分离任务的要求确定设备的主要工艺尺寸；而另一类是操作型计算，主要是在已知设备条件下确定操作时的工况。对于板式塔而言，前者是根据规定的分离要求，选择适应的操作条件，计算所需理论板数，进而求出实际板数；而后者主要是针对已有的设备情况，由已知的操作条件预计分离结果。

设计型命题是本章的重点，其中设计型计算的已知条件是：物系，进料组成 x_F，进料量 F、要求的塔顶产品浓度 x_D 及塔底产品浓度 x_W；而设计任务是：计算塔顶、底产品流量 D、W，理论板数 N_T 及进料位置。

设计计算的内容如下：

① 根据物系及操作压力 P 查取气、液平衡数据，依据查得的（t，x，y）数据做 x-y 相图。

② 由全塔物料衡算计算出 D 及 W。

③ 进料热状况参数 q 值的选定。

④ 回流比 R 值的选定，并计算出精、提馏段内的气、液流率。

⑤ 确定精馏段、提馏段的理论板数及进料板位置。

2.5.1　进料热状况参数 q 值的选定

能表示 5 种进料热状况的 q 值的选定，需考虑其值的改变对一定分离任务所需理论板数的影响。若物系、操作压力 P、进料组成 x_F、塔顶产品浓度 x_D 及塔底产品浓度 x_W 均已知，回流比 R 也已选定，则精馏段操作线便已确定。当进料 q 值改变，必导致两操作线的交点位置改变，从而影响提馏段操作线位置。如图 2-22 所示，进料 q 值越大，两操作线的交点位置越向右上方移动，即两操作线越远离平衡线，所需理论板数越少，但这并不意味着冷液进料为最佳，还要进一步全面了解 q 值改变带来的其他影响。

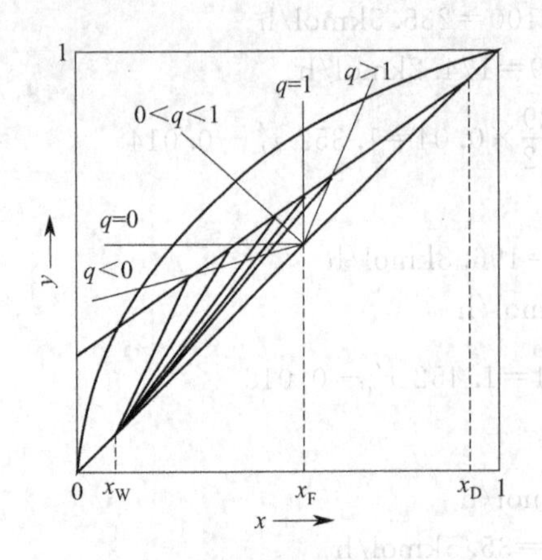

图 2-22 q 值改变对理论板数的影响

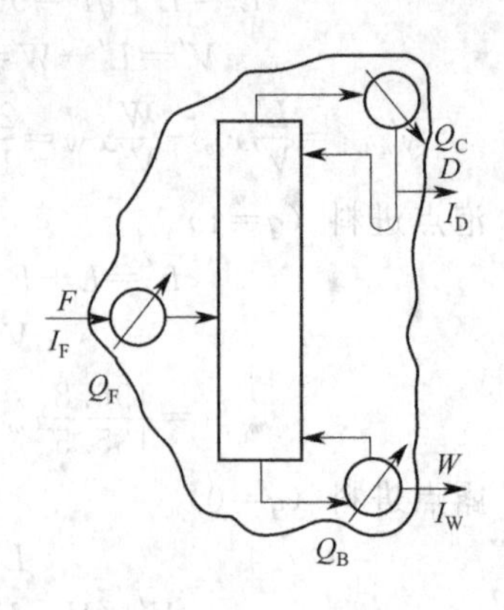

图 2-23 全塔热量衡算

参看图 2-23，对全塔作热量衡算，可写出下式：

$$FI_F + Q_F + Q_B = DI_D + WI_W + Q_C \tag{2-47}$$

式中 Q_B——外界通过塔底再沸器输入的热量；

Q_F——进料加热器输入的热量；

Q_C——由塔顶冷凝器输出的热量。

若操作条件已定，即 F、D、W、I_F、I_D、I_W、R 及 Q_C 等值均为定值，显然，$Q_F + Q_B =$ 常量。这说明，要实现此分离操作，需从外界输入的热量是个定值，且可从再沸器和进料加热器两个途径输入。进塔原料 q 值的不同意味着 Q_F 与 Q_B 的比值不同。若为冷液进料，q 值大，则热量主要由塔釜输入，必要求再沸器的传热面积大，设备体积大，此外，因提馏段气、液流量大，则提馏段塔径要加大。于是，冷液进料虽可减少理论板数，使塔高降低，但再沸器及提馏段塔径增大，也有不利之处。一般设置进料加热器后，可减轻塔釜的负荷，将原料加热至泡点进料，还有助于稳定塔的工艺操作情况。

实际生产中，进塔原料的热状况多与前一工序有关。若前一工序输出的是饱和蒸气，一般就以饱和蒸气进塔，不必冷凝成液体后再进塔。

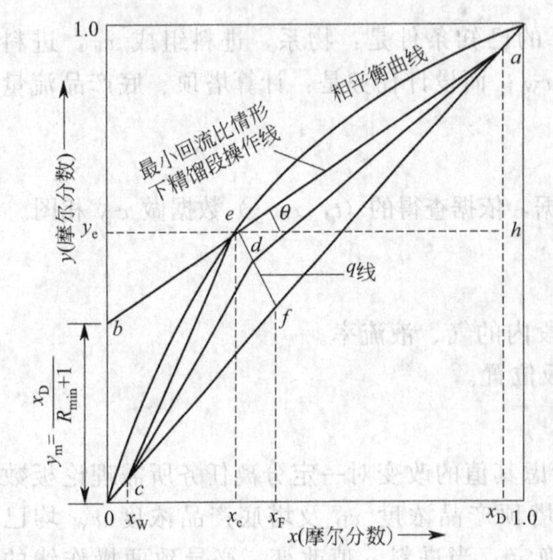

图 2-24 在 x-y 图中分析最小回流比

2.5.2 回流比的影响及选择

精馏的核心是回流，它的大小是影响精馏塔设备费用和操作费用的重要因素。当 R 增大时，操作线远离平衡线，梯级跨度增大，对于同样的分离要求所需理论板数减少，但同时，塔顶和塔底的热负荷增加，能耗高，即操作费用增多。因此回流比 R 是个重要的可调操作参数，要通过经济评价来讨论 R 的适宜范围。

2.5.2.1 最小回流比和无穷多层理论板

如图 2-24 所示，对于指定的分离要求，当 R 减小时，两条操作线向平衡线移动，传质推动力减小，所需理论板数增多。当两条操作线的交点落在平衡线上时（图中 e 点），由于 e 点处气液两相已达到相平衡关系，即无增浓作用，所以点 e 称为挟紧点，挟紧点临近区域称为恒浓区（或挟紧区），此时，对应的回流比为最小回流比 R_{min}。

最小回流比 R_{min} 的求取可采用两种方法，即作图法和解析法。

（1）作图法

① 对于理想体系对应正常的相平衡曲线，如图 2-24 所示，可由图中读得挟紧点 e 点坐标（x_e，y_e），因为此时精馏段操作线斜率可表示为

$$\frac{R_{min}}{R_{min}+1}=\frac{x_D-y_e}{x_D-x_e}$$

所以推出

$$R_{min}=\frac{x_D-y_e}{y_e-x_e} \tag{2-48}$$

② 对于非理想体系对应的特殊相平衡线　如图 2-25 所示的非理想体系的相平衡曲线，挟紧点可能在两操作线与平衡线的交点前出现，如图(a) 的挟紧点 g 先出现在精馏段操作线与平衡线相切的位置，而图(b) 的挟紧点 g 先出现在提馏段操作线与平衡线相切的位置。这两种情况都应根据精馏段操作线的斜率来求 R_{min}。

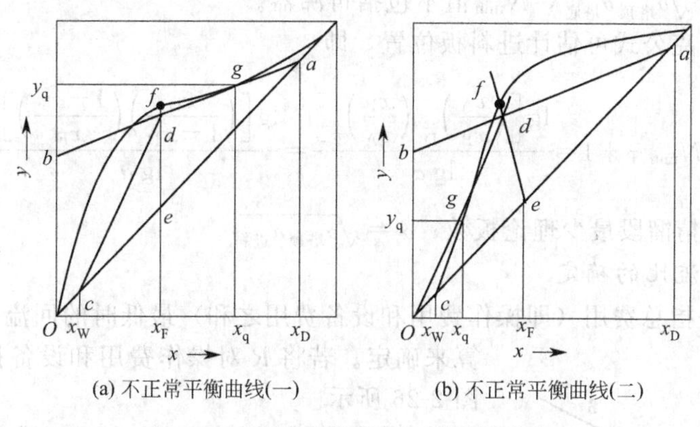

图 2-25　非理想物系最小回流比确定

以图(a) 为例，挟紧点 g 先出现在精馏段操作线与平衡线相切的位置，而图中的 d 点是精、提馏段交点，但该点没有落在相平衡线上。因由图既可读得 d 点（x，y）坐标，也可读得挟紧点 g 点（x_q，y_q）坐标值，则

$$R_{min}=\frac{x_D-y_q}{y_q-x_q}=\frac{x_D-y}{y-x} \tag{2-49}$$

上式中 x 与 y 不呈相平衡关系，但 x_q 与 y_q 互为相平衡关系。

（2）解析法　对于理想物系，由式(2-48) 和气液相平衡计算式(2-14) 联立可得

$$R_{min}=\frac{1}{\alpha-1}\left[\frac{x_D}{x_q}-\frac{\alpha(1-x_D)}{1-x_q}\right] \tag{2-50}$$

应当注意，当回流比减小到小于最小回流比时，挟紧点将落在相平衡线以外，这在理论上是不允许的，但实际生产中仍可操作，这是技术上的问题。但此时，即使采用无穷多块塔板，无论怎样操作，也不可能达到指定的分离要求。

2.5.2.2　全回流及最少理论板数

全回流是指上升到塔顶的气相经冷凝器冷凝成液相后全部回流入塔的操作方式，此时无塔顶馏出液产品采出，则回流比将趋近于无穷大。

全回流是回流的上限，生产能力等于零，对正常生产无意义。但通常在精馏塔的开车阶段，先打全回流可使塔内尽快达到稳定操作；生产中，当精馏塔前后工序出现故障，在排除故障过程中，可临时将塔改为全回流操作状态，待其他设备故障一经解除，则精馏塔马上可

以进行正常操作；实验研究中，多采用全回流操作测定单板效率，这样可排除进料波动等不稳定因素的影响，便于不同结构塔型的比较；利用全回流还可以给出完成一定分离任务所需最少理论板数 $N_{\min}$ 的极限概念。以下介绍求解 $N_{\min}$ 的两种方法。

（1）图解法　全回流操作时因回流比趋近于无穷大，使精馏段操作线的截距趋近于 0，则精、提馏两条操作线均与对角线重合，所以图解法同样可由点（x_D，x_D）或点（x_W，x_W）开始在平衡线与对角线之间画梯级，直到跨过 x_W（或 x_D）为止。

由于全回流操作时，操作线与平衡线的距离最远，传质推动力最大，则达到指定分离要求所需的理论板数最少，则上述图解法所得梯级数即为最少理论板数 $N_{\min}$ 的值。

（2）解析法——芬斯克（Fenske）公式　依据操作线方程和理想物系相平衡方程可以推导出芬斯克公式：

$$N_{\min}+1=\frac{\lg\left[\left(\frac{x_A}{x_B}\right)_D\left(\frac{x_B}{x_A}\right)_W\right]}{\lg \overline{\alpha_m}}=\frac{\lg\left[\left(\frac{x_D}{1-x_D}\right)\left(\frac{1-x_W}{x_W}\right)\right]}{\lg \overline{\alpha_m}} \tag{2-51}$$

式中，取 $\overline{\alpha_m}=\sqrt{\alpha_{塔顶}\alpha_{塔底}}$，$N_{\min}$ 值不包括再沸器。

利用芬斯克公式可估计进料板位置，即

$$N_{\min,T}+1=\frac{\lg\left[\left(\frac{x_A}{x_B}\right)_D\left(\frac{x_B}{x_A}\right)_F\right]}{\lg \overline{\alpha}}=\frac{\lg\left[\left(\frac{x_D}{1-x_D}\right)\left(\frac{1-x_F}{x_F}\right)\right]}{\lg \overline{\alpha}} \tag{2-52}$$

式中　$N_{\min,T}$——精馏段最少理论板数；$\overline{\alpha}=\sqrt{\alpha_{塔顶}\alpha_{进料}}$。

2.5.2.3　适宜回流比的确定

适宜回流比是指总费用（即操作费用和设备费用之和）最低时的回流比，需通过经济衡算来确定。若将 R 对操作费用和设备折旧费用作图，如图 2-26 所示。

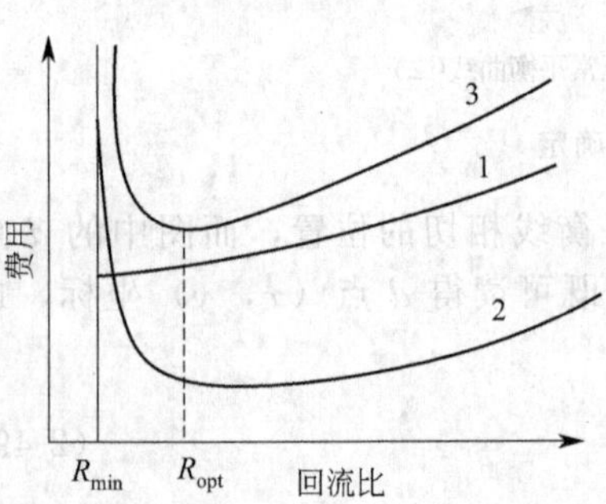

图 2-26　适宜回流比的确定

1—操作费；2—设备费；3—总费用

精馏的操作费用主要决定于再沸器中加热介质消耗量和冷凝器中冷却介质的消耗量，两者均取决于塔内上升的蒸气量。当塔顶产量 D 一定时，上升蒸气量正比于 $(R+1)$，故 R 增大时，需消耗较多的加热蒸汽及冷却水，故操作费用相应增加，如图 2-26 中的曲线 1 所示。

设备费用是指塔器、再沸器、冷凝器等设备的投资费用乘以折旧率。当 $R=R_{\min}$ 时，塔板数趋近于无穷大，故设备费也对应无穷大。但 R 稍大于 $R_{\min}$ 时，塔板数就从无穷锐减到某个有限值，则设备费也随之锐减。当 R 继续增大时，塔板数固然随之减少，但减幅已经缓慢。另一方面由于 R 的增大，上升蒸汽量随之增加，从而使塔径、再沸器及冷凝器的尺寸相应增大。故 R 增大到一定值时，设备费用又回升，如图 2-26 中的曲线 2 所示。

总费用指操作费用和设备费用之和，如图 2-26 中的曲线 3 所示，其最小值对应的回流比就是适宜回流比。

长期以来，最佳回流比的确定一直令人注目。由于能源紧张和昂贵，为减少操作费用，最佳回流比应相应减少。根据生产数据的统计，最佳回流比的范围为：$R=(1.1\sim2)R_{\min}$。

2.5.3　理论板数的计算

计算理论板数有三种方法：逐板计算法、图解法及简捷法。

2.5.3.1　逐板计算法

假设：塔顶为全凝器，泡点液体回流；塔底为再沸器，间接蒸汽加热；回流比 R 及物系相对挥发度 α 已定；泡点进料。

如图 2-27 所示，从塔顶最上一层塔板（序号为1）上升的蒸气经全凝器全部冷凝成饱和液体，因此馏出液和回流液的组成均为 y_1，即 $y_1=x_D$。

根据理论板的概念，自第一层板下降的液相组成 x_1 与 y_1 互成相平衡关系，则可由相平衡方程得到：$x_1=\dfrac{y_1}{y_1+\alpha(1-y_1)}$。

从第二层塔板上升的气相组成 y_2 与 x_1 符合操作关系，故可用精馏段操作线方程由 x_1 求得 y_2，即 $y_2=\dfrac{R}{R+1}x_1+\dfrac{x_D}{R+1}$，按以上方法利用相平衡方程及操作线方程交替进行计算，步骤如下所示：

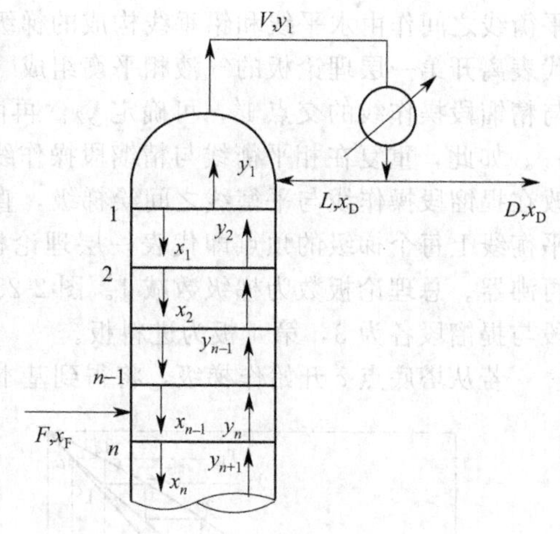

图 2-27　逐板计算法示意图

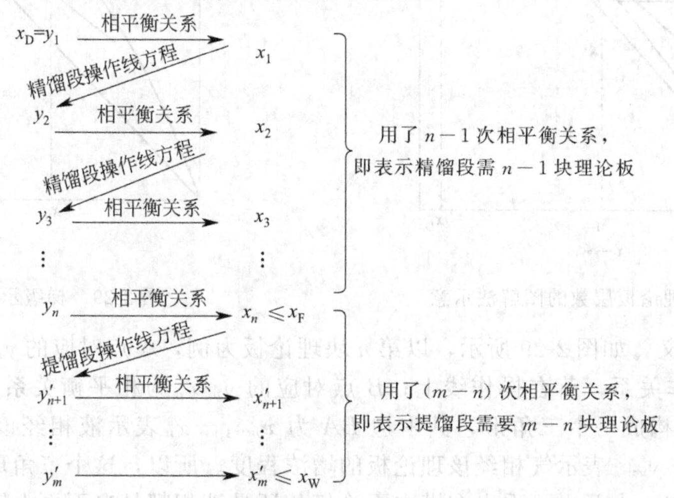

因在计算过程中，每使用一次相平衡关系，即表示需要一块理论板，所以经上述计算得到全塔总理论板数为 $m-1$ 块（塔底再沸器产生部分气化，气液两相达相平衡状态，起到一定的分离作用，相当于一块理论板），其中精馏段为 $n-1$ 块，提馏段为 $(m-1)-(n-1)=m-n$ 块，进料板位于第 n 板上。

该法计算准确，但手算过程繁琐重复，当理论板数较多时可用计算机完成。

2.5.3.2　图解法

图解法又称麦克布-蒂利法（McCabe-Thiele），简称 M-T 法。图解法以逐板计算法的基本原理为基础，在 x-y 相图上，利用相平衡线和操作线代替平衡方程和操作线方程，用简便的画阶梯方法求解理论板数。图解法简明清晰，便于分析影响因素，因而在双组分精馏计算中得到广泛应用，但该法准确性较差。

具体求解步骤如下：

① 在 x-y 相图上作出相平衡曲线与对角线；

② 采用 2.4.4.2 节及 2.4.5.4 节中介绍的方法，在 x-y 相图上画出精馏段操作线 ab、q 线 ef 及提馏段操作线 cd，如图 2-28 所示。

③ M-T 图解法基本步骤　在图 2-28 中，自对角线上的点 a 开始，在精馏段操作线与相平衡线之间作由水平线和铅垂线构成的梯级，即从点 a 作水平线与平衡线交于点 1，该点即代表离开第一层理论板的气液相平衡组成（x_1，y_1），故由点 1 可确定 x_1。由点 1 作铅垂线与精馏段操作线的交点 1′，可确定 y_2。再由点 1′作水平线与相平衡线交于点 2，由此点定出 x_2。如此，重复在相平衡线与精馏段操作线之间作梯级。当梯级跨过两操作线的交点 d 时，改在提馏段操作线与平衡线之间绘梯级，直至梯级的垂线达到或跨过点 c（x_W，x_W）为止。平衡线上每个梯级的顶点即代表一层理论板。跨过点 d 的梯级为进料板，最后一个梯级为再沸器。总理论板数为梯级数减 1。图 2-28 中的图解结果为：所需理论板数为 6，其中精馏段与提馏段各为 3，第 4 板为进料板。

若从塔底点 c 开始作梯级，将得到基本一致的结果。

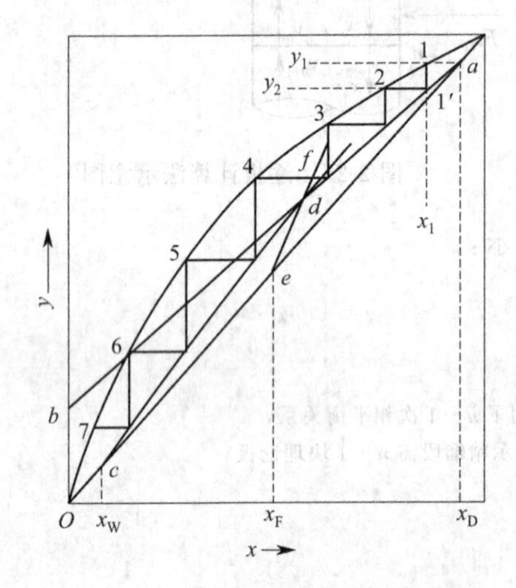

图 2-28　求理论板层数的图解法示意

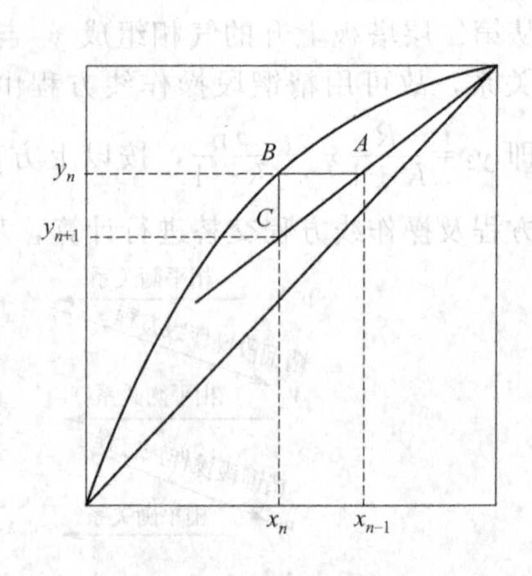

图 2-29　梯级示意图

④ 梯级的含义　如图 2-29 所示，以第 n 块理论板为例，A 点对应的 y_n-x_{n-1}、C 点对应的 y_{n+1}-x_n 为操作关系，落在操作线上；B 点对应的 y_n-x_n 为相平衡关系，落在平衡线上。三个点 A、B、C 构成一个三角形，其中边 BA 为 $x_{n-1}-x_n$ 表示液相经该理论板的增浓程度，边 CB 为 y_n-y_{n+1} 表示气相经该理论板的增浓程度。所以，这个三角形充分表达了一块理论板的工作状态，由此也可看出在塔内不论气相还是液相都是自下而上轻组分浓度逐渐增高，而重组分的浓度逐渐减低。

【例 2-6】　在一常压连续精馏塔内分离苯-甲苯混合物，已知进料流量为 80kmol/h，进料中苯含量为 0.40（摩尔分数，下同），泡点进料，塔顶馏出液含苯 0.90，要求塔顶苯的回收率不低于 90%。塔顶为全凝器，回流比取为 2。在操作条件下，物系的相对挥发度为 2.47，试分别用逐板计算法和图解法计算所需的理论板数。

解：（1）逐板计算法计算理论板数

根据苯的回收率计算塔顶产品的流量为：

$$D=\frac{\eta_A F x_F}{x_D}=\frac{0.9\times80\times0.4}{0.9}=32\text{kmol/h}$$

由物料衡算计算塔底产品的流量及组成：

$$W=F-D=80-32=48\text{kmol/h}$$

$$x_W=\frac{Fx_F-Dx_D}{W}=\frac{80\times0.4-32\times0.9}{48}=0.0667$$

已知回流比 $R=2$，所以精馏段操作线方程为：

$$y_{n+1}=\frac{R}{R+1}x_n+\frac{x_D}{R+1}=\frac{2}{2+1}x_n+\frac{0.9}{2+1}=0.667x_n+0.3 \quad (a)$$

下面求提馏段操作线方程：

提馏段上升蒸气量

$$V'=V-(1-q)F=V=(R+1)D=(2+1)\times 32=96\text{kmol/h}$$

下降液体量：　$L'=L+qF=RD+qF=2\times 32+80=144\text{kmol/h}$

$$y_{m+1}=\frac{L'}{V'}x_m-\frac{Wx_W}{V'}=\frac{144}{96}x_m-\frac{48\times 0.0667}{96}=1.5x_m-0.033 \quad (b)$$

相平衡方程可写成：　$x=\dfrac{y}{\alpha-(\alpha-1)y}=\dfrac{y}{2.47-1.47y}$　(c)

利用操作线方程（a）、（b）和相平衡方程（c），可自上而下逐板计算所需要的理论板数。因塔顶为全凝器，则 $y_1=x_D=0.9$。

由式(c) 求得第一块板下降液体组成为：

$$x_1=\frac{y_1}{\alpha-(\alpha-1)y_1}=\frac{y_1}{2.47-1.47y_1}=\frac{0.9}{2.47-1.47\times 0.9}=0.785$$

利用精馏段操作线计算第二块板上升蒸气组成为

$$y_2=0.667x_1+0.3=0.667\times 0.785+0.3=0.824$$

交替使用式(a) 和式(c) 直到 $x_n\leqslant x_F$，然后改用提馏段操作线方程，直到 $x_n\leqslant x_W$ 为止，计算结果见本题附表。

例 2-6 附表　计算结果——各层塔板上的气液组成

板号	1	2	3	4	5	6	7	8	9	10
y	0.9	0.824	0.737	0.652	0.587	0.515	0.419	0.306	0.194	0.101
x	0.785	0.655	0.528	0.431	0.365$<x_F$	0.301	0.226	0.151	0.089	0.044$<x_W$

精馏塔内理论塔板数为 10－1＝9 块，其中精馏段 4 块，第 5 块为进料板。

（2）图解法计算理论板数

在直角坐标系中绘出 x-y 相图，如本题附图所示。根据精馏段操作线方程式（a），找到 $a(0.9, 0.9)$，$c(0, 0.3)$ 点，连接 ac 即得到精馏段操作线。因为泡点进料，$x_q=x_F$，由 $x=x_F$ 做垂线交精馏段操作线于 q 点，连接 $b(0.0667, 0.0667)$ 点和 q 点即为提馏段操作线 bq。从 a 点开始在相平衡线与操作线之间做梯级，直到 $x_n\leqslant x_W$ 为止。由附图可知，理论板数为 10 块，除去再沸器一块，塔内理论板数为 9 块，其中精馏段 4 块，第 5 块为进料板，与逐板计算法结果相一致。

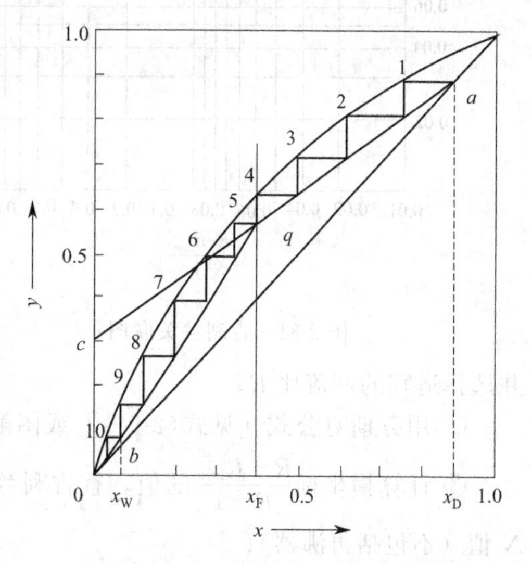

例 2-6 附图　图解法计算理论板数

⑤ 适宜进料位置的确定　前已述及，进料位置对应于两操作线交点 d 所在的梯级，这一位置即为适宜进料位置。如图 2-30 所示，因为若实际进料位置下移［见图 2-30(a)，梯级已跨过两操作线交点 d，而仍在精馏段操作线和平衡线之间绘梯级］或上移［见图 2-30(b)，未跨过两操作线交点 d 而过早更换操作线］，所需的理论板层数增多，只有在跨过两操作线交点 d 即更换操作线所需的理论板层数最少，如图 2-30(c) 所示。现在确定的进料板位置为适宜位置。此时，

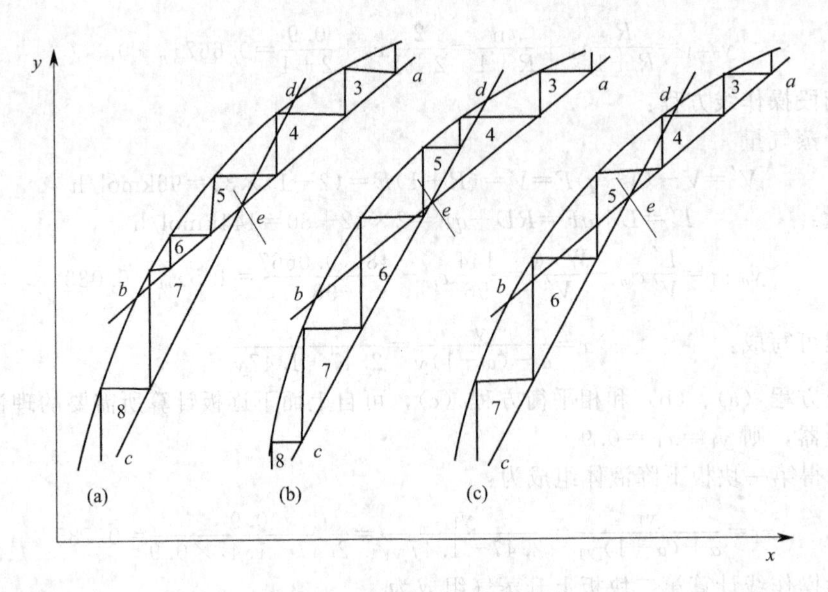

图 2-30 适宜进料位置的讨论

进料组成与该板上的气相或液相组成最接近，进料后造成的返混（不同浓度溶液之间的混合）最小，则塔板分离效率最高。

2.5.3.3 简捷法求理论板数

在精馏塔的设计型计算中，为进行技术经济分析，确定适宜回流比，可采用图 2-31 所示的吉利兰图进行简捷计算。

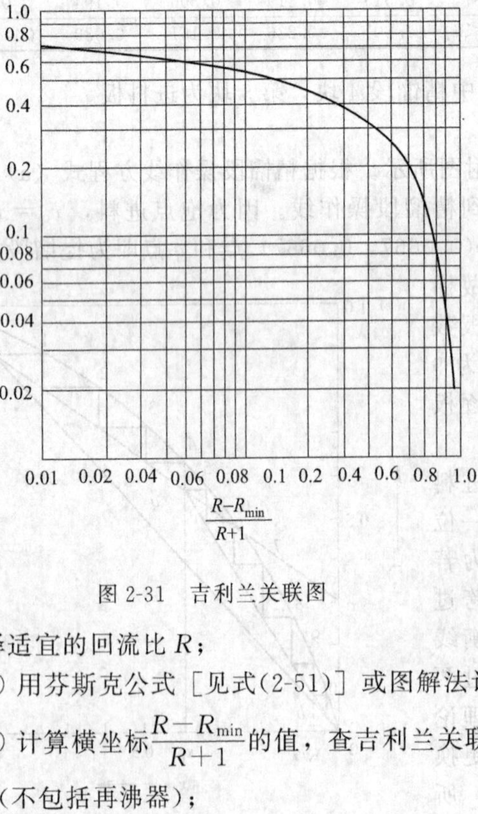

吉利兰图为双对数坐标图，它对最小回流比 $R_{\min}$、回流比 R、最少理论板数 $N_{\min}$ 和理论板数 N 四个变量进行了关联。该图方便、实用，对一定的分离任务，可大致估算理论板数；也可粗略地定量分析 N 与 R 的关系。

图中曲线左端延长线表示在最小回流比下的操作情况，此时 $\dfrac{R-R_{\min}}{R+1}=0$，故 $\dfrac{N-N_{\min}}{N+2}=1$，即 $N\to\infty$；而曲线右端延长线表示在全回流下的操作情况，此时所需理论板数最少 $N_{\min}$。

图 2-31 吉利兰关联图

吉利兰关联图求理论板数的步骤如下：

① 首先根据已知条件，利用如前所述的解析法或图解法求解最小回流比 $R_{\min}$，并选择适宜的回流比 R；

② 用芬斯克公式［见式(2-51)］或图解法计算最少理论板数 $N_{\min}$；

③ 计算横坐标 $\dfrac{R-R_{\min}}{R+1}$ 的值，查吉利兰关联图得到纵坐标数值后可相应计算出理论板数 N 值（不包括再沸器）；

④ 确定进料板位置。

为便于用计算机计算，吉利兰关联图中的曲线在横坐标 0.01～0.9 的范围内，可回归为下式进行计算，即

$$Y=0.545827-0.591422X+\frac{0.002743}{X} \tag{2-53}$$

式中，$X=\frac{R-R_{min}}{R+1}$，$Y=\frac{N-N_{min}}{N+2}$。

上式适用条件是：$0.01<X<0.9$。

【例 2-7】 用常压连续精馏塔分离苯的含量为 0.44（摩尔分数，下同）的苯与甲苯混合液，要求塔顶产品中苯的含量不低于 0.975，塔釜残液中苯的含量不高于 0.0235，进料为冷液（$q=1.38$），塔顶设有全凝器，液体在泡点下回流，操作过程的回流比取为最小回流比的 1.39 倍。已知苯和甲苯在塔不同位置的饱和蒸气压如本题附表所示，气-液平衡关系可表示为 $y=\frac{2.47x}{1.47x+1}$，用简捷法求理论板数。

例 2-7 附表　苯和甲苯在塔不同位置的饱和蒸气压

组分	塔顶/mmHg[①]	进料口/mmHg[①]	塔釜/mmHg[①]
苯	780	1100	1700
甲苯	300	450	730

① 1mmHg=133.322Pa。

解：已知 $x_F=0.44$；$x_W=0.0235$；$x_D=0.975$；$q=1.38$

根据进料热状况可作出 q 线：

$$y=\frac{q}{q-1}x-\frac{1}{q-1}x_F=\frac{1.38x}{1.38-1}-\frac{0.44}{1.38-1}$$

由相平衡关系 $y=\frac{2.47x}{1.47x+1}$ 和 q 线可求出交点（即挟紧点）坐标为 $x_q=0.52$，$y_q=0.73$，则可得

$$R_{min}=\frac{x_D-y_q}{y_q-x_q}=\frac{0.975-0.73}{0.73-0.52}=1.17$$

$$R=1.39R_{min}=1.62$$

塔底相对挥发度：$$\alpha_W=\frac{1700}{730}=2.33$$

塔顶相对挥发度：$$\alpha_D=\frac{780}{300}=2.6$$

全塔平均挥发度：$\bar{\alpha}=\sqrt{\alpha_W\alpha_D}=\sqrt{2.33\times2.6}=2.46$

最少理论板数为：

$$N_{min}+1=\frac{\lg\left[\left(\frac{x_A}{x_B}\right)_D\left(\frac{x_B}{x_A}\right)_W\right]}{\lg\bar{\alpha}}=\frac{\lg\left[\left(\frac{x_D}{1-x_D}\right)\left(\frac{1-x_W}{x_W}\right)\right]}{\lg\bar{\alpha}}=8.21\Rightarrow N_{min}=8.21-1=7.21$$

$$\frac{R-R_{min}}{R+1}=\frac{1.62-1.17}{1.62+1}=0.18$$

由图 2-31 查得：$\frac{N-N_{min}}{N+2}=0.44$

解得 $N=14.4$（不包括塔釜再沸器）

将上式中的釜残液组成 x_W 换成进料组成 x_F，则为：

$$N'_{min}+1=\frac{\lg\left[\left(\frac{x_D}{1-x_D}\right)\left(\frac{1-x_F}{x_F}\right)\right]}{\lg\bar{\alpha}'}$$

式中，$N'_{\min}$为精馏段最小理论板数；α'为塔顶与进料口的平均相对挥发度。

$$\alpha_F=\frac{1100}{450}=2.44;\ \overline{\alpha'}=\sqrt{\alpha_F\alpha_D}=\sqrt{2.44\times2.6}=2.52$$

代入上式得：

$$N'_{\min}=\frac{\lg\left(\frac{0.975}{1-0.975}\times\frac{1-0.44}{0.44}\right)}{\lg2.52}-1=4.22-1=3.22$$

已查出$\frac{N-N_{\min}}{N+2}=0.44$，解得精馏段理论板数为 $N'=7.3$

进料板位置为从塔顶数起的第 8 层理论塔板。

2.5.4 几种特殊情况理论板数的计算

2.5.4.1 塔顶设置分凝器

如图 2-32 所示，分凝器对塔顶饱和蒸气部分冷凝，冷凝的饱和液体回流到塔内，而剩余的气相再进入另一个全凝器全部冷凝成液相作为塔顶馏出液产品。

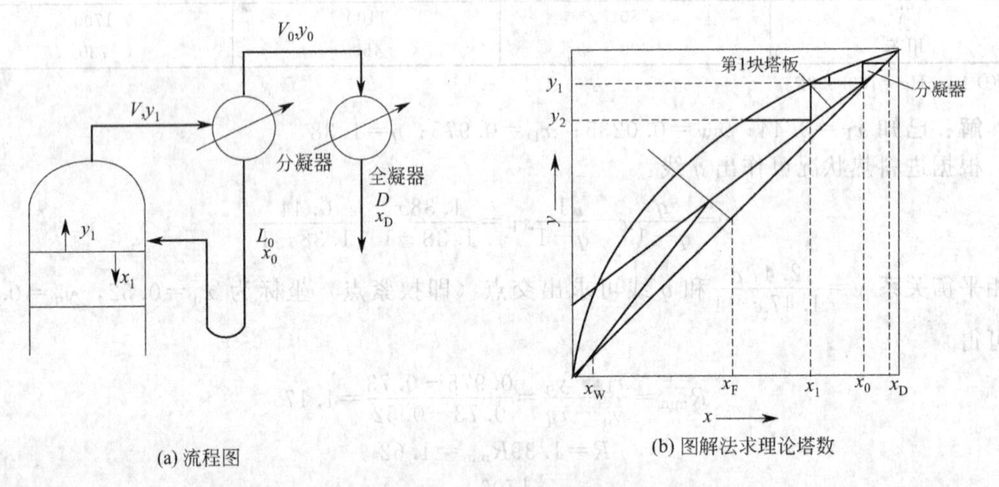

(a) 流程图　　(b) 图解法求理论塔数

图 2-32 分凝器流程图

对于分凝器来说，同时离开分凝器的气液两相组成 y_0-x_0 成相平衡关系，即离开分凝器的气相浓度又进一步提高，说明分凝器相当于一块理论板。

设有分凝器时，计算理论板数应从分凝器开始，精馏段操作线方程不变，只是与采用全凝器相比，图解法中不同的是第 1 个梯级表示分凝器，第 2 个梯级才表示塔内第 1 块理论板。

采用分凝器操作时，塔顶调节回流比 R 不太方便，所以生产上不常使用。

2.5.4.2 塔底采用直接水蒸气加热

若对某易挥发组分 A 与水的混合物进行精馏分离时，由于塔底产物主要是水，可考虑在塔底直接通入水蒸气加热，以省去塔釜再沸器，其装置如图 2-33 (a) 所示。

设蒸汽为饱和水蒸气，恒摩尔流假定成立，则 $V_0=V'$，此情况下，精馏段操作线、q 线与常规塔相同，但因提馏段塔底多了一股水蒸气流，所以其操作线发生变化。如图 2-33(b) 所示，由物料衡算可导出：

$$y=\frac{W}{V_0}x-\frac{W}{V_0}x_W \tag{2-54}$$

式中　V_0——直接水蒸气流量，kmol/h。

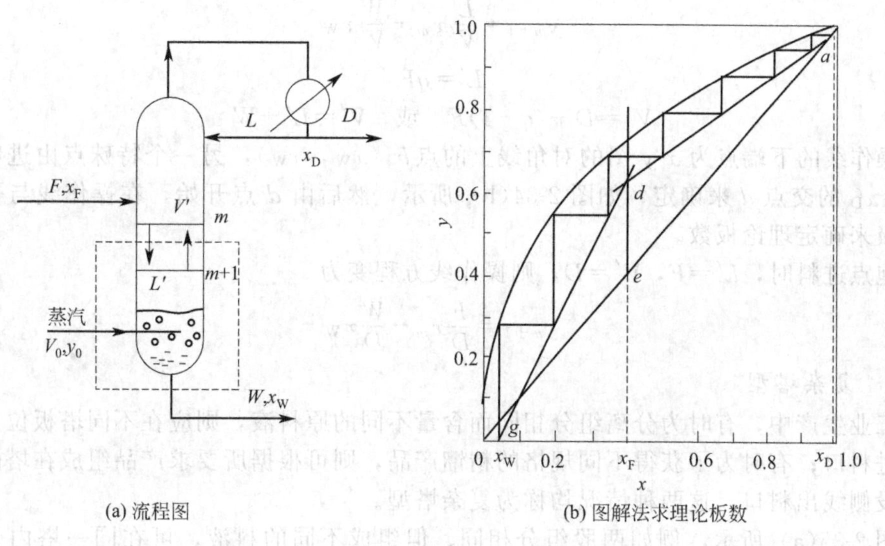

(a) 流程图　(b) 图解法求理论板数

图 2-33　直接蒸汽加热

当采用作图法求解理论板数时，上式中取 $x=x_W$ 时，求得 $y=0$，即提馏段操作线中的一点落在横坐标轴上，如图 2-33(b) 所示的 g 点，图解法的其他步骤均与前述的普通精馏塔相同。

直接蒸汽加热与间接加热相比，对于相同的分离要求，所需理论板数稍多，这是因为直接水蒸气稀释了釜液，降低了分离效果，故需要增加理论板数来达到同样分离要求。

2.5.4.3　回收塔

如图 2-34(a) 所示，回收塔是只有提馏段而不设精馏段的精馏塔型。原料液从塔顶加入塔内，然后逐板下流提供塔内的液相，塔顶蒸气冷凝后全部作为馏出液产品，塔釜用间接蒸气加热，只有提馏段而无精馏段。这种塔主要用于物系在低浓度下的相对挥发度较大，不要精馏段也可达到所希望的馏出液组成，或用于回收稀溶液中的轻组分，而对馏出液组成要求不高的场合。

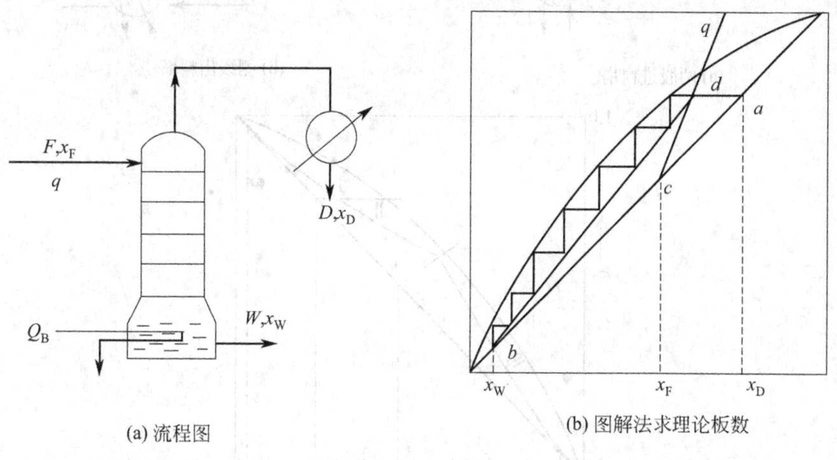

(a) 流程图　(b) 图解法求理论板数

图 2-34　回收塔

在设计型计算时，给定原料液流量 F、组成 x_F 及加料热状况参数 q，规定塔顶轻组分回收率 η_A 及釜残液组成 x_W，则可由全塔物料衡算确定馏出液组成 x_D 及其流量 D。此情况下的操作线方程与一般精馏塔的提馏段操作线方程相同，即

$$y_{m+1}=\frac{L'}{V'}x_m-\frac{W}{V'}x_W$$

式中
$$L'=qF$$
及
$$V'=D+(q-1)F \quad 或 \quad V'=L'-W$$

此操作线的下端点为 x-y 图的对角线上的点 b（x_W，x_W），另一个特殊点由进料 q 线与直线 $y=x_D$ 的交点 d 来确定，如图 2-34(b) 所示，然后由 d 点开始，在操作线与平衡线之间画梯级来确定理论板数。

当泡点进料时，$L'=F$，$V'=D$，则操作线方程变为

$$y_{m+1}=\frac{F}{D}x_m-\frac{W}{D}x_W \tag{2-55}$$

2.5.4.4　复杂塔型

在工业生产中，有时为分离组分相同而含量不同的原料液，则应在不同塔板位置上设置相应的进料口；有时为了获得不同规格的精馏产品，则可根据所要求产品组成在塔的不同位置上开设侧线出料口，这两种情况均称为复杂塔型。

如图 2-35(a) 所示，例如两股组分相同、但组成不同的料液，可在同一塔内分离。此

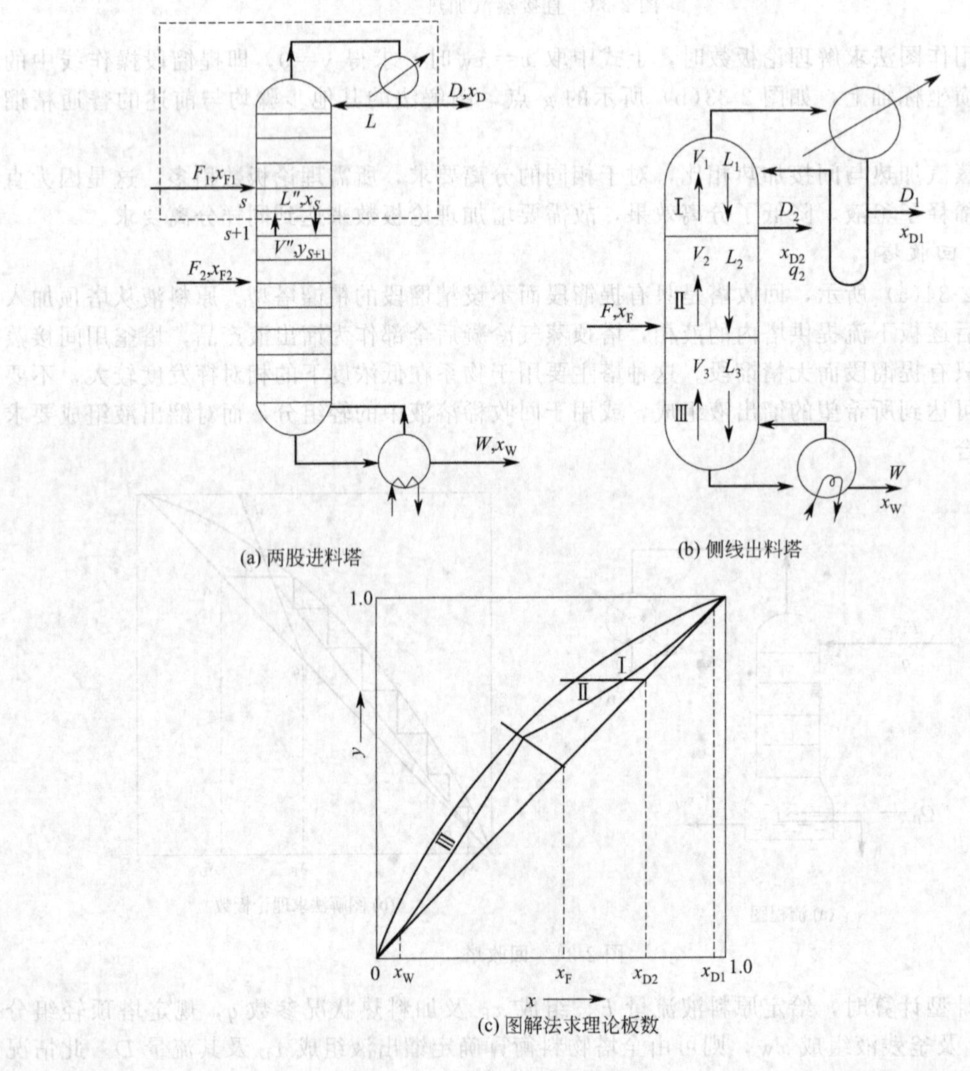

图 2-35　复杂塔流程图

时，两股料液应分别在适当位置加入塔内。这时将精馏塔分成三段，每段操作线均可由物料衡算推出，其 q 线方程仍与单股加料时相同。

若精馏塔操作时除引出塔顶、塔底产品外，尚需在塔内某些塔板处引出产品，就属于有侧线出料的精馏操作，其流程如图 2-35(b) 所示。侧线出料的产品可能是饱和液体或饱和蒸汽。对于图 2-35(b) 所示的情况，由于有一股侧线出料，可将全塔分为 3 段，每段有其特定的操作线。

现讨论图 2-35(b) 中Ⅰ、Ⅱ两段操作线交点的轨迹。侧线出料的热状况参数用 q_2 表示。在Ⅰ、Ⅱ两段间，气、液摩尔流量的关系为：

$$L_1=L_2+q_2D_2 \qquad V_2=V_1+(1-q_2)D_2$$

则操作线Ⅰ：

$$V_1y=L_1x+D_1x_{D1}$$

操作线Ⅱ：

$$V_2y=L_2x+D_1x_{D1}+D_2x_{D2}$$

两式相减，得：

$$(V_1-V_2)y=(L_1-L_2)x-D_2x_{D2}$$

即：

$$(q_2-1)D_2y=q_2D_2x-D_2x_{D2}$$

或：

$$y=\frac{q_2}{q_2-1}x-\frac{x_{D2}}{q_2-1} \tag{2-56}$$

式(2-56) 就是Ⅰ、Ⅱ两段操作线交点轨迹方程，形式与进料的 q 线方程完全相同，也称为 q 线方程。

根据 x_{D2} 和 q_2 作出侧线出料的 q 线，该线与第Ⅰ段操作线的交点就是第Ⅱ段操作线上的一个特殊点。通过此特殊点及第Ⅱ段的液、气流量比 $\frac{L_2}{V_2}$，就可作出第Ⅱ段操作线。第Ⅲ段操作线即提馏段操作线，其作法如同前面普通精馏塔所述。图 2-35(c) 所示的是有一股侧线饱和蒸气出料的情况。

【例 2-8】 某稳态连续精馏操作，已知进料 $x_F=0.50$，塔顶产品流量为 D_1，浓度 $x_{D1}=0.98$，回流比 $R'=2.40$，冷液回流，$q_R=1.05$。在进料板上方有一饱和液体侧线出料，侧线产品流量为 D_2，浓度 $x_{D2}=0.88$，$D_1/D_2=1.50$，塔底产品流量为 W，浓度 $x_W=0.02$，试求 D_1/W 值并写出第 2 塔段的操作线方程。以上各流量单位皆为 kmol/s。

解： (1) 计算 $\frac{D_1}{W}$

设进料流量为 F

因

$$F=D_1+D_2+W=D_1+\frac{D_1}{1.50}+W \tag{a}$$

又

$$0.50F=0.98D_1+0.88\frac{D_1}{1.50}+0.02W \tag{b}$$

将式(a)×0.5－式(b)，得　$0=-0.733D_1+0.48W$　故 $\frac{D_1}{W}=0.655$

(2) 写出第 2 塔段的操作线方程

$$L_2=L_1-D_2=q_RR'D_1-D_2=1.05\times2.40\times1.50D_2-D_2=2.78D_2$$

$$V_2=V_1=L_1+D_1=q_RR'D_1+D_1=1.50(q_RR'+1)D_2=1.50\times(1.05\times2.40+1)D_2=5.28D_2$$

第 2 塔段的操作线可由下列物料衡算式算出

$$V_2y=L_2x+D_1x_{D1}+D_2x_{D2}$$

即

$$V_2y=L_2x+1.50D_2x_{D1}+D_2x_{D2}=L_2x+(1.50x_{D1}+x_{D2})D_2$$

代入数据，得

$$5.28D_2y=2.78D_2x+(1.50\times0.98+0.88)D_2$$

故第 2 塔段的操作线方程为

$$y=\frac{2.78}{5.28}x+\frac{1.50\times0.98+0.88}{5.28}=0.527x+0.445$$

2.6　双组分连续精馏的操作型计算

操作型计算的命题：此类计算的任务是在设备（精馏段板数及全塔理论板数）已确定的条件下，由指定的操作条件预计精馏操作的结果。

计算所依据的方程与设计时相同，此时的已知量为：全塔总板数 N 及进料板位置；相平衡方程或相对挥发度；原料组成 x_F 与热状况 q；回流比 R；并规定塔顶馏出液的采出率 D/F。待求的未知量为精馏操作的最终结果——产品组成 x_D、x_W 以及逐板的组成分布。

2.6.1　精馏塔操作分析

下面以两种情况为例，讨论此类问题的计算方法。

2.6.1.1　增加回流比对精馏结果的影响

设某塔的精馏段有 $(m-1)$ 块理论板，提馏段为 $(N-m+1)$ 块板，在回流比 R' 操作时获得塔顶组成 x_D' 与釜液组成 x_W'，如图 2-36(a) 所示。现将回流比加大至 R，精馏段液气比增加，操作线斜率变大；提馏段气液比加大，操作线斜率变小。当操作达到稳定时，馏出液组成 x_D 必有所提高，釜液组成 x_W 必将降低，如图 2-36(b) 所示。

定量计算的方法是：先设定某一 x_W 值，可按物料衡算式求出：

$$x_D=\frac{x_F-x_W\left(1-\frac{D}{F}\right)}{\frac{D}{F}}\tag{2-57}$$

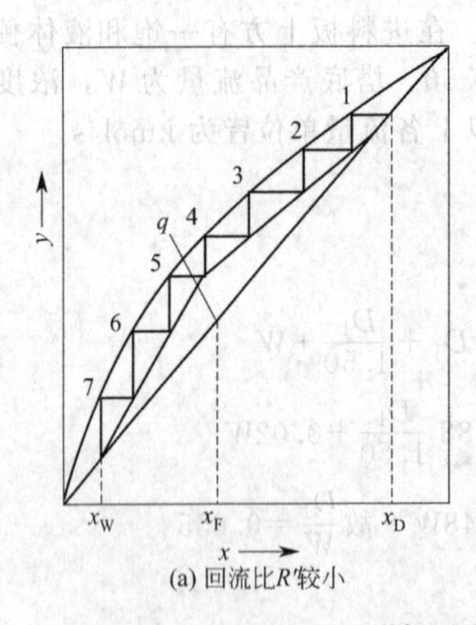

(a) 回流比R'较小

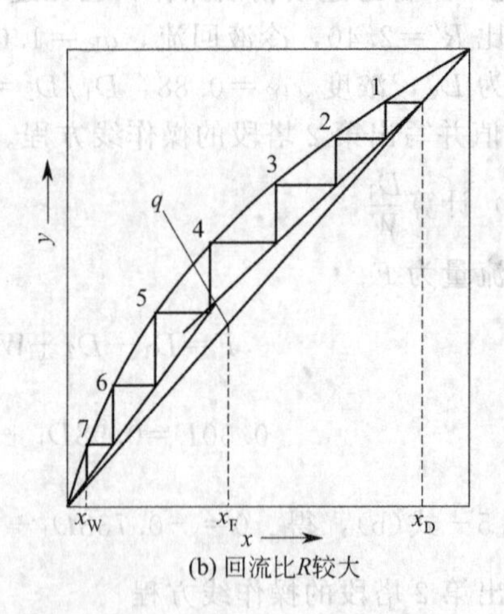

(b) 回流比R较大

图 2-36　增加回流比对精馏结果的影响

然后，自组成为 x_D 起交替使用精馏段操作线方程

$$y_{n+1}=\frac{R}{R+1}x_n+\frac{1}{R+1}x_D$$

及相平衡方程：

$$x_n=\frac{y_n}{\alpha-(\alpha-1)y_n}$$

进行 m 次逐板计算，算出离开第 1 至 m 板的气、液两相组成，直至算出离开进料板液体的组成 x_m。跨过进料板以后，需改用提馏段操作线方程，

$$y_{n+1}=\frac{R+q\dfrac{F}{D}}{(R+1)-(1-q)\dfrac{F}{D}}x_n-\frac{\dfrac{F}{D}-1}{(R+1)-(1-q)\dfrac{F}{D}}x_W$$

及相平衡方程再进行 $N-m$ 次逐板计算，算出最后一块理论板的液体组成 x_N，将此 x_N 值与所假设的 x_W 值比较，两者基本接近则计算有效，否则重新试差。

必须注意，在馏出液流率 D/F 规定的条件下，借增加回流比 R 以提高 x_D 的方法并非总是有效。

① x_D 的提高受精馏段塔板数即精馏塔分离能力的限制。对一定板数，即使回流比增至无穷大（全回流）时，x_D 也有确定的最高极限值；在实际操作的回流比下，不可能超过此极限值。

② x_D 的提高受全塔物料衡算的限制。加大回流比可提高 x_D，但其极限值为 $x_D=\dfrac{Fx_F}{D}$。对一定的塔板数，即使采用全回流，x_D 也只能某种程度趋近于此极限值。如 $x_D=\dfrac{Fx_F}{D}$ 的数值大于 1，则 x_D 的极限值为 1。

此外，加大操作回流比意味着加大蒸发量与冷凝量，这些数值还将受到塔釜及冷凝器的传热面积的限制。

【例 2-9】 改变回流比求全塔组成分布

某精馏塔具有 10 块理论板，加料位置在第 8 块塔板，分离原料组成为摩尔分数 0.25 的苯-甲苯混合液，物系相对挥发度为 2.47。已知在 $R=5$，泡点进料时 $x'_D=0.98$，$x'_W=0.085$。今改用回流比 8，塔顶采出率 D/F 及物料热状态均不变，求塔顶、塔底产品组成有何变化？并同时求出塔内各板的两相组成。

解： 原工况（$R=5$）时

$$\frac{D}{F}=\frac{x'_F-x'_W}{x'_D-x'_W}=\frac{0.25-0.085}{0.98-0.085}=0.1844$$

$$\frac{F}{D}=5.424$$

新工况（$R=8$）时，假定初值 $x_W=0.0821$，由物料衡算式得

$$x_D=\frac{x_F-x_W\left(1-\dfrac{D}{F}\right)}{\dfrac{D}{F}}=\frac{0.25-0.0821\times(1-0.1844)}{0.1844}=0.9928$$

精馏段操作方程为

$$y_{n+1}=\frac{R}{R+1}x_n+\frac{x_D}{R+1}=0.8889x_n+0.1103$$

提馏段操作方程为

$$y_{n+1}=\frac{R+\dfrac{F}{D}}{R+1}x_n-\frac{\dfrac{F}{D}-1}{R+1}x_W=1.4916x_n-0.0404$$

相平衡方程为

$$x_n=\frac{y_n}{2.47-1.47y_n}$$

由 $x_D=0.9928$ 开始，用精馏段操作线方程求出 $y_1=0.9928$；

将y_1代入相平衡方程，求出$x_1=0.9825$；

将x_1代入精馏段操作线方程，求出$y_2=0.9836$；

将y_2代入相平衡方程，求出$x_2=0.9605$；

如此反复计算，用精馏段操作线方程共8次，求出$y_1\sim y_8$，用相平衡方程8次，求出$x_1\sim x_8$。然后用提馏段操作线方程和相平衡方程各2次，所得全塔气、液组成列于附表。

例 2-9 附表

用精馏段操作线方程	用相平衡方程	用提馏段操作线方程	用相平衡方程
$y_1=0.9928$	$x_1=0.9825$		
$y_2=0.9836$	$x_2=0.9605$		
$y_3=0.9641$	$x_3=0.9158$		
$y_4=0.9243$	$x_4=0.8318$		
$y_5=0.8497$	$x_5=0.6959$		
$y_6=0.7289$	$x_6=0.5212$		
$y_7=0.5736$	$x_7=0.3526$	$y_9=0.3018$	$x_9=0.1490$
$y_8=0.4238$	$x_8=0.2294$	$y_{10}=0.1818$	$x_{10}=0.0825$

$x_{10}=0.0825$与假设初值$x_W=0.0821$基本相近，计算有效。显然，回流比R增加，x_D升高而x_W降低，塔顶与塔底产品的纯度皆提高了。

2.6.1.2　进料组成波动的影响

一个操作中的精馏塔，若进料组成x_F下降至x_F'，则在同一回流比R及塔板数下塔顶馏出液组成x_D将下降为x_D'，釜液组成x_W也将降低至x_W'。进料组成波动后的精馏结果x_D'及x_W'可用前述试差方法确定。图2-37表示进料组成波动后操作线位置的改变。此时要维持原馏出液组成x_D不变，一般可加大回流或减少采出量D/F。

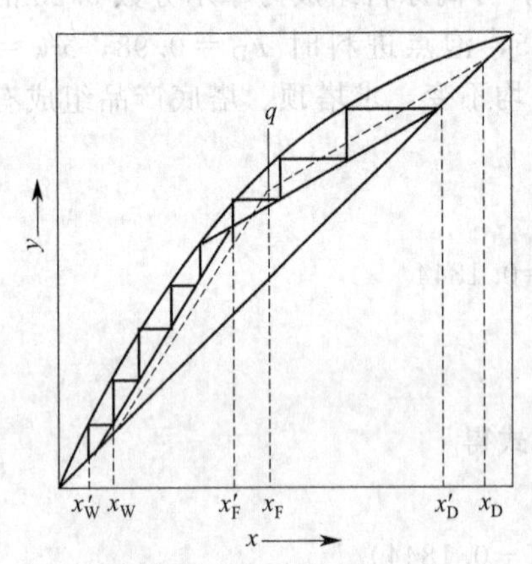

图 2-37　进料组成下降对精馏结果的影响

值得注意，以上两种情况的操作性计算中，进料板位置都不一定是最优的。图2-36(b)及图2-37说明了这一问题。

2.6.2 精馏塔的温度分布和灵敏板

2.6.2.1　精馏塔的温度分布

溶液的泡点与总压及组成有关。精馏塔内各块塔板上物料的组成及总压并不相同，因而从塔顶至塔底形成某种温度分布。

在加压或常压精馏中，各板的总压差别不大，形成全塔温度分布的主要原因是各板组成不同。图2-38(a)表示各板组成与温度的对应关系，于是可求出各板的温度并将它标绘在图2-38(b)中，即得全塔温度分布曲线。

减压精馏中，蒸气每经过一块塔板有一定的压降，如果塔板数较多，塔顶与塔底压力的差别与塔顶绝对压力相比，其数值相当可观，总压降可能是塔顶压力的几倍。因此，各板组成与总压的差别都是影响全塔温度分布的重要原因，且后者因素的影响往往更为显著。

2.6.2.2　灵敏板

一个正常操作的精馏塔当受到某一外界因素的干扰（如回流比、进料组成发生波动等），全塔各板的组成将发生变动，全塔的温度分布也将发生相应的变化。因此，有可能用测量温度的方法预示塔内组成，尤其是塔顶馏出液组成的变化。

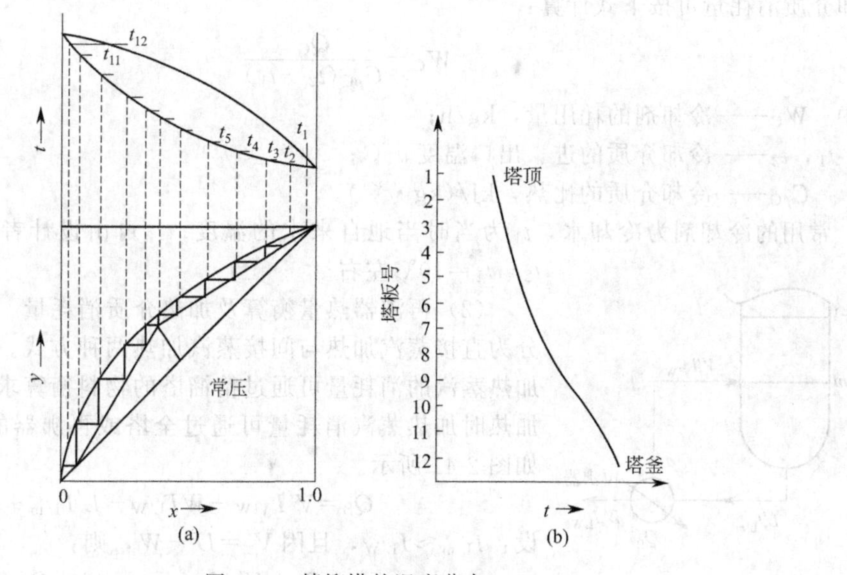

图 2-38 精馏塔的温度分布

在一定总压下，塔顶温度是馏出液组成的直接反映。但在高纯度分离时，在塔顶（或塔底）相当高的一个塔段中温度变化极小，典型的温度分布曲线如图 2-39 所示。这样，当塔顶温度有了可觉察的变化，馏出液组成的波动早已超出允许的范围。以乙苯-苯乙烯在 8kPa 下的减压精馏为例，当塔顶馏出液中含乙苯由 99.9%降至 90%时，泡点变化仅为 0.7℃。可见高纯度分离时一般不能用测量塔顶温度的方法来控制馏出液的质量。

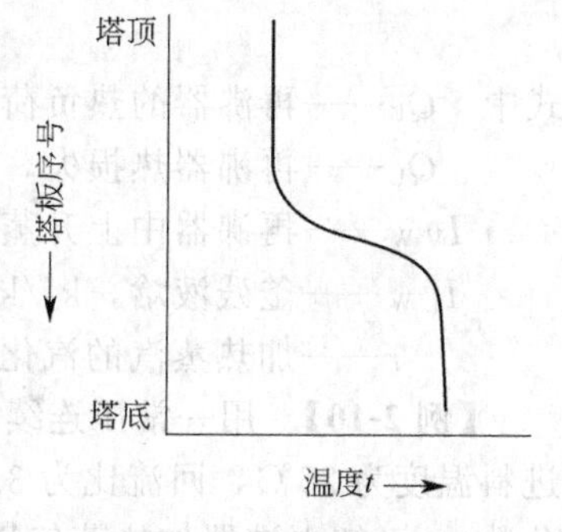

图 2-39 高纯度分离时全塔的温度分布

仔细分析操作条件变动前后温度分布的变化，即可发现在精馏段或提馏段的某些塔板上，温度变化最为显著。或者说，这些塔板的温度对外界干扰因素的反应最灵敏，故将这些塔板称为灵敏板。将感温元件安置在灵敏板上可以较早察觉精馏操作所受到的干扰；而且灵敏板比较靠近进料口，可在塔顶馏出液组成尚未产生变化之前先感受到进料参数的变动并及时采取调节手段，以稳定馏出液组成。

2.6.3 连续精馏装置的热量衡算与节能讨论

2.6.3.1 热量衡算

连续精馏装置的热量衡算主要指塔顶冷凝器和塔底再沸器的热量衡算。通过精馏装置的热量衡算，可求得冷凝器和再沸器的热负荷以及冷却介质和加热介质的消耗量，并为设计这些换热设备提供基本数据。

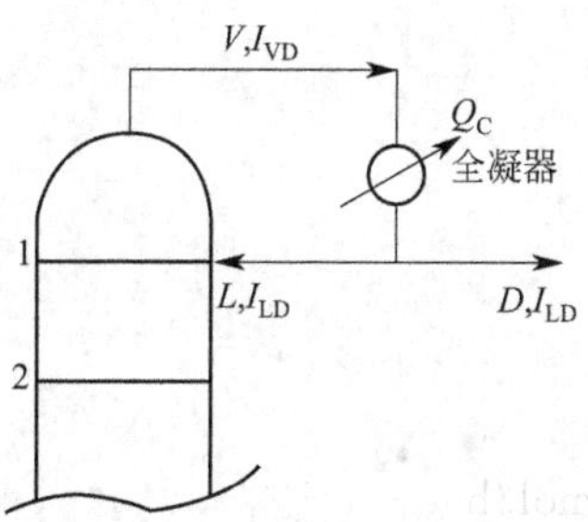

图 2-40 全凝器热量衡算

（1）全凝器热量衡算及冷却介质消耗量　如图 2-40 所示，对全凝器作如下的热量衡算：

$$Q_C = VI_{VD} - (LI_{LD} + DI_{LD}) = (R+1)D(I_{VD} - I_{LD}) \tag{2-58}$$

式中　Q_C——全凝器热负荷，kJ/h；

I_{VD}——塔顶上升蒸气热焓值，kJ/kmol；

I_{LD}——塔顶流出全凝器的饱和液的热焓值，kJ/kmol。

冷却介质消耗量可按下式计算：

$$W_C=\frac{Q_C}{C_{pC}(t_2-t_1)} \tag{2-59}$$

式中 W_C——冷却剂的耗用量，kg/h；

t_1，t_2——冷却介质的进、出口温度，℃；

C_{pC}——冷却介质的比热，kJ/(kg·℃)。

常用的冷却剂为冷却水，t_1 为当时当地自来水的温度；t_2 可由设计者给定，通常要求 $t_2-t_1=10$℃左右。

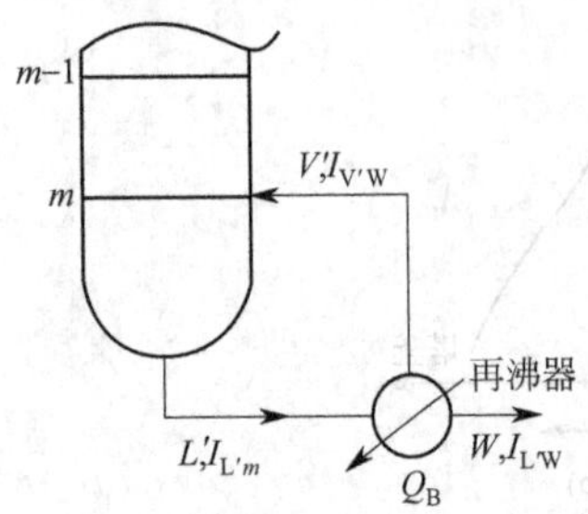

图 2-41 再沸器热量衡算

（2）再沸器热量衡算及加热介质消耗量 精馏的加热方式分为直接蒸汽加热与间接蒸汽加热两种方式。直接蒸汽加热时加热蒸汽的消耗量可通过精馏塔的物料衡算求得，而间接蒸汽加热时加热蒸汽消耗量可通过全塔或再沸器的热量衡算求得，如图 2-41 所示。

$$Q_B=V'I_{V'W}+WI_{L'W}-L'I_{L'm}+Q_L$$

设：$I_{L'm}\approx I_{L'W}$，且因 $V'=L'-W$，则：

$$Q_B=V'(I_{V'W}-I_{L'W})+Q_L \tag{2-60}$$

加热介质消耗量可用下式计算：

$$W_h=\frac{Q_B}{r} \tag{2-61}$$

式中 Q_B——再沸器的热负荷，kJ/h；

Q_L——再沸器热损失，kJ/h；

$I_{V'W}$——再沸器中上升蒸汽焓，kJ/kmol；

$I_{L'W}$——釜残液焓，kJ/kmol；

r——加热蒸汽的汽化潜热，kJ/kmol。

【例 2-10】 用一常压连续精馏塔分离含苯 0.4 的苯-甲苯溶液，进料流量为 15000kg/h，进料温度为 25℃，回流比为 3.5，得到馏出液与釜残液组成分别为 0.97 和 0.02（均为质量分数）。已知再沸器加热蒸气压力为 137kPa（表压），塔顶回流液为饱和液体，塔的热损失可以不计，求：(1) 再沸器的热负荷及加热蒸气消耗量；(2) 冷却水进、出冷凝器的温度分别为 27℃和 37℃时，冷凝器的热负荷及冷却水用量。

解： 首先将质量分数换算成摩尔分数，得到

$$x_F=\frac{\frac{0.4}{78}}{\frac{0.4}{78}+\frac{0.6}{92}}=0.44$$

$$x_D=\frac{\frac{0.97}{78}}{\frac{0.97}{78}+\frac{0.03}{92}}=0.975$$

$$x_W=\frac{\frac{0.02}{78}}{\frac{0.02}{78}+\frac{0.98}{92}}=0.0235$$

$$F=\frac{15000\times0.4}{78}+\frac{15000\times0.6}{92}=174.75\text{kmol/h}$$

根据物料衡算：

$$F=D+W$$

$$Fx_F=Dx_D+Wx_W$$

可以求得：　　$D=76.57\text{kmol/h}$，$W=98.15\text{kmol/h}$

(1) 再沸器　为了求出再沸器的加热功率，需要求出提馏段上升蒸气量 V'：

$$V'=V-(1-q)F=(R+1)D+(q-1)F$$

于是需要求出 q：

进料的汽化潜热近似为：

$$r_m=(0.44\times93\times78+0.56\times86\times92)\times4.187=31900\text{kJ/kmol}$$

当 $x_F=0.44$ 时，溶液的泡点为 93℃。计算显热时使用平均温度为 $\frac{93+25}{2}=59$℃下的比热[查 59℃下的苯和甲苯的质量定压比热均近似为 1.84kJ/(kg·℃)]，故原料液的摩尔定压比热为：

$$C_{p,m}=1.84\times0.44\times78+1.84\times0.56\times92=158\text{kJ/(kmol·℃)}$$

则可算出：

$$q=\frac{C_{p,m}\Delta t+r_m}{r_m}=\frac{158\times(93-25)+31900}{31900}=1.337$$

于是得：　　$V'=404\text{kmol/h}$

再沸器热负荷为

$$Q_R=V'\Delta H_{甲苯}=404\times3.31\times10^4(\text{按纯甲苯计算})=1.33\times10^7\text{kJ/h}$$

查得 137kPa（表压）或 238kPa（绝压）的加热蒸气的汽化潜热为 2240kJ/kg，于是蒸气用量$=\frac{1.33\times10^7}{2240}=5955\text{kg/h}$

(2) 冷凝器　冷凝器热负荷为

$$Q_C=(R+1)D\Delta H_{苯}=4.5\times6000\times393.9(\text{近似按纯苯计算})=1.06\times10^7\text{kJ/h}$$

冷却水用量：

$$W_C=\frac{Q_C}{C_p\Delta t}=\frac{1.06\times10^7}{4.18\times10}=2.54\times10^5\text{kg/h}$$

2.6.3.2　精馏过程的节能讨论

因精馏过程中，进入再沸器的 95％热量需要在塔顶冷凝器中取出，所以精馏过程是能量消耗很大的单元操作之一，其消耗通常占整个单元总能耗的 40％～50％，如何降低精馏过程的能耗，是一个重要课题。由精馏过程的热力学分析可知，减少有效能损失，是精馏过程节能的基本途径，其具体做法如下。

(1) 热节减型　因回流必然消耗大量能量，所以选择经济合理的回流比是精馏过程节能的首要因素。一些新型板式塔和高效填料塔的应用，有可能使回流比大为降低；或减小再沸器与冷凝器的温度差，例如，采用压降低的塔设备，可减少向再沸器提供热量，从而可提高有效能效率；如果塔底和塔顶的温度差较大，则可在精馏段中间设置冷凝器，在提馏段中间设置再沸器，可有效利用温位合理、价格低廉的换热介质，从而降低精馏的操作费用。具体可以采用以下几项节能新技术。

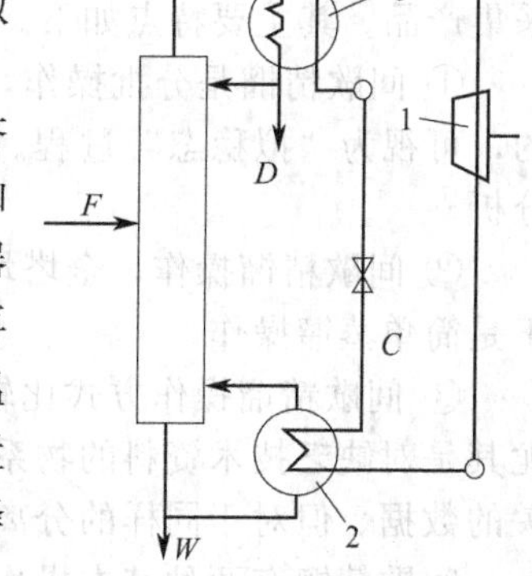

图 2-42　闭式循环热泵精馏
1—压缩机；2—再沸器；3—冷凝器

① 热泵精馏　如图 2-42 所示的热泵精馏流程，将塔顶蒸气绝热压缩后升温，重新作为再沸器的热源，把再沸器中的液

体部分汽化；而压缩气体本身冷凝成液体，经节流阀后一部分作为塔顶产品抽出，另一部分作为塔顶回流液。这样，除开工阶段以外，可基本上不向再沸器提供另外的热源，节能效果十分显著。应用此法虽然要增加热泵系统的设备费，但可用节能省下的费用很快收回增加的投资。

② 多效精馏　多效精馏原理与多效蒸发很相似，即采用压力依次降低的若干个精馏塔串联流程，前一精馏塔（高压塔）塔顶蒸气用作后一精馏塔（低压塔）再沸器的加热介质，这样仅第一效需要外部加热，末效需要塔顶冷凝外，其他中间的精馏塔不必引入加热或冷却介质，这样可以充分利用不同品位的热源。应指出，在多效精馏中，进料是分别引入各塔中进行并联操作的。

多效精馏的效数（塔数）受到第一效加热蒸汽压力和末效冷却介质温度的限制，常见的是采用双效精馏。

③ 设置中间再沸器和中间冷凝器　通常，精馏塔是在温度最高的塔底再沸器加入热量，而在温度最低的塔顶冷凝器移除热量。这种操作的缺点是热力学效率低、操作费用高。采取在提馏段设置中间再沸器和在精馏段设置中间冷凝器，可以部分克服上述缺点，达到节能和节省操作费用的目的。这是因为精馏过程的热能费用取决于传热量和载热体的温位。在塔内设置中间冷凝器，可利用温位较高、价格便宜的冷却介质，使塔内上升蒸汽部分冷凝，这样可以减少塔顶低温冷却介质的用量；同理，在塔内设置中间再沸器，可利用温位较低的加热介质，使塔内下降液体部分汽化，从而可减少塔底再沸器中高温加热介质的用量。采用中间冷凝器和中间再沸器对沸点差大的精馏操作尤其有利。

（2）热回收型（热能综合利用）　回收精馏装置的余热，作为本系统或其他装置的加热热源，也是精馏操作节能的有效途径。其中包括用塔顶蒸气的潜热直接预热原料或将其用作其他热源；回收馏出液和釜残液的显热用作其他热源等。

对精馏装置进行优化控制，使其在最佳工况下运作，减少操作裕度，确保过程的能耗为最低。多组分精馏中，合理选择流程，也可达到降低能耗的目的。

2.7　双组分间歇精馏计算

当混合液的分离要求较高而料液品种或组成经常变化时，采用间歇精馏的操作方式比较灵活机动。

间歇精馏操作是将原料液一次性加入塔釜后，将釜内的液体加热至沸腾，所生成蒸气到达塔顶全凝器，冷凝液全部回流进塔，待全回流操作稳定后，改为部分回流操作，并从塔顶采集产品。其主要特点如下。

① 间歇精馏是分批操作，过程为非稳态过程，但由于塔内气液浓度变化是连续而缓慢的，可视为“拟稳态”过程。对操作的任一瞬间，仍可用连续、稳态精馏的计算方法进行分析。

② 间歇精馏操作，全塔均为精馏段，无提馏段，由于塔顶有液体回流，故属精馏，而不是简单蒸馏操作。

③ 间歇精馏操作方式比较灵活机动，适用于处理物料量少，物料品种经常改变的场合，尤其是对缺乏技术资料的物系进行精馏分离开发时，可先采用间歇精馏进行小试，以获取有关的数据。但对于同样的分离要求，间歇精馏的能耗大于连续精馏。

间歇精馏有两种基本操作方式：

① 恒定回流比 R 的操作，则随塔顶产物浓度 x_D 的降低，塔釜液组成 x_W 也不断降低；

② 恒定 x_D 的操作，则随回流比 R 的增大，x_W 不断降低。

实际生产中，按恒回流比操作，得不到高纯度产品；若按恒馏出液组成操作，需不断地变化 R，难以实现，通常将两法结合，先按前者操作一段时间，等明显变化时，再加大 R，并使 R 恒定操作。如此阶跃地增加 R，可保持大致不变。

2.7.1 回流比保持恒定的间歇精馏

因塔板数及回流比不变，在精馏过程中塔釜组成 x_W 与馏出液组成 x_D 必同时降低。因此只有使操作初期的馏出液组成适当提高，馏出液的平均浓度才能符合产品的质量要求。

设计计算的命题为：已知料液量 F 及组成 x_F，最终的釜液组成 x_W，馏出液的平均组成 $\overline{x_D}$。

选择适宜的回流比求理论板数。

计算可以操作初态为基准，假设一最初的馏出液组成 $x_{D始}$，根据设定的 $x_{D始}$ 与釜液组成 x_F 求出所需的最小回流比，参见图 2-43(a)。

$$R_{\min}=\frac{x_{D始}-y_F}{y_F-x_F} \tag{2-62}$$

然后，选择适宜的回流比 R，计算理论板数 N。

$x_{D始}$ 的验算：设定的 $x_{D始}$ 是否合适，应以全精馏过程所得的馏出液平均组成 $\overline{x_D}$ 满足分离要求为准。与简单精馏相同，对某一瞬间 $d\tau$ 作物料衡算，蒸馏釜中易挥发组分的减少量应等于塔顶蒸气所含的易挥发组分量，这一衡算结果与式(2-23) 相同。此时，式中的气相组成 y 即为瞬时的馏出液组成 x_D，故有

$$\ln\frac{F}{W}=\int_{x_W}^{x_F}\frac{dx}{x_D-x} \tag{2-63}$$

式中 W——瞬时的釜液量，操作时由投料量 F 降为残液量 W；

x——瞬时的釜液组成，由 x_F 降为 x_W。

从图 2-43(b) 可知，因板数及回流比 R 为定值，任一精馏瞬间的釜液组成 x_W 必与一馏出液组成 x_D 相对应，于是可通过数值积分由上式算出残液量 W。馏出液平均组成 $\overline{x_D}$ 由全过程物料衡算决定，即

$$\overline{x_D}=\frac{Fx_F-Wx_W}{D} \tag{2-64}$$

当此 $\overline{x_D}$ 等于或稍大于规定值时，则上述计算有效。

处理一批料液塔釜的总蒸发量为

$$G=(R+1)D \tag{2-65}$$

由此可计算加热蒸汽的消耗量。

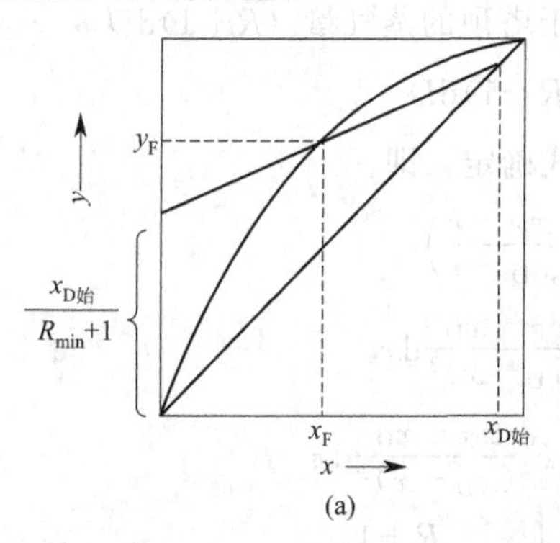

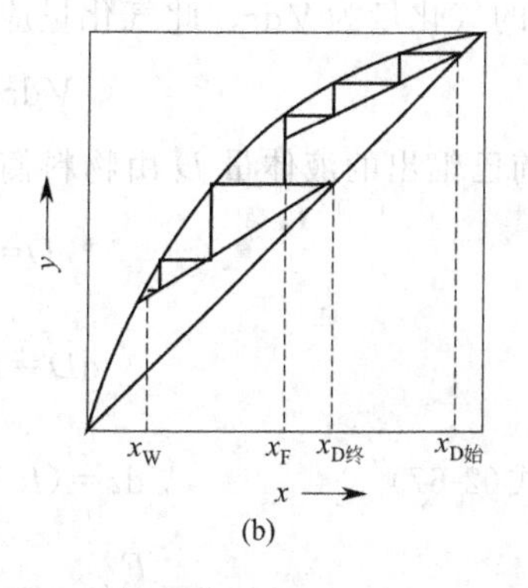

图 2-43 回流比不变的间歇精馏

2.7.2 馏出液组成保持恒定的间歇精馏

设计计算的命题为：已知投料量 F 及料液组成x_F，保持指定的馏出液组成x_D 不变，操作至规定的釜液组成x_W 或回收率 η，选择回流比的变化范围，求理论板数。

确定理论板数：间歇精馏塔在操作过程中的塔板数为定值。x_D 不变但x_W 不断下降，即分离要求逐渐提高。因此，所设计的精馏塔应能满足过程的最大分离要求，设计应以操作终了时的釜液组成x_W 为计算基准。

间歇精馏的操作线如图 2-44 所示。在操作终了时，将组成为x_W 的釜液提浓至x_D，必有一最小回流比，在此回流比下需要的理论板数为无穷多。由图 2-44(b) 可知，一般情况下此最小回流比 R_{min} 为

$$R_{min}=\frac{x_D-y_W}{y_W-x_W} \tag{2-66}$$

为使塔板数保持在合理范围内，操作终了的回流比 $R_终$ 应大于上式 R_{min} 的某一倍数。此最终回流比的选择由经济因素决定。

$R_终$ 选定后，即可从图 2-44(c) 中 a 点开始，以$\frac{x_D}{R_终+1}$为截距作出操作终了的操作线并求出理论板数。在操作初期可采用较小的回流比，此时的操作线如图 2-44(c) 中虚线所示。

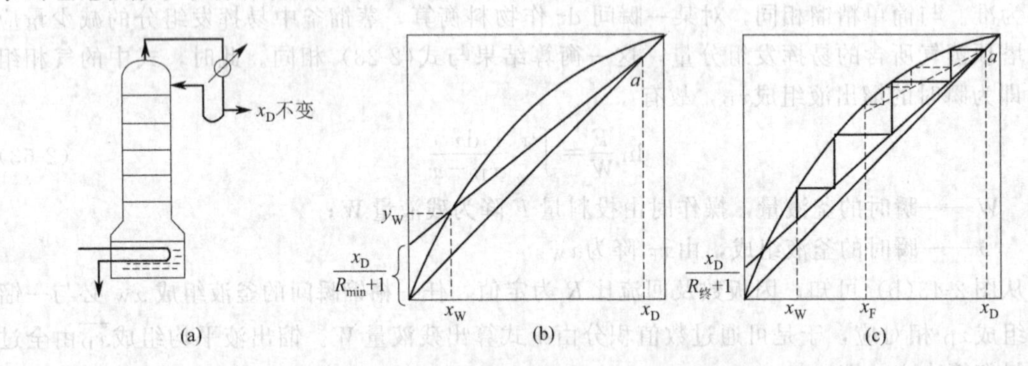

图 2-44 馏出液组成不变时的间歇精馏

每批料液的操作时间

设：F——每批料液的投料量，kmol；

D——馏出液量，kmol，其值随精馏时间而变；

x——釜液的摩尔分数组成，其值在操作中由x_F 降为x_W；

V——蒸馏釜的气化能力，kmol/s，在操作中可保持为某一常数。

在 $d\tau$ 时间内的气化量为 $Vd\tau$，此气化量应等于塔顶的蒸气量 $(R+1)dD$

$$Vd\tau=(R+1)dD \tag{2-67}$$

任一瞬时之前已馏出的液体量 D 由物料衡算式确定，即

$$D=F\left(\frac{x_F-x}{x_D-x}\right)$$

$$dD=F\frac{x_F-x_D}{(x_D-x)^2}dx$$

将上式代入式(2-67) $$Vd\tau=(R+1)F\frac{x_F-x_D}{(x_D-x)^2}dx$$

积分得 $$\tau=\frac{F}{V}(x_D-x_F)\int_{x_W}^{x_F}\frac{R+1}{(x_D-x)^2}dx \tag{2-68}$$

在操作过程中因塔板数不变，每一釜液组成必对应一回流比，可用数值积分从式(2-68)求出每批料液的精馏时间。

【例 2-11】 馏出液组成不变的间歇精馏计算

含正庚烷摩尔分数 0.40 的正庚烷-正辛烷混合液，在 101.3kPa 下作间歇精馏，要求塔顶正庚烷馏出液的组成摩尔分数为 0.90，在精馏过程中维持不变，釜液终了时正庚烷的摩尔分数为 0.10。在 101.3kPa 下正庚烷-正辛烷溶液可视为理想溶液，平均相对挥发度为 2.16。操作终了时的回流比取该时最小回流比的 1.32 倍。已知投料量为 15kmol，塔釜的气化速度为 0.003kmol/s，求精馏时间及塔釜总气化量。

解：(1) 理论板数计算

操作终了时的残液摩尔分数 $x_W=0.10$

$$y_W=\frac{\alpha x_W}{1+(\alpha-1)x_W}=\frac{2.16\times0.1}{1+1.16\times0.1}=0.194$$

按式(2-66) 计算操作终了时的最小回流比 $R_{\min}$

$$R_{\min}=\frac{x_D-y_W}{y_W-x_W}=\frac{0.90-0.194}{0.194-0.10}=7.55$$

操作终了时的回流比为

$$R=1.32R_{\min}=10$$

用逐板计算法求取理论板数。计算自塔顶 $x_D=0.90$ 开始，交替使用操作线方程

$$y=\frac{R}{R+1}x+\frac{x_D}{R+1}=\frac{10}{10+1}x+\frac{0.90}{10+1}=0.909x+0.0818 \quad \text{(a)}$$

及相平衡方程

$$x=\frac{y}{\alpha-(\alpha-1)y}=\frac{y}{2.16-1.16y} \quad \text{(b)}$$

依次计算，结果列于附表 (1)，需要 8 块理论板。

例 2-11 附表 (1)　操作终态时 ($R=10$，$x=0.10$) 理论板数计算

气相组成 y	液相组成 x	气相组成 y	液相组成 x
$y_1=0.90$	$x_1=0.806$	$y_5=0.406$	$x_5=0.241$
$y_2=0.815$	$x_2=0.671$	$y_6=0.300$	$x_6=0.166$
$y_3=0.692$	$x_3=0.509$	$y_7=0.233$	$x_7=0.123$
$y_4=0.545$	$x_4=0.357$	$y_8=0.194$	$x_8=0.100$

例 2-11 附表 (2)　$x_D=0.90$ 条件下回流比与釜液组成的关系

回流比 R	釜液组成 x	$\frac{R+1}{(x_D-x)^2}$
1.79	0.400	11.18
2.16	0.350	10.43
2.64	0.300	10.10
3.30	0.250	10.19
4.30	0.200	10.84
6.10	0.150	12.62
10.0	0.100	17.19

(2) 精馏时间 τ

在保持馏出液组成不变的间歇精馏过程中，每一瞬时的釜液组成必对应于一定的回流比。故可设一瞬时的回流比 R，由 $x_D=0.90$ 开始交替使用上述方程 (a) 及方程 (b) 各 8 次，便可得到该瞬时的釜液组成 x。这样，假设一系列回流比可求出对应的釜液组成，列于

附表(2)。

该表同时列出$\frac{R+1}{(x_D-x)^2}$，数值积分的

$$\int_{x_W}^{x_F}\frac{R+1}{(x_D-x)^2}dx=3.39$$

精馏时间

$$\tau=\frac{F}{V}(x_D-x_F)\int_{x_W}^{x_F}\frac{R+1}{(x_D-x)^2}dx=\frac{15}{0.003}\times(0.90-0.40)\times3.39=8470s$$

或 $\tau=2.35h$

塔釜汽化量 $G_1=\tau V=8470\times0.003=25.4kmol$

2.8 多组分精馏概述

前已述及，化工厂中的精馏操作大多是分离多组分溶液。虽然多组分精馏与两组分精馏在基本原理上是相同的，但因多组分精馏中溶液的组分数目增多，故影响精馏操作的因素也增多，计算过程就更为复杂。本节重点讨论多组分精馏的流程、气液平衡关系及理论板数简化的计算方法。

2.8.1 多组分精馏流程的选择

2.8.1.1 精馏塔的数目

若用普通精馏塔（指仅分别有一个进料口、塔顶和塔底出料口的塔）以连续精馏的方式将多组分溶液分离为纯组分，则需多个精馏塔。分离三组分溶液时需要两个塔，四组分溶液时需要三个塔，……，n 组分溶液时需要 $n-1$ 个塔。若不要求将全部组分都分离为纯组分，或原料液中某些组分的性质及数量差异较大时，可以采用具有侧线出料口的塔，此时精馏塔数可以减少。此外，若分离少量的多组分溶液，可采用间歇精馏，精馏塔数也可减少。

2.8.1.2 流程方案的选择

如图 2-45 所示，用两塔分离三组分溶液时，可能有两种流程安排（方案）。组分数目增多，不仅塔数增多，而且可能操作的流程方案数目也增多。

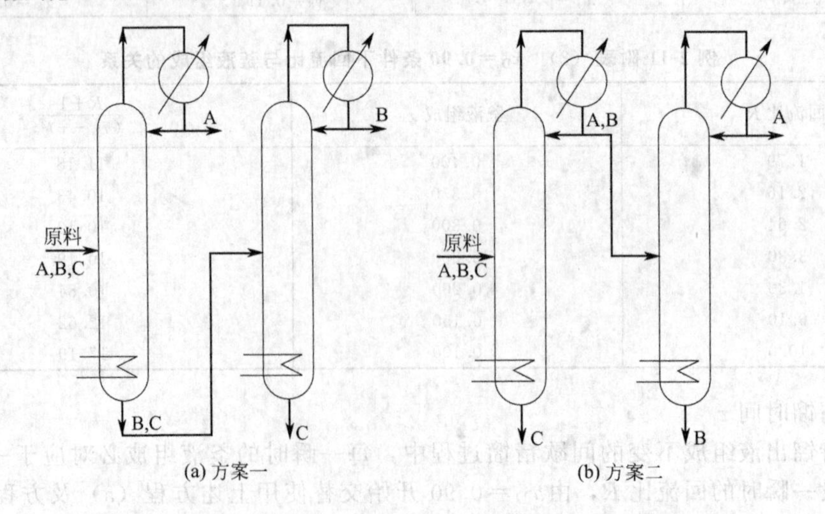

图 2-45 三组分溶液精馏流程方案比较

对于多组分精馏，首先要确定流程方案，然后才能进行计算。一般较佳的方案应考虑因素有：①能保证产品质量，满足工艺要求，生产能力大；②流程短，设备投资费用少；③耗能量低，收率高，操作费用低；④操作管理方便。

下面以分离三组分溶液的流程为例，予以简单分析。

由图 2-45 可以看出，流程（a）是按组分挥发度递降的顺序，各组分逐个从塔顶蒸出，仅最难挥发组分从最后塔的塔釜分离出来。因此，在这种方案中，组分 A 和 B 都被气化一次和冷凝一次，而组分 C 既没有被气化也没有被冷凝。流程（b）是按组分挥发度递增的顺序，各组分逐个从塔釜中分离出来，仅最易挥发组分从最后塔的塔顶蒸出。因此，在这种方案中，组分 A 被气化和冷凝各两次，组分 B 被气化和冷凝各一次，组分 C 没有被气化和冷凝。

比较流程方案（a）和（b）可知，方案（b）中组分被气化和冷凝的总次数较方案（a）的多，因而加热和冷却介质消耗量大，即操作费用高；同时，方案（b）的上升蒸气量比方案（a）的要多，因此所需的塔径、再沸器与冷凝器的传热面积均较大，即投资费用也较高。所以若从操作和投资费用来考虑，方案（a）优于方案（b），但实际生产中还需综合考虑其他因素。例如：

① 考虑多组分溶液的性质。许多有机化合物在加热过程中易分解或聚合，因此除了在操作压力、温度及设备结构等方面予以考虑外，还应在流程安排上减少这种组分的受热次数，尽早将它们分离出来。

② 考虑产品的质量要求。某些产品如高分子单体及有特殊用途的物质，要求有非常高的纯度，由于固体杂质易存留在塔釜中，故不希望从塔底得到这种产品。

应予指出，多组分精馏流程方案的确定是比较困难的，通常设计时可初选几个方案，通过计算、分析比较后，再从中择优选定。

2.8.2　多组分物系的气液相平衡

与两组分精馏一样，气液平衡是多组分精馏计算的理论基础。由相率可知，对 n 个组分的物系，共有 n 个自由度，除了压力恒定外，还需知道 $n-1$ 个其他变量，才能确定此平衡物系。可见，多组分物系的汽液平衡关系较两组分要复杂得多。

2.8.2.1　理想系统的气液相平衡

多组分溶液的气液相平衡关系，一般采用平衡常数法和相对挥发度法表示。

（1）平衡常数法　当系统的气液两相在恒定的压力和温度下达到相平衡时，液相中某组分 i 的组成 x_i 与该组分在气相中的平衡组成 y_i 的比值，称为组分 i 在此温度、压力下的平衡常数，通常表示为

$$K_i=\frac{y_i}{x_i} \tag{2-69}$$

式中　K_i——相平衡常数，下标 i 表示溶液中任意组分。

式(2-69) 是表示气液平衡关系的通式，它既适用于理想系统，也适用于非理想系统。

对理想气体，任意组分 i 的分压 p_i 可用分压定律表示，即

$$p_i=Py_i$$

对理想气体，任意组分 i 的平衡分压可用拉乌尔定律表示，即

$$p_i=p_i^0x_i$$

气液两相达到相平衡时，上二式等号左侧的 p_i 相等，则

$$Py_i=p_i^0x_i$$

所以

$$K_i=\frac{y_i}{x_i}=\frac{p_i^0}{P} \tag{2-70}$$

式(2-70) 仅适用于理想系统。由该式可以看出，理想物系中任意组分 i 的相平衡常数 K_i 只与总压 P 及该组分的饱和蒸气压 p_i^0 有关，而 p_i^0 又直接由物系的温度所决定，故 K_i 随组分性质、总压及温度而定。

(2) 相对挥发度法　在精馏塔中，由于各层板上的温度不相等，因此平衡常数也是变量，利用平衡常数法表达多组分溶液的平衡关系就比较麻烦。而相对挥发度随温度变化较小，全塔可取定值或平均值，故采用相对挥发度法表示平衡关系可使计算大为简化。

用相对挥发度法表示多组分溶液的平衡关系时，一般取较难挥发的组分 j 作为基准组分，根据相对挥发度定义，可写出任一组分和基准组分的相对挥发度为

$$\alpha_{ij}=\frac{\dfrac{y_i}{x_i}}{\dfrac{y_j}{x_j}}=\frac{K_i}{K_j}=\frac{p_i^0}{p_j^0} \tag{2-71}$$

气液平衡组成与相对挥发度的关系可推导如下：

因为
$$y_i=K_i x_i=\frac{p_i^0}{P}x_i$$

而
$$P=p_1^0x_1+p_2^0x_2+\cdots+p_n^0x_n$$

整理上两式并将式(2-71) 代入，可得

$$y_i=\frac{\alpha_{ij}x_i}{\sum\limits_{i=1}^{n}\alpha_{ij}x_i} \tag{2-72}$$

同理可得

$$x_i=\frac{\dfrac{y_i}{\alpha_{ij}}}{\sum\limits_{i=1}^{n}\dfrac{y_i}{\alpha_{ij}}} \tag{2-73}$$

式(2-72) 及式(2-73) 为用相对挥发度表示的汽液平衡关系。显然，只要求出各组分对基准组分的相对挥发度，就可利用上两式计算平衡时的气相或液相组成。

上述两种汽液平衡表示法，没有本质的差别。一般，若精馏塔中相对挥发度变化不大，则用相对挥发度法计算平衡关系较为简便；若相对挥发度变化较大，则用平衡常数法计算较为准确。

2.8.2.2　非理想系统的汽液平衡

非理想系统的汽液平衡可分为三种情况。

(1) 气相是非理想气体，液相是理想溶液　若系统的压力较高，气相不能视为理想气体，但液相仍是理想溶液，此时需用逸度代替压力，修正的拉乌尔定律和道尔顿定律可分别表示为

$$f_{i\mathrm{L}}=f_{i\mathrm{L}}^0x_i，f_{i\mathrm{V}}=f_{i\mathrm{V}}^0y_i$$

式中　$f_{i\mathrm{L}}$，$f_{i\mathrm{V}}$——液相及气相混合物中组分 i 的逸度，Pa；

$f_{i\mathrm{L}}^0$，$f_{i\mathrm{V}}^0$——液相及气相的纯组分 i 在压力 P 及温度 t 下的逸度，Pa。

两相达到平衡时，$f_{i\mathrm{L}}=f_{i\mathrm{V}}$，所以

$$K_i=\frac{y_i}{x_i}=\frac{f_{i\mathrm{L}}^0}{f_{i\mathrm{V}}^0} \tag{2-74}$$

比较式(2-74) 和式(2-70) 可以看出，在压力较高时，只要用逸度代替压力，就可以计算得到平衡常数。逸度的求法可参阅有关资料。

(2) 气相为理想气体，液相为非理想溶液　非理想溶液遵循修正的拉乌尔定律，即

$$p_i = \gamma_i p_i^0 x_i \tag{2-75}$$

式中　γ_i——组分 i 的活度系数。

对理想溶液，活度系数等于 1；对非理想溶液，活度系数可大于 1，也可小于 1，分别称之为正偏差或负偏差的非理想溶液。

理想气体遵循道尔顿定律，即

$$p_i = P y_i$$

将上式代入式(2-75) 中，并整理得 $K_i = \dfrac{\gamma_i p_i^0}{P}$　(2-76)

活度系数随压力、温度及组成而变，其中压力影响较小，一般可忽略，而组成的影响较大。活度系数的求法可参阅有关资料。

(3) 两相均为非理想溶液　两相均为非理想溶液时，式 (2-76) 相应变为

$$K_i = \frac{\gamma_i f_{iL}^0}{f_{iV}^0} \tag{2-77}$$

此外，对于由烷烃、烯烃所构成的混合液，经过实验测定和理论推算，得到了如图2-46所示的 p-T-K 列线图。该图左侧为压力标尺，右侧为温度标尺，中间各曲线为烃类的 K 值标尺。使用时只要在图上找出代表平衡压力和温度的点，然后连成直线，由此直线与某烃类曲线的交点，即可读得 K 值。应予指出，由于 p-T-K 列线图仅涉及压力和温度对 K 的影响，而忽略了各组分之间的相互影响，故由此求得的 K 值与实验值有一定的偏差。

2.8.2.3　相平衡常数的应用

在多组分精馏的计算中，相平衡常数可用来计算泡点温度、露点温度和气化率等。

(1) 泡点温度及平衡气相组成的计算

$$\sum_{i=1}^{n} y_i = 1 \tag{2-78}$$

将式(2-69) 代入上式，可得

$$\sum_{i=1}^{n} K_i x_i = 1 \tag{2-78a}$$

利用式(2-78) 可计算液体混合物的泡点温度和平衡气相组成。显然，计算时要应用试差法，即先假设泡点温度，根据已知的压力和所设的温度，求出平衡常数，再校核 $\sum K_i x_i$ 是否等于 1。若是，即表示所设的泡点温度正确，否则应另设温度，重复上面的计算，直至 $\sum K_i x_i \approx 1$ 为止，此时的温度和气相组成即为所求。

(2) 露点温度和平衡液相组成的计算

$$\sum_{i=1}^{n} x_i = 1 \tag{2-79}$$

将式(2-78) 代入上式，可得

$$\sum_{i=1}^{n} \frac{y_i}{K_i} = 1 \tag{2-79a}$$

利用式(2-79) 可计算气相混合物的露点温度及平衡液相组成。计算时也应用试差法。试差原则与计算泡点温度时的完全相同。

应予指出，利用相对挥发度法进行上述的计算，可得到相似的结果。

(3) 多组分溶液的部分气化　将多组分溶液部分气化后，两相的量和组成随压力及温度而变化，它们的定量关系可推导如下：

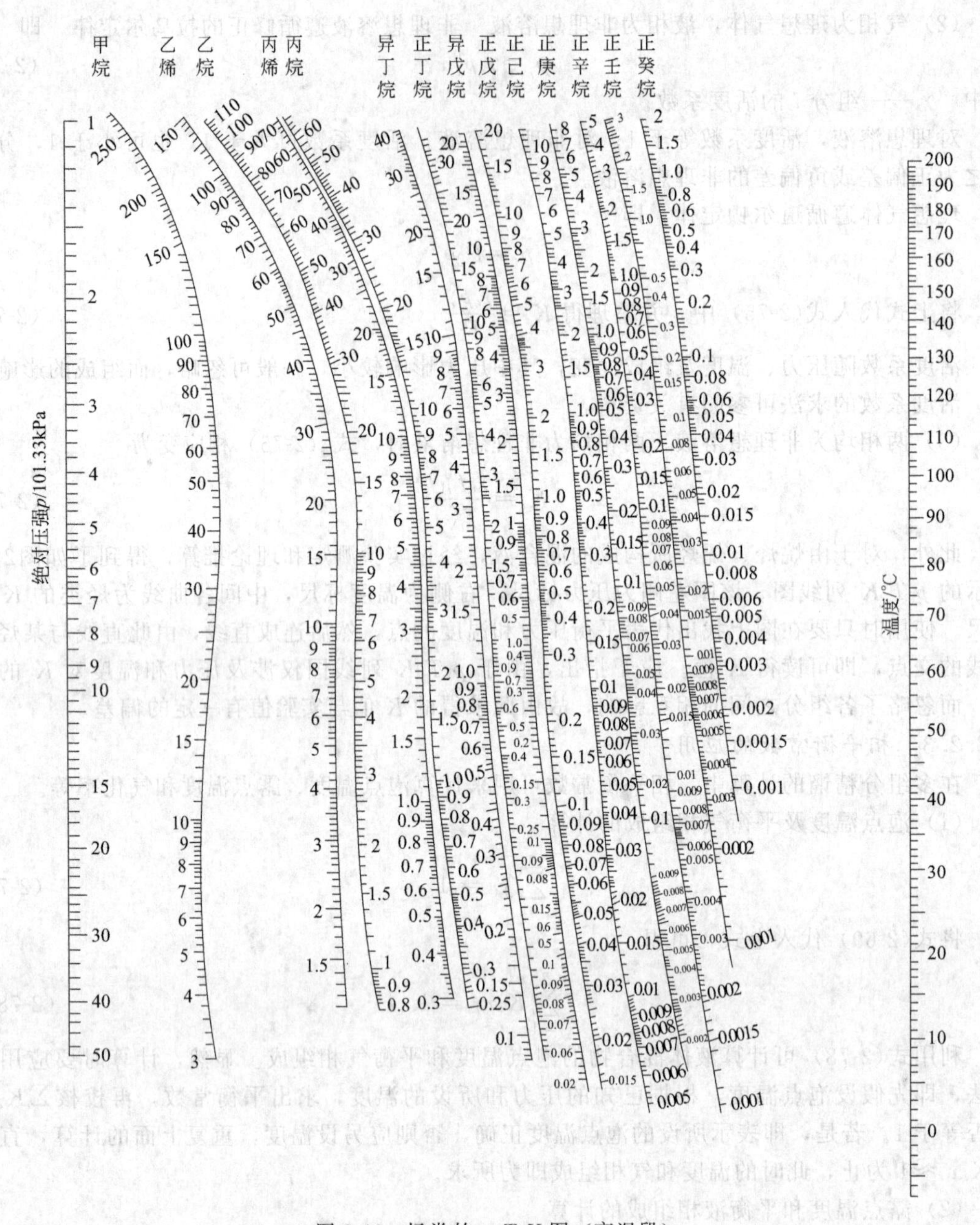

图 2-46 烃类的 p-T-K 图（高温段）

对一定量的原料液作物料衡算，即

总物料
$$F=V+L$$

任一组分
$$Fx_{\mathrm{F}i}=Vy_i+Lx_i$$

而
$$y_i=Kx_i$$

由以上三式联立解得

$$y_i=\frac{x_{\mathrm{F}i}}{\dfrac{V}{F}\left(1-\dfrac{1}{K_i}\right)+\dfrac{1}{K_i}} \tag{2-80}$$

式中 $\dfrac{V}{F}$——气化率；

x_{Fi}——液相混合物中任意组分 i 的摩尔分数。

当物系的温度和压强一定时，可用式(2-80)及式(2-78)计算气化率及相应的气液相组成。反之，当气化率一定时，也可用上式计算气化条件。

【例 2-12】 有一含正丁烷 0.2、正戊烷 0.5 及正己烷 0.3（均为摩尔分数）的混合液，试求压强为 101.33×10^4Pa 时的泡点温度及平衡的气相组成。

解： 假设该混合液的泡点温度为 130℃，由图 2-46 查出于 101.33×10^4Pa、130℃下各组分的平衡常数：正丁烷 $K_1=2.05$；正戊烷 $K_2=0.96$；正己烷 $K_3=0.50$。所以

$$\sum y_i=K_1x_1+K_2x_2+K_3x_3=2.05\times0.2+0.96\times0.5+0.5\times0.3=1.04$$

由于 $\sum y_i>1$，故再设泡点温度为 127℃，查得 K_i 值及计算结果列于本例附表中。

例 2-12 附表

组分	x_i	K_i(127℃, 1.0133×10^3kPa)	$y_i=K_ix_i$	组分	x_i	K_i(127℃, 1.0133×10^3kPa)	$y_i=K_ix_i$
正丁烷	0.2	1.95	0.39	正己烷	0.3	0.49	0.147
正戊烷	0.5	0.92	0.46	$\sum$	1.00		0.997

因 $\sum y_i\approx1$，故所设泡点温度正确，表中所列的气相组成即为所求。

2.8.3 多组分精馏的关键组分概念及物料衡算

与两组分精馏一样，为求精馏塔的理论板数，需要知道塔顶和塔底产品的组成。在两组分精馏中，这些组成通常由工艺条件规定。但在多组分精馏中，对两产品的组成，一般只能规定馏出液中某组分的含量不能高于某一限值，釜液中另一组分不能高于另一限值，两产品中其他组分的含量都不能任意规定，而要确定它们又很困难。针对这种情况，为了简化计算，引入关键组分的概念。

2.8.3.1 关键组分

在待分离的多组分溶液中，选取工艺中最关心的两个组分（一般是选择挥发度相邻的两个组分），规定它们在塔顶和塔底产品中的组成或回收率，即分离要求，那么，在一定的分离条件下，所需的理论板数和其他组分的组成也随之而定。由于所选定的两个组分对多组分溶液的分离起控制作用，故称它们为关键组分，其中挥发度高的那个组分称为轻关键组分，挥发度低的称为重关键组分。

所谓轻关键组分，是指在进料中比其还要轻的组分（即挥发度更高的组分）及其自身的绝大部分进入馏出液中，而它在釜液中的含量应加以限制；所谓重关键组分，是指进料中比其还要重的组分（即挥发度更低的组分）及其自身的绝大部分进入釜液中，而它在馏出液中的含量应加以限制。例如，分离由组分 A、B、C、D 和 E（按挥发度降低的顺序排列）所组成的混合液，根据分离要求，规定 B 为轻关键组分，C 为重关键组分。因此，在馏出液中有组分 A、B 及限量的 C，而比 C 还要重的组分（D 和 E）在馏出液中只有极微量或没有。同样，在釜液中有组分 E、D、C 及限量的 B，比 B 还轻的组分 A 在釜液中含量极微或不出现。

此外，有时因相邻的轻重关键组分之一的含量很低，就可选择 B、D 分别为轻、重关键组分。

2.8.3.2 组分在塔顶和塔底产品中的预分配

在多组分精馏中，一般先规定关键组分在塔顶和塔底产品中的组成或回收率，其他组分的分配应通过物料衡算或近似估算得到，待求出理论板数后，再核算塔顶和塔底产品的组成。根据各组分间挥发度的差异，可按以下两种情况进行组分在产品中的预分配。

(1) 清晰分割　若两关键组分的挥发度相差较大，且两者为相邻组分，此时可认为比重关键组分还重的组分全部在塔底产品中，比轻关键组分还轻的组分全部在塔顶产品中，这种

情况称为清晰分割。

清晰分割时，非关键组分在两产品中的分配可以通过物料衡算求得，计算过程见例2-13。

【例 2-13】 在连续精馏塔中，分离由组分A、B、C、D、E、F和G（按挥发度降低的顺序排列）所组成的混合液。若C为轻关键组分，在釜液中组成为0.004（摩尔分数，下同）；D为重关键组分，在馏出液中的组成为0.004。试估算其他组分在产品中的组成。假设本题为清晰分割。原料液的摩尔组成列于本例附表1中。

例 2-13 附表 1

组分	A	B	C	D	E	F	G	Σ
x_F	0.213	0.144	0.108	0.142	0.195	0.141	0.057	1.00

解：基准为$F=100\text{kmol/h}$。C为轻关键组分，且$x_{W,C}=0.004$，D为重关键组分，且$x_{D,D}=0.004$。因本题为清晰分割，即比重关键组分还重的组分在塔顶产品不出现，比轻关键组分还轻的组分在塔底产品中不出现，故对全塔做各组分的物料衡算，即

$$F_i=D_i+W_i$$

计算结果列于本例附表2中。

例 2-13 附表 2

组分	A	B	C	D	E	F	G	Σ
进料量/(kmol/h)	21.3	14.4	10.8	14.2	19.5	14.1	5.7	100
塔顶产品流量/(kmol/h)	21.3	14.4	$(10.8-0.004W)$	$0.004D$	0	0	0	D
塔底产品流量/(kmol/h)	0	0	$0.004W$	$(14.2-0.004D)$	19.5	14.1	5.7	W

由上表可知馏出液流量为

$$D=21.3+14.4+(10.8-0.004W)+0.004D$$

或 $$0.996D=46.5-0.004W$$

又由总物料衡算得： $$D=100-W$$

联立上二式解得： $D=46.5\text{kmol/h}$，$W=53.5\text{kmol/h}$

计算得到的各组分在两产品的预分配情况列于本例附表3中。

例 2-13 附表 3

组分		A	B	C	D	E	F	G	Σ
塔顶产品	流量/(kmol/h)	21.3	14.4	10.6	0.19	0	0	0	46.5
	组成	0.458	0.31	0.228	0.004	0	0	0	1.00
塔底产品	流量/(kmol/h)	0	0	0.21	14.0	19.5	14.1	5.7	53.5
	组成	0	0	0.004	0.262	0.365	0.264	0.107	1.00

（2）非清晰分割　若两关键组分不是相邻组分，则塔顶和塔底产品中必须有中间组分；或者，若进料中非关键组分的相对挥发度与关键组分的相差不大，则塔顶产品中就有含有比重关键组分还重的组分，塔底产品中就会含有比轻关键组分还轻的组分，上述两种情况称为非清晰分割。

非清晰分割时，各组分在塔顶和塔底产品中的分配情况不能用上述的物料衡算求得，但可用芬斯克全回流公式进行估算。计算中需作以下假设：

① 在任何回流比下操作时，各组分在塔顶和塔底产品中的分配情况与全回流操作时的相同；

② 非关键组分在产品中的分配情况与关键组分的也相同。

多组分精馏时，全回流操作下芬斯克方程式可表示为

$$N_{\min}+1=\frac{\lg\left[\left(\frac{x_l}{x_h}\right)_D\left(\frac{x_h}{x_l}\right)_W\right]}{\lg\alpha_{lh}} \tag{2-81}$$

式中，下标 l 表示轻关键组分；h 表示重关键组分。

因
$$\left(\frac{x_l}{x_h}\right)_D=\frac{D_l}{D_h},\left(\frac{x_h}{x_l}\right)_W=\frac{W_h}{W_l}$$

式中 D_l，D_h——馏出液中轻、重关键组分的流量，kmol/h；

W_l，W_h——釜液中轻、重关键组分的流量，kmol/h。

将上两式带入式(2-81) 得

$$N_{\min}+1=\frac{\lg\left[\left(\frac{D_l}{D_h}\right)\left(\frac{W_h}{W_l}\right)\right]}{\lg\alpha_{lh}}=\frac{\lg\left[\left(\frac{D}{W}\right)_l\left(\frac{W}{D}\right)_h\right]}{\lg\alpha_{lh}} \tag{2-82}$$

式(2-82) 表示全回流下轻、重关键组分在塔顶和塔底产品中的分配关系。根据前述的假设，上式也适用任意组分 i 和重关键组分之间的分配，即

$$N_{\min}+1=\frac{\lg\left[\left(\frac{D}{W}\right)_i\left(\frac{W}{D}\right)_h\right]}{\lg\alpha_{ih}} \tag{2-83}$$

由式(2-82) 及式(2-83) 可得

$$\frac{\lg\left(\frac{D}{W}\right)_l-\lg\left(\frac{D}{W}\right)_h}{\lg\alpha_{lh}-\lg\alpha_{hh}}=\frac{\lg\left(\frac{D}{W}\right)_i-\lg\left(\frac{D}{W}\right)_h}{\lg\alpha_{ih}-\lg\alpha_{hh}} \tag{2-84}$$

式(2-84) 表示全回流下任意组分在两产品中的分配关系。根据前述的假设，上式可用于估算任何回流比下各组分在两产品中的分配。这种估算各组分在塔顶和塔底产品中的分配方法称为亨斯特别克（Hengstebeck）法。

式(2-84) 也可使用图解法求算，图解步骤如下：

① 在双对数坐标上，以 α_{ih} 为横坐标，$\left(\frac{D}{W}\right)_i$ 为纵坐标。根据 $\left[\alpha_{lh},\left(\frac{D}{W}\right)_l\right]$、$\left[\alpha_{hh},\left(\frac{D}{W}\right)_h\right]$ 定出相应的 a、b 两点，如图 2-47 所示。

② 连 a、b 两点，其他组分的分配点必落在 ab 或其延长线上。由 α_{ih} 可求得 $\left(\frac{D}{W}\right)_i$。

应予指出，式(2-84) 中相对挥发度可取为塔顶和塔底的或塔顶、进料口和塔底的几何平均值。但在开始估算时，塔顶和塔底的温度均为未知值，故需要用试差法，即先假设各处的温度，由此算出平均相对挥发度，再用亨斯特别克法算出馏出液和釜残液的组成，而后由此组成校核所设的温度是否正确，如两者温度不吻合，则根据后者算出的温度，重复前述的计算，直到前后两次温度基本相符为止。为了减少试差次数，初值可按清晰分割计算得到的组成来估计。

【例 2-14】 在连续精馏塔中，分离本例附表 1 所示的液体混合物。操作压强为 2776.4kPa。若要求馏出液中回收进料中 91.1%的乙烷，釜液中回收进料中 93.7%的丙烯，试估算各组分在两产品中的组成。

原料液的组成及平均操作条件下各组分对重关键组分的相对挥发度列于本题附表 1。

例 2-14 附表 1

组分	甲烷	乙烷	丙烯	丙烷	异丁烷	正丁烷
组成 x_{Fi}/摩尔分数	0.05	0.35	0.15	0.20	0.10	0.15
平均相对挥发度 α_{ih}	10.95	2.59	1	0.884	0.422	0.296

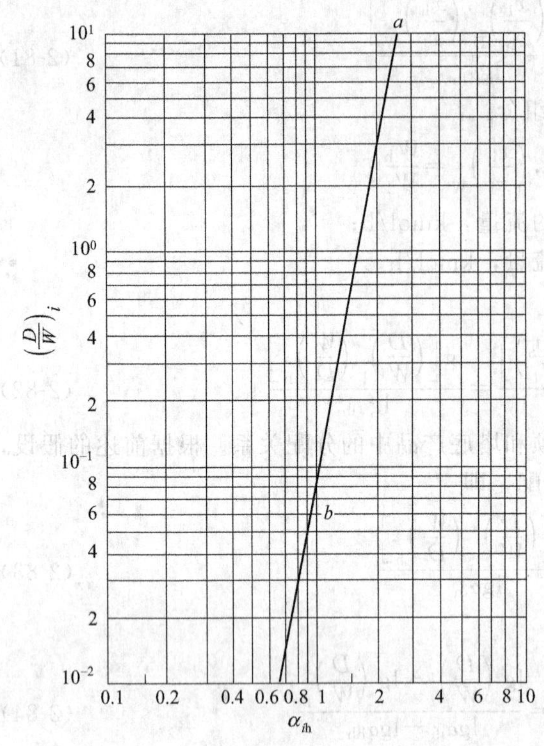

图 2-47 组分在两产品中的分配与相对挥发度的关系

解：以 100kmol 原料液/h 为基准。根据题意知：乙烷为轻关键组分，丙烯为重关键组分。

(1) 轻、重关键组分在两产品中的分配比

塔顶产品中乙烷流量为

$D_l=100\times0.35\times0.911=31.89\text{kmol/h}$

塔底产品中乙烷流量为

$W_l=F_l-D_l=100\times0.35-31.89=3.11\text{kmol/h}$

所以 $\left(\frac{D}{W}\right)_l=\frac{31.89}{3.11}=10.25$

又塔底产品中丙烯流量为

$W_h=100\times0.15\times0.937=14.06\text{kmol/h}$

塔顶产品中丙烯流量为

$D_h=F_h-W_h=100\times0.15-14.06=0.94\text{kmol/h}$

所以

$$\left(\frac{D}{W}\right)_h=\frac{0.94}{14.06}=0.067$$

(2) 标绘组分的分配关系线

在双对数坐标上以 α_{ih} 为横坐标，$\left(\frac{D}{W}\right)_i$ 为纵坐标，然后由 $\left[\alpha_{lh}=2.59,\left(\frac{D}{W}\right)_l=10.25\right]$ 定出点 a，由 $\left[\alpha_{hh}=1,\left(\frac{D}{W}\right)_h=0.067\right]$ 定出点 b，连 ab 并延长，所得直线即为分配关系线，如图 2-47 所示。因该图的纵坐标拉得很长，故书中没有全部绘出。若为了作图方便，也可改用直角坐标，只要将 α_{ih} 和 $\left(\frac{D}{W}\right)_i$ 改为对数值即可。

(3) 各组分在两产品中的分配

利用图 2-47 所示的分配关系，由各组分的 α_{ih} 找出相应的 $\left(\frac{D}{W}\right)_i$，结果列于本例的附表 2 中。

例 2-14 附表 2

组分	甲烷	乙烷	丙烯	丙烷	异丁烷	正丁烷	Σ
α_{ih}	10.95	2.59	1	0.884	0.422	0.296	
$\left(\frac{D}{W}\right)_i$	20000	10.25	0.067	0.034	0.00066	0.000082	
D_i/(kmol/h)	5	31.89	0.942	0.657	0.0066	0	38.5
x_{Di}	0.130	0.828	0.0245	0.0171	0.000171	0	1.00
W_i/(kmol/h)	0	3.11	14.06	19.342	9.993	15	61.51
x_{Wi}	0	0.0506	0.229	0.314	0.162	0.244	1.00

产品中各组分流量 D_i 和 W_i 可根据分配比和物料衡算求得，计算结果也列于本例附表 2 中。下面以丙烷为例，计算如下：

$$\left(\frac{D}{W}\right)_{丙烷}=0.034（由题查得）$$

$$D_{丙烷}+W_{丙烷}=F_{丙烷}=100\times0.2=20$$

联立上二式解得

$$D_{丙烷}=0.657\text{kmol/h},\ W_{丙烷}=19.343\text{kmol/h}$$

应予指出，欲得到更准确的结果，可用此次计算得到的组成，再求出相应的温度及平均相对挥发度，重复上面的计算，直至先后两次的计算结果相符（或满足一定精度要求）为止。

2.8.4　最小回流比

在两组分精馏计算中，通常用图解法确定最小回流比。对于有正常形状相平衡曲线的物系，当在最小回流比下操作时，一般来说，进料板附近区域为恒浓区（亦称挟紧区），即在此处精馏无增浓作用，因此为完成一定分离任务就需无限多层理论板。

在多组分精馏计算中，必须用解析法求最小回流比。在最小回流比下操作时，塔内也会出现恒浓区，但常常有两个恒浓区。一个在进料板以上某一位置，称为上恒浓区；另一个在进料板以下某一位置，称为下恒浓区。具有两个恒浓区的原因是，进料中所有组分并非全部出现在塔顶或塔底产品中。例如，比重关键组分还重的某些组分可能不出现在塔顶产品中，这些组分在精馏段下部的几层塔板中被分离，其组成便达到无限低，而后其他组分才进入上恒浓区。同样，比轻关键组分还轻的某些组分可能不出现在塔底产品中，这些组分在提馏段上部的几层塔板中被分离，其组成便达到无限低，而后其他组分才进入下恒浓区。若所有组分都出现在塔顶产品中，则上恒浓区接近于进料板；若所有组分都出现在塔底产品中，则下恒浓区接近于进料板；若所有组分同时出现在塔顶产品和塔底产品中，则上下恒浓区合二为一，即进料板附近为恒浓区。

计算最小回流比的关键是确定恒浓区的位置。显然，这种位置是不容易定出的，因此严格或精确的计算最小回流比就很困难。一般多采用简化公式估算，常用的是恩德伍德（Underwood）公式，即

$$\sum_{i=1}^{n}\frac{\alpha_{ij}x_{\mathrm{F}i}}{\alpha_{ij}-\theta}=1-q \tag{2-85}$$

$$R_{\min}=\sum_{i=1}^{n}\frac{\alpha_{ij}x_{\mathrm{D}i}}{\alpha_{ij}-\theta}-1 \tag{2-86}$$

式中　α_{ij}——组分 i 对基准组分 j（一般为重关键组分或重组分）的相对挥发度，可取塔顶的和塔底的几何平均值；

θ——式(2-85) 的根，其值介于轻、重关键组分对基准组分的相对挥发度之间。

若轻、重关键组分为相邻组分，θ 仅有一个值；若两关键组分之间有 k 个中间组分，则 θ 将有 $k+1$ 个值。

在求解上述二方程时，需先用试差法由式(2-85) 求出 θ 值，然后再由式(2-86) 求出 $R_{\min}$。当两关键组分有中间组分时，可求得多个 $R_{\min}$ 值，设计时可取 $R_{\min}$ 的平均值。

应予注意，恩德伍德公式的应用条件为：①塔内气液相作恒摩尔流动；②各组分的相对挥发度为常量。

2.8.5　简捷法确定理论板数

用简捷法求理论板数时，基本原则是将多组分精馏简化为轻、重关键组分的“两组分精馏”，故可采用芬斯克方程及吉利兰图求理论板数。简捷法求算理论板数的具体步骤如下。

① 根据分离要求确定关键组分。

② 根据进料组成及分离要求进行物料衡算，初估各组分在塔顶产品和塔底产品中的组成，并计算各组分的相对挥发度。

③ 根据塔顶和塔底产品中轻、重关键组分的组成及平均相对挥发度，用芬斯克方程式计算最小理论板数 $N_{\min}$。

④ 用恩德伍德公式确定最小回流比 $R_{\min}$，再由 $R=(1.1\sim2)R_{\min}$ 关系选定操作回流比 R。

⑤ 利用吉利兰图求算理论板数 N。

⑥ 可仿照两组分精馏计算中所采用的方法确定进料板位置。若为泡点进料，也可用下面的经验公式计算，即

$$\lg\frac{n}{m}=0.206\lg\left[\left(\frac{W}{D}\right)\left(\frac{x_{\mathrm{hF}}}{x_{\mathrm{lF}}}\right)\left(\frac{x_{\mathrm{lW}}}{x_{\mathrm{hD}}}\right)^2\right] \tag{2-87}$$

式中　n——精馏段理论板数；

m——提馏段理论板数（包括再沸器）。

简捷法求理论板数虽然简单，但因没有考虑其他组分存在的影响，计算结果误差较大。简捷法一般适用于初步估算或初步设计。

2.9 特殊精馏

在实际生产中，常有这样的情况。

① 两组分的挥发度很接近，即相平衡线离对角线很近，传质推动力很小，此时采用普通精馏方法分离，所需的理论板数非常多，即分离难度很大。若两组分沸点相差在 3℃以内，一般认为不宜采用普通精馏方法分离。

② 液体混合物出现恒沸物，如常压下乙醇-水物系的恒沸组成为乙醇 0.894、水 0.106（摩尔分数），此时平衡的气液两相组成相同，所以采用普通精馏方法无法制取无水乙醇。

对于上述情况，工业上可采用特殊精馏方式进行分离，其基本原理是在二元溶液中加入第三组分，以改变原来二元物系的非理想性或提高组分间的相对挥发度。根据第三组分所起的作用，可分为恒沸精馏和萃取精馏。

2.9.1 恒沸精馏

若在两组分恒沸液中加入第三组分（称为恒沸剂或挟带剂），该组分能与原料液中的一个或两个组分形成新的恒沸液，从而使原料液能用普通精馏方法予以分离，这种精馏操作称为恒沸精馏。恒沸精馏可分离具有最低恒沸点的溶液、具有最高恒沸点的溶液以及挥发度相近的物系。

一般要求挟带剂形成新的最低恒沸物的恒沸点比另一组分的沸点低 10℃以上。

恒沸精馏可分为形成非均相恒沸物及均相恒沸物两大类。前者指加入挟带剂形成的最低恒沸物与原溶液中易挥发组分冷凝后液相分层且各液相均为最低恒沸物的精馏；后者指塔顶液相产品不分层，形成均相恒沸物的精馏。

2.9.1.1 形成非均相恒沸物的恒沸精馏

如图 2-48 所示，以乙醇-水物系为例，其二元恒沸组成为：乙醇 0.894、水 0.106，恒沸点 78.15℃，摩尔比：水/乙醇=0.12。当添加恒沸剂——苯后，形成苯-乙醇-水三元物系，此三组分可形成一个新的三元非均相恒沸物，三元恒沸组成为：苯 0.554，乙醇 0.320，水 0.226，摩尔比：水/乙醇=0.98，恒沸点为 64.5℃，由于新三元恒沸物沸点最低，故其由恒沸精馏塔顶蒸出，塔底产品为近于纯态的乙醇。塔顶蒸气进入冷凝器 4 中冷凝后，部分液

相回流到塔1，其余的进入分层器5，在分层器内凝液分为轻、重两层液体，在20℃时，各液相摩尔组成为：上层苯相：苯0.745；乙醇0.217及少量水；下层水相：苯0.0428；乙醇0.35及水。

苯相内苯含量很高，返回塔1作为补充回流。重相水相送入苯回收塔2，以回收其中的苯。塔2的蒸气由塔顶引出也进入冷凝器4中，塔2底部的产品为稀乙醇，被送到乙醇回收塔3中。塔3中塔顶产品为乙醇-水恒沸液，送回塔1作为原料，塔底产品几乎为纯水。在操作中苯是循环使用的，只要有足够量的苯将水全部集中于三元恒沸物中带出，从而使乙醇-水混合液得以分离。

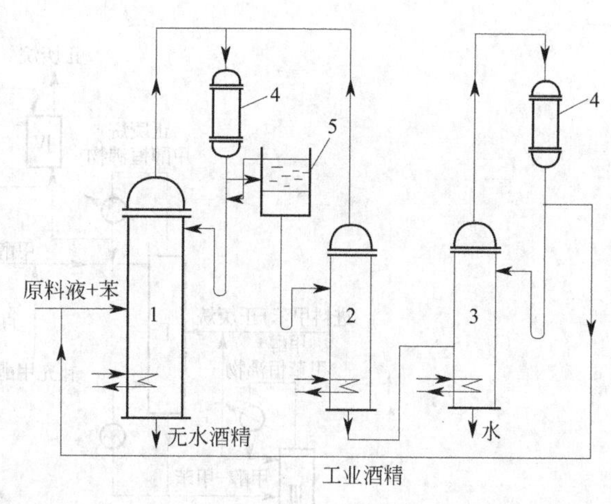

图2-48 形成非均相恒沸物的恒沸精馏流程示意图
1—恒沸精馏塔；2—苯回收塔；3—乙醇回收塔；
4—全凝器；5—分层器

2.9.1.2 形成均相恒沸物的恒沸精馏

以甲醇为挟带剂分离正庚烷-甲苯的流程如图2-49所示。在三元物系中，甲醇与正庚烷生成的最低恒沸物，恒沸点为58.8℃；甲醇与甲苯形成的恒沸物，恒沸点为63.6℃，前者在恒沸精馏塔Ⅰ顶部蒸出，其凝液一部分回流进塔，另一部分引入水洗塔Ⅳ，与水逆流接触。由于甲醇完全溶于水而正庚烷在水中溶解度很低，故水洗后可得很纯的正庚烷产品，甲醇-水溶液则流入甲醇脱水塔中。甲醇脱水塔为普通精馏塔，塔底以直接蒸汽加热，塔顶蒸出的甲醇连同补充甲醇回到恒沸精馏塔Ⅰ作挟带剂。恒沸精馏塔的塔底产品为甲醇-甲苯混合液，该混合液进入脱甲苯塔Ⅲ中，经普通精馏，塔底得到很纯的甲苯产品，塔顶则得到甲醇-甲苯恒沸物。该恒沸物随原料液一同作为恒沸精馏塔Ⅰ的进料。

恒沸精馏操作关键是恒沸剂的选择，它的选择原则如下：

① 能与A、B组分之一或两个形成最低恒沸物，并希望与A、B中含量小的组分形成恒沸物从塔顶蒸出，以减少操作的热量损耗；

② 新形成的恒沸物要便于分离，以利对恒沸剂重新回收循环使用；

③ 恒沸物中，恒沸剂的相对含量要小，这样可使较少的恒沸剂夹带较多的其他组分，且使操作经济合理。

恒沸精馏既可以连续操作，又可以间歇操作，适用于小规模生产，但其应用不如萃取精馏广泛。恒沸精馏因挟带剂与原溶剂形成共沸物，故挟带剂浓度、恒沸温度均有限制，且因挟带剂是与溶液组分形成恒沸物从塔顶蒸出，消耗潜热，故能耗比萃取精馏高。

2.9.2 萃取精馏

萃取精馏和恒沸精馏相似，也是向原料液中加入第三部分（称为萃取剂或溶剂），以改变原有组分间的相对挥发度而达到分离要求的特殊精馏方法。但不同的是要求萃取剂的沸点比原料液中各组分的沸点高得多，且不与组分形成恒沸液，容易回收。

以苯-环已烷为例，如图2-50所示。常压下，苯的沸点为80.1℃，环已烷的沸点为80.73℃。苯为易挥发组分，环已烷为难挥发组分，但二者沸点相近，α接近于1。选用糠醛为萃取剂，糠醛沸点为161.7℃，是高沸点溶剂。由于糠醛分子对苯分子的吸引力大，对环

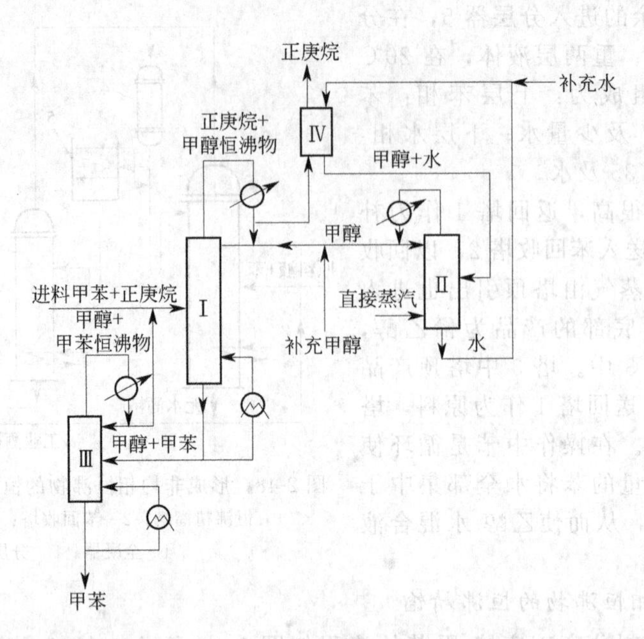

图 2-49　形成均相恒沸物的恒沸精馏流程

Ⅰ—恒沸精馏塔；Ⅱ—甲醇脱水塔；Ⅲ—脱甲苯塔；Ⅳ—水洗塔

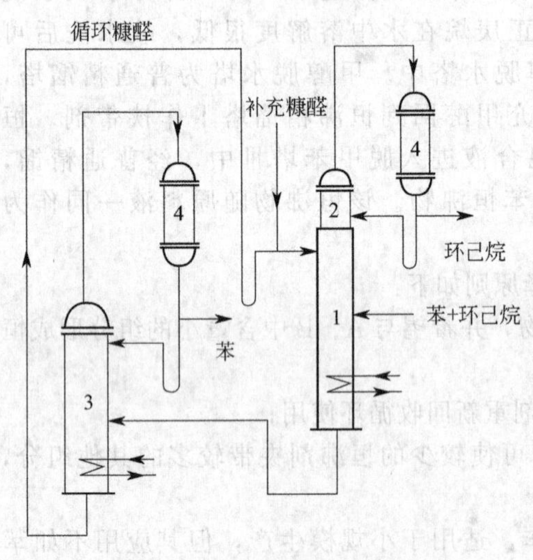

图 2-50　萃取精馏流程示意图

1—萃取精馏塔；2—萃取剂回收塔段；
3—苯回收塔；4—冷凝器

己烷分子的影响不明显，则糠醛与苯结合，使环己烷成为易挥发组分。例如加入摩尔分数为0.72的糠醛后，则使原苯-环己烷物系容易分离。

如图 2-50 所示，苯与环己烷混合液加入萃取精馏塔，糠醛由该塔塔顶加入，以便使萃取剂与各层塔板上的苯结合。塔顶蒸气为高浓度的环己烷。考虑到糠醛虽挥发度小，但总会有微量蒸气混合在塔顶蒸气中，故设置萃取剂回收塔段 2 以回收糠醛，使萃取精馏塔的塔顶产品几乎是纯环己烷。糠醛与苯混合液自萃取精馏塔底流出后，进入糠醛与苯精馏分离塔 3，塔顶产品几乎是纯苯，塔底产品则是糠醛。该糠醛循环使用，并补充少量糠醛加入塔 1。

萃取剂的选择原则如下：

① 选择性高，即加入少量萃取剂后能使原双组分间的相对挥发度大大地增大；

② 挥发性小，即萃取剂的沸点要比原双组分 A、B 的沸点高得多，且不与 A、B 形成恒沸物；

③ 萃取剂与原溶液的 A、B 组分间有足够的溶解度，以避免分层。

萃取精馏一般是连续操作，萃取剂在混合液中浓度的改变对原溶液中组分间的相对挥发度影响很大。但因往往要求萃取剂有较高的浓度，故萃取剂用量很大。若进塔萃取剂温度低于其加料板上的液相温度，势必使部分上升到该板的蒸气冷凝以加热萃取剂，其后果是萃取剂加料板以下的气液流量增大，液相中萃取剂浓度降低，削弱了分离效果。所以，萃取剂一般需预热至加料板上液相温度，以保持塔内各板的萃取剂浓度恒定。萃取剂在塔内基本不汽化，仅进、出塔温度不同，显热增加，故能耗不大。

2.9.3 反应精馏

化学反应和精馏是化工生产中常用的两个单元操作，它们通常是在两个独立的设备中进行的，即原料先在反应器中进行化学反应，反应产生的包括反应物、产品及副产品在内的混合物则被输送至精馏塔内进行分离。而反应精馏是伴有化学反应的精馏过程，是将化学反应与精馏分离耦合在同一个反应精馏塔内的操作过程。反应精馏按生产过程是否采用催化剂可分为催化反应精馏和无催化剂的反应精馏。反应精馏在工业上的应用主要可分为两大类。

2.9.3.1 反应型反应精馏

反应型反应精馏主要用于连串反应和可逆反应。在连串反应中，由于精馏的作用使目标产物连续地从反应区离开，从而抑制了副反应的发生，反应的选择性得以提高；对于可逆反应，由于精馏的作用使目标产物不断地被移走，从而破坏了化学平衡，反应可趋向于完全，反应的转化率得以大大提高。1981 年，美国 Charter International Oil 公司首先开发了甲基叔丁基醚（MTBE）的催化反应精馏技术，并实现了工业化生产，其生产流程简图如图 2-51 所示。反应精馏技术已被完全工业化的工艺还有乙酸乙酯的生产、甲缩醛的生产、乙酸甲酯的生产等。

参见图 2-51 所示，原料甲醇和混合丁烯（异丁烯 15%～17%）分别从反应精馏塔的催化填料层上、下面引入，催化剂填料层上、下面的塔盘起分离甲醇和丁烯的作用，精馏塔底部得到很纯的 MTBE，从反应精馏塔顶排出的甲醇与废丁烯混合物经水洗塔和甲醇塔以回收甲醇。由于异丁烯的转化率达 99%，因此塔顶排出的废丁烯不再循环利用。

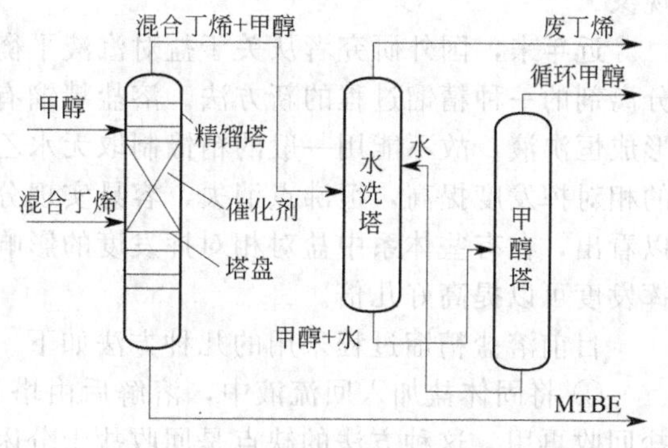

图 2-51　催化反应精馏生产甲基叔丁基醚

2.9.3.2 精馏型反应精馏

精馏型反应精馏主要用于极难分离的恒沸物体系，此时反应精馏过程是非常有效的分离方法。其原理是在反应精馏过程中加入一种反应挟带剂，使其与某一组分发生快速可逆化学反应，从而增大欲被分离体系的相对挥发度而达到分离的目的。如对二甲苯和间二甲苯体系，若采用传统的精馏分离工艺，则所需理论板数超过 200 块；若采用对二甲苯钠作为反应挟带剂，则只需 6 块理论板就可获得满意的分离效果。

反应精馏有以下几方面优点。

（1）选择性好、转化率高　由于精馏的存在使目标产物及时蒸出，从而抑制了副反应的发生，提高了产品的选择性；又由于精馏的作用使反应产物及时移走，从而破坏了化学平衡，加速了化学反应速率，提高了反应的转化率，也提高了设备的生产能力。

（2）易控制　由于混合物的泡点只和压力、组成有关，外界热量输入的变化只改变液体的汽化速度，只要体系的压力、组成不发生变化，反应温度也不发生改变，因此反应温度易于控制，减少了因温度波动而带来的副产物的生成。

（3）减少物料循环　对于某一反应物大量过剩的反应过程，若采用反应精馏，则可以大大减少过剩反应物量，减少物料因大量循环而带来的费用。

（4）节能　在放热反应中，反应热可直接用于精馏过程液体的汽化，减少了外供热量，节约了能量的消耗。

(5) 节省投资 由于反应器和精馏塔耦合在一个设备中，节省了设备投资，并简化了生产工艺流程。

由于反应精馏具有以上的优点而在化工生产中越来越受到重视。但并不是所有的反应过程和精馏过程都可以实现反应精馏，反应精馏过程要求反应操作条件和精馏操作条件相匹配，即在较低的温度和压力下能获得较满意的反应速率。

2.9.4 盐效应精馏

2.9.4.1 熔盐精馏

采用固体盐（熔盐）作为分离剂的精馏过程称为熔盐精馏。在相互平衡的两相体系中，加入非挥发的盐，使平衡点发生迁移，称为盐效应。例如在醇-水这种含有氢键的强极性含盐溶液中，盐对汽液平衡的影响是因为盐和溶液组分之间的相互作用。盐可以通过化学亲和力、氢键力以及离子的静电力等作用，与溶液中某种组分的分子发生选择性的溶剂化学反应，生成某种难挥发的缔合物，从而减少了该组分在平衡气相中的分子数，使其蒸气压降低到相应的水平。对于一般盐来说，水分子的极性远大于醇，盐-水分子间的相互作用也远远超过盐-醇分子，所以可以认为溶剂化学反应主要在盐水之间进行。考虑到溶剂化学反应降低了水的蒸气压，因此醇对水的相对挥发度提高了，从而使醇的气相分压升高，出现盐析现象。

近年来，国外研究者从关于盐对汽液平衡的影响的研究中得到启示，开发了以溶盐作为分离剂的一种精馏过程的新方法。溶盐精馏有较多优点，例如对乙醇-水体系，由于乙醇-水形成恒沸液，故不能用一般的精馏制取无水乙醇，但加入氯化钙或醋酸钾，就会使乙醇对水的相对挥发度提高，恒沸点消失，容易实现分离而得到无水乙醇。从盐对汽液平衡的影响可以看出，在有些体系中盐对相对挥发度的影响比一般溶剂大得多，在较低的含盐量下，相对挥发度可以提高好几倍。

目前溶盐精馏过程采用的几种方法如下。

① 将固体盐加入回流液中，溶解后由塔顶可以得到纯产品，塔底得到盐溶液，其中的盐回收再用。这种方法的缺点是回收盐十分困难，要消耗大量热量。

② 将盐溶液和回流混合，此方法应用较为方便，但盐溶液含有塔底组分，在塔顶得不到高纯产品。

③ 把盐加到再沸器中，盐仅起破坏恒沸液的作用，然后用普通蒸馏进行分离。这种方法只适用于盐效应很大或纯度要求不高的情况。

2.9.4.2 加盐萃取

从前面讨论的普通萃取精馏可见，溶剂用量大，通常溶剂料液比均在5～10以上，故能耗和溶剂的损失都很大，从而增加了操作成本。此外，溶剂用量大还使萃取精馏塔内液体负荷高，液体停留时间短，板效率低。这就增加了所需的实际塔板数，往往抵消了由于加入溶剂提高相对挥发度而使理论板数减少的效果。加盐萃取精馏是综合了普通萃取精馏和溶盐精馏的优点，把盐加入溶剂而形成新的萃取精馏方法。加盐萃取的特点是用含有溶解盐的溶剂作为分离剂，它一方面利用溶盐提高欲分离组分之间的相对挥发度的突出性能，可克服纯溶剂效果差、用量大的缺点；另一方面又能保持液体分离剂容易循环和回收，便于在工业生产上实现的优点。国内近年来已成功地用加盐萃取精馏的方法制取无水乙醇及高纯度的叔丁醇。

2.9.5 分子蒸馏

从20世纪30年代，世界各国开始重视并大力发展一种新的液液分离技术，用于高沸点、高黏度及热敏性物料的浓缩和提纯。随着人们对微观分子动力学及表面蒸发现象的深入研究，许多研究人员在分子平均自由程概念的基础上提出了分子蒸馏（molecular distillation）的概念。从历史的角度分析，分子蒸馏技术是从减压蒸馏、真空蒸馏技术发展演变而来的，因此下面首先介绍真空精馏的概念及类型。

2.9.5.1　真空蒸馏的分类

真空蒸馏按操作压力的不同大致可分为五种类型。

（1）减压蒸馏　工业上常见的减压精馏过程其操作压力大多在 10^4 Pa 以上，减压蒸馏的原理是通过降低体系的操作压力来提高被分离体系的相对挥发度，从而达到提高分离效率的目的，减压蒸馏设备与常压蒸馏设备相近。

（2）真空蒸馏　操作压力为$10^4 \sim 10^2$ Pa，选择适当的真空泵和动静密封结构，真空蒸馏操作即可实现。

（3）高真空蒸馏　操作压力范围为$10^2 \sim 1$Pa，由于真空度较高，此时对蒸馏装置的设计、制造、安装和操作等都有严格的要求。

（4）准分子蒸馏或短程蒸馏　操作压力为 $1 \sim 10^{-2}$Pa，在此高真空下，蒸发面和冷凝面的间距稍大于被蒸发分子的平均自由程，由于蒸发分子的质量远大于空气分子的质量，因而稍多的分子碰撞并不能改变蒸发分子的运动方向。

（5）分子蒸馏　在高真空条件下，蒸发面和冷凝面的间距小于或等于被分离物料的蒸气分子的平均自由程，由蒸发面逸出的分子，既不与残余空气的分子碰撞，物料蒸气分子自身也不相互碰撞，毫无阻碍地奔射到并凝集在冷凝面上。通常，分子蒸馏在低于$10^{-1} \sim 10^{-2}$ Pa 的压力下操作。

依据上面介绍的分子蒸馏基本理论，再设计分子蒸馏设备时，蒸发面和冷凝面的间距不得大于分子平均自由程。所以，分子平均自由程是分子蒸馏的基本理论的核心。当只有一种物质存在时，分子平均自由程计算方法如下：

$$\lambda = 6.45 \times 10^{-3} \frac{\mu}{p^0} \sqrt{\frac{T}{M}} \tag{2-88}$$

式中　λ——分子平均自由程长度，m；

T——热力学温度，K；

μ——温度 T 时气体的黏度，Pa·s；

p^0——饱和蒸气压，Pa；

M——摩尔质量，kg/kmol。

2.9.5.2　分子蒸馏的过程及特点

分子蒸馏过程可分为四个步骤。

① 分子从液相主体向蒸发表面扩散。液相中分子的扩散速率是控制分子蒸馏速度的主要因素，因此在分子蒸馏设备中应尽量减薄液层厚度及强化液层的流动。

② 分子在液相表面的自由蒸发。蒸发速度随着温度的升高而上升，但分离因数有时却随着温度的升高而下降，因此必须选择合理的分子蒸馏温度。

③ 分子从蒸发表面向冷凝面飞射。

④ 分子在冷凝面上冷凝。冷凝表面的形状应光滑且合理，冷热两面间应保证有足够的温差，则冷凝过程能迅速完成。

与普通蒸馏相比，分子蒸馏过程有如下特点。

① 普通蒸馏在泡点温度下进行分离，而分子蒸馏可以在任何温度下进行，只要两冷热面存在足够的温度差，就能实现分离的目的。

② 普通蒸馏是液相蒸发和气相冷凝的过程，气液相间可以形成平衡状态，蒸发与冷凝是可逆过程；而分子蒸馏操作中，从蒸发面逸出的分子直接飞射到冷凝面上，中

间不与其他分子发生碰撞，理论上没有返回蒸发面的可能性，所以分子蒸馏过程是不可逆的。

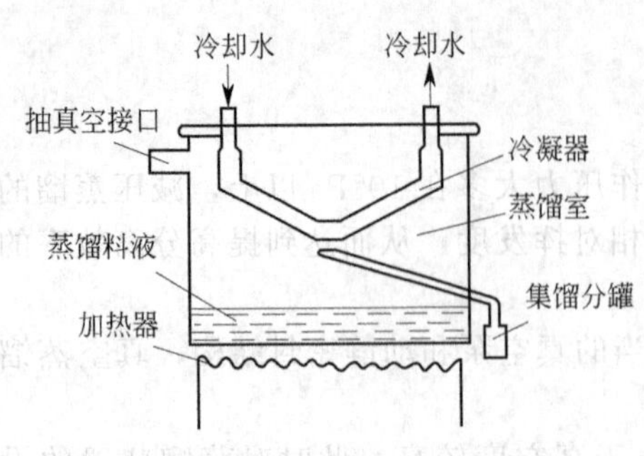

图 2-52 静止釜式分子蒸馏器

③ 普通蒸馏有鼓泡、沸腾现象；分子蒸馏是液层表面上的自由蒸发，无鼓泡、沸腾现象。

2.9.5.3 分子蒸馏器

分子蒸馏装置大体可分为简单蒸馏型和精密蒸馏型两类，但目前科学研究和工业生产上大多采用简单蒸馏型。简单蒸馏器有静止式、降膜式和离心式三种。

(1) 静止式 静止式分子蒸馏器最早出现，结构简单，其特点是具有一个静止不动的水平蒸发表面。按其形状不同，静止式分子蒸馏器可分为釜式、盘式等种类，如图 2-52 所示。静止式分子蒸馏器生产能力低、分离效果差、热分解的可能性大，一般用于实验室研究及小批量生产，目前在工业上已不采用。

(2) 降膜式 降膜式分子蒸馏器在科学研究及工业生产中已广泛应用。其优点是液膜厚度小，液膜能沿蒸发表面流动；被蒸馏物料在蒸馏温度下停留时间短，热分解的可能性小；蒸馏过程可连续进行，生产能力大。缺点是液体分配难以完善，很难保证所有的蒸发表面都被液膜均匀覆盖；液体流动时常发生翻滚现象，所产生的雾沫也常溅到冷凝面上，从而降低了分离效果。图 2-53 是工业用降膜式分子蒸馏器的一种。

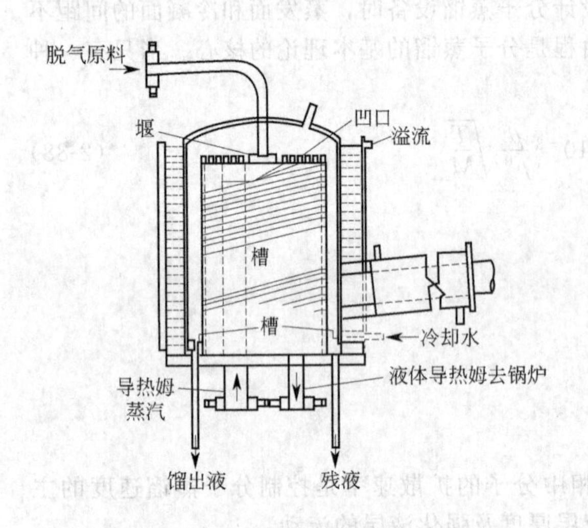

图 2-53 工业用降膜式分子蒸馏器

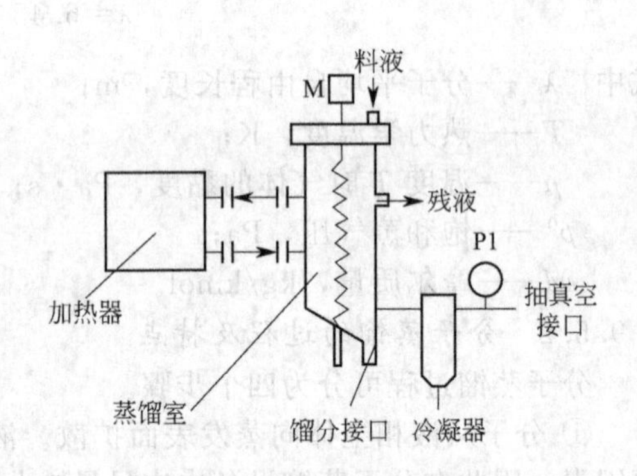

图 2-54 刷膜式分子蒸馏器

图 2-54 所示的刷膜式分子蒸馏器是降膜式分子蒸馏器的一种特例。从结构上看，刷膜式釜中设置一硬碳或聚四氟乙烯制的转动刮板（或称刷片），它既保证液体均匀覆盖蒸发表面，又使下流液层得到充分搅动，从而强化了传热和传质过程。刷膜式分子蒸馏器已用于从鱼肝油中提取维生素 A 的工业生产中。

(3) 离心式 离心式分子蒸馏器是将物料送到高速旋转的转盘中央，并在旋转面扩散形成薄膜，同时加热蒸发，使之在对面的冷凝面冷凝，如图 2-55 所示。离心式分子蒸馏器有如下优点。

① 由于转盘高速旋转，可得到极薄的液膜且液膜分布均匀，减少了雾沫飞溅现象，分离效果好；

② 料液在蒸馏温度下停留时间短，降低了物料热分解的危险性；

③ 蒸发速率高，物料处理能力大，更适合工业化连续性生产。

分子蒸馏目前已广泛地用于科学研究及石油化工、医药、生物工程、轻工、油脂加工、食品和核化工等工业生产中，如芳香油的精制、天然维生素的提取、不饱和脂肪酸的分离、油渣处理、重金属的脱除、环氧树脂的生产和高浓度单甘酯的制备等。随着人们对分子蒸馏传热、传质机理的进一步深入研究，分子蒸馏技术将为工业生产带来良好的经济效益。

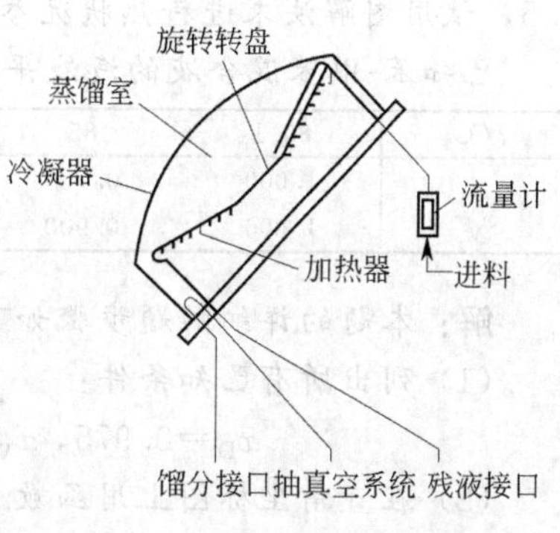

图 2-55　离心式分子蒸馏器

阅读资料

一、计算机应用举例——利用 MATLAB 软件进行精馏设计型计算——梯级图解法求理论板数

如本章前面所述，精馏设计型计算主要是确定精馏塔的理论板数，通常有两种方法：逐板计算法和图解法。图解法的后台计算过程就是逐板计算法，再加上图解法的直观性，因此这里仅介绍图解法。

图解法需要用到汽液平衡方程（1）、精馏段操作线方程（2）、提馏段操作线方程（3）和进料线方程（4）。图解法求理论板数时，用平衡曲线和操作直线分别代替平衡方程和操作线方程，从而可用简便直观的作图法代替繁杂的逐板计算。

$$y=\frac{\alpha x}{1+(\alpha-1)x} \tag{1}$$

$$y_{n+1}=\frac{R}{R+1}x_n+\frac{1}{R+1}x_\mathrm{D} \tag{2}$$

$$y_{m+1}=\frac{L+qF}{L+qF-W}x_m-\frac{W}{L+qF-W}x_\mathrm{W} \tag{3}$$

$$y=\frac{q}{q-1}x-\frac{1}{q-1}x_\mathrm{F} \tag{4}$$

图解法步骤简述如下：

① 在直角坐标上画出待分离混合液的 x-y 平衡曲线，根据平衡关系的复杂程度，可采用函数绘图和曲线拟合两种方式；

② 做出对角线；

③ 根据塔顶组成，绘制精馏段操作线方程；

④ 根据进料热状况和组成，绘制进料线方程；

⑤ 求解精馏段操作线和进料线的交点，将该点与塔釜产品组成点连接，绘制出提馏段操作线方程；

⑥ 从塔顶组成点（x_D, x_D）开始，在精馏段操作线与平衡线之间绘制梯级。当梯级跨过精馏段操作线与提馏段操作线的交点时，则转为在提馏段操作线与平衡线之间绘梯级，直到某梯级的铅垂线达到或小于 x_W 为止。每一个三角形梯级代表一层理论板，梯级总数即为理论板总层数。

【问题】 用一常压操作的连续精馏塔，分离含苯为 0.44（摩尔分数，下同）的苯-甲苯混合液，要求塔顶产品中含苯不低于 0.975，塔底产品中含苯不高于 0.0235。操作回流比为

3.5，试用图解法求进料热状况参数为1.362时的理论板数和加料板位置。

已知苯-甲苯混合液的汽液平衡数据如下表所示：

t/℃	80.1	85	90	95	100	105	110.6
x	1.000	0.780	0.581	0.412	0.258	0.130	0
y	1.000	0.900	0.777	0.633	0.456	0.262	0

解：本题的详细解题步骤如下。

(1) 列出所有已知条件：

$$x_D=0.975，x_W=0.0235，x_F=0.44，R=3.5，q=1.362$$

(2) 在直角坐标图上用函数line绘出对角线，然后拟合题目给定的汽液平衡数据，并用函数plot绘制平衡曲线，最后在图中定出 a 点（x_D，x_D）、e 点（x_F，x_F）和 c 点（x_W，x_W）。

曲线拟合可用多项式拟合函数polyfit来实现，调用格式为：

$$p=\text{polyfit}(x,y,n)$$

该函数采用最小二乘法来对已知数据 x，y 进行拟合，拟合多项式阶数为 n。返回值 p 为一行向量，长度为 $n+1$，包含了幂次降序的多项式系数，即

$$P(x)=p_1x^n+p_2x^{n-1}+\cdots+p_nx+p_{n+1}$$

在拟合完成后，需用函数polyval计算多项式的拟合值，其调用格式为：

$$y=\text{polyval}(p,x)$$

该函数的输入值 p 为一向量，则其元素为降序幂次的多项式系数，返回的 y 为 x 处的多项式计算值。如果输入的自变量 x 为一矩阵或向量，则该函数计算多项式在 x 每一个元素处的拟合值。

(3) 利用函数fplot绘制精馏段操作线方程；

(4) 利用函数fplot绘制进料线方程；

(5) 求解精馏段操作线与进料线的交点 f。

该过程实质为联立上述两直线求解的问题，可采用解析法或数值法。解析法需要手工推导解的形式，对于形式较为复杂的方程不太适用。此时可采用数值法，在无需关注方程形式的情况下，首先给定交点解的猜测值，然后通过一定的数学算法逐次逼近真实解。此处为了说明问题的一般性，所以采用数值解法，调用的函数为fzero，格式为

$$x=\text{fzero}(\text{fun},x0,\text{options},p1,p2,\cdots)$$

其中的fun为待求根函数，$x0$ 为解初值，options为算法参数，$p1$，$p2$ 等为需要向fun传递的参数。该函数在求解本例的两线交点问题时，将式(2) 和式(4) 相减从而转换为单变量 x 的求根问题。

(6) 将该交点与塔底组成 c 点相连，绘制提馏段操作线；

(7) 由点 a 开始，在平衡线和精馏段操作线之间画梯级。在梯级跨过交点 f 时，转为在平衡线和提馏段操作线之间画梯级，直至阶梯跨过 c 点。此过程中，一个三角形梯级表示一块理论板，所绘制的梯级数即为总理论板数，过 f 点的梯级为加料板，最后一个梯级为塔底再沸器。绘制梯级水平线，实质为给定 y 值求其平衡的 x 值，通过函数fzero解相平衡多项式即可得到。绘制梯级的垂直线，为给定 x 值求操作线上的 y 值，通过直接将 x 代入对应的操作线方程求解即可。

按照以上步骤，利用题中所给数据，可得到如下附图1。可以看出，该分离过程需要12层理论板，第6层为加料板，故精馏段理论板层数为5。由于再沸器相当于最后一层理论板数，故提馏段理论板层数为6。

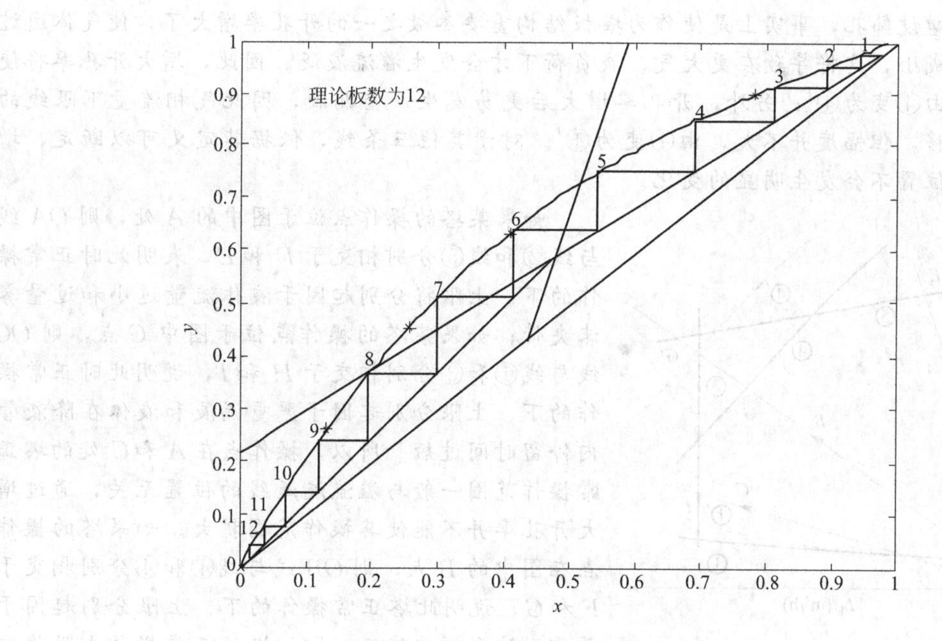

附图 1 梯级图解法求理论板数示意图

二、工程案例分析——浮阀塔板上开筛孔提高塔的生产能力分析

我国自 20 世纪 60～80 年代投入运行的炼油生产装置中，很多塔设备都采用了浮阀塔板。该类塔板的主要优点在于其较高的板效率、很低的压降和较大的操作弹性。即便如此，科研和工程技术人员在设计和生产实践中还是不断尝试挖掘其生产潜能。1973 年，某炼油厂在浮阀塔板上增开筛孔，结果将该塔的生产能力提高了 20%。此成功经验很快便在众多炼油厂得到推广。无独有偶，2000 年前后，洛阳石化工程公司炼油厂将其催化裂化装置的主分馏塔由固定舌形塔板改为浮阀塔板，并将其开孔率进一步提高，也取得了不错的生产效果。但是，此类技术改造并非在所有的塔上都得了成功。曾有两个工厂在进行浮阀塔改造前征求过国内某高校专家的意见，该专家经过研究认为，在这两个塔塔板增开筛孔是不会提高其生产能力的，不主张实施这项技术改造。但其中有一个厂还是对塔板做了如此改造，运行结果与该位专家预计的完全一致，塔的生产能力并未提高。

同样一项技术改造措施，为什么在不同的塔上取得了不同的结果呢？回答此问题首先要明确塔的生产能力这个概念，它是指塔在正常操作的前提下对原料的最大处理量。不难理解，原料的处理量越大，则塔内的气、液负荷也就越大。由于气、液负荷过大会导致过量雾沫夹带和液泛等不正常操作现象，所以一个塔的生产能力是有限的。另外，塔内气、液负荷过小也会导致严重漏液和板上液流分布严重不均等现象。上述不正常操作现象的存在规定了正常操作的塔内气、液负荷应当分别处于合适范围内，而塔板的负荷性能图便是此项规则的图形表示。附图 2 为典型浮阀塔板的负荷性能图，其中横坐标为液相负荷，纵坐标为气相负荷。该图由如下 5 种线构成；

① 气相流量下限线——按严重漏液时的气速作出；

② 液相流量下限线——按堰上液头高等于 6mm 作出；

③ 液相流量上限线——按液体在降液管内停留时间不低于 3～5s 作出；

④ 溢流液泛线——由发生溢流液泛时的气、液流量定出；

⑤ 过量雾沫夹带线——由每千克干气夹带 0.1kg 液滴作出。

在分离物系一定的情况下，负荷性能图的形状和各线的位置完全取决于塔板的结构。在浮阀塔板上增设筛孔，事实上是使作为塔板结构重要参数之一的开孔率增大了，使气体通过塔板的压降减小，这将导致在更大气、液负荷下才会发生溢流液泛。因此，增大开孔率将使溢流液泛线由④变为④′；另外，开孔率增大后更易发生严重漏液，因此气相流量下限线的位置将会上移，但幅度并不大，由①变为①′。对于其他三条线，依据其定义可以断定，增大开孔率其位置不会发生明显的变化。

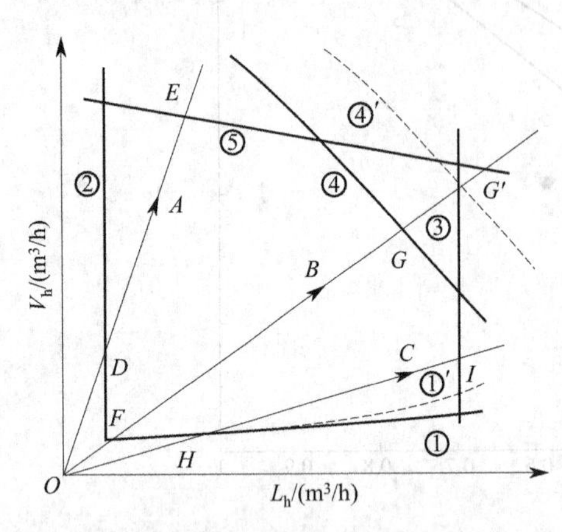

附图 2 塔板的负荷性能图

如果某塔的操作点位于图中的 A 处，则 OA 线与线②和线⑤分别相交于 D 和 E，表明此时正常操作的下、上限将分别起因于液体流量过小和过量雾沫夹带；如果某塔的操作点位于图中 C 点，则 OC 线与线①和③分别相交于 H 和 I，说明此时正常操作的下、上限分别起因于严重漏液和液体在降液管内停留时间过短。所以，操作点在 A 和 C 处的塔正常操作范围一般与溢流液泛线的位置无关，通过增大开孔率并不能使其操作范围扩大。如果塔的操作点在图中的 B 点，则 OB 线与线①和④分别相交于 F 和 G，说明此塔正常操作的下、上限分别起因于严重漏液和溢流液泛，即该塔的正常操作上限将取决于溢流液泛线的位置。这种情况下增加开孔率能够使塔的正常操作范围向上扩大，即生产能力可以提高。这就是增加开孔率这一措施在有的塔上能够提高生产能力，在有的塔却毫无效果的原因。

此案例生动地说明，生产中对来自其他设备的经验不能盲目模仿，应该利用理论知识对实际具体问题加以分析，才能做出科学的决策。

习 题

一、填空题

1. 精馏分离的依据是________的差异。要使混合物中的组分得到完全的分离，必须进行多次的________。

2. 相对挥发度的表示式 α=________。写出用相对挥发度 α 表示的相平衡关系式________。

3. 双组分理想溶液在同一温度下两纯组分的饱和蒸气压分别为 p_A 和 p_B，则相对挥发度 α_{AB} 的表示式为________。

4. q 线方程的表达式为________；该表达式在 x-y 图上的几何意义是________。

5. 当进料热状态 $q>1$，x_F 与 x_q 之间关系为________。

6. 若已知某精馏过程的回流比 R 和塔顶产品的质量 x_D，则精馏段操作线方程为________。

7. 精馏实验中，通常在塔顶安装一个温度计，以测量塔顶的气相温度，其目的是为了判断________和________。

8. 某精馏操作时，原料液流量 F、组成 x_F、进料热状态参数 q 及精馏段上升蒸气量 V 均保持不变，若回流比增加，则此时馏出液组成 x_D 增加、釜液组成 x_W 减小、馏出液流量 D________、精馏段液气比 L/V________。

9. 某精馏塔操作时，F、x_F、q、D 保持不变，增加回流比 R，则此时 x_D________，x_W________，V________，L/V________（增加，不变，减少）。

10. 直接水蒸气加热的精馏塔适用于________的情况。直接水蒸气加热与间接水蒸气加热相比较，当 x_D、x_F、R、q、α、回收率相同时，其所需理论板数要________（多，少，一样）。

二、单项选择题

1. 精馏操作的作用是分离________。

①气体混合物 ②液体均相混合物 ③固体混合物 ④互不溶液体混合物

2. 某二元理想溶液，其组成为 0.6（摩尔分数，下同），相应的泡点为 t_1，与之相平衡的气相组成 $y=0.7$，相应的露点为 t_2，则________

①$t_1=t_2$　②$t_1>t_2$　③$t_1<t_2$　④无法判断

3. 某连续精馏塔，原料量为 F、组成为 x_F，馏出液流量为 D、组成为 x_D。现 F 不变而 x_F 减小，欲保持 x_D 和 x_W 不变，则 D 将________。

①增加　②减少　③不变　④不确定

4. 二元连续精馏计算中，进料热状态 q 的变化将引起 x-y 图上变化的线有________。

①平衡线和对角线　②平衡线和 q 线　③操作线和 q 线　④操作线和平衡线

5. 下列关于精馏中（最小回流比）的说明中，正确的是________。

A. 它是经济效果最好的回流比；B. 它是保证精馏操作所需塔板数最少的回流比；C. 它是保证精馏分离效率最高的回流比

①都不对　②A 对　③B 对　④C 对

6. 若仅仅加大精馏塔的回流量，会引起________。

①塔顶产品易挥发组分浓度提高　②塔底产品难挥发组分浓度提高

③塔顶产品的产量提高　④塔顶易挥发组分的回收率提高

7. 若某精馏塔正在正常、稳定地生产，若想增加进料量，且要求产品质量维持不变，宜采取的措施是________。

①加大塔顶回流液量　②加大塔釜加热蒸气量　③加大塔釜加热蒸气量以及冷凝器冷却水量　④加大冷凝器冷却水量

8. 在精馏设计中，对一定的物系，其 x_F、q、x_D 和 x_W 不变，若回流比 R 增加，则所需理论板数 N_T 将________。

①减小　②增加　③不变　④无法确定

9. 有两股组成不同的料液，若使加入精馏塔进行精馏分离更经济，应________。

① 分别从不同的塔板加入

② 将它们混合后从某一合适的塔板加入

③ 分别从不同的塔板入塔与混合后从某一恰当的塔板入塔经济效果一样

④ 是分别入塔还是混合后入塔要据两股料液的热状态而定

10. 减压操作精馏塔内自上而下真空度及气相露点的变化为________。

①真空度及露点均提高　②真空度及露点均降低　③真空度提高，露点降低　④真空度降低，露点提高

三、计算题

1. 正戊烷（C_5H_{12}）和正己烷（C_6H_{14}）的饱和蒸气压数据列于本题附表，试求 $p=13.3$kPa 下该溶液的平衡数据。假设该溶液为理想溶液。

习题 1 附表

温度/K								
	C_5H_{12}	223.1	233.0	244.0	251.0	260.6	275.1	291.7	309.3
	C_6H_{14}	248.2	259.1	276.9	279.0	289.0	304.8	322.8	341.9
饱和蒸气压/kPa		1.3	2.6	5.3	8.0	13.3	26.6	53.2	101.3

2. 利用习题 1 的数据，计算：(1) 平均相对挥发度；(2) 在平均相对挥发度下的 x-y 数据，并与习题 1 的结果相比较。

3. 某两组分混合液 100kmol，其中易挥发组分的摩尔分数为 0.4，在 101.33kPa 下进行简单蒸馏，最终所得液相产物中易挥发组分的摩尔分数为 0.30。试求：(1) 所得气相产物的量和平均组成；(2) 如改为平衡蒸馏，液相产物组成亦为 0.30 时，所得气相产物的量和组成。（已知：此体系为理想体系，相对挥发度为 3.0。）

4. 在连续精馏塔中分离由二硫化碳和四氯化碳所组成的混合液。已知原料液流量为 4000kg/h，组成为 0.3（二硫化碳的质量分数，下同）。若要求釜液组成不大于 0.05，馏出液回收率为 88%。试求馏出液的流量和组成，分别以摩尔流量和摩尔分数表示。

5. 在连续精馏塔中分离甲醇（A）水溶液。原料液的处理量为 3250kg/h，其中甲醇的摩尔分数为 0.37

(下同)，泡点进料，操作回流比为 2.5，要求馏出液中甲醇的回收率为 94%，组成为 0.96。试求：(1) 馏出液和釜残液的流量和组成；(2) 精馏段、提馏段的气、液相流量；(3) 欲获得馏出液 42.8kmol/h，其最大可能的组成。

6. 在常压操作的连续精馏塔中分离含甲醇 0.4 与水 0.6（均为摩尔分数）的溶液，试求以下各种进料状况下的 q 值。(1) 进料温度为 40℃；(2) 泡点进料；(3) 饱和蒸气进料。

常压下甲醇-水溶液的平衡数据列于本题附表中。

习题 6 附表

温度 t /℃	液相中甲醇的摩尔分数	气相中甲醇的摩尔分数	温度 t /℃	液相中甲醇的摩尔分数	气相中甲醇的摩尔分数
100	0.0	0.0	75.3	0.40	0.729
96.4	0.02	0.134	73.1	0.50	0.779
93.5	0.04	0.234	71.2	0.06	0.825
91.2	0.06	0.304	69.3	0.70	0.870
89.3	0.08	0.365	67.6	0.80	0.915
87.7	0.10	0.418	66.0	0.90	0.958
84.4	0.15	0.517	65.0	0.95	0.979
81.7	0.20	0.579	64.5	1.0	1.0
78.0	0.30	0.665			

7. 对习题 6 中的溶液，若原料流量为 100kmol/h，馏出液组成为 0.95，釜液组成为 0.04（以上均为易挥发组分的摩尔分数），回流比为 2.5。试求产品的流量、精馏段的下降液体流量和提馏段的上升蒸气流量。假设塔内气、液相均为恒摩尔流动。

8. 在常压操作的连续精馏塔中，已知操作线方程式为：精馏段 $y=0.723x+0.263$；提馏段 $y=1.25x-0.0187$。若原料液于露点温度下进入精馏塔中，试求原料液、馏出液和釜残液的组成及回流比。

9. 某液体混合物易挥发性组分含量为 0.6，在泡点状态下连续送入精馏塔，加料量为 100kmol/h，易挥发性组分的回收率为 99%，釜液易挥发性组分含量为 0.05，回流比为 3，以上均为摩尔分数。试求：(1) 塔顶产品与塔底产品的摩尔流率；(2) 精馏段和提馏段内上升蒸气及下降液体的摩尔流率；(3) 精馏段和提馏段的操作线方程。

10. 采用常压连续精馏塔分离苯-甲苯混合物。原料中含苯 0.44（摩尔分数，下同)，进料为气液混合物，其中蒸气与液体量的摩尔比为 1∶2。已知操作条件下物系的平均相对挥发度为 2.5，操作回流比为最小回流比的 1.5 倍。塔顶采用全凝器冷凝，泡点回流，塔顶产品液中含苯 0.96。试求：(1) 操作回流比；(2) 精馏段操作线方程；(3) 塔顶第二层理论板的气液相组成。

11. 设计一分离苯-甲苯溶液的连续精馏塔，料液含苯 0.5，要求馏出液中含苯 0.97，釜残液中含苯低于 0.04（均为摩尔分数)。泡点加料，回流比取最小回流比的 1.5 倍。苯与甲苯的相对挥发度平均可取 2.5。试分别采用逐板计算法和图解法求所需理论板数及加料板位置。(提示：可用恒摩尔流假设。)

12. 在连续精馏塔中分离两组分理想溶液。塔顶设置全凝器和分凝器，分凝器向塔顶提供泡点回流液，从全凝器得到馏出液产品。原料液的处理量为 160kmol/h，其组成为 0.55（易挥发组分的摩尔分数，下同)，泡点进料。已测得与进料成平衡的气相组成为 0.71。要求馏出液的组成为 0.95，釜残液的组成为 0.04，精馏段操作气液比为 1.4，试求：

(1) 塔顶馏出液中易挥发组分的收率；

(2) 操作回流比与最小回流比的比值；

(3) 离开塔顶第一层理论板的气液相组成。

13. 在连续操作的板式精馏塔中分离苯-甲苯混合物。在全回流条件下测得相邻板上的液相组成分别为 0.28、0.41 和 0.57，试求三层板中较低的两层的单板效率 E_{mv}。

操作条件下苯-甲苯混合物的平衡数据如下：

x	0.26	0.38	0.51
y	0.45	0.60	0.72

14. 在常压连续精馏塔中分离两组分理想溶液。原料液处理量为 100kmol/h，其组成为 0.55（轻组分

的摩尔分数，下同），泡点进料；塔顶全凝器，泡点回流，操作回流比为最小回流比的1.6倍，物系的平均相对挥发度为2，釜残液流量为45kmol/h，其组成为0.05。试求：

（1）塔顶轻组分的组成和回收率；

（2）精馏段操作线方程；

（3）测得离开第一层塔板的液相组成为0.94，求该板液相和气相默弗里单板效率。

15. 如图所示，常压连续精馏塔具有一层实际塔板及一台蒸馏釜，原料预热到泡点由塔顶加入，进料组成 $x_F=0.20$（易挥发性组分的摩尔分数，下同）。塔顶上升蒸汽经全凝器全部冷凝后作为产品，已知塔顶馏出液的组成为0.28，塔顶易挥发性组分的回收率为80%。系统的相对挥发度为2.5。试求釜液组成及塔板的默弗里板效率。

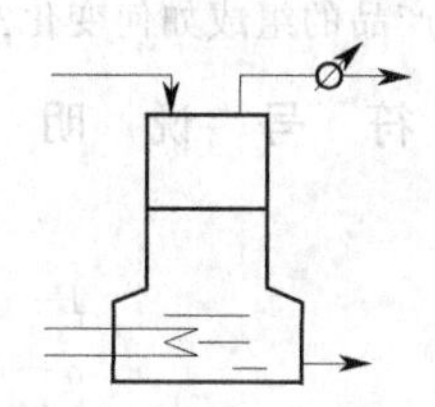

16. 拟设计一座板式精馏塔用来回收甲醇水溶液中的甲醇。已确定如下设计条件：

进料热状况	泡点	塔顶温度	65.4℃
塔顶压力	104kPa	塔釜温度	102℃
塔釜压力	114kPa	塔板间距	0.5m
气相负荷	80kmol/h	空塔气速	0.82m/s
理论板数	8	总板效率	55.4%

试计算精馏塔的有效高度和塔径。

17. 在常压连续精馏塔中分离苯（A）-氯苯（B）混合液。进料量为100 kmol/h，组成为0.46（苯的摩尔分数，下同），泡点进料。塔底釜残液组成为0.045。塔顶温度计读数为80.5℃，塔顶全凝器，泡点回流，冷却水通过全凝器的温度升为12℃；塔底间接蒸汽加热，蒸汽压力为500kPa（$r=2113$kJ/kg）。精馏段操作线方程为

$$y=0.72x+0.275$$

试求：

（1）冷凝器中冷却水的用量；

（2）再沸器中加热蒸汽的用量。

已知：苯和氯苯的汽化热分别为393.9kJ/kg和325kJ/kg；水的比热容可取4.2kJ/(kg·℃)。

18. 在连续精馏塔中，分离由A、B、C、D（挥发度依次下降）所组成的混合液。若要求在馏出液中回收原料液中95%的B，釜液中回收95%的C，试用亨斯特别克法估算各组分在产品中的组成。假设原料液可视为理想物系。原料液的组成及平均操作条件下各组分的相平衡常数列于本题附表中。

习题18附表

组分	A	B	C	D
组成 x_{Fi}	0.06	0.17	0.32	0.45
相平衡常数 K_i	2.17	1.67	0.84	0.71

19. 在连续精馏塔中，将习题18的原料液进行分离。若原料液在泡点温度下进入精馏塔内，回流比取为最小回流比的1.5倍。试用简捷算法求所需的理论板数及进料口位置。

思　考　题

1. 蒸馏的目的是什么？蒸馏操作的基本依据是什么？

2. 平衡蒸馏与简单蒸馏有何不同？

3. 在精馏计算中，恒摩尔流假设成立的条件是什么？如何简化精馏计算？

4. 什么是理论板？默弗里板效率有什么含义？

5. 不同的进料热状况对塔的操作、塔板数有何影响？通常如何选择进料热状况？
6. 何谓最小回流比？挟紧点和恒浓区的特征是什么？
7. 最适宜回流比的选取需考虑哪些因素？
8. 直接蒸汽加热对塔板数、塔的操作是否有影响，在何种情况下选择直接蒸汽加热？
9. 精馏塔内的压强和温度是如何变化的？
10. 何谓灵敏板？
11. 间歇精馏与连续精馏相比有何特点？适用于什么场合？
12. 如何选择多组分精馏的流程方案？
13. 何谓轻关键组分、重关键组分？何谓轻组分、重组分？
14. 采用真空精馏，当真空度下降时，产品的组成如何变化？

符 号 说 明

英文字母：

C——独立组分数；
C_p——定压比热容，kJ/(kmol·℃)；
D——塔顶产品（馏出液）流量，kmol/h；或表示塔径，m；
E——塔效率；
F——进料量，kmol/h；又指自由度数；
I——物质的焓，kJ/kg；
m——相平衡常数；
M——分子量，kg/kmol；
N——理论板数；
p——组分分压，Pa；
P——系统总压，kPa；
q——进料热状况参数；
Q——热负荷，kJ/h；
R——回流比；
r——加热蒸汽冷凝热，kJ/kg；
t——温度，℃；
u——空塔气速，m/s；
v——组分挥发度，Pa；
V——上升蒸汽流量，kmol/h；
L——下降液体流量，kmol/h；
W——塔底产品（釜残液）流量，kmol/h。

希腊字母：

α——相对挥发度；
ϕ——相数。

下标：

A——易挥发组分；
B——难挥发组分；又指再沸器；
c——冷却或冷凝；又指冷凝器；
D——馏出液；
F——进料；
h——加热；
i——组分序号；
W——釜残液；
*——平衡状态；
′——提馏段。
n——精馏段塔板序号；
m——提馏段塔板序号；
0——直接蒸汽；
q——q 线与平衡线的交点；
T——理论的；
V——气相；
min——最小；
max——最大。

上标：

°——纯态；

第3章 气体吸收

3.1 概述

当混合气体（两组分或多组分）与某种液体相接触，气体混合物中某个或某些能溶解的组分便进入液相形成溶液，而不能溶解的组分仍然留在气相中，这种利用溶解度的差异来分离气体混合物的操作称为吸收，例如HCl气体溶于水生成盐酸、SO_3溶于水生成硫酸等都是气体吸收的例子。

在过程工业中，吸收是重要的单元操作之一，主要用于分离气体混合物，就其分离目的而言，有以下两类用途：

① 回收混合气体中的有用组分，制造产品。例如，硫酸吸收SO_3制浓硫酸，水吸收甲醛制福尔马林溶液，从焦炉气或城市煤气中分离苯，用液态烃处理裂解气以回收其中的乙烯、丙烯等；

② 另一类是净化混合气体中的有害组分，以符合工艺要求，又有利于环保。例如，用水或碱液脱除合成氨原料气中的CO_2，硝酸尾气脱除NO_x，磷肥生产中除去气态氟化物及皮毛消毒过程中环氧乙烷的回收等。

实际的吸收操作往往同时兼有回收与净化的双重功能，不能截然分开。

3.1.1 吸收基本原理

气体吸收的原理是，根据混合气体中各组分在某液体溶剂中的溶解度不同而将气体混合物进行分离。吸收操作所用的液体溶剂称为吸收剂，以S表示；混合气体中，能够显著溶解于吸收剂的组分称为吸收物质或溶质，以A表示；而几乎不被溶解的组分统称为惰性组分或载体，以B表示；吸收操作所得到的溶液称为吸收液或溶液，它是溶质A在溶剂S中的溶液；被吸收后排出的气体称为吸收尾气，其主要成分为惰性气体B，但仍含有少量未被吸收的溶质A。

3.1.2 吸收操作分类

(1) 单组分吸收与多组分吸收　即若混合气体中只有一个组分进入液相，其余组分不溶（或微溶）于吸收剂，这种吸收过程称为单组分吸收；反之，若在吸收过程中，混合气中进入液相的气体溶质不止一个，这样的吸收称为多组分吸收。

(2) 物理吸收与化学吸收　在吸收过程中，如果溶质与溶剂之间不发生显著的化学反应，可以把吸收过程看成是气体溶质单纯地溶解于液相溶剂的物理过程，则称为物理吸收；相反，如果在吸收过程中气体溶质与溶剂（或其中的活泼组分）发生显著的化学反应，则称为化学吸收。

(3) 低浓度吸收与高浓度吸收　在吸收过程中，若溶质在气液两相中的摩尔分率均较低（通常不超过0.1），这种吸收称为低浓度吸收；反之，则称为高浓度吸收。对于低浓度吸收过程，由于气相中溶质浓度较低，传递到液相中的溶质量相对于气、液相流速也较小，因此流经吸收塔的气、液相流速均可视为常数。

(4) 等温吸收与非等温吸收　气体溶质溶解于液体时，常由于溶解热或化学反应热而产生热效应，热效应使液相的温度逐渐升高，这种吸收称为非等温吸收；若吸收过程的热效应很小，或虽然热效应较大，但吸收设备的散热效果很好，能及时移出吸收过程所产生的热量，此时液相的温度变化并不显著，这种吸收称为等温吸收。

工业生产中的吸收过程以低浓度吸收为主。本节讨论单组分低浓度的等温物理吸收过程，对于其他条件下的吸收过程，可参考有关书籍。

3.1.3 吸收与解吸

应予指出，吸收过程使混合气中的溶质溶解于吸收剂中而得到一种溶液，但就溶质的存在形态而言，仍然是一种混合物，并没有得到纯度较高的气体溶质。在工业生产中，除以制取溶液产品为目的的吸收（如用水吸收 HCl 气制取盐酸等）之外，大都要将吸收液进行解吸，以便得到纯净的溶质或使吸收剂再生后循环使用。解吸也称为脱吸，它是使溶质从吸收液中释放出来的过程，解吸通常在解吸塔中进行。图 3-1 所示为洗油脱除煤气中粗苯的流程简图。图中虚线左侧为吸收部分，在吸收塔中，苯系化合物蒸气溶解于洗油中，吸收了粗苯的洗油（又称富油），由吸收塔底排出，被吸收后的煤气由吸收塔顶排出。图中虚线右侧为解吸部分，在解吸塔中，粗苯由液相释放出来，并为水蒸气带出，经冷凝分层后即可获得粗苯产品，解吸出粗苯的洗油（也称为贫油）经冷却后再送回吸收塔循环使用。

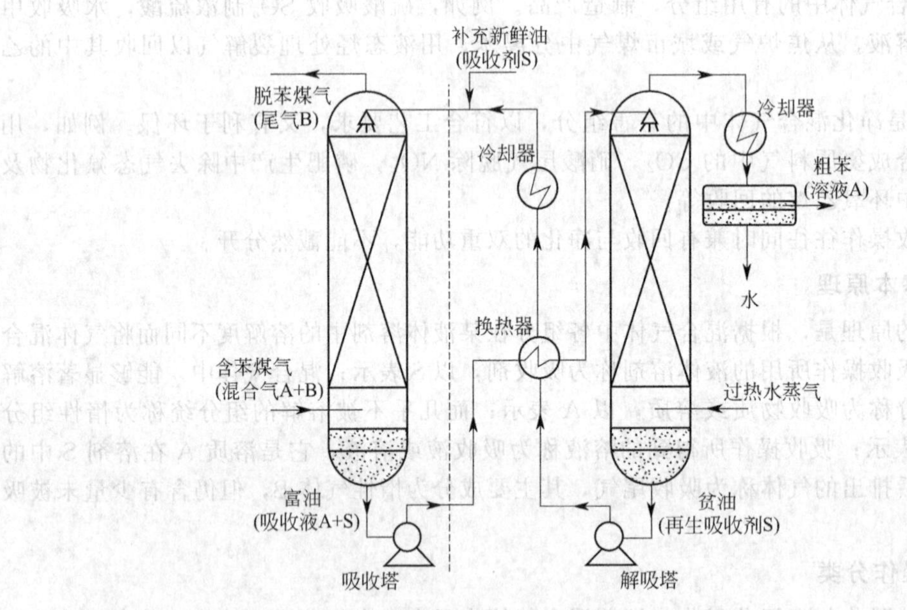

图 3-1 洗油脱除煤气中粗苯的吸收与解吸联合操作

3.1.4 吸收剂的选择

吸收剂选择的原则是要求对溶质的溶解度大，选择性好（对要求吸收的组分溶解度很大，而对不希望吸收的组分溶解度很小），溶解度对温度的变化率大（即利于吸收与解吸联合操作），蒸气压低（吸收剂不易挥发，随气流带出塔的损耗小），化学稳定性好，无毒，价廉，黏度小及不易起泡（利于操作）等。

大多数工业吸收操作都属于低浓度气体吸收，即指待处理混合气体中所含溶质的浓度较低（一般在 5%～10%以下），因而本节重点是关于低浓度气体吸收的计算。

3.2 气液相平衡

在一定的压力及温度下，气相与液相充分接触后，两相趋于相平衡状态。此时，溶质组分在两相中的浓度服从相平衡关系，该类关系可以用不同方式表示。

3.2.1　平衡溶解度

气液两相处于相平衡状态时，溶质组分 A 在液相中的含量 c_A 称为平衡溶解度，简称溶解度，它与温度及溶质在气相中的分压有关。若用 p_A 表示组分 A 的气相平衡分压，则有：

$$c_A^* = f(p_A) \tag{3-1}$$

或：

$$p_A^* = \varphi(c_A) \tag{3-1a}$$

上两式称为吸收操作的气、液相平衡关系。对于不同物系的具体函数形式，要借助于实验研究来最后确定。

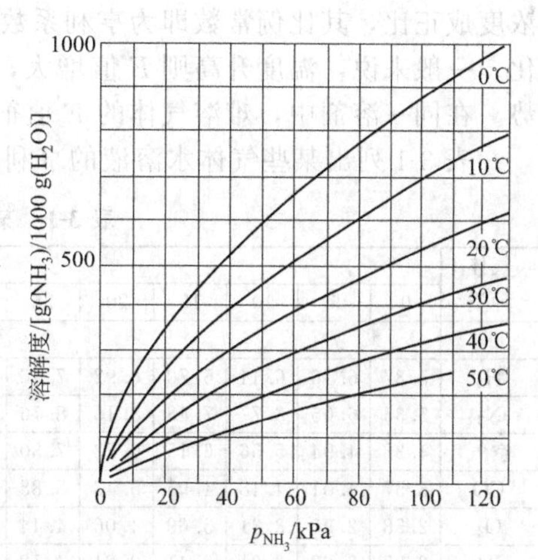

图 3-2　氨在水中的溶解度曲线

气、液两相处于相平衡状态时，表示溶质在气相中分压与液相中浓度的关系的曲线称为溶解度曲线（或相平衡线），典型溶解度曲线如图 3-2～图 3-4 所示。

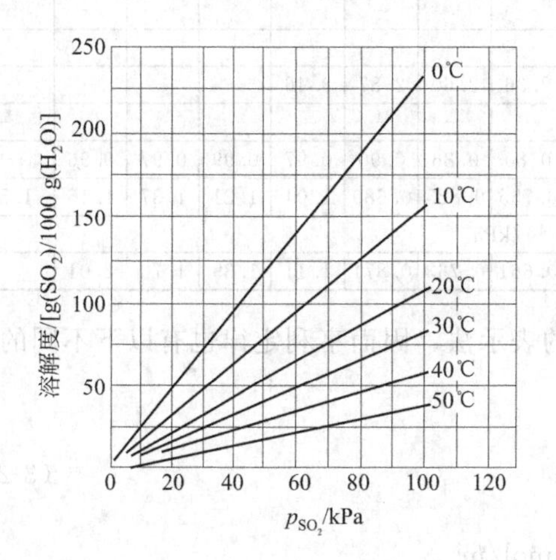

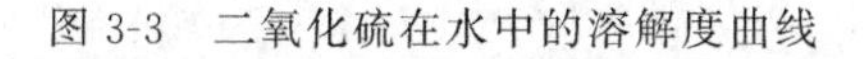

图 3-3　二氧化硫在水中的溶解度曲线

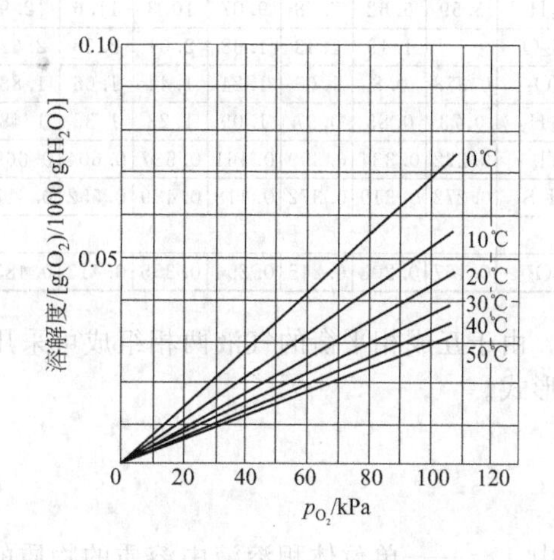

图 3-4　氧气在水中的溶解度曲线

由溶解度曲线图可以看出，对于同一物质在同一平衡压力下，温度越高，其对应的溶解度越低。在同一平衡压力下，不同物质，其对应的溶解度不同。溶解度大者为易溶气体，如图 3-2 中的氨气；小者为难溶气体，如图 3-4 中的氧气。对于难溶气体，其相平衡关系为直线；而易溶气体及溶解度适中的气体，仅在液相为低浓度时可近似为直线。

3.2.2　亨利定律（Henry Law）

3.2.2.1　亨利定律表达式

亨利定律是描述当系统总压不太高（$\leqslant 5\times10^5$ Pa）时，在恒定的温度下，稀溶液上方的气体溶质分压与其在液相中的浓度之间的相平衡关系。

$$p_A^* = E x_A \tag{3-2}$$

式中　p_A^*——溶质 A 在气相中的平衡分压，kPa；

x_A——溶质 A 在液相中的摩尔分数；

E——亨利系数，kPa。

式(3-2) 称为亨利（Henry）定律，它表明稀溶液上方的溶质分压与该溶质在液相中的浓度成正比，其比例常数即为亨利系数。对于一定的气体溶质和溶剂，亨利系数随温度而变化。一般来说，温度升高则 E 值增大，这体现了气体的溶解度随温度升高而减小的变化趋势。在同一溶剂中，难溶气体的 E 值很大，而易溶气体的 E 值则很小。

表 3-1 列出某些气体水溶液的亨利系数，可供参考。

表 3-1　某些气体水溶液的亨利系数

气体种类	温度/℃															
	0	5	10	15	20	25	30	35	40	45	50	60	70	80	90	100
	$(E\times10^{-6})$/kPa															
H_2	5.87	6.16	6.44	6.70	6.92	7.16	7.39	7.52	7.61	7.70	7.75	7.75	7.71	7.65	7.61	7.55
N_2	5.35	6.05	6.77	7.48	8.15	8.76	9.36	9.98	10.5	11.0	11.4	12.2	12.7	12.8	12.8	12.8
空气	4.38	4.94	5.56	6.15	6.73	7.30	7.81	8.34	8.82	9.23	9.59	10.2	10.6	10.8	10.9	10.8
CO	3.57	4.01	4.48	4.95	5.43	5.88	6.28	6.68	7.05	7.39	7.71	8.32	8.57	8.57	8.57	8.57
O_2	2.58	2.95	3.31	3.69	4.06	4.44	4.81	5.14	5.42	5.70	5.96	6.37	6.72	6.96	7.08	7.10
CH_4	2.27	2.62	3.01	3.41	3.81	4.18	4.55	4.92	5.27	5.58	5.85	6.34	6.75	6.91	7.01	7.10
NO	1.71	1.96	2.21	2.45	2.67	2.91	3.14	3.35	3.57	3.77	3.95	4.24	4.44	4.45	4.58	4.60
C_2H_6	1.28	1.57	1.92	2.90	2.66	3.06	3.47	3.88	4.29	4.69	5.07	5.72	6.31	6.70	6.96	7.01
	$(E\times10^{-5})$/kPa															
C_2H_4	5.59	6.62	7.78	9.07	10.3	11.6	12.9	—	—	—	—	—	—	—	—	—
N_2O	—	1.19	1.43	1.68	2.01	2.28	2.62	3.06	—	—	—	—	—	—	—	—
CO_2	0.378	0.8	1.05	1.24	1.44	1.66	1.88	2.12	2.36	2.60	2.87	3.46	—	—	—	—
C_2H_2	0.73	0.85	0.97	1.09	1.23	1.35	1.48	—	—	—	—	—	—	—	—	—
Cl_2	0.272	0.334	0.399	0.461	0.537	0.604	0.669	0.74	0.80	0.86	0.90	0.97	0.99	0.97	0.96	—
H_2S	0.272	0.319	0.372	0.418	0.489	0.552	0.617	0.686	0.755	0.825	0.689	1.04	1.21	1.37	1.46	1.50
	$(E\times10^{-4})$/kPa															
SO_2	0.167	0.203	0.245	0.294	0.355	0.413	0.485	0.567	0.661	0.763	0.871	1.11	1.39	1.70	2.01	—

由于互成相平衡的气液两相组成可采用不同的表示法，因而亨利定律也有以下不同的表达形式。

$$p_A^*=\frac{c_A}{H} \tag{3-2a}$$

式中　c_A——单位体积溶液中溶质的物质的量，$kmol/m^3$；

H——溶解度系数，$kmol/(m^3\cdot kPa)$。

溶解度系数 H 也是温度的函数。对于一定的溶质和溶剂，H 值随温度升高而减小。易溶气体的 H 值很大，而难溶气体的 H 值则很小。

若溶质在气相及液相中的组成均以摩尔分数表示，则亨利定律可表示为：

$$y_A^*=mx_A \tag{3-2b}$$

式中　x_A——液相中溶质的摩尔分数；

y_A^*——与液相组成相平衡的气相中溶质 A 的摩尔分数；

m——相平衡常数。

对于一定的物系，相平衡常数 m 是温度和压力的函数，由 m 值同样可以比较不同气体溶解度的大小，m 值越大，则表明该气体的溶解度越小；反之，则溶解度越大。

3.2.2.2　Y 与 X 的关系

在吸收过程中，混合气体及混合液体的总物质的量是变化的，此时，若用摩尔分数表示气、液相组成，计算不很方便，通常采用以惰性组分为基准的摩尔比来表示气、液相的组成，摩尔比的定义为：

$$X=\frac{\text{液相中溶质物质的量(摩尔)}}{\text{液相中溶剂物质的量(摩尔)}}=\frac{x_A}{1-x_A} \tag{3-3}$$

$$Y=\frac{\text{气相中溶质物质的量(摩尔)}}{\text{气相中惰性组分物质的量(摩尔)}}=\frac{y_A}{1-y_A} \tag{3-4}$$

由上二式可知：

$$x_A=\frac{X}{1+X} \tag{3-3a}$$

$$y_A=\frac{Y}{1+Y} \tag{3-4a}$$

将上两式代入式(3-2b) 可得：

$$\frac{Y^*}{1+Y^*}=m\frac{X}{1+X}$$

整理得：

$$Y^*=\frac{mX}{1+(1-m)X} \tag{3-5}$$

对于稀溶液，则上式可简化为

$$Y^*\approx mX \tag{3-6}$$

亨利定律中涉及的系数 m、E 和 H 随操作条件及溶质气体的性质而变化的趋势列于表 3-2 中。

表 3-2　亨利定律中 E、H 及 m 的变化对比

项　目	E 值	H 值	m 值
系统温度升高	增大	减少	增大
易溶气体	较小	较大	较小
难溶气体	较大	较小	较大

由表 3-2 可以看出，加压降温对吸收有利，反之对解吸有利。

应予指出，亨利定律的各种表达式所描述的都是互成平衡的气液两相组成之间的关系，它们既可用来根据液相组成计算与之平衡的气相组成，也可用来根据气相组成计算与之平衡的液相组成。因此，上述亨利定律表达形式可改写为：

$$x_A^*=\frac{p_A}{E} \tag{3-7}$$

$$c_A^*=Hp_A \tag{3-8}$$

$$x^*=\frac{y}{m} \tag{3-9}$$

$$X^*=\frac{Y}{m} \tag{3-10}$$

3.2.2.3　各系数的换算关系

亨利定律的各种形式之间进行换算时，有：

$$E=\frac{\rho_S}{M_S H} \tag{3-11}$$

$$m=\frac{E}{P} \tag{3-12}$$

及

$$H=\frac{\rho_S}{PM_S}\times\frac{1}{m} \tag{3-13}$$

式中　ρ_S，M_S——吸收剂 S 的密度，kg/m^3 和摩尔质量；

P——系统总压，kPa。

3.2.3 气液相平衡关系在吸收过程中的应用

气液相平衡关系在吸收（或解吸）过程的分析与计算中是不可缺少的，其作用如下。

（1）判断过程进行的方向　当气液两相接触时，可用相平衡关系确定呈相平衡的气液组成，将平衡组成与此相的实际组成比较，可以判断出该过程是吸收还是解吸。即当以气相的组成判断时，气相中A的实际组成y高于与液相成平衡的组成y^*，为吸收，反之为解吸；而以液相的组成判断时，液相中A的实际组成x低于与气相成平衡的组成x^*，为吸收，反之为解吸。

（2）计算过程的推动力　吸收或解吸过程是相际传质过程，当互不平衡的气、液两相接触时，通常以实际组成与平衡浓度的偏离程度来表示吸收推动力。过程的传质推动力越大，其传质速率也越快，完成指定的分离要求时所需的设备尺寸越小。

（3）指明过程的极限　随着操作条件的改变，气、液两相间的传质情况会随之变化，但传质过程最终受到相平衡关系的制约，即相平衡状态是过程进行的极限。例如对于逆流吸收过程，随着塔高增大，吸收剂用量增加，出口气体中溶质A的组成y_2将随之降低，但即使塔无限高，且吸收剂用量很大，y_2最终只会降低到与溶剂入口组成达成相平衡的组成y_2^*为止，不会再继续下降，即

$$y_{2,\min}=mx_2$$

同理，塔底出口的吸收液中溶质A的组成x_1也有一个最大值，即：

$$x_{1,\max}=y_1/m$$

【例3-1】　水与空气-二氧化硫的混合物，气体中SO_2浓度为3%（摩尔分数，下同），液相中SO_2的浓度为4.13×10^{-4}。压力为1.2atm，温度为10℃，试判断该过程是吸收还是解吸？过程推动力为多少？以Δy与Δx表示。

又若$t=70$℃，其他条件不变，过程是吸收还是解吸？过程推动力为多少？以Δy与Δx表示。

解：(1) 查得温度10℃时，亨利系数$E=24.2$atm

则相平衡常数 $$m=\frac{E}{P}=\frac{24.2}{1.2}=20.17$$

可计算出： $$y^*=mx=20.17\times4.13\times10^{-4}=8.33\times10^{-3}$$

由于 $$y=0.03>y^*=8.33\times10^{-3}$$

故该过程为吸收。

吸收推动力 $$\Delta y=y-y^*=0.03-8.33\times10^{-3}=2.17\times10^{-2}$$

$$\Delta x=x^*-x=\frac{y}{m}-x=\frac{0.03}{20.17}-4.13\times10^{-4}=1.07\times10^{-3}$$

(2) 查得温度70℃时，亨利系数$E=137$atm

则相平衡常数 $$m=\frac{E}{P}=\frac{137}{1.2}=114.2$$

可计算出： $$y^*=mx=114.2\times4.13\times10^{-4}=0.0472$$

由于 $$y=0.03<y^*=0.0472$$

故该过程为解吸。

解吸推动力 $$\Delta y=y^*-y=0.0472-0.03=0.0172$$

$$\Delta x=x-x^*=x-\frac{y}{m}=4.13\times10^{-4}-\frac{0.03}{114.2}=1.50\times10^{-4}$$

3.3　吸收过程的速率方程

所谓吸收速率是指单位相际传质面积上在单位时间内所吸收溶质的量。描述吸收速率与吸收推动力之间关系的数学表达式称为吸收速率方程。与传热等其他传递过程一样，吸收过程的速率关系也遵循“过程速率＝过程推动力/过程阻力”的一般关系，其中的推动力是指组成差，吸收阻力的倒数称为吸收系数。因此，吸收速率关系又可表示成“吸收速率＝推动力×吸收系数”的形式。

3.3.1　膜吸收速率方程

根据双膜理论，吸收过程为溶质通过相界面两侧的气膜和液膜的稳态传质过程，在吸收设备内的任一部位上，气、液膜的传质速率应该是相等的。因此，其中任何一侧停滞膜中的传质速率都能代表该部位上的吸收速率。单独根据气膜或液膜的推动力及阻力写出的速率关系式称为膜吸收速率方程，相应的吸收系数称为膜系数或分系数。

3.3.1.1　气膜吸收速率方程

气相层流膜内的吸收速率方程，即

$$N_A = k_G(p - p_i) \tag{3-14}$$

式中　k_G——气膜吸收系数，$kmol/(m^2 \cdot s \cdot kPa)$；

$p - p_i$——溶质 A 在气相主体中的分压与相界面处的分压差，kPa。

上式也可写成如下的形式，即

$$N_A = \frac{p - p_i}{\dfrac{1}{k_G}}$$

气膜吸收系数的倒数$\frac{1}{k_G}$称为气膜阻力，其表达形式与气膜推动力（$p - p_i$）相对应。

当气相组成以摩尔分数表示时，相应的气膜吸收速率方程为

$$N_A = k_y(y - y_i) \tag{3-15}$$

式中　k_y——气膜吸收系数，$kmol/(m^2 \cdot s)$；

$y - y_i$——溶质 A 在气相主体中的摩尔分数与相界面处的摩尔分数差。

同理，气膜吸收系数的倒数$\frac{1}{k_y}$也称为气膜阻力，其表达形式与气膜推动力（$y - y_i$）相对应。

当气相总压不很高时，由道尔顿分压定律可知

$$p = Py$$

及

$$p_i = Py_i$$

将以上两式代入式(3-14)，并与式(3-15) 比较可得

$$k_y = Pk_G \tag{3-16}$$

3.3.1.2　液膜吸收速率方程

液相层流膜内的吸收速率方程为

$$N_A = k_L(c_i - c) \tag{3-17}$$

式中　k_L——液膜吸收系数，$kmol/(m^2 \cdot s \cdot kmol/m^3)$ 或 m/s；

$c_i - c$——溶质 A 在相界面处的物质的量浓度与液相主体中的物质的量浓度差，$kmol/m^3$。

上式也可写成如下形式，即

$$N_A=\frac{c_i-c}{\frac{1}{k_L}}$$

液膜吸收系数的倒数$\frac{1}{k_L}$称为液膜阻力，其表达形式与液膜推动力（c_i-c）相对应。

当液相组成以摩尔分数表示时，相应的液膜吸收速率方程为

$$N_A=k_x(x_i-x) \tag{3-18}$$

式中 k_x——液膜吸收系数，kmol/(m^2·s)；

x_i-x——溶质 A 在相界面处的摩尔分数与液相主体中的摩尔分数差。

同理，液膜吸收系数的倒数$\frac{1}{k_x}$也称为液膜阻力，其表达形式与液膜推动力（x_i-x）相对应。

因为

$$c_i=Cx_i$$

及

$$c=Cx$$

将以上两式代入式(3-17)，并与式(3-18) 比较可得

$$k_x=Ck_L \tag{3-19}$$

3.3.1.3 界面组成的确定

上述各膜的吸收速率方程均与界面组成有关。因此，使用膜吸收速率方程计算吸收速率必须先确定界面组成。

根据双膜理论，界面处的气液相组成符合相平衡关系，且在稳态下，气、液两膜中的传质速率相等。

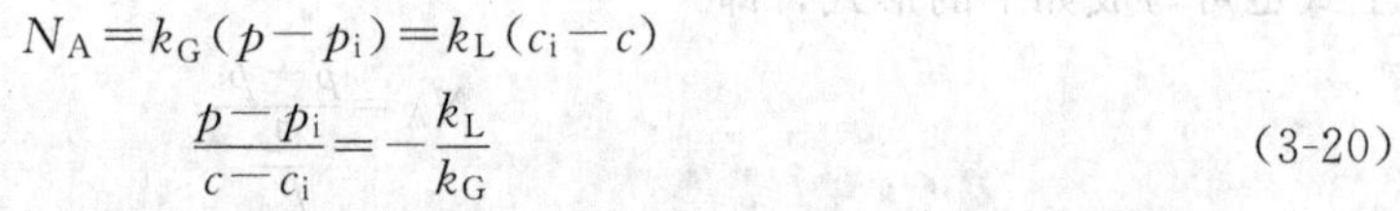

因此有

$$N_A=k_G(p-p_i)=k_L(c_i-c)$$

所以

$$\frac{p-p_i}{c-c_i}=-\frac{k_L}{k_G} \tag{3-20}$$

式(3-20) 表明，在直角坐标系中，p_i-c_i 关系是一条通过定点 $A(c,p)$ 而斜率为$-\frac{k_L}{k_G}$的直线，该直线与相平衡线 OE 交点 I 的横、纵坐标便分别是界面上物质的量浓度 c_i 和气相分压 p_i，如图 3-5 所示。

图 3-5 界面组成的确定

3.3.2 总吸收速率方程

前已述及，采用图解法可以确定界面组成，但通常难度很大。为避开这一难题，可采用两相主体组成的某种差值来表示总推动力，从而写出相应的总吸收速率方程。吸收过程之所以能自发进行，就是因为两相主体组成尚未达到平衡，一旦任何一相主体组成与另一相主体组成达到了相平衡，推动力便等于零。因此，吸收过程的总推动力应该用任何一相的主体组成与其平衡组成的差值来表示。

根据双膜理论，气相传质速率方程（气相主体到界面）和液相传质速率方程（界面到液相主体）分别为

$$N_A=k_G(p-p_i)$$

式中 p——气相主体中溶质 A 的分压，kPa；

p_i——相界面处溶质 A 的分压，kPa。

$$N_A=k_L(c_i-c)$$

式中 c_i——相界面处溶质 A 的浓度，kmol/m^3；

c——液相主体中溶质 A 的浓度，kmol/m^3。

若气相主体到液相主体为稳态传质，即N_A=常数，则应用亨利定律或其他的相平衡关系，可分别求出气液两相在相界面上的平衡浓度，因此，由数学的加合性原理可导出吸收速率方程及总吸收系数的表达式如下。

3.3.2.1 以气相组成（$p-p^*$）表示总推动力的吸收速率方程

若吸收系统服从亨利定律或相平衡关系，在吸收过程所涉及的组成范围内为直线，则

$$p^*=\frac{c}{H}$$

根据双膜理论，相界面上两相互成平衡，则

$$p_i=\frac{c_i}{H}$$

将以上两式代入式(3-17)，并整理得

$$\frac{N_A}{k_L H}=p_i-p^*$$

由式(3-14) 可得

$$\frac{N_A}{k_G}=p-p_i$$

上两式相加可得

$$N_A\left(\frac{1}{Hk_L}+\frac{1}{k_G}\right)=p-p^*$$

令
$$\frac{1}{K_G}=\frac{1}{k_G}+\frac{1}{k_L H} \tag{3-21}$$

则
$$N_A=K_G(p-p^*) \tag{3-22}$$

式中 K_G——气相总吸收系数，kmol/(m²·s·kPa)；

p^*——与液相主体浓度c成相平衡的气相分压，kPa。

3.3.2.2 以液相组成（c^*-c）表示总推动力的吸收速率方程

同理，可导出以（c^*-c）表示总推动力的吸收速率方程为

$$N_A=K_L(c^*-c) \tag{3-23}$$

其中：
$$\frac{1}{K_L}=\frac{H}{k_G}+\frac{1}{k_L} \tag{3-24}$$

式中 K_L——液相总吸收系数，kmol/(m²·s·kmol/m³) 或 m/s；

c^*——与气相主体分压p成相平衡的液相浓度，kmol/m³。

3.3.2.3 以（$Y-Y^*$）、（X^*-X）表示总推动力的吸收速率方程

在吸收计算中，当溶质含量较低时，通常采用摩尔比表示组成较为方便，故常用到以($Y-Y^*$)或(X^*-X) 表示总推动力的吸收速率方程。

若操作总压力为P，根据道尔顿分压定律可知

$$p=Py$$

又
$$y=\frac{Y}{1+Y}$$

故
$$p=P\frac{Y}{1+Y}$$

同理
$$p^*=P\frac{Y^*}{1+Y^*}$$

将上二式代入式(3-22) 并整理得

$$N_A=\frac{K_G P}{(1+Y)(1+Y^*)}(Y-Y^*)$$

令 $$K_Y=\frac{K_G P}{(1+Y)(1+Y^*)}$$

则 $$N_A=K_Y(Y-Y^*) \tag{3-25}$$

式中 K_Y——气相总吸收系数，$kmol/(m^2 \cdot s)$；

Y^*——与液相主体摩尔比组成 X 成相平衡的气相摩尔比组成。

当溶质在气相中的组成很低时，Y 和 Y^*都很小，则有

$$K_Y \approx K_G P \tag{3-26}$$

同理，可导出以(X^*-X) 表示总推动力的吸收速率方程为

$$N_A=K_X(X^*-X) \tag{3-27}$$

其中 $$K_X=\frac{K_L C}{(1+X^*)(1+X)} \tag{3-28}$$

式中 K_X——液相总吸收系数，$kmol/(m^2 \cdot s)$；

X^*——与气相主体摩尔比组成 Y 成相平衡的液相摩尔比组成。

当溶质在液相中的组成很低时，X^*和 X 都很小，则有

$$K_X \approx K_L C \tag{3-29}$$

由于传质推动力和传质阻力的表达形式各不相同，相应的吸收速率方程也有不同的表达方式，表 3-3 列举了各种常用的吸收速率方程式。

表 3-3 吸收速率方程的各种形式

推动力表示方法	膜吸收速率方程： 采用一相主体与界面处的浓度差表示推动力，此时界面浓度难以求取	总吸收速率方程： 采用任一相主体浓度与另一相主体浓度对应的相平衡浓度之差表示推动力，避免了难测定的界面浓度，使用更方便
吸收速率方程具体形式	$N_A=k_G(p-p_i)$ $=k_L(c_i-c)$ $=k_y(y-y_i)$ $=k_x(x_i-x)$	$N_A=K_G(p-p^*)$ $=K_L(c^*-c)$ $=K_Y(Y-Y^*)$ $=K_X(X^*-X)$
吸收系数间的换算关系	$k_y=Pk_G$ $k_x=Ck_L$	$\frac{1}{K_G}=\frac{1}{Hk_L}+\frac{1}{k_G}$ $\frac{1}{K_L}=\frac{H}{k_G}+\frac{1}{k_L}$ $K_Y \approx PK_G$ $K_X \approx CK_L$

上述的吸收速率方程式，仅适合于描述稳态操作的吸收塔内任一横截面上的情况，而不能直接用来对全塔作数学描述。还应注意，在使用总吸收速率方程时，在整个吸收过程所涉及的浓度范围内，相平衡应符合亨利定律或为直线关系。

3.3.2.4 气膜控制与液膜控制

依据式(3-21)，对于易溶气体，因溶解度系数 H 值很大，若 k_G 与 k_L 数量级相同或接近，则有$\frac{1}{Hk_L} \ll \frac{1}{k_G}$，因而该式可简化为$\frac{1}{K_G} \approx \frac{1}{k_G}$或写成 $K_G \approx k_G$。此时传质阻力的绝大部分集中于气膜中，即吸收总推动力的绝大部分用于克服气膜阻力，而液膜阻力可以忽略，这种情况称为“气膜控制”。例如用水吸收氨或 HCl 及用浓硫酸吸收气相中的水蒸气等过程，常被视为气膜控制的吸收过程。显然，对于气膜控制的吸收过程，尽量减少气膜阻力是提高其吸收速率的关键，这时可采取增大气相流量、设法提高气流湍动措施等，若只采取增大液相流量的方法，则收效甚微。

同理，依据式(3-24)，对于难溶气体，因溶解度系数 H 值较小，若 k_G 与 k_L 数量级相同或接近，则有 $\frac{H}{k_G} \ll \frac{1}{k_L}$，因而可简化为 $\frac{1}{K_L} \approx \frac{1}{k_L}$ 或写成 $K_L \approx k_L$。此时液膜阻力控制着整个吸收过程的速率，吸收总推动力的绝大部分用于克服液膜阻力，气膜阻力可以忽略，这种情况称为“液膜控制”。例如用水吸收氧、CO_2 或 H_2 等气体的过程，都是液膜控制的吸收过程。对于该类吸收过程，应注意减少液膜阻力，例如增加吸收剂用量、改变液相的分散程度及增加液膜表面的更新频率，都可明显地提高其吸收速率。

一般情况下，对于具有中等溶解度的气体吸收过程，气膜阻力和液膜阻力均不可忽略。要提高吸收过程速率，必须兼顾气液两膜阻力的降低，方能得到满意的效果。

【例 3-2】 在总压为 101.3kPa、温度为 10℃的条件下，用清水在填料塔内吸收混于空气中的二氧化硫，测得在塔某一截面上，气相中二氧化硫的摩尔分数为 0.035，液相中二氧化硫的摩尔分数为 0.00065，若气膜吸收系数为 1.05×10^{-6} kmol/(m² · s · kPa)，液膜吸收系数为 8.1×10^{-6} m/s，10℃时二氧化硫水溶液的亨利系数是 2.45×10^{3} kPa。(1) 试计算以 Δp、Δc 表示的吸收总推动力及相应的总吸收系数；(2) 计算该截面处的吸收速率；(3) 分析该吸收过程的控制因素。

解：(1) 吸收推动力及总吸收系数　以气相分压差表示的总推动力为

$$\Delta p = p - p^* = Py - Ex = 101.3\times0.035 - 2.45\times10^3\times0.00065 = 1.953\text{kPa}$$

查得 10℃下水的密度为　$\rho = 999.7\text{kg/m}^3$

可得：

$$H = \frac{\rho_s}{EM_s} = \frac{999.7}{2.45\times10^3\times18} = 2.267\times10^{-2}\ \text{kmol/(m}^3\cdot\text{kPa)}$$

其对应的总吸收系数：

$$\frac{1}{K_G} = \frac{1}{Hk_L} + \frac{1}{k_G} = \frac{1}{2.267\times10^{-2}\times8.1\times10^{-6}} + \frac{1}{1.05\times10^{-6}} = 6.398\times10^6\ (\text{m}^2\cdot\text{s}\cdot\text{kPa})/\text{kmol}$$

则

$$K_G = 1.563\times10^{-7}\ \text{kmol/(m}^2\cdot\text{s}\cdot\text{kPa)}$$

以液相物质的浓度差表示的总推动力为：

$$\Delta c = c^* - c = pH - Cx = 101.3\times0.035\times2.267\times10^{-2} - \frac{999.7}{18}\times0.00065$$

$$= 4.428\times10^{-2}\ \text{kmol/m}^3$$

其对应的总吸收系数：

$$K_L = \frac{K_G}{H} = \frac{1.563\times10^{-7}}{2.267\times10^{-2}} = 6.894\times10^{-6}\ \text{m/s}$$

(2) 该截面处的吸收速率：

$$N_A = K_G(p - p^*) = 1.563\times10^{-7}\times1.953 = 3.053\times10^{-7}\ \text{kmol/(m}^2\cdot\text{s)}$$

$$N_A = K_L\Delta c = 6.894\times10^{-6}\times4.428\times10^{-2} = 3.053\times10^{-7}\ \text{kmol/(m}^2\cdot\text{s)}$$

(3) 吸收过程的控制因素　气膜阻力占总阻力的百分数为

$$\frac{\frac{1}{k_G}}{\frac{1}{K_G}}\times100\% = 1.563\times10^{-7}/1.05\times10^{-6} = 14.89\%$$

气膜阻力占总阻力的 10%以上，气膜阻力不能忽略，故该吸收过程为双膜控制。

3.4　填料塔中低浓度气体吸收过程计算

常用的气体吸收设备是塔设备，主要分为填料塔和板式塔两种。本章着重介绍在填料塔中进行气体吸收操作的计算方法。

气体吸收过程可分为低浓度气体吸收和高浓度气体吸收两种类型。低浓度气体吸收指吸收设备内气、液相的溶质均为低浓度，这种类型计算不仅考虑的因素简单，而且是生产中常见的。一般进塔气相摩尔分数在5%～10%以内可按低浓度气体吸收类型计算。以下介绍低浓度气体吸收的特点，并结合填料塔讨论其计算方法。

填料塔外壳一般是竖立的圆筒，上下加封头，塔体上有气、液进出口接管。塔内装有填料，填料塔如图3-6所示。

低浓度气体吸收的特点如下：

① 因被吸收的溶质的量很少，则气、液两相在塔内的流率可视为常数；

② 全塔可视为等温吸收操作（忽略溶解热效应）；

③ 因气、液两相在塔内的流率几乎不变，全塔的流动状况相同，则传质系数 k_x、k_y 在全塔范围内均可视为常数。

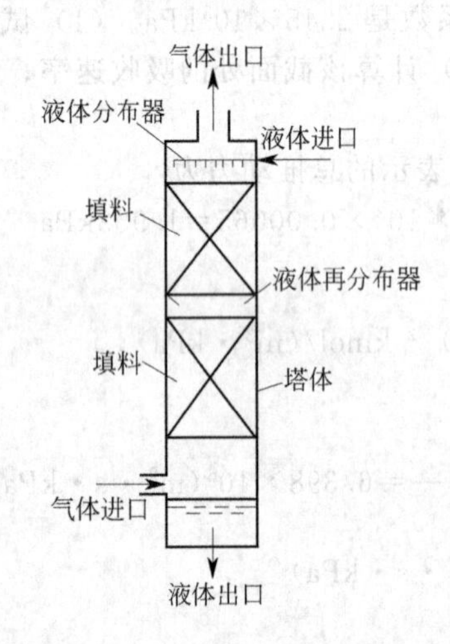

图3-6 填料塔

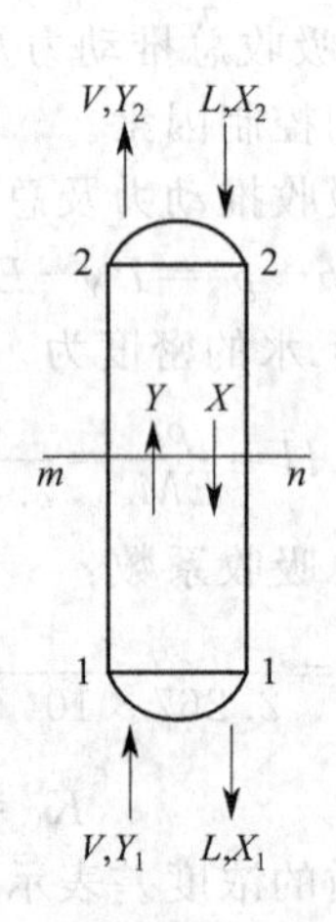

图3-7 逆流填料吸收塔

3.4.1 物料衡算与操作线方程

3.4.1.1 物料衡算

稳态、逆流操作的吸收塔如图3-7所示，其中以下标2截面表示塔顶，下标1截面表示塔底，图中各个符号含义如下：

图中 V——单位时间内通过吸收塔的惰性气体B的摩尔流量，kmol(B)/s；

L——单位时间内通过吸收塔的吸收剂S的摩尔流量，kmol(S)/s；

Y_1，Y_2——进塔及出塔气体中溶质A的摩尔比，kmol(A)/kmol(B)；

X_2，X_1——进塔及出塔液体中溶质A的摩尔比，kmol(A)/kmol(S)。

如图3-7所示，则全塔物料衡算式为

$$VY_1+LX_2=VY_2+LX_1 \tag{3-30}$$

或

$$V(Y_1-Y_2)=L(X_1-X_2) \tag{3-30a}$$

3.4.1.2 操作线方程

如图3-7所示，描述填料塔内任一截面 m—n 上气相组成 Y 和液相组成 X 之间数学关系，称为填料吸收塔的操作线方程，可由该截面与塔顶之间作物料衡算得到：

$$V(Y-Y_2)=L(X-X_2) \tag{3-31}$$

或

$$Y=\frac{L}{V}X+\left(Y_2-\frac{L}{V}X_2\right) \tag{3-31a}$$

同理，在截面 m—n 与塔底之间作物料衡算，可得

$$Y=\frac{L}{V}X+\left(Y_1-\frac{L}{V}X_1\right) \tag{3-31b}$$

由式(3-30a) 可知，式(3-31a) 中的 $\left(Y_2-\frac{L}{V}X_2\right)$ 项与式(3-31b) 中的 $\left(Y_1-\frac{L}{V}X_1\right)$ 项相等，即说明上两式是等价的。

式(3-31a) 与式(3-31b) 皆可称为逆流吸收塔的操作线方程，它表示了填料塔内任一截面上气相浓度 Y 与液相浓度 X 之间呈直线关系。如图 3-8 所示，直线的斜率为 L/V，直线的两个端点分别为 $M(X_2,Y_2)$ 及 $N(X_1,Y_1)$。因逆流吸收塔中塔底端（N 点）的气液相浓度为全塔最大值，故称为“浓端”，而塔顶截面处（M 点）具有最小的气液相浓度，因此成为“稀端”；操作线上任一点 $A(X,Y)$ 代表塔内任一截面上相互接触的气液相组成，该点到平衡线的垂直距离 $Y-Y^*$ 是以气相组成表示的总推动力，该点到平衡线的水平距离（X^*-X）是以液相组成表示的总推动力；对于吸收过程，有操作线位于平衡线上方，反之，如果操作线位于相平衡曲线的下方，则应进行解吸过程。

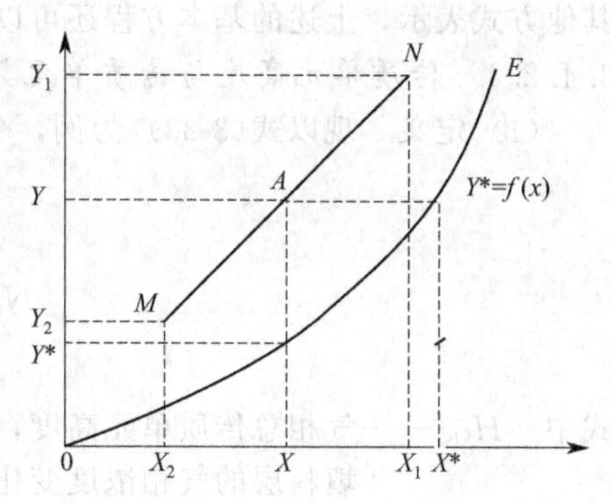

图 3-8　逆流填料吸收塔的操作线

与逆流操作类似，并流操作的吸收塔，其操作线方程也可由物料衡算导出。也就是说，操作线方程来自物料衡算，而与系统的平衡关系及设备结构型式无关。

3.4.2　填料层高度的计算

填料塔是连续接触式的气液传质设备，因而在塔内不同位置上，气液两相的传质速率都可能有所不同，因此，需采用微元法对其传质规律进行研究。其中，吸收塔所需填料层高度的计算，实质上是计算整个吸收塔的有效相际接触面积，它涉及物料衡算、传质速率及相平衡关系三个方面的知识。

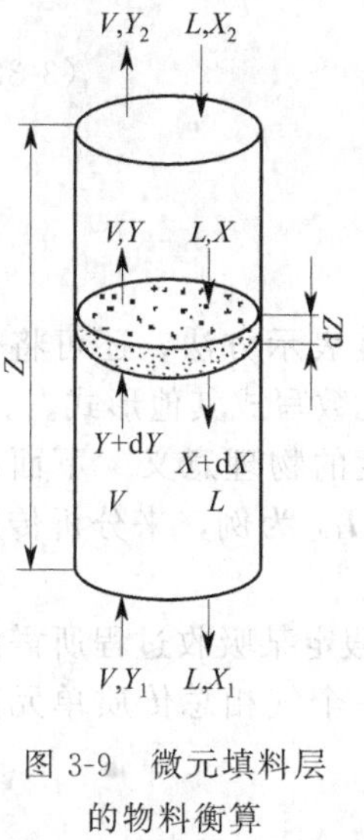

如图 3-9 所示，在填料吸收塔中任取一段高度为 dZ 的微元层，对此微元层作溶质 A 的物料衡算，又因气液相浓度变化很小，故可认为吸收速率 N_A 在该微元层内为定值，则有

$$dM_A=VdY=LdX=N_A dS=N_A(a\Omega dZ) \tag{3-32}$$

式中　dM_A——单位时间内由气相转入液相的溶质 A 的物质的量，kmol/s；

dS——微元填料层内的有效传质面积，m^2；

a——有效比表面积，即指单位体积填料层中的有效传质面积，m^2/m^3；

Ω——塔截面积，m^2。

图 3-9　微元填料层的物料衡算

在填料塔操作中，流体流经填料表面形成液膜（并非液体充满填料之间），液膜与气体接触传质。因为液膜很薄，可忽略液膜厚度。但操作中，并非全部的填料表面都被润湿（如填料接触点），或被润湿而不流动处（死角），这些情况对传质无效。所以，填料层中有效传质面积小于填料表面积。$a=f$（填料的几何特性，气、液物性，流动状态），难以准确知道，一般与 K_Y 或 K_X 放在一起测定。当填料、气液物性、流动状态一定时，体积总传质系数 K_Ya 为常数，K_Xa 为常数，不随塔高变化。

若将吸收速率方程式 $N_A=K_Y(Y-Y^*)=K_X(X^*-X)$ 分别代入式(3-32)中，并在全塔范围内积分，整理得

$$Z=\frac{V}{K_Ya\Omega}\int_{Y_2}^{Y_1}\frac{dY}{Y-Y^*} \tag{3-33}$$

$$Z=\frac{L}{K_Xa\Omega}\int_{X_2}^{X_1}\frac{dX}{X^*-X} \tag{3-34}$$

式(3-33)和式(3-34)称为低浓度气体吸收时计算填料层高度的基本方程式。若浓度以其他方式表示，上述的基本方程还可以写成其他形式。

3.4.2.1　传质单元高度与传质单元数

(1) 定义　现以式(3-33)为例，令

$$H_{OG}=\frac{V}{K_Ya\Omega} \tag{3-35}$$

$$N_{OG}=\int_{Y_2}^{Y_1}\frac{dY}{Y-Y^*} \tag{3-36}$$

$$Z=H_{OG}N_{OG} \tag{3-37}$$

式中　H_{OG}——气相总传质单元高度，m。其物理含义为，塔内取某段高度填料层，若该段填料层的气相浓度变化等于该段填料层以气相浓度表示的总推动力，则该段填料层高度为一个传质单元（高度）；

N_{OG}——气相总传质单元数，是一个量纲为1的数。其物理含义是全塔气相浓度变化与全塔以气相浓度表示的总推动力之比。

将塔高计算式写成传质单元（高度）与传质单元数的乘积，只是变量的分离与合并，并无实质性的变化，但这样处理有以下优点：气相总传质单元高度 H_{OG} 与操作状况、物性、填料几何形状等设备效能有关，是完成一个传质单元所需塔高，反映了设备效能的高低或填料层传质动力学性能的好坏；气相总传质单元数 N_{OG} 中所含变量仅与相平衡关系、气相进出塔浓度有关，而与塔设备的型式无关，反映了完成分离任务的难易。一般 H_{OG} 具体数值由实验确定。

同理，式(3-34)可表示成

$$Z=H_{OL}N_{OL} \tag{3-38}$$

式中　$H_{OL}=\frac{L}{K_Xa\Omega}$——液相总传质单元高度，m；

$N_{OL}=\int_{X_2}^{X_1}\frac{dX}{X^*-X}$——液相总传质单元数，量纲为1。

对应于其他的浓度表示方法，还可将传质单元高度和传质单元数写成其他形式。

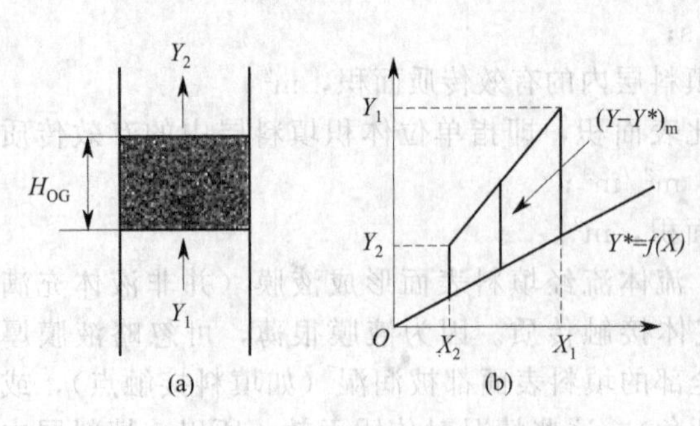

图 3-10　气相总传质单元高度

(2) 传质单元高度的物理意义　下面以气相总传质单元高度 H_{OG} 为例，来分析传质单元高度的物理意义。

如图 3-10 所示，假定某吸收过程所需的填料层高度恰好等于一个气相总传质单元高度，即 $Z=H_{OG}$

则由式(3-36)可得

$$N_{OG}=\int_{Y_2}^{Y_1}\frac{dY}{Y-Y^*}=1$$

在整个填料层内，吸收推动力 $(Y-Y^*)$ 虽是变化的，但总可以找到某一个平均值

$(Y-Y^*)_m$来代替$(Y-Y^*)$，可使积分值保持不变，

即
$$N_{OG}=\int_{Y_2}^{Y_1}\frac{dY}{Y-Y^*}=\int_{Y_2}^{Y_1}\frac{dY}{(Y-Y^*)_m}=1$$

平均值$(Y-Y^*)_m$作为常数可提到积分号之外，于是得

$$N_{OG}=\frac{1}{(Y-Y^*)_m}\int_{Y_2}^{Y_1}dY=\frac{Y_1-Y_2}{(Y-Y^*)_m}=1$$

则可得
$$(Y-Y^*)_m=Y_1-Y_2$$

由此可见，如果气体流经一段填料层前后的组成变化(Y_1-Y_2)恰好等于此段填料层内以气相组成差表示的总推动力的平均值$(Y-Y^*)$，如上图所示，则这段填料层的高度就是一个气相总传质单元高度。

3.4.2.2　传质单元数的求取

根据物系相平衡关系的不同，求取传质单元数的方法主要有以下几类。

(1) 相平衡方程为直线——解析法求传质单元数　若在吸收操作所涉及的浓度区间内，相平衡关系可按直线处理，即可写成$Y^*=mX+b$的形式，可采用以下两种解析法求取传质单元数。

① 对数平均推动力法

以$N_{OG}=\int_{Y_2}^{Y_1}\frac{dY}{Y-Y^*}$的计算为例，当相平衡方程和操作线方程均为直线时，则塔内任一横截面上气相总传质推动力$\Delta Y=Y-Y^*$与Y之间也成线性关系，即可写成：

$$dY=\frac{Y_1-Y_2}{\Delta Y_1-\Delta Y_2}d(\Delta Y) \tag{3-39}$$

式中　ΔY_2——塔顶气相浓度表示的总传质推动力；

ΔY_1——塔底气相浓度表示的总传质推动力。

将上式代入式(3-36) 中，整理得到：

$$N_{OG}=\int_{Y_2}^{Y_1}\frac{dY}{Y-Y^*}=\frac{Y_1-Y_2}{\Delta Y_m} \tag{3-40}$$

其中
$$\Delta Y_m=\frac{\Delta Y_1-\Delta Y_2}{\ln\frac{\Delta Y_1}{\Delta Y_2}}=\frac{(Y_1-Y_1^*)-(Y_2-Y_2^*)}{\ln\frac{Y_1-Y_1^*}{Y_2-Y_2^*}} \tag{3-41}$$

式中　ΔY_m——塔顶与塔底两截面上吸收推动力对数平均值，称为对数平均推动力。

则
$$Z=\frac{V}{K_Ya\Omega}\int_{Y_2}^{Y_1}\frac{dY}{Y-Y^*}=\frac{V}{K_Ya\Omega}\times\frac{Y_1-Y_2}{\Delta Y_m} \tag{3-42}$$

同理，可推出液相总传质单元数N_{OL}的相应解析式

$$N_{OL}=\frac{X_1-X_2}{\Delta X_m} \tag{3-43}$$

其中
$$\Delta X_m=\frac{\Delta X_1-\Delta X_2}{\ln\frac{\Delta X_1}{\Delta X_2}}=\frac{(X_1^*-X_1)-(X_2^*-X_2)}{\ln\frac{X_1^*-X_1}{X_2^*-X_2}} \tag{3-44}$$

则
$$Z=\frac{L}{K_Xa\Omega}\int_{X_2}^{X_1}\frac{dX}{X^*-X}=\frac{L}{K_Xa\Omega}\times\frac{X_1-X_2}{\Delta X_m} \tag{3-45}$$

当$0.5<\frac{\Delta Y_1}{\Delta Y_2}<2$或$0.5<\frac{\Delta X_1}{\Delta X_2}<2$时，式(3-41) 及式(3-44) 的对数平均推动力均可用算术平均值代替，不会带来较大的误差。

② 脱吸因数法　气相总传质单元数中的积分值还可用另一种方法求得，即将$Y^*=$

$mX+b$ 代入式(3-36) 中，并令：$S=\frac{mV}{L}=\frac{m}{\frac{L}{V}}$，称为脱吸因数，其几何意义为相平衡线斜率 m 与操作线斜率 L/V 之比，S 值越大，越不利于吸收。

则可整理得

$$N_{OG}=\frac{1}{1-S}\ln\left[(1-S)\frac{Y_1-Y_2^*}{Y_2-Y_2^*}+S\right] \tag{3-46}$$

上式也可写为

$$N_{OG}=\frac{1}{1-\frac{1}{A}}\ln\left[\left(1-\frac{1}{A}\right)\frac{Y_1-Y_2^*}{Y_2-Y_2^*}+\frac{1}{A}\right] \tag{3-46a}$$

式中 $A=\frac{1}{S}$，称为吸收因数，是脱吸因数 S 的倒数，A 值越大，越易于吸收。

由式(3-46)可知，气相总传质单元数 N_{OG} 数值的大小取决于脱吸因数 S 与 $\frac{Y_1-Y_2^*}{Y_2-Y_2^*}$ 两个因素。为便于计算，在半对数坐标系中以 S 为参数，按式(3-46) 标绘出 N_{OG}-$\frac{Y_1-Y_2^*}{Y_2-Y_2^*}$ 的函数关系，得到如图 3-11 所示的一组曲线。若已知 V、L、Y_1、Y_2、X_2 及相平衡线斜率 m 时，利用此图可方便地读出 N_{OG} 的数值；或由已知的 L、V、Y_1、X_2、N_{OG} 及 m 求出气体出口浓度 Y_2。

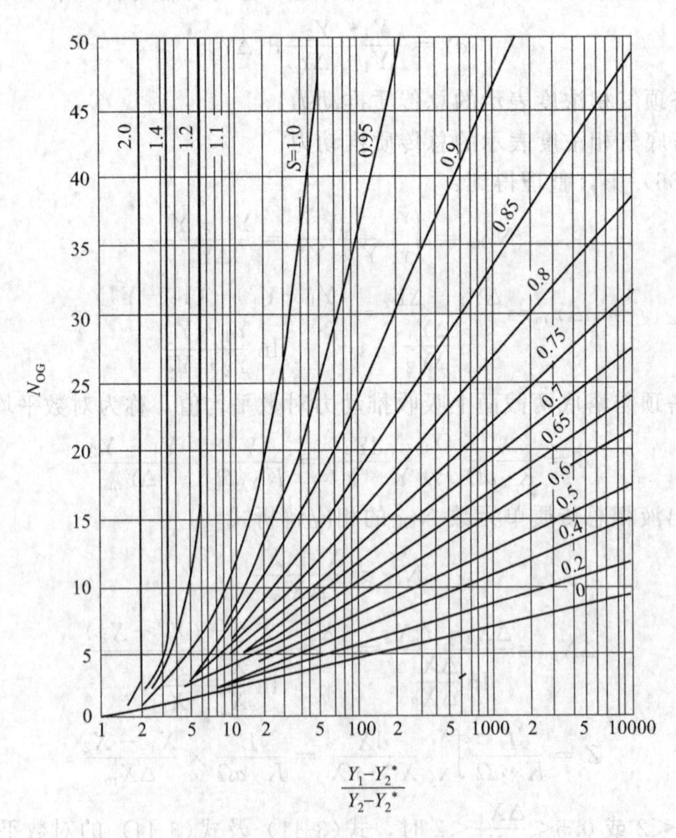

图 3-11 N_{OG}-$\frac{Y_1-Y_2^*}{Y_2-Y_2^*}$ 的关系图

在图 3-11 中，横坐标$\frac{Y_1-Y_2^*}{Y_2-Y_2^*}$值的大小，反映对溶质分离效率的高低。在气、液进口浓度一定的情况下，要求对溶质分离效率越高，Y_2 就越小，横坐标的数值就越大，对应于同一 S 值的 N_{OG}值也越大。

参数 S 则反映吸收推动力的大小。在气、液进口浓度及溶质吸收率已知的条件下，若增大 S 的值，就意味着减小液气比，则使吸收液出口浓度提高，而塔内吸收推动力下降，则 N_{OG}的数值必然增大，反之亦然。

为了从混合气体中分离出溶质组分而进行的吸收操作中如要获得最高的分离效率，必然力求使出塔气体与进塔液体趋于平衡，这就必须采用较大的吸收剂量，使操作线斜率大于平衡线斜率（即 $S<1$）才有可能；反之，若要获得最浓的吸收液，必然力求使出塔液体与进塔气体趋于平衡，这就必须采用较小的吸收剂量，使操作线斜率小于平衡线斜率（即 $S>1$）才有可能。

一般吸收操作多着眼于溶质的吸收效率的提高，故 S 值常小于 1，通常认为 $S=0.7\sim 0.8$ 是经济适宜的。

同理，可推导出液相总传质单元数 N_{OL}的如下关系式：

$$N_{OL}=\frac{1}{1-A}\ln\left[(1-A)\frac{Y_1-Y_2^*}{Y_1-Y_1^*}+A\right] \tag{3-47}$$

将式(3-46) 与式(3-47) 相比较可知，二者具有同样的函数形式，所以，图 3-11 将完全适用于表示 N_{OL}-$\frac{Y_1-Y_2^*}{Y_1-Y_1^*}$的关系（以 A 为参数）。

以上两种解析法中，对数平均推动力法的优点是形式简明，适于吸收塔的设计型计算；而对于已知填料层高和入塔气液流率及组成的操作型问题（或称校核型）来讲，采用脱吸因数法更为简便。所以，根据如上所述的两种方法的不同特点，可适当选择使用。

当操作线与相平衡线平行时，即 $A=S=1$，此时 $\Delta Y_1=\Delta Y_2=$常数，无论对数平均推动力法或脱吸因数法均不能使用，此时

$$N_{OG}=\frac{Y_1-Y_2}{\Delta Y_1}=\frac{Y_1-Y_2}{\Delta Y_2} \tag{3-48}$$

（2）相平衡方程为曲线——采用积分法　当气液相平衡线不能作为直线处理时，求传质单元数中的积分值时，通常采用图解积分或数值积分法。

采用图解积分法求解时，如图 3-12 所示，可在直角坐标系中，以 Y 为横坐标，$1/(Y-$

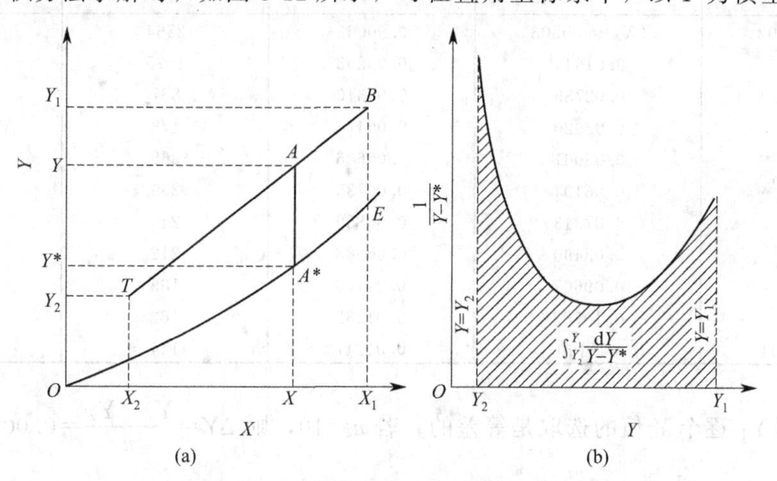

图 3-12　图解积分法求 N_{OG}

Y^*）为纵坐标，将 $1/(Y-Y^*)$ 与 Y 的对应值标点描绘出曲线，所得函数曲线与 $Y=Y_2$、$Y=Y_1$ 及 $Y=1/(Y-Y^*)$ 三条直线之间所包围的面积，就是气相总传质单元数 N_{OG} 的数值，它可通过计量被积函数曲线下的面积来求得。

也可采用适宜的近似公式计算 N_{OG}，例如，可利用定步长的辛普森（Simpson）数值积分公式求解：

$$\int_{Y_0}^{Y_n} f(Y)\,\mathrm{d}Y \approx \frac{\Delta Y}{3}[f_0+f_n+4(f_1+f_3+\cdots+f_{n-1})+2(f_2+f_4+\cdots+f_{n-2})] \tag{3-49}$$

$$\Delta Y=\frac{Y_n-Y_0}{n}$$

式中 n——在 Y_0 和 Y_n 间划分的区间数目，可取任意偶数，n 值越大则计算结果越准确；

ΔY——每个均等区间的步长；

Y_0——出塔气体组成，即 $Y_0=Y_2$；

Y_n——入塔气体组成，即 $Y_n=Y_1$；

f_i——$Y=Y_i$ 所对应的函数值。

若用积分法求液相总传质单元数 N_{OL} 或其他形式的传质单元数（如 N_G、N_L）时，方法与上相同。

【例 3-3】 用洗油吸收焦炉气中的芳烃。吸收塔内的温度为 27℃、压强为 106.7kPa。焦炉气流量为 850m^3/h，其中所含芳烃的摩尔分数为 0.02，要求芳烃回收率不低于 95%。进入吸收塔顶的洗油中所含芳烃的摩尔分数为 0.005，取溶剂用量为理论最小用量的 1.5 倍。操作条件下的相平衡关系可用下式表达：$Y^*=\dfrac{0.125X}{1+0.875X}$。已知气相总传质单元高度 H_{OG} 为 0.875m，求所需填料层高度。

解： 求得填料层高度的关键在于算出气相总传质单元数 N_{OG}。由题给的相平衡关系式可知，相平衡线为曲线，故可采用数值积分法。

例 3-3 附表

Y	X	Y^*	$\frac{1}{Y-Y^*}$	备 注
(Y_2)0.00102	(X_2)0.00503	0.00063	2564	$Y_2=Y_0$
0.00296	0.01644	0.00203	1075	$Y_1=Y_n$
0.00490	0.02785	0.00340	867	$n=10$
0.00683	0.03920	0.00474	478	$\Delta Y=0.001938$
0.00877	0.05061	0.00606	369	
0.0107	0.06194	0.00735	299	
0.0126	0.07313	0.00859	249	
0.0146	0.08490	0.00988	212	
0.0165	0.09607	0.01108	185	
0.0185	0.10783	0.01232	162	
(Y_1)0.0204	0.1190	0.01347	144	

从 Y_2 到 Y_1 逐个 Y 值的选取是等差的，若 $n=10$，则 $\Delta Y=\dfrac{Y_1-Y_2}{n}=0.001938$，相应 Y 值的 X 和 Y^* 值及 $\dfrac{1}{Y-Y^*}$ 值如本题附表所示。依据辛普森公式：

$$N_{OG}=\int_{0.00102}^{0.0204}\frac{dY}{Y-Y^*}\approx\frac{0.001938}{3}\times[2564+144+4\times(1075+478+299+212+162)+2\times(867+369+249+185)]=9.4$$

则
$$Z=H_{OG}N_{OG}=9.4\times0.875=8.23\text{m}$$

(3) 相平衡方程为曲线——梯级图解法 梯级图解法又称贝克(Baker)法，是直接根据传质单元数的物理意义引出的一种近似方法。如前面讲述，一个传质单元意味着气体通过一段填料层，其浓度变化量 (Y_1-Y_2) 恰好等于此段填料层内以气相组成差表示的总推动力的平均值 $(Y-Y^*)$。按此理解，在 X-Y 图中，在平衡线与操作线间可用几何作图法求出一定条件下所需的 N_{OG} 的数值，如图 3-13 所示，作图法步骤如下：

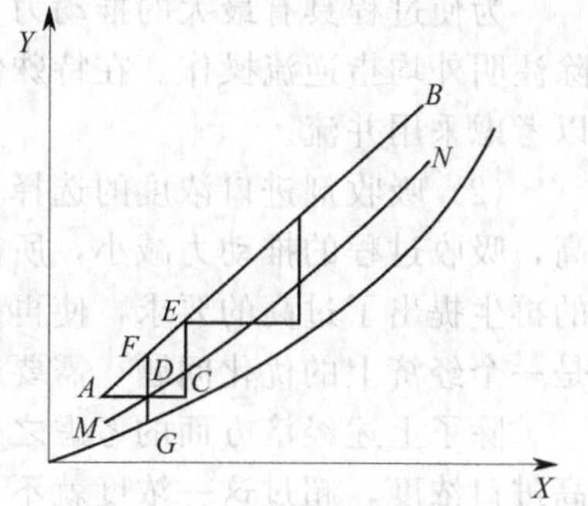

图 3-13 梯级图解法求 N_{OG}

① 在操作线与平衡线之间作中线 $\overline{MN}$，该中线由任意 X 值对应的 $(Y-Y^*)$ 直线的中点连成。

② 由操作线下端 A 开始，作水平线 $\overline{AC}$，与中线交于 D，令 $\overline{AD}=\overline{DC}$。

③ 由 C 点向上作平行于 Y 轴的直线，交操作线于 E 点。

在 A→C→E 的阶梯中，气相浓度变化可用 $\overline{EC}$ 表示，在这段填料层中平均推动力可用 $\overline{FG}$ 表示。因 $\overline{EC}=2\,\overline{FD}=\overline{FG}$，所以这一阶梯表示气相浓度经历了一个传质单元。按此方法继续作梯级至 B 点，总梯级数即为 N_{OG} 值。N_{OG} 值一般带有分数。

对于平衡线与操作线很靠近的范围，宜用局部放大图作阶梯。

3.4.3 填料吸收塔的设计型计算

吸收塔的计算问题可分为设计型与操作型两类，两类问题都可联立求解以下三类方程：

全塔物料衡算式 $$V(Y_1-Y_2)=L(X_1-X_2) \tag{3-30a}$$

相平衡方程式 $$Y^*=f(X)$$

吸收过程基本方程式 $$Z=H_{OG}N_{OG}=\frac{V}{K_Ya\Omega}\int_{Y_2}^{Y_1}\frac{dY}{Y-Y^*} \tag{3-33}$$

$$Z=H_{OL}N_{OL}=\frac{L}{K_Xa\Omega}\int_{X_2}^{X_1}\frac{dX}{X^*-X} \tag{3-34}$$

3.4.3.1 设计型计算的命题

设计要求：计算达到指定的分离要求所需要的塔高。

给定条件：进口气体的溶质摩尔分数 y_1、气体的处理量即混合气的进塔流率、吸收剂与溶质组分的相平衡关系及分离要求。

分离要求通常有两种表达方式。当吸收目的是除去气体中的有害物质时，例如为符合环保要求，工业尾气排空前必须将其中有害气体浓度降到一定数值，即一般直接规定吸收后气体中有害溶质的残余浓度 (y_2)；当吸收的目的是回收有用物质时，通常规定溶质的回收率 φ_A，它的定义为

$$\varphi_A=\frac{\text{被吸收的溶质量}}{\text{进塔混合气体中含有的溶质总量}}=\frac{V(Y_1-Y_2)}{VY_1}=\frac{Y_1-Y_2}{Y_1} \tag{3-50}$$

即
$$Y_2=Y_1(1-\varphi_A) \tag{3-50a}$$

利用上式计算出 Y_2 后，即可利用式(3-30a) 求得吸收液出口浓度 X_1。

为了顺利进行设计型计算，设计者首先要进行设计条件的选择。

3.4.3.2　设计条件的确定

(1) 气、液流向的选择　在微分接触的吸收塔内，气、液两相可以作逆流，也可作并流流动，在两相进、出口浓度相同的情况下，逆流时的对数平均推动力必大于并流，故就吸收过程本身而言，逆流操作时液体的下流受到上升气体的摩擦力；这种曳力过大会阻碍液体的顺利流下，因而限制了吸收塔所允许的液体流率和气体流率，这是逆流的缺点。

为使过程具有最大的推动力，一般吸收操作总是采用逆流，在以下吸收计算的讨论中，除注明外均指逆流操作。在特殊情况下，例如相平衡线斜率极小时，逆流并无多大优点，可以考虑采用并流。

(2) 吸收剂进口浓度的选择及其最高允许浓度　设计时所选择的吸收剂进口溶质浓度过高，吸收过程的推动力减小，所需的吸收塔高度增加。若选择的进口浓度过低，则对吸收剂的再生提出了过高的要求，使再生设备和再生费用加大。因此，吸收剂进口溶质浓度的选择是一个经济上的优化问题，需要通过多方案的计算和比较才能确定。

除了上述经济方面的考虑之外，还有一个技术上的限制，即存在着一个技术上允许的最高进口浓度，超过这一浓度就不可能达到规定的分离要求。

气、液两相逆流操作时，塔顶气相浓度按设计要求规定为 y_2，与 y_2 成相平衡的液相浓度为 x_2^*。显然，所选择的吸收剂进口浓度 x_2 必须低于 x_2^* 才有可能达到规定的分离要求。当所选 x_2 等于 x_2^* 时，吸收塔顶的传质推动力为零，所需的塔高将为无穷大，这就是 x_2 的上限。

总之，对于规定的分离要求，吸收剂进口含量在技术上存在一个上限，在经济上存在一个最适宜的数值。

(3) 吸收剂用量的选择及最小液气比　吸收剂用量的选择，是兼顾技术可行和经济合理的综合问题。为表达方便，通常用吸收剂的液气比（L/V）表示，液气比是指处理单位惰性气体（在混合气中）所需吸收剂的用量。

由图 3-14(a) 可知，当 Y_1、Y_2、X_2 已确定时，随着液气比 L/V 的增大，出口吸收液浓度 x_1 减小，过程的平均推动力相应增大，而传质单元数相应减小，从而所需塔高降低。但是，吸收液的数量大而出口浓度低，必使吸收剂的再生费用增加。这里同样需要做多方案比较，从中选择最经济的液气比。

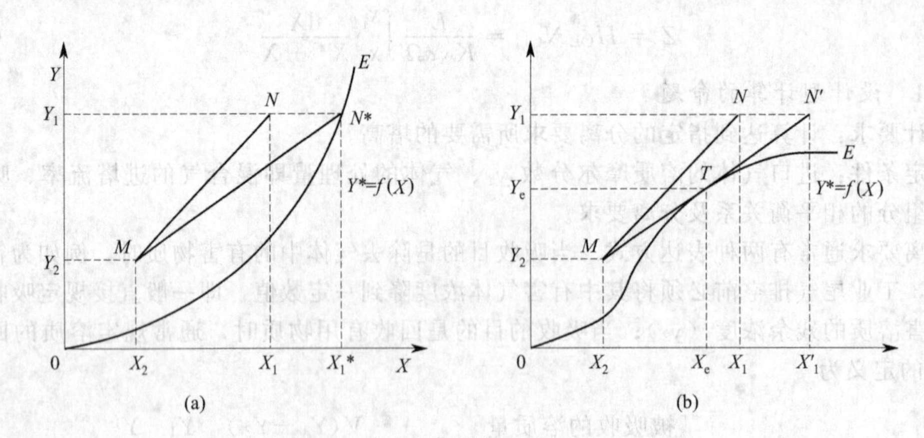

图 3-14　吸收塔的最小液气比

另一方面，吸收剂的最小用量存在着技术上的限制，如图 3-14(a) 所示，当吸收剂用量减少到恰使操作线与相平衡线相交于 N^*点时，入塔混合气与出塔吸收液达到相平衡，则塔底截面处吸收过程传质推动力为零，所以为达到相同的吸收分离目标，所需的塔高为无限大，这显然是不现实的，所以这是理论上液气比的下限，称为最小液气比，用 $(L/V)_{\min}$ 表示，相应的吸收剂用量即为最小吸收剂用量，以 $L_{\min}$ 表示。

最小液气比可用图解法求出，如图 3-14(a) 所示的一般情况，在图中找到 N^* 点对应的横坐标 X_1^* 的数值，则下式可用来计算最小液气比，即

$$\left(\frac{L}{V}\right)_{\min}=\frac{Y_1-Y_2}{X_1^*-X_2} \tag{3-51}$$

或

$$L_{\min}=V\frac{Y_1-Y_2}{X_1^*-X_2} \tag{3-51a}$$

必须注意，液气比的这一限制来自规定的分离要求，并非吸收塔不能在更低的液气比下操作。当实际操作的液气比小于此最低值时，无论如何操作也不会达到规定的分离要求。

若系统的相平衡关系符合亨利定律，即可用 $Y^*\approx mX$ 表示，且塔顶进入的是纯吸收剂（即 $X_2=0$）时，式(3-51) 可写成

$$\left(\frac{L}{V}\right)_{\min}=\frac{Y_1-Y_2}{\dfrac{Y_1}{m}-X_2}=m\frac{Y_1-Y_2}{Y_1}=m\varphi_A \tag{3-52}$$

若气液相平衡关系如图 3-14(b) 中曲线所示的形状，则应过点 M 作相平衡曲线的切线，则该切线与水平线 $Y=Y_1$ 相交于点 N'，在图中读得 N' 的横坐标 X_1' 的数值后，可代入下式计算最小液气比，即

$$\left(\frac{L}{V}\right)_{\min}=\frac{Y_1-Y_2}{X_1'-X_2} \tag{3-53}$$

因 N' 点未落在相平衡线上，所以上式中 Y_1 与 X_1' 不成相平衡关系。

也可由图 3-14(b) 中找到操作线与相平衡线的切点 T，在图中读得 T 的坐标（X_e，Y_e），再用下式计算最小液气比

$$\left(\frac{L}{V}\right)_{\min}=\frac{Y_e-Y_2}{X_e-X_2} \tag{3-54}$$

因切点 T 落在相平衡线上，所以 T 点的气液相组成呈相平衡关系，即有 $X_e=f(Y_e)$。

根据生产实践经验，一般情况下可按下式选择吸收剂用量，即

$$\frac{L}{V}=(1.1\sim2.0)\left(\frac{L}{V}\right)_{\min} \tag{3-55}$$

或

$$L=(1.1\sim2.0)L_{\min} \tag{3-55a}$$

【例 3-4】 空气和氨的混合物在直径为 0.8m 的填料塔中用水吸收其中所含氨的 99.5%。混合气量为 1400kg/h。混合气体中氨与空气的摩尔比为 0.0132，所用液气比为最小液气比的 1.4 倍。操作温度为 20℃，相平衡关系为 $Y^*=0.75X$。气相体积吸收系数为 $K_Ya=0.088\text{kmol}/(\text{m}^3\cdot\text{s})$，求每小时吸收剂用量与所需填料层高度？

解：（1）求吸收剂用量

因混合气体中氨含量很少，故用空气摩尔质量计算出气相流率

$$V=\frac{1400}{29}=48.3\text{kmol/h}$$

$$Y_1=0.0132 \qquad Y_2=Y_1(1-\varphi_A)=0.0132\times(1-0.995)=0.000066$$

$$X_2=0 \qquad \left(\frac{L}{V}\right)_{\min}=\frac{Y_1-Y_2}{\dfrac{Y_1}{m}-X_2}=\frac{0.0132-0.000066}{\dfrac{0.0132}{0.75}-0}=0.746$$

则 $\dfrac{L}{V}=1.4\times0.746=1.04\Rightarrow L=1.04\times48.3=50.2\text{kmol/h}$

(2) 用平均推动力法求填料层高度

$$X_1=\frac{V}{L}(Y_1-Y_2)+X_2=\frac{1}{1.04}\times(0.0132-0.000066)+0=0.0126$$

$$Y_1^*=mX_1=0.75\times0.0126=0.0095,\ Y_2^*=0$$

$$\Delta Y_1=Y_1-Y_1^*=0.0132-0.0095=0.0037$$

$$\Delta Y_2=Y_2-Y_2^*=0.000066-0=0.000066$$

$$\Delta Y_m=\frac{0.0037-0.000066}{\ln\dfrac{0.0037}{0.000066}}=0.000906$$

所以：$$N_{OG}=\frac{Y_1-Y_2}{\Delta Y_m}=\frac{0.0132-0.000066}{0.000906}=14.5$$

又有：$$H_{OG}=\frac{V}{K_Ya\Omega}=\frac{48.3}{0.088\times3600\times0.785\times0.8^2}=0.307\text{m}$$

则得到：$$Z=H_{OG}N_{OG}=14.5\times0.307=4.45\text{m}$$

(3) 用吸收因数法求填料层高度

因为：$$S=\frac{mV}{L}=\frac{0.75}{1.04}=0.72$$

且：$$\frac{Y_1-Y_2^*}{Y_2-Y_2^*}=\frac{Y_1-mX_2}{Y_2-mX_2}=\frac{0.0132}{0.000066}=200$$

由图 3-11 可查出，$N_{OG}=14.5$

则：$$Z=0.307\times14.5=4.45\text{m}$$

3.4.3.3　解吸塔

一个完整的吸收流程通常由吸收和解吸（脱吸）联合操作。解吸的目的是使吸收剂再生后循环使用，还可以回收有价值的组分。解吸是吸收的逆过程，当液相中某一组分的平衡分压大于该组分在气相中 A 的分压时，可采用解吸操作。与吸收塔类似，解吸塔由塔顶（或塔底）与塔内任一截面作物料衡算，可得到解吸塔的操作线方程，不同的是，浓端在塔顶部，稀端在塔底部。

(1) 解吸塔的最小气液比　为脱除吸收液中的溶质，通常使用另一股与吸收液不互溶的惰性气流与吸收液接触，并将其中的溶质带走，因此必须决定这股解吸气流的用量。以逆流解吸为例，如图 3-15(a) 所示。待解吸的吸收液总流率、解吸前后的溶质摩尔分数 x_1 与 x_2、解吸气流入塔的溶质摩尔分数 y_2（一般为零）等已作规定。取图示虚线为控制体作溶质的物料衡算可知，解吸操作线方程与吸收的操作线方程完全相同，但解吸操作线位于相平衡线的下方，如图 3-15(b) 中的 AB 线所示。

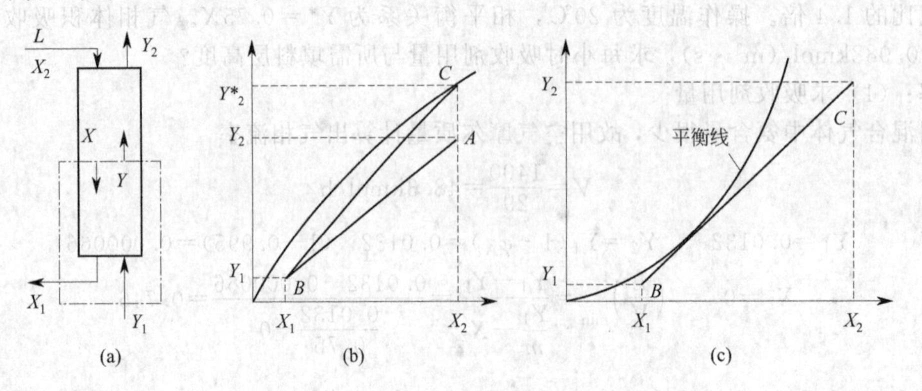

图 3-15　解吸的操作线和最小气液比

当解吸用气量减小，出口气体浓度必增大，操作线的 A 点向平衡线靠拢，其极限位置为 C 点。此时解吸气出口摩尔比 Y_2 与吸收剂进口摩尔分数 X_2 成相平衡，解吸操作线的斜率 L/V 最大，而气液比 V/L 最小，即

$$\left(\frac{V}{L}\right)_{\min}=\frac{X_2-X_1}{Y_2^*-Y_1} \tag{3-56}$$

当平衡线成下凹形状，如图 3-15(c)，可从 B 点作平衡线的切线，以决定最小气液比 $\left(\frac{V}{L}\right)_{\min}$ 的数值。实际操作为使塔顶有一定的推动力，应使用比 $\left(\frac{V}{L}\right)_{\min}$ 高的气液比。

关于解吸的各种计算，同样可联立求解式(3-30a)、式(3-37) 及式(3-38)。唯一不同的是解吸推动力与吸收推动力正好相反。

【例 3-5】 含苯摩尔分数为 0.02 的煤气用平均相对分子质量为 260 的洗油在一填料塔中作逆流吸收，以回收其中 95% 的苯，煤气的流量为 1200kmol/h。塔顶进入的洗油中含苯的摩尔分数为 0.005，洗油的流率为最小用量的 1.3 倍。吸收塔在 101.3kPa、27℃下操作，此时汽液平衡关系为 $Y=0.125X$。

富油由吸收塔底出口经加热后被送入解吸塔塔顶，在解吸塔底送入过热水蒸气使洗油脱苯。脱苯后的贫油由解吸塔底排出，被冷却至 27℃后再进入吸收塔使用，水蒸气用量为最小用量的 1.2 倍。解吸塔在 101.3kPa、120℃下操作，此时的汽液平衡关系为 $Y=3.16X$。求洗油的循环流率和解吸时的过热蒸汽耗量。

解：(1) 吸收塔

$$Y_1=\frac{0.02}{1-0.02}\approx 0.0204,\quad X_2=\frac{0.005}{1-0.005}\approx 0.005$$

则吸收塔出口煤气中含苯摩尔比为

$$Y_2=(1-\varphi_A)Y_1=(1-0.95)\times 0.0204=0.001$$

洗油在吸收塔底的最大浓度为

$$X_1^*=\frac{Y_1}{m}=\frac{0.0204}{0.125}=0.163$$

吸收塔最小液气比

$$\left(\frac{L}{V}\right)_{\min}=\frac{Y_1-Y_2}{X_1^*-X_2}=\frac{0.0204-0.001}{0.163-0.005}=0.123$$

实际液气比

$$\frac{L}{V}=1.3\left(\frac{L}{V}\right)_{\min}=1.3\times 0.123=0.160$$

煤气量　$V=1200\times(1-0.02)\text{kmol/h}=0.333\times(1-0.02)=0.326\text{kmol/s}$

洗油循环量　$L=0.160\times 0.326=5.22\times 10^{-2}\text{kmol/s}$

洗油出塔浓度为

$$X_1=X_2+\frac{V}{L}(Y_1-Y_2)=0.005+\frac{1}{0.16}\times(0.0204-0.001)=0.126$$

(2) 解吸塔　因过热水蒸气中不含苯，$Y_1'=0$

解吸塔顶气相中苯的最大含量为

$$Y_2'^*=mX_2'=3.16\times 0.126=0.398$$

解吸塔的最小气液比为

$$\left(\frac{V'}{L}\right)_{\min}=\frac{X_2'-X_1'}{Y_2'^*-Y_1'}=\frac{0.126-0.005}{0.398-0}=0.304$$

操作气液比

$$\frac{V'}{L}=1.2\times\left(\frac{V'}{L}\right)_{\min}=1.2\times0.304=0.365$$

过热蒸汽用量 $V'=0.365L=0.365\times5.22\times10^{-2}=1.91\times10^{-2}\text{kmol/s}$

或 $V'=1237.7\text{kg/h}$

(2) 解吸方法

① 气提法 该法也称为载气解吸法，其过程类似于逆流吸收，只是解吸时溶质由液相传递到气相。操作时，载气从塔底通入，与从塔顶来的吸收液逆流接触，则溶质不断地自液相扩散至气相中。一般来说，载气一般不含（或含极少）溶质的惰性气体或吸收剂蒸气。该类脱吸过程适用于溶剂的回收，不能直接得到纯净的溶质组分。

② 提馏法 当溶质是可凝性蒸汽时，而且溶质冷凝后与水不互溶，则可由塔底通入水蒸气作惰性气体进行解吸操作，水蒸气同时作为加热介质。此时，可用将塔顶所得混合气体冷凝并由冷凝液中分离出水层的办法，得到纯净的原溶质组分。

③ 闪蒸法 对于在加压情况下获得的吸收液，可采用一次或几次降低操作压力的方法，使溶质从吸收液中自动放出来，溶质被解吸的程度取决于解吸操作的最终压力和温度。

应予指出，在工程上很少采用单一解吸方式，往往是先升温再减压至常压，最后再采用气提法解吸。

3.4.4 填料吸收塔的操作型计算

3.4.4.1 操作型计算的命题

在实际生产中，吸收塔的操作型计算问题是经常碰到的。常见的吸收塔操作型问题有如下两种类型。

(1) 第一类命题 给定条件：吸收塔的高度及其他有关尺寸，气液两相的流量、进口浓度、平衡关系及流动方式，两相总传质系数 K_Ya 或 K_Xa。

计算目的：气、液两相的出口浓度。

(2) 第二类命题 给定条件：吸收塔的高度及其他有关尺寸，气液两相的流量、进口浓度、吸收液的进口浓度，气液两相的平衡关系及流动方式，两相总传质系数 K_Ya 或 K_Xa。

计算目的：吸收剂的用量及其出口浓度。

3.4.4.2 操作型问题的计算方法

各种操作型计算问题都可联立求解式(3-30a)、式(3-37) 及式(3-38)，在一般情况下，相平衡方程式和吸收过程方程式都是非线性的，求解时必须试差或迭代。如果平衡线在操作范围内可近似看成直线，吸收过程基本方程式可写为式(3-37) 及式(3-38) 的形式。此时，对于第一类命题，可通过简单的数学处理将吸收过程基本方程式线性化，然后采用消元法求出气液两相的出口浓度；对于第二类命题，因无法将吸收过程基本方程式线性化，试差计算就不可避免。

当相平衡关系符合亨利定律、平衡线是一条通过原点的直线时，采用脱吸因数法求解操作型问题更为方便，但是，对于第二类命题，即使采用脱吸因数法，试差计算同样是不可避免的。

3.4.4.3 吸收塔的操作和调节

吸收塔的气体入口条件是由前一工序决定的，不能随意改变。因此，吸收塔在操作时的调节手段只能是改变吸收剂的入口条件。吸收剂的入口条件包括流率 L、温度 t 及浓度 x_2 三大要素。

增大吸收剂用量，操作线斜率增大，出口气体浓度降低。

降低吸收剂温度，气体溶解度增大，平衡常数减小，平衡线下移，平均推动力增大。

降低吸收剂入口浓度，液相入口处推动力增大，全塔平均推动力也随之增大。

总之，适当调节上述三个变量都可强化传质过程，从而提高吸收效果。当吸收和再生操作联合进行时，吸收剂的进口条件将受到再生操作的制约。如果再生不良，吸收剂进塔浓度上升；如果再生后的吸收剂冷却不足，吸收剂温度将升高。再生操作中可能出现的这些情况，都会给吸收操作带来不良影响。

提高吸收剂流量虽然能增大吸收推动力，但应同时考虑再生设备的能力。如果吸收剂循环量加大使解吸操作恶化，则吸收塔的液相进口浓度将增大，甚至得不偿失，这是调节中必须注意的问题。

另外，采用增大吸收剂循环量的方法调节气体出口浓度 y_2 是有一定限制的。设有一个足够高的吸收塔（为便于说明问题，设 $H=\infty$），操作时必在塔底或塔顶达到平衡，如图3-16所示。当气液两相在塔底达到平衡时$\left(\frac{L}{V}<m\right)$，增大吸收剂用量可有效降低 y_2；当气液两相在塔顶达到平衡时$\left(\frac{L}{V}>m\right)$，增大吸收剂用量则不能有效降低 y_2。此时，只有降低吸收剂入口浓度或入口温度才能使 y_2 下降。

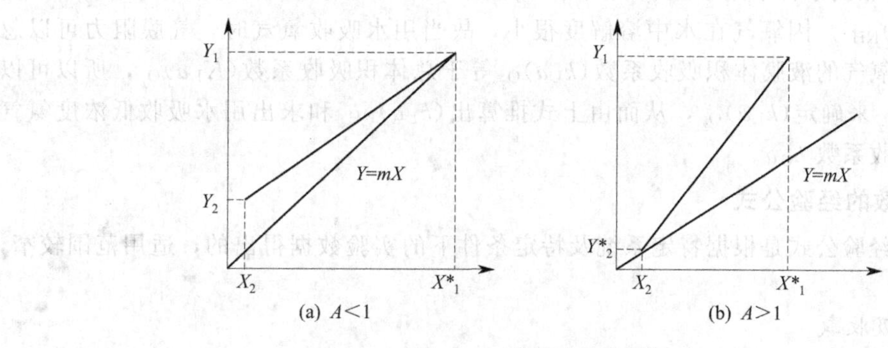

图 3-16　吸收操作的调节

3.5　吸收系数

使用前述的吸收速率方程进行低浓度气体吸收计算时，必须确定吸收系数。由于传质过程的影响因素很复杂，对于不同的物质、不同的设备及填料类型和尺寸及不同的流动状况与操作条件，吸收系数各不相同，至今尚无通用的计算方法和公式。目前，获取吸收系数主要有3类途径：①实验测定；②选用适当的经验公式；③选用适当的特征参数关联式。

3.5.1　吸收系数的测定

在中试实验设备上或在条件相近的生产装置上测得的总吸收系数，用作设计计算的依据或参考值具有一定的可靠性。例如，当吸收过程所涉及的浓度区间内平衡关系为直线时，填料层高度计算式为：

$$Z=\frac{V(Y_1-Y_2)}{K_Y a\Omega\Delta Y_m}$$

故总体积吸收系数为：

$$K_Y a=\frac{V(Y_1-Y_2)}{\Omega Z\Delta Y_m}=\frac{G_A}{V_p\Delta Y_m}$$

式中　G_A——塔的吸收负荷，即单位时间内在塔内吸收的溶质量，$G_A=V(Y_1-Y_2)$，kmol/s；

V_p——填料层体积，$V_p=\Omega Z$，m^3；

ΔY_m——塔内平均气相总推动力。

在稳态操作情况下，测得进、出口处气、液流量及浓度后，由物料衡算及平衡关系算出 G_A 及平均推动力 ΔY_m。再依具体设备的直径和填料层高度算出填料层体积 V_p，即可按上式计算总体积吸收系数 $K_Y a$。

测定工作可针对全塔进行，也可针对任一塔段进行，测定值代表所测范围内总系数的平均值。

测定气膜或液膜吸收系数时，总是设法在另一相的阻力可被忽略或可以推算的条件下进行试验。例如，有人采用如下方法求得用水吸收低浓度氨气时的气膜体积吸收系数 $k_G a$。

首先直接测定总体积吸收系数 $K_G a$，然后据式(3-21) 计算 $k_G a$ 的数值，即

$$\frac{1}{k_G a}=\frac{1}{K_G a}-\frac{1}{Hk_L a}$$

上式中的液膜体积吸收系数 $k_L a$ 可根据如下关系式来推算：

$$(k_L a)_{NH_3}=(k_L a)_{O_2}\left(\frac{D'_{NH_3}}{D'_{O_2}}\right)^{0.5} \tag{3-57}$$

式中，$(k_L a)_{O_2}$ 为相同条件下用水吸收氧气时的液膜体积吸收系数。即先测定$(k_L a)_{O_2}$，再由上式推算出$(k_L a)_{NH_3}$。因氧气在水中溶解度很小，故当用水吸收氧气时，气膜阻力可以忽略，则用水吸收氧气的液膜体积吸收系数$(k_L a)_{O_2}$ 等于总体积吸收系数$(K_L a)_{O_2}$，所以可以通过测定$(K_L a)_{O_2}$ 来确定$(k_L a)_{O_2}$，从而由上式推算出$(k_L a)_{NH_3}$ 和求出用水吸收低浓度氨气时的气膜体积吸收系数 $k_G a$。

3.5.2 吸收系数的经验公式

吸收系数的经验公式是根据特定系统及特定条件下的实验数据得出的，适用范围较窄，但准确性较高。

3.5.2.1 用水吸收氨

用水吸收氨属于易溶气体的吸收，吸收的主要阻力在气膜中，但液膜阻力仍占相当比例，例如 10%或者更多一些。此情况下的气膜体积吸收系数的经验式为：

$$k_G a=6.07\times10^{-4}G^{0.9}W^{0.39} \tag{3-58}$$

式中 $k_G a$——气膜体积吸收系数，kmol/(m³·h·kPa)；

G——气相空塔质量流速，kg/(m²·h)；

W——液相空塔质量流速，kg/(m²·h)。

上式适用于下述条件：①在填料塔中用水吸收氨；②直径为 12.5mm 的陶瓷环形填料。

3.5.2.2 常压下用水吸收二氧化碳

常压下用水吸收 CO_2 是难溶气体的吸收，吸收的主要阻力在液膜中。计算液膜体积吸收系数 $k_L a$ 的经验公式为：

$$k_L a=2.57U^{0.96} \tag{3-59}$$

式中 $k_L a$——液膜体积吸收系数，kmol/m³·h·(kmol·m⁻³) 即 1/h；

U——喷淋密度，即单位时间内喷淋在单位塔截面积上的液相体积，m³/(m²·h)，即 m/h。

式(3-59) 的适用条件为：①常压下在填料塔中用水吸收 CO_2；②温度为 21～27℃；③陶瓷环直径为 10～32mm；④喷淋密度 U=3～20m³/(m²·h)，即 m/h；⑤气体的空塔质量流速为 130～580kg/(m²·h)。

3.5.2.3　用水吸收二氧化硫

用水吸收 SO_2 是具有中等溶解度的气体吸收，气膜阻力和液膜阻力都在总阻力中占有相当比例。计算体积吸收系数的经验公式为：

$$k_Ga=9.81\times10^{-4}G^{0.7}W^{0.25} \tag{3-60}$$

$$k_La=aW^{0.82} \tag{3-61}$$

k_Ga 和 k_La 的意义及单位同上。式(3-61) 中的 a 为常数，其值列于表 3-4。

表 3-4　式(3-61) 中的 a 值

温度/℃	10	15	20	25	30
a	0.0093	0.0102	0.0116	0.0128	0.0143

上两式的适用条件：①气体的空塔质量流速 G 为 320～4150kg/(m² · h)，液体的空塔质量流速 W 为 4400～58500kg/(m² · h)；②直径为 25mm 的环形填料。

从上述经验式中可以看出，无论提高气体的空塔质量流速，还是提高液体的空塔质量流速，都可以不同程度地提高膜体积吸收系数。

3.5.3　吸收系数的特征数关联式

3.5.3.1　传质过程常用的特征数

（1）施伍德（Sherwood）数 Sh　施伍德数 Sh 和传热中的努塞尔特数 $\left(Nu=\frac{\alpha l}{\lambda}\right)$ 相当，它包含待求的吸收膜系数。

气相施伍德数为：

$$Sh_G=k_G\frac{RTp_{Bm}}{P}\times\frac{l}{D} \tag{3-62}$$

式中　k_G——气膜吸收系数，kmol/(m³ · h · kPa)；

R——气体常数，8.314kJ/(kmol · K)；

T——气体热力学温度，K；

p_{Bm}——相界面处与气相主体中的惰性组分分压的对数平均值，kPa；

P——总压，kPa；

l——特征尺寸，可以是填料直径或塔径（湿壁塔）等，依不同关联式而定，m；

D——溶质在气相中的分子扩散系数，m²/s。

液相施伍德数为：

$$Sh_L=k_L\frac{c_{Sm}}{C}\times\frac{l}{D'} \tag{3-63}$$

式中　k_L——液膜吸收系数，m/s；

c_{Sm}——相界面处与液相主体中溶剂浓度的对数平均值，kmol/m³；

C——溶液的总浓度，kmol/m³；

l——特征尺寸，可以是填料直径或塔径（湿壁塔）等，m；

D'——溶质在液相中的分子扩散系数，m²/s。

（2）施密特（Schmidt）数 Sc　施密特数 Sc 与传热中的普朗特数 $\left(Pr=\frac{C_p\mu}{\lambda}\right)$ 相当，它反映物性的影响，其表达式为：

$$Sc=\frac{\mu}{\rho D} \tag{3-64}$$

式中　μ——混合气体或溶液的黏度，Pa · s；

ρ——混合气体或溶液的密度，kg/m^3；

D——溶质的分子扩散系数，m^2/s。

（3）雷诺数 Re　雷诺数 Re 反映流动状况的影响。

气体通过填料层雷诺数Re_G 为：

$$Re_G=\frac{d_e u_0 \rho}{\mu} \tag{3-65}$$

式中　u_0——气体通过填料层的实际速度，m/s；

d_e——填料层的当量直径，即填料层中流体通道的当量直径，m。

填料层的当量直径的定义与颗粒床层的当量直径相同，$d_e=4\frac{\varepsilon}{\sigma}$（式中，$\varepsilon$ 为填料层的空隙率，m^3/m^3），则

$$Re_G=\frac{4u\rho}{\sigma\mu}=\frac{4G}{\sigma\mu} \tag{3-65a}$$

式中　u——空塔气速，m/s；

G——气体空塔质量速度，$G=u\rho$，$kg/(m^2 \cdot s)$。

液体通过填料层雷诺数Re_L 为：

$$Re_L=\frac{4W}{\sigma\mu_L} \tag{3-66}$$

式中　W——液相空塔质量流速，$kg/(m^2 \cdot s)$；

μ_L——液体的黏度，$Pa \cdot s$；

σ——单位体积填料层内填料的表面积，称为填料层的比表面积，m^2/m^3。

（4）伽利略（Gallilio）数 Ga　伽利略数 Ga 反映液体受重力作用而沿填料表面向下流动时，所受重力与黏滞力的相对关系，表达式为：

$$Ga=\frac{gl^3\rho^2}{\mu_L^2} \tag{3-67}$$

式中　ρ——液体密度，kg/m^3；

g——重力加速度，m/s^2；

l——特征尺寸，m。

3.5.3.2　吸收系数特征数关联式

（1）气膜吸收系数特征数关联式

$$Sh_G=\alpha\,(Re_G)^{\beta}\,(Sc_G)^{\gamma} \tag{3-68}$$

此式是在湿壁塔中实验得到的，除了可用于湿壁塔（此时 l 为湿壁塔的塔径），还可以用于拉西环的填料塔（此时 l 为拉西环填料的外径）。式中常数列于表 3-5。

表 3-5　式(3-68) 中的常数值

应用场合	α	β	γ
湿壁塔	0.023	0.83	0.44
拉西环填料塔	0.066	0.80	0.33

上式适用于下述条件：$Re_G=2\times10^3\sim3.5\times10^4$；$Sc_G=0.6\sim2.5$；$p=10.1\sim303kPa$（绝对压力）。

（2）液膜吸收系数特征数关联式

$$Sh_L=0.00595\,(Re_L)^{0.67}\,(Sc_L)^{0.33}\,(Ga)^{0.33} \tag{3-69}$$

式中，符号的意义与单位同前。

【例 3-6】　试计算在 30℃及 101.33kPa 下从含氨的空气中吸收氨时的气膜吸收系数。已知混合气中氨的平均分压 $p_A=6.08kPa$，气体的空塔质量流速 $G=1.1kg/(m^2 \cdot s)$，所用填

料是直径 15mm 的乱堆瓷环，其比表面积 $\sigma=330\text{m}^2/\text{m}^3$。又知 30℃时氨在空气中的扩散系数为 $1.98\times10^{-5}\text{m}^2/\text{s}$，气体的黏度为 $1.86\times10^{-5}\text{Pa}\cdot\text{s}$，密度为 $1.13\text{kg}/\text{m}^3$。

解：用式(3-68) 计算气膜吸收系数，即可推出：

$$k_G=\alpha\frac{pD}{RTp_{Bm}l}(Re_G)^{\beta}(Sc_G)^{\gamma}$$

其中，$\alpha=0.066$，$\beta=0.8$，$\gamma=0.33$，$p=101.33\text{kPa}$

$$p_{Bm}\approx\frac{1}{2}[p+(p-p_A)]=\frac{1}{2}\times[101.33+(101.33-6.08)]=98.3\text{kPa}$$

（近似认为界面处氨分压为零）

$D=1.98\times10^{-5}\text{m}^2/\text{s}$，$R=8.315\text{kJ}/(\text{kmol}\cdot\text{K})$，$T=273+30=303\text{K}$，$l=0.015\text{m}$

$$Re_G=\frac{4G}{\sigma\mu}=\frac{4\times1.1}{330\times1.86\times10^{-5}}=717$$

$$Sc_G=\frac{\mu}{\rho D}=\frac{1.86\times10^{-5}}{1.13\times1.98\times10^{-5}}=0.83$$

则

$$k_G=0.066\times\frac{101.33\times1.98\times10^{-5}}{8.315\times303\times98.3\times0.015}\times717^{0.8}\times0.83^{0.33}$$

$$=6.45\times10^{-6}\text{kmol}/(\text{m}^2\cdot\text{s}\cdot\text{kPa})$$

3.6　其他吸收过程

实际工业生产中，常常遇到一些其他吸收过程，包括高浓度气体吸收、化学吸收、非等温吸收等，这些吸收过程的计算较为复杂，本节仅作简单介绍，详细内容可参考有关书籍。

3.6.1　高浓度气体吸收

当进口气体中溶质浓度大于 10%（体积分数）、被吸收的溶质量较多时，称为高浓度气体吸收，此时，前面对于低浓度气体吸收的简化处理不再适用，高浓度气体吸收具有如下特点：

① 在高浓度气体吸收过程中，气体流率 V 及液相流率 L 沿塔高有明显变化，但惰性气体流率沿塔高不变。若不考虑吸收剂挥发，则纯吸收剂流率也不变。

② 在高浓度气体吸收的过程中，被吸收的溶质量较多，所产生的溶解热使两相温度升高，液体温度升高将对相平衡产生较大的影响。

③ 气膜及液膜吸收系数均受流动状况（包括气液流率）影响，因此在全塔不再为一个常量。

因为上述特点，使高浓度气体吸收过程的计算比低浓度气体吸收的计算过程要复杂得多。

填料层高度的计算，要涉及操作关系、相平衡关系及速率关系。一般来说，在相平衡关系式及速率关系式中，溶质组成以采用摩尔分数表示较为妥当。当溶质在气液两相中的组成以摩尔分数 y 及 x 表示时，根据前面导出的逆流吸收塔的操作线方程可写出下式：

$$\frac{y}{1-y}=\frac{L}{V}\times\frac{x}{1-x}+\left(\frac{y_1}{1-y_1}-\frac{L}{V}\times\frac{x_1}{1-x_1}\right)\tag{3-70}$$

式中，V、L 的意义同前，即分别指气、液两相中惰性组分（B 及 S）的摩尔流量，它们在全塔中各截面上均为常数。由上式可以看出，在 x-y 直角坐标系中，吸收操作线应为一条曲线。

采用与低组成气体吸收过程填料层高度计算时类似的方法，可以推导得出高组成气体吸收过程的填料层高度计算式为

$$Z=\int_0^Z\mathrm{d}Z=\int_{y_2}^{y_1}\frac{V'\mathrm{d}y}{k_ya\Omega(1-y)(y-y_i)}\tag{3-71}$$

及

$$Z=\int_0^Z\mathrm{d}Z=\int_{x_2}^{x_1}\frac{L'\mathrm{d}x}{k_xa\Omega(1-x)(x_i-x)}\tag{3-72}$$

同理可以写出

$$Z=\int_{y_2}^{y_1}\frac{V'\mathrm{d}y}{K_{\mathrm{y}}a\Omega(1-y)(y-y^*)} \tag{3-73}$$

$$Z=\int_{x_2}^{x_1}\frac{L'\mathrm{d}x}{K_{\mathrm{x}}a\Omega(1-x)(x^*-x)} \tag{3-74}$$

式中 V'——气相总摩尔流量，kmol/s；

L'——液相总摩尔流量，kmol/s。

式(3-71)～式(3-74) 是计算完成指定吸收任务所需填料高度的普遍公式。依据过程条件选用上述诸式之一进行绘图积分或数值积分，便可求得 Z 值。

高浓度气体在吸收塔内上升时，随着溶质向液相的转移，气相组成逐渐降低，其总摩尔流量 V' 明显减少，因而吸收系数也将明显变小。以式(3-71) 为例，积分号内的 V'、k_ya 及 y_i 各量，在塔内不同截面上也具有不同的数值，换言之，它们都是 y 的函数。因此，要进行积分，应先求出这些变量与 y 的对应关系数据。

应当指出，吸收系数不仅与物性、温度、压强及气、液两相的流速有关，而且与溶质组成有关。溶质组成的影响体现于漂流因数中。以气膜吸收系数为例，其计算式为

$$k_{\mathrm{y}}=\frac{Dp}{RTz_{\mathrm{G}}}=\frac{p}{p_{\mathrm{Bm}}}=k'_{\mathrm{y}}\frac{p}{p_{\mathrm{Bm}}} \tag{3-75}$$

式中，k'_{y} 是在气相中 A、B 两组分作等分子反向扩散情况下的传质系数，即

$$k'_{\mathrm{y}}=\frac{Dp}{RTz_{\mathrm{G}}} \tag{3-76}$$

漂流因数 $\frac{p}{p_{\mathrm{Bm}}}$ 又可写成

$$\frac{p}{p_{\mathrm{Bm}}}=\frac{p}{(p-p_{\mathrm{A}})_{\mathrm{m}}}=\frac{1}{(1-y)_{\mathrm{m}}} \tag{3-77}$$

此式中的 $(1-y)_{\mathrm{m}}$ 代表塔内任一横截面上气相主体与界面处惰性组分摩尔分数的对数平均值，即

$$(1-y)_{\mathrm{m}}=\frac{(1-y)-(1-y_i)}{\ln\dfrac{1-y}{1-y_i}} \tag{3-78}$$

将式(3-71) 代入式(3-75)，得

$$k_{\mathrm{y}}=\frac{k'_{\mathrm{y}}}{(1-y)_{\mathrm{m}}} \tag{3-79}$$

因此

$$k_{\mathrm{y}}a=\frac{k'_{\mathrm{y}}a}{(1-y)_{\mathrm{m}}} \tag{3-80}$$

为了剔除组成的影响，常以 $k'_{\mathrm{y}}a$（或 $k'_{\mathrm{x}}a$）的形式提供吸收系数的数据或经验式。若以此种吸收系数用于高浓度气体吸收的计算时，需再计入漂流因数。此时式(3-71) 可写成如下形式：

$$Z=\int_{y_2}^{y_1}\frac{V'\mathrm{d}y}{\dfrac{k'_{\mathrm{y}}a}{(1-y)_{\mathrm{m}}}\Omega(1-y)(y-y_i)} \tag{3-81}$$

或

$$Z=\int_{y_2}^{y_1}\frac{V'(1-y)_{\mathrm{m}}\mathrm{d}y}{k'_{\mathrm{y}}a\Omega(1-y)(y-y_i)} \tag{3-81a}$$

根据上式进行绘图积分以计算填料层高度 Z 时，步骤较繁，且需采用视差法。

然而，在一般情况下，尽管 $k'_{\mathrm{y}}a$ 和 V' 都随截面积位置变化，但是 $k'_{\mathrm{y}}a$ 与单位塔截面积上的气相流量 $\left(\frac{V'}{\Omega}\right)$ 之比值却能在整个填料塔中不发生很大变化。因此通常可将 $\frac{V'}{k'_{\mathrm{y}}a\Omega}$ 视为常数

而不致带来显著误差。于是式(3-81a) 可写成

$$Z=\frac{V'}{k'_y a\Omega}\int_{y_2}^{y_1}\frac{(1-y)_m \mathrm{d}y}{(1-y)(y-y_i)} \tag{3-82}$$

或

$$Z=H_G N_G \tag{3-82a}$$

式中

$$H_G=\frac{V'}{k'_y a\Omega} \tag{3-83}$$

$$N_G=\int_{y_2}^{y_1}\frac{(1-y)_m \mathrm{d}y}{(1-y)(y-y_i)} \tag{3-84}$$

为了简化运算，在塔内任一横截面上的$(1-y)_m$ 可用 $(1-y)$ 与 $(1-y_i)$ 的算术平均值代替时，即

$$(1-y)_m=\frac{1}{2}[(1-y)+(1-y_i)]=(1-y)+\frac{y-y_i}{2}$$

则

$$N_G=\int_{y_2}^{y_1}\frac{\left[(1-y)+\frac{1}{2}(y-y_i)\right]\mathrm{d}y}{(1-y)(y-y_i)}$$

$$N_G=\int_{y_2}^{y_1}\frac{\mathrm{d}y}{(y-y_i)}+\frac{1}{2}\ln\frac{1-y_2}{1-y_1} \tag{3-85}$$

式(3-85) 等号右侧第二项可按进出塔的气相组成直接计算，只余第一项需用绘图积分或数值积分法求值，比较简便。

当然，在某些特殊条件下，式(3-85) 还可得到进一步简化。譬如，当溶质在气、液两相中的摩尔分数不超过 0.1 时，工程计算中即可视之为低组成气体吸收，此时$\frac{1-y_2}{1-y_1}\approx 1$，则式(3-85) 变成

$$N_G=\int_{y_2}^{y_1}\frac{\mathrm{d}y}{y-y_i} \tag{3-86}$$

此种情况下，塔内不同高度上气、液流量的变化将不会超过10%，吸收系数的变化更将小于这个比例，因而可取塔顶及塔底吸收系数 $k_y a$ 的平均值，将其视为常数用于计算 H_G，于是可用前节所述的关于低组成气体吸收的种种计算方法求得填料层高度 Z。

3.6.2 化学吸收

(1) 化学吸收的优点　化学吸收是在吸收剂中加入活性物质 B，使其与溶质 A 发生化学反应。工业吸收操作多数是化学吸收，这是因为：

① 化学反应提高了吸收的选择性；

② 加快吸收速率，从而减少设备容积；

③ 反应增加了溶质在液相中的溶解度，减少了吸收用量；

④ 反应降低了溶质在气相中的平衡分压，可较彻底地除去气相中很少量的有害气体。例如，为清洗混合气体中的 HCl 气体，可先用水进行吸收，以除去气体中大部分 HCl。然后用碱液作为吸收剂清除混合气体中残留的少量低浓度的 HCl 气体。

(2) 化学反应对相平衡的影响　化学吸收中，液相中的组分 A 包括两部分：溶解状态(即未反应掉) 的 A 和反应产物中包含的 A。组分的气相分压 p_A 仅与液相中处于溶解状态的 A 之间建立物理相平衡。溶解态的 A 仅为液相中组分 A 总浓度的一部分，因此，对同一气相分压 p_A 而言，可以说化学反应的存在，增大了液相中溶质 A 的溶解度。

与气相浓度成物理平衡的溶解度 A 的浓度 c_A 取决于液相中反应的平衡常数。以如下的可逆反应为例，

$$A+B \rightleftharpoons P$$

反应的平衡常数为

$$K_e=\frac{c_P}{c_A c_B} \tag{3-87}$$

式中，c_B、c_P 分别为液相中物质 B、物质 P 的摩尔浓度。显然，液相中组分 A 的总浓度为 $c=c_A+c_P$。将 $c_P=c-c_A$ 代入式(3-87) 可得

$$c_A=\frac{c}{1+K_e c_B} \tag{3-88}$$

当可溶组分 A 与纯溶剂的物理相平衡关系服从亨利定律时，有

$$p_A=Hc_A$$

或

$$p_A=\frac{H}{1+K_e c_B}c \tag{3-89}$$

式(3-89) 表示气相平衡分压 p_A 与液相中组分 A 的总浓度 c 之间的关系。该式表明，反应平衡常数 K_e 越大，气相平衡分压 p_A 越低。当化学反应为不可逆时，A 组分的气相平衡分压为零。此时将式(3-89) 改写成 $y=mx$，x 为液相中 A 的总浓度，则此时的相平衡常数 $m=0$。

例如，HCl 在水中几乎全部离解为 H^+ 及 Cl^-，反应的平衡常数很大，液面上方的 HCl 平衡分压很低，或者说 HCl 在水中的溶解度很大，相平衡常数 m 很小。

又如，用水吸收 Cl_2，在液相中发生如下的可逆反应。

$$Cl_2+H_2O \rightleftharpoons HOCl+H^++Cl^-$$

此时液相存在三种形态的氯：溶解态的氯、次氯酸、氯离子。水中氯离子总浓度 c 为：

$$c=c(Cl_2)+\frac{1}{2}c(HOCl)+\frac{1}{2}c(Cl^-)$$

上述反应的平衡常数为

$$K_e=\frac{c(HOCl)c(Cl^-)c(H^+)}{c(Cl_2)}$$

因

$$c(HOCl)=c(H^+)=c(Cl^-)$$

$$K_e=\frac{c^3(HOCl)}{c(Cl_2)}$$

总氯浓度为

$$c=c(Cl_2)+c(HOCl)=c(Cl_2)+[K_e c(Cl_2)]^{\frac{1}{3}} \tag{3-90}$$

设水中溶解态氯与气相氯气分压之间的物理相平衡关系为

$$p=Hc(Cl_2)$$

将其代入式(3-90) 得

$$c=\frac{p}{H}+\left(\frac{p}{H}K_e\right)^{\frac{1}{3}} \tag{3-91}$$

式(3-91) 右边第二项为氯气在水中因发生水合反应而使溶解度增加的部分。

(3) 反应加快吸收速率　一般化学吸收是可溶组分 A 与吸收剂中某个活性物质 B 在液相中发生化学反应。气相中组分 A 向气液界面传递、在界面上溶解（与此物理吸收相同），进而向液相主体传递的同时与组分 B 发生反应。

图 3-17 为按有效膜理论表示相同界面浓度 c_{Ai} 条件下物理吸收与化学吸收两种情况 A 组分在液相中的浓度分布示意图。该图表明：

① 反应使液相主体中溶解态 A 组分浓度 c_{AL} 大为降低，从而使传质推动力（$c_{Ai}-c_{AL}$）或（$y-y_e$）增大。对慢反应，c_{AL} 降低的程度与液相体积大小有关。多数工业吸收因反应较

快或液相体积较大，c_{AL} 趋于零；

② 当反应较快时，溶质 A 在液膜内已部分地反应并消耗掉。A 组分的浓度 c_A 在液膜中的分布不再为一直线。

化学吸收速率即 A 进入液相的速率 R_A［单位为 kmol/(m^2·s)］为：

$$R_A = -D_A \frac{dc_A}{dZ}\bigg|_{Z=0}$$

图 3-17 也表示不同情况下液面处斜率 $\left(\frac{d c_A}{dZ}\right)_{Z=0}$ 的相对大小。

当反应速率更快时，反应在液膜厚度 δ_L 内完成，甚至在厚度小于 δ_L 的液膜内完成。此时 A 的扩散距离变小，吸收速率增加。

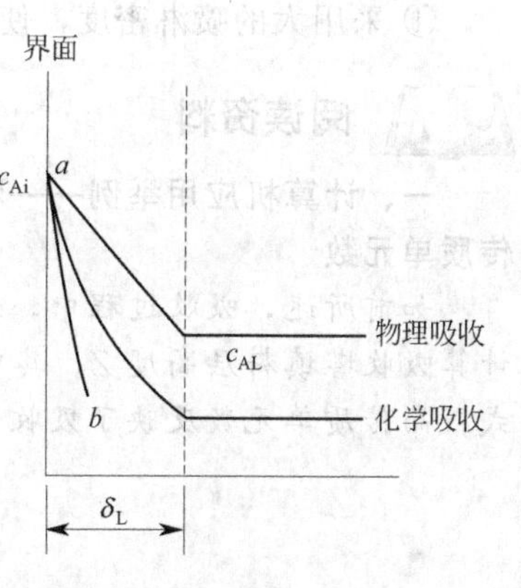

图 3-17　物理吸收与化学吸收的浓度分布

(4) 增强因子　研究表明，化学吸收速率 R_A 并非与（$c_{Ai}-c_{AL}$）成正比，即并非以（$c_{Ai}-c_{AL}$）为推动力，故难以定义化学吸收的液相传质系数。但可以定义增强因子 β，表示在 $c_{AL}=0$ 的条件下，化学吸收速率与物理吸收速率之比，即

$$\beta = \frac{\text{化学吸收速率}}{c_{AL}=0\text{ 时的物理吸收速率}} = \frac{R_A}{k_L(c_{Ai}-0)} \tag{3-92}$$

换言之，βk_L 为 $c_{AL}=0$ 条件下化学吸收的液相传质分系数。

(5) 化学吸收塔高的计算方法　化学吸收速率 R_A 的大小与反应和传质等因素有关，其中包含界面浓度 c_{Ai}（或 x_i）。为消去界面浓度，可联立以下两式。

速率方程
$$R_A a = \beta k_x a x_i = k_y a(y-y_i)$$

相平衡方程
$$y_i = f(x_i)$$

若相平衡方程服从亨利定律 $y_i = m x_i$，则有上两式可得

$$R_A a = K_y a y \tag{3-93}$$

式中化学吸收的总传质系数为

$$K_y = \frac{1}{\frac{1}{k_y}+\frac{m}{\beta k_x}} \tag{3-94}$$

不同物系的总体积传质系数 $K_y a$ 值由实验决定，从而可由式(3-93) 求得化学吸收速率 R_A。

3.6.3　非等温吸收

对于前面处理等温吸收时，都忽略了气液两相在吸收过程中的温度变化，即没有考虑吸收过程所伴随的热效应；而当溶质的溶解热较大，尤其是伴随有反应热时，使得液相温度不断升高，平衡关系不断发生变化，则不利于吸收。

非等温吸收的近似处理方法，是假设所有放出的热量都被液体吸收，即忽略气相的温度变化及其他热损失。据此可以推算出液体组成与温度的对应关系，从而得到变温情况下的平衡曲线。当然，以上假设会导致对液体温升的估计偏高，因此计算出的塔高数值也偏大。

当吸收过程的热效应很大，例如用水吸收 HCl，必须设法排除热量，以控制吸收过程的温度，通常采用以下几项措施：

① 在吸收塔内装置冷却元件：例如在板式塔上安装冷却蛇管或在板间设置冷却器。

② 引出吸收剂到外部进行冷却：例如在填料塔内不宜放置冷却元件，可将温度升高的吸收剂中途引出塔外，冷却后重新送入塔内继续进行吸收。

③ 采用边吸收边冷却的装置：例如盐酸吸收，采用管壳式换热器形式的吸收设备，使吸收过程在管内进行的同时，向壳方不断通入冷却剂，以移除大量溶解热。

④ 采用大的喷淋密度，使吸收过程释放的热量以显热的形式被大量吸收剂带走。

阅读资料

一、计算机应用举例——利用 MATLAB 软件进行吸收操作中——图解法求填料吸收塔传质单元数

如前所述，吸收过程中，通常采用传质单元数 N_{OG} 乘以传质单元高度 H_{OG} 的方法，来计算吸收塔填料层高度 Z。其中，传质单元高度的计算，可利用有关资料中的算图或经验公式；而传质单元数反映了吸收过程的难易程度，是吸收塔设计的主要内容。

$$H_{OG}=\frac{V}{K_Y a\Omega} \tag{1}$$

$$N_{OG}=\int_{Y_2}^{Y_1}\frac{dY}{Y-Y^*} \tag{2}$$

$$Z=H_{OG}N_{OG} \tag{3}$$

传质单元数计算需要相平衡方程和操作线方程，其中操作线方程如下：

$$Y=\frac{L}{V}X+\left(Y_1-\frac{L}{V}X_1\right) \tag{4}$$

求解传质单元数的常用方法有解析法和图解积分法。在计算填料层高度时，可根据相平衡关系的不同情况选择使用不同方法。解析法适于手工计算，而图解积分法可以通过绘图进行计算。前述已对解析法进行了详述，这里介绍图解积分法。

图解积分法是直接根据定积分的几何意义引出的一种计算传质单元数的方法，它普遍适用于平衡关系的各种情况，特别适用于平衡线为曲线的情况，基本计算步骤如下：

① 列出所有已知条件；

② 在 X-Y 图上根据相平衡关系或对已知数据点拟合，调用绘图函数 plot 分别绘出平衡线和操作线。由图中操作线与平衡线上可读出对应于一系列 Y 值的 X 和平衡 Y^* 值，随之可计算出一系列被积函数 $1/(Y-Y^*)$ 的值，并将所得数据列于表中；

③ 以 $1/(Y-Y^*)$ 对 Y 作图，调用绘图函数 plot 标绘积分函数曲线；

④ 利用 MATLAB 的计算功能，调用相关定积分函数求该曲线下的面积，即 N_{OG}。

【问题】 用洗油吸收焦炉气中的芳烃。吸收塔内的温度为27℃、压强为106.7kPa。焦炉气流量为850m³/h，其中所含芳烃的摩尔分数为0.02，要求芳烃回收率不低于95%。进入吸收塔顶的洗油中所含芳烃的摩尔分数为0.005。若溶剂用量为6.06kmol/h，且已知气相总传质单元高度 H_{OG} 为0.875m，求所需填料层高度。

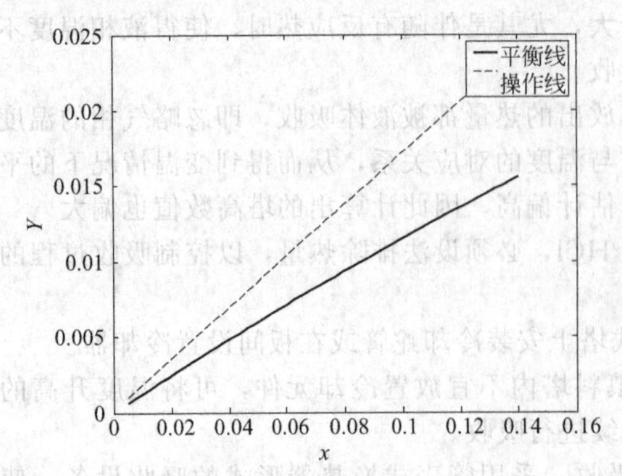

附图1 平衡曲线与操作线

操作条件下的平衡关系用下式表达：

$$Y^*=\frac{0.125X}{1+0.875X}$$

解： 求取填料层高度的关键在于算出气相总传质单元数 N_{OG}，由题目中给出的平衡关系表达式可知平衡线为曲线，故应采用图解积分法。此处用到的主要函数有：积分函数 quad、绘图函数 plot 和三次样条插值函数 spline。

① 列出所有已知条件：$V=35.63$kmol/h，$L=6.06$kmol/h，$Y_1=0.024$，$Y_2=0.00102$，$X_2=0.00503$；

② 由上述已知条件可以得到操作线关系

式$Y=0.1701X+1.6449\times10^{-4}$，并根据已知的平衡关系式，在$X$-$Y$直角坐标系中用plot绘出平衡曲线和操作线，如附图1所示；

③ 给定一系列Y值，由附图1中的平衡曲线和操作线读出对应X和Y^*值，随之可计算出一系列$1/(Y-Y^*)$值；

④ 以$1/(Y-Y^*)$-Y作图，调用绘图函数plot标绘积分曲线；

⑤ 根据式(2)，调用积分函数trapz或quad计算N_{OG}。函数trapz采用梯形积分，调用格式为

$$Z=\mathrm{trapz}(X,Y)$$

其中的X为积分变量，Y为被积函数值，返回值Z为得到的积分值。函数quad采用自适应的辛普森法进行积分，调用格式为

$$q=\mathrm{quad}(\mathrm{fun},a,b,\mathrm{tol},\mathrm{trace},p1,p2,\cdots)$$

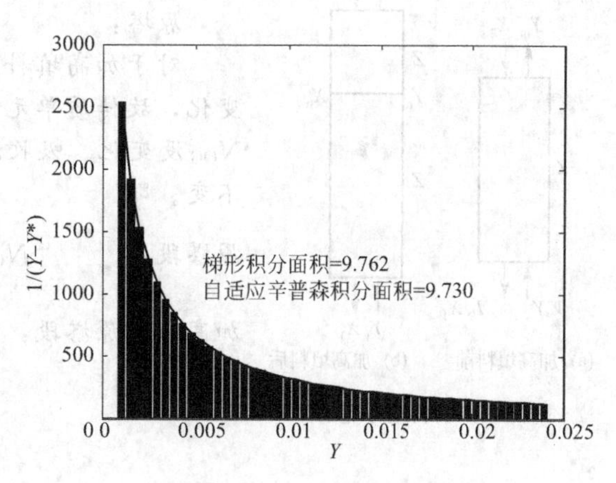

附图2　图解积分法示意

其中，fun为被积函数，a和b分别为积分变量的上下限，tol和trace为算法指定参数，$p1$，$p2$等为需要传递给fun的常量。此处的被积函数fun为$1/(Y-Y^*)$，通过相平衡方程和操作线方程运算得到。本例分别采用上述两种方法进行积分，以对其进行比较，得到的计算结果如附图2所示。

⑥ 所需填料层高度为：

$$Z=H_{OG}N_{OG}=0.875\times9.730=8.514\mathrm{m}$$

二、工程案例分析——吸收塔的改造

目前，全球每年排放的SO_2大约为3亿吨，主要来源于化工、电力和冶炼等行业。SO_2的排放严重污染了大气，影响人体的健康，产生酸雨，危及农作物。因此，治理SO_2排放问题十分重要。根据国家环保总局规定：二氧化硫排放总量要逐渐降低，所以部分单位对二氧化硫排放超标的设备进行改造。

某金属冶炼厂冶炼炉排放的含有SO_2 1%（摩尔分数，下同）的混合气体用清水在装有陶瓷拉西环的填料塔逆流吸收，经过一段时间分析吸收塔尾气SO_2超标，工厂组织技术人员分析原因，并采取方便而又有效的措施进行改造（原来要求尾气排放SO_2不超过0.1%，当时的排放组成是0.5%，原设计液气比为10，操作条件下平衡关系为$Y^*=8.0X$）。

首先分析SO_2超标的原因，从两方面入手。一种可能是操作条件不当，如因管路等原因引起气量和液量的变化，使得吸收操作采用的液气比变小，也可能是矿石组成变化含硫量增加导致进塔组成提高，吸收剂温度高了，吸收压力低了；二是设备方面出了问题，传质系数下降，传质阻力增大。针对可能的原因进行检测确定，对进气量和清水量检测发现波动很小，分析矿石组成变化也不大，按设计时的富裕程度出口SO_2不可能超标。当时正值冬季，不可能是清水温度变化所致，吸收压力为常压没有变化。唯一可能是填料使用时间长，有破损，液体分布不均，填料性能下降，传质阻力增加。

采取什么措施控制SO_2超标，有人首先提出增加清水流量。这一措施看起来应该有效又方便，但也有人反对，理由是对于清水吸收SO_2的体系，溶解度适中，气、液两相的阻力都不能忽略，这样双膜控制的吸收过程，提高液体流量，传质系数能提高，但只有提高很大，总传质系数才能显著增加，何况在填料已经破碎的情况下，若采用较大的喷淋量很可能引起液泛，该措施不宜采取。

也有人提出加高一段填料，并采用新型填料，小试实验测得新型填料传质单元高度为

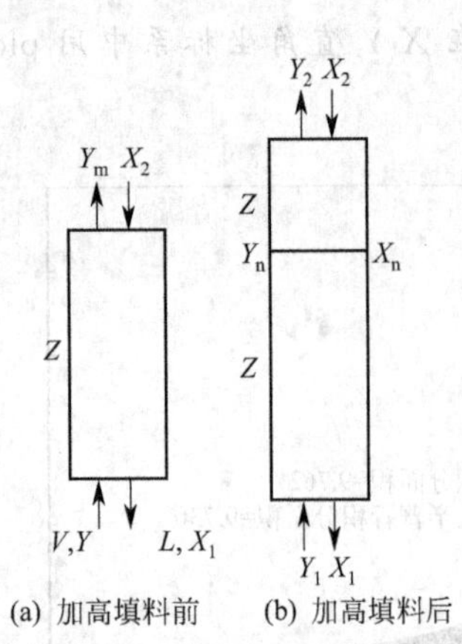

附图3 填料塔示意图

0.8m。那么增加填料层的高度为多少米才能使得SO_2达到排放标准呢？通过附图3设计计算如下：

原塔：
$$Z=H_{OG}N_{OG}$$

对于加高填料层高度后的原塔部分，其气量和传质系数没变化，故传质单元高度H_{OG}不变，塔高未变，所以传质单元数N_{OG}没变化。吸收温度可以认为近似不变，所以，解吸因数S不变。即

原塔段：
$$N_{OG}=\frac{1}{1-S}\ln\left[(1-S)\frac{Y_1}{Y_m}+S\right] \tag{1}$$

加高后的原塔段：
$$N'_{OG}=\frac{1}{1-S}\ln\left[(1-S)\frac{Y_1-mX_n}{Y_n-mX_n}+S\right] \tag{2}$$

$$S=\frac{m}{\dfrac{L}{V}}=\frac{8}{10}=0.8$$

由式(1)、式(2) 得到
$$\frac{Y_1}{Y_m}=\frac{Y_1-mX_n}{Y_n-mX_n} \tag{3}$$

添加的塔高段：
$$N''_{OG}=\frac{1}{1-S}\ln\left[(1-S)\frac{Y_n}{Y_2}+S\right] \tag{4}$$

对添加的塔高段作物料衡算：
$$(Y_n-Y_2)V=LX_n \tag{5}$$
$$(Y_n-Y_2)V/L=X_n \tag{6}$$

将式(6) 代入式(3)，整理得

$$Y_n=\frac{(Y_1+SY_2)-\dfrac{SY_1Y_2}{Y_m}}{\dfrac{Y_1}{Y_m}(1-S)+S}=\frac{(0.01+0.8\times0.001)-\dfrac{0.8\times0.01\times0.001}{0.005}}{\dfrac{0.01}{0.005}\times(1-0.8)+0.8}$$
$$=0.0077 \tag{7}$$

将式(7) 代入式(4)，整理得：
$$N''_{OG}=\frac{1}{1-0.8}\ln\left[(1-0.8)\frac{0.0077}{0.001}+0.8\right]=4.24$$

即添加塔高：
$$Z'=N''_{OG}H'_{OG}=4.24\times0.8=3.4\text{m}$$

即在原塔的基础上增加3.4m的塔段，但这一方案有人提出质疑，增加塔高会带来清水离心泵扬程不够的问题，要解决此问题还要在原离心泵的管路上串联一个离心泵或换一台扬程大的离心泵，若这样，不如在原吸收流程中增加一个小吸收塔，其塔直径与原塔的塔径相同，同时填料还用新型填料，增加一台离心泵，采用清水。流程如附图4所示，具体塔高设计如下：

$$N_{OG}=\frac{1}{1-S}\ln\left[(1-S)\frac{Y_n}{Y_2}+S\right]$$

$$N_{OG}=\frac{1}{1-0.8}\ln\left[(1-0.8)\times\frac{0.005}{0.001}+0.8\right]=2.9$$

串联塔的塔高$Z'=0.8\times2.9=2.3$m。对于当地低廉的水价来说，该方案较为经济，若水价高，要进行具体的经济核算。

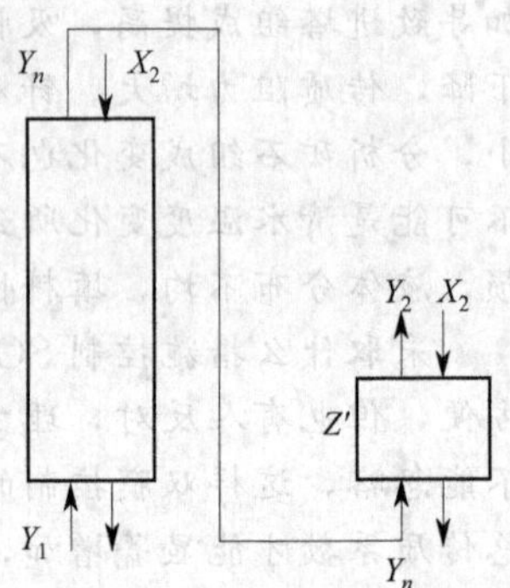

附图4 改造流程示意图

最后技术改造方案确定串联一段 2.3m 装有新型填料的塔，经过实际运行，对吸收塔出口混合气体进行测试，发现 SO_2 排放浓度达到了原工艺要求。

习　题

一、填空题

1. 亨利定律的表达式为________；它适用于________。

2. 气体的溶解度一般随温度的升高而________。

3. 吸收操作中，压力________和温度________都可提高气体在液体中的溶解度，而有利于吸收操作。

4. 对于脱吸过程而言，压力________和温度________都有利于过程的进行。

5. 吸收操作中，温度不变，压力增大，可使相平衡常数________，传质推动力________。

6. 假设气液界面没有传质阻力，故 p_i 与 C_i 的关系为________。如果液膜传质阻力远小于气膜的，则 K_G 与 k_G 的关系为________。在填料塔中，气速越大，K_G 越________；扩散系数 D 越大，K_G 越________。

7. (1) 在实验室用水吸收空气中的 CO_2 基本属于________控制，其气膜中的浓度梯度________（大于，等于，小于）液膜中的浓度梯度。气膜阻力________（大于，等于，小于）液膜阻力。

(2) 吸收塔操作时，若脱吸因数 mV/L 增加，而气液进料组成不变，则溶质回收率将________（增加，减少，不变，不定）。

8. 在一逆流吸收塔中，若吸收剂入塔浓度下降，其他操作条件不变，此时该塔的吸收率________，塔顶气体出口浓度________。

9. 在气体流量、气相进出口组成和液相进口组成不变时，减少吸收剂用量，则传质推动力将________，操作线将________，设备费用将________。

10. 用水吸收空气中少量的氨。总气量 $V_{总}$、气温 t 及气体组成 Y_1、Y_2（进出口）均不变，而进塔水温升高后，总传质单元数 N_{OG}________；理论塔板数 N_T________；总传质单元高度 H_{OG}________；最小液气比 $(L/V)_{min}$________；相平衡常数 m________。

二、单项选择题

1. 吸收的依据是________。

① 气体混合物中各组分在某种溶剂中溶解度的差异

② 液体均相混合物中各组分挥发能力的差异

③ 液体均相混合物中各组分结晶能力不同

④ 液体均相混合物中各组分沸点不同

2. 费克定律可以解答的问题为________。

① 分子热运动方向及其速度大小　② 分子扩散方向及其扩散系数大小

③ 分子扩散方向及其速率大小　④ 扩散传质方向及其速率大小

3. 关于亨利定律与拉乌尔定律的下述讨论中错误的是________。

① 亨利定律与拉乌尔定律都是关于理想溶液的汽液平衡定律

② 亨利定律与拉乌尔定律都适用于稀溶液的汽液平衡

③ 亨利常数 E 越大，物质的溶解度越小

④ 温度越低，亨利常数 E 值越小

4. 在吸收操作中，吸收塔某一截面上总推动力（以气相浓度差表示）为________。

① $Y-Y^*$　② Y^*-Y　③ $Y-Y_i$　④ Y_i-Y

5. 在某逆流操作的填料塔中，进行低浓度吸收，该过程可视为液膜控制。若入塔气量增加而其他条件不变，则液相总传质单元高度 H_{OL}________。

① 增加　② 减小　③ 不定　④ 基本不变

6. 提高吸收塔的液气比，甲认为将增大逆流吸收过程的推动力；乙认为将增大并流吸收过程的推动力，正确的是________。

① 甲对　② 乙对　③ 甲、乙都不对　④ 甲、乙都对

7. 在吸收操作中，下列各项数值的变化不影响吸收传质系数的是________。

① 传质单元数的改变　② 传质单元高度的改变　③ 吸收塔结构尺寸的改变　④ 吸收塔填料类型及尺

寸的改变

8. 在吸收操作的设计计算中，吸收传质系数通常可以通过下列三种途径获得：

A. 采用相同过程，同型设备的生产实测数据。

B. 采用同类过程及设备的经验方程推算。

C. 据传质相似原理，采用相应的特征数关联式求算。

为保证设计计算的精确，应当________。

① 优先考虑C，其次为B ② 优先考虑B，其次为C ③ 优先考虑B，其次为A ④ 优先考虑A，其次为B

三、计算题

1. 在常压及25℃下测得氨在水中的平衡数据为：组成为1gNH_3/100gH_2O的氨水上方的平衡分压为520Pa。在该组成范围内相平衡关系符合亨利定律。试求亨利系数E、溶解度系数H及相平衡常数m。稀氨水密度可近似取为1000kg/m³。

2. 101.3kPa、10℃时，氧在水中的溶解度可以用下式表示：

$$p=3.31\times10^6 x$$

式中 p——氧在气相中的分压，kPa；

x——氧在液相中的摩尔分数。

试求在此温度及压力下，与空气充分接触后，1m³ 水中溶有多少克氧。

3. 在总压为101.3kPa、温度为30℃的条件下，某含SO_2为0.098（摩尔分数，下同）的混合空气与含SO_2为0.0025的水溶液接触，试判断SO_2的传递方向。已知操作条件下气液相平衡关系为$Y^*=45.8X$。

4. 在某填料塔中用清水逆流吸收混于空气中的CO_2，空气中CO_2的体积分数为8.5%，操作条件为15℃、405.3kPa，15℃时CO_2在水中的亨利系数为1.24×10^5kPa，吸收液中CO_2的组成为$x_1=1.65\times10^{-4}$。试求塔底处吸收总推动力Δy、Δx、Δp、Δc、ΔX及ΔY。

5. 用填料塔在101.3kPa及20℃下，以清水吸收混于空气中的甲醇蒸气。若在操作条件下平衡关系符合亨利定律，甲醇在水中的亨利系数为27.8kPa。测得塔内某截面处甲醇的气相分压为6.5kPa，液相组成为2.615kmol/m³，液膜吸收系数$k_L=2.12\times10^{-5}$m/s，气相总吸收系数$K_G=1.125\times10^{-5}$kmol/(m³·s·kPa)。求该截面处

(1) 膜吸收系数k_G、k_y及k_x；

(2) 总吸收系数K_L、K_x、K_y、K_X及K_Y；

(3) 吸收速率。

6. 已知某低组成气体溶质被吸收时，平衡关系服从亨利定律，气膜吸收系数为3.15×10^{-7}kmol/(m²·s·kPa)，液膜吸收系数为5.86×10^{-5}m/s，溶解度系数为1.45kmol/(m³·kPa)。试求气膜阻力、液膜阻力和气相总阻力，并分析该吸收过程的控制因素。

7. 在101.3kPa、20℃下用清水在填料塔中逆流吸收某混合气中的硫化氢。已知混合气进塔的组成0.055（摩尔分数，下同），尾气出塔的组成为0.001。操作条件下系统的平衡关系为$p^*=4.89\times10^4 x$kPa，操作时吸收剂用量为最小用量的1.65倍。

(1) 计算吸收率和吸收液的组成；

(2) 若维持气体进出填料塔的组成不变，操作压力提高到1013kPa，求吸收液组成。

8. 根据附图所列双塔吸收的五种流程布置方案，示意绘出与各流程相对应的平衡线和操作线，并用图中表示组成的符号标明各操作线端点坐标。

9. 在101.3kPa、20℃下用清水在填料塔内逆流吸收空气中所含的二氧化硫气体。已知混合气摩尔流速为0.025kmol/(m²·s)，二氧化硫的组成为0.032（体积分数）。操作条件下汽液平衡关系为$Y=34.6X$，气相总体积吸收系数为1.98kmol/(m³·h·kPa)，操作时吸收剂用量为最小用量的1.55倍，要求二氧化硫的回收率为98.2%。试求：

(1) 吸收剂的摩尔流速［单位为kmol/(m²·s)］；

(2) 填料层高度。

10. 在一逆流吸收塔中用三乙醇胺水溶液吸收混合于气态烃中的H_2S，进塔气相含H_2S 2.91%（体积分数），要求吸收率不低于99%，操作温度300K，压强为101.33kPa，相平衡关系为$Y^*=2X$，进塔液体为

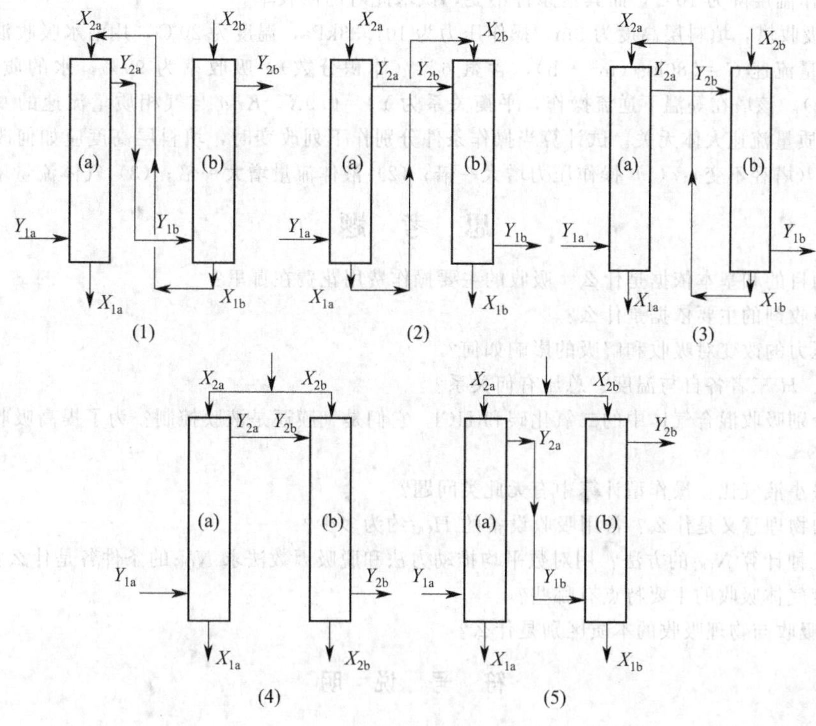

习题8附图

新鲜溶剂，出塔液体中 H_2S 组成为 0.013kmol(H_2S)/kmol（溶剂）。已知单位塔截面上单位时间流过的惰性气体量为 0.015kmol/(m^2·s)，气相体积吸收总系数为 0.000395kmol/（m^3·s·kPa)，求所需填料层高度。

11. 在一逆流操作的填料塔中，用纯溶剂吸收某气体混合物中的溶质组分。已知进塔气体组成为 0.022（摩尔比），吸收剂用量为最小用量的 1.25 倍，操作条件下汽液平衡关系为 $Y=1.2X$，溶质的回收率为 98.2%。现因工艺要求，需将溶质的回收率提高到 99.5%，试求溶剂用量应为原溶剂用量的多少倍。设该吸收过程为气膜控制。

12. 在逆流操作的填料塔中，用循环溶剂吸收某气体混合物中的溶质组分。已知进塔气组成为 0.025（摩尔比，下同），操作液气比为 1.62，操作条件下汽液平衡关系为 $Y=1.23X$，循环溶剂组成为 0.0012，出塔气体组成为 0.0023，现因解吸不良，循环溶剂组成变为 0.0086，试求此时出塔气体组成。

13. 用填料塔从一混合气体中吸收所含的苯。混合气体中含苯 5%（体积分数），其余为空气，要求苯的回收率为 90%，吸收塔为常压操作，温度为 25℃，入塔混合气体为 940m^3（标准状况)/h，入塔吸收剂为纯煤油，纯煤油的消耗量为最小消耗用量的 1.5 倍，已知该系统的平衡关系 $Y=0.14X$（其中 Y、X 为摩尔比），气相总体积吸收系数 $K_Ya=0.035$kmol/(m^3·s)，纯煤油的平均相对分子质量为 $M_s=170$，塔径 $D=0.6$m。

试求：

(1) 吸收剂的消耗用量（单位为 kg/h)；

(2) 溶剂出塔浓度；

(3) 填料层高度。

14. 在总压为 101.3kPa、温度为 30℃的条件下，在逆流操作的填料塔中，用清水吸收焦炉气中的氨，氨的组成为 0.0155（摩尔比），焦炉气的处理量为 5000 标准 m^3/h，氨的回收率为 96%，吸收剂用量为最小用量的 1.55 倍，操作的空塔气速为 1.2m/s。

已知：101.3kPa、30℃条件下汽液平衡关系为 $Y=1.2X$；101.3kPa、10℃条件下汽液平衡关系为 $Y=0.5X$。

(1) 计算填料塔的直径；

（2）若操作温度降为10℃，而其他条件不变，试求此时的回收率。

15. 有一吸收塔，填料层高度为3m，操作压力为101.33kPa，温度为20℃，用清水吸收混于空气中的氨。混合气质量流速 $G=580\text{kg}/(\text{m}^2\cdot\text{h})$，含氨6%（体积分数），吸收率为99%；水的质量流速 $W=770\text{kg}/(\text{m}^2\cdot\text{h})$。该塔在等温下逆流操作，平衡关系为 $Y^*=0.9X$。K_Ga 与气相质量流速的0.8次方成正比，而与液相质量流速大体无关。试计算当操作条件分别作下列改变时，填料层高度应如何改变才能保持原来的吸收率（塔径不变）：（1）操作压力增大一倍；（2）液体流量增大一倍；（3）气体流量增大一倍。

思 考 题

1. 吸收的目的和基本依据是什么？吸收的主要操作费用花费在哪里？
2. 选择吸收剂的主要依据是什么？
3. 操作压力的改变对吸收和解吸的影响如何？
4. E、m、H 三者各自与温度、总压有何关系？
5. 用水分别吸收混合气体中的二氧化碳和HCl，它们是气膜还是液膜控制？为了提高吸收速率，可以采取什么措施？
6. 何谓最小液气比？操作型计算中有无此类问题？
7. H_{OG}的物理意义是什么？常用吸收设备的H_{OG}约为多少？
8. 有哪几种计算N_{OG}的方法？用对数平均推动力法和脱吸因数法求N_{OG}的条件各是什么？
9. 高浓度气体吸收的主要特点有哪些？
10. 化学吸收与物理吸收的本质区别是什么？

符 号 说 明

英文字母：

a——填料层的有效比表面积，m^2；
A——吸收因数，量纲为1；
d——直径，m；
E——亨利系数，kPa；
V——惰性气体的摩尔流量，kmol/s；
L——纯吸收剂摩尔流量，kmol/s；
g——重力加速度，m/s^2；
H——溶解度系数，$\text{kmol}/(\text{m}^3\cdot\text{kPa})$；
Z——填料层高度，m；
H_{OG}——气相总传质单元高度，m；
H_{OL}——液相总传质单元高度，m；
K_G——气相总吸收系数，$\text{kmol}/(\text{m}^2\cdot\text{s}\cdot\text{kPa})$；
K_L——液相总吸收系数，$\text{kmol}/(\text{m}^2\cdot\text{s}\cdot\text{kmol}/\text{m}^3)$ 或 m/s；
K_X——液相总吸收系数，$\text{kmol}/(\text{m}^2\cdot\text{s})$；
K_Y——气相总吸收系数，$\text{kmol}/(\text{m}^2\cdot\text{s})$；
m——相平衡常数，量纲为1；
N_{OG}——气相总传质单元数，量纲为1；
N_{OL}——液相总传质单元数，量纲为1；
p——组分分压，kPa；
P——系统总压，kPa；
T——热力学温度，K；
x——组分在液相中的摩尔分数；
X——组分在液相中的摩尔比；
y——组分在气相中的摩尔分数；
Y——组分在气相中的摩尔比；
U_{min}——最小喷淋密度，$\text{m}^3/(\text{m}^2\cdot\text{h})$。

希腊字母：

σ——填料的比表面积，m^2/m^3；
ε——填料的空隙率，量纲为1；
ϕ——填料因子，1/m；
η——回收率；
μ——黏度，Pa·s；
ρ——密度，kg/m^3；
Ω——塔截面积，m^2。

下标：

A——组分A；
B——组分B；
m——平均；
i——组分 i；
2——指塔顶截面；
1——指塔底截面；
min——最小；
max——最大。

第 4 章　塔式气液传质设备

气液传质设备统称为塔设备，是过程工业中最重要的设备之一，它可使气（或汽）液两相之间进行紧密接触，达到相际传质及传热的目的。一般来说，可在塔设备中完成的单元操作有：蒸馏、吸收、解吸等。此外，工业气体的冷却或回收，气体的湿法精制或干燥，气体的增湿或减湿等操作，也常采用塔设备。

塔设备经过长期的发展，形成了各种各样的结构，以满足不同的需要。塔设备可按不同的方法分类，如按操作压力分为常压塔、减压塔和加压塔；按单元操作分为精馏塔、吸收塔、解吸塔、反应塔和干燥塔等。但长期以来，最常用的分类方法是按塔的内件结构分为填料塔和板式塔两大类。

4.1　板式塔

如图 4-1 所示，板式塔内装若干块塔板。塔板有许多类型，如浮阀塔板、筛孔塔板、浮动喷射塔板等。操作时，一般是气体由塔底进塔，逐板流至塔顶，液体由塔顶进入，逐板流至塔底，上升的气流在塔板的液层中鼓泡并带起液滴，气、液两相靠气泡表面或液滴表面传质传热，浓度沿塔高呈阶跃式变化，故称板式塔为逐级接触式（阶跃式）气液传质设备。

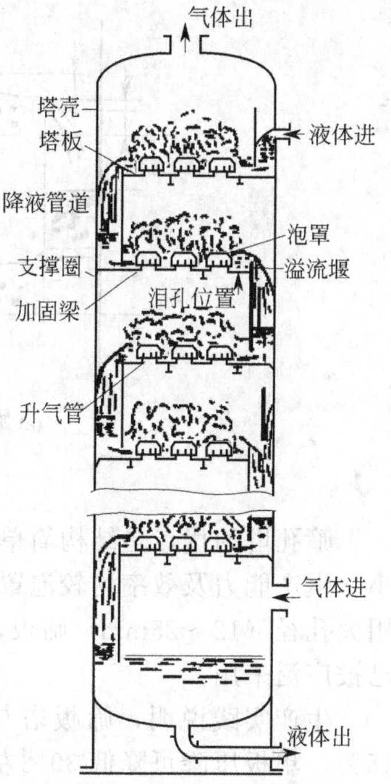

图 4-1　板式塔的典型结构

塔板是板式塔的核心部件，它决定了整个塔的基本性能，由于气、液两相的传质过程是在塔板上进行的，为有效实现两相间的传质与分离，要求塔板具有以下两个作用：①能提供良好的气液接触条件，既能使气液有较大的接触表面，又能使气液接触表面不断更新，从而提高传质速率；②防止气液短路，减少气液夹带和返混，以获得最大的传质推动力。

4.1.1　塔板类型及结构特点

常见的塔板类型有：泡罩塔板、筛孔塔板、浮阀塔板、新型的喷射型塔板、浮动喷射塔板等。

4.1.1.1　*泡罩塔*

泡罩塔是 Cellier 于 1813 年提出的最早在工业上大规模使用的板型。如图 4-2 所示，每层塔板上开有若干个圆孔，上面覆以泡罩。操作时，液体横流过塔板时，泡罩下缘的齿缝浸没于液层之中形成液封，当上升气体通过齿缝进入液层时，被分散成许多细小的气泡型流股，为气液两相提供了大量的传质界面。

泡罩塔不易漏液，有较大的操作弹性，易维持恒定的板效率；塔板不易堵塞，适于处理各种物料。但泡罩塔板结构复杂，压降大，且雾沫夹带现象较严重，限制了气速的提高，致使生产能力及板效率均较低，近年来泡罩塔已逐渐被其他塔型所取代。

4.1.1.2　*筛孔塔*

筛孔塔是 1832 年开始用于工业生产的，其结构如图 4-3 所示，塔板上开有许多均布的

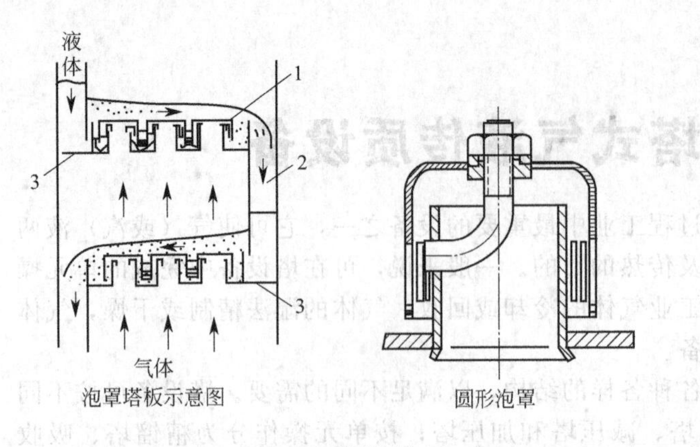

(a) 泡罩结构图
1—泡罩;2—降液管;3—塔板

(b) 泡罩实物图

图 4-2 泡罩塔

筛孔，孔径一般为 3～8mm，筛孔在板上作正三角形排列。操作时，上升气流通过筛孔分散成细小的流股，在板上液层中鼓泡而出，气液间密切接触而进行传质。在通常的操作气速下，通过筛孔上升的气流，应能阻止液体经筛孔向下泄漏。

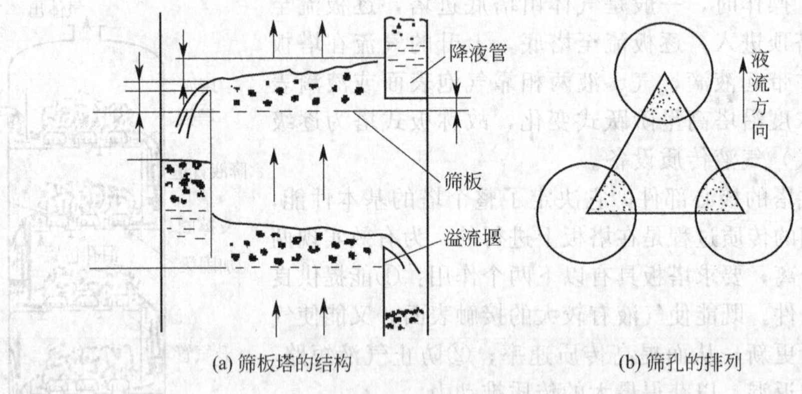

(a) 筛板塔的结构　(b) 筛孔的排列

图 4-3 筛孔塔板结构图

筛孔塔的优点是结构简单，如图 4-4 所示，造价低廉，气体压降小，板上液层落差也较小，生产能力及效率均较泡罩塔高；主要缺点是操作弹性小，筛孔小时容易堵塞，近年来采用大孔径（12～25mm）筛板，可避免堵塞，而且由于气速的提高，生产能力增大，筛孔板已被广泛采用。

生产实践说明，筛板塔与泡罩塔相比，生产能力可增加 10%～15%，板效率约提高 15%，单板压降可降低 30%左右，造价可降低 20%～50%。

4.1.1.3 浮阀塔

浮阀塔是 20 世纪 50 年代初开发的一种新塔型，它既有泡罩塔板的稳定性，又有筛孔塔板的大负荷，目前最常用的浮阀型式为 F1 型和 V-4 型，F1 型浮阀（国外称为 V-1 型），如图 4-5(a)、(b) 所示，而图 4-5(c) 给出了浮阀在工业塔板上的布置情况。如图 4-5(a) 所示，浮阀塔板上开大孔（标准孔径为 39mm），孔上盖有能上下移动的阀片，阀片上有三个脚，阀片周围又冲出三块略向下弯的定距片，阀片的这种特殊结构可使其按气流量大小自动上下调节，所以操作弹性很大，生产能力大，塔板效率高，气体压降及液面落差较小，且造价低，所以已被广泛采用。

(a) 筛孔布置图

(b) 设备图

图 4-4　筛孔塔

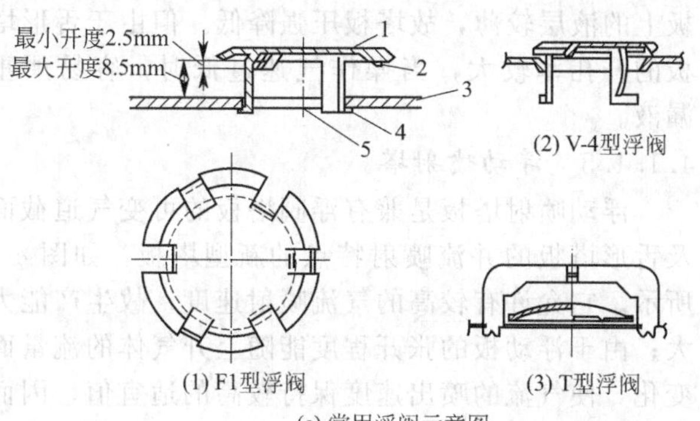

(a) 常用浮阀示意图

1—阀片；2—定距片；3—塔板；4—底脚；5—阀孔

(b) 常用浮阀实物图

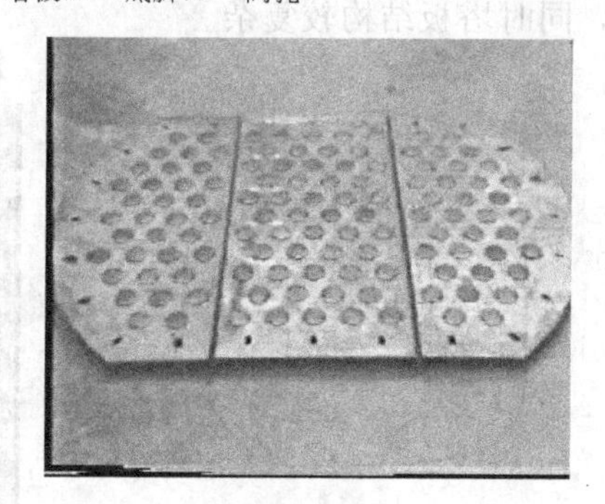

(c) 浮阀塔布置图

图 4-5　浮阀塔

浮阀一般都用不锈钢制成，其中 F1 型浮阀又分重阀和轻阀两种，重阀用厚度 2mm 钢板冲成，阀质量约 33g，轻阀用厚度 1.5mm 钢板冲成，阀质量约 25g。阀重则阀的惯性大，操作稳定性好，但气体阻力大。一般采用重阀，只有要求压降很小的场合，如真空精馏时才使用轻阀。

浮阀塔的生产能力比泡罩塔大 20%～40%，操作弹性可达 7～9，板效率比泡罩塔约高 15%，制造费用为泡罩塔的 60%～80%，为筛板塔的 120%～130%。

上述泡罩、筛板及浮阀塔都属于气体为分散相的塔板，塔板上在鼓泡或泡沫状态下进行气液接触。为防止严重的雾沫夹带，操作气速不可太高，故生产能力受到限制。近年发展起来的喷射型塔板克服了这个弱点。

在喷射型塔板上，由于气体喷出的方向与液体流动的方向一致，可充分利用气体的动能来减薄或打碎较深的液层，从而促进两相的接触。因而塔板压降降低，雾沫夹带量减小，不仅提高了传质效果，而且可采用较大的气速，提高了生产能力。其中具有代表性的有以下几种。

4.1.1.4　舌形塔

舌形塔板结构如图 4-6 所示，塔板上冲出许多舌形孔，舌片与板成一定角度，张角一般为 20°左右，向塔板的溢流出口侧张开。上升气流以较高的速度（20～30m/s）沿舌片的张角近于水平喷出，喷出的气流强烈扰动液体而形成液滴，从而强化了两相间的传质，能获得较高的塔板效率。由于舌形塔板上产生的液滴几乎不具有向上的初速度，因此液沫夹带量较小，生产能力大，又由于塔板上的液层较薄，故塔板压强降低。但由于舌形塔板的开孔率较大，当操作气速过低时，容易严重漏液。

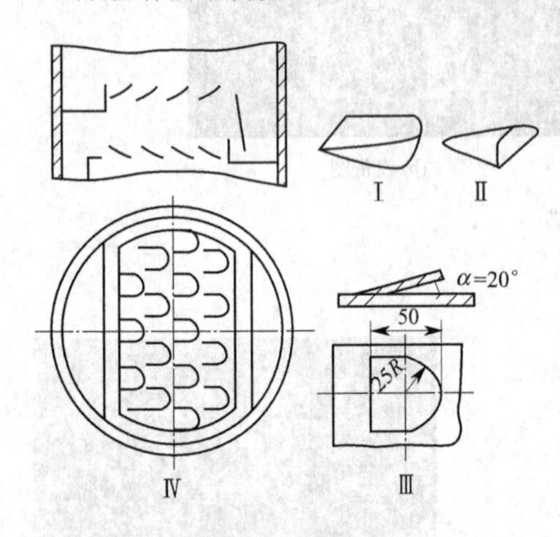

图 4-6　舌形塔板

Ⅰ—三面切口舌片；Ⅱ—拱形舌片；Ⅲ—50mm×50mm 定向舌片的尺寸和倾角；Ⅳ—塔板

4.1.1.5　浮动喷射塔

浮动喷射塔板是兼有浮阀塔板的可变气道截面及舌形塔板的并流喷射特点的新型塔板，如图 4-7 所示。它允许有较高的气流喷射速度，故生产能力大；由于浮动板的张开程度能随上升气体的流量而变化，使气流的喷出速度保持较高的适宜值，因而操作弹性大；此外，还有压降小、液面落差小等优点。缺点是有漏液及“吹干”现象，影响传质效果，使板效率降低，同时塔板结构较复杂。

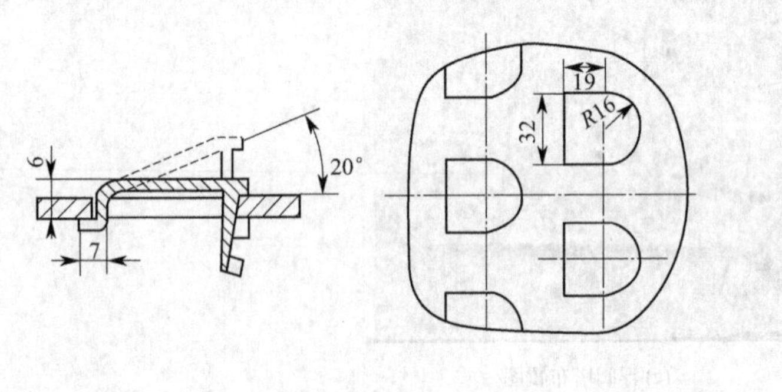

(a) 浮舌结构图

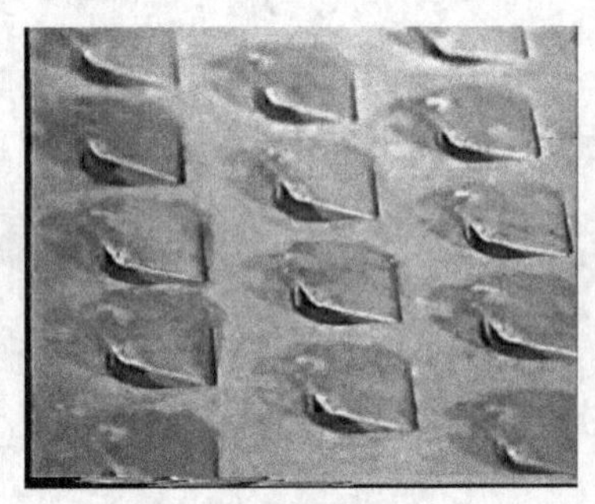

(b) 浮舌实物图

图 4-7　浮舌塔板

4.1.1.6　网孔塔板

网孔塔板采用冲有倾斜开孔的薄板制造，如图 4-8 所示。它具有舌形塔板的特点，并易于加工。这种塔板还装有若干块用同样薄板制造的碎流板，碎流板对液体起拦截作用，避免液体被连续加速，使板上液体滞留量适当增加。同时，碎流板还可以捕获气体夹带的小液滴，减少液沫夹带。

4.1.1.7　垂直筛板

垂直筛板是在塔板上开有若干直径为 100～200mm 的大圆孔，孔上设置圆柱形泡罩，泡罩的下缘与塔板有一定间隙，使液体能进入罩内。泡罩侧壁开有许多筛孔，如图 4-9 所示。

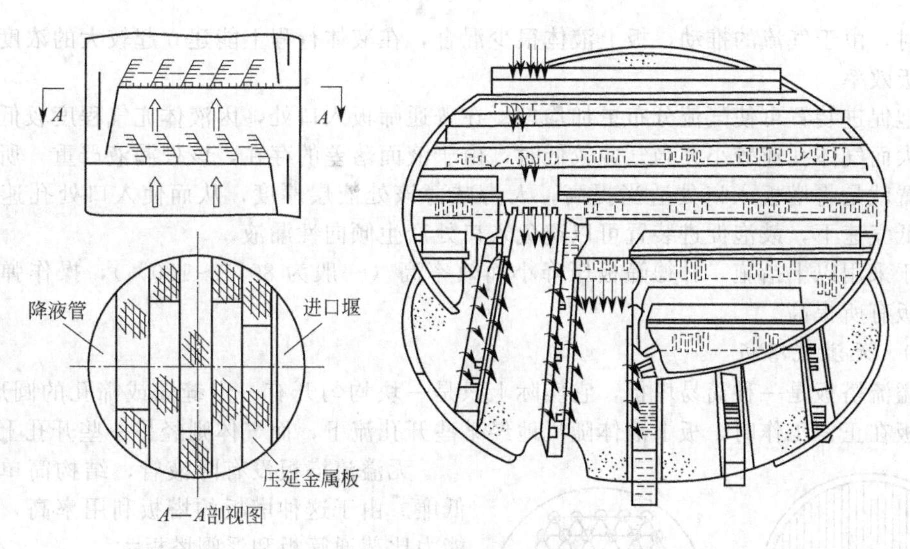

图 4-8　压延钢板网孔塔板

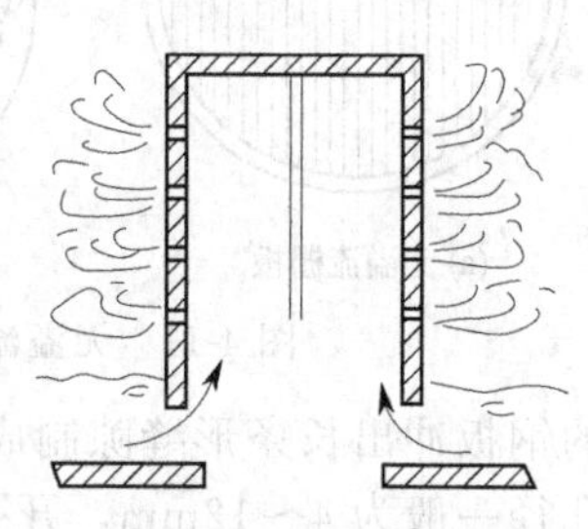

图 4-9　垂直筛板

这种塔板在操作时，从下缘间隙进入罩体的液体被上升的气流拉成液膜沿罩壁上升，并与气流一起经泡罩侧壁筛孔喷出。之后，气体上升，液体回落。落回塔板的液体将重新进入泡罩，再次被吹成液滴由筛孔喷出。液体自塔板入口流至降液管，多次经历上述过程，从而为两相传质提供了很大的不断更新的相际接触表面，提高了板效率。

和普通筛板不同，垂直筛板的喷射方向是水平的，液滴在垂直方向上的初速度为零，液沫夹带量很小，因此生产能力大幅提高。

4.1.1.8　林德筛板

如图 4-10 所示，林德筛板是专为真空精馏设计的高效低压降塔板。真空精馏塔板的主要技术指标是每块理论板的压降，即板压降与板效率的比值（而不单纯是板压降）。因此，和普通塔板相比，真空塔板有以下两点必须注意。首先，真空塔板为保证低压降，不能像普通塔板一样，依靠较大的干板阻力使气流均匀。在这里为使气流均匀，只能设法使板上液层厚度均匀。其次，真空塔板存在一个最佳液层厚度。较高的液层厚度虽然能使板效率有所提高，但同时也增加了液层阻力。当液层厚度超过一定数值时反而得不偿失。若液层过低，板效率随之降低，而干板压降不变，也会导致每块理论板压降增大。最佳厚度应使每块理论板压降最小，这个厚度一般是较薄的。一个优良的真空塔板必须有足够的措施，使在正常操作条件下，塔板上能形成具有最佳厚度的均匀液层。为达到上述目的，林德筛板采用了以下两个措施：

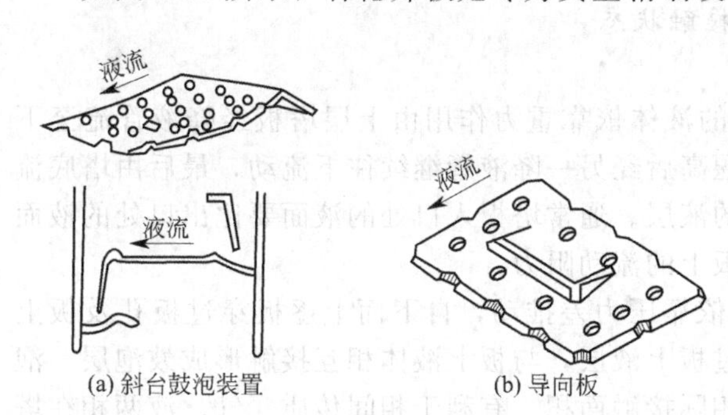

图 4-10　林德筛板

① 在整个筛板上布置一定数量的导向斜孔；

② 在塔板入口处设置鼓泡促进装置。

导向斜孔的作用是利用部分气体的动量推动液体流动，以降低液层厚度并保证液层均匀。同时，由于气流的推动，板上液体很少混合，在液体行程上能建立起较大的浓度差，可提高塔板效率。

鼓泡促进装置可使气流分布更加均匀。在普通筛板入口处，因液体充气程度较低，液层阻力较大而气体孔速较小。当气速较低时，由于液面落差的存在，该处漏液严重，所谓鼓泡促进装置就是将塔板入口处适当提高，人为减薄该处液层厚度，从而使入口处孔速适当增加。在低气速下，鼓泡促进装置可以避免入口处产生倾向性漏液。

由于采用以上措施，林德筛板压降小而效率高（一般为80%～120%），操作弹性也比普通筛板有所提高。

4.1.1.9　无溢流塔板

无溢流塔板是一种简易塔板，它实际上只是一块均匀开有一定缝隙或筛孔的圆形平板。这种塔板在正常工作时，板上液体随机地经某些开孔流下，而气体则经另一些开孔上升。

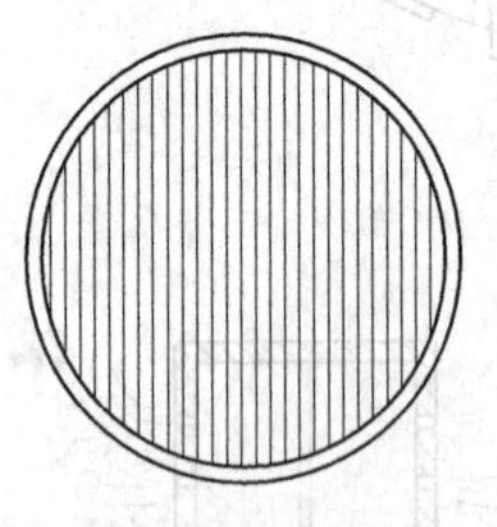
(a) 无溢流栅板

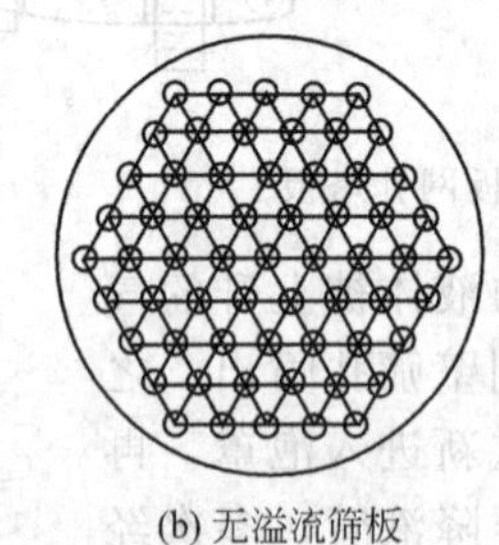
(b) 无溢流筛板

图 4-11　无溢流塔板

无溢流塔板没有降液管，结构简单，造价低廉。由于这种塔板的塔板利用率高，其生产能力比普通筛板和浮阀塔板大。

无溢流塔板的缺点是操作弹性小，对设计的可靠性要求高。在无溢流塔板上，液相浓度是基本均匀的，故板效率较低。常用的无溢流塔板有两种：一种是无溢流栅板［见图 4-11(a)］；另一种是无溢流筛板［见图 4-11(b)］。无溢流栅板可用金属条组成，也可用3～4mm的钢板冲出长条形缝隙制成，缝隙宽度一般是3～8mm，开孔率为15%～30%。无溢流筛板孔径一般为4～12mm，开孔率为10%～30%。

4.1.2　板式塔的流体力学性能

板式塔的操作能否正常进行，与塔内气液两相的流体力学状况有关。板式塔的流体力学性能包括：塔板压降、液泛、雾沫夹带、漏液及液面落差等。

4.1.2.1　塔板上的气液流动方式及相互接触状态

(1) 气液流动方式

① 液体流动方式　操作时，进入塔内的液体依靠重力作用由上层塔板经降液管流至下层塔板，并横流塔板至出口溢流堰，漫过堰高后经另一降液管继续往下流动，最后由塔底流出。出口溢流堰使板面上维持了一定厚度的液层。通常塔板入口处的液面要比出口处的液面高，形成的液面落差有利于克服液体在塔板上的流动阻力。

② 气体流动方式　气体进入塔底后，依靠压力差推动，自下而上逐板穿过板孔及板上液层而流向塔顶。气体鼓泡或喷射方式通过板上液层，与板上液体相互接触形成鼓泡层、泡沫层或喷射层，为两相接触提供足够大的相际接触面积，有利于相间传质。气、液两相在塔内逐板接触，两相的组成沿塔高呈阶梯式变化。

(2) 气液接触状态　气液接触状态有三种，即鼓泡接触状态、泡沫接触状态和喷射接触状态。

当操作气速很低时，数量较少的气泡，鼓泡穿过塔板上大量的清液层，两相接触面积为气泡表面。由于湍动程度较低，所以气液间的传质阻力较大，此时，气相为分散相而液相为连续相，称为鼓泡接触状态；随着气速增大，气泡数量急剧增加，则塔板上液体被大量气泡分隔成液膜，即两相传质表面是面积很大的液膜。由于高度湍动，所以传质阻力小。此时，气相仍为分散相而液相仍为连续相，称为泡沫接触状态。如果气速继续增大，气体射流穿过液层，将板上的液体破碎成大小不等的液滴而抛向板上空，落下后又反复被抛起，所以两相传质表面是液滴的外表面。此时，液体为分散相而气体为连续相，这是喷射接触状态与泡沫接触状态的根本区别，由泡沫状态转为喷射状态的临界点称为转相点。

工业上的操作多以控制在泡沫状态或喷射接触状态，其特征分别是有不断更新的液膜表面和液滴表面。

4.1.2.2　塔内影响气液传质的几种现象

气液传质过程是动态过程，影响因素较多，气液的物性、塔板的结构、流体的流速等都对传质效果有着直接的影响，设计或操作控制不当会造成传质不良，甚至更严重的后果。以下几种现象是使塔板效率降低或破坏塔正常操作的重要原因，在设计和操作中应注意控制或避免它们的出现。

(1) 漏液　若塔板上的气孔不带堰围或没有升气管，例如筛板、浮阀塔板等，则当上升气体流速较小时，气体通过气孔的动能不足以阻止板上液体经气孔流下，便出现漏液现象。此外，板面上液面落差所引起的气流分布不均，液体在塔板入口侧的厚液层处往往出现局部漏液，还有其他原因引起的漏液。

漏液发生时，液体经升气孔道流下，必然影响气、液在塔板上的充分接触，使塔板效率下降，严重的漏液会使塔板上无法积液成层而导致板效率严重下降，因此，在塔板设计、塔板安装及操作中应该特别注意避免。为保证塔的正常操作，漏液量应不大于液体流量的 10%。

(2) 雾沫夹带　若塔板上的液体被穿过塔板气孔的高速气流喷成大小不等的液滴，其中较小的液滴随气流被带入上层塔板，这种现象称为雾沫夹带。雾沫的生成固然可增大气、液两相的传质面积，但雾沫所夹带的液滴与液体主流作相反方向流动，造成高浓度的液相返混到上层塔板，当雾沫夹带过量时，将会明显减少上层塔板的液相传质推动力，不利于传质，最终导致塔效率严重下降。为了保证板式塔能维持正常操作，生产中应将雾沫夹带量控制在每千克上升气体夹带到上层塔板的液体量不超过 0.1kg，即控制雾沫夹带量＜0.1kg(液)/kg(气)。

(3) 气泡夹带　塔板上的液体流向降液管时会夹带一些气泡，正常情况下，这些夹带的气泡会在降液管中及时分离出来，返回原塔板。当液体流量过大、降液管内流速过快时，所夹带的气泡将来不及在降液管逃逸出来而被夹带至下一层塔板，造成低浓度的气相返混到下层塔板，减小了该层塔板的气相传质推动力，导致塔效率下降，严重时会引起液泛。

(4) 液泛　若气液两相中之一的流量增大，使降液管内液体不能顺利下流，管内液体必然积累，当管内液体增高至越过溢流堰顶部时，该层塔板产生非正常积液，当这种非正常积液造成两块塔板之间液体连接，并依次上升，直至充满全塔，则称为溢流液泛；此外，当液流量很大，气速又很高时，大量液体有可能被气体夹带到上一层塔板，使塔板间充满气、液混合物，最终使全塔充满液体，这种现象称为夹带液泛。

液泛亦称淹塔，液泛时流体不能向下流动，塔板压降急剧上升，液体大量返混，塔板压降急剧上升，全塔操作被破坏，甚至会发生设备事故。因此，操作时应该特别注意防范。塔的操作气速应控制在液泛气速以下，以维持正常操作。

影响液泛气速的因素除气、液流量和流体物性外，塔板结构，特别是降液管的截面积和塔板间距是重要参数，设计中采用较大的板间距可改善液泛现象。

4.1.2.3　适宜的气液流量操作范围——塔板负荷性能图

要维持塔板正常操作，必须将塔内的气液负荷波动限制在一定范围内。通常在直角坐标系中，以气相负荷 V 及液相负荷 L 分别表示纵、横坐标，用五条曲线表示各种极限条件下的 V-L 关系，该图形称为塔板的负荷性能图，如图 4-12 所示。负荷性能图对检验塔的设计是否合理及改进塔板操作性能都具有一定的指导意义。通常由以下几条曲线组成。

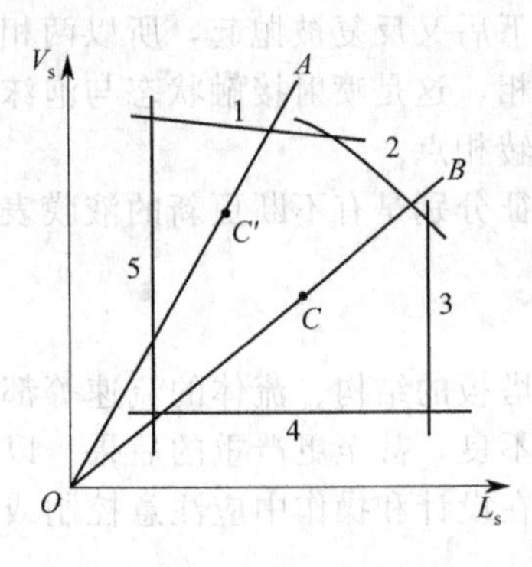

图 4-12　塔板负荷性能图

（1）雾沫夹带线（又称气相负荷上限线）　当气相负荷超过此线时，雾沫夹带量将过大，甚至发生液泛现象，使板效率严重下降，塔板适宜操作区应在雾沫夹带线以下。

（2）液泛线　塔板的适宜操作区应在此线以下，否则将会发生液泛现象，使塔不能正常操作。

（3）液相负荷上限线（又称降液管超负荷线）　液体流量超过此线，表明液体流量过大，液体在降液管内停留时间过短，进入降液管中的气泡来不及与液相分离而被带入下层塔板，造成气相返混，降低塔板效率。

（4）漏液线（又称气相负荷下限线）　气相负荷低于此线时，将发生严重的漏液现象，气液不能充分接触，使板效率下降。

（5）液相负荷下限线（又称吹干线）　液相负荷低于此线时，使塔板上液流不能均匀分布，导致板效率下降。

如图 4-12 所示 5 条线包围的区域，就是塔的适宜操作范围。以上 5 条线的定量作法将在后面的浮阀塔设计的例题中介绍。

操作时的气相流量 V_s 与液相流量 L_s 在负荷性能图上的坐标点称为操作点。在连续精馏塔中，回流比为定值，该板上的 V_s/L_s 也为定值。因此，每层塔板上的操作点是沿通过原点、斜率为 V_s/L_s 的直线而变化的，该直线称为操作线。

操作线与负荷性能图上曲线的两个交点分别表示塔的上下操作极限，两极限的气体流量之比称为塔板的操作弹性。操作弹性大，说明塔适应变动负荷的能力大，操作性能好。同一层塔板，若操作的液气比不同，控制负荷上下限的因素也不同。例如在 OA 线的液气比下操作，上限为雾沫夹带控制，下限为液相负荷下限控制；在 OB 线的液气比下操作，上限为液泛控制，下限为漏液控制。

操作点位于操作区内的适中位置，可望获得稳定良好的操作效果，如果操作点紧靠某一条边界线，则当负荷稍有波动时，便会使塔的正常操作受到破坏。显然，图中操作点 C 优于点 C'。

物系一定时，负荷性能图中各条线的相对位置随塔板结构尺寸而变。因此，在设计塔板时，根据操作点在负荷性能图中的位置，适当调整塔板结构参数，以改进负荷性能图，满足所需的操作弹性。例如，加大板间距或增大塔径可使液泛线上移，增加降液管截面积可使液相负荷上限线右移，减少塔板开孔率可使漏液线下移等。

应该指出，各层塔板上的操作条件（温度、压力）、物料组成及性质均有所不同，因而各层板上的气、液负荷不同，表明各层塔板操作范围的负荷性能图也有不同。设计计算中在考察塔的操作性能时，应以最不利情况下的塔板进行验算。

4.1.3　板式塔的工艺结构设计及流体力学验算

板式塔的类型很多，但其设计原则和程序却基本相同。一般来说，板式塔的设计步骤大致如下：

① 根据设计任务和工艺要求，确定设计方案；

② 根据设计任务和工艺要求，选择塔板类型；

③ 确定塔径、塔高等工艺尺寸；

④ 进行塔板的结构设计，包括溢流装置的设计、塔板的布置、升气通道（泡罩、筛孔或浮阀等）的设计及排列；

⑤ 进行流体力学验算；

⑥ 绘制塔板的负荷性能图；

⑦ 根据负荷性能图，对设计进行分析，若设计不够理想，可对某些参数进行调整，重复上述设计过程，一直到满意为止。表 4-1 列出了塔板结构系列化标准，供设计时参考。

表 4-1　塔板结构参数系列化标准（单溢流型）

塔径 D/mm	塔截面积 A_T/m^2	塔板间距 H_T/mm	弓形降液管		降液管面积 A_f/m^2	A_f/A_T	l_W/D
			堰长 l_W/mm	管宽 W_d/mm			
600[①]	0.2610	300 350 400	406 428 440	77 90 103	0.0188 0.0238 0.0289	7.2 9.1 11.02	0.677 0.714 0.734
700[①]	0.3590	300 350 450	466 500 525	87 105 120	0.0248 0.0325 0.0395	6.9 9.06 11.0	0.666 0.714 0.750
800	0.5027	350 450 500 600	529 581 640	100 125 160	0.0363 0.0502 0.0717	7.22 10.0 14.2	0.661 0.726 0.800
1000	0.7854	350 450 500 600	650 714 800	120 150 200	0.0534 0.0770 0.1120	6.8 9.8 14.2	0.650 0.714 0.800
1200	1.1310	350 450 500 600 800	794 876 960	150 190 240	0.0816 0.1150 0.1610	7.22 10.2 14.2	0.661 0.730 0.800
1400	1.5390	350 450 500 600 800	903 1029 1104	165 225 270	0.1020 0.1610 0.2065	6.63 10.45 13.4	0.645 0.735 0.790
1600	2.0110	450 500 600 800	1056 1171 1286	199 255 325	0.1450 0.2070 0.2918	7.21 10.3 14.5	0.660 0.732 0.805
1800	2.5450	450 500 600 800	1165 1312 1434	214 284 254	0.1710 0.2570 0.3540	6.74 10.1 13.9	0.647 0.730 0.797
2000	3.1420	450 500 600 800	1308 1456 1599	244 314 399	0.2190 0.3155 0.4457	7.0 10.0 14.2	0.654 0.727 0.799
2200	3.8010	450 500 600 800	1598 1686 1750	344 394 434	0.3800 0.4600 0.5320	10.0 12.1 14.0	0.726 0.766 0.795
2400	4.5240	450 500 600 800	1742 1830 1916	374 424 479	0.4524 0.5430 0.6430	10.0 12.0 14.2	0.726 0.763 0.798

① 对 ϕ600 及 ϕ700 两种塔径的整块式塔板，降液管为嵌入式，弓弧部分比塔的内径小一圈，表中 l_W 和 W_d 为实际值。

下面以浮阀塔为例，介绍板式塔工艺计算过程中需要考虑的问题。

4.1.3.1 浮阀塔工艺尺寸的计算

(1) 塔高 塔的总高度是有效高度、底部和顶部空间高度及裙座高度的总和，此处仅介绍有效高度的计算。

根据给定的分离任务，求出理论板数后，就可以根据下式计算塔的有效高度，即

$$Z=\left(\frac{N_T}{E_T}-1\right)H_T \tag{4-1}$$

式中 Z——塔的有效段高度，m；

N_T——塔内所需的理论板数；

E_T——全塔效率（又称总板效率）；

H_T——塔板间距，m。

塔板间距 H_T 直接影响塔高。此外，板间距还与塔的生产能力、操作弹性及塔板效率有关。在一定的生产任务下，采用较大的板间距能允许较高的空塔气速，因而塔径可小些，但塔高要增加。反之，采用较小的板间距只能允许较小的空塔气速，塔径就要增加，但塔高可降低。应依据实际情况，结合经济权衡，反复调整，以做出最佳选择。表 4-2 所列的经验数据可供初选板间距时参考。板间距的数值应按照规定选取整数，例如，300mm、350mm、450mm、500mm、600mm、800mm 等。

表 4-2 浮阀塔板间距参考数据

塔径 D/m	0.3～0.5	0.5～0.8	0.8～1.6	1.6～2.0	2.0～2.4	>2.4
板间距 H_T/mm	200～300	300～350	350～450	450～600	500～800	≥600

在决定板间距时还应考虑安装、检修的需要。例如在塔体人孔处，应留有足够高的工作空间，其值应不小于 600mm。

(2) 塔径 依据流量公式可计算塔径，即

$$D=\sqrt{\frac{4V_s}{\pi u}} \tag{4-2}$$

式中 D——精馏塔内径，m；

u——空塔气速，即按空塔截面积计算的气体线速度，m/s；

V_s——操作条件下气相体积流量，m^3/s，若精馏操作压强较低时，气相可视为理想气体混合物，则

$$V_s=\frac{22.4V_h}{3600}\times\frac{TP_0}{T_0P}$$

式中 T，T_0——操作条件下的平均温度和标准状况下的热力学温度，K；

P，P_0——操作条件下的平均压强和标准状况下的压强，Pa。

由上式可见，计算塔径的关键在于确定适宜的空塔气速 u。

空塔气速的上限由严重的雾沫或液泛决定，下限由漏液决定，适宜的空塔气速应介于两者之间，一般依据最大允许气速（即液泛气速）来确定。

液泛气速可由下式计算：

$$u_{max}=C\sqrt{\frac{\rho_L-\rho_V}{\rho_V}} \tag{4-3}$$

式中 ρ_L——液相密度，kg/m^3；

ρ_V——气相密度，kg/m^3；

u_{max}——液泛气速，m/s；

C——负荷系数，m/s。

研究表明，负荷参数 C 值与气、液流量及密度、液滴沉降空间高度以及液体表面张力有关。史密斯（Smith，R. B）等人汇集了若干泡罩塔、筛板塔和浮阀塔的数据，整理成负荷参数与这些影响因素间的关系曲线，如图 4-13 所示。

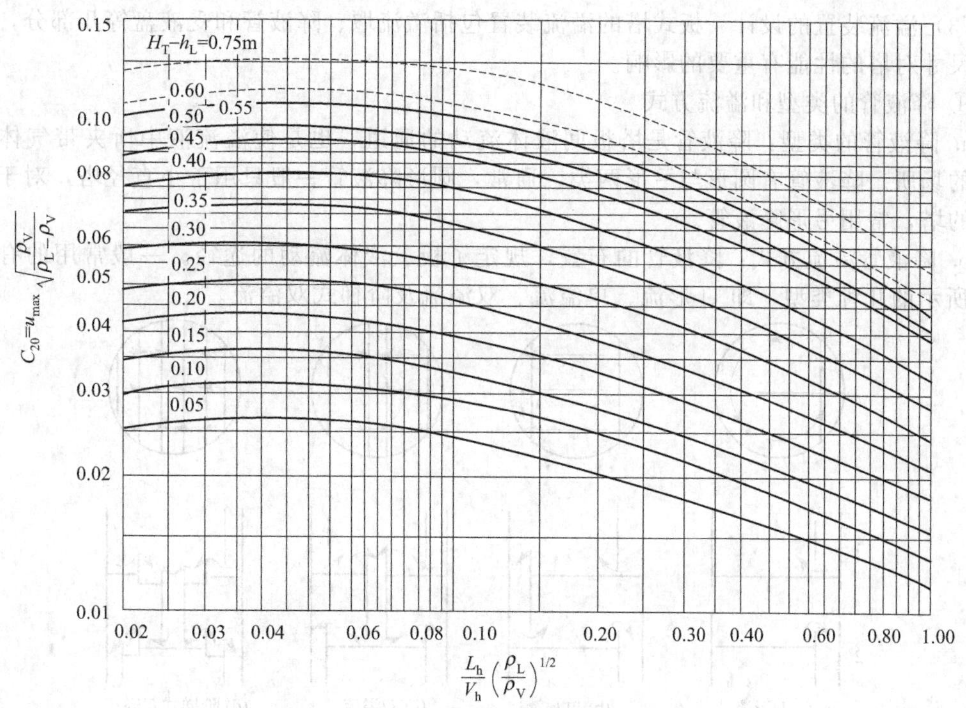

图 4-13 史密斯（Smith）关联图

C_{20}—物系表面张力为 20mN/m 的负荷系数，m/s；V_h，L_h—塔内气、液两相的体积流量，m^3/h；ρ_V，ρ_L—塔内气、液两相的密度，kg/m^3；H_T—塔板间距，m；h_L—板上液层高度，m

图中横坐标$\frac{L_h}{V_h}\left(\frac{\rho_L}{\rho_V}\right)^{1/2}$是量纲为 1 的比值，称为液气动能参数，它反映液、气两相的流量与密度的影响，而 H_T-h_L 反映液滴沉降空间高度对负荷参数的影响。显然，H_T-h_L 越大，C 值越大，这是因为随着分离空间增大，雾沫夹带量减少，液泛气速就增大。

板上液层高度 h_L 应由设计者首先选定。对常压塔一般取为 0.05～0.1m（通常取 0.05～0.08m）；对减压塔应取低些，可低至 0.025～0.03m。

图 4-13 是按液体表面张力 $\sigma=20$mN/m 的物系绘制的，若所处理的物系表面张力为其他值，则需按下式校正查出的负荷系数，即

$$C=C_{20}\left(\frac{\sigma}{20}\right)^{0.2} \tag{4-4}$$

式中 σ——操作物系的液体表面张力，mN/m；

C——操作物系的负荷系数，m/s。

按式(4-3) 求出 u_{max}之后，乘以安全系数，便得适宜的空塔气速 u，即

$$u=(0.6\sim0.8)u_{max}$$

对直径较大、板间距较大及加压或常压操作的塔以及不易起泡的物系，可取较高的安全系数；对直径较小及减压操作的塔以及严重起泡的物系，应取较低的安全系数。

将求得的空塔气速 u 代入式(4-2) 算出塔径后，还需根据浮塔直径系列标准予以圆整。最常用的标准塔径（mm）600、700、800、1000、1200、1400、1600、1800、2000、2200、……、4200。

应当指出，如此算出的塔径只是初估值，以后还要根据流体力学原则进行核算。还应指出，由于进料状况及操作条件不同，精、提两段上升蒸汽量可能不同，两段的塔径应该分别计算，若计算的 $D_{精}$、$D_{提}$ 相差不大，应取大者使塔径统一，以便使塔的设计和安装简便。

（3）溢流装置的设计　板式塔的溢流装置包括溢流堰、降液管和受液盘等几部分，其结构和尺寸对塔的性能有重要的影响。

① 降液管的类型和溢流方式

a. 降液管的类型：降液管是塔板间液体流动的通道，也是使溢流液中所夹带气体得以分离的场所。降液管有圆形与弓形两类。通常，圆形降液管一般只用于小直径塔，对于直径较大的塔，常用弓形降液管。

b. 降液管溢流方式：降液管的布置，规定了板上液体流动的途径。一般常用的有如图 4-14 所示的几种类型，即 U 形流、单溢流、双溢流及阶梯式双溢流。

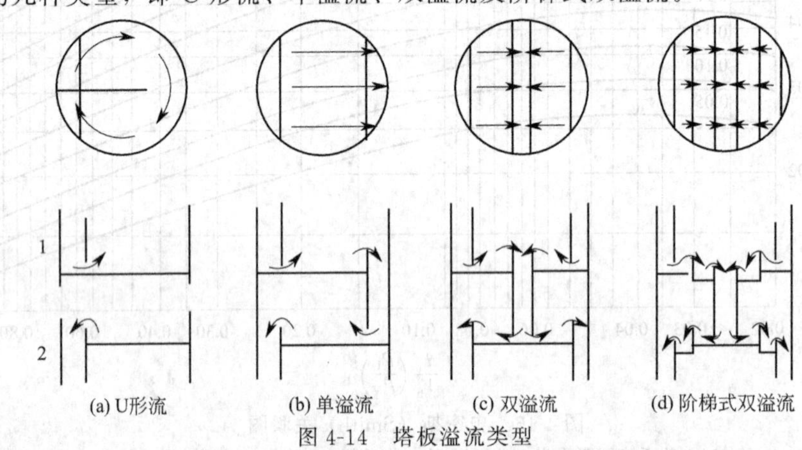

图 4-14　塔板溢流类型

U 形流亦称回转流，降液和受液装置都安排在塔的同一侧。弓形的一半作受液盘，另一半作降液管，沿直径以挡板将板面隔成 U 形流道。图 4-14(a) 中正视图 1 表示板上液体进口侧，2 表示液体出口侧。U 形流的液体流径最长，板面利用率也最高，但液面落差大，仅用于小塔及液体流量小的情况。

单溢流又称直径流，液体自受液盘流向溢流堰。液体流径长，塔板效率较高，塔板结构简单，广泛应用于直径 2.2m 以下的塔中。

双溢流又称半径流，来自上层塔板的液体分别从左右两侧的降液管进入塔板，横过半个塔板进入中间的降液管，在下层塔板上液体则分别流向两侧的降液管。这种溢流形式可减小液面落差，但塔板结构复杂，且降液管占塔板面积较多，一般用于直径 2m 以上的大塔中。

阶梯式双溢流的塔板做成阶梯形，目的在于减少液面落差而不缩短液体流径。每一阶梯均有溢流堰。这种塔板结构最复杂，只适用于塔径很大、液流量很大的特殊场合。

目前，凡直径在 2.2m 以下的浮阀塔，一般采用单溢流，直径大于 2.2m 的塔可采用双溢流及阶梯式双溢流。

选择何种降液方式要根据液体流量、塔径大小等条件综合考虑。表 4-3 列出溢流类型与流体负荷及塔径的经验关系，可供设计时参考。

表 4-3　液体负荷与溢流类型的关系

塔径 D/mm	液体流量 L_h/(m^3/h)			
	U 形流	单溢流	双溢流	阶梯式双溢流
1000	7 以下	45 以下		
1400	9 以下	70 以下		

续表

塔径 D/mm	液体流量 L_h/(m^3/h)			
	U 形流	单溢流	双溢流	阶梯式双溢流
2000	11 以下	90 以下	90～160	
3000	11 以下	110 以下	110～200	200～300
4000	11 以下	110 以下	110～230	230～350
5000	11 以下	110 以下	110～250	250～400
6000	11 以下	110 以下	110～250	250～450

② 溢流装置的设计计算　以下以弓形降液管为例，介绍溢流装置的设计。溢流装置的设计参数包括：溢流堰的长度 l_W、堰高 h_W；弓形降液管的宽度 W_d 及其截面积 A_f；降液管底隙高度 h_0；进口堰的高度 h'_W 及与降液管间的水平距离 h_1 等。塔板及溢流装置的各部尺寸可参阅图 4-15。

a. 出口堰（溢流堰）：溢流堰设置在塔板上液体出口处，为了保证塔板上有一定高度的液层并使液流在塔板上能均匀流动，降液管上端必须高于塔板板面一定高度，这一高度称为堰高，以 h_W 表示。弓形溢流管的弦长称为堰长，以 l_W 表示。溢流堰板形状有平直形与齿形两种。

(a) 堰长 l_W：根据液体负荷及溢流形式而定，对单溢流，一般 l_W 取为 $(0.6\sim0.8)D$，对双溢流，取为 $(0.5\sim0.6)D$，其中 D 为塔径。

(b) 堰高 h_W：板上液层高度为堰高与堰上液层高度之和，即

$$h_L = h_W + h_{OW} \tag{4-5}$$

式中　h_L——板上液层高度，m；

h_W——堰高，m；

h_{OW}——堰上液层高度，m。

堰高则由板上液层高度及堰上液层高度而定。

堰上液层高度太小会造成液体在堰上分布不均，影响传质效果，设计时应使堰上液层高度 h_{OW}大于 6mm，若小于此值须采用齿形堰。但 h_{OW}也不宜过大，否则会增大塔板压降及雾沫夹带量。一般设计时，h_{OW}不超过 60～70mm，超过此值时可改用双溢流形式。

平直堰和齿形堰的 h_{OW} 分别按下面公式计算。

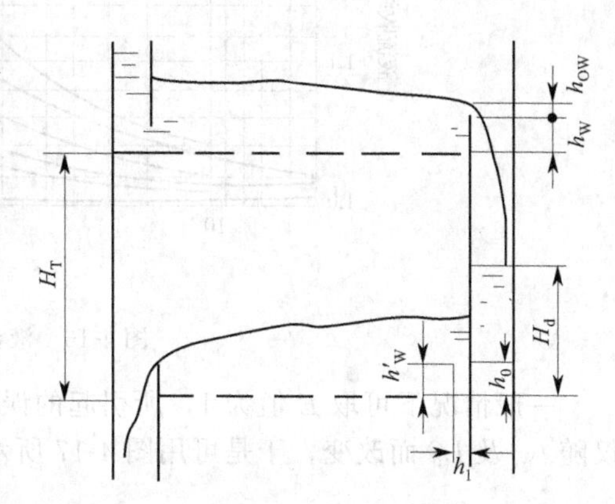

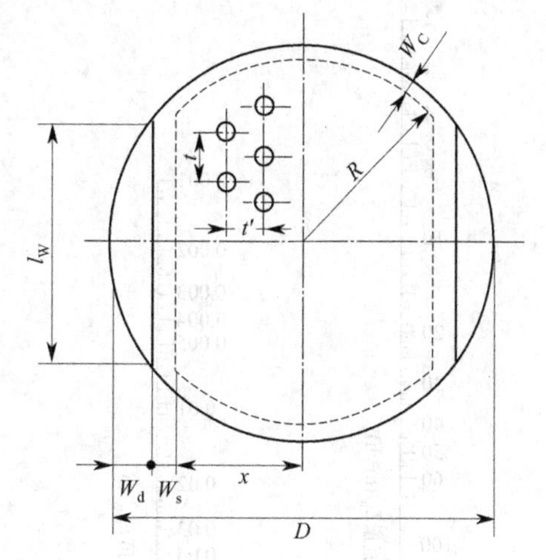

图 4-15　浮阀塔板结构参数

h_W—出口堰高，m；h_{OW}—堰上液层高度，m；h_0—降液管底隙高度，m；h_1—进口堰与降液管间的水平距离，m；h'_W—进口堰高，m；H_d—降液管中清液层高度，m；H_T—板间距，m；l_W—堰长，m；W_d—弓形降液管宽度，m；W_C—无效区宽度，m；W_s—破沫区宽度，m；D—塔径，m；R—鼓泡区半径，m；x—鼓泡区宽度的$\frac{1}{2}$，m；t—同一横排的阀孔中心距，m；t'—相邻两排阀孔的中心距，m

平直堰
$$h_{OW} = \frac{2.84}{1000}E\left(\frac{L_h}{l_W}\right)^{2/3} \tag{4-6}$$

式中　L_h——塔内液体流量，m^3/h；

E——液流收缩系数，可借用博尔斯（Bolles. W. L）对泡罩塔提出的液流收缩系数计算图求取，见图 4-16。

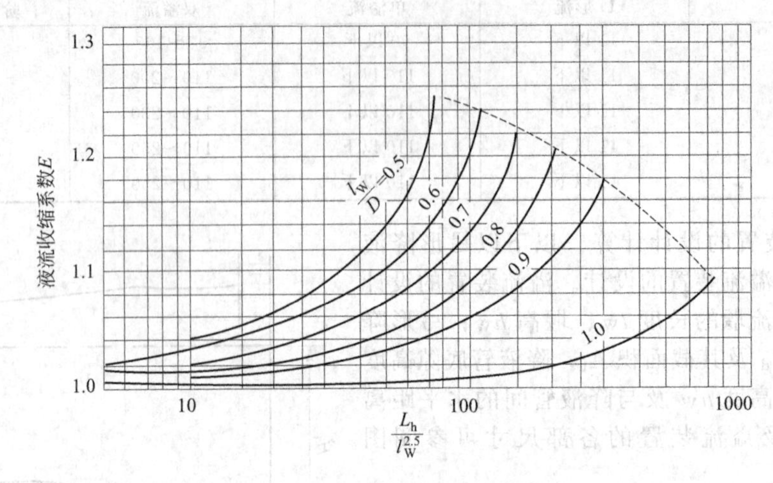

图 4-16　液流收缩系数计算图

一般情况下可取 E 值为 1，所引起的误差不大。当取 E 为 1 时，由式(4-6) 可知，h_{OW} 仅随 l_W 及 L_h 而改变，于是可用图 4-17 所示的列线图求 h_{OW}。

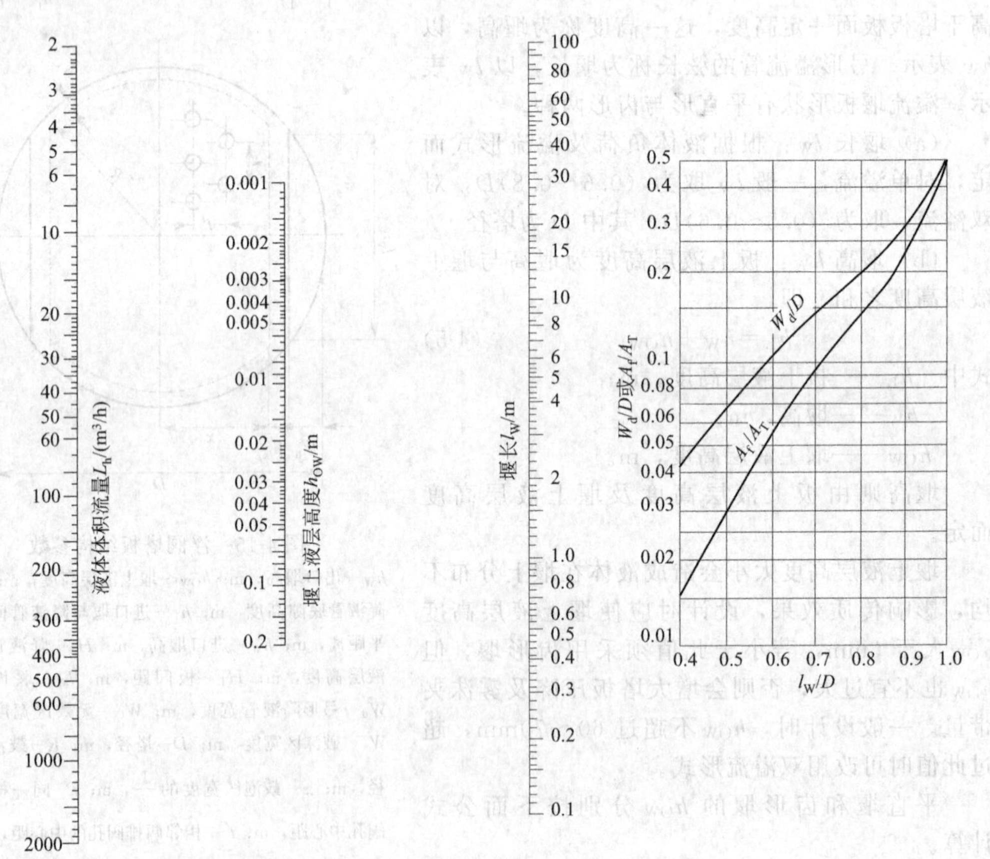

图 4-17　求 h_{OW} 的列线图　　　图 4-18　弓形降液管的宽度和面积

b. 齿形堰：齿形堰的齿深 h_n 一般宜在 15mm 以下。当液层高度不超过齿顶时，可用下

式计算 h_{OW}，即

$$h_{OW}=0.0442\left(\frac{L_h h_n}{l_W}\right)^{2/5} \tag{4-7}$$

当液层高度超过齿顶时

$$L_h=2646\left(\frac{l_W}{h_n}\right)\left[h_{OW}^{5/2}-(h_{OW}-h_n)^{5/2}\right] \tag{4-8}$$

式中　h_n——齿深，m。

h_{OW}为由齿根算起的堰上液层高度。由式(4-8) 求 h_{OW}时，需用试差法。

前已述及，板上液层高度 h_L 对常压塔可在 0.05～0.1m 范围内选取，因此，在求出 h_{OW}之后即可按下式给出的范围确定 h_W，即

$$0.1-h_{OW}\geqslant h_W\geqslant 0.05-h_{OW} \tag{4-9}$$

堰高 h_W 一般在 0.03～0.05m 范围内，减压塔的 h_W 值应当较低。

③ 弓形降液管的宽度和截面积　弓形降液管的宽度 W_d 及截面积 A_f 可根据堰长与塔径之比$\frac{l_W}{D}$查图 4-18 求算。

降液管的截面积应保证液体在降液管内有足够的停留时间，使溢流液体中夹带的气泡能来得及分离。为此液体在降液管内的停留时间不应小于 3～5s，对于高压下操作的塔及易起泡沫的系统，停留时间应更长些。

因此，在求得降液管截面积 A_f 之后，应按下式验算降液管内液体的停留时间 θ，即

$$\theta=\frac{3600A_f H_T}{L_h} \tag{4-10}$$

④ 降液管底隙高度　降液管底隙高度 h_0 即为降液管底缘与塔板的距离。确定 h_0 的原则是：保证液体流经此处时的局部阻力不太大，以防止沉淀物在此堆积而堵塞降液管；同时又要有良好的液封，防止气体通过降液管造成短路。一般按下式计算 h_0，即

$$h_0=\frac{L_h}{3600\ l_W u_0'} \tag{4-11}$$

式中　u_0'——液体通过降液管底隙时的流速，m/s。一般可取 u_0'＝0.07～0.25m/s。

为简便起见，有时运用下式确定 h_0，即

$$h_0=h_W-0.006 \tag{4-12}$$

式(4-12) 表明，使降液管底隙高度比溢流堰高度低 6mm，以保证降液管底部的液封。

降液管底隙高度一般不宜小于 20～25mm，否则易于堵塞，或因安装偏差而使液流不畅，造成液泛。设计时对小塔可取 h_0 为 25～30mm，对大塔取 h_0 为 40mm 左右，最大可达 150mm。

⑤ 进口堰及受液盘　在较大的塔中，有时在液体进入塔板处设有进口堰，以保证降液管的液封，并使液体在塔板上分布均匀。而进口堰又要占用较多塔面，还易使沉淀物淤积此处造成阻塞，故多数不采用进口堰。

若设进口堰时，其高度可按下述原则考虑。当出口堰高 h_W 大于降液管底隙高度 h_0（一般都是这样），则取 h_W' 与 h_W 相等。在个别情况下，当 $h_W<h_0$ 时，则应取 h_W' 大于 h_0，以保证液封，避免气体走短路经降液管而升至上层塔板。

为了保证液体由降液管流出时不致受到很大阻力，进口堰与降液管间的水平距离 h_1 不应小于 h_0，即

$$h_1\geqslant h_0 \tag{4-13}$$

受液盘有平受液盘和凹形受液盘两种结构形式。对于 ϕ800mm 以上的大塔，目前多采用凹形受液盘，凹形受液盘结构如图 4-19(b) 所示。这种结构便于液体从侧线抽出，在液体

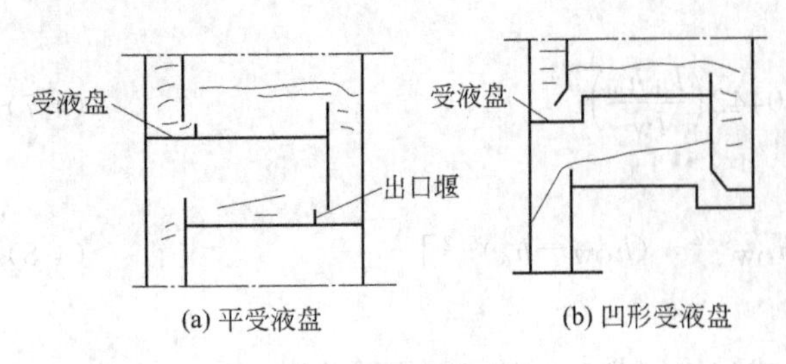

图 4-19　受液盘

流量低时仍能造成良好的液封，且有改变液体流向的缓冲作用。凹形受液盘的深度一般在 50mm 以上，有侧线时宜取深些。凹形受液盘不适于易聚合及有悬浮固体的情况，原因是易造成死角而堵塞。

(4) 塔板布置　塔板有整块式与分块式两种。直径在 800mm 以内的小塔采用整块式塔板；直径在 1200mm 以上的大塔通常采用分块式塔板，以便通过人孔装拆塔板；直径在 800～1200mm 时，可根据制造与安装具体情况，任意选用一种结构。

塔板面积可分为图 4-15 所示的四个区域。

① 鼓泡区　图 4-15 中虚线以内的区域为鼓泡区。塔板上气、液接触构件（浮阀）设置在此区域内，故此区为气、液传质的有效区域。

② 溢流区　降液管及受液盘所占的区域为溢流区。

③ 破沫区　鼓泡区与溢流区之间的区域为破沫区，也称安定区。此区域内不装浮阀，在液体进入降液管之前，设置这段不鼓泡的安定地带，以免液体大量夹带泡沫进入降液管。宽度 W_s 可按下述范围选取，即

当 $D<1.5$m 时，$W_s=60～75$mm；

当 $D>1.5$m 时，$W_s=80～110$mm；

直径小于 1m 的塔，W_s 可适当减小。

④ 无效区　无效区也称边缘区，因靠近塔壁的部分需要留出一圈边缘区域，以供支承塔板的边梁之用。宽带 W_c 视具体需要而定，小塔为 30～50mm，大塔可达 50～70mm。为防止液体经无效区流过而产生“短路”现象，可在塔板上沿塔壁设置挡板。

为便于设计及加工，塔板的结构参数已逐渐系列标准化。

(5) 浮阀的数目与排列　浮阀塔的操作性能以板上所有浮阀处于刚刚全开时的情况最好，这时塔板的压降及板上液体的泄漏都比较小，而操作弹性大。浮阀的开度与阀孔处气相的动压有关。综合实验结果得知，可采用由气体速度与密度组成的“动能因数”作为衡量气体流动时动压的指标。动能因数以 F 表示，俗称 F 因子。气体通过阀孔时的动能因数为

$$F_o=u_o\sqrt{\rho_V} \tag{4-14}$$

式中　F_o——气体通过阀孔的动能因数，$kg^{1/2}/(s\cdot m^{1/2})$；

u_o——气体通过阀孔时的速度，m/s；

ρ_V——气体密度，kg/m^3。

根据工业生产装置的数据，对 F1 型浮阀（重阀）而言，当板上所有浮阀刚刚全开时，F_o 的数值常在 9～12 之间。所以，设计时可在此范围内选择合适的 F_o 值，然后按下式计算阀孔气速，即

$$u_o=\frac{F_o}{\sqrt{\rho_V}} \tag{4-14a}$$

阀孔气速 u_o 与每层板上的阀孔数 N 的关系如下：

$$N=\frac{V_s}{\frac{\pi}{4}d_o^2u_o} \tag{4-15}$$

式中　V_s——上升气体的流量，m^3/s；

d_o——阀孔直径，$d_o=0.039$m。

浮阀在塔板鼓泡区内的排列有正三角形与等腰三角形两种方式，按照阀孔中心连线与液流方向的关系又有顺排和叉排之分，如图 4-20 所示。叉排时气、液接触效果较好，故一般都采用叉排。对整块式塔板，多采用正三角形叉排，孔心距 t 为 75～125mm；对于分块式塔板，宜采用等腰三角形叉排，此时常把同一横排的阀孔中心距 t 定为 75mm，而相邻两排间的中心距 t' 可取为 65mm、80mm、100mm 等几种尺寸。

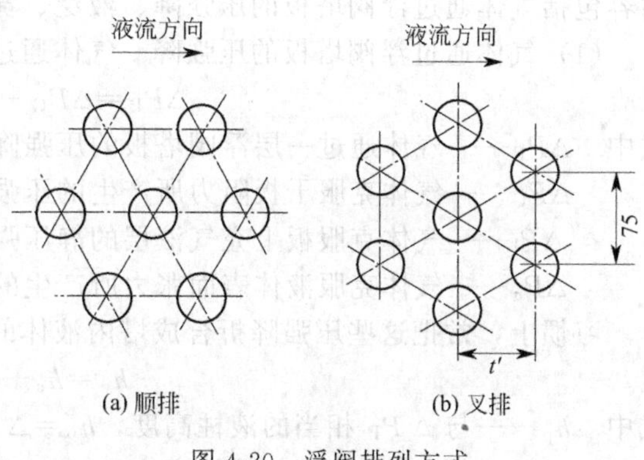

图 4-20　浮阀排列方式

分析鼓泡区内阀孔排列的几何关系可知，同一排的阀孔中心距 t 应符合以下关系：

等边三角形排列

$$t=d_o\sqrt{\frac{0.907A_a}{A_o}} \tag{4-16}$$

等腰三角形排列

$$t=\frac{A_a}{Nt'} \tag{4-17}$$

式中　A_o——阀孔总面积，$A_o=\dfrac{V_s}{u_o}$，m^2；

A_a——鼓泡区面积，m^2；

t——同一排的阀孔中心距，m；

t'——相邻两排阀孔中心线的距离，m；

N——阀孔总数。

对单溢流塔板，鼓泡区面积 A_a 可按下式计算（参见图 4-15），即

$$A_a=2\left[x\sqrt{R^2-x^2}+\frac{\pi}{180}R^2\arcsin\frac{x}{R}\right] \tag{4-18}$$

式中　$x=\dfrac{D}{2}-(W_d+W_s)$，m；

$R=\dfrac{D}{2}-W_c$，m；

$\arcsin\dfrac{x}{R}$是以角度数表示的反三角函数值。

根据已确定的孔距作图，确定排出鼓泡区内可以布置的阀孔总数。若此数与前面算得的浮阀数相近，则按此阀孔数目重算阀孔气速，并核算阀孔动能因子 F_0，如 F_0 仍在 9～12 范围内，即可认为作图得出的阀数能够满足要求。或者，根据已经算出的阀数及溢流装置尺寸等，用作图法求出所需塔径，若与初估塔径相符即为所求，否则应重新调整有关参数，使两者相符为止。

一层板上的阀孔总面积与塔截面积之比称为开孔率。开孔率也是空塔气速与阀孔气速之比。塔板的工艺尺寸计算完毕，应核算开孔率。对常压塔或减压塔开孔率在 10%～14%之间，对加压塔常小于 10%。

4.1.3.2　浮阀塔板的流体力学验算

塔板流体力学验算的目的在于检验初步设计的塔板能否在较高效率下正常操作。若验算中发现有不理想的地方，需对有关工艺尺寸进行调整，直到满足要求为止。流体力学验算的

内容包括气体通过浮阀塔板的压强降、液泛、雾沫夹带、漏液等。

(1) 气体通过浮阀塔板的压强降　气体通过一层浮阀塔板时的压强降为

$$\Delta P_P = \Delta P_C + \Delta P_l + \Delta P_\sigma \tag{4-19}$$

式中　ΔP_P——气体通过一层浮阀塔板的压强降，Pa；

ΔP_C——气体克服干板阻力所产生的压强降，Pa；

ΔP_l——气体克服板上充气液层的静压强所产生的压强降，Pa；

ΔP_σ——气体克服液体表面张力所产生的压强降，Pa。

习惯上，常把这些压强降折合成塔内液体的液柱高度表示，故上式又可写成

$$h_p = h_c + h_l + h_\sigma \tag{4-19a}$$

式中　h_p——与 ΔP_P 相当的液柱高度，$h_p = \Delta P_P/(\rho_L g)$，m(液柱)；

h_c——与 ΔP_C 相当的液柱高度，$h_c = \Delta P_C/(\rho_L g)$，m(液柱)；

h_l——与 ΔP_l 相当的液柱高度，$h_l = \Delta P_l/(\rho_L g)$，m(液柱)；

h_σ——与 ΔP_σ 相当的液柱高度，$h_\sigma = \Delta P_\sigma/(\rho_L g)$，m(液柱)。

① 干板阻力　气体通过浮阀塔板的干板阻力，在浮阀全部开启前后有着不同的规律。板上所有浮阀刚好全部开启时，气体通过阀孔的速度成为临界孔速，以 u_{oc} 表示。

对 F1 型重阀可用以下经验公式求取 h_c 值。

阀全开前（$u_o \leqslant u_{oc}$）

$$h_c = 19.9\frac{u_o^{0.175}}{\rho_L} \tag{4-20}$$

阀全开后（$u_o \geqslant u_{oc}$）

$$h_c = 5.34\frac{\rho_V}{2}\frac{u_o^2}{\rho_L g} \tag{4-21}$$

计算 h_c 时，可先将上二式联立而解出临界孔速 u_{oc}，即令

$$19.9\frac{u_{oc}^{0.175}}{\rho_L} = 5.34\frac{\rho_V u_{oc}^2}{2\rho_L g}$$

将 $g=9.81\mathrm{m/s}$ 代入，解得

$$u_{oc} = \sqrt[1.825]{\frac{73.1}{\rho_V}} \tag{4-21a}$$

然后将算出的 u_{oc} 与由式(4-14a) 算出的 u_o 相比较，便可选定式(4-20) 及式(4-21) 中的一个来计算与干板压降所相当的液柱高度 h_c。

② 板上充气液层阻力　一般用下面的经验公式计算 h_l 值，即

$$h_l = \varepsilon_0 h_L \tag{4-22}$$

式中，ε_0 是反映板上液层充气程度的因数，称为充气因数，量纲为 1。液相为水时，$\varepsilon_0=0.5$；为油时，$\varepsilon_0=0.2\sim0.35$；为碳氢化合物时，$\varepsilon_0=0.4\sim0.5$。

③ 液体表面张力所造成的阻力

$$h_\sigma = \frac{2\sigma}{h\rho_L g} \tag{4-23}$$

式中　σ——液体的表面张力，N/m；

h——浮阀的开度，m。

浮阀塔的 h_σ 值通常很小，计算时可以忽略。

一般来说，浮阀塔的压强降比筛板塔的大，比泡罩塔的小。据国内普查结果得知，常压和加压塔中每层浮阀塔板的压强降为 265～530Pa，减压塔为 200Pa 左右。

(2) 液泛　为使液体能由上层塔板稳定地流入下层塔板，降液管内必须维持一定高度的

液柱。降液管内的清液层高度H_d用来克服相邻两层塔板间的压强降、板上液层阻力和液体流过降液管的阻力。因此，H_d用下式表示：

$$H_d = h_p + h_L + h_d \tag{4-24}$$

式中，h_d为与液体流过降液管的压强降相当的液柱高度，m（液柱）。

式(4-24) 等号右端各项中，h_p可由式(4-19a) 计算，h_L为已知数。流体流过降液管的压强降主要是由降液管底隙处的局部阻力造成的，h_d可按下面的公式计算：

塔板上不设进口堰

$$h_d = 0.153\left(\frac{L_S}{l_W h_0}\right)^2 = 0.153\,(u_0')^2 \tag{4-25}$$

塔板上设有进口堰

$$h_d = 0.2\left(\frac{L_S}{l_W h_0}\right)^2 = 0.2\,(u_0')^2 \tag{4-26}$$

按式(4-24) 算出降液管中当量清液层高度H_d。实际降液管中液体和泡沫的总高度大于此值。为了防止液泛，应保证降液管中泡沫液体总高度不超过上层塔板的出口堰。为此

$$H_d \leqslant \Phi(H_T + h_W) \tag{4-27}$$

式中　Φ——系数，是考虑到降液管内充气及操作安全两种因素的校正系数。对于一般的物系，取 0.3～0.4；对不易发泡的物系，取 0.6～0.7。

(3) 雾沫夹带　通常用操作时的空塔气速与发生液泛时的空塔气速的比值作为估算雾沫夹带量的指标，此比值称为泛点百分数，或称泛点率。在下列泛点率数值范围内，一般可保证雾沫夹带量达到规定的指标，即$e_V < 0.1$kg(液)/kg(气)：

大塔　　泛点率<80%

直径 0.9m 以下的塔　　泛点率<70%

减压塔　　泛点率<75%

泛点率可按下面的经验公式计算，即

$$泛点率 = \frac{V_s\sqrt{\dfrac{\rho_V}{\rho_L - \rho_V}} + 1.36\,L_S\,Z_L}{K\,C_F\,A_b} \times 100\% \tag{4-28}$$

或

$$泛点率 = \frac{V_s\sqrt{\dfrac{\rho_V}{\rho_L - \rho_V}}}{0.78K\,C_F\,A_T} \times 100\% \tag{4-29}$$

上二式中　Z_L——板上液体流径长度，m。对单溢流塔板，$Z_L = D - 2W_d$，其中D为塔径，W_d为弓形降液管宽度；

A_b——板上液流面积，m^2。对单溢流塔板，$A_b = A_T - 2A_f$，其中A_T为塔截面积，A_f为弓形降液管截面积；

C_F——泛点负荷系数，可根据气相密度ρ_V及板间距H_T由图 4-21 查得；

K——物性系数，其值见表 4-4。

表 4-4　物性系数 K

系　　统	物性系数 K	系　　统	物性系数 K
无泡沫，正常系统	1.0	多泡沫系统（如胺及乙二胺吸收塔）	0.73
氟化物（如 BF_3，氟里昂）	0.9	严重发泡系统（如甲乙酮装置）	0.60
中等发泡系统（如油吸收塔、胺及乙二醇再生塔）	0.85	形成稳定泡沫的系统（如碱再生塔）	0.30

一般按式(4-28) 及式(4-29) 分别计算泛点率，取其中大者为验算的依据。若上二式之一

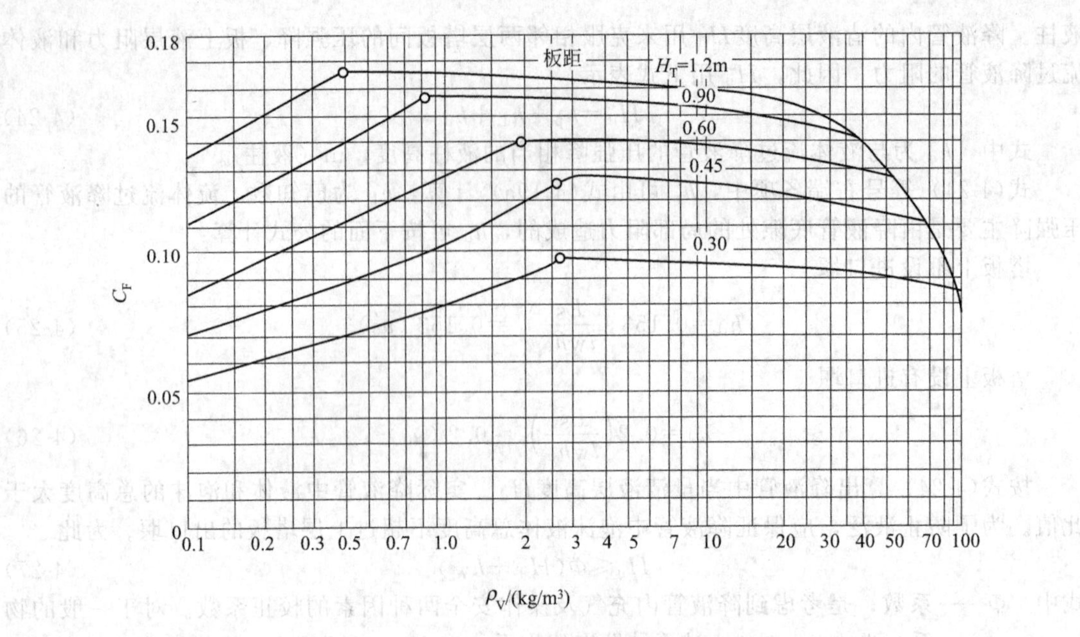

图 4-21 泛点负荷系数

算得的泛点率不在规定范围内，则应适当调整有关参数，如板间距、塔径等，并重新计算。

(4) 漏液 取阀孔动能因数 $F_o=5\sim6$ 作为控制漏液量的操作下限，此时，漏液量接近 10%。

流体力学验算结束后，还应绘出负荷性能图，计算塔板操作弹性。

【例 4-1】 拟建一浮阀塔用以分离苯-甲苯混合物，决定采用 F1 型浮阀（重阀），试根据以下条件做出浮阀塔（精馏段）的设计计算。

气相流量 $V_s=1.61\text{m}^3/\text{s}$，液相流量 $L_s=0.0056\text{m}^3/\text{s}$，气相密度 $\rho_V=2.78\text{kg/m}^3$，液相密度 $\rho_L=875\text{kg/m}^3$，物系表面张力 $\sigma=20.3\text{mN/m}$。

解： 1. 塔板工艺尺寸计算

(1) 塔径 欲求塔径应先求出空塔气速 u，而

$$u=(\text{安全系数})\times u_{max}$$

依式(4-3) 可知

$$u_{max}=C\sqrt{\frac{\rho_L-\rho_V}{\rho_V}}$$

式中，系数 C 可由史密斯关联图（见图 4-13）查出，横坐标的数值为

$$\frac{L_h}{V_h}\left(\frac{\rho_L}{\rho_V}\right)^{0.5}=\frac{0.0056}{1.61}\times\left(\frac{875}{2.78}\right)^{0.5}=0.0617$$

取板间距 $H_T=0.45\text{m}$，取板上液层高度 $h_L=0.07\text{m}$，则图中参数值为

$$H_T-h_L=0.45-0.07=0.38\text{m}$$

根据以上数值，由图 4-13 查得 $C_{20}=0.08$。因物系表面张力 $\sigma=20.3\text{mN/m}$，很接近 20mN/m，故无需校正，即 $C=C_{20}=0.08$，则

$$u_{max}=0.08\times\sqrt{\frac{875-2.78}{2.78}}=1.417\text{m/s}$$

取安全系数为 0.6，则空塔气速为

$$u=0.6u_{max}=0.6\times1.417=0.85\text{m/s}$$

塔径

$$D=\sqrt{\frac{4V_S}{\pi u}}=\sqrt{\frac{4\times1.61}{\pi\times0.85}}=1.553\text{m}$$

按标准塔径圆整为 $D=1.6\text{m}$，则

塔截面积 $$A_T=\frac{\pi}{4}D^2=\frac{\pi}{4}\times1.6^2=2.01\text{m}^2$$

实际空塔气速 $$u=1.61/2.01=0.801\text{m/s}$$

（2）溢流装置　选用单溢流弓形降液管，不设进口堰。各项计算如下：

① 堰长 $l_W=0.66D$，即

$$l_W=0.66\times1.6=1.056\text{m}$$

② 出口堰高 h_W：依式(4-5) 可知

$$h_W=h_L-h_{OW}$$

采用平直堰，堰上液层高度 h_{OW} 可依式(4-6) 计算，即

$$h_{OW}=\frac{2.84}{1000}E\left(\frac{L_h}{l_W}\right)^{2/3}$$

近似取 $E=1$，则可由列线图 4-17 查出 h_{OW} 值。

因 $l_W=1.056\text{m}$，$L_h=0.0056\times3600=20.2\text{m}^3/\text{h}$，由该图查得 $h_{OW}=0.02\text{m}$，则

$$h_W=0.05\text{m}$$

③ 弓形降液管宽度 W_d 和面积 A_f：用图 4-18 求取 W_d 及 A_f，因为

$$\frac{l_W}{D}=0.66$$

由该图查得：$\frac{A_f}{A_T}=0.0721$，$\frac{W_d}{D}=0.124$，则

$$A_f=0.0721\times2.01=0.145\text{m}^2$$

$$W_d=0.124\times1.6=0.199\text{m}$$

依式(4-10) 验算液体在降液管中停留时间，即

$$\theta=\frac{3600A_fH_T}{L_h}=\frac{A_fH_T}{L_s}=\frac{0.145\times0.45}{0.0056}=11.7\text{s}$$

停留时间 $\theta>5\text{s}$，故降液管尺寸可用。

④ 降液管底隙高度 h_0：依式(4-11) 可知

$$h_0=\frac{L_h}{3600l_Wu_0'}=\frac{L_s}{l_Wu_0'}$$

取降液管底隙处流体流速 $u_0'=0.13\text{m/s}$，则

$$h_0=\frac{0.0056}{1.056\times0.13}=0.041\text{m}\quad 取\ h_0=0.04\text{m}$$

（3）塔板布置及浮阀数目与排列　取阀孔动能因子 $F_o=10$，用式(4-14a) 求孔速 u_o，即

$$u_o=\frac{F_o}{\sqrt{\rho_V}}=\frac{10}{\sqrt{2.78}}=6\text{m/s}$$

根据式(4-15) 求每层塔板上的浮阀数，即

$$N=\frac{V_s}{\frac{\pi}{4}d_o^2u_o}=\frac{1.61}{\frac{\pi}{4}\times(0.039)^2\times6}=225$$

取边缘区宽度 $W_C=0.06\text{m}$，破沫区宽度 $W_s=0.10\text{m}$。依式(4-18) 计算塔板上的鼓泡区面积，即

$$A_a=2\left[x\sqrt{R^2-x^2}+\frac{\pi}{180}R^2\arcsin\frac{x}{R}\right]$$

$$R=\frac{D}{2}-W_C=\frac{1.6}{2}-0.06=0.74\text{m}$$

$$x=\frac{D}{2}-(W_d+W_s)=\frac{1.6}{2}-(0.199+0.10)=0.501\text{m}$$

$$A_a=2\times\left[0.501\times\sqrt{0.74^2-0.501^2}+\frac{\pi}{180^\circ}\times0.74^2\times\arcsin\frac{0.501}{0.74}\right]=1.36\text{m}^2$$

浮阀排列方式采用等腰三角形叉排。取同一横排的孔心距 $t=75\text{mm}=0.075\text{m}$，则可按式(4-17) 估算排间距 t'，即

$$t'=\frac{A_a}{Nt}=\frac{1.36}{225\times0.075}=0.08=80\text{mm}$$

考虑到塔的直径较大，必须采用分块式塔板，而各分块板的支撑与衔接也要占去一部分鼓泡区面积，因此排间距不宜采用 80mm，而应小于此值，故取 $t'=65\text{mm}=0.065\text{m}$。

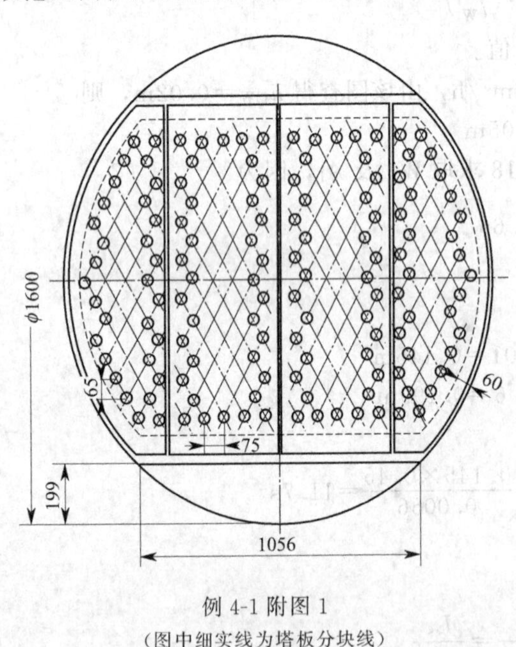

例 4-1 附图 1
(图中细实线为塔板分块线)

按 $t=75\text{mm}$、$t'=65\text{mm}$ 以等腰三角形叉排方式作图（见本例附图 1），排得阀数 228 个。

按 $N=228$ 重新核算孔速及阀孔动能因数：

$$u_o=\frac{1.61}{\frac{\pi}{4}\times(0.039)^2\times228}=5.91\text{m/s}$$

$$F_o=5.91\times\sqrt{2.78}=9.85$$

阀孔动能因数 F_o 变化不大，仍在 9～12 范围内。

$$\text{塔板开孔率}=\frac{u}{u_o}=\frac{0.801}{5.91}\times100\%=13.6\%$$

2. 塔板流体力学验算

(1) 气相通过浮阀塔板的压强降　可根据式(4-19a) 计算塔板压强降，即

$$h_p=h_c+h_1+h_\sigma$$

① 干板阻力：由式(4-21a) 计算，即

$$u_{oc}=\sqrt[1.825]{\frac{73.1}{\rho_V}}=\sqrt[1.825]{\frac{73.1}{2.78}}=6.0\text{m/s}$$

因 $u_o<u_{oc}$，故可按式(4-20) 计算干板阻力，即

$$h_c=19.9\frac{u_o^{0.175}}{\rho_L}=1.99\times\frac{(5.91)^{0.175}}{875}=0.031\text{m(液柱)}$$

② 板上充气液层阻力：本设备分离苯和甲苯的混合液，即液相为碳氢化合物，可取充气系数 $\varepsilon_0=0.5$。依式(4-22) 可知

$$h_1=\varepsilon_0h_L=0.5\times0.07=0.035\text{m(液柱)}$$

③ 液体表面张力所造成的阻力：此阻力很小，忽略不计。

因此，与气体流经一层浮阀塔板的压强降所相当的液柱高度为

$$h_p=0.031+0.035=0.066\text{m(液柱)}$$

则　　单板压降 $\Delta p_p=h_p\rho_Lg=0.066\times875\times9.81=567\text{Pa}$

(2) 淹塔　为了防止淹塔现象的发生，要求控制降液管中清液层高度，$H_d\leqslant\phi(H_T+h_W)$。$H_d$ 可用式(4-24) 计算，即

$$H_d=h_p+h_L+h_d$$

① 与气体通过塔板的压强降所相当的液柱高度h_p前已算出

$$h_p=0.066\text{m(液柱)}$$

② 液体通过降液管的压头损失：因不设进口堰，故按式(4-25) 计算，即

$$h_d=0.153\left(\frac{L_s}{l_W h_0}\right)^2=0.153\times\left(\frac{0.0056}{1.056\times0.04}\right)^2=0.00269\text{m(液柱)}$$

③ 板上液层高度：前已选定板上液层高度为

$$h_L=0.070\text{m}$$

则 $$H_d=0.066+0.070+0.00269=0.139\text{m}$$

取$\phi=0.5$，又已选定$H_T=0.45\text{m}$，$h_W=0.05\text{m}$。则

$$\phi(H_T+h_W)=0.5\times(0.45+0.05)=0.25\text{m}$$

可见$H_d<\phi(H_T+h_W)$，符合防止淹塔的要求。

(3) 雾沫夹带　按式(4-28) 及式(4-29) 计算泛点率，即

$$泛点率=\frac{V_s\sqrt{\dfrac{\rho_V}{\rho_L-\rho_V}}+1.36L_s Z_L}{KC_F A_b}\times100\%$$

及 $$泛点率=\frac{V_s\sqrt{\dfrac{\rho_V}{\rho_L-\rho_V}}}{0.78KC_F A_T}\times100\%$$

板上液体流经长度　$Z_L=D-2W_d=1.60-2\times0.199=1.202\text{m}$

板上液流面积　$A_b=A_T-2A_f=2.01-2\times0.145=1.72\text{m}^2$

苯和甲苯为正常系统，可按表 4-4 取物性系数$K=1.0$，又由图 4-21 查得泛点负荷系数$C_F=0.126$，将以上数值代入式(4-28)，得

$$泛点率=\frac{1.61\times\sqrt{\dfrac{2.78}{875-2.78}}+1.36\times0.0056\times1.202}{1.0\times0.126\times1.72}\times100\%=46.2\%$$

又按式(4-29) 计算泛点率，得

$$泛点率=\frac{1.61\times\sqrt{\dfrac{2.78}{875-2.78}}}{0.78\times1.0\times0.126\times2.01}\times100\%=46.0\%$$

根据式(4-28) 及式(4-29) 计算出的泛点率都在 80%以下，故可知雾沫夹带量能够满足$e_V<0.1$kg(液)/kg(气) 的要求。

3. 塔板负荷性能图

(1) 雾沫夹带线　依式(4-28) 做出，即

$$泛点率=\frac{V_s\sqrt{\dfrac{\rho_V}{\rho_L-\rho_V}}+1.36L_s Z_L}{KC_F A_b}$$

按泛点率为 80%计算如下：

$$\frac{V_s\sqrt{\dfrac{2.78}{875-2.78}}+1.36L_s\times1.202}{0.126\times1.72}=0.80$$

整理得 $$0.0565V_s+1.635L_s=0.1734$$

或 $$V_s=3.07-28.9L_s \quad (1)$$

由式(1) 知雾沫夹带线为直线，则在操作范围内任取两个L_s值，依式(1) 算出相应的V_s值列于本例附表1中。据此，可做出雾沫夹带线(1)。

例 4-1 附表 1

$L_s/(m^3/s)$	0.002	0.010
$V_s/(m^3/s)$	3.01	2.78

(2) 液泛线　联立式(4-19a)、式(4-25) 及式(4-27)，得

$$\phi(H_T+h_W)=h_p+h_L+h_d=h_c+h_1+h_\sigma+h_L+h_d$$

由上式确定液泛线。忽略式中h_σ，将式(4-21)、式(4-22)、式(4-5)、式(4-6) 及式(4-29) 代入上式，得

$$\phi(H_T+h_W)=5.34\frac{\rho_V}{\rho_L}\frac{u_o^2}{2g}+0.153\left(\frac{L_s}{l_W h_0}\right)^2+(1+\varepsilon_0)\left[h_W+\frac{2.84}{1000}E\left(\frac{3600L_s}{l_W}\right)^{2/3}\right]$$

因物系一定，塔板结构尺寸一定，则H_T、h_W、h_0、l_W、ρ_V、ρ_L、ε_0及ϕ等均为定值，而u_o与V_s又有如下关系，即

$$u_o=\frac{V_s}{\frac{\pi}{4}d_o^2N}$$

式中阀孔数N与孔径d_o亦为定值，因此可将上式简化成V_s与L_s的如下关系式：

$$aV_s^2=b-cL_s^2-dL_s^{2/3}$$

即

$$0.01167V_s^2=0.175-85.75L_s^2-0.965L_s^{2/3}$$

或

$$V_s^2=15.0-7348L_s^2-82.69L_s^{2/3} \tag{2}$$

在操作范围内任取若干个L_s值，依式(2) 计算出相应的V_s值列于本例附表2中。

例 4-1 附表 2

$L_s/(m^3/s)$	0.001	0.005	0.009	0.013
$V_s/(m^3/s)$	3.76	3.52	3.29	3.03

据表中数据做出液泛线(2)。

(3) 液相负荷上限线　液体的最大流量应保证在降液管中停留时间不低于3～5s。依式(4-10) 可知液体在降液管内停留时间为

$$\theta=\frac{3600A_f H_T}{L_h}=3\sim5s$$

以$\theta=5s$作为液体在降液管中停留时间的下限，则

$$(L_s)_{max}=\frac{A_f H_T}{5}=\frac{0.145\times0.45}{5}=0.013m^3/s \tag{3}$$

求出上限液体的流量L_S值(常数)。在V_s-L_s图上液相负荷上限线为与气体流量V_s无关的竖直线(3)。

(4) 漏液线　对于F1型重阀，依$F_o=u_o\sqrt{\rho_V}=5$计算，则$u_o=\frac{5}{\sqrt{\rho_V}}$。又知

$$V_s=\frac{\pi}{4}d_o^2Nu_o$$

则得

$$V_s=\frac{\pi}{4}d_o^2N\frac{5}{\sqrt{\rho_V}}$$

以$F_o=5$作为规定气体最小负荷的标准，则

$$(V_s)_{min}=\frac{\pi}{4}d_o^2\ Nu_o=\frac{\pi}{4}d_o^2N\frac{F_o}{\sqrt{\rho_V}}=\frac{\pi}{4}\times0.039^2\times228\times\frac{5}{\sqrt{2.78}}=0.817\text{m}^3/\text{s} \qquad (4)$$

据此作出与液体流量无关的水平漏液线（4）。

（5）液相负荷下限线　取堰上液层高度$h_{OW}=0.006$m 作为液相负荷下限条件，依h_{OW}的计算式(4-6) 计算出L_s 的下限值，依此做出液相负荷下限线，该线为与气相流量无关的竖直线（5）。

$$\frac{2.84}{1000}E\left[\frac{3600(L_s)_{min}}{l_W}\right]^{2/3}=0.006$$

取 $E=1$，则

$$(L_s)_{min}=\left(\frac{0.006\times1000}{2.84\times1}\right)^{3/2}\frac{l_W}{3600}=\left(\frac{0.006\times1000}{2.84}\right)^{3/2}\times\frac{1.056}{3600}=0.0009\text{m}^3/\text{s} \qquad (5)$$

根据本题附表 1、2 及式(3)～式(5) 可分别做出塔板负荷性能图上的（1）、(2)、(3)、(4) 及（5）共五条线，见本例附图 2。

由塔板负荷性能图可以看出：

① 任务规定的气、液负荷下的操作点 P（设计点），处在适宜操作区内的适中位置。

② 塔板的气相负荷上限由雾沫夹带控制，操作下限由漏液控制。

③ 按照规定的液气比，由本例附图 2 查出塔板的气相负荷上限$(V_s)_{max}=2.8\text{m}^3/\text{s}$，气相负荷下限 $(V_s)_{min}=0.817\ \text{m}^3/\text{s}$，所以

$$操作弹性=\frac{2.8}{0.817}=3.43$$

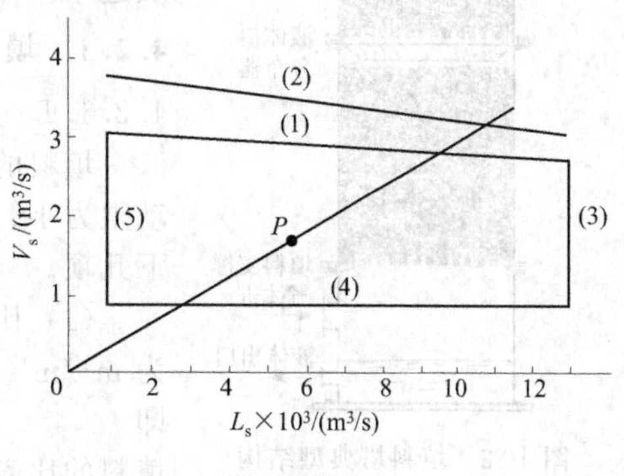

例 4-1 附图 2

现将计算结果汇总列于本题附表 3 中。

例 4-1 附表 3　浮阀塔板工艺设计计算结果

项　目	数值及说明	备　注
塔径 D/m	1.60	
板间距H_T/m	0.45	
塔板形式	单溢流弓形降液管	分块式塔板
空塔气速 u/(m/s)	0.801	
堰长l_W/m	1.056	
堰高h_W/m	0.05	等腰三角形叉排
板上液层高度h_L/m	0.07	
降液管底隙高度h_0/m	0.04	
浮阀数 N/个	228	
阀孔气速u_o/(m/s)	5.91	
阀孔动能因数F_o	9.85	
临界阀孔气速u_{oc}/(m/s)	6.0	
孔心距 t/m	0.075	
排间距t'/m	0.065	指同一横排的孔心距
单板压降 Δp_p/Pa	567	指相邻二横排的中心线距离
液体在降液管内停留时间 θ/s	11.7	
降液管内清液层高度H_d/m	0.139	雾沫夹带控制
泛点率/%	46.2	
气相负荷上限$(V_s)_{max}$/(m³/s)	2.8	漏液控制
气相负荷下限$(V_s)_{min}$/(m³/s)	0.817	
操作弹性	3.43	

4.2 填料塔

填料塔内连续填装各种类型的填料，如拉西环、鲍尔环、波纹板等，塔底有气体或蒸气的进口及分配空间，其上为填料的支承——常用大空隙率的栅板；塔顶设有液体分布装置，使液体尽可能均匀地喷淋在填料层的顶部。

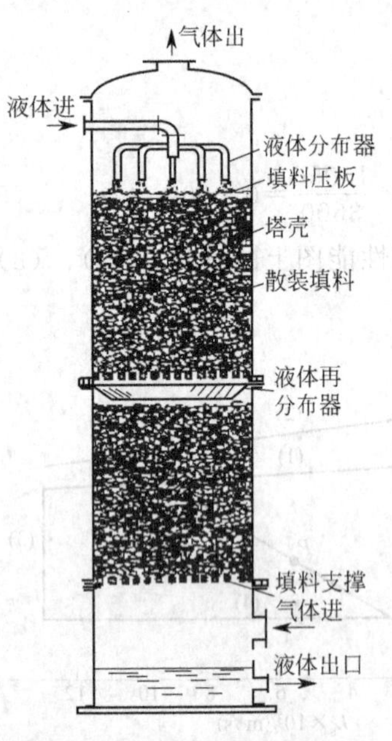

图 4-22 填料塔典型结构

通常情况操作时，气液两相一般为逆流流动，液体作为分散相，依靠重力作用自上而下流动，而气体依靠压强差的作用自下而上流经全塔，如图 4-22 所示。填料表面被下流液体润湿，润湿液膜表面与上升气流达到连续微分接触传质，故称填料塔为连续接触式（微分式）气液传质设备。气液逆流操作方式可以获得最大的传质推动力，因而能有效提高传质速率。

4.2.1 填料的特性参数及主要类型

4.2.1.1 填料特性参数

填料的一般要求是比表面积大、空隙率大、对气体的流动阻力小、耐腐蚀及机械强度高。表示填料特性的参数有以下几项。

(1) 比表面积 σ 指单位填料层提供的填料表面积，单位为 m^2/m^3。

即 σ=填料层表面积(m^2)/填料层体积(m^3)

填料的比表面积越大，所能提供的气液传质面积越大。同一种类的填料，尺寸越小，则比表面积越大。

(2) 空隙率 ε 指单位体积填料层的空隙体积，单位为 m^3/m^3。

即 ε=填料层空隙体积(m^3)/填料层体积(m^3)

填料的空隙率大，气液通过能力大且气体流动阻力小。

(3) 填料因子 ϕ 填料因子表示填料的流体力学性能。

① 干填料因子 指无液体喷淋时，将 σ 与 ε 组合成 σ/ε^3 的形式，称为干填料因子，单位为 1/m。

② 湿填料因子（以后简称填料因子）ϕ 当填料被喷淋的液体润湿后，填料表面覆盖了一层液膜，σ 与 ε 均发生相应的变化，此时 σ/ε^3 称为湿填料因子，以 ϕ 表示，单位为 1/m。ϕ 代表实际操作时填料的流体力学特性，故进行填料塔计算时，应采用液体喷淋条件下实测的湿填料因子。ϕ 值小，表明流动阻力小，液泛速度可以提高。

在选择填料时，一般要求比表面积及空隙率要大，填料的润湿性能好，单位体积填料的质量轻，造价低，并有足够的机械强度。若 σ 增大，即气液两相接触面积增加时，则有利于传质。

4.2.1.2 填料主要类型

填料塔的性能主要取决于填料的类型。填料有很多种形式，一般分为两大类，一类是个体填料如拉西环、鲍尔环、鞍形环等；另一类是规整填料，如栅板、θ 网环、波纹填料等。根据操作流体的不同，可分别选用陶瓷、金属、塑料、玻璃、石墨等材料的填料。图 4-23 给出了几种常见填料的示意图。近年来还研制出了阶梯斜壁形、套筒式、脉冲式及直通式等许多新型填料，它们不仅价格低廉，而且性能良好。

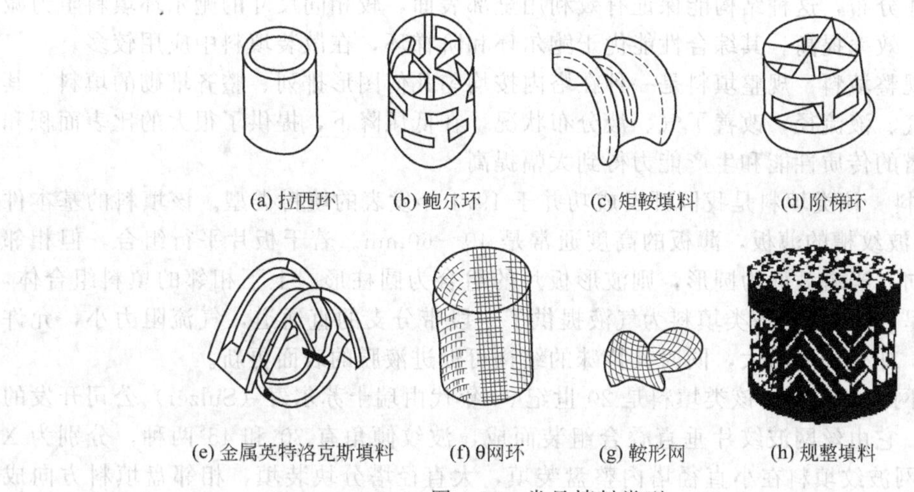

(a) 拉西环　(b) 鲍尔环　(c) 矩鞍填料　(d) 阶梯环

(e) 金属英特洛克斯填料　(f) θ网环　(g) 鞍形网　(h) 规整填料

图 4-23　常见填料类型

(1) 常见个体填料

① 拉西环　拉西环填料于 1914 年由拉西（F. Rashching）发明，为外径与高度相等的圆环，如图 4-23(a) 所示。在强度允许的条件下，壁厚应尽量减薄，以提高空隙率及降低堆积密度。一般直径在 75mm 以下的拉西环采用乱堆方式，使装卸方便，但气体阻力较大；直径大于 100mm 的拉西环多采用整砌方式，以降低流动阻力。拉西环形状简单，制造容易，对其流体力学和传质特性的研究较为充分，是最早使用的一种填料。但拉西环存在严重的沟流及壁流现象，气液分布较差，传质效率低，阻力大，通量小，目前工业上已较少应用。

② 鲍尔环　如图 4-23(b) 所示，鲍尔环是对拉西环的改进，即在拉西环的侧壁上开出两排长方形的窗孔，被切开的环壁一侧仍与壁面相连，另一侧向环内弯曲，在环中心相搭。鲍尔环由于环壁开孔，大大提高了环内空间及环内表面的利用率，气流阻力小，液体分布均匀。与拉西环相比，鲍尔环的气体通量可增加 50%以上，在相同气速下，鲍尔环填料的压强降仅为拉西环的一半。又由于鲍尔环上的两排窗孔交错排列，气体流动通畅，避免了液体严重的沟流及壁流现象。因此，传质效率比拉西环提高 30%左右，操作弹性大，目前在工业上是一种应用较广的填料。

③ 阶梯环　阶梯环是在鲍尔环的基础上改进而发展起来的一种新型填料。如图 4-23(d) 所示，其高度比鲍尔环减少了一半，并在一端设置成喇叭口形。由于高径比减少，使得气体绕填料外壁的平均路径大为缩短，减少了气体通过填料层的阻力，同时锥形边增加了填料间的空隙，可以促进液膜的表面更新，有利于传质效率的提高。阶梯环填料具有气体通量大、流动阻力小、传质效率高等优点，成为目前所使用环形填料中最为优良的一种。

④ 矩鞍填料　矩鞍填料属于敞开型填料，如图 4-23(c) 所示。敞开型填料的特点是：表面全部敞开，不分内外，液体在表面两侧均匀流动，表面利用率高，气体流动阻力小，制造方便。矩鞍填料将类似于马鞍形状的两端弧形面改为矩形面，且两面大小不等，即称为矩鞍填料，矩鞍填料堆积时不会套叠，液体分布较均匀。矩鞍填料一般采用瓷质材料制成，其性能优于拉西环。目前，国内绝大多数应用瓷拉西环的场合，均已被瓷矩鞍填料所取代。与其性能类似的还有弧鞍填料。

⑤ 金属环矩鞍填料　环矩鞍填料（国外称为 Intalox）是兼顾环形和鞍形结构特点而设计出的一种新型填料，该填料一般以金属材质制成，故又称为金属环矩鞍填料，如图 4-23(e) 所示。环矩鞍填料将环形填料和鞍形填料两者的优点集于一体，填料层内流通孔道增

多，改进了液体分布，这种结构能保证有效利用全部表面，较相同尺寸的鲍尔环填料阻力减小，通量增大，效率提高。其综合性能优于鲍尔环和阶梯环，在散装填料中应用较多。

（2）常见规整填料　规整填料是一种在塔内按均匀几何图形排列、整齐堆砌的填料。其特点是规定了气、液流径，改善了气、液分布状况，在低压降下，提供了很大的比表面积和高孔隙率，使塔的传质性能和生产能力得到大幅提高。

① 波纹填料　该类填料是我国开发成功并于1971年发表的填料类型。该填料的基本件是冲压出45°斜波纹槽的薄板，薄板的高度通常是40～60mm。若干板片平行组合，但相邻薄板的波纹反向。当塔截面为圆形，则波形板片的组合为圆柱形。上下相邻的填料组合体，其薄板方向互呈90°交错。该类填料为气液提供了一段带分支的直通道，气流阻力小，允许操作气速较大，即处理能力大，同时其特殊的结构可促进液膜的表面更新。

② 金属丝网波纹填料　该类填料是20世纪60年代由瑞士苏尔寿（Sulzer）公司开发的一种规整填料，它由丝网波纹片垂直叠合组装而成，波纹倾角有30°和45°两种，分别为X型和Y型。丝网波纹填料在小直径塔内整盘装填，大直径塔分块装填，相邻盘填料方向成90°安装。常用的金属丝网填料有BX和CY两种，其中BX型的综合性能比CY型好。金属丝网波纹填料广泛应用于难分离物系，但其造价高，抗污能力差，难以清洗。

表4-5及表4-6摘录了几种常用填料的特性数据，供选用时参考。

表4-5　常用散装填料的特性参数

填料类型	公称直径 D_N/mm	外径×高×厚 $d\times h\times\delta$/mm	比表面积 σ/(m²/m³)	空隙率 ε/%	个数 n/m⁻³	堆积密度 ρ_p/(kg/m³)	干填料因子 ϕ/m⁻¹
金属拉西环	25	25×25×0.8	220	95	55000	640	257
	38	38×38×0.8	150	93	19000	570	186
	50	50×50×1.0	110	92	7000	430	141
金属鲍尔环	25	25×25×0.5	219	95	51940	393	255
	38	38×38×0.6	146	95.9	15180	318	165
	50	50×50×0.8	109	96	6500	314	124
	76	76×76×1.2	71	96.1	1830	308	80
聚丙烯鲍尔环	25	25×25×1.2	213	90.7	48300	85	285
	38	38×38×1.44	151	91.0	15800	82	200
	50	50×50×1.5	100	91.7	6300	76	130
	76	76×76×2.6	72	92.0	1830	73	92
金属阶梯环	25	25×12.5×0.5	221	95.1	98120	383	257
	38	38×19×0.6	153	95.9	30040	325	173
	50	50×25×0.8	109	96.1	12340	308	123
	76	76×38×1.2	72	96.1	3540	306	81
塑料阶梯环	25	25×12.5×1.4	228	90	81500	97.8	312
	38	38×19×1.0	132.5	91	27200	57.5	175
	50	50×25×1.5	114.2	92.7	10740	54.8	143
	76	76×38×3.0	90	92.9	3420	68.4	112
金属环矩鞍	25(铝)	25×20×0.6	185	96	101160	119	209
	38	38×30×0.8	112	96	24680	365	126
	50	50×40×1.0	74.9	96	10400	291	84
	76	76×60×1.2	57.6	97	3320	244.7	63

4.2.1.3　填料的选择

填料的选择包括选择填料的种类、规格（尺寸）和材质三方面内容。选择的依据是分离工艺的要求、被处理物料的性质、各种填料本身的特性。应尽量选用技术资料齐备、适用性能成熟的新型填料。对性能相近的填料，应通过技术经济评价来确定，使设备的投资和操作费用之和最低。

应该指出，一座填料塔，可以选用同种类型、同种规格的填料，也可选用同种类型、不同规格的填料，还可选用不同类型的填料；有的塔段选用规整填料，有的塔段则选用散装填料。设计时应灵活掌握，达到技术上可行、经济上合理的要求。

表 4-6　常用规整填料的性能参数

填料类型	型号	理论板数 $N_T/(1/m)$	比表面积 $\sigma/(m^2/m^3)$	空隙率 $\varepsilon/\%$	液体负荷 $U/[m^3/(m^2 \cdot h)]$	最大 F 因子 F_{max} $/[m/s(kg/m^3)^{0.5}]$	压降 $\Delta p/(MPa/m)$
金属孔板波纹填料	125Y	1～1.2	125	98.5	0.2～100	3	2.0×10^{-4}
	250Y	2～3	250	97	0.2～100	2.6	3.0×10^{-4}
	350Y	3.5～4	350	95	0.2～100	2.0	3.5×10^{-4}
	500Y	4～4.5	500	93	0.2～100	1.8	4.0×10^{-4}
	700Y	6～8	700	85	0.2～100	1.6	4.6×10^{-4}～6.6×10^{-4}
	125X	0.8～0.9	125	98.5	0.2～100	3.5	1.3×10^{-4}
	250X	1.6～2	250	97	0.2～100	2.8	1.4×10^{-4}
	350X	2.3～2.8	350	95	0.2～100	2.2	1.8×10^{-4}
金属丝网波纹填料	BX	4～5	500	90	0.2～20	2.4	1.97×10^{-4}
	BY	4～5	500	90	0.2～20	2.4	1.99×10^{-4}
	CY	8～10	700	87	0.2～20	2.0	4.6×10^{-4}～6.6×10^{-4}
塑料孔板波纹填料	125Y	1～2	125	98.5	0.2～100	3	2×10^{-4}
	250Y	2～2.5	250	97	0.2～100	2.6	3×10^{-4}
	350Y	3.5～4	350	95	0.2～100	2.0	3×10^{-4}
	500Y	4～4.5	500	93	0.2～100	1.8	3×10^{-4}
	125X	0.8～0.9	125	98.5	0.2～100	3.5	1.4×10^{-4}
	250X	1.5～2	250	97	0.2～100	2.8	1.8×10^{-4}
	350X	2.3～2.8	350	95	0.2～100	2.2	1.3×10^{-4}
	500X	2.8～3.2	500	93	0.2～100	2.0	1.8×10^{-4}

4.2.2 填料塔的流体力学特性

填料塔的流体力学性能包括持液量、填料层的压强降、液泛及填料的润湿性能等。

4.2.2.1 填料层的持液量

持液量是指在一定的操作条件下，单位体积填料层中填料表面和填料的空隙中积存的液体体积，即 m^3（液体）/m^3（填料层）。持液量可分为静持液量 H_S、动持液量 H_O 和总持液量 H_t。总持液量 H_t 为静持液量与动持液量之和，即

$$H_t = H_S + H_O \tag{4-30}$$

其中，静持液量是指当填料被充分润湿后，停止气液两相进料后，并经适当时间的排液，直至无滴液时仍存留于填料层中的液体的体积。静持液量只取决于填料和流体的特性，与气液负荷无关；而动持液量是指填料塔停止气液两相进料时流出的液量，它与填料、液体特性及气液负荷有关。

填料层的持液量可由实验测出，也可由经验公式计算。一般来说，适当的持液量对填料塔的操作稳定性和传质是有益的，但持液量过大，将减少填料层的空隙，使气相的压降增大，处理能力下降。

4.2.2.2 填料塔的压降

对于气液逆流接触的填料塔的操作，当液体的流量一定时，随着气速的提高，气体通过填料层的压力损失（体现为压降）也不断提高。压降是填料塔设计中的重要参数，气体通过填料层的压降的大小决定了塔的动力消耗。由于压降与气、液流量有关，将不同喷淋量下的

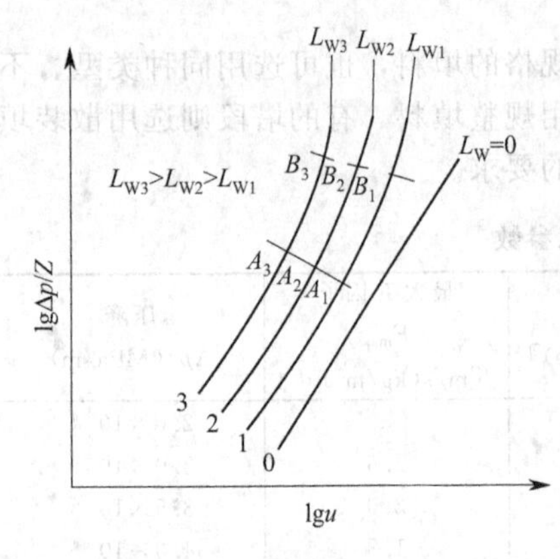

图 4-24　填料塔压降与空塔气速的关系

单位高度填料层的压降 $\Delta p/Z$ 与空塔气速 u 的实测数据标绘在对数坐标纸上，可得如图 4-24 所示的线簇。各类填料的图线大致如此。

如图 4-24 所示，当 $L_W=0$ 时，即无液体喷淋（又称干填料线）时，$\Delta p/Z$ 与 u 成直线关系，其斜率为 1.8～2.0，如图 4-24 中的直线 0 所示；当有液体喷淋时（图中曲线 1、2、3 对应的液体喷淋量依次增大），曲线都有两个转折点：第一个折点——载点；第二个折点——泛点。载点和泛点将 $\Delta p/Z$ 与 u 关系曲线分成三段，即恒持液量区、载液区和液泛区。

(1) 恒持液量区　当气速较低时，液体在填料层内向下流动几乎与气速无关。在恒定的喷淋量下，填料表面上覆盖的液膜层厚度不变，因而填料层的持液量不变，故称为恒持液量区。由于液体在填料空隙中流动时，占据一定的塔内空间，使气体的真实速度比通过干填料层时的真实速度高，因而压降也较大。此区域的 $\Delta p/Z$-u 线在干填料线的左侧，且两线相互平行。

(2) 载液区　随着气速的增大，上升气流与下降液体间的摩擦力开始阻碍液体下流，使填料层的持液量随气速的增加而增加，此种现象称为拦液现象。开始发生拦液现象时的空塔气速称为载点气速。超过载点气速后，$\Delta p/Z$ 与 u 关系线的斜率大于 2。

(3) 液泛区　如果气速继续增大，由于液体不能顺利下流，而使填料层内持液量不断增多，以致几乎充满了填料层中的空隙，此时压降急剧升高，$\Delta p/Z$-u 线的斜率可达 10 以上。压降曲线近于垂直上升的转折点称为泛点。达到泛点时的空塔气速称为液泛气速或泛点气速。

4.2.2.3　*液泛*

在泛点气速下，持液量的增多使液相由分散相变为连续相，而气相则由连续相变为分散相，此时气体呈气泡形式通过液层，气流出现脉动，液体被大量地带到塔顶甚至出塔，塔的操作极不稳定，甚至被完全破坏，这种情况称为填料塔的液泛现象。泛点气速就是开始发生液泛现象时的空塔气速，以 u_{max} 表示。

一般认为正常操作的空塔气速 u 应在载点气速之上，在泛点气速 u_{max} 的 0.8 倍以下，但到达载点时的症状不明显，而到达泛点气速时，塔内气液的接触状况被破坏，现象十分明显，易于辨认。由于液泛是塔设备正常操作的极限，必须坚决避免发生，故应计算出液泛气速作为操作气速的上限，再核算出合理的正常操作气速。

目前工程设计中广泛采用埃克特（Eckert）通用关联图来计算填料塔内的气体压降和泛点气速。如图 4-25 所示，在最上方的弦栅、整砌拉西环线下方，就是乱堆填料的泛点线，与泛点线相对应的纵坐标中的空塔气速则为空塔液泛气速 u_{max}，若已知气、液两相流量比及各自的密度，则可计算出图中的横坐标数值，由此点作垂线与泛点线相交，再由交点的纵坐标数值求得泛点气速 u_{max}。

在乱堆填料泛点线下面的线群则为各种乱堆填料的压降线，若已知气、液两相流量比及各相的密度，可根据规定的压降，求其相应的空塔气速，反之，根据选定的实际操作气速可求出对应的压降。

埃克特通用关联图适用于各种乱堆填料，如拉西环、鲍尔环、弧鞍、矩鞍等，但需确知填料的 ϕ 值。

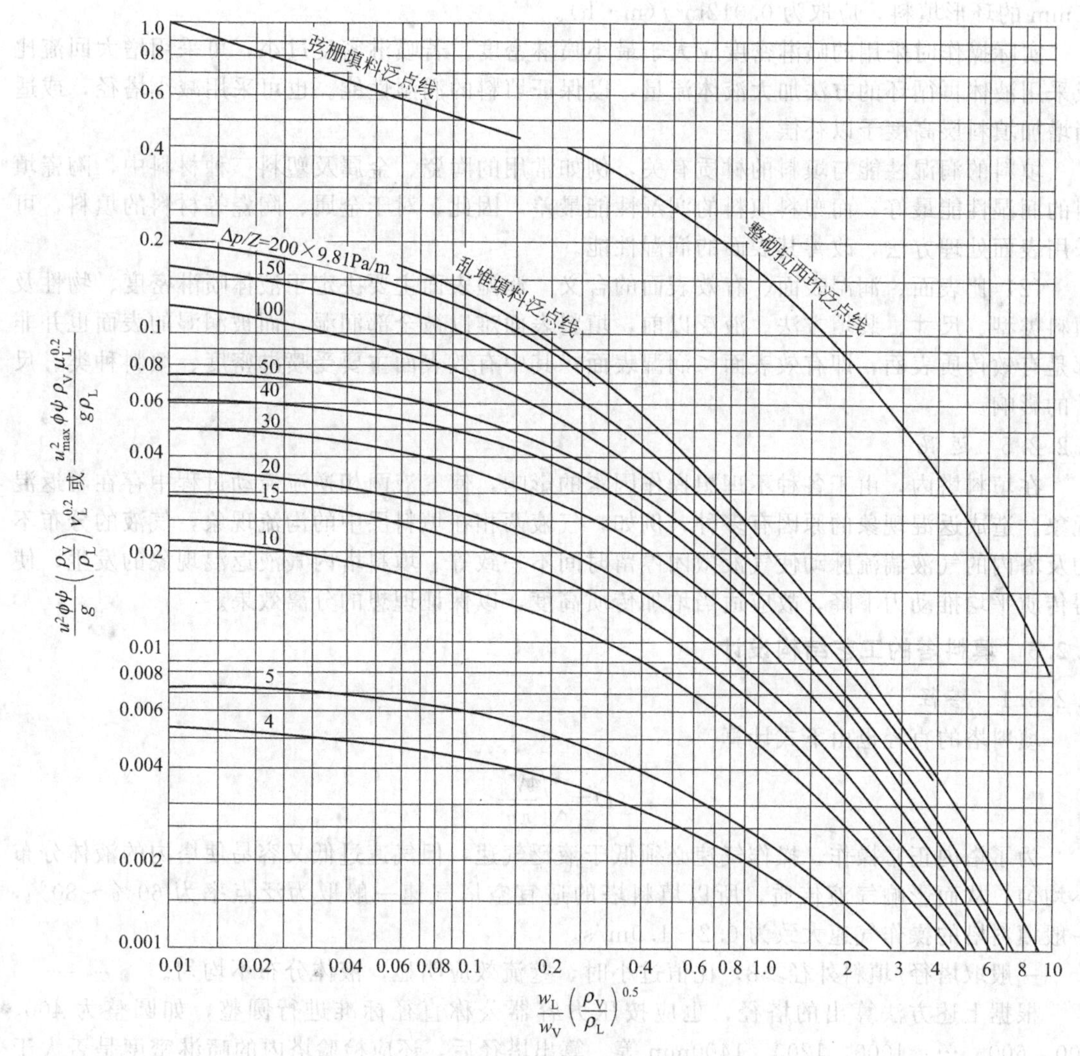

图 4-25　埃克特通用关联图

u_{max}—泛点气速，m/s；u—空塔气速，m/s；g—重力加速度，m/s²；ϕ—填料因子，1/m；ψ—液体密度校正系数，等于水的密度与液体密度之比，即 $\psi=\frac{\rho_水}{\rho_L}$；$\rho_L$，$\rho_V$—液体与气体的密度，kg/m³；$\mu_L$—液体的黏度，mPa·s；$w_L$，$w_V$—液相及气相的质量流量，kg/s

4.2.2.4　液体的喷淋密度与填料的润湿性能

（1）液体喷淋密度与润湿速率　填料塔中气、液两相间的传质主要是在填料表面流动的液膜上进行的，因此，传质效率就与填料的润湿性能密切相关。为使填料能获得良好的润湿，应使塔内液体的喷淋量不低于最小喷淋密度。所谓液体的喷淋密度是指单位时间内单位塔截面上喷淋的液体体积，最小喷淋密度能维持填料的最小润湿速率，它们之间的关系为：

$$U_{min}=(L_W)_{min}\sigma \tag{4-31}$$

式中　U_{min}——最小喷淋密度，m³/(m²·h)；

$(L_W)_{min}$——最小润湿速率，m³/(m·h)；

σ——填料的比表面积，m²/m³。

润湿速率是指在塔的横截面上，单位长度的填料周边上液体的体积流量。对于直径不超过 75mm 的拉西环及其他填料，可取最小润湿速率为 0.08m³/(m·h)；对于直径大于

75mm 的环形填料，应取为 0.012m^3/(m·h)。

实际操作时采用的喷淋密度应大于最小喷淋密度。若喷淋密度过小，可采用增大回流比或采用液体再循环的方法加大液体流量，以保证填料的润湿性能。也可采用减小塔径，或适当增加填料层高度予以补偿。

填料的润湿性能与填料的材质有关，例如常用的陶瓷、金属及塑料三种材料中，陶瓷填料的润湿性能最好，而塑料填料的润湿性能最差。因此，对于金属、陶瓷等材料的填料，可采用表面处理方法，改善其表面的润湿性能。

(2) 比表面、润湿表面、有效表面的含义　润湿表面主要决定于液体喷淋密度、物性及填料类型、尺寸、装填方法。液泛以前，填料表面难以被全部润湿，而被润湿的表面也并非都是有效传质表面，即有效表面＜润湿表面；其中有效表面主要受喷淋密度、填料种类、尺寸的影响。

4.2.2.5　返混

在填料塔内，由于各种不理想操作因素的影响，使气液两相逆流流动过程中存在着返混现象。造成返混现象的原因有多种，例如，气液两相在填料层中的沟流现象，气液的分布不均及塔内的气液湍流脉动使气液微团停留时间不一致等。填料塔内气液返混现象的发生，使得传质平均推动力下降，故应适当增加传质高度，以保证理想的分离效果。

4.2.3　填料塔的工艺结构设计

4.2.3.1　塔径

填料塔的直径也由下式计算

$$D=\sqrt{\frac{4V_s}{\pi u}}$$

为了塔内正常操作，操作气速必须低于液泛气速，但气速过低又容易使塔内的液体分布不均匀，从而影响气液传质，所以填料塔的适宜空塔气速一般取为泛点率为 60%～80%，一般填料塔的操作气速大致为 0.2～1.0m/s。

一般取塔径/填料外径≥8，比值过小时，壁流效应明显，液体分布不均匀。

根据上述方法算出的塔径，也应按压力容器公称直径标准进行圆整，如圆整为 400、500、600、…、1000、1200、1400mm 等。算出塔径后，还应检验塔内的喷淋密度是否大于最小喷淋密度。

算出塔径后，还应用式(4-31) 检验塔内的喷淋密度是否大于最小喷淋密度。

此外，为保证填料润湿均匀，还应注意使塔径与填料尺寸的比值在 8 以上。

4.2.3.2　填料层的有效高度

填料层的有效高度可采用如下两种方法计算。

(1) 传质单元法

填料层高度 Z=传质单元高度×传质单元数

此法在吸收计算中已有介绍。通常，该法多用于吸收、脱吸、萃取等填料塔的设计计算。

(2) 等板高度法

$$Z=N_T\times HETP \tag{4-32}$$

式中　N_T——理论板数；

$HETP$——等板高度，又称理论板当量高度，m。

等板高度（$HETP$）是与一层理论塔板的传质作用相当的填料层高度，也称理论板当量高度。显然，等板高度越小，说明填料层的传质效率高，则完成一定分离任务所需的填料层的总高度可降低。等板高度不仅取决于填料的类型与尺寸，而且受系统物性、操作条件及设备尺寸的影响。等板高度的计算，迄今尚无满意的方法，一般通过实验测定，或取生产设备的经验数据。当无实验数据可取时，只能参考有关资料中的经验公式，此时要注意所用公式的使用范围。

等板高度的数据或关联结果，一般来自小型试验，故往往不符合工业生产装置的情况。估算工业装置所需的填料层高度时，可参考工业设备的等板高度经验数据。譬如，直径为 25mm 的填料，等板高度接近于 0.5m；直径为 50mm 的填料，等板高度接近 1m；直径在 0.6m 以下的填料塔，等板高度约与塔径相等；而当塔处于负压操作时，等板高度约等于塔径加上 0.1m。填料层用于吸收操作时的等板高度要大得多，一般可按 1.5～1.8m 估计。此外，不同填料类型的等板高度值不同。普通实体填料的等板高度大都在 0.4m 以上。如 25mm 拉西环的等板高度为 0.5m，25mm 鲍尔环的等板高度为 0.4～0.45m。网体填料具有很大的比表面积和空隙率，为高效填料，其等板高度在 0.1m 以下，如 CY 型波纹丝网、θ 网环填料等。

应指出，采用上述方法计算出填料层高度之后，还应留出一定的安全系数。根据设计经验，填料层的设计高度一般为

$$Z'=(1.2\sim1.5)Z \tag{4-33}$$

式中　Z'——设计时的填料高度，m；

Z——工艺计算得到的填料层高度，m。

还应指出，液体沿填料层下流时，有逐渐向塔壁方向集中的趋势而形成壁流效应。壁流效应造成填料层气、液分布不均匀，使传质效率降低。因此，设计中，每隔一定的填料层高度，需要设计液体收集再分布装置，即将填料层分段。

① 散装填料的分段　对于散装填料，一般推荐的分段高度值见表 4-7。表中 h/D 为分段高度与塔径之比，h_{max} 为允许的最大填料层高度。

表 4-7　散装填料分段高度推荐值

填料类型	h/D	h_{max}	填料类型	h/D	h_{max}
拉西环	2.5	≤4m	阶梯环	8～15	≤6m
矩鞍	5～8	≤6m	环矩鞍	8～15	≤6m
鲍尔环	5～10	≤6m			

② 规整填料的分段　对于规整填料，填料层分段高度可按下式确定：

$$h=(15\sim20)HETP \tag{4-34}$$

式中　h——规整填料的分段高度，m；

$HETP$——规整填料的等板高度，m。

亦可按表 4-8 推荐的分段高度值确定。

表 4-8　规整填料分段高度推荐值

填料类型	分段高度/m	填料类型	分段高度/m
250Y 板波纹填料	6.0	500(BX)丝网波纹填料	3.0
500Y 板波纹填料	5.0	700(CY)丝网波纹填料	1.5

【例 4-2】 某矿石焙烧炉送出的气体冷却到 20℃后送入填料吸收塔中，用清水洗涤以除去其中的二氧化硫，二氧化硫的体积分数为 0.06，要求吸收率 $\varphi_A=98\%$。已知吸收塔内绝对压强为 101.33kPa，入塔的炉气体积流量为 1000m³/h，炉气的平均摩尔质量为 32.16kg/kmol，洗涤水耗用量为 22600kg/h。吸收塔采用 25mm×25mm×1.2mm 的塑料鲍尔环以乱堆方式填充。填料层的体积传质系数 $K_Ya=146\text{kmol}/(\text{m}^3\cdot\text{h})$，操作条件下的平衡关系为

$Y=26.4X$。试计算该填料吸收塔的塔径和填料层高度，并核算总压降。

解：(1) 塔径 D

炉气的质量流量 $$w_V=\frac{1000}{22.4}\times\frac{273}{273+20}\times32.16=1338\text{kg/h}$$

$$\text{炉气的密度}\rho_V=\frac{1338}{1000}=1.338\text{kg/m}^3$$

$$\text{清水的密度}\rho_L=1000\text{kg/m}^3$$

则

$$\frac{w_L}{w_V}\left(\frac{\rho_V}{\rho_L}\right)^{0.5}=\frac{22600}{1338}\times\left(\frac{1.338}{1000}\right)^{0.5}=0.618$$

由图 4-25 中的乱堆填料泛点线可查出，横坐标为 0.618 时的纵坐标数值为 0.035，即

$$u_{max}^2\frac{\phi\psi\rho_V\mu_L^{0.2}}{g\rho_L}=0.035$$

查表 4-5 得知，25mm×25mm×1.2mm 塑料鲍尔环（乱堆）的填料因子 $\phi=285\text{m}^{-1}$；又因液相为清水，故液体密度校正系数 $\psi=1$；水的黏度 $\mu_L=1\text{mPa}\cdot\text{s}$。泛点气速为

$$u_{max}=\sqrt{\frac{0.035g\rho_L}{\phi\psi\rho_V\mu_L^{0.2}}}=\sqrt{\frac{0.035\times9.81\times1000}{285\times1\times1.338\times1^{0.2}}}=0.949\text{m/s}$$

取空塔气速为泛点气速的 70%，即

$$u=0.7u_{max}=0.7\times0.949=0.6643\text{m/s}$$

则 $$D=\sqrt{\frac{4\times1000/3600}{\pi\times0.6643}}=0.73\text{m}$$

圆整塔径 $D=0.80\text{m}$。再计算空塔气速，即

$$u=\frac{V_s}{\frac{\pi}{4}D^2}=\frac{4\times1000}{3600\times\pi\times0.8^2}=0.553\text{m/s}$$

泛点率 $$u/u_{max}=\frac{0.553}{0.949}\times100\%=58.3\%$$

因填料为 25mm×25mm×1.2mm，塔径与填料尺寸之比大于 8。依式(4-31) 计算最小喷淋密度。因填料尺寸小于 75mm，故取 $(l_W)_{min}=0.08\text{m}^3/(\text{m}\cdot\text{h})$，由表 4-5 查得，$\sigma=213\text{m}^2/\text{m}^3$，则

$$U_{min}=(L_W)_{min}\sigma=0.08\times213=17.04\text{m}^3/(\text{m}^2\cdot\text{h})$$

操作条件下的喷淋密度为

$$U=\frac{22600}{1000}\Big/\frac{\pi}{4}\times0.8^2=45\text{m}^3/(\text{m}^2\cdot\text{h})>U_{min}$$

经核算，选用塔径 1m 符合要求。

(2) 填料层高度　对于吸收操作，用传质单元法计算填料层高度。

$$V=\frac{1000}{22.4}\times\frac{273}{(273+20)}\times(1-0.06)=39.1\text{kmol/h}$$

$$L=22600/18=1256\text{kmol/h}$$

$$\Omega=\frac{\pi}{4}D^2=\frac{\pi}{4}\times0.8^2=0.5027\text{m}^2$$

则 $$H_{OG}=\frac{V}{K_Ya\Omega}=39.1/(146\times0.5027)=0.533\text{m}$$

因 $$S=mV/L=26.4\times39.1/1256=0.822$$

对于清水吸收，有 $X_2=0$，$Y_2^*=0$

即
$$\frac{Y_1-Y_2^*}{Y_2-Y_2^*}=\frac{Y_1}{Y_1(1-\varphi_A)}=\frac{1}{1-\varphi_A}$$

则
$$N_{OG}=\frac{1}{1-S}\ln\left[(1-S)\frac{Y_1-Y_2^*}{Y_2-Y_2^*}+S\right]$$
$$=\frac{1}{1-0.822}\ln\left[(1-0.822)\times\frac{1}{1-0.98}+0.822\right]=12.78$$

得到
$$Z=H_{OG}N_{OG}=0.533\times12.78=6.812\text{m}$$

实装填料层高度
$$Z'=1.3Z=1.3\times6.812=8.86\text{m}$$

由于 $Z'>h_{max}=6\text{m}$，故填料层分两段，每段 4.5m。

(3) 填料层的压降

对于图 4-25 中，

纵坐标
$$u^2\frac{\phi\psi\rho_V\mu_L^{0.2}}{g\rho_L}=0.553^2\times0.035=0.0119\text{，取 }0.012$$

横坐标
$$\frac{w_L}{w_V}\left(\frac{\rho_V}{\rho_L}\right)^{0.5}=0.618$$

根据以上两个数据在图 4-25 中确定塔的操作点，此点位于 $\Delta p/Z=200\text{Pa/m}$ 与 $\Delta p/Z=300\text{Pa/m}$ 两条等压线之间，用内插法估算可求得每米填料层得压降约为 220Pa/m。则

$$\Delta p=9\times220=1980\text{Pa}$$

即填料层的总压降为 1980Pa。

4.2.4　填料塔的附属结构

填料塔的附件主要有填料支撑装置、气液体分布装置、液体再分布装置和除沫装置等。合理选择和设计填料塔的附件，对于保证塔的正常操作及良好性能十分重要。

4.2.4.1　填料支撑装置

支撑装置要有足够的机械强度，以支撑塔内填料及其所持有的液体质量。同时，支撑装置应具有较大的自由截面积，以免此处发生液泛。常见的有栅板式、升气管式支撑装置等。如图 4-26(a) 所示，栅板式由竖立的扁钢条组成，为防止填料从栅板条间空隙漏下，在装填料时，先在栅板上铺一层孔眼小于填料直径的粗金属丝网，或整砌一层大直径的带隔板的环形填料；如图 4-26 (b) 所示，在开孔板上装有一定数量的升气管，气体由升气管上升，通过气道顶部的孔及侧面的齿缝进入填料层，而液体则由支撑装置板上的小孔流下，气、液分道而行，气体流通面积可以很大，特别适用于高空隙率填料的支撑。

4.2.4.2　液体分布装置

由于液体在填料塔内的初始分布十分重要，则该装置的作用是使液体在填料塔内均匀喷洒，可以增大填料的润湿表面积，以提高分离效率。从喷淋密度考虑，应保证每 30cm^2 的塔截面上约有一个喷淋点，这样，可以防止塔内的壁流和沟流现象。

如图 4-27 所示，常用的液体分布装置有莲蓬式、盘式、齿槽式及多孔环管式分布器等。

莲蓬式喷淋器如图 4-27(a) 所示，液体经半球形喷头的小孔喷出，小孔直径为 3～10mm，作同心圆排列，喷洒角不超过 80°。这种喷淋器结构简单，但只适用于直径小于 600mm 的小塔中，且小孔容易堵塞。

盘式分布器如图 4-27(b)、(c) 所示。盘底装有垂直短管的称为溢流管式，盘底开有筛孔的称为筛孔式。液体加至分布盘上，经筛孔或溢流短管流下。筛孔式的液体分布效果好，而溢流管式自由截面积较大，且不易堵塞。

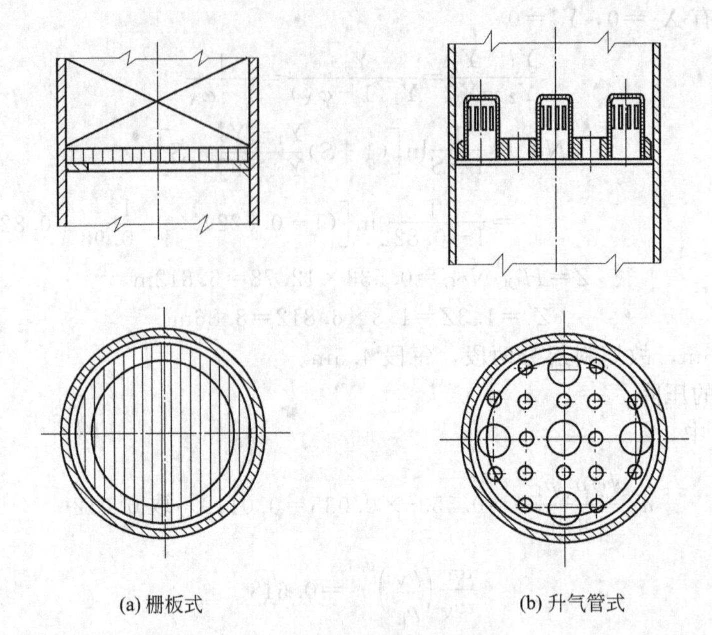

(a) 栅板式　(b) 升气管式

图 4-26　填料支撑装置

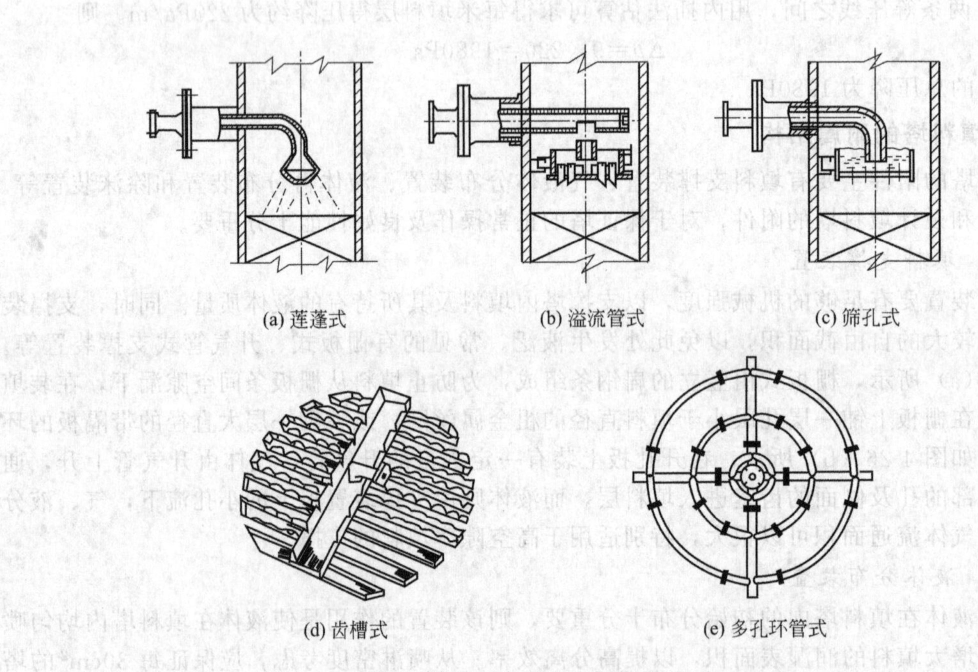

(a) 莲蓬式　(b) 溢流管式　(c) 筛孔式

(d) 齿槽式　(e) 多孔环管式

图 4-27　液体分布装置

盘式分布器常用于直径较大的塔中，基本可保证液体分布均匀，但制造较麻烦。

齿槽式分布器如图 4-27(d) 所示。液体先经过主干齿槽向其下层各条形齿槽作第一级分布，然后再向填料层上面分布。这种分布器自由截面积大，不易堵塞，多用于直径较大的填料塔。

多孔环管式分布器如图 4-27(e) 所示，由多孔圆形盘管、连接管及中央进料管组成。这种分布器气体阻力小，特别适用于液量小而气量大的填料吸收塔。

4.2.4.3　液体再分布装置

液体在乱堆填料层内向下流动时，有偏向塔壁流动的现象，偏流往往造成塔中心的填料不被润湿，降低表面利用率。塔径越小，对应于单位塔截面积的周边越长，这种现象越严重。

为避免液体的偏流现象，可在填料层内每隔一定高度设置液体再分布装置，将流到塔壁处的液体重新汇集并引向塔中央区域，再次进行良好的液体分布。所选高度因填料种类而异，对拉西环填料可为塔径的 2.5～3 倍，对鲍尔环及鞍形填料可为塔径的 5～10 倍，但通常填料层高度最多不超过 6m。

对于整砌填料，因不存在偏流现象，填料不必分层安装，也无需设再分布装置，但对液体的初始分布要求较高。相比之下，乱堆填料因具有自动均布液体的能力，对液体初始分布无过苛要求，却因偏流需要考虑液体再分布装置。

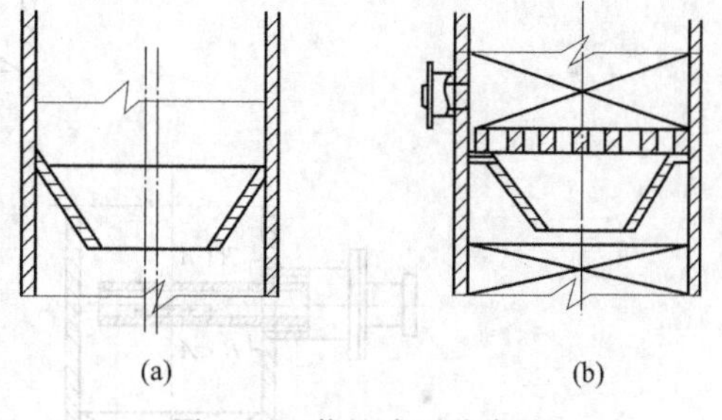

图 4-28　截锥式再分布器

再分布器的型式很多。常用的为截锥形再分布器。图 4-28 所示即为两种截锥式再分布器，截锥式再分布器适用于直径 0.8m 以下的塔，安排再分布器时，应注意其自由截面积不得小于填料层的自由截面积，以免当气速增大时首先在此处发生液泛。

4.2.4.4　除沫器

除沫装置安装在液体分布器的上方，用以除去出口气流中的液滴。常用的除沫装置有折流板除沫器、丝网除沫器（见图 4-29）及旋流板除沫器等。除此之外，填料层顶部常需设置填料压板或挡网，以避免操作中因气速波动而使填料被冲动及损坏。

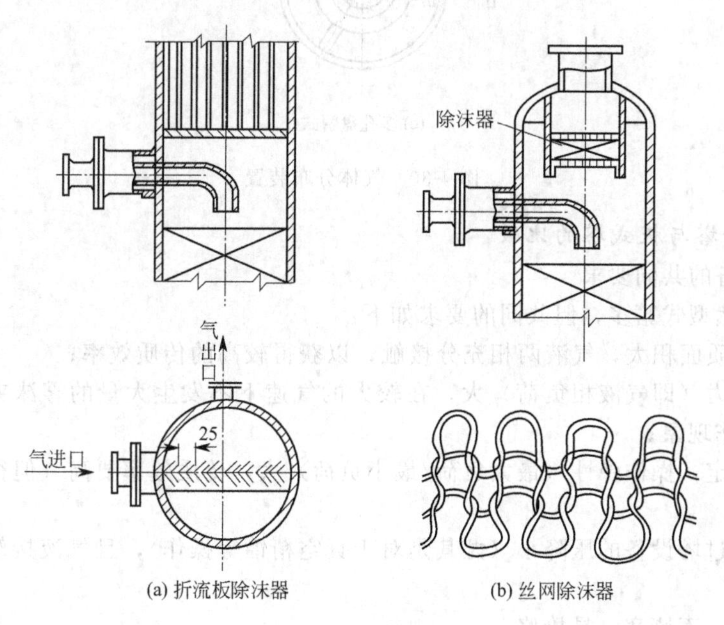

(a) 折流板除沫器　(b) 丝网除沫器

图 4-29　除沫器

4.2.4.5　气体分布装置

填料塔的气体进口的构型，应考虑防止液体倒灌外，更重要的是要有利于气体均匀地进入填料层，对于小塔最常见的方式是将进气管伸入塔截面中心位置，管端作成向下倾斜的切口或向下弯的喇叭口，如图 4-30 所示；对于大塔，应采取其他更有效的措施，例如管末端可做成类似图 4-30(b)、(c) 型的多孔直管式或多孔盘管式。

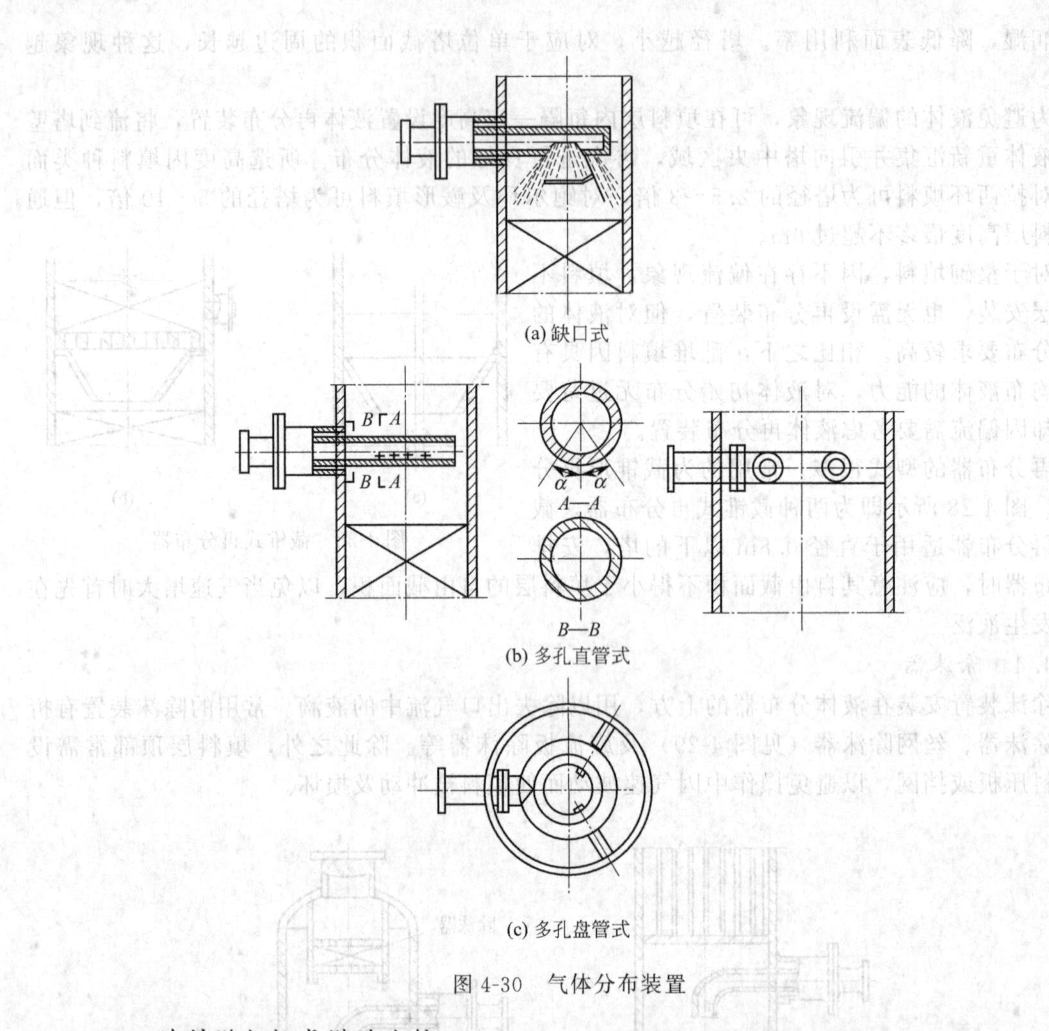

(a) 缺口式

(b) 多孔直管式

(c) 多孔盘管式

图 4-30 气体分布装置

4.2.4.6 填料塔与板式塔的比较

(1) 塔设备的共同要求

塔设备虽然型式繁多，但共同的要求如下：

① 相际传质面积大，气液两相充分接触，以获得较高的传质效率；

② 生产能力（即气液相负荷）大，在较大的气速下不发生大量的雾沫夹带、拦液、液泛等不正常操作现象；

③ 操作稳定，操作弹性（最大负荷/最小负荷）大，传质效率要高（但往往与生产能力冲突）；

④ 流体通过塔设备的压降小（尤其是对于真空精馏等操作），且气液接触传质后，两相易于分离；

⑤ 耐腐蚀，不堵塞，易检修；

⑥ 结构简单，易于加工、安装。

(2) 塔设备的选型原则　板式塔和填料塔的选择无统一标准，很大程度上取决于设计者的知识与经验。一般来说，下列的情况优先选用板式塔：

① 液相负荷较小，使用填料则其表面不能充分润湿，难以保证分离效率；

② 易结垢，有结晶的物料，采用板式塔不易堵塞；

③ 需要设置塔内部换热元件或多个侧线进料、出料口时，板式塔较合适；

④ 板式塔内液体滞料量大，操作弹性大，易于稳定，对进料浓度的变化不甚敏感。下列情况应优先选用填料塔：

a. 在分离程度要求高的情况下，采用新型填料可降低塔高；

b. 新型填料压降低，有利于节能；

c. 新型填料具有较小的持液量，适合于热敏性物料的蒸馏分离；

d. 易发泡的物料宜采用填料塔，因为在填料塔内气相主要不是以气泡形式通过液相，可减小发泡的程度；

e. 对于腐蚀性物料，可用耐腐蚀材质的填料。

20 世纪 70 年代以前，板式塔的发展速度一直优先于填料塔，涌现出许多新型塔板。但是，自瑞士 Sulzer 公司开发出金属孔板波纹填料以来，填料塔的发展取得了突破性的进展，通过对规整填料的深入研究以及气液分布器的精心设计，目前已基本解决了大型填料塔的工业放大问题，彻底改变了填料塔不能在大直径塔上应用的传统认识，在过程工业中被广泛应用。在旧塔改造方面，由于塔径和塔高确定，如需增加产量或提高产品质量，只能将原有的板式塔部分或全部改成高效填料塔。对新建塔器，填料塔和板式塔在不同的场合下互相竞争，设计者应依据工艺条件和具体情况，以期达到技术上可靠，经济上合理的目的。

值得注意的是，用填料改造高压下的板式蒸馏塔时要特别慎重，这是因为加压蒸馏操作时，液体流量大，容易产生不均匀流动，且液膜厚度增加，同时加压下液体的黏度也增加，这些因素都会使填料塔的分离能力下降。

另外，因为层出不穷的新型塔板结构或高效填料各具特点，所以应根据不同的工艺及生产需要来选择塔板的型式或填料的类型。

4.3　塔的布置与管线设计

在塔设备的设计中需要综合考虑各方面的因素，在满足工艺条件的前提下，还要考虑到其操作、维修及管道布置的合理及美观等诸多方面。

4.3.1　塔的布置原则

一个装置通常有几个塔，不论是塔、槽、冷换设备相间布置或塔类集中布置，不论塔径大小，塔的中心线都应在一条直线上，排成一行，管廊柱中心与塔距离应在 3.7～4.3m 或塔外壁相距 3m，如塔类集中布置，相邻塔平台应尽量凑齐并设置联合平台，设置联合平台时必须考虑各塔的热胀不同，一般在两塔的平台间采用铰接或留缝隙，以适应不同的热胀量，避免平台损坏。

通常把塔划分为操作侧和管线侧，前者为装置的检修侧，后者为装置的管廊侧。当立式再沸器安装在塔身上时，一般布置在塔的远离管廊侧，以便于再沸器的检修。当塔与框架靠近布置时，在框架和塔平台之间应设联系通道，要避免塔基础和框架或其他塔的基础相碰。

平台是为从人孔、手孔处检查设备，操作液面调节阀、大口径阀门，维修检测仪表、安全阀，法兰紧固等操作而设，因而只需设在塔的操作一侧，不要围绕塔的四周。平台宽度按操作需要，一般设为 0.8～1.5m。平台间直梯高度以 3～10m 为宜，最高不可大于 12m。为了安全，超过 10～12m 的，可设中间休息台。底层平台应在地面 2.1m 以上，以便平台下通过。去平台的爬梯宜靠管廊布置，塔顶平台是为操作吊柱、放空阀和维修安全阀设置的，可做成方形。

塔底高度主要取决于塔底卸料和再沸器的要求，采用塔底泵卸料时，要注意泵所需要的净正吸入压头，尤其塔底阀或回流泵输送的是处于平衡状态的液体时，塔和回流罐的安装高度必须满足泵需要的净正吸入压头，防止产生气蚀。

大直径塔立地安装，操作平台支在塔身上，小直径塔常安装在框架内。塔的高度超过15m时，塔顶要设吊柱，吊柱的回转范围即吊装区是在塔操作侧的一部分。

4.3.2 塔的管口方位设计原则

塔的管口方位的设计不同于普通立式容器，要根据工艺要求安排好管口和塔盘等内部件的关系，主要管口方位的布置如下。

(1) 人孔　人孔的方位应设计在塔的主要管线的另一侧即检修侧，有塔盘等内部构件的塔，人孔应设在没有降液板的部位。单溢流塔的人孔可以设在任一层塔盘上，方位选择范围较宽，而双溢流塔的布设范围则有限制，应设在每隔一层和两个侧面降液管之间的范围。同时，为操作方便及美观，一个塔上的几个人孔应在同一垂直线上。

(2) 仪表管口　设计人员必须完全了解仪表的功能以及如何操作和操作频繁程度，除非不必在现场进行观察和操作的管口，液位计、压力表、温度计及取样口等应尽量布置在平台和爬梯附近，以便进行观测、操作和维修。

温度计一般测量液相温度，安装位置应在塔盘之上，同时应考虑到温度计伸入部分的长度，以免与塔盘或降液管相碰。压力计管口一般测量气相压力，应开设在塔盘之下。取样分为气相取样和液相取样，液相取样必须布置在有流体通过的地方。

(3) 回流管和进料管口　布置这种工艺管口的目的就是要使进入塔内的液态尽可能均匀地流过塔盘，保证物料进入入口堰。管口方位布置也跟与管口连接的进料分布器的形式有关。

(4) 除了所有的管口方位外　塔顶吊柱的方位布置也是管口方位设计所必须涉及的内容之一。塔顶吊柱是用于将地面上的重物提升至一定高度的平台上或从平台送至地面，塔顶吊柱方位的布置一定要满足这个要求。吊柱的转臂应能达到每层平台人孔的附近，并能旋转到一定方向，使重物到达起落场地。

4.3.3 塔的管线设计原则

为了便于管线的支撑，管线离开管口后，应立即向下，并沿着塔体平行的方向布置。管线应尽量布置在一起，并靠近塔体。各管线的外缘应在一条直线上，不随着容器的外缘改变，以便采用简单支撑，塔与管线最外缘的净距为300mm。对于变径塔，当塔上下部分半径变化较小时，管线不随塔径变化而变化，当塔上下部分半径变化较大时，管线的走向需随着塔径的变化而变化。

以分馏塔为例，简述其塔顶分馏线、进料线、回流线、塔底抽出线、安全阀排放管线、再沸器与塔的连接管线等主要管线的设计方法。

(1) 塔顶分馏线　是由塔顶至冷凝器的管线，应尽可能的短，不能出现袋形，且要有一定的柔性。

(2) 进料管线　为了便于调节，塔上通常设有几个进料口，为使阀门关闭后无积液，阀门应设在水平进管上，尽可能与管口直连。配管时还应考虑到塔体与管线的相对膨胀量，尤其高温管线应具有一定的柔性。

(3) 塔底抽出线　温度较高的塔底抽出管线和泵相连时，管线应短而少弯，并要有足够的柔性以减少泵口的应力。出料阀和切断阀应尽量装在塔附近，并能在地面上操作。塔底抽出线的标高要考虑泵的NPSH和操作者的通行方便，在水平管段上不得有袋形，以免塔底泵产生气蚀现象。

(4) 回流管及其液封　精馏塔的回流靠泵供给时，从泵到塔顶的管线，必须考虑塔的热胀，由于回流管线温度较低，与塔的相对伸长量较大，从热应力观点考虑，水平管段要长。

调节阀靠近塔布置时，应设弹簧支架。靠重力流动回流时，要设平衡塔压的液封。

（5）再沸器管线　再沸器出口管线的压力损失是关键，立式再沸器的出口管线与返塔线的管口直接相连，卧式再沸器的管线在热膨胀允许的条件下，应尽量短而直。对于有两个出口的再沸器，为使其流量相等，最好对称布置。当布置和尺寸不能对称时，应力求使再沸器的两根管线阻力降相等。另外，再沸器周围的配管口径较大，要充分注意热应力及管口载荷。

（6）取样用管线　最好设在平台附近或地面上。

（7）塔上软管站　塔上软管站是为了方便开车和停车维修时对塔内进行吹扫、清洗，这些管的管径较小，应沿塔体集中布置，方位尽可能靠近人孔。塔较高时，要考虑管线的热补偿问题。

（8）塔的安全放空管线　为了超压保护，在塔上要设置安全阀，安全阀要垂直安装，并尽量靠近被保护的设备和管线。安全阀可直接装在塔顶管口上或装在引出管线上，但要保证能在塔平台上进行维修。

阅读资料

国产大型塔器技术简介

大型塔器遍布大型石化企业，其中国产化大型塔器的典型代表是500万～1000万吨/年炼油行业中的常、减压蒸馏塔（塔径ϕ6400～13700mm）；70万～100万吨/年乙烯行业中的汽油分馏塔（油洗塔）和水洗塔（塔径ϕ8000～13200mm）；50万～80万吨/年大化肥行业中的大颗粒尿素洗尘塔（塔径ϕ7000～12000mm）以及其他行业中的大型塔。大型塔器分为大型填料塔、大型板式塔和大型填料-塔盘复合塔。以下从设备强化的角度对国产化大型塔器技术进行简介，主要介绍了大型塔填料、塔内件和塔盘等一系列新技术特点及其在典型大型塔器中成功应用的实例。

一、新型塔器典型硬件

1. 新型填料

填料分为散装填料、规整填料（含格栅填料）和散装填料规整排列3种，前2种填料应用广泛。

在散装填料中，增强型金属矩鞍环（见附图1）、共轭环和梅花扁环为国产化填料的代表。尤其是增强型MTP填料，其刚度更大，不易被压扁，实用性更强，已成功地用于ϕ4900mm、ϕ5400mm、ϕ8800mm和ϕ12600mm等多座大型汽油分馏塔中。

附图1　增强型MTP填料

在规整填料中，单向斜波填料如JKB、SM、SP等国产波纹填料已达到国外MELLAPAK、FLEXIPAC等同类填料水平；双向斜波填料（见附图2）如ZUPAK、DAPAK等填料与国外的RASCHIG SUPER-PAK、NTALOX STRUCTURED PACKING同处国际先进水平。上述规整填料已成功应用于ϕ6400mm、ϕ8800mm及ϕ10200mm等多座大塔中。

格栅填料也是一种规整填料，国产的ZUGRD格栅、北洋格栅和蜂窝格栅应用颇广。其中ZUGRD是一种双向斜波垂直格栅填料，它比国外的单向斜波格栅MELLA-GRD传热效率更高，已成功用于ϕ4900mm、ϕ8800mm及ϕ9000mm等多座大型汽油分馏塔中。其他规整填料如金属网孔波纹填料、空分填料及陶瓷双向斜波填料等均为国产优秀填料。

填料的选型可根据该段的液体喷淋密度、气体动能因子（F）和泛点率来选择合适的填

附图 2　双向斜波填料

料。当填料层中气液负荷变化较大时，可分层选用不同型号的填料。全塔各段填料的操作弹性相近而无瓶颈存在时为最佳配置。

2. 液体分布器

无论是大型散装填料塔还是大型规整填料塔均存在放大效应，故应适当分段。大型塔分馏段填料的分段高度一般小于塔径尺寸，"15～20 块理论板分一段"的提法不大适合于大型填料塔。而取热段的填料层高度则根据取热量和填料的体积传热系数而定。每段填料层上面均需要设计液体分布器或集液-液体再分布器。就大型塔器常用的槽式、管式、盘式和喷嘴式液体分布器的实况而言，前 3 种国产液体分布器具有明显优势。

槽式液体分布器国产化标志技术是：盘槽式气液分布器（见附图 3）、槽盒式液体分布器和新连通槽式液体分布器。盘槽式气液分布器是由塔盘或集液盘与槽式液体分布器组合而成，具有盘上传质（或传热）和盘下淋降传质（或传热）效果。适于老塔改造和新塔设计，已成功用于 ϕ6000mm 和 ϕ8200mm 等多座大型塔器中。新连通槽式液体分布器与连通槽式液体分布器的主要差别在于前者具有液体全收集功能，可谓占位最低的槽式液体分布器。而常用的 2 级悬槽式液体分布器国内外水平相当，国内已成功应用于 ϕ10000mm 以上的大型塔器中。

附图 3　盘槽式气液分布器

附图 4　槽盘式气液分布器

盘式液体分布器国产化标志性技术是槽盘式气液分布器（见附图 4）和托盘式液体分布器，其性能特点是抗堵塞、低占位和利传热，已成功应用于 ϕ4200mm、ϕ8400mm 和 ϕ9000mm 等数十座大型塔中。

管式液体分布器国产化的标志性技术是盘槽管式液体分布器和多级管式分布器。盘槽管式液体分布器是由塔盘或集液盘与槽式液体分布器和管式液体分布器三结合的产物，其特点是多功能、低占位、利传热和布液均。多级管式液体分布器解决了大型塔的排管式液体分布器和槽式液体分布器的预分布管布液不均问题。

喷嘴式液体分布器目前多采用国外产品，如 BETE 公司的 SMP 型喷嘴等。

3. 进气初始分布器

大型塔尤其是大型填料塔应当设置进气初始分布器和二次气体分布盘，形成2级气体分布器。

国内率先提出了进气初始分布器优化设计三原则：对称性、气体流阻和气相流路，则有效的热气初始分布器有：轴对称类三维导流式、轴对称类三维复合导流式、轴对称类二维导流式、面对称类三维导流式、面对称类三维复合导流式和面对称类二维导流式进气初始分布器，前4种都是国产技术。

其中，辐散式进气初始分布器作为国产化进气初始分布器的标志性技术产品（见附图5），它是一种轴对称类、导流型、辐散式的，由塔轴心向圆周方向喷射的进气初始分布器，已成功地用于ϕ5200mm和ϕ10000mm等2座大型塔中。

附图5　水平喷辐散式进气初始分布器

4. 二次气体分布盘

国产大塔精密型二次气体分布盘有大孔（或栅孔）穿流筛板、角钢淋降板和溢流式塔盘等。粗分型的二次气体分布盘有槽盘式集液-气体分布盘、带圆形升气管的集油箱等。

进气初始分布器与二次气体分布盘有4种匹配模式：粗/精、粗/粗、精/精和精/粗，应合理选用，推荐粗/精模式。如粗/精模式的三维复合导流式进气初始分布器/角钢淋降板（或大孔穿流筛板）已成功用于ϕ4900mm、ϕ9000mm和ϕ12600mm等多座乙烯装置大型汽油分馏塔中。双切向环流式进气初始分布器/槽盘式集液-气体分布盘组成的精/粗模式则多用于炼厂ϕ6400～14000mm减压塔中。

5. 大型塔盘

国产大型塔盘的技术进展体现在4个方面：新型高效传质元件的研发及应用、塔盘整体结构优化设计及应用、全盘流体力学优化设计及应用、立体传质塔盘的研发及应用。

新型高效传质元件有复合孔微型阀、菱形阀、箭形阀、微分浮阀、船形浮阀、复合孔导向梯阀、多降液管塔盘、悬挂降液管塔盘、斜孔塔盘及立体传质塔盘等。其中，复合孔微型阀在px系统大型蒸馏塔的技改中成效显著。

大型塔盘的整体结构优化设计主要是指塔盘主梁和塔盘板的优化设计。

全盘流体力学优化设计含两个方面：一是按“5等原则”，即所有塔盘各区均需按照“等液流密度、等液流强度、等液位高度、等底隙流速和等堰高”5条原则来分配液流；二是塔盘各区通过全程导流等一系列优流技术实现恒摩尔径向活塞流。该项技术已在多座大型板式塔的技改中取得显著成效。

立体传质塔盘是在垂直筛板塔盘基础上发展起来的高通量三维连续传质塔盘，以LLCT、CTST和CJST为代表。并流塔盘也属其列，其差别是帽罩天窗上设置规整填料。它们的特点是在板间距空间内实现了传质传热。另一种立体传质塔盘则是穿流塔盘，它是塔盘上鼓泡传质（传热）和塔盘下淋降传质（传热）相结合的塔盘。立体传质塔盘的抗堵性能良好，导向梯形浮（固）阀在乙烯大型（ϕ10500mm）汽油分馏塔的设计中得到成功应用；菱形阀、箭形阀和微分浮阀等在大型精馏塔上均取得了显著成效。

二、国产化大型塔器典型应用简介

石化工业中，乙烯装置汽油分馏塔的设计和操作是个难点，难就难在分馏段下部易发生聚合，聚合物易堵塞液体分布器、填料或塔盘；急冷油循环段易被焦化物堵塞。

天津100万吨/年乙烯采用美国鲁姆斯公司的技术，ϕ12600mm的汽油分馏塔是3段工艺的填料/塔盘复合塔。该工艺的原设计为：塔顶分馏段上半部是4.30m高的50号MTP环，下半部是4块双溢流固定阀塔盘；中质油循环段是8块4溢流固定阀塔盘；急冷油循环段采用16层（4块/层）大型折流板；填料层的液体分布器是喷嘴，其余2段的液体分布器均为管/槽复合式液体分布器；无进气初始分布器和2次气体分布盘，全塔设计压降≤22kPa。

后来，通过竞标，国产化优化方案取代了原设计，国产优化方案为：塔顶分馏段上半部是4.30m高的50号增强型MTP环，下半部是5块大孔穿流筛板；中质油循环段采用8块大孔穿流筛板；急冷油循环面则采用15层中型折流板和1层角钢淋降板（兼作2次气体分布盘）；3段均采用SMP型喷嘴式液体分布器；进气初始分布器采用三维复合导流式进气初始分布器，全塔压力降设计值为9.32kPa。

国产优化方案采用大孔穿流筛板的压降约为固定阀塔盘压降的1/2，两者总压降相差10kPa，故国产方案更节能。据估算，每降低1kPa，节能150kW/h，乙烯收率增加0.1%，即增加1万吨/年，节能显著，效益巨大；同时，国产方案明显增加了抗堵能力，可保证4～5年长周期运行，而且显著提高了传热效率。

习　题

一、填空题

1. 塔器分两大类，即______塔与______塔。

2. 常用的塔板类型有______、______、______、______。

3. 常用的填料类型有______、______、______。

4. 对一定的液体喷淋密度，气体的载点气速指______，泛点气速指______。

5. *HETP* 是指______。

6. 筛板塔上筛孔直径一般为______，筛孔的排列方式常用______。

7. 板式塔的塔板负荷性能图包括的5条线分别是______、______、______、______及______。

8. 填料特性参数主要包括______、______及______。

二、单项选择题

1. 下列板式塔中，操作弹性最大的是______。

A. 浮阀塔　　B. 筛板塔　　C. 泡罩塔

2. 填料塔操作的最大极限气速为______。

A. 载点气速　　B. 泛点气速　　C. 适宜操作气速　　D. 空塔气速

3. 在恒定喷淋量下，填料层的 $\Delta p/Z\text{-}u$ 关系曲线上近于垂直上升的转折点称为______。

A. 载点　　B. 泛点　　C. 露点　　D. 泡点

4. 某精馏塔的理论板数为15块（包括塔釜），全塔效率为0.5，则实际塔板数为______块。

A. 28　　B. 29　　C. 30

三、计算题

1. 上升气量为 $3600\text{m}^3/\text{h}$，直径为1m的精馏塔，塔板上小孔的气速为10m/s，气相密度为 2kg/m^3。求塔板的开孔率与空塔动能因子。

2. 欲采用浮阀塔分离甲醇水溶液。已知当操作回流比取1.34时，精馏段需要6层理论塔板完成分离任务。又知：

上升蒸气的平均密度	$\rho_V=1.13\text{kg/m}^3$
下降液体的平均密度	$\rho_L=801.5\text{kg/m}^3$
上升蒸气的平均流量	$V_h=14600\text{m}^3/\text{h}$
下降液体的平均流量	$L_h=11.8\text{m}^3/\text{h}$
下降液体的平均表面张力	$\sigma=20.1\text{mN/m}$

已确定该塔在常压下操作，采用F1型浮阀，又知总板效率可取为60%。试对该塔的精馏段进行设计计算。

3. 某塔的提馏段负荷性能如下图所示，*C* 为设计点，试问：

(1) 所设计塔板的气、液负荷上下限是多少？弹性多大？

(2) 若要使气、液负荷上限再提高，有何措施？比较各种措施，用负荷性能图进行分析。

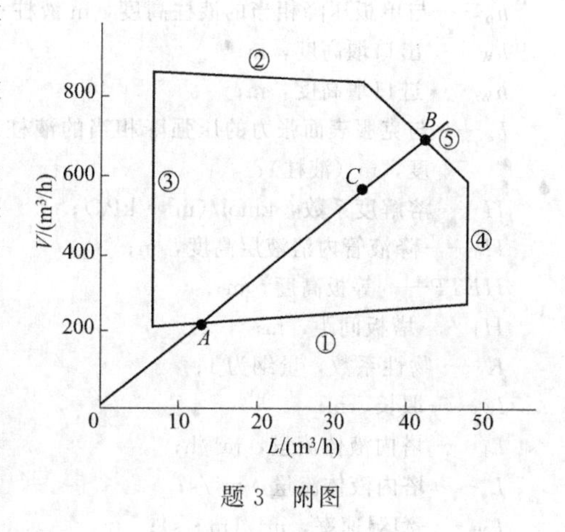

题 3　附图

4. 某填料精馏塔，内充填 50mm×50mm×4.5mm 的瓷质拉西环，当加料量为 2000kg/h 时出现液泛。为了提高处理量，拟改用 50mm×50mm×0.9mm 的钢质鲍尔环，问处理量最高可达多少（假设：回流比和馏出液、釜液的组成均与原来的情况相同。）

5. 在直径为 0.8m 的填料塔中，装填 25mm×25mm×2.5mm 的瓷拉西环，用于常压及 20℃ 下气体吸收操作。若液、气性质分别与水和空气相同，按质量计的液、气流量比为 5。核算上升气量达 $3000m^3/h$ 时，是否会发生液泛现象？若改用 25mm×25mm×0.6mm 的金属鲍尔环，上升气量提高到多少才会液泛？

思　考　题

1. 板式塔内有哪些主要的非理想流动？
2. 板式塔负荷性能图的意义是什么？何谓操作弹性？
3. 评价塔板性能的指标有哪些方面？
4. 常用填料有哪些？填料的主要特性可用哪些特性参数来表示？
5. 填料塔的流体力学性能包括哪些？对塔的传质性能有何影响？
6. 何谓载点、泛点？何谓等板高度？
7. 综合比较板式塔与填料塔的性能特点？说明板式塔与填料塔各适用于何种情况？

符　号　说　明

英文字母：

A_a——塔板鼓泡区面积，m^2；
A_b——板上液流面积，m^2；
A_f——降液管截面积，m^2；
A_o——阀孔总面积，m^2；
A_T——塔截面积，m^2；
C——计算 u_{max} 时的负荷系数，量纲为 1；
C_F——泛点负荷系数，量纲为 1；
d_o——阀孔直径，m；
D——塔径，m；
e_V——雾沫夹带量，kg(液)/kg(气)；
E——液流收缩系数，量纲为 1；
ε_T——总板效率（全塔效率），量纲为 1；
F_o——阀孔动能因数，$kg^{1/2}/(s \cdot m^{1/2})$；
g——重力加速度，m/s^2；
G——气相空塔质量流速，$kg/(m^2 \cdot s)$；
h——浮阀的开度，m；
h_1——进口堰与降液管的水平距离，m；
h_c——与干板压强降相当的液柱高度，m 液柱；
h_d——与液体流过降液管时的压强降相当的液柱高度，m 液柱；
h_l——与板上液层阻力相当的液柱高度，m 液柱；
h_L——板上液层高度，m；
h_{max}——分段填料的最大高度，m；
h_n——齿深，m；
h_0——降液管底隙高度，m；
h_{OW}——堰上液层高度，m；
U——喷淋密度，$m^3/(m^2 \cdot s)$；
V_h——塔内气相流量，m^3/h；
V_s——塔内气相流量，m^3/s；
W_L——液相质量流量，kg/s；
W_V——气相质量流量，kg/s；
W_c——边缘区宽度，m；
W_d——弓形降液管的宽度，m；
W_s——破沫区宽度，m；
x——液相组成，摩尔分数；鼓泡区的 1/2 宽度，m；
y——气相组成，摩尔分数；
Z——塔的有效段高度；填料层高度，m；
Z_L——板上液流长度，m。

h_p——与单板压降相当的液柱高度，m 液柱；

h_W——出口堰高度，m；

h'_W——进口堰高度，m；

h_σ——与克服表面张力的压强降相当的液柱高度，m（液柱）；

H——溶解度系数，kmol/(m^3·kPa)；

H_d——降液管内清液层高度，m；

$HETP$——等板高度，m；

H_T——塔板间距，m；

K——物性系数，量纲为 1；

l_W——堰长，m；

L_h——塔内液体流量，m^3/h；

L_s——塔内液体流量，m^3/s；

L_W——润湿速率，m^3/(m·s)；

n——每立方米内的填料个数，1/m^3；

N——一层塔板上的浮阀总数；

N_P——实际板层数；

N_T——理论板层数；

Δp——压降，Pa；

P——操作压强，Pa；

R——鼓泡区半径，m；

t——孔心距，m；

t'——排间距，m；

u——空塔气速，m/s；

u_{max}——泛点气速，m/s；

u_o——阀孔气速，m/s；

u_{oc}——临界孔速，m/s；

u'_0——降液管底隙处液体流速，m/s。

希腊字母：

α——相对挥发度，量纲为 1；

Δ——液面落差，m；

ε——空隙率，量纲为 1；

ε_0——板上液层充气系数，量纲为 1；

θ——液体在降液管内停留时间，s；

μ——黏度，mPa·s；

ρ_L——液相密度，kg/m^3；

ρ_V——气相密度，kg/m^3；

ρ_P——堆积密度，kg/m^3；

σ——液体的表面张力，N/m；填料层的比表面积，m^2/m^3；

ϕ——系数，量纲为 1；填料因子，1/m；

ψ——液体密度校正系数，量纲为 1。

下标：

max——最大；

min——最小；

L——液相；

V——气相。

第5章 液液萃取

5.1 概述

5.1.1 液液萃取原理

与精馏一样，液液萃取也是分离液体混合物的一种单元操作。在吸收章中已经论述了利用气体各组分在溶剂中溶解度的差异，可对气体混合物进行分离。基于同样的原理，可利用液体各组分在溶剂中溶解度的不同，以分离液体混合物，这就是液液萃取，简称萃取。

萃取的基本过程如图 5-1 所示。原料中含有溶质 A 和溶剂 B，为使 A 与 B 尽可能分离完全，需选择一种溶剂，称为萃取剂 S，要求它对 A 的溶解能力要大，而与原溶剂（或称为稀释剂）B 的相互溶解度则越小越好。萃取的第 1 步是使原料与萃取剂在混合器中保持密切接触，溶质 A 通过两液相间的界面由原料液向萃取剂中传递。在充分接触、传质后，第 2 步是使两液相在分层器中因密度的不同而分为两层。其中一层以萃取剂 S 为主，并溶有较多的溶质 A，称为萃取相；另一层以原溶剂 B 为主，还含有未被萃取完的部分溶质 A，称为萃余相。

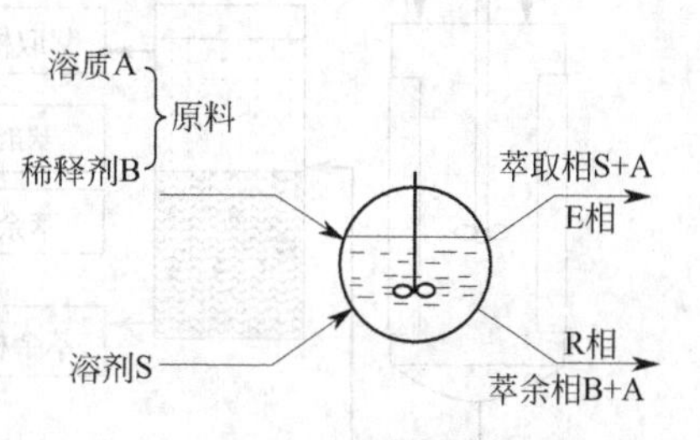

图 5-1 萃取操作示意

如果萃取过程中，萃取剂与原料液中的有关组分不发生化学反应，则称为物理萃取，反之则称为化学萃取。

由上述过程可知，选择合适的萃取剂是保证萃取操作能够正常进行且经济合理的关键，萃取剂的选择主要考虑以下因素。

(1) 萃取剂的选择性　萃取剂的选择性是指萃取剂 S 对原料液中两个组分溶解能力的差异。若 S 对溶质 A 的溶解能力比对原溶剂 B 的溶解能力大得多，即萃取相中 y_A 比 y_B 大得多，萃余相中 x_B 比 x_A 大得多，那么这种萃取剂的选择性就好。

萃取剂的选择性可用选择性系数 β 表示，其定义式为

$$\beta=\frac{\text{萃取相中 A 的质量分数}}{\text{萃取相中 B 的质量分数}}\Bigg/\frac{\text{萃余相中 A 的质量分数}}{\text{萃余相中 B 的质量分数}}=\frac{y_A}{y_B}\Bigg/\frac{x_A}{x_B} \tag{5-1}$$

式中　β——选择性系数，量纲为 1；

y_A，y_B——萃取相 E 中组分 A、B 的质量分数；

x_A，x_B——萃余相 R 中组分 A、B 的质量分数。

由 β 的定义可知，选择性系数 β 为组分 A、B 的分配系数之比，其物理意义颇似蒸馏中的相对挥发度。若 $\beta>1$，说明组分 A 在萃取相中的相对含量比萃余相中的高，即组分 A、B 得到了一定程度的分离；若 $\beta=1$，即萃取相和萃余相在脱除溶剂 S 后将具有相同的组成，并且等于原料液的组成，说明 A、B 两组分不能用此萃取剂分离，换言之所选择的萃取剂是不适宜的。

萃取剂的选择性越高，则完成一定的分离任务，所需的萃取剂用量也就越少，相应的用于回收溶剂操作的能耗也就越低。

由上式可知，当组分B、S完全不互溶时，$y_B=0$，则选择性系数趋于无穷大，显然这是最理想的情况。

(2) 萃取剂的其他物性　为使两相在萃取器中能较快地分层，要求萃取剂与被分离混合物有较大的密度差，同时，两液相间的界面张力对萃取操作具有重要影响，且要考虑溶剂的黏度影响。此外，选择萃取剂时，还应考虑如化学稳定性和热稳定性，对设备的腐蚀性要小，来源充分，价格较低廉，不易燃易爆等。

通常，很难找到能同时满足上述所有要求的萃取剂，这就需要根据实际情况加以权衡，以保证满足主要要求。

5.1.2 工业萃取流程

工业上萃取操作的基本过程如图5-2所示。将一定量萃取剂加入原料液中，然后加以搅拌，使原料液与萃取剂充分混合，溶质通过相界面由原料液向萃取剂中扩散，所以萃取操作与精馏、吸收等过程一样，也属于两相间的传质过程。搅拌停止后，两液相因密度不同而分层：一层以溶剂S为主，并溶有较多的溶质，称为萃取相，以E表示；另一层以原溶剂（稀释剂）B为主，且含有未被萃取完的溶质，称为萃余相，以R表示。若溶剂S和B为部分互溶，则萃取相中还含有少量的B，萃余相中亦含有少量的S。

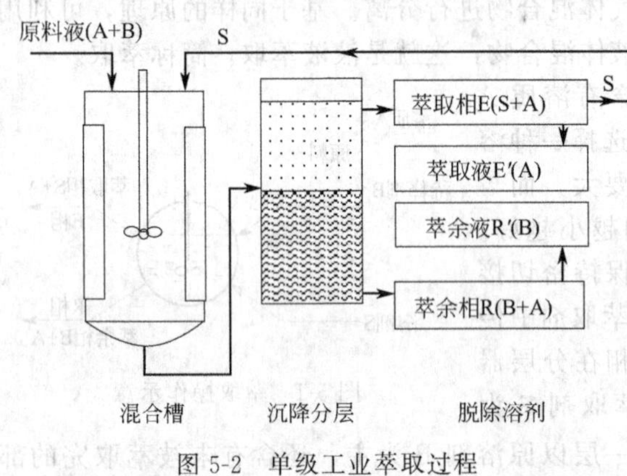

图5-2　单级工业萃取过程

由图5-2可知，萃取操作并未有得到纯净的组分，而是新的混合液：萃取相E和萃余相R。为了得到产品A，并回收溶剂以供循环使用，尚需对这两相分别进行分离。通常采用蒸馏或蒸发的方法，有时也可采用结晶等其他方法。脱除溶剂后的萃取相和萃余相分别称为萃取液和萃余液，以E′和R′表示。

5.1.3 萃取过程的经济性

由上可知，萃取过程本身并没有直接完成分离任务，而只是将一个难于分离的混合物转变为两个易于分离的混合物。

那么对于一种液体混合物原料而言，究竟是采用蒸馏还是萃取加以分离，主要取决于技术上的可行性和经济上的合理性。一般地，在下列情况下采用萃取方法更为有利。

① 当溶质A的浓度很稀，而且A与B都是易挥发组分时，以蒸馏法回收A的单位热耗很大。这时可用萃取先将A富集在萃取相中，然后对萃取相进行蒸馏，可使耗热量显著降低。例如从稀苯酚水溶液中回收苯酚，就以应用先萃取再蒸馏的方法为佳。

② 当所需分离的组分是恒沸物或沸点相近时，一般的蒸馏方法不适用。除可采用恒沸蒸馏或萃取蒸馏外，有些场合以应用先萃取再蒸馏的方法较为经济。例如，使重整油中的芳烃与未转化的烷烃分离就是如此——炼油工业中称这一萃取过程为“芳烃抽提”。

③ 当需要提纯或分离的组分不耐热时，若直接用蒸馏，往往需要在真空下操作，而应用常温下的萃取操作，通常更为经济。

近年来，由于能源紧缺，能够节约热耗的萃取操作得到较快的发展；同时，萃取在资源开发（如湿法冶金使许多贫矿的开采和稀有金属的提取成为可能）和治理环境污染（如废水脱酚）等方面的应用也日益广泛。

5.2　液液相平衡原理

液-液相平衡是萃取传质过程进行的极限，与气液传质相同，在讨论萃取之前，首先要了解液-液的相平衡问题。由于萃取的两相通常为三元混合物，故其组成和相平衡的图解表示法与前述气液传质不同，在此首先介绍三元混合物组成在三角形坐标图上的表示方法，然后介绍液-液平衡相图及萃取过程的基本原理。

5.2.1　三角形相图表示法

三角形坐标图通常有等边三角形坐标图、等腰直角三角形坐标图和非等腰直角三角形坐标图，如图 5-3 所示，其中以等腰直角三角形坐标图［见图 5-3(c)］最为常用。

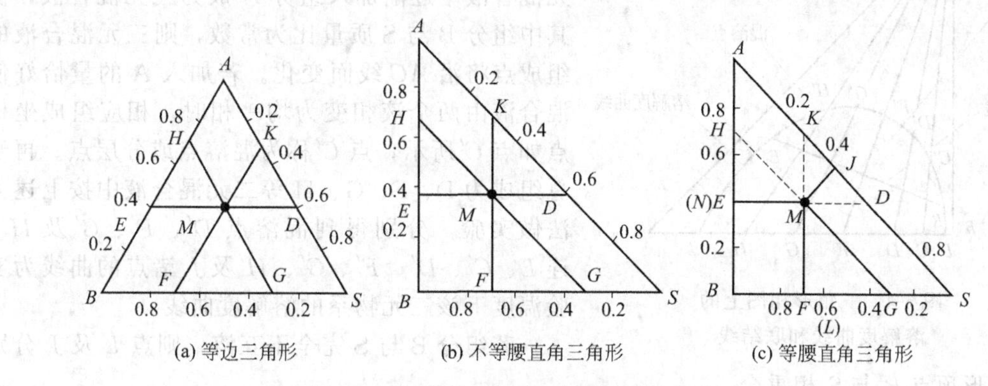

(a) 等边三角形　(b) 不等腰直角三角形　(c) 等腰直角三角形

图 5-3　组成在三角形坐标图上的表示方法

一般而言，在萃取过程中很少遇到恒摩尔流的简化情况，故在三角形坐标图中混合物的组成常用质量分数表示。如图 5-3(c) 所示，习惯上，在三角形坐标图中，AB 边以 A 的质量分数作为标度，BS 边以 B 的质量分数作为标度，SA 边以 S 的质量分数作为标度。

如图 5-3(c) 所示，三角形坐标图的每个顶点分别代表一个纯组分，即顶点 A 表示纯溶质 A，顶点 B 表示纯原溶剂（稀释剂）B，顶点 S 表示纯萃取剂 S。三角形坐标图三条边上的任一点代表一个二元混合物系，第三组分的组成为零。例如 AB 边上的 E 点，表示由 A、B 组成的二元混合物系，由图可读得：A 的组成为 0.40，则 B 的组成为（1.0－0.40）＝0.60，S 的组成为零。

三角形坐标图内任一点代表一个三元混合物系。例如 M 点即表示由 A、B、S 三个组分组成的混合物系。其组成可按下法确定：过物系点 M 分别作对边的平行线 ED、HG、KF，则由点 E、G、K 可直接读得 A、B、S 的组成分别为 $x_A=0.40$、$x_B=0.30$、$x_S=0.30$。

三个组分的质量分数之和等于 1，即

$$x_A+x_B+x_S=0.40+0.30+0.30=1.00$$

此外，也可过 M 点分别作三个边的垂直线 MN、ML 及 MJ，则垂直线段 $\overline{ML}$、$\overline{MJ}$、$\overline{MN}$ 分别代表 A、B、S 的组成。由图可知，M 点的组成为 $0.4A$、$0.3B$ 和 $0.3S$。

5.2.2　液液相平衡关系

根据萃取操作中各组分的互溶性，可将三元物系分为以下三种情况，即

① 溶质 A 可完全溶于 B 及 S，但 B 与 S 不互溶；

② 溶质 A 可完全溶于 B 及 S，但 B 与 S 部分互溶；

③ 溶质 A 可完全溶于 B，但 A 与 S 及 B 与 S 部分互溶。

习惯上，将①、②两种情况的物系称为第Ⅰ类物系，而将③种情况的物系称为第Ⅱ类物系。工业上常见的第Ⅰ类物系有：丙酮（A)-水(B)-甲基异丁基酮(S)、醋酸（A)-水(B)-苯(S)及丙酮(A)-氯仿(B)-水(S）等；第Ⅱ类物系有：甲基环已烷（A)-正庚烷(B)-苯胺(S)、苯乙烯（A)-乙苯(B)-二甘醇(S）等。在萃取操作中，第Ⅰ类物系较为常见，以下主要讨论这类物系的相平衡关系。

5.2.2.1 溶解度曲线及联结线

设溶质 A 可完全溶于 B 及 S，但 B 与 S 为部分互溶，其平衡相图如图 5-4 所示。在一定的温度下，组分 B 与组分 S 以任意数量相混合，必然得到两个互不相溶的液层，各层组成的坐标分别为图中的点 L 与点 J。若于总组成为 C 的两元混合液中逐渐加入组分 A 成为三元混合液，但其中组分 B 与 S 质量比为常数，则三元混合液的组成点将沿 AC 线而变化。若加入 A 的量恰好使混合液由两个液相变为均一相时，相应组成坐标点如点 C' 所示，点 C' 称为混溶点或分层点。再于总组成为 D、F、G、H 等二元混合液中按上述方法做实验，分别得到混溶点 D'、F'、G' 及 H'，连 L、C'、D'、F'、G'、H' 及 J 诸点的曲线为实验温度下该三元物系的溶解度曲线。

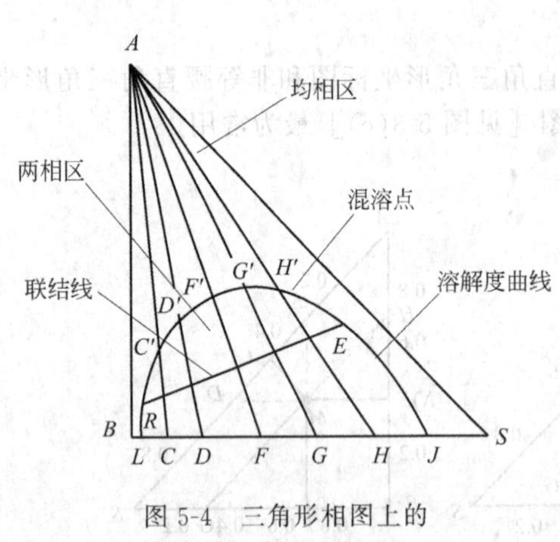

图 5-4 三角形相图上的溶解度曲线和联结线

若组分 B 与 S 完全不互溶，则点 L 及 J 分别与三角形顶点 B 与 S 相重合。

溶解度曲线将三角形分为两个区域，曲线以内的区域为两相区，以外的为均相区。两相区内的混合物分为两个液相，当达到平衡时，两个液层称为共轭相，联结共轭液相组成坐标的直线称为联结线，如图 5-4 中的 RE 线。萃取操作只能在两相区内进行。

一定温度下第Ⅱ类物系的溶解度曲线和联结线见图 5-5。

一定温度下，同一物系的联结线倾斜方向一般是一致的，但随溶质组成而变，即各联结线互不平行，少数物系联结线的倾斜方向也会有变化，图 5-6 所示的吡啶-氯苯-水系统即为一例。

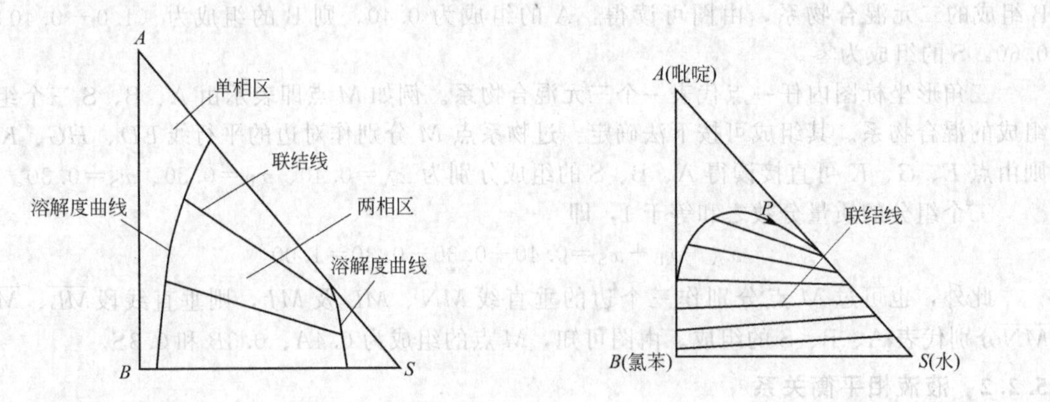

图 5-5 有两对组分（B 与 S、A 与 S）部分互溶的溶解度曲线与联结线

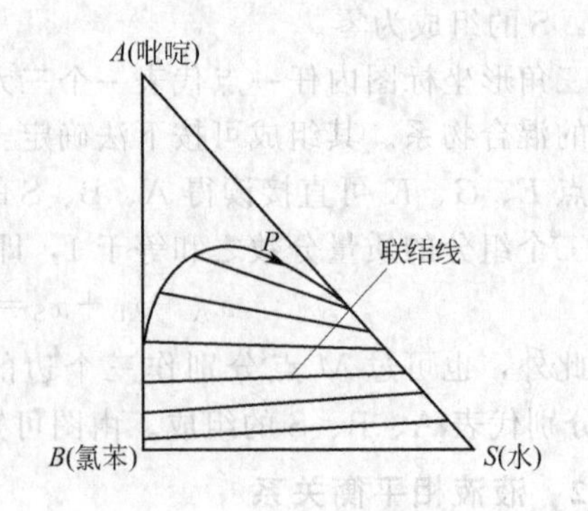

图 5-6 联结线斜率的变化

5.2.2.2 辅助曲线和临界混溶点

一定温度下，三元物系的溶解度曲线和联结线是根据实验数据而标绘的，使用时若要求

与已知相成平衡的另一相的数据，常借助辅助曲线（也称共轭曲线）求得。

辅助曲线的作法如图 5-7 所示，通过已知点 R_1、R_2、… 分别作 BS 边的平行线，再通过相应联结线的另一端点 E_1、E_2、… 分别作 AB 边的平行线，各线分别相交于点 J、K、…，联结这些交点所得的平滑曲线即为辅助曲线。

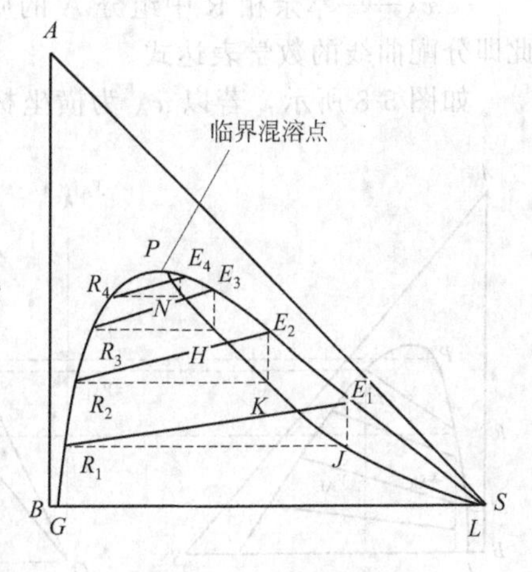

图 5-7　辅助曲线作法

利用辅助曲线可求任何已知平衡液相的共轭相。如图 5-7 所示，设 R 为已知平衡液相，自点 R_1 作 BS 边的平行线交辅助曲线于点 J，自点 J 作 AB 边的平行线，交溶解度曲线于点 E，则点 E 即为 R 的共轭相点。

辅助曲线与溶解度曲线的交点为 P，显然通过 P 点的联结线无限短，即该点所代表的平衡液相无共轭相，相当于该系统的临界状态，故称点 P 为临界混溶点。P 点将溶解度曲线分为两部分：靠原溶剂 B 一侧为萃余相部分，靠溶剂 S 一侧为萃取相部分。由于联结线通常都有一定的斜率，因而临界混溶点一般并不在溶解度曲线的顶点。临界混溶点由实验测得，但仅当已知的联结线很短即共轭相接近临界混溶点时，才可用外延辅助曲线的方法确定临界混溶点。

通常，一定温度下的三元物系溶解度曲线、联结线、辅助曲线及临界混溶点的数据均由实验测得，有时也可从手册或有关专著中查得。

5.2.2.3　**分配系数和分配曲线**

（1）分配系数　一定温度下，某组分在互相平衡的萃取相（E 相）与萃余相（R 相）中的组成之比称为该组分的分配系数，以 K 表示，即

溶质 A：
$$K_A=\frac{y_A}{x_A} \tag{5-2}$$

原溶剂 B：
$$K_B=\frac{y_B}{x_B} \tag{5-2a}$$

式中　y_A，y_B——萃取相 E 中组分 A、B 的质量分数；

　　　x_A，x_B——萃余相 R 中组分 A、B 的质量分数。

分配系数 K_A 表达了溶质在两个平衡液相中的分配关系。显然，K_A 值越大，萃取分离的效果越好。K_A 值与联结线的斜率有关。同一物系，其 K_A 值随温度和组成而变。如第Ⅰ类物系，一般 K_A 值随温度的升高或溶质组成的增大而降低。一定温度下，仅当溶质组成范围变化不大时，K_A 值才可视为常数。

对于萃取剂 S 与原溶剂 B 互不相溶的物系，溶质在两液相中的分配关系与吸收中的类似，即：

$$Y=KX \tag{5-3}$$

式中　Y——萃取相 E 中溶质 A 的质量比组成；

　　　X——萃余相 R 中溶质 A 的质量比组成；

　　　K——相组成以质量比表示时的分配系数。

（2）分配曲线　由相律可知，温度、压力一定时，三组分体系两液相呈平衡时，自由度为 1。故只要已知任一平衡液相中的任一组分的组成，则其他组分的组成及其共轭相的组成就为确定值。换言之，温度、压力一定时，溶质在两平衡液相间的平衡关系可表示为：

$$y_A=f(x_A)$$

式中 y_A——萃取相 E 中组分 A 的质量分数；

x_A——萃余相 R 中组分 A 的质量分数。

此即分配曲线的数学表达式。

如图 5-8 所示，若以 x_A 为横坐标，以 y_A 为纵坐标，则可在 x-y 直角坐标图上得到表示这一对共轭相组成的点 N。每一对共轭相可得一个点，将这些点联结起来即可得到曲线 ONP，称为分配曲线。曲线上的 P 点即为临界混溶点。

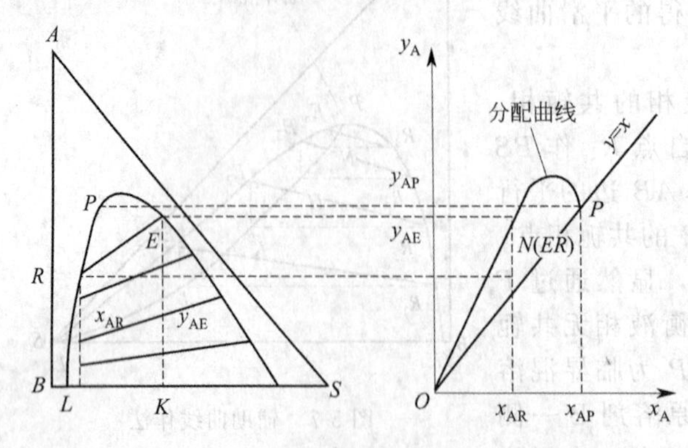

图 5-8 有一对组分部分互溶时的分配曲线

分配曲线表达了溶质 A 在互成平衡的 E 相与 R 相中的分配关系。若已知某液相组成，则可由分配曲线求出其共轭相的组成。若在分层区内 y 均大于 x，即分配系数 $K_A>1$，则分配曲线位于 $y=x$ 直线的上方，反之则位于 $y=x$ 直线的下方。

由于分配曲线表达了萃取操作中互成平衡的两个液层 E 相与 R 相中溶质 A 的分配关系，故也可利用分配曲线求得三角形相图中的任一联结线 ER。

5.2.2.4 温度对相平衡的影响

通常物系的温度升高，溶质在溶剂中的溶解度增大，反之减小。因此，温度明显地影响溶解度曲线的形状、联结线的斜率和两相区面积，从而也影响分配曲线的形状。图 5-9 所示为温度对第Ⅰ类物系溶解度曲线和联结线的影响。显然，温度升高，分层区面积减小，不利于萃取分离的进行。

图 5-10 表明，温度变化时，不仅分层区面积和联结线斜率改变，而且还可能引起物系类型的改变。如在 T_1 温度时为Ⅱ类物系，当温度升高至 T_2 时变为Ⅰ类物系。

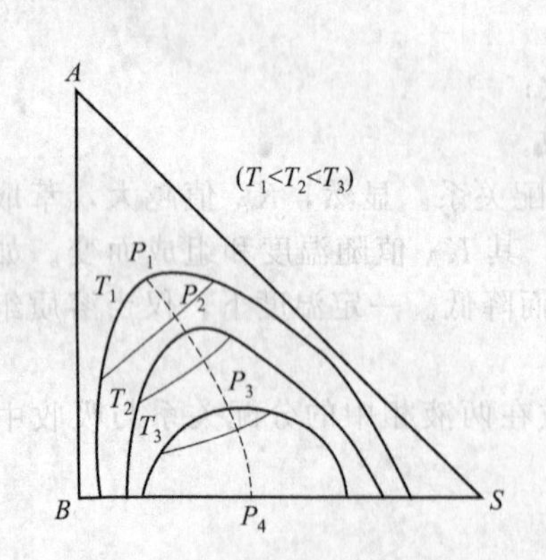

图 5-9 温度对第Ⅰ类物系溶解度的影响

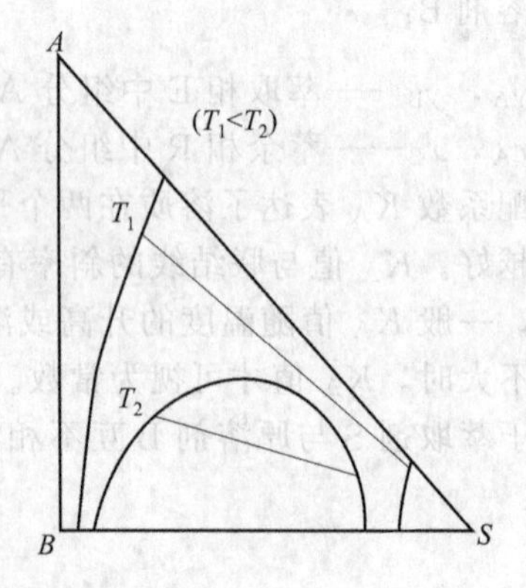

图 5-10 温度对第Ⅱ类物系溶解度的影响

5.2.3 杠杆规则

如图 5-11(a) 所示，将质量为 $r$kg、组成为 x_A、x_B、x_S 的混合物系 R 与质量为 $e$kg、组成为 y_A、y_B、y_S 的混合物系 E 相混合，得到一个质量为 $m$kg、组成为 z_A、z_B、z_S 的新混合物系 M，其在三角形坐标图中分别以点 R、E 和 M 表示。M 点称为 R 点与 E 点的和点，R 点与 E 点称为差点。

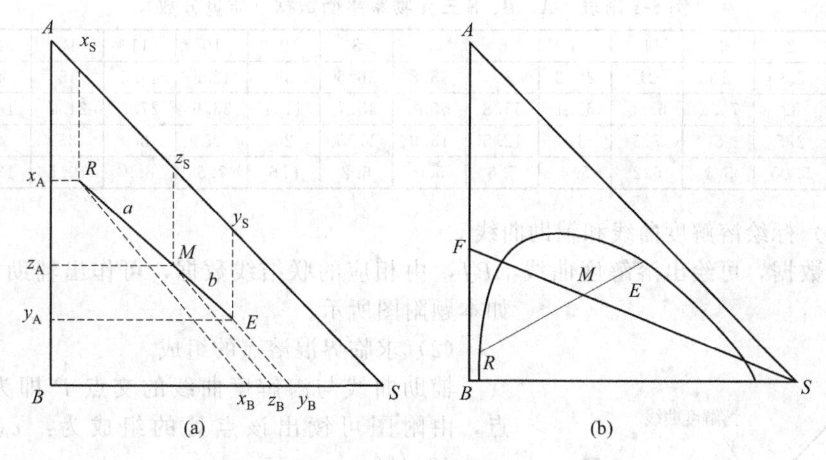

图 5-11　杠杆规则的应用

和点 M 与差点 E、R 之间的关系可用杠杆规则描述，即

(1) 几何关系　和点 M 与差点 E、R 共线。即：和点在两差点的连线上；一个差点在另一差点与和点连线的延长线上。

(2) 数量关系　和点与差点的量 m、r、e 与线段长 a、b 之间的关系符合杠杆原理，即，以 R 为支点可得 m、e 之间的关系：$ma=e(a+b)$

即
$$\frac{e}{m}=\frac{a}{a+b}=\frac{x_A-z_A}{x_A-y_A}=\frac{\overline{MR}}{\overline{RE}} \tag{5-4}$$

以 M 为支点可得 r、e 之间的关系：$ra=eb$

即
$$\frac{e}{r}=\frac{a}{b}=\frac{x_A-z_A}{z_A-y_A}=\frac{\overline{MR}}{\overline{ME}} \tag{5-4a}$$

以 E 为支点可得 r、m 之间的关系：$r(a+b)=mb$

即
$$\frac{r}{m}=\frac{b}{a+b}=\frac{z_A-y_A}{x_A-y_A}=\frac{\overline{ME}}{\overline{RE}} \tag{5-4b}$$

根据杠杆规则，若已知两个差点，则可确定和点；若已知和点和一个差点，则可确定另一个差点。

式(5-4) 及式(5-4a) 的另一个含义是：当从质量为 m 的混合液中移出质量为 e 的混合液 E（或质量为 r 的混合液 R)，则余下的混合液 R（或混合液 E）的组成点必位于 EM（或 RM）的延长线上，且此二式确定了点 R（或点 E）的具体位置。

同理可以证明，若向 A、B 二元原料液 F 中加入纯溶剂 S，则混合液总组成的坐标点 M 沿 SF 线而变，如图 5-11(b) 所示，具体位置由杠杆规则确定，即

$$\frac{\overline{MF}}{\overline{MS}}=\frac{S}{F} \tag{5-5}$$

应注意，图中点 F、S 代表相应组成的坐标，而上式中的 F 及 S 代表相应的质量。

杠杆规则是物料衡算的图解表示方法，是以后将要讨论的萃取操作中物料衡算的基础。

【例 5-1】　一定温度下测得的 A、B、S 三元物系的平衡数据如本题附表所示。试求：(1) 绘出溶解度曲线和辅助曲线；(2) 查出临界混溶点的组成；(3) 求当萃余相中 $x_A=20\%$时的分配系数 K_A 和选择性系数 β；(4) 在 100kg 含 30%A 的原料液中加入多少千克 S 才能使混合液开始分层？(5) 对第 (4) 项的原料液，要得到含 36%的 A 的萃取相 E，试确定萃余相的组成及混合液的总组成。

例 5-1 附表　A、B、S 三元物系平衡数据（质量分数）

编号		1	2	3	4	5	6	7	8	9	10	11	12	13	14
E相	y_A	0	7.9	15	21	26.2	30	33.8	36.5	39	42.5	44.5	45	43	41.6
	y_S	90	82	74.2	67.5	61.1	55.8	50.3	45.7	41.4	33.9	27.5	21.7	16.5	15
R相	x_A	0	2.5	5	7.5	10	12.5	15.0	17.5	20	25	30	35	40	41.6
	x_S	5	5.05	5.1	5.2	5.4	5.6	5.9	6.2	6.6	7.5	8.9	10.5	13.5	15

解：（1）标绘溶解度曲线和辅助曲线

由题给数据，可绘出溶解度曲线 LPJ，由相应的联结线数据，可作出辅助曲线 JCP，如本题附图所示。

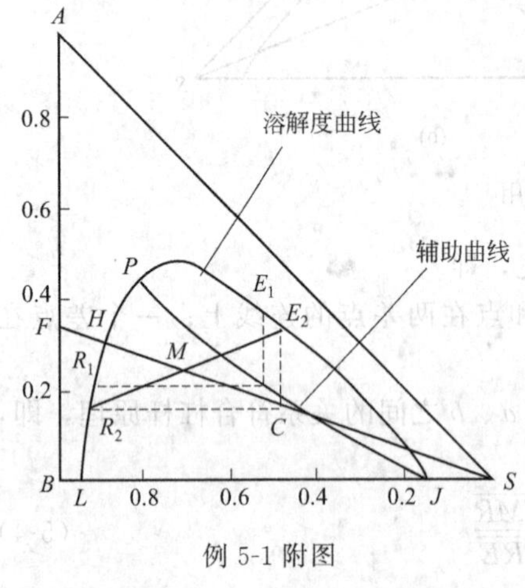

例 5-1 附图

（2）求临界混溶点的组成

辅助曲线与溶解度曲线的交点 P 即为临界混溶点，由附图可读出该点处的组成为：$x_A=41.6\%$，$x_B=43.4\%$，$x_S=15.0\%$。

（3）求分配系数 K_A 和选择性系数 β

根据萃余相中 $x_A=20\%$，在图中定出 R_1 点，利用辅助曲线定出与之平衡的萃取相 E_1 点，由附图读出两相的组成为

萃取相：$y_A=39.0\%$，$y_B=19.6\%$

萃余相：$x_A=20.0\%$，$x_B=73.4\%$

由式(5-2) 计算分配系数，即

$$K_A=\frac{y_A}{x_A}=\frac{39.0}{20.0}=1.95$$

及 $K_B=\dfrac{y_B}{x_B}=\dfrac{19.6}{73.4}=0.267$

由式(5-1) 计算选择性系数，即 $\beta=\dfrac{K_A}{K_B}=\dfrac{1.95}{0.267}=7.303$

（4）使混合液开始分层的溶剂用量

根据原料液的组成在 AB 边上确定点 F。连点 F、S。当向原料液加入 S 后，混合液的组成即沿直线 FS 变化。当 S 的加入量恰好到使混合液组成落在溶解度曲线的 H 点时，混合液便开始分层。分层时溶剂的用量用杠杆规则求得

$$\frac{S}{F}=\frac{\overline{HF}}{\overline{HS}}=\frac{8}{96}=0.0833$$

所以　　$S=0.0833F=0.0833\times100=8.33\text{kg}$

（5）两相组成及混合液的总组成

根据萃取相的 $y_A=36\%$ 在溶解度曲线上确定 E_2 点，借助辅助曲线作联结线，获得与 E_2 平衡的点 R_2。由图读得 $x_A=17\%$，$x_B=77\%$，$x_S=6\%$。R_2E_2 线与 FS 线的交点 M 为混合液的总组成点，由图读得 $x_A=23.5\%$，$x_B=55.5\%$，$x_S=21.0\%$。

5.3 液液萃取过程计算

根据两相接触方式的不同，萃取设备可分为逐级接触式和连续接触式两类。本节主要讨论逐级接触萃取过程的计算，对连续接触萃取过程的计算则仅作简要介绍。

在逐级接触萃取过程的计算中，无论是单级还是多级萃取，均假设各级为理论级，即离开每一级的萃取相与萃余相互成平衡。萃取理论级的概念类似于蒸馏中的理论板，是设备操

作效率的比较基准。实际需要的级数等于理论级数除以级效率。级效率目前尚无准确的理论计算方法，一般通过实验测定。

在萃取过程计算中，通常操作条件下的平衡关系、原料液的处理量及组成均为已知，常见的计算可分为两类，其一是规定了各级的溶剂用量及组成，要求计算达到一定分离程度所需的理论级数 n；其二是已知某多级萃取设备的理论级数 n，要求估算经该设备萃取后所能达到的分离程度。前者称为设计型计算，后者称为操作型计算。本知识点主要讨论设计型计算。

5.3.1　单级萃取的计算

单级萃取是液-液萃取中最简单、最基本的操作方式，其流程如图 5-12(a) 所示，可间歇操作也可连续操作。为方便表达，假定所有流股的组成均以溶质 A 的含量表示，故书写两相的组成时均只标注相应流股的符号，而不再标注组分的符号。

在单级萃取过程的设计型计算中，已知：操作条件下的相平衡数据，原料液量 F 及组成 x_F，萃取剂的组成 y_S 和萃余相的组成 x_R。求：萃取剂 S 用量、萃取相 E 及萃余相 R 的量及萃取相组成 y_E。

5.3.1.1　图解法

三角形坐标图解法是萃取计算的通用方法，特别是对于稀释剂 B 与萃取剂 S 部分互溶的物系，其平衡关系一般很难用简单的函数关系式表达，故其萃取计算不宜采用解析法或数值法，目前主要采用基于杠杆规则的三角形坐标图解法，其计算步骤如下。

① 由已知的相平衡数据在等腰直角三角形坐标图中绘出溶解度曲线及辅助曲线，如图 5-12(b) 所示。

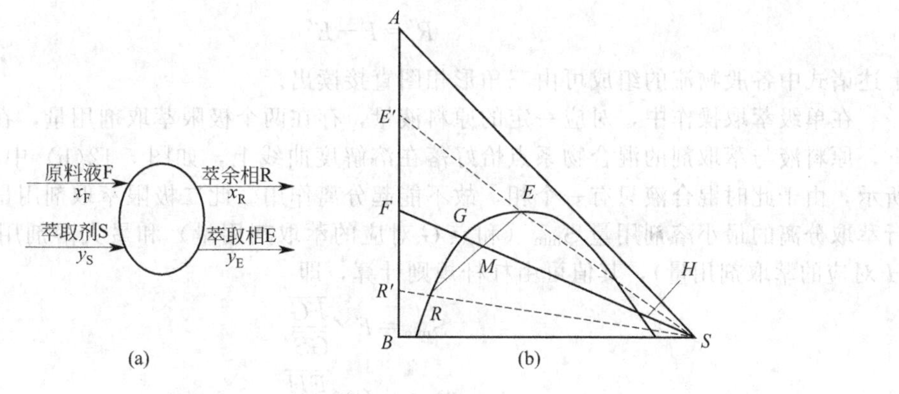

图 5-12　单级萃取三角形坐标图解

② 在三角形坐标的 AB 边上根据原料液的组成确定点 F，根据萃取剂的组成确定点 S（若为纯溶剂，则为顶点 S），联结点 F、S，则原料液与萃取剂的混合物系点 M 必落在 FS 联线上。

③ 由已知的萃余相组成 x_R，在图上确定点 R，再由点 R 利用辅助曲线求出点 E，作 R 与 E 的联结线，显然 RE 线与 FS 线的交点即为混合液的组成点 M。

④ 由质量衡算和杠杆规则求出各流股的量。

先对图 5-12(a) 作总物料衡算，得

$$M=F+S=R+E \tag{5-6}$$

各流股数量由杠杆规则求出

$$S=F\times\frac{\overline{MF}}{\overline{MS}} \tag{5-7}$$

$$E=M\times\frac{\overline{RM}}{\overline{RE}} \tag{5-8}$$

$$R=M-E \tag{5-9}$$

萃取相的组成可由三角形相图直接读出。

⑤ 若从 E 相和 R 相中脱除全部溶剂，则得到萃取液 E′和萃余液 R′。因 E′和 R′中只含组分 A 和 B，所以它们的组成点必落于 AB 边上，且为 SE 和 SR 的延长线与 AB 的交点。可看出，E′中溶质 A 的含量比原料液 F 中的要高，而 R′中溶质 A 的含量比原料液 F 中的要低，即原料液的组分经过萃取并脱除溶剂后得到了一定程度的分离。E′和 R′的数量关系可由杠杆规则来确定，即

$$E'=F\times\frac{\overline{R'F}}{\overline{R'E'}} \tag{5-10}$$

以上诸式中各线段的长度可从三角形相图直接量出。

上述各量亦可由质量衡算求出，组分 A 的质量衡算为

$$Fx_F+Sy_S=Ey_E+Rx_R=Mx_M \tag{5-11}$$

联立求解以上各式可得：

$$E=\frac{M(x_M-x_R)}{y_E-x_R} \tag{5-12}$$

同理，可得萃取液和萃余液的量 E'、R'，即

$$E'=\frac{F(x_F-x'_R)}{y'_E-x'_R} \tag{5-13}$$

$$R'=F-E' \tag{5-14}$$

上述诸式中各股物流的组成可由三角形相图直接读出。

在单级萃取操作中，对应一定的原料液量，存在两个极限萃取剂用量，在此二极限用量下，原料液与萃取剂的混合物系点恰好落在溶解度曲线上，如图 5-12(b) 中的点 G 和点 H 所示，由于此时混合液只有一个相，故不能起分离作用。此二极限萃取剂用量分别表示能进行萃取分离的最小溶剂用量 S_{min}（和点 G 对应的萃取剂用量）和最大溶剂用量 S_{max}（和点 H 对应的萃取剂用量），其值可由杠杆规则计算，即

$$S_{min}=F\times\frac{\overline{FG}}{\overline{GS}} \tag{5-15}$$

$$S_{max}=F\times\frac{\overline{FH}}{\overline{HS}} \tag{5-16}$$

显然，适宜的萃取剂用量应介于两者之间，即 $S_{min}<S<S_{max}$。

5.3.1.2　解析法

对于原溶剂 B 与萃取剂 S 不互溶的物系，在萃取过程中，仅有溶质 A 发生相际转移，原溶剂 B 及溶剂 S 均只分别出现在萃余相及萃取相中，故用质量比表示两相中的组成较为方便。此时溶质在两液相间的平衡关系可以用与吸收中的气液平衡类似的方法表示，即 $Y=f(X)$。

若在操作范围内，以质量比表示相组成的分配系数 K 为常数，则平衡关系可表示为：

$$Y=KX$$

溶质 A 的质量衡算式为：

$$B(X_F-X_1)=S(Y_1-Y_S) \tag{5-17}$$

式中　B——原料液中原溶剂的量，kg 或 kg/h；

S——萃取剂中纯萃取剂的量，kg或kg/h；

X_F——原料液中组分A的质量比组成，kgA/kgB；

X_1——单级萃取后萃余相中组分A的质量比组成，kgA/kgB；

Y_1——单级萃取后萃取相中组分A的质量比组成，kgA/kgS；

Y_S——萃取剂中组分A的质量比组成，kgA/kgS。

联立求解上两式，即可求得Y_1与S。

上述解法亦可在直角坐标图上表示，式(5-17)可改写为：

$$\frac{Y_1-Y_S}{X_1-X_F}=-\frac{B}{S} \tag{5-17a}$$

式(5-17a)即为该单级萃取的操作线方程。

由于该萃取过程中B、S均为常量，故操作线为过点（X_F,Y_S）、斜率为$-B/S$的直线。如图5-13所示，当已知原料液处理量F、组成X_F、溶剂的组成Y_S和萃余相的组成X_1时，可由X_1在图中确定点（X_1,Y_1），联结点（X_1,Y_1）和点（X_F,Y_S）得操作线，计算该操作线的斜率即可求得所需的溶剂用量S；当已知原料液处理量F、组成X_F、溶剂的用量S和组成Y_S时，则可在图中确定点（X_F,Y_S），过该点作斜率为$-B/S$的直线（操作线）与分配曲线的交点坐标（X_1,Y_1），即为萃取相和萃余相的组成。

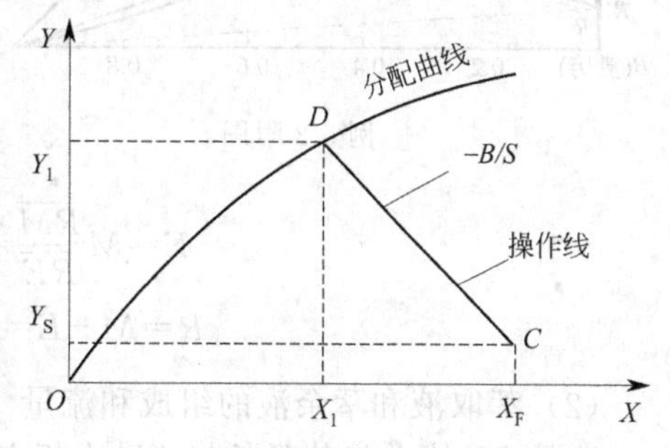

图5-13 单级萃取的操作线方程图示

应予指出，在实际生产中，由于萃取剂都是循环使用的，故其中会含有少量的组分A与B。同样，萃取液和萃余液中也会含有少量的S。此时，图解计算的原则和方法仍然适用，但点S及E'、R'的位置均在三角形坐标图的均相区内。

【例5-2】 在单级萃取器内，操作温度为25℃下，用流量为3200kg/h的水为萃取剂从醋酸(A)-氯仿(B)混合液中萃取醋酸。已知原料液中醋酸的质量分数为35%、原料液流量也为4000kg/h，操作温度下物系的平衡数据如本例附表所示。试求：(1)单级萃取后萃取相和萃余相的组成及流量；(2)将萃取相和萃余相中的溶剂完全脱除后的萃取液和萃余液的组成和流量；(3)操作条件下的选择性系数β；(4)若组分B、S可视为完全不互溶，且操作条件下以质量比表示相组成的分配系数$K=3.4$，要求原料液中的溶质A有90%进入萃取相，则每千克原溶剂B需要消耗多少千克的萃取剂S?

例5-2附表（质量分数）

氯仿层(R相)		水层(E相)	
醋酸	水	醋酸	水
0.00	0.99	0.00	99.16
6.77	1.38	25.10	73.69
17.72	2.28	44.12	48.58
25.72	4.15	50.18	34.71
27.65	5.20	50.56	31.11
32.08	7.93	49.41	25.39
34.16	10.03	47.87	23.28
42.5	16.5	42.50	16.50

解： 由题给平衡数据，在等腰直角三角形坐标图中绘出溶解度曲线和辅助曲线，如附图所示。

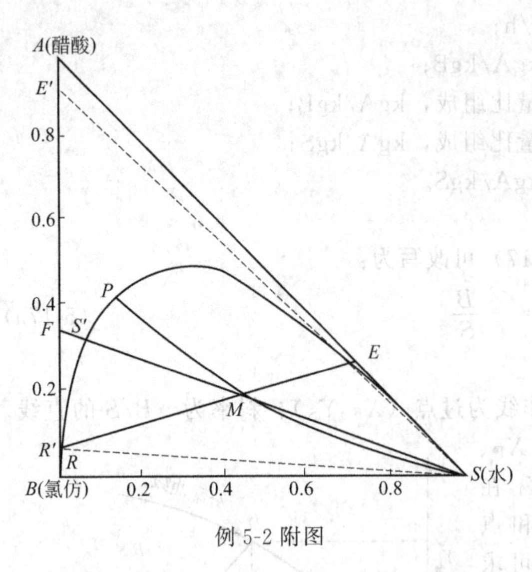

例 5-2 附图

(1) 单级萃取后 E 相和 R 相的组成及流量

根据醋酸在原料液中的质量分数为 35%，在三角形相图的 AB 边上确定点 F 点，连接 SF 线，按 F、S 的流量根据杠杆规则在 FS 线上确定和点 M。

因 E 相和 R 相的组成均未给出，故需要利用辅助曲线试差求出过 M 点的联结线 RE，则由图可读出萃取相 E 及萃余相 R 的组成如下：

E 相：$y_A=27\%$，$y_B=1.5\%$，$y_S=71.5\%$

R 相：$x_A=7.2\%$，$x_B=91.4\%$，$x_S=1.4\%$

由总物料衡算得

$$M=F+S=4000+3200=7200\text{kg/h}$$

由图上量出 $\overline{RE}=42\text{mm}$，$\overline{RM}=26\text{mm}$，则可由式(5-8) 及式(5-9) 得到：

$$E=M\frac{\overline{RM}}{\overline{RE}}=7200\times\frac{26}{42}=4457\text{kg/h}$$

$$R=M-E=7200-4457=2743\text{kg/h}$$

(2) 萃取液和萃余液的组成和流量

连接 SE 线并将其延长与 AB 边相交于 E' 点，由图读得 $y_E'=92\%$；连 SR 并将其延长与 AB 边相交于 R' 点，由图读得 $x_R'=7.3\%$。

萃取液和萃余液的流量可由式(5-13) 及式(5-14) 求得，即

$$E'=\frac{F(x_F-x_R')}{y_E'-x_R'}=4000\times\frac{35-7.3}{92-7.3}=1308\text{kg/h}$$

所以：

$$R'=F-E'=4000-1308=2692\text{kg/h}$$

(3) 选择性系数 β

可由式(5-1) 求得

$$\beta=\frac{y_A}{x_A}\Big/\frac{y_B}{x_B}=\frac{27}{7.2}\Big/\frac{1.5}{91.4}=228.5$$

由于该物系中氯仿 (B)、水 (S) 的互溶度很小，所以 β 值较高，得到的萃取液组成很高。

(4) 每千克 B 需要的 S 量

由于组分 B、S 可视为完全不互溶，则用式(5-17) 计算较为方便。

$$X_F=\frac{x_F}{1-x_F}=\frac{0.35}{1-0.35}=0.538$$

$$X_1=(1-\varphi_A)X_F=(1-0.9)\times0.538=0.0538$$

$$Y_S=0$$

$$Y_1=KX_1=3.4\times0.0538=0.183$$

将有关参数代入式(5-17)，并整理得

$$\frac{S}{B}=\frac{X_F-X_1}{Y_1}=\frac{0.538-0.0538}{0.183}=2.65$$

即 1kg 原溶剂 B 需消耗 2.65kg 萃取剂 S。

5.3.2 多级错流萃取的计算

除了选择性系数极高的物系之外，一般单级萃取所得的萃余相中往往还含有较多的溶质，为进一步降低萃余相中溶质的含量，可采用多级错流萃取，其流程如图5-14所示。

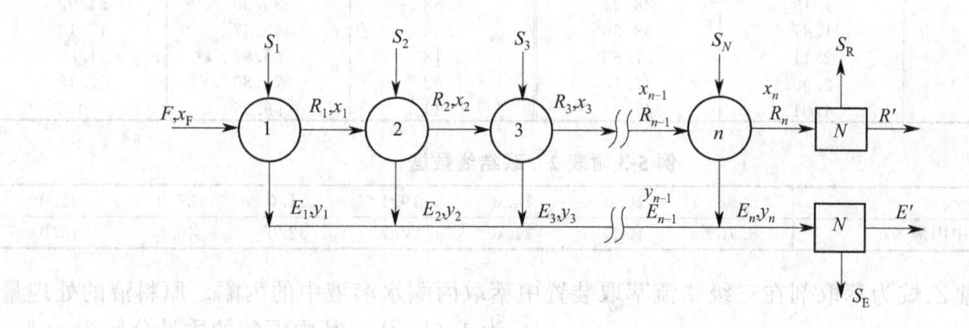

图5-14 多级错流萃取流程示意图

在多级错流萃取操作中，每一级均加入新鲜萃取剂。原料液首先进入第一级，被萃取后，所得萃余相进入第二级作为原料液，并用新鲜萃取剂再次进行萃取，第二级萃取所得的萃余相又进入第三级作为原料液……，如此萃余相经多次萃取，只要级数足够多，最终可得到溶质组成低于指定值的萃余相。

多级错流萃取的总萃取剂用量为各级萃取剂用量之和，原则上，各级萃取剂用量可以相等也可以不等。但可以证明，当各级萃取剂用量相等时，达到一定的分离程度所需的总萃取剂用量最少，故在多级错流萃取操作中，一般各级萃取剂用量均相等。

在多级错流萃取过程的设计型计算中，已知：操作条件下的相平衡数据，原料液量 F 及组成 x_F，萃取剂组成 y_S 和萃余相组成 x_R。求：所需理论级数。求解具体方法包括：三角形坐标图解法、直角坐标图解法及解析法。

5.3.2.1 组分B、S部分互溶时的三角形坐标图图解法

对于组分B、S部分互溶物系三级错流萃取图解过程，如图5-15所示。若原料液为A、B二元溶液，各级均用纯溶剂进行萃取（即 $y_{S,1}=y_{S,2}=\cdots=0$），由原料液流量 F 和第一级的溶剂用量 S_1 确定第一级混合液的组成点 M_1，通过 M_1 作联结线 E_1R_1，且由第一级物料衡算可求得 R_1。在第二级中，依 R_1 与 S_2 的量确定混合液的组成点 M_2，过 M_2 作联结线 E_2R_2。如此重复，直至 x_n 达到或低于指定值时为止。所作联结线的数目即为所需的理论级数。由图可见，多级错流萃取的图解法是单级萃取图解的多次重复。

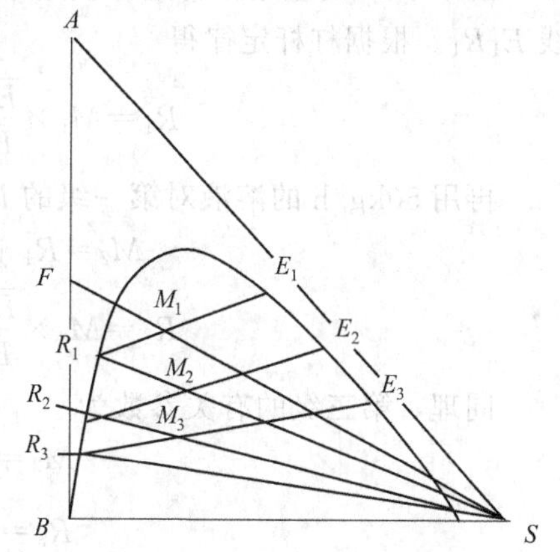

图5-15 三级错流萃取图解计算

溶剂总用量为各级溶剂用量之和，各级溶剂用量可以相等，也可以不等。但根据计算可知，只有在各级溶剂用量相等时，达到一定的分离程度，溶剂的总用量最少。

【例5-3】 25℃时丙酮（A）-水（B）-三氯乙烷（S）系统以质量分数表示的溶解度和联结线数据如本题附表所示。

例 5-3 附表 1 溶解度数据

三氯乙烷(S)	水(B)	丙酮(A)	三氯乙烷(S)	水(B)	丙酮(A)
99.89	0.11	0	38.31	6.84	54.85
94.73	0.26	5.01	31.67	9.78	58.55
90.11	0.36	9.53	24.04	15.37	60.59
79.58	0.76	19.66	15.89	26.28	58.33
70.36	1.43	28.21	9.63	35.38	54.99
64.17	1.87	33.96	4.35	48.47	47.18
60.06	2.11	37.83	2.18	55.97	41.85
54.88	2.98	42.14	1.02	71.80	27.18
48.78	4.01	47.21	0.44	99.56	0

例 5-3 附表 2 联结线数据

水相中丙酮 x_A	5.96	10.0	14.0	19.1	21.0	27.0	35.0
三氯乙烷相中丙酮 y_A	8.75	15.0	21.0	27.7	32.0	40.5	48.0

用三氯乙烷为萃取剂在三级错流萃取装置中萃取丙酮水溶液中的丙酮。原料液的处理量为 100kg/h，其中丙酮的质量分数为 40%，第一级溶剂用量与原料液流量之比为 0.5，各级溶剂用量相等，试求丙酮的总萃取率。

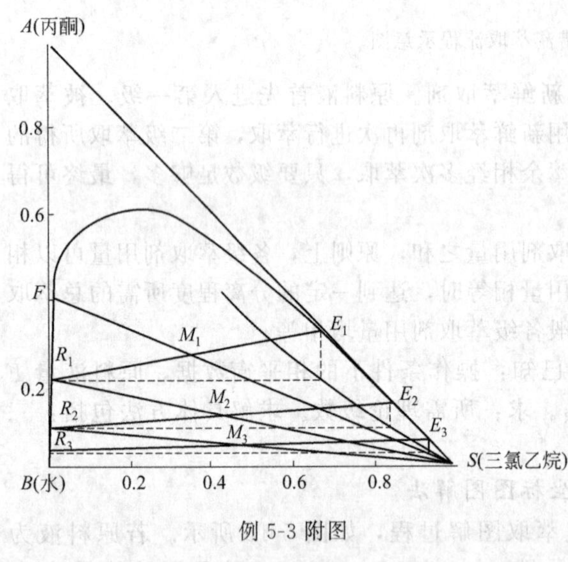

例 5-3 附图

解：丙酮的总萃取率可由下式计算，即

$$\varphi_A=\frac{Fx_F-R_3x_3}{Fx_F}$$

关键是求算 R_3 及 x_3。

由题给数据在等腰直角三角形相图中做出溶解度曲线和辅助曲线，如本题附图所示。

第一级加入的溶剂量，即每级加入的溶剂量为

$$S=0.5F=0.5\times100=50\text{kg/h}$$

根据第一级的总物料衡算得

$$M_1=F+S=100+50=150\text{kg/h}$$

由 F 和 S 的量用杠杆定律确定第一级混合液的组成点 M_1，用试差法作过 M_1 点的联结线 E_1R_1。根据杠杆定律得

$$R_1=M_1\times\frac{\overline{E_1M_1}}{\overline{E_1R_1}}=150\times\frac{19.2}{39}=73.8\text{kg/h}$$

再用 50kg/h 的溶液对第一级的 R_1 进行萃取。重复上述步骤计算第二级的有关参数，即

$$M_2=R_1+S=73.8+50=123.8\text{kg/h}$$

$$R_2=M_2\times\frac{\overline{E_2M_2}}{\overline{E_2R_2}}=123.8\times\frac{25}{49}=63.2\text{kg/h}$$

同理，第三级的有关参数为

$$M_3=63.2+50=113.2\text{kg/h}$$

$$R_3=113.2\times\frac{28}{64}=49.5\text{kg/h}$$

由本题附图得 $x_3=3.5\%$。于是，丙酮的总萃取率为

$$\varphi_A=\frac{Fx_F-R_3x_3}{Fx_F}=\frac{100\times0.4-49.5\times0.035}{100\times0.4}=95.7\%$$

5.3.2.2 组分 B、S 不互溶时理论级数的计算

在操作条件下，若组分 B、S 完全不互溶，则可用直角坐标图解法或解析法求解理论级数。

（1）直角坐标图图解法 对于组分 B、S 不互溶体系，此时采用直角坐标图进行计算更为方便。设每一级的溶剂加入量相等，则各级萃取相中的溶剂 S 的量和萃余相中的稀释剂 B 的量均可视为常数，萃取相中只有 A、S 两组分，萃余相中只有 B、A 两组分。这样可仿照吸收中组成的表示方法，即溶质在萃取相和萃余相中的组成分别用质量比 Y(kgA/kgS) 和 X(kgA/kgB) 表示，并可在 X-Y 坐标图上用图解法求解理论级数。

对图 5-14 中第一萃取级作溶剂 A 的衡算，得

$$BX_F + SY_S = BX_1 + SY_1$$

整理上式，得

$$Y_1 = -\frac{B}{S}X_1 + \left(\frac{B}{S}X_F + Y_S\right) \tag{5-18}$$

同理，对第 n 级作溶质 A 的衡算，得

$$Y_n = -\frac{B}{S}X_n + \left(\frac{B}{S}X_{n-1} + Y_S\right) \tag{5-19}$$

上式表示了离开任一级的萃取相组成 Y_n 与萃余相组成 X_n 之间的关系，称作操作线方程。斜率 $-\frac{B}{S}$ 为常数，故上式为通过点（X_{n-1}，Y_S）的直线方程式。根据理论级的假设，离开任一级的 Y_n 与 X_n 处于相平衡状态，故点（X_n，Y_n）必位于分配曲线上，即操作线与分配曲线的交点。于是，可在 X-Y 直角坐标图上图解理论级，步骤如下（参见图 5-16）：

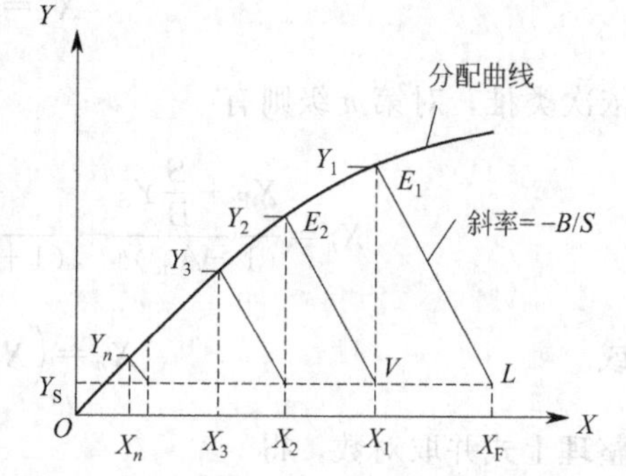

图 5-16 多级错流萃取 X-Y 坐标图解法

① 在直角坐标上做出分配曲线。

② 依 X_F 和 Y_S 确定 L 点，以 $-\frac{B}{S}$ 为斜率通过 L 点，作操作线与分配曲线交于点 E_1。此点坐标即表示离开第一级的萃取相 E_1 与萃余相 R_1 的组成 Y_1 及 X_1。

③ 过 E_1 做垂直线与 $Y=Y_S$ 线交于 V（X_1，Y_S），因各级萃取剂用量相等，通过 V 点作 LE_1 的平行线与分配曲线交于点 E_2，此点坐标即表示离开第二级的萃取相 E_2 与萃余相 R_2 的组成（X_2,Y_2）。

依此类推，直至萃余相组成 X_n 等于或低于指定值为止。重复作操作线的数目即为所需的理论级数 n。

若各级萃取剂用量不相等，则诸操作线不相平行。如果溶剂中不含溶质，$Y_S=0$，则 L、V 等点都落在 X 轴上。

（2）解析法 若在操作条件下分配系数可视作常数，即分配曲线为通过原点的直线，则分配曲线可用下式表示：

$$Y = KX \tag{5-20}$$

式中 K——以质量比表示相组成的分配系数。此时，就可用解析法求解理论级数。

图 5-14 中第一级的相平衡关系为

$$Y_1=KX_1$$

将上式代入式(5-18)，消去 Y_1 可解得

$$X_1=\frac{X_F+\frac{S}{B}Y_S}{1+\frac{KS}{B}} \tag{5-21}$$

令 $KS/B=A_m$，则上式变为

$$X_1=\frac{X_F+\frac{S}{B}Y_S}{1+A_m} \tag{5-21a}$$

式中　A_m——萃取因子，对应于吸收中的脱吸因子。

同样，对第二级作溶质 A 的衡算，得

$$BX_1+SY_S=BX_2+SY_2$$

将式(5-20)、式(5-21) 及 $A_m=KS/B$ 的关系代入上式并整理，得

$$X_2=\frac{X_F+\frac{S}{B}Y_S}{(1+A_m)^2}+\frac{\frac{S}{B}Y_S}{1+A_m}$$

依次类推，对第 n 级则有

$$X_n=\frac{X_F+\frac{S}{B}Y_S}{(1+A_m)^n}+\frac{\frac{S}{B}Y_S}{(1+A_m)^{n-1}}+\frac{\frac{S}{B}Y_S}{(1+A_m)^{n-2}}+\cdots+\frac{\frac{S}{B}Y_S}{1+A_m}$$

或
$$X_n=\left(X_F-\frac{Y_S}{K}\right)\left(\frac{1}{1+A_m}\right)^n+\frac{Y_S}{K} \tag{5-22}$$

整理上式并取对数，得

$$n=\frac{1}{\ln(1+A_m)}\ln\left(\frac{X_F-\frac{Y_S}{K}}{X_n-\frac{Y_S}{K}}\right) \tag{5-23}$$

上式的关系可用图 5-17 所示的图线表示。

【例 5-4】 丙酮（A)-水（B)-三氯乙烷（S）体系中，水和三氯乙烷可视为完全不互溶。在操作条件下，丙酮的分配系数可视为常数，即 $K=1.71$。原料液中丙酮的质量分数为25%，其余为水，处理量为1200kg/h。萃取剂中丙酮的质量分数为1%，其余为三氯乙烷。采用五级错流萃取，每级中加入萃取剂量都相同，要求最终萃余相中丙酮的质量分数不大于1%。试求萃取剂的用量及萃取相中丙酮的平均组成。

解： 由题意知，组分 B、S 完全不互溶，且分配系数 K 可视为常数，故可通过萃取因子 $A_m\left(\frac{KS}{B}\right)$ 的值来计算萃取剂用量 S。A_m 可用图 5-17 或式(5-23) 求取。

$$X_F=25/75=0.3333,\ X_n=1/99=0.0101$$

$$Y_S=1/99=0.0101$$

$$B=F(1-x_F)=1200\times(1-0.25)=900\text{kg/h}$$

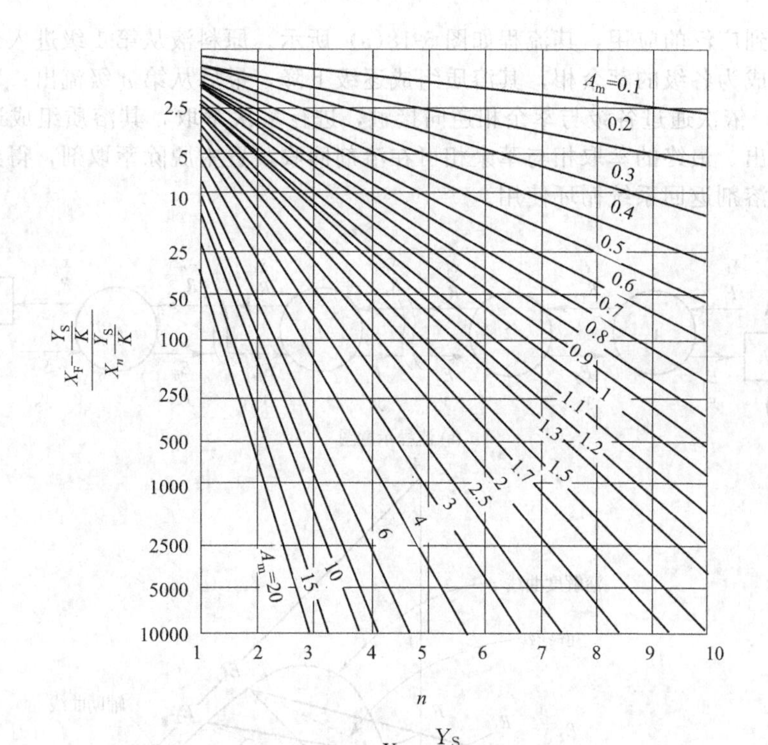

图 5-17　多级错流萃取 n 与 $\dfrac{X_F-\dfrac{Y_S}{K}}{X_n-\dfrac{Y_S}{K}}$ 关系图（A_m 为参数）

$$\frac{X_F-\dfrac{Y_S}{K}}{X_n-\dfrac{Y_S}{K}}=\frac{0.3333-\dfrac{0.0101}{1.71}}{0.0101-\dfrac{0.0101}{1.71}}=78.1$$

由上面的计算值和 $n=5$ 从图 5-17 查得：$A_m=1.39$；或将已知数代入式(5-23)，求得 $A_m=1.391$。

下面以 $A_m=1.391$ 计算每级萃取剂用量。

每级中纯溶剂的用量为 $S=\dfrac{A_mB}{K}=\dfrac{1.391\times900}{1.71}=732.1\text{kg/h}$

萃取剂的总用量为　　$\sum S=\dfrac{5S}{1-0.01}=\dfrac{5\times732.1}{0.99}=3697\text{kg/h}$

设萃取相中溶质的平均组成为 $\overline{Y}$，对全系统作溶质的衡算得

$$BX_F+\sum SY_S=BX_n+\sum S\overline{Y}$$

所以
$$\overline{Y}=\frac{B(X_F-X_n)}{\sum S}+Y_S$$

即
$$\overline{Y}=\frac{900\times(0.3333-0.0101)}{5\times732.1}+0.0101=0.08956$$

$$\overline{y}=\frac{\overline{Y}}{1+\overline{Y}}=\frac{0.08956}{1.08956}=0.08220$$

5.3.3　多级逆流萃取的计算

多级逆流萃取操作一般是连续的，其传质平均推动力大、分离效率高、溶剂用量较少，

故在工业中得到广泛的应用，其流程如图 5-18(a) 所示。原料液从第 1 级进入系统，依次经过各级萃取，成为各级的萃余相，其溶质组成逐级下降，最后从第 n 级流出；萃取剂则从第 n 级进入系统，依次通过各级与萃余相逆向接触，进行多次萃取，其溶质组成逐级提高，最后从第 1 级流出。最终的萃取相与萃余相可在溶剂回收装置中脱除萃取剂，得到萃取液与萃余液，脱除的溶剂返回系统循环使用。

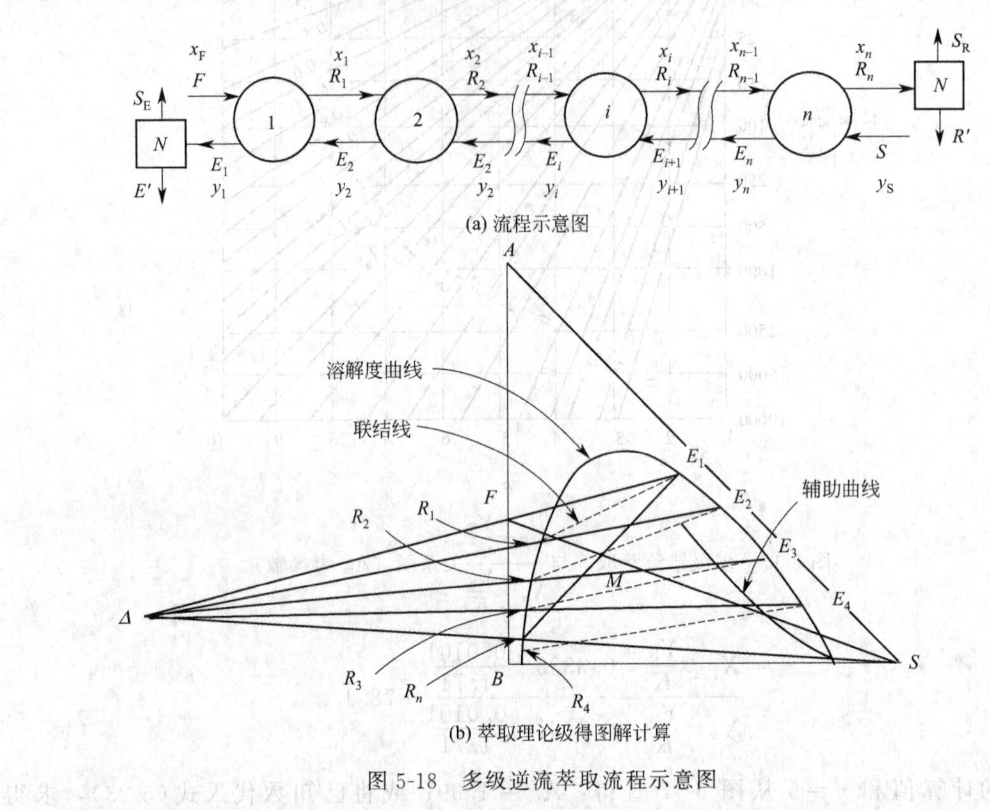

图 5-18 多级逆流萃取流程示意图

对于多级逆流萃取的设计型计算，原料液流量 F 和组成 x_F、最终萃余相中溶质组成 x_n 均由工艺条件规定，萃取剂用量 S 和组成 y_S 根据经济因素而选定，要求计算萃取所需的理论级数 n。

根据组分 B、S 的互溶度及相平衡关系，理论级数的计算可采用多种方法：

① 组分 B、S 部分互溶时可用三角形相图上的逐级图解法和 x-y 相图上的图解法；

② 组分 B、S 不互溶时可用 X-Y 直角坐标上的图解法；

③ 解析法（包括组分 B、S 部分互溶及完全不互溶）。

随着计算机应用的普及，解析法将成为求解理论级数的主要方法。

5.3.3.1 组分 B 和 S 部分互溶时的理论级数

(1) 三角形坐标图上的逐级图解法 对于组分 B 和 S 部分互溶的物系，多级逆流萃取所需的理论级数常在三角形相图上用图解法计算。图解求算步骤如下［参见图 5-18(b)］。

① 根据操作条件下的相平衡数据，在三角形坐标图上绘出溶解度曲线和辅助曲线。

② 根据原料液和萃取剂的组成，在图上定出 F 和 S 两点位置（图中采用纯溶剂），再由溶剂比 S/F 在 FS 连线上定出和点 M 的位置。

③ 由规定的最终萃余相组成 x_n 在相图上确定 R_n 点，连点 R_n、M 并延长 R_nM 与溶解度曲线交于 E_1 点，此点即为离开第一级的萃取相组成点。

根据杠杆规则，计算最终萃取相及萃余相的流量，即

$$E_1 = M\times\frac{\overline{MR_n}}{\overline{R_nR_1}}, R_n = M - E_1$$

④ 利用平衡关系和物料衡算，用图解法求理论级数。

在图 5-18(a) 所示的第一级与第 n 级之间作总物料衡算，得

$$F+S=R_n+E_1$$

对第一级作总物料衡算，得

$$F+E_2=E_1+R_1 \text{ 或 } F-E_1=R_1-E_2$$

对第二级作总物料衡算，得

$$R_1+E_3=E_2+R_2 \text{ 或 } R_1-E_2=R_2-E_3$$

以此类推，对第 n 级作总物料衡算，得

$$R_{n-1}+S=R_n+E_n \text{ 或 } R_{n-1}-E_n=R_n-S$$

由上面诸式可知

$$F-E_1=R_1-E_2=R_2-E_3=\cdots=R_i-E_{i+1}=\cdots=R_{n-1}-E_n=R_n-S=\Delta \tag{5-24}$$

上式表明，离开任意级的萃余相R_i 与进入该级的萃取相E_{i+1}之差为常数，以 Δ 表示。Δ 可视为通过每一级的“净流量”。Δ 是虚拟量，其组成也可在三角形相图上用点 Δ 表示，由式(5-24) 可知，Δ 点为各条操作线上的共有点，称为操作点。显然，Δ 点分别为 F 与 E_1、R_1 与 E_2、R_2 与 $E_3\cdots R_{n-1}$ 与 E_n、R_n与 S 诸流股的差点，故可任意延长两操作线，其交点即为 Δ 点，通常由 FE_1 与 SR_n 的延长线交点来确定 Δ 点的位置。

交替应用操作关系和平衡关系，便可求得所需的理论级数。具体方法见例 5-5。

需要指出，点 Δ 的位置与物系联结线的斜率、原料液的流量 F 和组成 x_F、萃取剂用量 S 及组成y_S、最终萃余相组成 x_n 等参数有关，可能位于三角形左侧，也可能位于右侧。若其他条件一定，则点 Δ 的位置由溶剂比（S/F）决定。当 S/F 较小时，点 Δ 在三角形左侧，此时 R 为和点；当 S/F 较大时，点 Δ 在三角形右侧，此时 E 为和点；当 S/F 为某数值是，使点 Δ 在无穷远，即各操作线交点在无穷远，这时可视各操作线是平行的。

【例 5-5】 在多级逆流萃取装置中，用纯溶剂 S 处理含 A、B 两组分的原料液。原料液流量 F=1000kg/h，其中溶质 A 的质量分数为 30%，要求最终萃余相中溶质质量分数不超过 7%。溶剂用量 S=350kg/h。试求：(1) 所需的理论级数；(2) 若将最终萃取相中的溶剂全部脱除，求最终萃取液的流量 E_1' 和组成 y_1'。

操作条件下的溶解度曲线和辅助曲线如本题附图所示。

解：(1) 所需理论级数

由 x_F=30%在 AB 边上定出 F 点，连接 FS。操作溶剂比为

$$\frac{S}{F}=\frac{350}{1000}=0.35$$

由溶剂比在 FS 线上定出和点M。

由 x_n=7%在相图上定出 R_n 点，延长点 R_n 及 M 的连线与溶解度曲线交于E_1 点，此点即为最终萃取相组成点。

连接点 E_1F 与点 S、R_n，并延长两连线交于点 Δ，此点即为操作点。

过 E_1 作联结线 E_1R_1(平衡关系)，点 R_1 即代表与 E_1 成平衡的萃余相组成点。

连接点 Δ、R_1 并延长，交溶解度曲线于点 E_2(操作关系)，此点即为进入第一级的萃取相组成点。

重复上述步骤，过 E_2 作联结线 E_2R_2，连接点 Δ、R_2 的延长线，交溶解度曲线于 E_3，……由图看出，当作联结线 E_5R_5 时，x_5=5%<7%，故知用五个理论级即可满足萃取分离要求。

(2) 最终萃取液的组成和流量

连接点 S、E_1 的延长线与 AB 边交于点 E_1'，此点即代表最终萃取液的组成点。由图读得 $y_1'=87\%$。

利用杠杆定律求 E_1 的流量，即

$$E_1=M\times\frac{\overline{MR_n}}{\overline{R_nE_1}}=(1000+350)\times\frac{19.5}{43}=612\text{kg/h}$$

萃取液由 E_1 完全脱除溶剂 S 而得到，故可利用杠杆规则求得 E_1'，即

$$E_1'=E_1\frac{\overline{E_1S}}{\overline{SE_1'}}=612\times\frac{44.5}{93.5}=291\text{kg/h}$$

E_1' 的量也可由 E_1'、F 和 R_n' 三点利用杠杆定律求得，即

$$E_1'=F\frac{\overline{R_n'F}}{\overline{R_n'E_1'}}=1000\times\frac{16.5}{56.5}=292\text{kg/h}$$

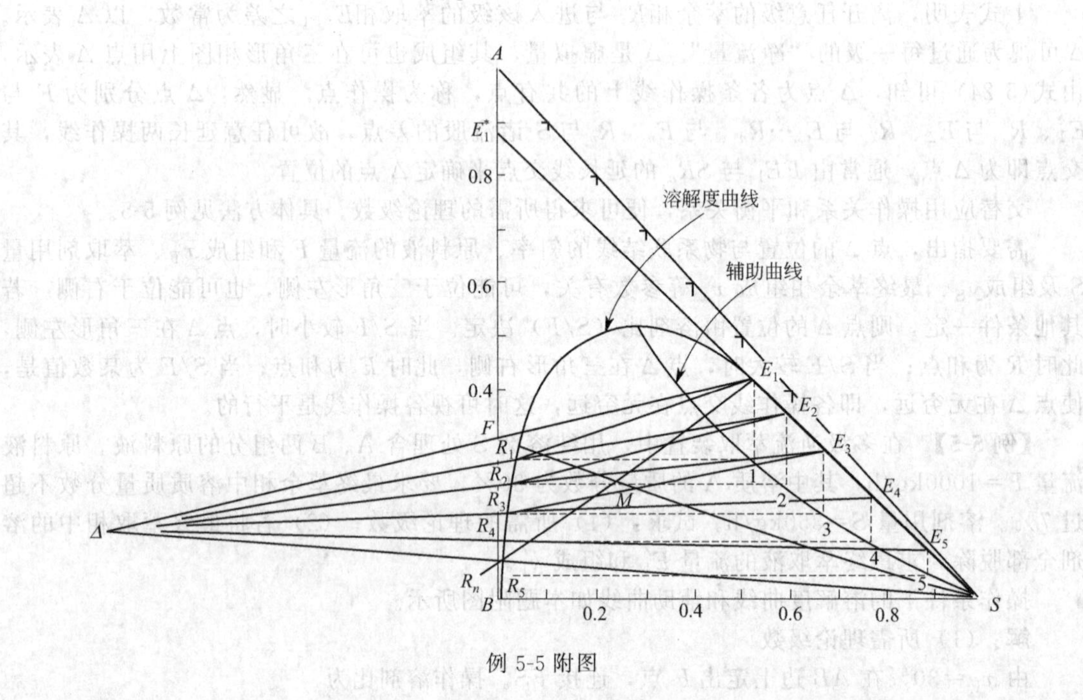

例 5-5 附图

(2) 在 x-y 直角坐标上求解理论级数　若萃取过程所需理论级数较多时，在三角形坐标上进行图解，由于各种关系线挤在一起，不够清晰，此时可在直角坐标上绘出分配曲线与操作线，然后用精馏过程所用的阶梯法求解所需理论级数。

(3) 组分 B、S 部分互溶时的解析计算　对于组分 B、S 部分互溶物系，传统上常在三角形坐标图上利用相平衡关系和操作关系，用逐级图解法求理论级数。由于计算机应用的普及，现在多用解析法。下面介绍计算方法。

① 以萃取装置为控制体，列物料衡算式，即

总衡算
$$F+S=E_1+R_n \tag{5-25}$$

对组分 A
$$Fx_{\text{F,A}}+Sy_{\text{O,A}}=E_1y_{1,\text{A}}+R_nx_{n,\text{A}} \tag{5-26}$$

对组分 S
$$Fx_{\text{F,S}}+Sy_{\text{O,S}}=E_1y_{1,\text{S}}+R_nx_{n,\text{S}} \tag{5-27}$$

式中，$x_{n,\text{S}}$ 与 $x_{n,\text{A}}$，$y_{1,\text{S}}$ 与 $y_{1,\text{A}}$ 分别满足溶解度曲线关系式，即

$$x_{n,S}=\psi(x_{n,A}) \tag{5-28}$$

$$y_{1,S}=\phi(y_{1,A}) \tag{5-29}$$

$$y_{1,A}=F(x_{1,A}) \tag{5-30}$$

联解上面诸式，便可求得各物料流股的量及组成。

② 对于每一个理论级列出相应的物料衡算式及对应的平衡关系式，共 6 个方程式。对于第 i 级，物料衡算式为

总衡算　$$R_{i-1}+E_{i+1}=R_i+E_i \tag{5-25a}$$

对组分 A　$$R_{i-1}x_{i-1,A}+E_{i+1}y_{i+1,A}=R_ix_{i,A}+E_iy_{i,A} \tag{5-26a}$$

对组分 S　$$R_{i-1}x_{i-1,S}+E_{i+1}y_{i+1,S}=R_ix_{i,S}+E_iy_{i,S} \tag{5-27a}$$

表达平衡级内相平衡关系的方程为

$$x_{i,S}=\psi(x_{i,A}) \tag{5-28a}$$

$$y_{i,S}=\phi(y_{i,A}) \tag{5-29a}$$

$$y_{i,A}=F(x_{i,A}) \tag{5-30a}$$

计算过程可从原料液加入的第一理论级开始，逐级计算，直至 $x_{n,A}$ 值等于或低于规定值为止，n 即所求的理论级数。

【例 5-6】 在 25℃下用纯溶剂 S 从含组分 A 的水溶液中萃取组分 A。原料液的处理量为 2000kg/h，其中 A 的质量分数为 0.03，要求萃余相中 A 的质量分数不大于 0.002，操作溶剂比（S/F）为 0.12。操作条件下的相平衡关系为

$$y_A=3.98\,x_A^{0.68}$$

$$y_S=0.933-1.05\,y_A$$

$$x_S=0.013-0.05\,x_A$$

试核算经两级逆流萃取能否达到分离要求。

解： 本例为校核型计算，但和设计型计算方法相同。若求得的$x_{2,A}\leqslant 0.002$，说明两级逆流萃取能满足分离要求，否则，需增加级数。

（1）对萃取装置列物料衡算及平衡关系式

$$F+S=1.12F=E_1+R_2=1.12\times 2000 \tag{1}$$

组分 A　$$2000\times 0.03=E_1y_{1,A}+0.002R_2 \tag{2}$$

组分 S　$$2000\times 0.12=E_1y_{1,S}+x_{2,S}R_2 \tag{3}$$

式中

$$y_{1,A}=3.98\,x_{1,A}^{0.68} \tag{4}$$

$$y_{1,S}=0.933-1.05\,y_{1,A} \tag{5}$$

$$x_{2,S}=0.013-0.05\,x_{2,A} \tag{6}$$

联立式(1)～式(6)，得到

$$E_1=293.4\text{kg/h},y_{1,A}=0.1912,y_{1,S}=0.7322,$$

$$R_2=1946.6\text{kg/h},x_{1,A}=0.01151,x_{1,S}=0.01242$$

（2）对第一理论级列物料衡算及平衡关系式

$$F+E_2=R_1+E_1 \tag{7}$$

组分 A　$$2000\times 0.03+E_2y_{2,A}=0.01151R_1+293.4\times 0.1912 \tag{8}$$

组分 S　$$E_2y_{2,S}=0.01242R_1+293.4\times 0.7322 \tag{9}$$

式中

$$y_{2,A}=3.98x_{2,A}^{0.68} \tag{10}$$

$$y_{2,S}=0.933-1.05y_{2,A} \tag{11}$$

联立式(7)～式(11)，并代入有关数据得到

$$E_2=278.0\text{kg/h}, y_{2,A}=0.06814, y_{2,S}=0.8615$$

$$R_1=1984.5\text{kg/h}, x_{2,A}=0.002525>0.002$$

计算结果表明，两级逆流萃取不能满足要求，若想两级逆流萃取达到分离要求，可略微加大萃取剂用量。

5.3.3.2　组分B和S完全不互溶时理论级数的计算

当组分B和S完全不互溶时，多级逆流萃取操作过程与脱吸过程十分相似，计算方法也大同小异。根据平衡关系情况，可用图解法或解析法求解理论级数。

(1) 在 X-Y 直角坐标图中的图解法　在操作条件下，若分配曲线不为直线，一般在 X-Y 直角坐标图中用图解法进行萃取计算较为方便。下面介绍具体求解步骤，如图5-19所示。

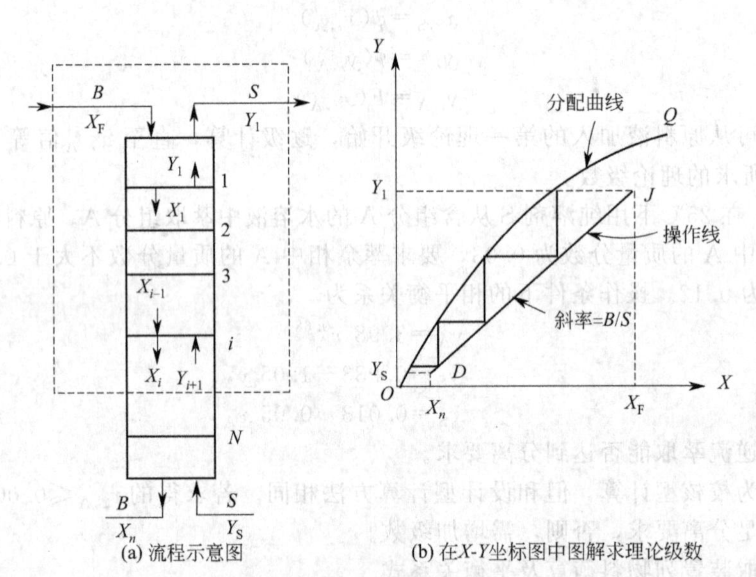

(a) 流程示意图　(b) 在X-Y坐标图中图解求理论级数

图5-19　B、S完全不互溶多级逆流萃取的图解计算

① 由平衡数据在 X-Y 直角坐标上绘出分配曲线。

② 在 X-Y 坐标上做出多级逆流萃取的操作线。

在图5-19(a) 中的第一级至第 i 级之间对溶质作衡算，得

$$BX_F+SY_{i+1}=SY_1+BX_i$$

或

$$Y_{i+1}=\frac{B}{S}X_i+\left(Y_1-\frac{B}{S}X_F\right) \tag{5-31}$$

式中　X_i——离开第 i 级萃余相中溶质的质量比组成，kgA/kgB；

Y_{i+1}——离开第 $i+1$ 级萃取相中溶质的质量比组成，kgA/kgS。

式(5-31) 称为多级逆流萃取操作线方程。由于组分B和S完全不互溶，通过各级的 B/S 均为常数，故该式为直线方程式，斜率为 B/S，两端点为 $J(X_F, Y_1)$ 和 $D(X_n, Y_S)$。若 $Y_S=0$，则此操作线下端为 $(X_n, 0)$。将式(5-31) 绘在 X-Y 坐标上，即得操作线 DJ。

③ 从 J 点开始，在分配曲线与操作线之间画梯级，阶梯数即为所求理论级数。

(2) 解析法求理论级数　当分配曲线为通过原点的直线时，由于操作线也为直线，萃取因子 $A_m=\dfrac{KS}{B}$ 为常数，则可仿照脱吸过程的计算方式，用下式求解理论级数，即

$$n=\frac{1}{\ln A_m}\ln\left[\left(1-\frac{1}{A_m}\right)\frac{X_F-\frac{Y_S}{K}}{X_n-\frac{Y_S}{K}}+\frac{1}{A_m}\right] \tag{5-32}$$

5.3.3.3 溶剂比和萃取剂的最小用量

和吸收操作中的液气比（$\frac{L}{V}$）相似，在萃取操作中用溶剂比（$\frac{S}{F}$）来表示溶剂用量对设备费和操作费的影响。完成同样的分离任务，若加大溶剂比，则所需的理论级数可以减少，但回收溶剂所消耗的能量增加；反之，$\frac{S}{F}$越小，所需的理论级数越多，而回收溶剂所消耗的能量越少。所以，应根据经济效益来确定适宜的溶剂比。所谓萃取剂的最小量 S_{min}，是指为达到规定的分离程度，萃取剂用量减小至 S_{min} 时，所需的理论级数为无穷多。实际操作中，萃取剂的用量必须大于此极限值。

由三角形相图看出，S/F 值越小，操作线和联合线的斜率越接近，所需的理论级数越多，当萃取剂的用量减小至 S_{min} 时，就会出现某一操作线和联结线相重合的情况，此时所需的理论级数为无穷多。S_{min} 的值可由杠杆规则求得。

在直角坐标图上，当萃取剂用量减少时，操作线向分配曲线靠拢，在操作线与分配曲线之间所画的梯级数（即理论级数）便增加；当萃取剂用量为最小值 S_{min} 时，操作线与分配曲线相交（或相切），此时类似于精馏中图解理论板数出现夹紧区一样，所需的理论级数为无穷多。对于组分B和S完全不互溶的物系（如图5-20所示），用 δ 代表操作线的斜率，即 $\delta=B/S$，若采用不同的萃取剂用量 S_1、S_2 和 S_{min}（$S_1>S_2>S_{min}$），相应的操作线及斜率分别为 HJ_1、HJ_2、HJ_3 和 δ_1、δ_2 及 δ_{max}。由图看出，S 值越小，所需的理论级数越多，S 值为 S_{min} 时，理论级数为无穷多。萃取剂的最小用量可用下式计算，即

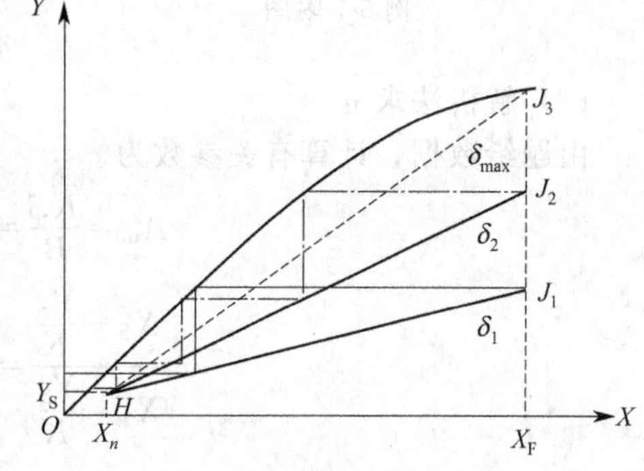

图 5-20 萃取剂最小用量

$$S_{min}=\frac{B}{\delta_{max}} \tag{5-33}$$

【例 5-7】 在多级逆流萃取装置中，用三氯乙烷从丙酮35%（质量分数，下同）的丙酮水溶液中萃取丙酮。原料液的流量为1000kg/h，要求最终萃余相中丙酮的组成不大于5%。萃取剂的用量为最小用量的1.3倍。水和三氯乙烷可视作完全不互溶，试在 X-Y 坐标系上求解所需的理论级数。

操作条件下的平衡数据见本例附表。

若操作条件下该物系的分配系数 K 取作常数1.71，试用解析法求解所需的理论级数。

例 5-7 附表

X	0.0634	0.111	0.163	0.236	0.266	0.370	0.538
Y	0.0959	0.176	0.266	0.383	0.471	0.681	0.923

解：（1）图解法求理论级数

在直角坐标上绘附表中数据，得分配曲线 OP，如本题附图所示。由图给数据得

$$X_F=\frac{35}{65}=0.538, X_n=\frac{5}{95}=0.0526$$

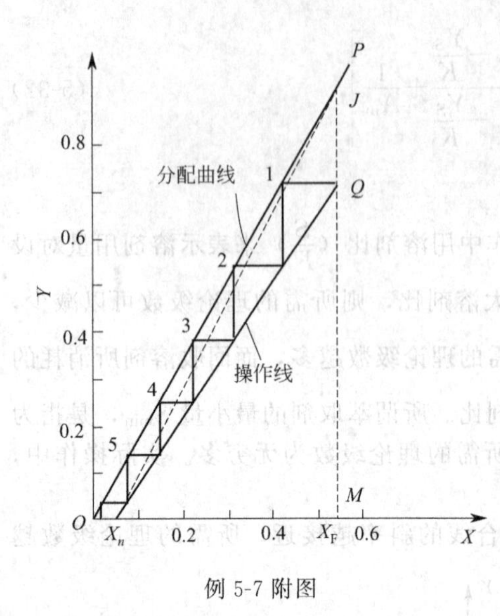

例 5-7 附图

$$B=F(1-x_F)=1000\times(1-0.35)=650\text{kg/h}$$

因 $Y_S=0$，故在本题附图横轴上确定 X_F 及 X_n 两点，过 X_F 作垂直线与分配曲线交于点 J，连 X_nJ 便得到 δ_{max}，即

$$\delta_{max}=\frac{0.923-0}{0.538-0.0526}=1.90$$

由式(5-33) 计算最小萃取剂用量，即

$$S_{min}=\frac{B}{\delta_{max}}=\frac{650}{1.90}=342\text{kg/h}$$

$$S=1.3S_{min}=1.3\times342=445\ \text{kg/h}$$

实际操作线斜率为

$$\delta=\frac{B}{S}=\frac{650}{445}=1.46$$

于是，可做出实际操作线 QX_n。

在分配曲线与操作线之间作阶梯，求得所需理论级数为 5.5。

（2）解析法求 n

由题给数据，计算有关参数为

$$A_m=\frac{KS}{B}=\frac{1.71\times445}{650}=1.171$$

$$\frac{X_F-\dfrac{Y_S}{K}}{X_n-\dfrac{Y_S}{K}}=\frac{0.538-0}{0.0526-0}=10.23$$

所以 $n=\dfrac{1}{\ln A_m}\ln\left[\left(1-\dfrac{1}{A_m}\right)\dfrac{X_F-\dfrac{Y_S}{K}}{X_n-\dfrac{Y_S}{K}}+\dfrac{1}{A_m}\right]=\dfrac{1}{\ln1.171}\ln[(1-\dfrac{1}{1.171})\times10.23+\dfrac{1}{1.171}]=5.41$

两法得到的结果完全吻合。

【例 5-8】 以 450kg 纯乙酸乙酯为萃取剂，从 4500kg 放线菌素含量很低的发酵液中提取放线菌素 D。组分 B、S 可视作完全不互溶，在操作条件下，以质量比表示相组成的分配系数可取作常数 30。试比较如下三种萃取操作的萃取率。

（1）单级平衡萃取；

（2）将 450kg 萃取剂分作三等份进行三级错流萃取；

（3）三级逆流萃取。

解： 由于在操作条件下，组分 B、S 可视作完全不互溶，且分配系数 $K=30$，故可用解析法计算。

（1）单级萃取

$$Y_S=0, B=4500\text{kg}, S=450\text{kg}$$

由萃取装置的物料衡算得

$$B(X_F-X_1)=SY_1$$

将 $Y_1=30X_1$ 代入上式解得 $\qquad X_1=0.25X_F$

则

$$\varphi_1=1-\frac{X_1}{X_F}=1-\frac{0.25X_F}{X_F}=75\%$$

（2）三级错流萃取

$$S_i=\frac{1}{3}S=\frac{1}{3}\times 450=150\text{kg}$$

$$A_m=\frac{KS_i}{B}=\frac{30\times 150}{4500}=1.0$$

将有关数据代入式(5-23) 便可求得 X_3，即

$$X_3=\left(X_F-\frac{Y_S}{K}\right)\left(\frac{1}{1+A_m}\right)^3+\frac{Y_S}{K}=X_F\left(\frac{1}{1+1.0}\right)^3=0.125X_F$$

所以
$$\varphi_2=1-\frac{X_3}{X_F}=1-\frac{0.125X_F}{X_F}=87.5\%$$

(3) 三级逆流萃取

$$A'_m=KS/B=30\times 450/4500=3.0$$

由式(5-32) 可求得 X'_3/X_F，即

$$3=\ln\left[\left(1-\frac{1}{3.0}\right)\frac{X_F}{X'_3}+\frac{1}{3.0}\right]/\ln 3.0$$

将有关数据代入上式解得 $X'_3/X_F=0.025$

则
$$\varphi_3=1-\frac{X'_3}{X_F}=1-\frac{0.025X_F}{X_F}=97.5\%$$

由计算结果看出，在相同总溶剂用量的条件下，三级逆流萃取率最高，即萃取效果最佳，三级错流萃取次之，单级萃取效果最差。

5.3.4 微分接触逆流萃取的计算

微分接触逆流萃取过程常在塔式设备（如填料塔、脉冲筛板塔等）内进行。塔式萃取设备内两液相的流程如图5-21所示。原料液和溶剂在塔内作逆向流动并进行物质传递，两相中的溶质组成沿塔高而连续变化，两相的分离是在塔顶和塔底完成的。

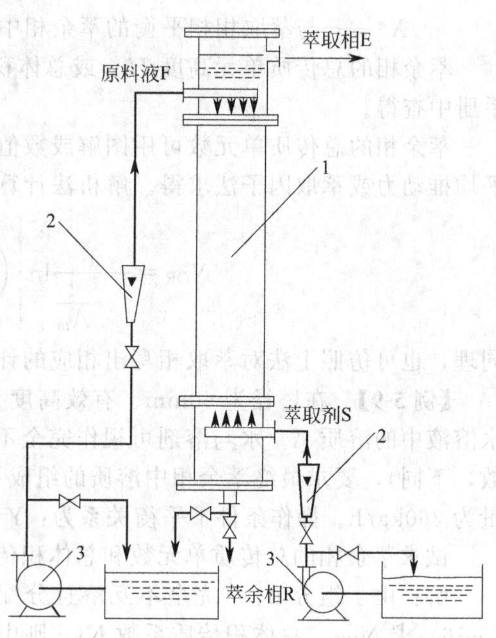

图5-21　塔式萃取设备内两相流程
1—萃取塔；2—流量计；3—泵

塔式微分设备的计算和气液传质设备一样，要求确定塔径和塔高两个基本尺寸。塔径的尺寸取决于两液相的流量及适宜的操作速度；塔高的计算有两种方法，即理论级当量高度法及传质单元法。

5.3.4.1　理论级当量高度法

理论级当量高度是指相当于一个理论级萃取效果的塔段高度，用 $HETS$ 表示。根据下式确定塔的萃取段的有效高度，即

$$h=n\times(HETS) \tag{5-34}$$

式中　h——萃取段的有效高度，m；

n——逆流萃取所需的理论级数；

$HETS$——理论级的当量高度，m。

理论级数 n 反映萃取分离的难易或萃取过程要求达到的分离程度。$HETS$ 是衡量传质效率的指标。若传质速率越快，塔的效率越高，则相应的 $HETS$ 值越小。与塔板效率一样，$HETS$ 值与设备类型、物系性质和操作条件有关，一般需通过实验确定。对某些物系，可

以应用萃取专著中所推荐的经验公式估算。

5.3.4.2 传质单元法

与吸收操作中填料层高度计算方法相似，萃取段的有效高度也可用传质单元法计算。

假设组分B和S完全不互溶，则用质量比组成进行计算比较方便。再若溶质组成较稀时，在整个萃取段内体积传质系数 K_Xa 可视作常数，萃取段的有效高度可用下式计算：

$$h=\frac{B}{K_Xa\Omega}\int_{X_n}^{X_F}\frac{dX}{X-X^*} \tag{5-35}$$

或

$$h=H_{OR}N_{OR} \tag{5-35a}$$

式中 H_{OR}——萃余相的总传质单元高度，$H_{OR}=\frac{B}{K_Xa\Omega}$，m；

K_Xa——以萃余相中溶质的质量比组成为推动力的总体积传质系数，$\frac{kg}{m^3\cdot h\Delta X}$；

Ω——塔的横截面积，m^2；

N_{OR}——萃余相的总传质单元数，$N_{OR}=\int_{X_n}^{X_F}\frac{dX}{X-X^*}$；

X——萃余相中溶质的质量比组成；

X^*——与萃取相相平衡的萃余相中溶质的质量比组成。

萃余相的总传质单元高度 H_{OR} 或总体积传质系数 K_Xa 由实验测定，也可从萃取专著或手册中查得。

萃余相的总传质单元数可用图解或数值积分法求得。当分配曲线为直线时，又可用对数平均推动力或萃取因子法求得。解析法计算式为

$$N_{OR}=\frac{1}{1-\frac{1}{A_m}}\ln\left[\left(1-\frac{1}{A_m}\right)\frac{X_F-\frac{Y_S}{K}}{X_n-\frac{Y_S}{K}}+\frac{1}{A_m}\right] \tag{5-36}$$

同理，也可仿照上法对萃取相写出相应的计算式。

【例5-9】 在塔径为60mm、有效高度为1.5m的填料萃取实验塔中，用纯溶剂S萃取水溶液中的溶质A。水与溶剂可视作完全不互溶。原料液中组分A的组成为0.15（质量分数，下同），要求最终萃余相中溶质的组成不大于0.004。操作溶剂比（S/B）为2，溶剂用量为260kg/h。操作条件下平衡关系为：$Y=1.6X$。

试求萃余相的总传质单元数和总体积传质系数。

解： 由于组分B、S完全不互溶且分配系数 K 可取作常数，故可用平均推动力法或式(5-36)求 N_{OR}。总体积传质系数 K_Xa 则由总传质单元高度 H_{OR} 计算。

(1) 总传质单元数 N_{OR}

根据题给数据：

$$X_F=\frac{0.15}{0.85}=0.1765,X_n=\frac{0.004}{0.998}=0.004$$

$$Y_S=0$$

$$A_m=\frac{KS}{B}=1.6\times2=3.2$$

$$N_{OR}=\frac{1}{1-\frac{1}{A_m}}\ln\left[\left(1-\frac{1}{A_m}\right)\frac{X_F-\frac{Y_S}{K}}{X_n-\frac{Y_S}{K}}+\frac{1}{A_m}\right]=\frac{1}{1-\frac{1}{3.2}}\ln\left[\left(1-\frac{1}{3.2}\right)\times\frac{0.1765}{0.004}+\frac{1}{3.2}\right]=4.98$$

(2) 总体积传质系数 K_Xa

$$H_{OR}=\frac{H}{N_{OR}}=\frac{1.5}{4.98}=0.3012\text{m}\qquad B=\frac{S}{2}=\frac{260}{2}=130\text{kg/h}$$

$$K_Xa=\frac{B}{H_{OR}\Omega}=\frac{130}{0.3012\times\frac{\pi}{4}\times0.06^2}=1.527\times10^5\ \frac{\text{kg}}{(\text{m}^3\,\text{h}\Delta X)}$$

5.3.4.3 萃取塔塔径的确定

在液-液萃取操作中，依靠两相的密度差，在重力或离心力场的作用下，分散相和连续相产生相对运动并密切接触而进行传质。两相之间的传质与流动状况有关，而流动状况和传质速率又决定了萃取设备的尺寸，如塔式设备的直径和高度。

在逆流操作的塔式萃取设备内，分散相和连续相的流量不能任意加大。流量过大，一方面会引起两相接触时间减少，降低萃取效率；另一方面，两相速度加大引起流动阻力增大，当速度增大至某一极限值时，一相会因阻力的增大而被另一相夹带，由其本身入口处流出塔外。这种两种液体互相夹带的现象称为液泛。

关于液泛速度，许多研究者针对不同类型的萃取设备提出了经验公式或半经验的公式，还有的绘制成关联线图。图 5-22 所示为填料萃取塔的液泛速度 U_{Cf} 关联图。

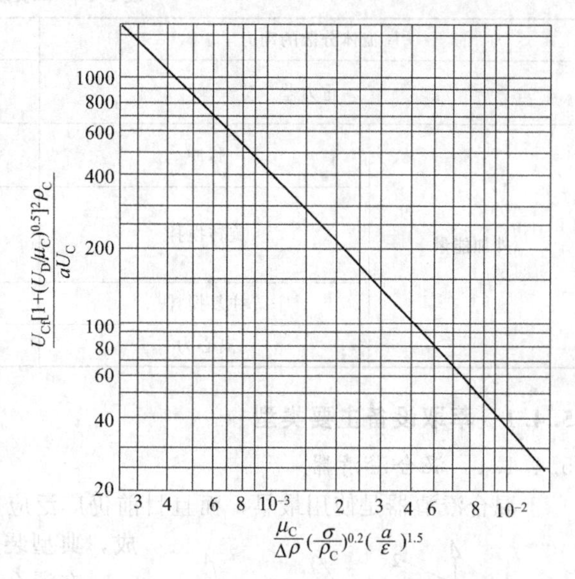

图 5-22 填料萃取塔的液泛速度关联图

U_{Cf}—连续相泛点表观速度，m/s；U_D，U_C—分散相和连续相的表观速度，m/s；ρ_C—连续相的密度，kg/m³；$\Delta\rho$—两相密度差，kg/m³；σ—界面张力，N/m；a—填料的比表面积，m²/m³；μ_C—连续相的黏度，Pa·s；ε—填料层的空隙率

由所选用的填料查出该填料的孔隙率 ε 及比表面积 a，再依据已知物系的有关物性常数算出图 5-22 的横坐标的数值，按此值从图上确定纵坐标的数值，从而可求出填料塔的液泛速度 U_{Cf}。

实际设计时，空塔速度可取液泛速度 U_{Cf} 得 50%～80%。根据适宜的空塔速度便可计算塔径，即

$$D=\sqrt{\frac{4V_C}{\pi U_C}}=\sqrt{\frac{4V_D}{\pi U_D}}\tag{5-37}$$

式中 D——塔径，m；

V_C，V_D——连续相和分散相的体积流量，m³/s；

U_C，U_D——连续相和分散相的空塔速度，m/s。

5.4 液液萃取设备

根据两相接触方式的不同，萃取设备可分为逐级接触式和微分接触式两类。在逐级接触式设备中，每一级均进行两相的混合与分离，故两液相的组成在级间发生阶跃式变化。而在微分接触式设备中，两相逆流连续接触传质，两液相的组成则发生连续变化。

根据外界是否输入机械能，萃取设备又可分为有外加能量和无外加能量两类。若两相密度差较大，萃取时，仅依靠液体进入设备时的压力差及密度差即可使液体有较好的分散和流动，此时不需外加能量即能达到较好的萃取效果；反之，若两相密度差较小，界面张力较大，液滴易聚合不易分散，此时常采用从外界输入能量的方法来改善两相的相对运动及分散状况，如施加搅拌、振动、离心等。

目前，工业上使用的萃取设备种类很多，其分类情况如表 5-1 所示，在此仅介绍一些典型设备。

表 5-1　萃取设备分类

流体分散的动力		逐级接触式	微分接触式
重力差		筛板塔	喷洒塔 填料塔
外加能量	脉冲	脉冲混合-澄清器	脉冲填料塔 液体脉冲筛板塔
	旋转搅拌	混合-澄清器 夏贝尔(Scheibel)塔	转盘塔(RDC) 偏心转盘塔(ARDC) 库尼(Kuhni)塔
	往复搅拌		往复筛板塔
	离心力	芦威离心萃取机	POD 离心萃取机

5.4.1　萃取设备主要类型

5.4.1.1　混合澄清器

混合澄清器是使用最早，而且目前仍广泛应用的一种萃取设备，它由混合器与澄清器组成，典型装置如图 5-23 所示。

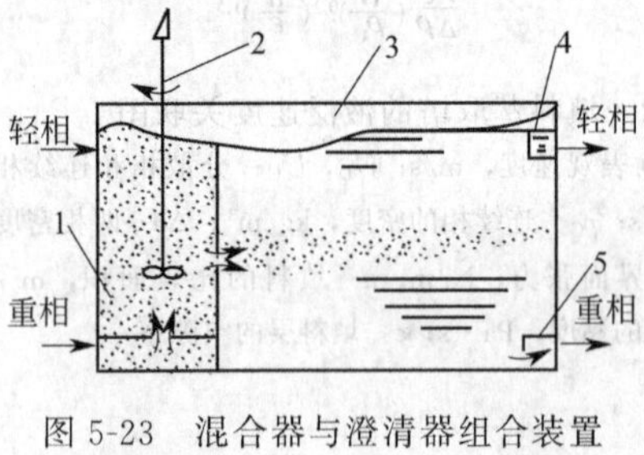

图 5-23　混合器与澄清器组合装置

1—混合器；2—搅拌器；3—澄清器；4—轻相溢出口；5—重相液出口

在混合器中，大多应用机械搅拌，有时也可将压缩气体通入底部进行气流搅拌，还可以利用流动混合器或静态混合器。两相分散体系在混合器内停留一定时间后，流入澄清器，轻、重两相依靠密度差进行重力沉降（或升浮），并在界面张力的作用下凝聚分层，形成萃取相和萃余相。

混合澄清器可以单级使用，也可以组成多级逆流或错流串联流程，图 5-24 为水平排列的三级逆流混合-澄清萃取装置示意图，也可以将几个级上下重叠。

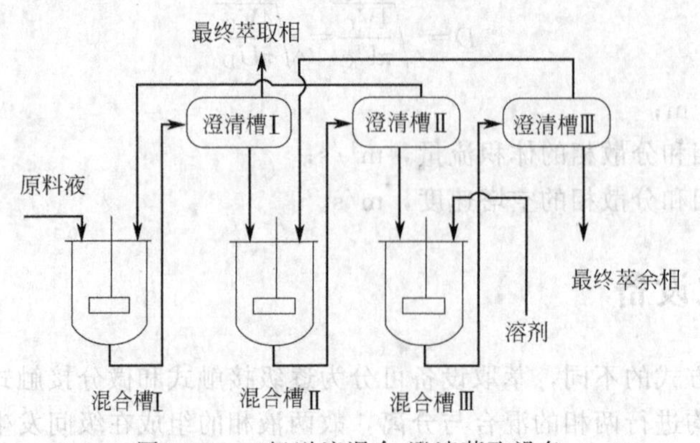

图 5-24　三级逆流混合-澄清萃取设备

混合澄清器具有处理量大，传质效率高，两液相流量比范围大，设备结构简单，操作方便，易实现多级连续操作等优点；但缺点是水平排列的设备占地面积大，每级内都设有搅拌装置，液体在级间流动需输送泵，设备费和操作费都较高。

5.4.1.2 萃取塔

通常将高径比较大的萃取装置统称为塔式萃取设备，简称萃取塔。根据两相混合和分散所采用的措施不同，萃取塔的结构型式也多种多样。下面简介几类工业上常用的萃取塔。

(1) 重力流动型萃取塔 两液相靠重力作逆流流动而不输入机械能的萃取塔，结构简单，适用于界面张力不大、要求的理论级数不多（如不超过 3～4 级）的场合，主要有以下一些类型。

① 喷洒塔 喷洒塔又称喷淋塔，是最简单的萃取塔，如图 5-25 所示，轻、重两相分别从塔底和塔顶进入。若以重相为分散相，则重相经塔顶的分布装置分散为液滴后进入轻相，与其逆流接触传质，重相液滴降至塔底分离段处聚合形成重相液层排出，而轻相上升至塔顶并与重相分离后排出［见图 5-25(a)］；若以轻相为分散相，则轻相经塔底的分布装置分散为液滴后进入连续的重相，与重相进行逆流接触传质，轻相升至塔顶分离段处聚合形成轻液层排出。而重相流至塔底与轻相分离后排出［见图 5-25(b)］。

喷洒塔结构简单，塔体内除进出各流股物料的接管和分散装置外，无其他内部构件。缺点是轴向返混严重，传质效率较低，因而适用于仅需一两个理论级的场合，如水洗、中和或处理含有固体的物系。

② 填料萃取塔 填料萃取塔的结构与精馏和吸收填料塔基本相同，如图 5-26 所示。塔内装有适宜的填料，轻、重两相分别由塔底和塔顶进入，由塔顶和塔底排出。萃取时，连续相充满整个填料塔，分散相由分布器分散成液滴进入填料层中的连续相，在与连续相逆流接触中进行传质。

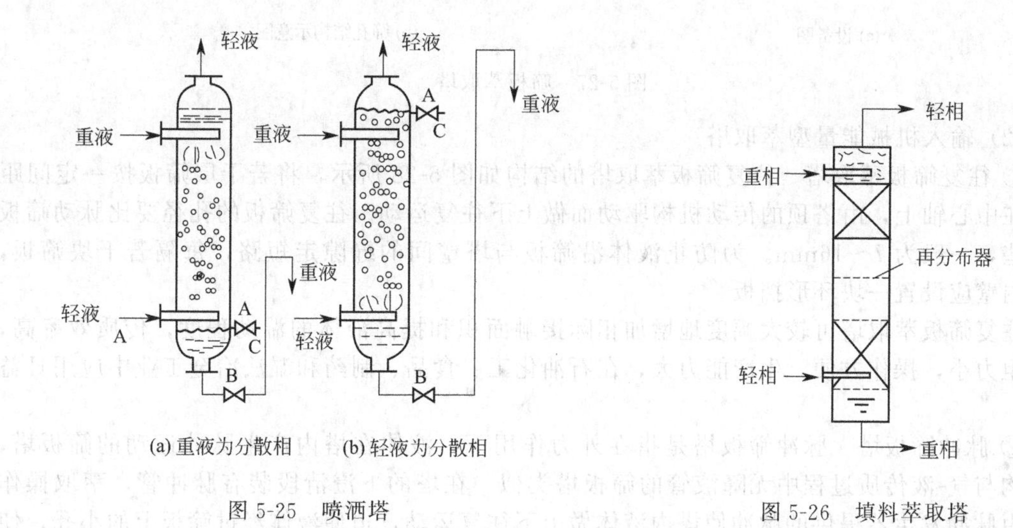

图 5-25 喷洒塔

图 5-26 填料萃取塔

填料的作用是使液滴不断发生凝聚与再分散，以促进液滴的表面更新，填料也能起到减少轴向返混的作用。

填料萃取塔的优点是结构简单、操作方便、适合于处理腐蚀性料液；缺点是传质效率低，一般用于所需理论级数较少（如 3 个萃取理论级）的场合。

③ 筛板萃取塔 筛板萃取塔如图 5-27(a) 所示，塔内装有若干层筛板，筛板的孔径一般为 3～9mm。

筛板萃取塔是逐级接触式萃取设备，两相依靠密度差，在重力的作用下，进行分散和逆向流动。若以轻相为分散相，则其通过塔板上的筛孔而被分散成细小的液滴，与塔板上的连续相充分接触进行传质；若以重相为分散相，则重相穿过板上的筛孔，分散成液滴落入连续的轻相中进行传质，轻相则连续地从筛板下侧横向流过，从升液管进入上层塔板，如图 5-27(b) 所示。

筛板萃取塔由于塔板的限制，减小了轴向返混，同时由于分散相的多次分散和聚集，液滴表面不断更新，使筛板萃取塔的效率比填料塔有所提高，加之筛板塔结构简单，造价低廉，可处理腐蚀性料液，因而应用较广。

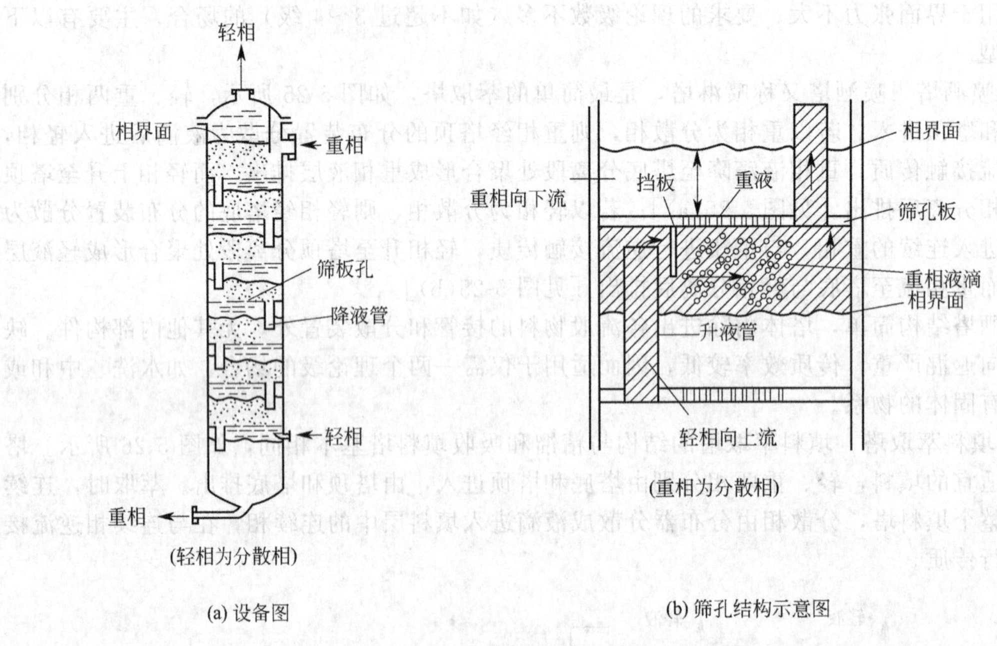

(a) 设备图　　(b) 筛孔结构示意图

图 5-27　筛板萃取塔

(2) 输入机械能量型萃取塔

① 往复筛板萃取塔　往复筛板萃取塔的结构如图 5-28 所示，将若干层筛板按一定间距固定在中心轴上，由塔顶的传动机构驱动而做上下往复运动。往复筛板的孔径要比脉动筛板的大些，一般为 7～16mm。为防止液体沿筛板与塔壁间的缝隙走短路，每隔若干块筛板，在塔内壁应设置一块环形挡板。

往复筛板萃取塔可较大幅度地增加相际接触面积和提高液体的湍动程度，传质效率高，流体阻力小，操作方便，生产能力大，在石油化工、食品、制药和湿法冶金工业中应用日益广泛。

② 脉冲筛板塔　脉冲筛板塔是指在外力作用下，液体在塔内产生脉冲运动的筛板塔，其结构与气-液传质过程中无降液管的筛板塔类似。在塔的下澄清段装有脉冲管，萃取操作时，由脉冲发生器提供的脉冲使塔内液体做上下往复运动，迫使液体经过筛板上的小孔，使分散相破碎成较小的液滴分散在连续相中，并形成强烈的湍动，从而促进传质过程的进行。图 5-29 示出两种常见类型，图 5-29(a) 是直接将发生脉冲的往复泵连接在轻液入口管中，图 5-29(b) 则是使往复泵发生的脉冲通过隔膜输入塔底。

脉冲萃取塔的优点是结构简单，传质效率高，适用于有腐蚀性或含有悬浮固体的液体；但其生产能力一般有所下降，在化工生产中的应用受到一定限制。

③ 转盘萃取塔（RDC 塔）　转盘萃取塔的基本结构如图 5-30 所示，在塔体内壁面上按

一定间距装有若干个环形挡板，称为固定环，两固定环之间均装一转盘，转盘固定在中心轴上，转轴由塔顶的电机驱动。

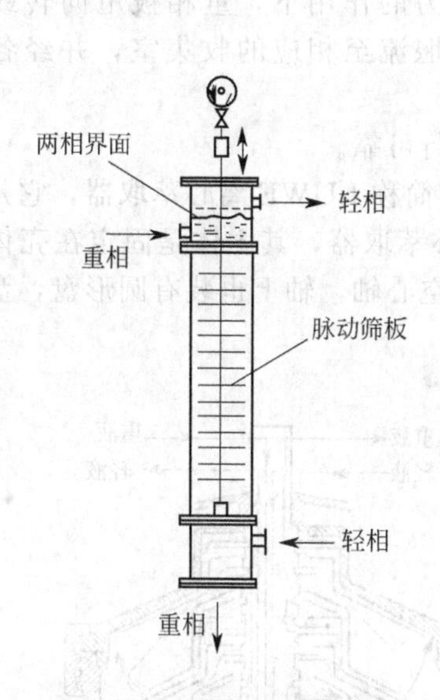

图 5-28　往复筛板萃取塔

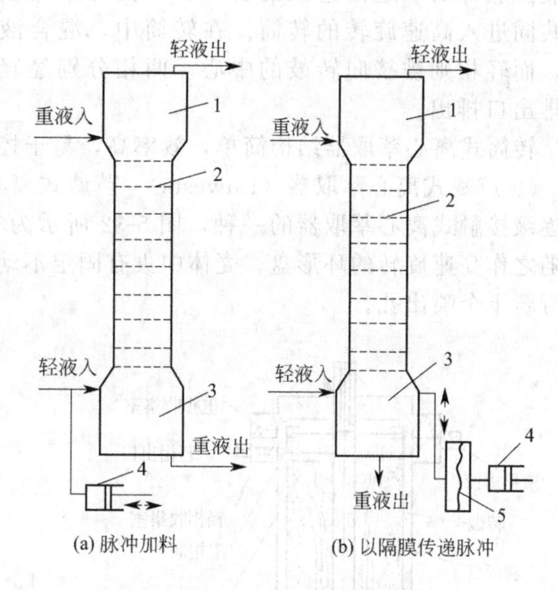

(a) 脉冲加料　(b) 以隔膜传递脉冲

图 5-29　脉冲筛板塔

1—塔顶分层段；2—无溢流筛板；3—塔底分层段；4—脉冲发生器；5—隔膜

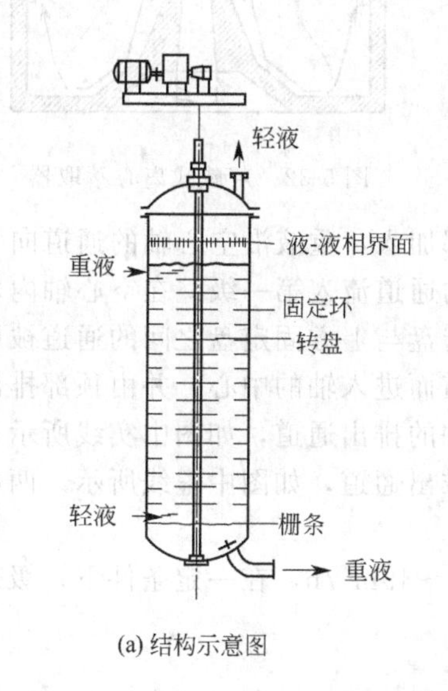

(a) 结构示意图

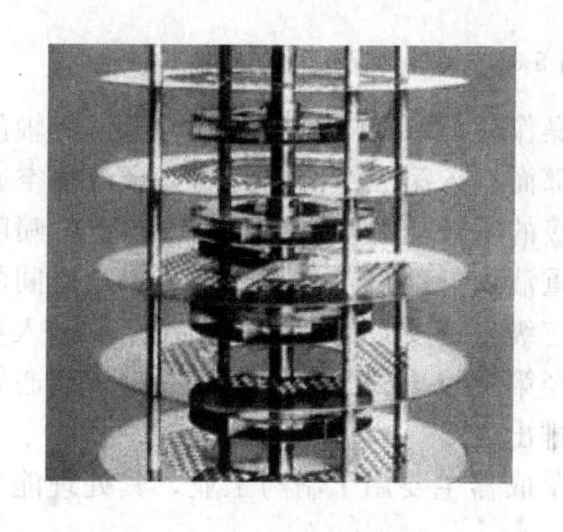

(b) 设备图

图 5-30　转盘萃取塔

萃取操作时，转盘随中心轴高速旋转，其在液体中产生的剪应力将分散相破裂成许多细小的液滴，在液相中产生强烈的旋涡运动，从而增大了相际接触面积和传质系数。同时固定环的存在一定程度上抑制了轴向返混，因而转盘萃取塔的传质效率较高。

转盘萃取塔结构简单，传质效率高，生产能力大，因而在石油化工中应用比较广泛。

(3) 离心萃取器　离心萃取器是利用离心力的作用使两相快速混合、分离的萃取装置。离心萃取器的类型较多，按两相接触方式可分为逐级接触式和微分接触式两类。在逐级接触式萃取器中，两相的作用过程与混合澄清器类似；而在微分接触式萃取器中，两相接触方式则与连续逆流萃取塔类似。

① 转筒式离心萃取器　它是单级接触式离心萃取器，其结构如图 5-31 所示。重液和轻液由底部的三通流进入混合室，在搅拌桨的剧烈搅拌下，两相充分混合进行传质，然后共同进入高速旋转的转筒。在转筒中，混合液在离心力的作用下，重相被甩向转鼓外缘，而轻相则被挤向转鼓的中心。两相分别经轻、重相堰流至相应的收集室，并经各自的排出口排出。

转筒式离心萃取器结构简单，效率高，易于控制，运行可靠。

② 芦威式离心萃取器（Luwesta）　芦威式离心萃取器简称 LUWE 离心萃取器，它是立式逐级接触式离心萃取器的一种，图 5-32 所示为三级离心萃取器，其主体是固定在壳体上并随之作高速旋转的环形盘。壳体中央有固定不动的垂直空心轴，轴上也装有圆形盘，盘上开有若干个喷出孔。

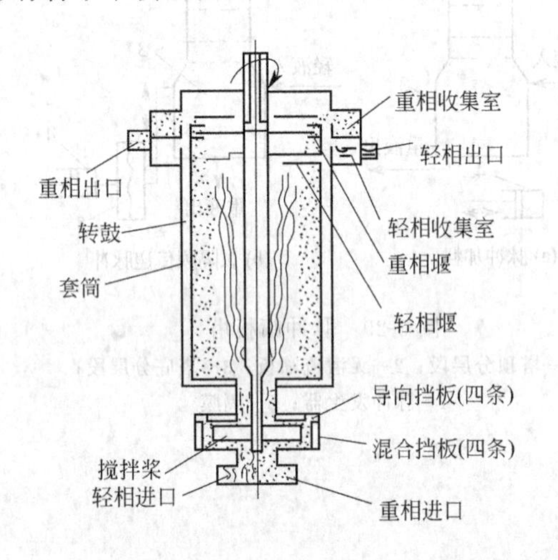

图 5-31　单级转筒式离心萃取器

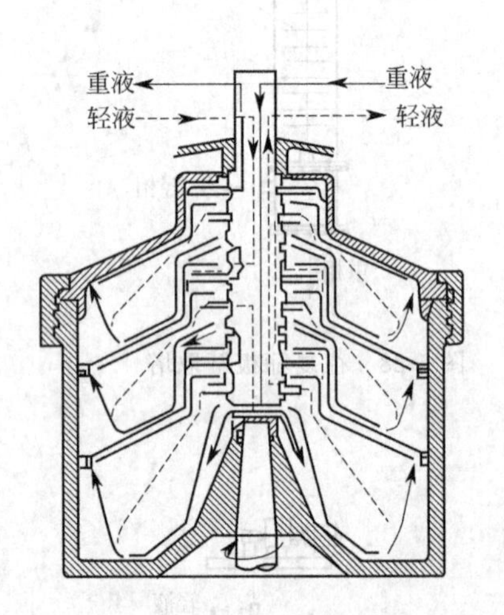

图 5-32　芦威式离心萃取器

萃取操作时，原料液与萃取剂均由空心轴的顶部加入，重液沿空心轴的通道向下流至萃取器的底部而进入第三级的外壳内，轻液由空心轴的通道流入第一级。在空心轴内，轻液与来自下一级的重液相混合，再经空心轴上的喷嘴沿转盘与上方固定盘之间的通道被甩至外壳的四周。重液由外部沿转盘与下方固定盘之间的通道而进入轴的中心，并由顶部排出，其流向为由第三级经第二级再到第一级，然后进入空心轴的排出通道，如图中实线所示；轻液则由第一级经第二级再到第三级，然后进入空心轴的排出通道，如图中虚线所示。两相均由萃取器顶部排出。

该类萃取器主要用于制药工业，其处理能力为 $7\sim49\text{m}^3/\text{h}$，在一定条件下，级效率可接近 100%。

5.4.2　液液传质设备的流体流动与传质特性

为了获得较高的萃取效率，必须提高萃取设备内的传质速率。传质速率与两相之间的接触面积、传质系数及传质推动力等因素有关。

5.4.2.1　两相接触面积

萃取设备内，相际接触面积的大小主要取决于分散相的滞液率和液滴尺寸。单位体积混合液体具有的相际接触面积可近似由下式计算，即

$$\alpha=\frac{6v_{\text{D}}}{d_{\text{m}}} \tag{5-38}$$

式中　α——单位体积内具有的相际接触面积，m^2/m^3；

v_D——分散相的滞液率（体积分数）；

d_m——液滴的平均直径，m。

由上式可以看出，分散相的滞液率越大，液滴尺寸越小，则能提供的相际接触面积越大，对传质越有利。但分散相液滴也不宜过小，液滴过小难于再凝聚，使两相分层困难，也易于产生被连续相夹带的现象；太小的液滴还会产生萃取操作中不希望出现的乳化现象。

实际操作中，液滴尺寸及其分布取决于液滴的凝聚和再分散两种过程的综合效应。在各种萃取装置中采取不同的措施促使液滴不断产生凝聚和再分散，从而使液滴表面不断更新，以加速传质过程。

5.4.2.2　传质系数

和气-液传质过程相类似，在液-液萃取过程中，同样包括相内传质和通过两相界面的传质。在没有外加能量的萃取设备中，两相的相对速度决定于两相密度差。由于液-液两相的密度差很小，因此两相的传质分系数都很小。通常，液滴内传质分系数比连续相的更小。在有外加能量的萃取装置内，外加能量主要改变液滴外连续相的流动条件，而不能造成液滴内的湍动。但是，液滴内还是存在流体运动。液滴在连续相中相对运动时，由于相界面的摩擦力会使液滴内产生环流。此外，液滴外连续相处于湍流状态，由于湍流运动所固有的不规则性，以及液滴表面传质速度的不规则变化，使液滴表面的不同位置或液滴表面的同一位置在不同时间的传质速率、溶质组成及界面张力均不相同。界面张力不同，液滴表面上受力不平衡，液滴便产生抖动。液滴内的环流及液滴抖动均加大液滴内的传质分系数。

另外，在液-液传质设备内采用促使液滴凝聚和再分散、加速界面更新的一切措施，都会使液滴内传质系数大为提高。

5.4.2.3　传质推动力

传质推动力是影响萃取速率的另一重要因素。如果在萃取设备的同一截面上各流体质点速度相等，流体像一个液柱平行流动，这种理想流动称为柱塞流。此时，无返混现象，传质推动力最大。塔内组成变化如图 5-33 中的虚线所示。

但是，萃取塔内实际流动状况并不是理想的柱塞流，无论是连续相还是分散相，总有一部分流体的流动滞后于主体流动，或者向相反方向运动，或者产生不规则的漩涡流动，这些现象称为返混或轴向混合。

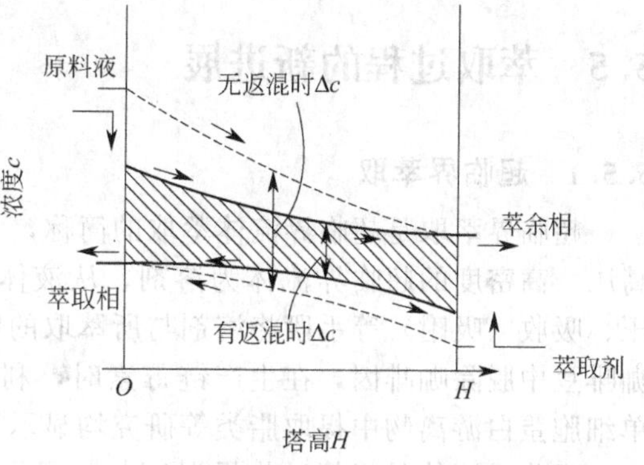

图 5-33　萃取段中的轴向混合影响

塔内液体的返混使两相之间的组成差减小（如图 5-33 中的粗实线所示），也即减小了传质推动力。萃取塔内的返混不仅降低传质速率，同时也降低了萃取设备的生产能力。据报道，有些工业萃取塔约有 60%～90%的有效高度用于弥补轴向返混作用。与气-液系统相比，由于液-液萃取过程中两相密度差小、黏度大，两相的空塔速度（即单位塔截面上的体积流量）都比较小，所以返混对萃取设备的不利影响更为严重。

需要指出，大型萃取设备内的返混程度比小型设备内可能要大得多，因而萃取设备的放大设计更为困难，往往要通过中间试验。中试条件与工业生产条件应当尽可能接近。

5.4.3 萃取设备的选择

萃取设备的类型较多，特点各异，物系性质对操作的影响错综复杂。对于具体的萃取过程，选择萃取设备的原则是：在满足工艺条件和要求的前提下，使设备费和操作费之和趋于最低，通常选择萃取设备时应考虑以下因素。

（1）系统特性 对密度差较大、界面张力较小的物系，可选用无外加能量的设备；对密度差较小、界面张力较大的物系，宜选用有外加能量的设备；对密度差甚小、界面张力小、易乳化的物系，应选用离心萃取器。

对有较强腐蚀性的物系，宜选用结构简单的填料塔或脉冲填料塔。对于放射性元素的提取，脉冲塔和混合澄清器用得较多。

物系中有固体悬浮物或在操作过程中产生沉淀物时，需定期清洗，此时一般选用混合澄清器或转盘塔。另外，往复筛板塔和脉冲筛板塔本身具有一定的自清洗能力，在某些场合也可考虑使用。

（2）处理量 处理量较小时，可选用填料塔、脉冲塔；处理量较大时，可选用混合澄清器、筛板塔及转盘塔，离心萃取器的处理能力也相当大。

（3）理论级数 当需要的理论级数不超过 2～3 级时，各种萃取设备均可满足要求；当需要的理论级数较多（如超过 4～5 级）时，可选用筛板塔；当需要的理论级数再多（如 10～20 级）时，可选用有外加能量的设备，如混合澄清器、脉冲塔、往复筛板塔、转盘塔等。

（4）物系的稳定性和液体在设备内的停留时间 对生产中要考虑物料的稳定性、要求在设备内停留时间短的物系，如抗生素的生产，宜选用离心萃取器；反之，若萃取物系中伴有缓慢的化学反应，要求有足够长的反应时间，则宜选用混合澄清器。

在选用萃取设备时，还应考虑其他一些因素，如能源供应情况，在电力紧张地区应尽可能选用依靠重力流动的设备；当厂房面积受到限制时，宜选用塔式设备，而当厂房高度受到限制时，则宜选用混合澄清器。

5.5 萃取过程的新进展

5.5.1 超临界萃取

超临界萃取是超临界流体萃取的简称，又称为压力流体萃取、超临界气体萃取。它是以高压、高密度的超临界流体为溶剂，从液体或固体中溶解所需的组分，然后采用升温、降压、吸收（吸附）等手段将溶剂与所萃取的组分分离，最终得到所需纯组分的操作。例如从咖啡豆中脱除咖啡因，在生产链霉素时，利用超临界 CO_2 萃取去除甲醇等有机溶剂以及从单细胞蛋白游离物中提取脂类等研究均显示了超临界萃取技术的优势。

超临界流体是指超过临界温度与临界压力状态的流体。如果某种气体处于临界温度之上，则无论压力增至多高，该气体也不能被液化，称此状态的气体为超临界流体。超临界流体的密度接近于液体，黏度接近于气体，而自扩散系数介于气体和液体之间，比液体大 100 倍左右。因此，超临界流体既具有与液体相近的溶解能力，萃取时又具有远大于液态萃取剂的传质速率。二氧化碳是最常用的超临界流体。

超临界萃取过程主要包括萃取阶段和分离阶段。在萃取阶段，超临界流体将所需组分从原料中萃取出来；在分离阶段，通过改变某个参数，使萃取组分与超临界流体分离，从而得到所需的组分并可使萃取剂循环使用。根据分离方法的不同，可将超临界萃取流程分为等温变压流程、等压变温流程和等温等压吸附流程三类，如图 5-34 所示。

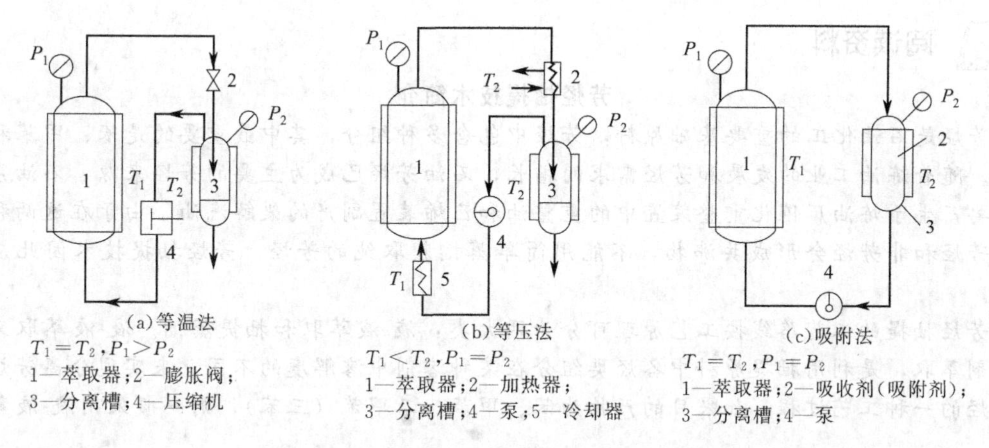

(a)等温法

$T_1=T_2, P_1>P_2$

1—萃取器；2—膨胀阀；3—分离槽；4—压缩机

(b)等压法

$T_1<T_2, P_1=P_2$

1—萃取器；2—加热器；3—分离槽；4—泵；5—冷却器

(c)吸附法

$T_1=T_2, P_1=P_2$

1—萃取器；2—吸收剂(吸附剂)；3—分离槽；4—泵

图 5-34 超临界气体萃取的三种典型流程

5.5.2 反胶束萃取

传统的液液萃取技术尽管已在抗生素工业中广泛使用，却不适用于大部分基因工程的主要产品——蛋白质的分离，这是因为难以选到一种具有良好选择性的萃取剂，需要找到一种与水不互溶，而蛋白质能溶于其中并保持活性的液相。近年来出现的反胶束萃取技术，用于萃取生物活性物质，就是采用满足上述要求的溶剂新技术。

反胶束（reversed micelle）是表面活性剂在有机溶剂中自发形成的纳米尺度的一种聚集体，反胶束溶液是透明的、热力学稳定的系统。表面活性剂是由亲水的极性头和疏水的非极性尾两部分组成的两性分子。在反胶束溶液中，组成反胶束的表面活性剂，它的非极性尾向外伸入非极性有机溶剂主体中，而极性头则向内排列成一个极性核，此极性核具有溶解大分子（例如蛋白质）的能力。溶解了蛋白质的反胶束扩散进入有机相，从而实现了蛋白质的萃取，又由于蛋白质外表面有极性头的保护，使其避免与有机溶剂直接接触，所以蛋白质不会变性。

有机溶剂中表面活性剂浓度超过临界胶束浓度（*cmc*）时，才能形成反胶束溶液，这是体系的特性，与表面活性剂的化学结构、溶剂、温度及压力等因素有关。在非极性溶液中，*cmc* 值的变化范围是 0.1～1mmol/L。

5.5.3 双水相萃取

前面介绍的各种萃取方法，几乎都是利用溶质在水油两相的溶解度不同而达到分离目的。而该类萃取是利用两个互不相溶的水溶液相，组成双水相体系而竭力进行萃取分离。双水相体系萃取分离技术的原理是生物物质在双水相体系中选择性分配。当生物物质（例如酶、核酸、病毒等）进入双水相体系后，在上相和下相间进行选择性分配，表现出一定的分配系数。在很大的浓度范围内，欲分离物质的分配系数与浓度无关，而与被分离物质本身的性质及特定的双水相体系性质有关，不同的物质在特定的体系中有着不同的分配系数。例如，在特定的双水相体系中，各种类型的细胞粒子、噬菌体等分配系数都大于 100 或小于 0.01，酶、蛋白质等生物大分子的分配系数大致在 0.1～10 之间，而小分子盐的分配系数在 1.0 左右。由此可见，双水相体系对上述物质的分配具有很大的选择性。

双水相萃取的特点：该技术可以利用不复杂的设备，并在温和条件下进行，系统的含水量多达 75%～90%，分相时间短，可运用化学工程中的萃取原理进行放大。

双水相萃取技术在生物，特别在基因工程产物的分离纯化中已显示出其优越性，所得产品纯度已能满足一般工业应用的需求，如果再与超滤、柱色谱等技术相结合，还可进一步提高产品纯度。

阅读资料

芳烃抽提技术简介

芳烃是石油化工的重要基础原料，芳烃中包含多种组分，其中最重要的是苯、甲苯和二甲苯。随着炼油工业的发展和芳烃需求的增长，石油芳烃已成为主要的芳烃来源。石油系芳烃主要产生于炼油厂催化重整装置中的重整油和乙烯装置副产的裂解汽油。由于在这两种原料中芳烃和非芳烃会形成共沸物，不能用简单蒸馏获取纯的芳烃，芳烃抽提技术因此应运而生。

芳烃抽提的工艺路线按工艺原理可分为两大类：液-液萃取和抽提蒸馏。液-液萃取又称为溶剂萃取，是利用抽提原料中各烃类组分在某种溶剂中溶解度的不同，来实现分离芳烃和非芳烃的一种工艺过程。如果目的产物为苯、甲苯、二甲苯（三苯），则一般采用液-液萃取工艺。

一、芳烃抽提溶剂

目前，常用于液-液萃取的芳烃抽提溶剂有4种：环丁砜、四甘醇、三甘醇、二甲基亚砜，评价溶剂好坏的标准是该溶剂对芳烃的溶解性、选择性、溶剂本身的物理性质和化学性质、溶剂的成本等几个因素。其中，就溶解性而言，*N*-甲基吡咯烷酮最好；就选择性而言，环丁砜最好；就热稳定性和化学稳定性而言，*N*-甲酰基吗啉最好；为利于溶剂的回收和降低溶剂的损失，溶剂应具有较高的沸点和密度，从这两点讲，环丁砜最好。世界上建成投产的250多套芳烃抽提装置中，以环丁砜为溶剂的占200多套。

二、主要芳烃抽提工艺简介

世界上已实现工业化的芳烃抽提技术中，典型的液-液萃取工艺有以下几种：Sulfolane工艺、Udex工艺和Morphylane工艺等。

1. Sulfolane工艺

Sulfolane工艺以环丁砜为溶剂，是目前使用最广泛的一种工艺，工艺流程如附图1所示，包括6个部分，即抽提塔、抽余油水洗塔、抽提蒸馏塔、回收塔、水分馏塔及溶剂再生塔。

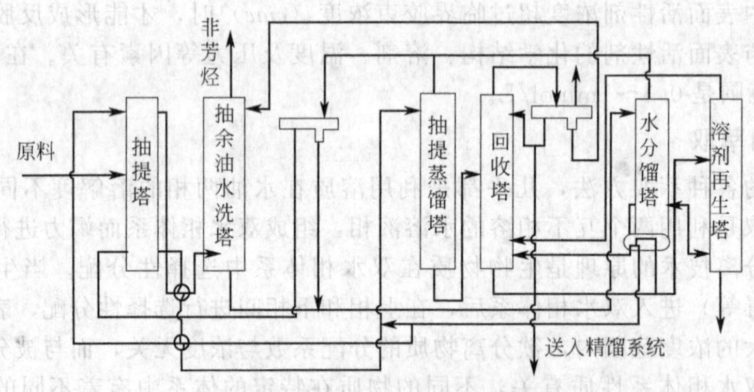

附图1 Sulfolane工艺流程图

(1) 抽提塔（即萃取塔） 原料进入抽提塔下部，贫溶剂油从塔顶进入，经过逆向接触后，塔顶出抽余油，塔底出富溶剂油或称第一富溶剂油，塔底有回流芳烃进入。

(2) 抽余油水洗塔 从抽提塔顶采出的抽余油经换热后进入抽余油水洗塔的下部，同时芳烃罐油水分离后的水相进入塔顶，水洗后的水从塔底排出，塔顶采出非芳烃。

(3) 抽提蒸馏塔 抽提塔底的富溶剂油与贫溶剂换热后抽提蒸馏塔顶，进行提馏操作，抽提蒸馏塔底为富含芳烃的第二溶剂油，而轻质烷烃和少量芳烃从塔顶排出，经过冷却后进入回流芳烃罐进行油水分离，油相作为回流芳烃回到抽提塔底，水相与抽余油水洗塔塔底的水一起进入水分馏塔。

(4) 回收塔　蒸馏塔底的第二溶剂油进入回收塔中部，进行减压将芳烃与溶剂分开。回收塔塔底的汽提介质为水分馏塔塔底含溶剂的水以及溶剂再生塔顶出来的溶剂蒸汽或溶剂与水的蒸汽。贫溶剂从塔底排出。塔顶馏出物经冷却后进入芳烃罐，进行油水分离，油相一部分作为回流回到回收塔顶，其余作为芳烃产品送入精馏系统。水相则为抽余油水洗塔的水洗水。

(5) 水分馏塔　抽余油水洗塔与回流芳烃罐中的水进入水分馏塔，以除去水中的微量非芳烃。塔顶馏出的水蒸气冷凝后进入回流芳烃罐。下部的水蒸气则进入溶剂再生塔。而分馏塔的热源为回收塔底的贫溶剂油。

(6) 溶剂再生塔　回收塔底的贫溶剂油换热一部分作为回流，另一部分进入溶剂再生塔，进行溶剂再生。溶剂再生后从塔顶排出，塔底排渣。

环丁砜抽提工艺芳烃回收率高，原料范围宽，可抽提 C_6～C_{11} 范围内的芳烃，对碳钢不腐蚀。国内可以生产环丁砜，使得生产成本降低。由于此工艺比较成熟，基本上装置可以实现国产化，国内的大多数装置均采用 Sulfolane 工艺。

2. Udex 工艺

该工艺流程为抽提-抽提蒸馏、水洗-水分馏、溶剂再生，溶剂为甘醇类，汽提塔正压操作，有四塔流程和五塔流程两种工艺，以四塔流程为例。

(1) 抽提塔　抽提原料从抽提塔下部进入贫油剂，从塔顶进入，经过多次逆流接触后，塔顶出抽余油，塔底出富溶剂油。而为了保证芳烃纯度，在抽提塔塔底进入回流芳烃。

(2) 抽提蒸馏汽提塔　从抽提塔底出来的富溶剂油经过一级或二级闪蒸后从塔顶进入抽提蒸馏汽提塔。该塔分成上下两段，上段为蒸馏段，顶部蒸出物和闪蒸气相物经过冷凝后进入回流芳烃罐，经过油水分离后油相作为回流芳烃返回抽提塔顶部，水相则作为汽提水。抽提蒸馏汽提塔下段为汽提段，分离出芳烃和含水的贫油剂。贫油剂从塔底采出，循环回抽提塔塔顶。芳烃由侧线采出，冷凝后进入芳烃罐，进行油水分离，油相作为芳烃产品，送入精馏系统。水相则作为抽余油水洗水。

(3) 抽余油水洗塔　抽提塔顶采出的抽余油进入水洗塔下段，而芳烃罐中的水相则进入水洗塔塔顶。塔顶采出非芳烃。塔底采出水则进入回流芳烃罐。

(4) 溶剂再生塔　汽提塔底的一部分贫油剂送入溶剂再生塔进行减压蒸馏再生，再生后的溶剂与贫溶剂混合后返回抽提塔顶。

五塔流程与四塔流程最大的不同是抽提蒸馏和汽提分别在两个塔中进行，同时对水系统的流向也做了调整，即芳烃罐中的水一部分进入水洗塔，另一部分和回流芳烃罐中的水一起作为汽提塔的汽提介质。

甘醇类溶剂抽提工艺有二甘醇、三甘醇和四甘醇工艺，而四甘醇工艺无论从容积比，过程的能耗和溶剂的消耗上来看均优于二甘醇和三甘醇工艺。目前国内淘汰了二甘醇和三甘醇工艺。而使用中的四甘醇工艺也基本上采用五塔流程。

对于重整生成油的芳烃抽提，四甘醇工艺流程简单，操作容易，产品质量稳定，溶剂价廉易得，对设备腐蚀性小，因此仍为一种较好的芳烃抽提工艺。

3. Morphylane 工艺

Morphylane 工艺以 *N*-甲酰基吗啉（NFM）为溶剂。该方法主要有两步，ED塔和汽提塔。

(1) ED塔　原料进入ED塔的中部，溶剂NFM从塔顶进入，溶剂在下降的过程中将各种芳烃吸收到溶剂中。塔顶排出非芳烃和少量的芳烃、NFM从塔顶排出，同时塔顶设非芳烃回流来回收微量溶剂。富含芳烃的溶剂从塔底抽出，进入汽提塔。

(2) 汽提塔　汽提塔用来分离溶剂与芳烃，以使溶剂再生，塔底产品NFM贫溶剂经过热交换后被送入ED精塔循环使用，塔顶产品精馏分离得到两种苯和甲苯产品。

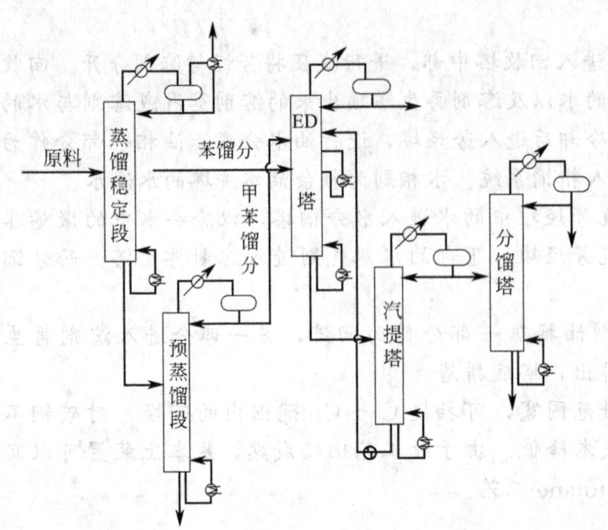

附图 2 Morphylane 工艺改进流程图

近年来国内外对 Morphylane 工艺流程进行了改进。德国 Koppers 公司的专利中，又提出了同时生产苯和甲苯的新方法。具体为在 ED 塔前增加蒸馏稳定段和预蒸馏段，在蒸馏稳定段中将苯的馏分切割出来，通过侧线送入 ED 塔，而富含甲苯的馏分则进入预蒸馏段，除去高沸点组分后送入 ED 塔，然后经过汽提塔将溶剂 NFM 循环使用，而将苯和甲苯的混合物送入分馏塔进行分离，得到苯和甲苯产品。该方法不仅产品纯度高，而且能耗低。Morphylane 工艺改进流程如附图 2 所示。

Morphylane 工艺中溶剂 NFM 性能好，不腐蚀碳钢，整个工艺流程简单，设备费和能耗较低，该工艺建设单苯抽提装置的投入产出比大，可作为建设仅抽提单苯装置的首选工艺。

习 题

一、填空题

1. 对于一种液体混合物，是直接采用蒸馏方法还是采用萃取方法，主要取决于______。一般来说，在下列情况下采取萃取方法更加经济合理：

(1) ______；

(2) ______；

(3) ______。

2. 设一溶液内含 A、B 两组分，为将其分离可加入某溶剂 S。其中 A 为原溶液中的易溶部分，称为______；B 为难溶部分，称为______。所使用溶剂 S 必须满足两个基本要求：(1) ______；(2) ______。

3. 溶解度曲线将三角形分为两小区域，曲线以内的区域为______，以外的为______。______内的混合液分为两个液相，当达到平衡时，两个液层称为______，连接______的直线称为连接线。

4. 通常，物系的温度升高，溶质在溶剂中的溶解度______，反之。因而，温度明显地影响了______、______和______，从而也影响到______。

5. 单级萃取料液组成为 x_F，溶剂用量越大，混合点 M 越______S 点，最小溶剂用量点为______，最大溶剂用量点为______（见题 5 附图）。

①靠近 ②远离 ③C ④D

题 5 附图

6. 采用多级逆流萃取和单级萃取相比较，如果溶剂比、萃取浓度相同，则多级逆流萃取可使萃余分数______。

①减少②增大③不变④不确定

7. 在 B-S 部分互溶的萃取过程中，若加入的纯溶剂的量增加，而其他操作条件不变，则萃取浓度 y_A______。

①增大②不变③下降④不确定

8. 萃取设备按两相的接触方式可分为两类，即______、______。其典型设备分别为______、______。

9. 理论级当量高度是指______，用______表示。

10. 在萃取设备中，分散相的形成可采用的方式有______、______、______等，振动筛板塔的特点是______。对密度差很小且接触时间要求宜短的体系，宜选用设备为______。对有固体悬浮物存在的体系，宜选用______。

二、单项选择题

1. 液液萃取操作是分离______。

①气体混合物 ②均相液体混合物 ③固体混合物 ④非均相液体混合物

2. 液液萃取操作分离的依据为______。

①利用液体混合物中各组分挥发度的不同

②利用液体混合物中各组分在某种溶剂中溶解度的差异

③利用液体混合物中各组分汽化性能的不同

④无法说明

3. 进行萃取操作时，应使选择性系数________1。

①等于②大于③小于

4. 对部分互溶的第Ⅰ类物系的萃取操作，向 A、B 混合物中加入纯萃取剂 S，随 S 加入量的增加，下列哪种说法正确？__________

①经历两相、单相、两相 ②经历单相、两相、单相　③经历两相、单相　④经历单相、两相

5. 在三角形相图中，辅助曲线与溶解度曲线的交点称为________。

①共沸点②共熔点③临界混溶点④夹点

6. 萃取相或萃余相中物质的分离回收通常是在______塔中实现的。

①吸收塔②萃取塔③精馏塔④干燥塔

三、计算题

1. 在单级萃取器中以异丙醚为萃取剂，从醋酸组成为 0.50(质量分数) 的醋酸水溶液中萃取醋酸。醋酸水溶液量为 500kg，异丙醚量为 600kg，试做以下各项：

(1) 在直角三角形相图上绘出溶解度曲线与辅助曲线；

(2) 确定原料液与萃取剂混合后，混合液的坐标位置；

(3) 求萃取过程达相平衡时萃取相与萃余相的组成与量；

(4) 求萃取相与萃余相间溶质（醋酸）的分配系数及溶剂的选择性系数。

20℃时醋酸 (A)-水 (B)-异丙醚 (S) 的平衡数据

水相(质量分数)/%			有机相(质量分数)/%		
A	B	S	A	B	S
0.69	98.1	1.2	0.18	0.5	99.3
1.41	97.1	1.5	0.37	0.7	98.9
2.89	95.5	1.6	0.79	0.8	98.4
6.42	91.7	1.9	1.9	1.0	97.1
13.34	84.4	2.3	4.8	1.9	93.3
25.50	71.7	3.4	11.40	3.9	84.7
36.7	58.9	4.4	21.60	6.9	71.5
44.3	45.1	10.6	31.10	10.8	58.1
46.40	37.1	16.5	36.20	15.1	48.7

2. 某原料液只含 A 和 B 两组分，其量为 100kg/h，其中组分 A 的质量分数为 0.3，用纯萃取剂 S 进行单级萃取，问萃取剂最小用量为多少？当萃取剂用量为最小用量的 2 倍时，所得萃取相和萃余相的溶质组成各为多少？该体系的溶解度曲线和辅助曲线如本题附图所示。

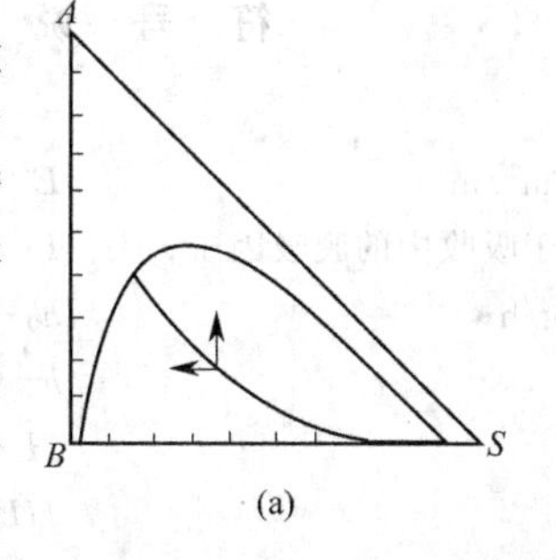

(a)

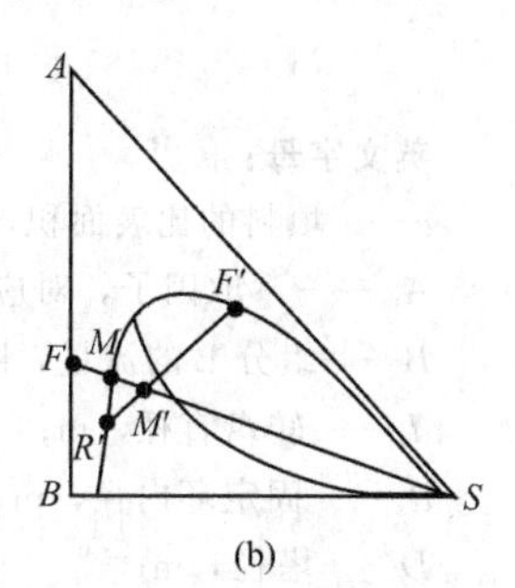

(b)

题 2 附图

3. 现有由溶剂 10g 和溶质 1g 组成的溶液，用萃取剂进行萃取。因溶液较稀，分配系数为常数 4（组成用质量比表示）。现拟用下列两种方法进行萃取：

(1) 用10g萃取剂进行一次平衡萃取；

(2) 用10g萃取剂，分5等份，进行5级错流接触萃取。

试求：萃余液中残留的溶质量各为多少？

(假设：溶剂与萃取剂不互溶)

4. 以6100kg/h纯三氯乙烷为萃取剂，从丙酮质量分数为25%的丙酮水溶液中提取丙酮。已知原料液处理量为2000kg/h。在操作条件下，水和三氯乙烷可视为完全不互溶，丙酮的分配系数近似为常数，$K=1.71$。试求：经五级错流萃取后最终萃余相中丙酮的质量分数。

5. 在多级逆流萃取装置中，以纯溶剂S从溶质A质量分数为35%的水溶液中提取溶质。已知原料液处理量1000kg/h，要求最终萃余相中溶质的质量分数不高于5%。萃取剂的用量为最小用量的1.6倍。水和溶剂S可视为完全不互溶，操作条件下该物系的分配系数K取为1.5，试用解析法求所需的理论级数。

6. 在连续逆流填料萃取实验塔内，用纯溶剂S从溶质A质量分数为0.15的水溶液中提取溶质A。水与溶剂可视为完全不互溶，要求最终萃余相中溶质A的质量分数不大于0.004。操作溶剂比(S/B)为2，溶剂用量为130kg/h。操作条件下平衡关系为$Y=1.6X$。试求：

(1) 萃余相的总传质单元数；

(2) 若塔的K_xa为1.649×10^5kg/(m^3·h·Δx)，塔径为0.05m，求塔高。

7. 某混合液含A、B两组分，在填料层高度为3m的填料塔内用纯溶剂S逆流萃取混合液中的组分A。原料液流量为1500kg/h，其中组分A的质量比组成为0.018，要求组分A的回收率不低于90%，溶剂用量为最小用量的1.2倍，试求：(1) 溶剂的实际用量，kg/h；(2) 填料层的等板高度$HETS$，取$K_A=0.855$，再用解析法计算；(3) 填料层的总传质单元数N_{OR}。

操作条件下的分配曲线数据如本题附表所示。组分B、S可视为完全不互溶。

习题7附表

X/(kgA/kgB)	0.002	0.006	0.01	0.014	0.018	0.020
Y/(kgA/kgS)	0.0018	0.0052	0.0085	0.012	0.0154	0.0171

思 考 题

1. 对于液体混合物的分离，根据哪些因素决定是采用蒸馏方法还是采用萃取方法进行分离？

2. 什么是临界混溶点？是否在溶解度曲线的最高点？

3. 温度对萃取分离效果有何影响？应如何选择萃取操作的适宜温度？

4. 何谓分配系数？分配系数$K_A<1$，是否说明所选择的萃取剂不合适？如何判断用某种溶剂进行萃取分离的难易与可能性？

5. 如何确定单级萃取操作中可能获得的最大萃取液组成？对于$K_A>1$和$K_A<1$两种情况，确定方法是否相同？

6. 多级逆流萃取中$(S/F)_{min}$如何确定？

7. 根据哪些因素来决定是采用错流还是逆流接触萃取操作流程？

8. 液液传质设备的主要技术性能有哪些？

9. 什么是超临界萃取？超临界萃取的基本流程是怎样的？

符 号 说 明

英文字母：

a——填料的比表面积，m^2/m^3；

A_m——萃取因子，对应于吸收中的脱吸因子；

B——组分B的流量，kg/h；

d_r——转盘直径，m；

d_s——固定环内径，m；

D——塔径，m；

E——萃取相的量，kg或kg/h；

E'——萃取液的量，kg或kg/h；

F——原料液的量，kg或kg/h；

h_0——固定环的间隔高度，m；

h——萃取段的有效高度，m；

H——传质单元高度，m；

$HETS$——理论级当量高度，m；

k——以质量分数表示组成的分配系数，m；

K——以质量比表示组成的分配系数；

$K_x a$——总体积传质系数，$kg/(m^3 \cdot h \cdot \Delta X)$；

M——混合液的量，kg 或 kg/h；

N——转盘的转数，r/min；传质单元数；

R——萃余相的量，kg 或 kg/h；

R'——萃余液的量，kg 或 kg/h；

S——组分 S 的量，kg 或 kg/h；

U——连续相或分散相在塔内的流速，m/h；

x——组分在萃余相中的质量分数；

X——组分在萃余相中的质量比组成，kg 组分/kgB；

y——组分在萃取相中的质量分数；

Y——组分在萃取相中的质量比组成，kg 组分/kgS。

希腊字母：

β——溶剂的选择性系数；

Δ——净流量，kg/h；

ε——填料层的空隙率；

δ——以质量比表示组成的操作线斜率；

μ——液体的黏度，Pa·s；

ρ——液体的密度，kg/m^3；

$\Delta\rho$——两液相的密度差，kg/m^3；

σ——界面张力，N/m。

下标：

A，B，S——组分 A、组分 B 及组分 S；

C——连续相；

D——分散相；

E——萃取相；

f——液泛；

O——总的；

R——萃余相；

1，2，…n——级数。

第6章 固体干燥

干燥是一种古老而又通用的单元操作。最初，人们利用自然界的太阳能及风力，对物料及农副产品进行缓慢的干燥加工。而后，随着工业的发展，这种天然的、劳动强度极大而又不能受意志控制的干燥方法，逐步让位给各种人工去湿方法和人工干燥过程。目前，干燥在农业、食品、化工、陶瓷、医药、矿业、造纸、木材等工业生产中得到了广泛的应用，其主要目的是除去固体物料中的湿分（水分或其他溶剂），使其便于贮藏、使用或进一步加工。

6.1 概述

6.1.1 固体去湿方法和干燥过程

在工农业生产中，经常会遇到从各种物料中除去湿分的过程，这些物料可以是固体、液体或气体，而湿分通常是水或水蒸气。但在某些情况下，湿分也可以是有机液体或有机蒸气。

从物料中除去湿分的操作称为去湿。去湿方法按作用原理来分，可分为以下几种。

（1）机械去湿法　用压榨、沉降、过滤、离心分离等机械方法以除去湿分，称为机械除湿法（见图6-1）。此类方法过程进行快而费用省，但其去湿程度不高。比如，离心分离处理后的粒状固体的含湿量仍在5%～10%之间；而由过滤得到的膏状物料，其含湿量往往可高达50%～65%。

图6-1　机械去湿法举例（豆腐过滤）

图6-2　热物理去湿法举例（煮盐）

（2）热物理去湿法　利用湿分在加热或降温过程中产生相变的物理原理来除去湿分，称为热物理去湿法（见图6-2）。如用热空气吹过湿物料使湿分汽化的方法来去湿，或用冷冻方法使水分结成冰后除去。此类方法去湿程度较高，但过程及设备较为复杂，其费用亦较高。

（3）物理化学去湿法　用浓硫酸、无水氯化钙、硅胶或分子筛等吸湿性物料来吸除湿分，称为物理化学去湿法（见图6-3）。此法费用高，只适用于少量物料的去湿。

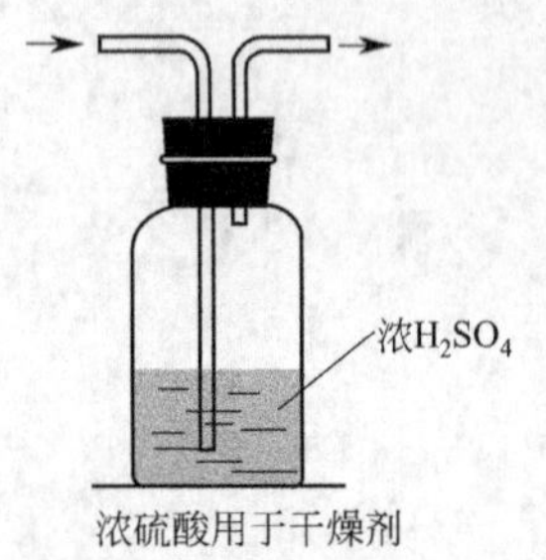

图6-3　物理化学去湿法举例（浓硫酸干燥）

在实际生产过程中，一般先用机械法尽量降低物料中的湿分，而后再用热物理法和物理化学法除去剩余的湿分。例如，硫酸铵结晶经离心分离后，约含水分 3%，再经干燥后得到含水量约为 0.1% 的产品。而且，工业生产中的去湿操作，主要采用热物理法，从固体物料中以加热的方法使少量湿分汽化并及时排除生成的蒸气，从而获得湿分含量达到规定的成品，该操作称为干燥。

化工生产中作为干燥介质的热气流常为空气，图 6-4 是典型对流干燥流程的示意图。空气经鼓风机在预热器中被加热到一定温度后进入干燥器，与逆向进入干燥器的湿物料直接接触，热空气流将热量传给湿物料，使其中的水分汽化得到干燥产品，气流温度则逐步降低，并夹带着汽化的水分，作为废气排出。

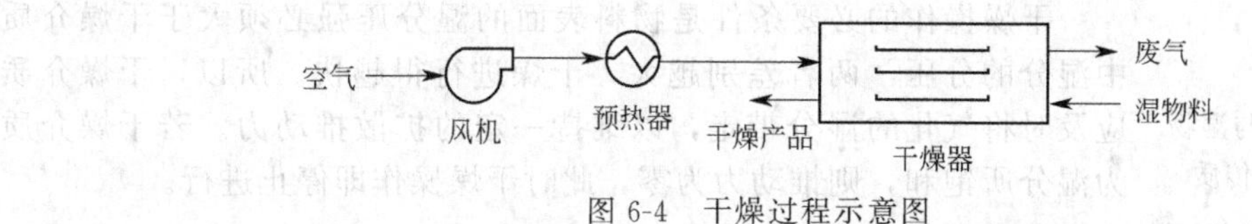

图 6-4　干燥过程示意图

干燥过程可以连续操作，也可以间歇操作。当为连续操作时，物料被连续地加入和排出，物料和气流可呈并流、逆流或其他形式的接触；当为间歇操作时，湿物料成批置于干燥器内，热空气流可连续通入和排出，待物料干燥至一定含湿要求后一次排出。

6.1.2　干燥的传质传热基本原理

图 6-5 所示的气流干燥器是一典型干燥设备，下面以其为例来说明干燥的基本原理。气流干燥器的主体是气流干燥器 4，湿物料由加料斗 9 加入螺旋输送混合器 1 内，与一定量的干燥物料混合后进入球磨机 3。从燃烧炉 2 来的烟道气（也可以是热空气）也同时进入粉碎机，将颗粒状的固体吹入气流干燥器中。由于热空气作高速运动，使物料颗粒分散并悬浮于气流中。热空气与物料间进行传质和传热，物料得以干燥，并随气流进入旋风分离器 5 中，经分离后由底部排出，再借分配器 8 的作用，定时地排出作为产品或送入螺旋输送混合器 1 中供循环使用。

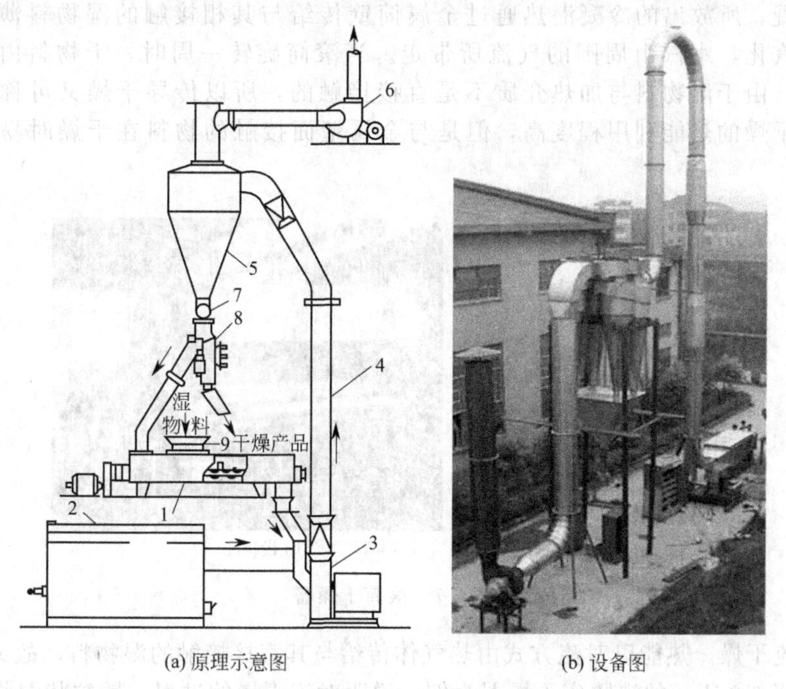

(a) 原理示意图　　(b) 设备图

图 6-5　装有粉碎机的气流干燥装置的流程图

1—螺旋桨式输送混合器；2—燃烧炉；3—球磨机；4—气流干燥器；5—旋风分离器；6—风机；7—星式加料器；8—流动固体物料的分配器；9—加料斗

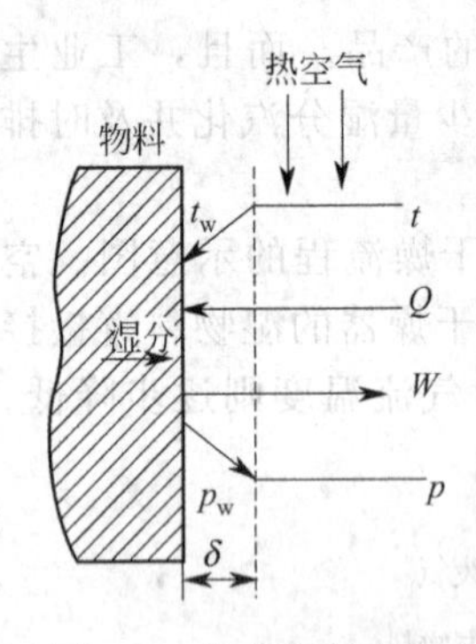

图 6-6　热空气与湿物料间的传热和传质

t—空气主体温度；t_w—物料表面温度；p—空气中的水汽分压；p_w—物料表面的水汽分压；Q—由气体传给物料的热流量；W—由物料汽化的水分质量流量

图 6-6 示意了上述气流干燥器中，热空气与湿物料间的传热和传质过程。当作为干燥介质的空气的温度高于湿物料的温度，而物料表面水汽分压 p_w 又大于空气中的水汽分压 p 时，热量由热空气传递到物料表面，然后再传递到物料内部；而水分则由物料内部传递到物料表面，然后再传递到空气流主体，且传质和传热过程同时发生。显然，在上述的干燥过程中，空气既是载热体，又是载湿体，称为干燥介质。

干燥操作的必要条件是物料表面的湿分压强必须大于干燥介质中湿分的分压，两者差别越大，干燥进行得越快。所以，干燥介质应及时将气化的湿分带走，以维持一定的扩散推动力。若干燥介质为湿分所饱和，则推动力为零，此时干燥操作即停止进行。

6.1.3　干燥操作分类

通常，干燥操作按下列方法分类。

① 按操作压强分为常压干燥和真空干燥。真空干燥适于处理热敏性及易氧化的物料，或要求成品中含湿量低的场合。

② 按操作方式分为连续操作和间歇操作。连续操作具有生产能力大、产品质量均匀、热效率高以及劳动条件好等优点。间歇操作适用于处理小批量、多品种或要求干燥时间较长的物料。

③ 按传热方式可分为传导干燥、对流干燥、辐射干燥、介电加热干燥以及由上述两种或多种方式组合的联合干燥。

下面按照传热方式具体介绍各类干燥操作。

(1) 传导干燥　热能以传导的方式传给湿物料。图 6-7 所示为一滚筒干燥器，加热蒸汽在筒内冷凝，所放出的冷凝潜热通过金属筒壁传给与其相接触的湿物料薄层，使湿物料中的水分汽化，水汽由周围的气流所带走。当滚筒旋转一周时，干物料由刮刀自筒壁刮下而收集。由于湿物料与加热介质不是直接接触的，所以传导干燥又可称为间接加热干燥。传导干燥的热能利用程度高，但是与金属壁面接触的物料在干燥时易形成过热而变质。

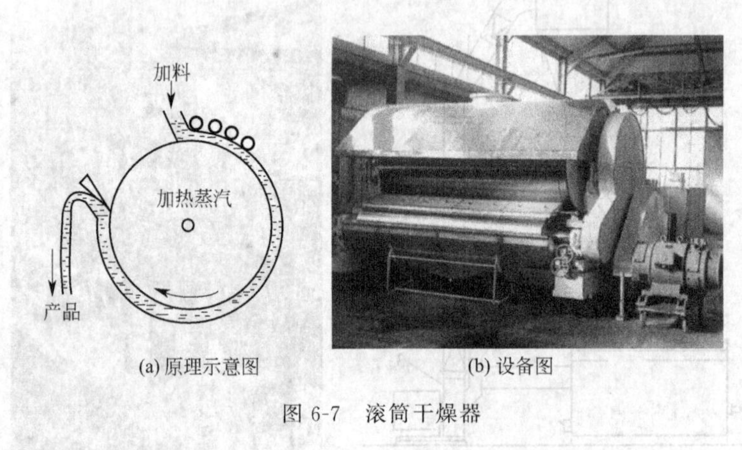

(a) 原理示意图　(b) 设备图

图 6-7　滚筒干燥器

(2) 对流干燥　热能以对流方式由热气体传给与其直接接触的湿物料，故又称为直接加热干燥。以图 6-8 所示的沸腾床干燥器为例，说明对流干燥的过程。散粒状湿物料由加料器加入干燥器内，空气经预热后自分布板下端通入。在沸腾床内，热能以对流方式由热空气传给呈沸腾的湿物料表面。水分自湿物料汽化，水汽由物料表面扩散至热空气中。通过干燥，热空气的温度下降，而其中水汽的含量则增加。空气由沸腾床干燥器顶部排出，至旋风分离器分离所带走的粉末，干燥后的产品由干燥器的侧出料管卸出。

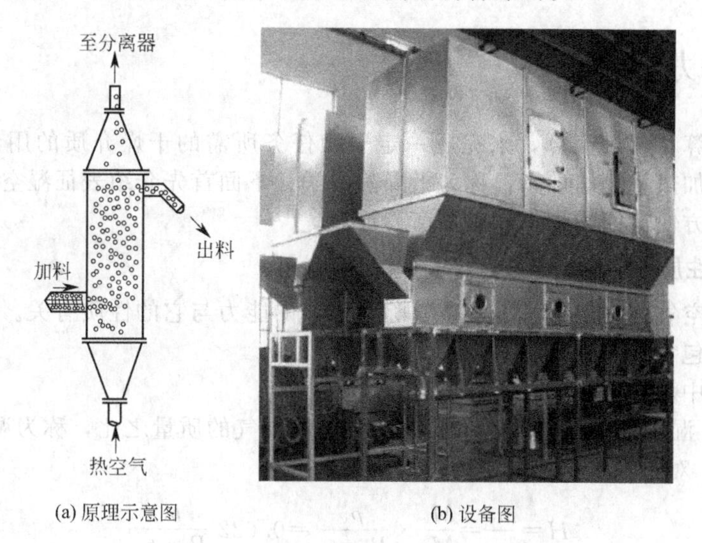

(a) 原理示意图　　(b) 设备图

图 6-8　沸腾床干燥器

在对流干燥中，热空气的温度调节比较方便，物料不致被过热。然而，热空气离开干燥器时，尚带有相当大的一部分热能，因此对流干燥热能的利用程度比传导干燥低。

（3）辐射干燥　辐射干燥是热能以电磁波的形式由辐射器发射，入射至湿物料表面被其所吸收，并转变为热能将水分加热汽化而达到干燥的目的（见图 6-9）。辐射器可分为电能和热能两种。利用电能的类型，如采用专供发射红外线的灯泡，照射被干燥物料而加热进行干燥。另一种是用热金属辐射板或陶瓷辐射板产生红外线，例如将预先混合好的煤气与空气混合气体冲射在白色的陶瓷材料上发生无烟燃烧，当辐射面温度达到700～800K 时，即产生大量红外线，以电磁波形式照射在物料上进行干燥。

利用红外线干燥比上述对流或传导干燥的生产强度要大几十倍，产品干燥均匀而洁净，设备紧凑而使用灵活，可以减少占地面积，缩短干燥时间。它的缺点是电能消耗较大。红外线干燥适用于表面积大而薄的物料，如塑料、布匹、木材、油漆制品等。

（4）介电加热干燥　介电加热干燥是将需要干燥的物料置于高频电场内，由高频电场的交变作用使物料加热而达到干燥的目的。如果电场的频率低于 3×10^9 Hz，称为高频加热；频率在 $3\times10^9\sim3\times10^{12}$ Hz 间的称为超高频加热。工业和科研上微波加热所用的频率为 9.15×10^9 Hz 和 2.45×10^{10} Hz 两种（见图 6-10）。

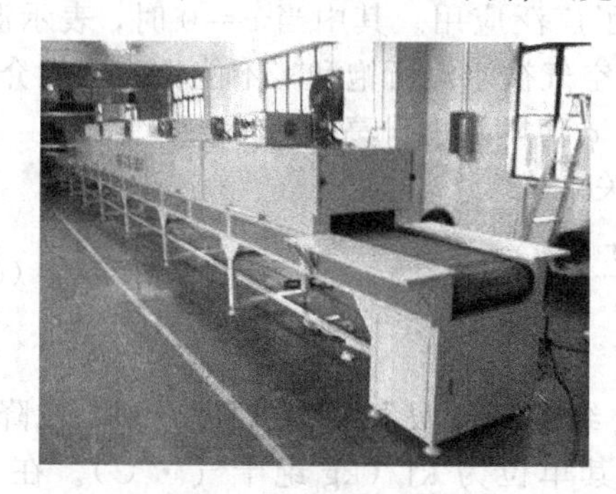

图 6-9　辐射干燥器

图 6-10　微波干燥器

以上四种加热方式的干燥中，目前在工业上应用最普遍的是对流干燥。由于过程工业中广泛使用的是利用热空气与湿物料做相对运动的对流式干燥，所以本章重点介绍以空气为干燥介质除去物料中水分的对流式干燥操作。

6.2 干燥静力学

通过物料衡算和热量衡算，来完成一定干燥任务所需的干燥介质的用量、水分的蒸发量、外界输入的加热量等的计算，称为干燥静力学。下面首先介绍表征湿空气和湿物料性质的一些参数，以方便后面的物料和热量衡算计算。

6.2.1 湿空气性质

含有湿分的空气称为湿空气，湿空气除去水分的能力与它的性质有关。从干燥操作的角度考虑，湿空气包含绝干空气和水汽两部分。

(1) 湿空气中水汽含量的表示法

① 湿度 H　湿空气中水汽的质量与湿空气中绝干气的质量之比，称为湿度 H(又称湿含量，绝对湿度)。对于理想气体，湿度可表示为

$$H=\frac{m_v}{m_g}=\frac{M_v}{M_g}\times\frac{p_v}{P-p_v}=0.622\frac{p_v}{P-p_v} \tag{6-1a}$$

式中　m_v，m_g——水汽和绝干气的质量，kg；

M_v，M_g——水汽和绝干气的分子量，kg/kmol；

p_v——水汽分压，Pa；

P——湿空气总压，Pa；

H——湿空气的湿度，kg 水/kg 绝干气。

当空气达到饱和状态时，$p_v=p_s$，式(6-1a) 变为

$$H_s=0.622\frac{p_s}{P-p_s} \tag{6-1b}$$

式中　p_s——空气温度下水汽的饱和蒸气压，Pa；

H_s——湿空气的饱和湿度，kg 水/kg 绝干气。

② 相对湿度 φ　湿空气中水汽分压与同温度下水的饱和蒸气压之比称为湿空气的相对湿度，即

$$\varphi=\frac{p_v}{p_s} \tag{6-2}$$

φ 值表示了湿空气偏离饱和空气的程度。φ 值越小，说明其吸湿能力越强，更适合作为干燥介质，所以相对湿度的概念在各个领域中得到了广泛应用。其中当 $\varphi=0$ 时，表示湿空气中不含水汽，称为绝干空气。而 $\varphi=1$ 时，表示湿空气被水汽所饱和，不能作为干燥介质。由于 p_v 和 p_s 均随温度升高而增加，故当 p_v 一定时，φ 值随温度升高而减小。

将式(6-2) 代入式(6-1a)，可得 φ 与 H 之间的关系式

$$H=\frac{0.622\varphi p_s}{P-\varphi p_s} \tag{6-3}$$

(2) 湿空气的比热、比容和焓

① 湿比热 c_H　以 1kg 绝干气为基准，对应 1kg 绝干气和 H kg 水汽温度升高（或降低）1℃所需吸收（或放出）的总热量，称为湿比热，其单位为 kJ/(kg 绝干气·℃)。在 0～200℃的温度范围内，可近似地把绝干气的比热 c_g 和水汽的比热 c_v 看作常数，其值分别为 1.01kJ/(kg 绝干气·℃) 和 1.88 kJ/(kg 水·℃)，则

$$c_{H}=1.01+1.88H \tag{6-4}$$

上式表明，湿空气的比热只是湿度的函数。

② 湿比容 v_{H}　以 1kg 绝干气为基准，对应 1kg 绝干气和 H kg 水汽所占的总体积，称为湿比容，其单位为 m^3/kg 绝干气。若按理想气体处理，湿空气的比容可表示为

$$v_{H}=22.4\times\left(\frac{1}{M_{g}}+\frac{H}{M_{v}}\right)\times\frac{101.3}{P}\times\frac{273+t}{273}$$

$$=(0.772+1.244H)\times\frac{101.3}{P}\times\frac{273+t}{273} \tag{6-5}$$

式中　P——湿空气总压，kPa；

t——湿空气温度，℃。

③ 湿空气的焓 I　以 0℃时气体焓为基准，对应 1kg 绝干气的焓 I_{g} 和其中 H kg 水汽的焓 I_{v} 之和，称为湿空气的焓，其单位为 kJ/kg 绝干气。

$$I=I_{g}+I_{v}H=c_{g}t+(c_{v}t+r_{0})H=(c_{g}+c_{v}H)t+r_{0}H$$

$$=(1.01+1.88H)t+2490H \tag{6-6}$$

式中　r_{0}——0℃时水的汽化潜热，$r_{0}\approx 2490$kJ/kg。

(3) 湿空气的几种温度表示法

① 干球温度与湿球温度　如图 6-11 所示的两支温度计，一支温度计的感温球暴露在空气中，称为干球温度计，其显示的是干球温度 t。干球温度指湿空气的真实温度，可用普通温度计测量。另一支温度计的感温球用纱布包裹，纱布下部浸于水中，使之保持湿润，这就是湿球温度计。当空气至湿纱布的传热速率与水分汽化传向空气的传质速率恰好相等时，其显示的温度称为空气的湿球温度 t_{w}。t_{w} 不代表空气的真实温度，是表示空气状态或性质的一种参数。

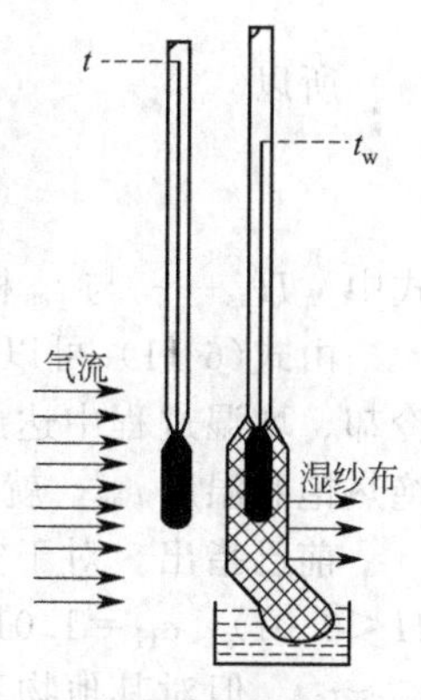

图 6-11　湿球温度的测量

下面推导干球温度与湿球温度间的关系式。

气体与液滴接触时，其传热速率 q 和传质速率 N 可分别表示为

$$q=\alpha(t-t_{w}) \tag{6-7}$$

$$N=k_{H}(H_{s,t_{w}}-H) \tag{6-8}$$

式中　q——由空气向湿纱布表面水分的热量传递速率，W/m^2；

α——空气向湿纱布的对流传热系数，$W/(m^2\cdot℃)$；

t——空气的干球温度，℃；

t_{w}——空气的湿球温度，℃；

N——水汽由湿纱布表面向空气中的扩散速率，$kg/(m^2\cdot s)$；

k_{H}——以湿度差为推动力的传质系数，$kg/(m^2\cdot s\cdot\Delta H)$；

$H_{s,t_{w}}$——湿球温度下空气的饱和湿度，kg/(kg 绝干气)。

稳态下，传热速率与传质速率之间的关系为

$$q=Nr_{t_{w}} \tag{6-9}$$

式中　$r_{t_{w}}$——湿球温度下水汽的汽化潜热，kJ/kg。

则联立式(6-7)、式(6-8) 和式(6-9)，并整理得到

$$t_{w}=t-\frac{k_{H}r_{t_{w}}}{\alpha}(H_{s,t_{w}}-H) \tag{6-10}$$

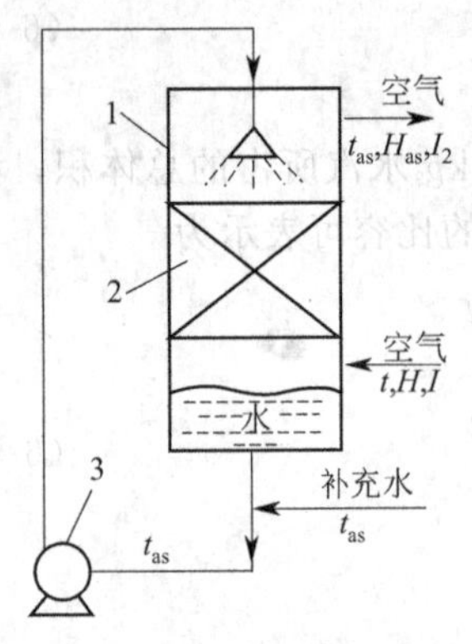

图 6-12　绝热饱和冷却塔示意图
1—塔身；2—填料；3—循环泵

实验表明，k_H 与 α 都与空气流速的 0.8 次方成正比。一般在气速为 3.8～10.2m/s 的范围内，比值 α/k_H 近似为一常数。对水蒸气与空气的系统，$\alpha/k_H \approx 1.09$。另外，H_{s,t_w}、r_{t_w} 只决定于 t_w，于是当 α/k_H 为常数时，t_w 是 t 和 H 的函数。当 t 和 H 一定时，则 t_w 必为定值。反之，当测得了湿空气的 t 和 t_w 后，即可确定空气的 H。

② 绝热饱和温度 t_{as}　如图 6-12 所示的绝热饱和冷却塔中，含有水汽的不饱和空气（温度为 t，湿度为 H）连续地通过塔内填料与大量喷洒的水接触，水用泵循环。假定水温完全均匀，饱和冷却塔处于绝热状态，故水汽化所需要的潜热只能取自空气中的显热。使空气绝热增湿而降温，直至空气被水所饱和，则空气的温度不再下降而等于循环水的温度，此温度即为空气的绝热饱和温度 t_{as}，对应的饱和湿度为 H_{as}。因为该过程中空气经历等焓过程，所以

$$(c_g + Hc_v)t + Hr_0 = (c_g + H_{as}c_v)t_{as} + H_{as}r_0$$

一般 H 及 H_{as} 值均很小，故可认为

$$c_g + Hc_v \approx c_g + H_{as}c_v = c_H$$

所以

$$t_{as} = t - \frac{r_0}{c_H}(H_{as} - H) \tag{6-11}$$

式中　H_{as}——与 t_{as} 相对应的绝热饱和湿度，kg 水/kg 绝干气。

由式(6-11) 可以看出，t_{as} 是湿空气初始温度 t 和湿度 H 的函数，它是湿空气在绝热、冷却、增湿过程中达到的极限冷却温度。在一定的总压下，只要测出湿空气的初始温度 t 和绝热饱和温度 t_{as}，就可用式(6-11) 算出湿空气的湿度 H。

前已指出，对于空气-水系统，$\alpha/k_H = 0.96 \sim 1.05$。当湿度 H 不大时（一般干燥过程 $H < 0.01$），$c_H = 1.01 + 1.88H = 1.01 \sim 1.03$。所以通过比较式(6-10) 和式(6-11) 可知，$t_w \approx t_{as}$。但对其他物系，$\alpha/k_H = 1.5 \sim 2$，与 c_H 相差很大，则湿球温度高于绝热饱和温度。

在绝热条件下，用湿空气干燥湿物料的过程中，气体温度的变化是趋向于绝热饱和温度 t_{as} 的。如果湿物料足够润湿，则其表面温度也就是湿空气的绝热饱和温度 t_{as}，即湿球温度 t_w，因此这两个温度在干燥器的计算中有着极其重要的实用意义。因为湿球温度容易测定，这就给干燥过程的计算和控制带来了较大的方便。

③ 露点温度 t_d　不饱和湿空气在总压 P 和湿度 H 保持不变的情况下，使其冷却达到饱和状态时的温度称为露点温度 t_d。

湿空气在露点温度下，湿度达到饱和，该饱和湿度为

$$H_{s,t_d} = \frac{0.622 p_{s,t_d}}{P - p_{s,t_d}} \tag{6-12}$$

式中　H_{s,t_d}——湿空气在露点温度下的饱和湿度，kg 水/kg 绝干气；

　　　p_{s,t_d}——露点温度下水的饱和蒸气压，kPa。

显然，总压一定时，露点温度 t_d 仅与空气湿度有关。若已知空气的露点温度，用式(6-12) 可以算出空气的湿度；反之，若已知空气的湿度，也可用该式计算出露点下的饱和蒸气压，进而查出露点温度。

湿空气的四个温度参数，干球温度 t、湿球温度 t_w、绝热饱和温度 t_{as} 和露点温度 t_d 都可用来确定空气状态。而对于一定状态的不饱和湿空气，它们之间的关系是：$t > t_w \approx t_{as} > t_d$；

而当空气被水所饱和时，有 $t=t_w=t_{as}=t_d$。

【例 6-1】 将温度为 130℃，湿度为 0.086kg 水/kg 绝干气的湿空气在 101.3kPa 的恒定总压下进行冷却，试分别计算冷却至以下各温度时，每千克绝干气所析出的水分量：

(1) 冷却至 100℃；

(2) 冷却至 50℃；

(3) 冷却至 20℃。

解：湿空气在恒定压力下冷却，未达到饱和前为等湿降温冷却过程，直至饱和。当降到某一温度时，空气中水分的容纳能力逐渐降低。当降到空气饱和状态时，再进一步冷却，就会有水析出，此时空气中水分始终处于饱和状态。析出的水分量等于降温前空气中的含水量与降温后空气中的含水量之差。

该空气在原来状态下的水汽分压 p_v 为

$$p_v=\frac{H_0P}{0.622+H_0}=\frac{0.086\times101.3}{0.622+0.086}=12.3\text{kPa}$$

(1) 冷却至 100℃。

在 100℃时，由饱和水蒸气表查得水的饱和蒸气压 $p_s=101.3$kPa，远大于空气中的水汽分压 p_v。故该空气从 130℃冷却至 100℃时，空气未达到饱和状态，不会有液态水析出。

(2) 冷却至 50℃。

在 50℃时，由饱和水蒸气表查得水的饱和蒸气压 $p_s=12.3$kPa，等于空气中的水汽分压 p_v。故此时空气处于饱和状态，也不会有液态水析出。

(3) 冷却至 20℃。

在 20℃时，由饱和水蒸气表查得水的饱和蒸气压 $p_s=2.3$kPa，小于空气中的水汽分压 p_v。故此时空气中有水分析出，而析出水分后的空气仍然处于饱和状态。为计算析出的水分量，首先根据 $\varphi=1$ 时的式(6-3) 计算 20℃时空气的饱和湿度（容纳水分的极限能力）：

$$H_s=0.622\frac{p_s}{P-p_s}=0.622\times\frac{2.3}{101.3-2.3}=0.014\text{kg 水/kg 绝干气}$$

故将该空气从 130℃冷却至 20℃时，析出的水分量为

$$q_{mW}=H_0-H_s=0.086-0.014=0.072\text{kg 水/kg 绝干气}$$

从本例看出，空气的温度越高，容纳水分的能力越强。在干燥过程中，为了提高气体容纳水分的能力，提高干燥效率和效果，必须将空气预热至一定温度。

【例 6-2】 已知某湿空气的质量流量为 100kg 绝干气/h，操作总压 $P=101.3$kPa，相对湿度 $\varphi=0.6$，干球温度 $t=30$℃。

试求：(1) 湿度 H；(2) 露点温度 t_d；(3) 绝热饱和温度 t_{as}；(4) 将上述状况的空气在预热器中加热至 100℃所需的热量。

解：由饱和水蒸气表查得水在 30℃时的饱和蒸气压 $p_s=4.2$kPa。

(1) 由式(6-3) 计算湿度 H：

$$H=\frac{0.622\varphi p_s}{P-\varphi p_s}=\frac{0.622\times0.6\times4.2}{101.3-0.6\times4.2}=0.016\text{kg 水/kg 绝干气}$$

(2) 按定义，露点是空气在湿度不变的条件下冷却到饱和时的温度，所以由式(6-3) 可知在露点温度下空气中水分的气相分压为：

$$p_{s,t_d}=\varphi p_{s,30}=0.6\times4.2=2.5\text{kPa}$$

由饱和水蒸气表查得该分压下的对应温度为 20.9℃，此即为该湿空气的露点温度 t_d。

(3) 首先由式(6-4) 计算湿比热 c_H：

$$c_H=1.01+1.88H=1.01+1.88\times0.016=1.04\text{kJ/kg 绝干气}$$

由于式(6-11) 中的 H_{as} 是 t_{as} 的函数，所以必须用试差法求解 t_{as}。

假设 $t_{as}=25℃$，则由饱和水蒸气表查得 $p_{as}=3.29\text{kPa}$，由式(6-1b) 计算得到

$$H_{as}=0.622\frac{p_{as}}{P-p_{as}}=0.622\times\frac{3.29}{101.3-3.29}=0.0209\text{kg 水/kg 绝干气}$$

由式(6-11) 可计算得到

$$t_{as}=t-\frac{r_0}{c_H}(H_{as}-H)=30-\frac{2490}{1.04}\times(0.0209-0.016)=18.3℃$$

可见所设的 t_{as} 偏高，需要重设 t_{as}。为了避免重设 t_{as} 可能带来的计算振荡，通过添加阻尼系数 0.2 来重设 t_{as}，即 $t_{as}=25+0.2\times(18.3-25)=23.66℃$。在该温度下，重新进行试差，最终经过三次试差得到稳定的 t_{as}，试差过程如下表所示：

试差次数	t_{as} 初值/℃	由式(6-11)得到的 t_{as}/℃	试差次数	t_{as} 初值/℃	由式(6-11)得到的 t_{as}/℃
1	25	18.30	3	23.39	23.12
2	23.66	22.31	4	23.34	23.28

(4) 预热器中要加入的热量，应等于湿空气的焓变化。所以，由式(6-6) 可得：

$$Q=m_{s,\text{绝干气}}(I_2-I_1)=m_{s,\text{绝干气}}(1.01+1.88H)(t_2-t_1)$$

$$=\frac{100}{3600}\times(1.01+1.88\times0.016)\times(100-30)$$

$$=2.02\text{kW}$$

6.2.2 湿空气的湿-焓图及应用

为简捷清晰地描述湿空气性质的各项参数（p，t，φ，H，I，t_w 等），可用算图的形式表示各性质间的关系，这里采用的是湿-焓图（H-I 图），如图 6-13 所示。在常压下，以湿空气的焓为纵坐标，湿度为横坐标，两轴采用斜角坐标系，其间夹角为 135°，绘制如下的五类线或线群：

(1) 等湿（H）线群　等 H 线为一系列平行于纵轴的直线。

(2) 等焓（I）线群　等 I 线为一系列平行于横轴的直线。

(3) 等温（t）线群　将式(6-6) 改写为

$$I=1.01t+(1.88t+2490)H$$

可见，若 t 为定值，则 I 与 H 成直线关系。由于直线的斜率 $1.88t+2490$ 随 t 而变，故一系列的等 t 线并不平行。

(4) 等相对湿度（φ）线群　由式(6-3) 可知，当总压 P 一定时，对某一固定的 φ 值，由任一温度 t 可查到一个对应的饱和水蒸气压力 p_s，进而可算出对应的 H 值。将许多（t，H）点连接起来，即成为一条等 φ 线。图 6-13 中标绘了由 $\varphi=5\%$ 至 $\varphi=100\%$ 的一系列等 φ 线。

$\varphi=100\%$ 的等 φ 线称为饱和空气线，此时空气完全被水汽所饱和。饱和线以上（$\varphi<100\%$）为不饱和空气区域。显然，只有位于不饱和区域的湿空气才能作为干燥介质。由图 6-13 可知，当湿空气的 H 一定时，温度愈高，其相对湿度 φ 值愈低，即用作干燥介质去湿能力愈强。所以，湿空气在进入干燥器之前必须先经预热以提高温度。预热空气除了可提高湿空气的焓值使其作为载热体外，同时也是为了降低其相对湿度而作为载湿体。

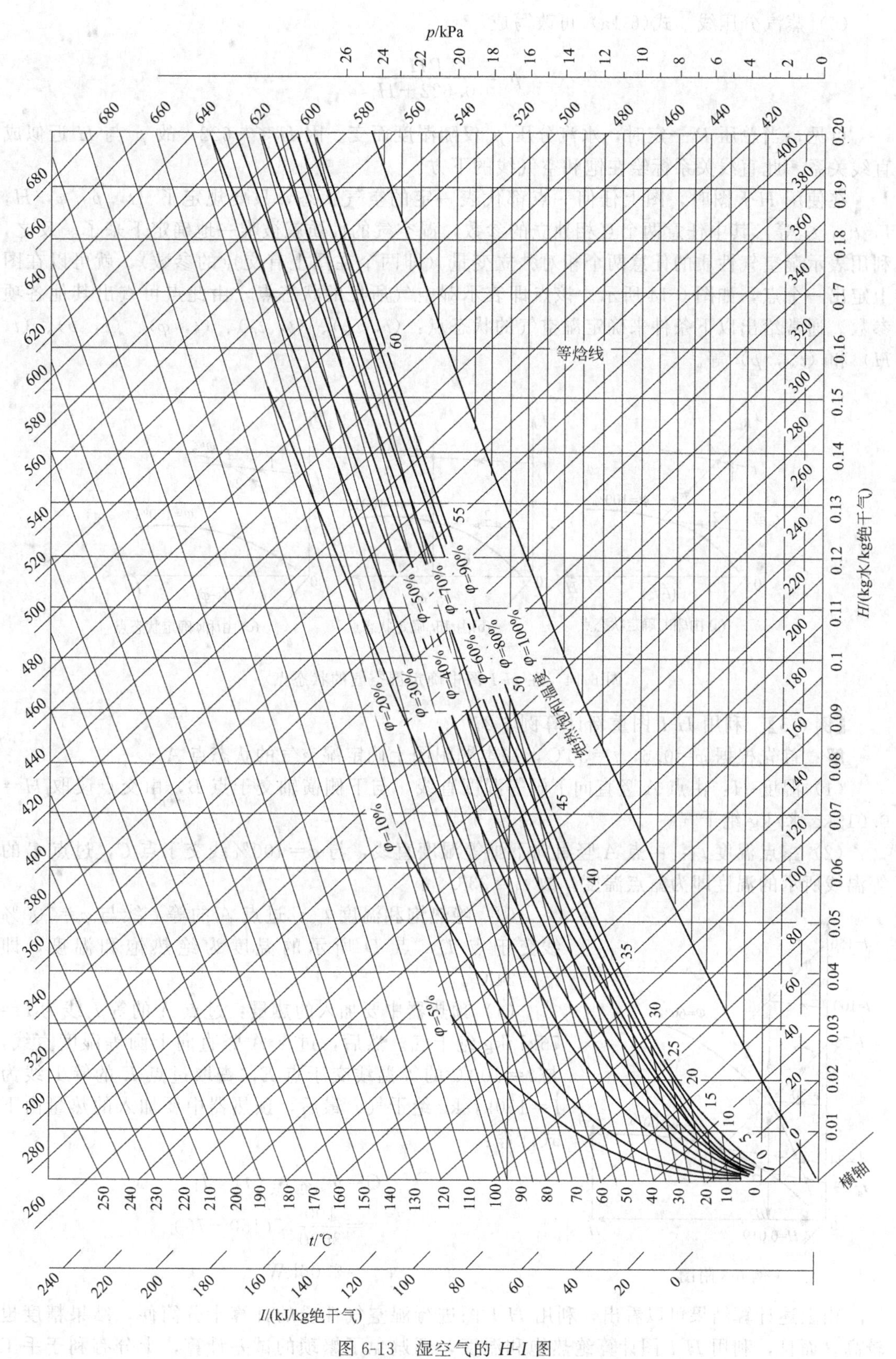

图 6-13　湿空气的 H-I 图

（5）蒸汽分压线　式(6-1a) 可改写成

$$p_v=\frac{PH}{0.622+H}$$

可见，当总压 P 一定时，水汽分压 p_v 仅随湿度而变。因 $H\ll 0.622$，故 p_v 与 H 近似成直线关系。此直线关系标绘在饱和空气线的下方。

在使用 H-I 图时，图上任何一点都代表一定的空气状态，只要规定了｛t，p，φ，H，I，t_w，t_{as}等｝其中任意两个互相独立的参数，湿空气的性质就被唯一地确定下来了。反之，利用表示湿空气性质的任意两个相对独立变量（即两个在图上有交点的参数），就可以在图上定出一个点，如图 6-14 所示。该点即表示湿空气所处的状态点，由此点可查出其他各项参数。通常给出以下条件来确定湿空气的状态点：（t，t_w）、（t，t_d）、（t，φ）、（t，p）、（t，H）和（t_w，p）等。

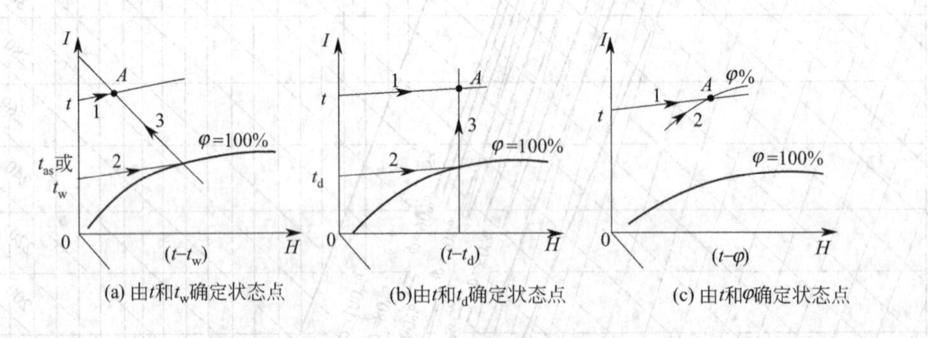

图 6-14　在 H-I 图中确定湿空气的状态点

【例 6-3】 利用 H-I 图重新计算例 6-2。

解：首先根据 $\varphi=0.6$，$t=30$℃，在本题附图上确定湿空气的状态点 A。

（1）湿度 H：由点 A 竖直向下画等湿度直线，与下侧横轴交于点 B，由交点读取 $H=0.019$kg 水/kg 绝干气。

（2）露点温度 t_d：由点 A 竖直向下画等湿度直线，与 $\varphi=100\%$线交于点 C，过点 C 的等温线所示的温度即为露点温度，故 $t_d=23$℃。

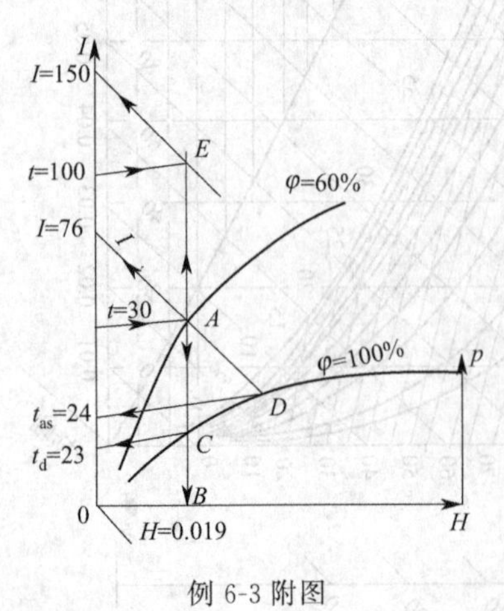

例 6-3 附图

（3）绝热饱和温度 t_{as}：过点 A 的等 I 线与 $\varphi=100\%$线交于点 D，点 D 所示的温度为绝热饱和温度，即 $t_{as}=24$℃。

（4）预热器中要加入的热量：过点 A 的等 I 线为 $I=76$kJ/kg 绝干气。然后，过点 A 竖直向上画等湿度直线，与 $t=100$℃的等温线交于点 E，查取过点 E 的等 I 线为 $I=150$kJ/kg 绝干气。最后，预热器中要加入的热量由下式计算：

$$Q=m_{s,\text{绝干气}}(I_2-I_1)$$

$$=\frac{100}{3600}\times(150-76)$$

$$=2.06\text{kW}$$

由上述计算结果可以看出，利用 H-I 图进行湿空气性质的计算十分简便，结果精度也较高。而且，利用 H-I 图计算绝热饱和温度，还避免了繁琐的试差计算，十分有利于手工计算。

6.2.3　湿空气通过干燥器的状态变化

在干燥器内，空气与物料间既有质量传递也有热量传递，有时还要向干燥器补充热量，而且又有热量损失于周围环境中，情况比较复杂，故确定干燥器出口处空气状态较为复杂。为简化起见，一般根据空气在干燥器内焓的变化，将干燥过程分为等焓过程与非等焓过程两大类。

(1) 等焓干燥过程　如图 6-15 所示，若 $I_2=I_1$，则空气在干燥器内经历等焓干燥过程，又称理想干燥过程。湿空气首先在预热器中由温度 t_0 被等湿度加热到 t_1，然后沿等焓线 BC 进行变化，整个干燥过程由状态 $A \to B \to C$ 点进行变化。等焓干燥过程又称绝热干燥过程，该过程的特点是：

① 不向干燥器中补充热量；

② 忽略干燥器向周围散失的热量；

③ 物料进出干燥器的焓相等。

虽然实际操作中很难实现这种等焓过程，但它能简化干燥的计算，并能在 H-I 图上迅速确定空气离开干燥器时的状态参数。

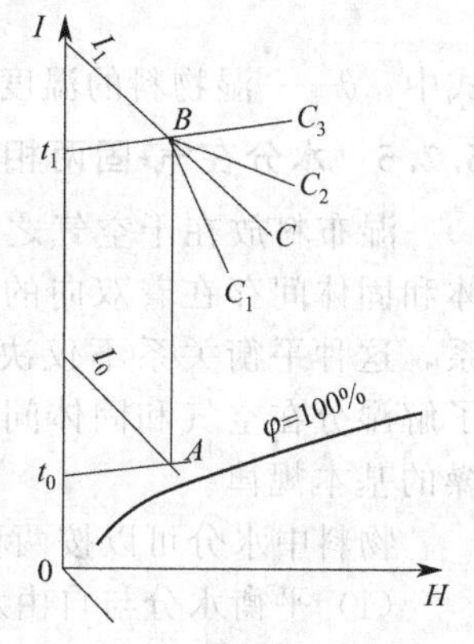

图 6-15　干燥过程中湿空气的状态变化图

(2) 非等焓干燥过程　相对于理想干燥过程而言，非等焓干燥过程又称为实际干燥过程。非等焓干燥过程可能有以下几种情况。

① 焓降低　如图 6-15 中的 BC_1 所示。这种过程的特点为：不向干燥器补热量；不能忽略干燥器向周围散失的热量；物料进出干燥器时的焓不相等。

② 焓增加　如图 6-15 中的 BC_2 所示。这种过程的特点为：向干燥器补充的热量大于损失的热量和加热物料消耗的热量之总和。

③ 等温　如图 6-15 中的 BC_3 所示。这种过程的特点为：向干燥器补充的热量足够多，恰使干燥过程在等温下进行，即空气在干燥过程中维持恒定的温度。

6.2.4　湿物料性质

湿物料中的含水量有两种表示方法。

(1) 湿基含水量　以湿物料为基准的含水量，以 w 表示，单位为 kg 水/kg 湿物料，定义如下：

$$w=\frac{湿物料中水分的质量}{湿物料的总质量} \tag{6-13}$$

(2) 干基含水量　以绝干物料为基准的含水量，以 X 表示，单位为 kg 水/kg 绝干料，定义如下：

$$X=\frac{湿物料中水分的质量}{湿物料中绝干料的质量} \tag{6-14}$$

在干燥过程中，湿物料的质量是变化的，而绝干物料的质量是不变的。因此，用干基含水量计算较为方便。

上述两种含水量之间的换算关系如下：

$$w=\frac{X}{1+X} \tag{6-15}$$

$$X=\frac{w}{1-w} \tag{6-16}$$

（3）湿物料的比热容　湿物料包括了干物料和水分，其比热容可用干物料和水分的混合比热容写成如下形式：

$$C_m=C_s+XC_w \tag{6-17}$$

式中　C_m——湿物料的比热容，kJ/(kg 绝干料・℃)；

C_s——绝干物料的比热容，kJ/(kg 绝干料・℃)；

C_w——湿物料中水分的比热容，4.187kJ/(kg 水・℃)。

（4）湿物料的焓　同比热容的计算方法类似，湿物料的焓（以 0℃的物料为基准）为绝干物料及其所含水分的混合焓，可写成如下形式：

$$I'=C_s\theta+XC_w\theta=(C_s+XC_w)\theta=C_m\theta \tag{6-18}$$

式中　θ——湿物料的温度，℃。

6.2.5　水分在气-固两相间的平衡含量表示法

湿布料放在干空气之中会晾干，而干燥的布料放在湿空气中会吸潮，说明湿分在气体和固体间存在着双向的传递问题。湿分的传递方向取决于它在空气和固体间的平衡关系，这种平衡关系不仅决定着湿分传递的方向，而且还决定着物料的干燥程度。因此，了解湿分在空气和固体间的平衡关系，有助于理解物料中所含湿分的性质，把握物料干燥的基本规律。

物料中水分可以按两种形式分类。

（1）平衡水分与自由水分　当物料与一定状态的湿空气充分接触后，物料中不能除去的水分称为平衡水分，用 X^*表示；而物料中超过平衡水分的那部分水分称作自由水分，这种水分可用干燥操作除去。由于物料达到平衡水分时，干燥过程达到此操作条件下的平衡状态，所以 X^*与物料性质、空气状态及两者接触状态有关。平衡水分 X^*可用平衡曲线描述，如图 6-16 所示。由该图可知：当空气状态恒定时，不同物料的平衡水分相差很大；同一物料的平衡水分随空气状态而变化；当 $\varphi=0$ 时，X^*均为 0，说明湿物料只有与绝干空气相接触，才有可能得到绝干物料。

物料中平衡含水量随空气温度升高而略有减少，由实验测得。由于缺乏各种温度下平衡含水量的实验数据，因此只要温度变化范围不太大，一般可近似认为物料的平衡含水量与空气温度无关。

（2）结合水与非结合水　结合水是指那些与物料以化学力和物理化学力等强结合力相结合的水分，它们大多存在于如细胞壁、微孔中，不易除去；而结合力较弱、机械附着于固体表面的水分称为非结合水，这种水分容易由干燥操作除去。结合水与非结合水的关系示于图 6-17 中。由于直接测定物料的结合水与非结合水很困难，所以可利用平衡曲线外延至与 $\varphi=100\%$线相交而得到的 X 为结合水量，高于它的部分为非结合水量。非结合水极易除去，而结合水中高于平衡水分的部分也能被除去，但很困难。

（3）平衡曲线的应用

① 判断过程进行的方向　当干基含水量为 X 的湿物料与一定温度及相对湿度为 φ 的湿空气相接触时，可在干燥平衡曲线上找到与该湿空气相应的平衡水分 X^*，比较湿物料的含水量 X 与平衡含水量 X^*的大小，可判断过程进行的方向。

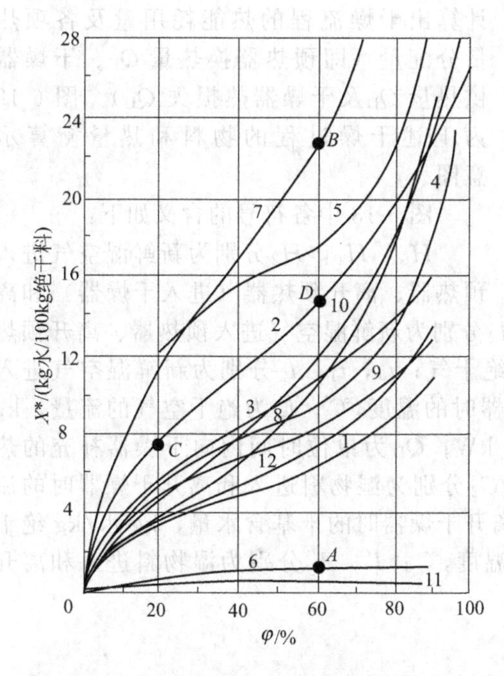

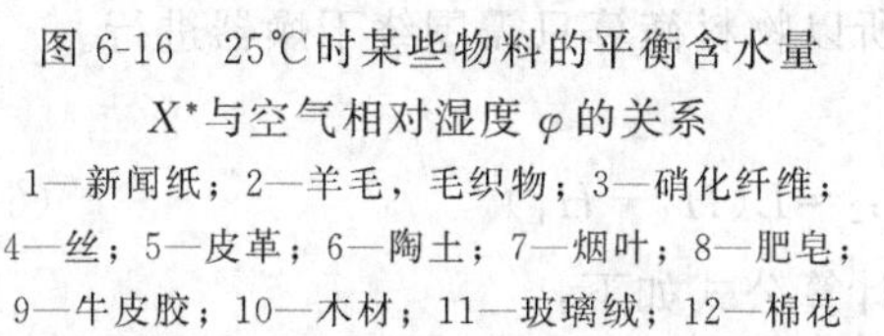
图 6-16　25℃时某些物料的平衡含水量 X^* 与空气相对湿度 φ 的关系

1—新闻纸；2—羊毛，毛织物；3—硝化纤维；4—丝；5—皮革；6—陶土；7—烟叶；8—肥皂；9—牛皮胶；10—木材；11—玻璃绒；12—棉花

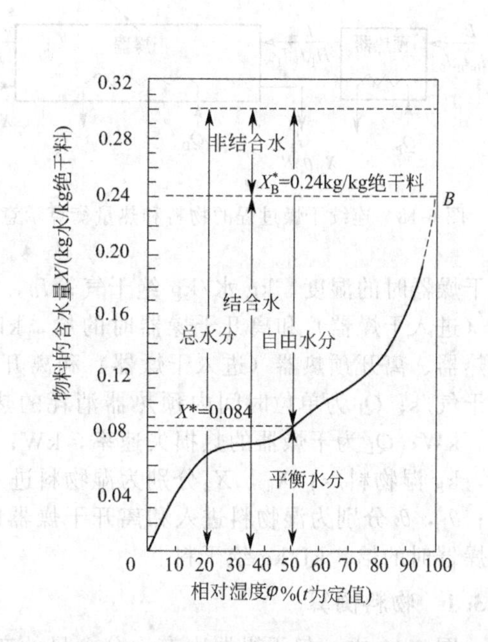

图 6-17　固体物料（丝）中所含水分的性质

若物料含水量 X 高于平衡含水量 X^*，则物料脱水而被干燥；若物料的含水量 X 低于平衡含水量 X^*，则物料将吸水而增湿。

② 确定过程进行的极限　平衡水分是物料在一定空气条件下被干燥的极限，利用平衡曲线，可确定一定含水量的物料与指定状态空气相接触时平衡水分与自由水分的大小。例如，在图 6-17 所示的平衡曲线上，当将干基含水量为 $X=0.30$kg 水/kg 绝干料的物料与相对湿度为 50%的空气相接触时，由平衡曲线可查得平衡水分为 $X^*=0.084$kg 水/kg 绝干料，相应自由水分为 $X-X^*=0.216$kg 水/kg 绝干料。

③ 判断水分去除的难易程度　利用平衡曲线可确定结合水分与非结合水分的大小。例如在图 6-17 中，平衡曲线与 $\varphi=100\%$相交于 B 点，查得结合水分为 0.24kg 水/kg 绝干料，此部分水较难去除。相应非结合水分为 0.06kg 水/kg 绝干料，此部分水较易去除。

应予指出，平衡水分与自由水分是依据物料在一定干燥条件下，其水分能否用干燥方法除去而划分的。既与物料的种类有关，也与空气的状态有关。而结合水分与非结合水分是依据物料与水分的结合方式（或物料中所含水分去除的难易）而划分，仅与物料的性质有关，而与空气的状态无关。

6.3　干燥过程的物料衡算与热量衡算

在典型的对流干燥装置（见图 6-4）中，由空气预热器对空气进行加热，提高其热焓值，并降低它的相对湿度，以便更适宜作为干燥介质。而干燥器则是对物料除湿的主要场所。对干燥流程的设计中，通过物料衡算可计算出物料汽化的水分量 W(或称为空气带走的水分量）和空气的消耗量（包括绝干气消耗量 L 和新鲜空气消耗量 L_0）；而通过热量衡算可

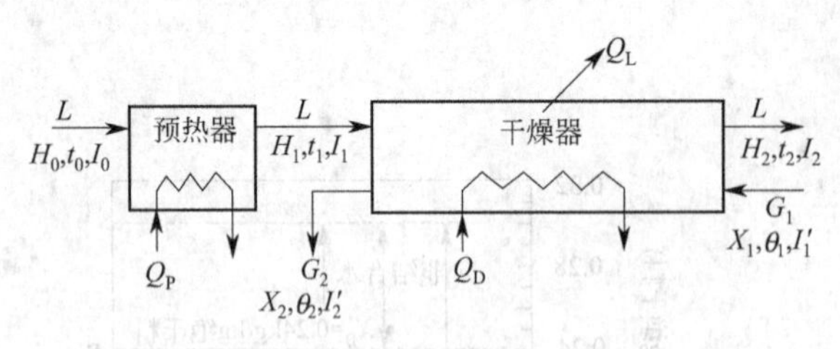

图 6-18　连续干燥过程的物料和热量衡算示意图

计算出干燥流程的热能耗用量及各项热量分配量（即预热器换热量 Q_P、干燥器供热量 Q_D及干燥器热损失 Q_L）。图 6-18 为上述干燥过程的物料和热量衡算示意图。

图 6-18 中各符号的含义如下：

H_0，H_1，H_2分别为新鲜湿空气进入预热器、离开预热器（进入干燥器）和离开干燥器时的湿度，kg 水/kg 绝干气；I_0，I_1，I_2分别为新鲜湿空气进入预热器、离开预热器（进入干燥器）和离开干燥器时的焓，kJ/kg 绝干气；t_0，t_1，t_2分别为新鲜湿空气进入预热器、离开预热器（进入干燥器）和离开干燥器时的温度,℃；L 为绝干空气的流量，kg 绝干气/s；Q_P为单位时间内预热器消耗的热量，kW；Q_D为单位时间内向干燥器补充的热量，kW；Q_L为干燥器的热损失速率，kW；G_1，G_2分别为湿物料进入和离开干燥器时的流量，kg 湿物料/s；X_1，X_2分别为湿物料进入和离开干燥器时的干基含水量，kg 水/kg 绝干料；θ_1，θ_2分别为湿物料进入和离开干燥器时的温度,℃；I'_1，I'_2分别为湿物料进入和离开干燥器时的焓，kJ/kg 绝干料。

6.3.1　物料衡算

图 6-18 中，仅干燥器内有水分含量的变化，所以物料衡算只需围绕干燥器进行。

（1）水分蒸发量

$$W=G(X_1-X_2)=G_1-G_2=L(H_2-H_1) \tag{6-19}$$

其中的 G 为绝干物料的流量，kg 绝干料/s，计算公式如下：

$$G=G_1(1-w_1)=G_2(1-w_2) \tag{6-20}$$

（2）空气消耗量　由式(6-19) 可得绝干气流量为

$$L=\frac{G(X_1-X_2)}{H_2-H_1}=\frac{W}{H_2-H_1} \tag{6-21}$$

令

$$l=\frac{L}{W}=\frac{1}{H_2-H_1} \tag{6-22}$$

其含义为蒸发 1kg 水分所消耗的绝干空气量，称为单位空气消耗量，kg 绝干气/kg 水分。

然后，新鲜空气用量为

$$L_0=L(1+H_0) \tag{6-23}$$

利用风机向预热器入口输送新鲜空气时，风机入口风量的体积流量 V_0（m^3 新鲜空气/s）可根据式(6-23) 得到：

$$V_0=Lv_H=L(0.772+1.244H)\times\frac{101.3}{P}\times\frac{t+273}{273} \tag{6-24}$$

（3）干燥产品流量 G_2　由式(6-20) 可得到

$$G_2=G_1\,\frac{1-w_1}{1-w_2} \tag{6-25}$$

6.3.2　热量衡算

若忽略预热器的热损失，则对图 6-18 中的预热器进行热量衡算，得

$$Q_P = L(I_1 - I_0) \tag{6-26}$$

再对图 6-18 中的干燥器进行热量衡算，得

$$Q_D = L(I_2 - I_1) + G(I_2' - I_1') + Q_L \tag{6-27}$$

所以，干燥过程所需总热量为

$$Q = Q_P + Q_D = L(I_2 - I_0) + G(I_2' - I_1') + Q_L \tag{6-28}$$

式(6-28) 使用起来不太方便，常通过一些假设来简化该式。

(1) $L(I_2 - I_0)$ 由两部分组成，一是湿空气等湿度下由 t_0 被加热至 t_2，二是从湿物料中蒸发出水分。所以

$$L(I_2 - I_0) = L(1.01 + 1.88H_0)(t_2 - t_0) + W(2490 + 1.88t_2 - 4.187\theta_1) \tag{6-29}$$

若忽略湿空气中水汽进出干燥系统的焓变化，即 $1.88H_0(t_2 - t_0) \approx 0$，并忽略湿物料中水分代入干燥系统的焓，即 $4.187W\theta_1 \approx 0$，则式(6-29) 变为

$$L(I_2 - I_0) = 1.01L(t_2 - t_0) + W(2490 + 1.88t_2) \tag{6-30}$$

(2) $G(I_2' - I_1')$ 为湿物料由 θ_1 被加热至 θ_2 所需的热量，表达式为

$$G(I_2' - I_1') = G(C_{m2}\theta_2 - C_{m1}\theta_1) \tag{6-31}$$

假设湿物料的平均比热容为 C_m，则上式变为

$$G(I_2' - I_1') = GC_m(\theta_2 - \theta_1) \tag{6-32}$$

最终，将式(6-30) 和式(6-32) 代入式(6-28)，可得

$$Q = 1.01L(t_2 - t_0) + W(2490 + 1.88t_2) + GC_m(\theta_2 - \theta_1) + Q_L \tag{6-33}$$

该式为干燥器热量衡算的简化式，也是应用较多的一种形式。该式的物理意义十分明显，即

Q=加热空气所需热量+物料中水分蒸发所需热量+加热湿物料所需热量+热损失

6.3.3 干燥系统的热效率

与热量衡算有关的一个重要物理量是干燥系统的热效率 η，定义为蒸发水分所需热量与向干燥系统输入的总热量之比，即

$$\eta = \frac{W(2490 + 1.88t_2)}{Q} \times 100\% \tag{6-34}$$

干燥器的热效率是干燥器操作性能的一个重要指标。热效率高，表明热的利用程度好，操作费用低，同时可合理利用能源，使产品成本降低。因此，在操作过程中，希望获得尽可能高的热效率，具体方法如下：

(1) 当 t_0 和 t_1 一定时，降低空气出口温度 t_2，或提高废气的湿度 H_2，可以减少空气用量，从而提高干燥的热效率。但 t_2 降低会导致气固相间的传热推动力下降，必须通过增加干燥面积来弥补。因此，在设计时通常规定：t_2 比热空气进入干燥器时的湿球温度 t_w 高 20～50℃。

(2) 当 t_0 和 t_2 一定时，提高空气的预热温度，可提高热效率。空气预热温度高，单位质量绝干空气携带的热量多，干燥过程所需要的空气量少，废气带走的热量相应减少，故热效率得以提高。但是，空气的预热温度应以湿物料不致在高温下受热破坏为限。对不能经受高

温的湿物料，采用中间加热的方式，即在干燥器内设置一个或多个中间加热器，往往可提高热效率。

(3) 尽量利用废气中的热量，如用废气预热冷空气或湿物料，减少设备和管道的热损失，都有助于提高热效率。

(4) 采用干燥废气循环提高热效率，就是将从干燥器出来的废气取一部分与进口的新鲜空气混合进入预热器，这是目前在干燥操作中应用较为普遍，也较为简单的一种节能方法。循环废气与进口新鲜空气的流量比值称为循环比，是决定废气循环操作的一个重要参数。

【例 6-4】 某湿物料的处理量为 3.89kg/s，温度为 20℃，含水量为 10%(湿基，下同)。在常压下用热空气对其进行干燥，要求干燥后的产品含水量不超过 1%，物料的出口温度为 70℃。已知干物料的比热容为 1.4kJ/(kg·℃)，新鲜空气的温度为 20℃，相对湿度为 50%。现将空气预热至 130℃后进入干燥器，并规定气体出口温度不低于 80℃，干燥过程热损失约为预热器供热量的 10%。

试求：(1) 该干燥过程所需的空气量、热量及干燥器的热效率；(2) 若热损失可以忽略不计，则所需的空气量、热量及干燥器的热效率有何变化？(3) 若气体出口温度选定为 42℃，则所需的空气量、热量及干燥器的热效率又有何变化？

解：(1) 由饱和水蒸气表可查得，20℃时水的饱和蒸气压为 2.335kPa，故新鲜空气的湿度可由式(6-3) 计算得到

$$H_0=0.622\frac{\varphi p_v}{P-\varphi p_v}=0.622\times\frac{0.5\times 2.335}{101.3-0.5\times 2.335}=0.00725\text{kg 水/kg 绝干气}$$

而绝干物料的流量为

$$G=G_1(1-w_1)=3.89\times(1-0.1)=3.5\text{kg/s}$$

物料进出干燥器的干基含水量可由式(6-16) 分别计算得到

$$X_1=\frac{w_1}{1-w_1}=\frac{0.1}{1-0.1}=0.11\text{kg 水/kg 绝干料}$$

$$X_2=\frac{w_2}{1-w_2}=\frac{0.01}{1-0.01}=0.0101\text{kg 水/kg 绝干料}$$

对干燥器进行热量衡算［来自式(6-33)，此处 $Q_D=0$］：

$$0=1.01L(t_2-t_1)+W(2490+1.88t_2)+GC_m(\theta_2-\theta_1)+Q_L \tag{a}$$

上式中的水分蒸发量由式(6-19) 计算得到

$$W=G(X_1-X_2)=3.5\times(0.11-0.0101)=0.35\text{kg/s} \tag{b}$$

假设湿物料的平均比热容 C_m 近似等于其出口处的比热容，则 C_m 可由式(6-17) 计算得到

$$C_m=C_s+X_2C_w=1.4+0.0101\times 4.187=1.442\text{kJ/(kg 绝干料·℃)} \tag{c}$$

而干燥器的热损失由预热量［式(6-26)］计算得到

$$\begin{aligned}Q_L&=0.1Q_P=0.1L(1.01+1.88H_0)(t_1-t_0)\\&=0.1L(1.01+1.88\times 0.00725)\times(130-20)\\&=11.3L\end{aligned} \tag{d}$$

将式(b) 式(c) 式(d) 和其他已知数据代入式(a) 得到空气流量为 $L=30$kg/s。

干燥过程的总热量由式(6-33)计算得到

$$Q=1.01L(t_2-t_0)+W(2490+1.88t_2)+GC_m(\theta_2-\theta_1)+Q_L$$
$$=1.01\times30\times(80-20)+0.35\times(2490+1.88\times80)+3.5\times1.442\times(70-20)+11.3\times30$$
$$=3333\text{kW}$$

由式(6-34)计算得到干燥器过程的热效率为

$$\eta=\frac{W(2490+1.88t_2)}{Q}\times100\%=\frac{0.35\times(2490+1.88\times80)}{3333}\times100\%=27.7\%$$

(2) 若热损失忽略不计，则 $Q_L=0$。由于湿物料干燥任务不变，所以蒸发水分量 W 不变。所以，由式(a)计算得到的空气流量变为 $L=23.3\text{kg/s}$。

由式(6-33)计算得到的总热量变为

$$Q=1.01L(t_2-t_0)+W(2490+1.88t_2)+GC_m(\theta_2-\theta_1)+Q_L$$
$$=1.01\times23.3\times(80-20)+0.35\times(2490+1.88\times80)+3.5\times1.442\times(70-20)$$
$$=2588\text{kW}$$

由式(6-34)计算得到干燥器过程的热效率为

$$\eta=\frac{W(2490+1.88t_2)}{Q}\times100\%=\frac{0.35\times(2490+1.88\times80)}{2588}\times100\%=35.7\%$$

从该计算可以看出，对于干燥过程加强保温措施，可以减少空气用量，提高过程的热效率，从而使所需供热量明显降低。因此，与传热设备相比，加强干燥设备的保温措施最为重要。

(3) 若气体出口温度 t_2 选定为42℃，则蒸发水分量 W 仍不变，由式(a)算出的空气流量变为 $L=14.8\text{kg/s}$。

由式(6-33)计算得到的总热量变为

$$Q=1.01L(t_2-t_0)+W(2490+1.88t_2)+GC_m(\theta_2-\theta_1)+Q_L$$
$$=1.01\times14.8\times(42-20)+0.35\times(2490+1.88\times42)+3.5\times1.442\times(70-20)+11.3\times14.8$$
$$=1648\text{kW}$$

由式(6-34)计算得到干燥器过程的热效率为

$$\eta=\frac{W(2490+1.88t_2)}{Q}\times100\%=\frac{0.35\times(2490+1.88\times42)}{1648}\times100\%=54.6\%$$

下面由式(6-22)计算空气出干燥器时的湿度

$$H_2=\frac{W}{L}+H_1=\frac{0.35}{14.8}+0.00725=0.0309\text{kg 水/kg 绝干气}$$

由此可以计算得到出口气体中的水汽分压为

$$p_{v2}=\frac{PH_2}{0.622+H_2}=\frac{101.3\times0.0309}{0.622+0.0309}=4.79\text{kPa}$$

由饱和水蒸气表可以查得42℃下水的饱和蒸气压为8.26kPa，故尚未达到气体的露点，物料不会返潮。

从该计算结果可以看出，气体的出口状态对于该过程的能耗影响很大。出口温度低，所需空气量及供热量就少，而且热效率高。但是，出口气体温度过低，会因散热而在设备出口处降至露点，使物料返潮。因此，保证气体温度在离开设备之前不降至露点，是选择气体出口状态必须满足的限制条件。

【例 6-5】 某干燥器的操作压强为 79.98kPa，出口气体的温度为 60℃，相对湿度为 70%，将部分出口气体返回干燥器入口与新鲜空气相混合，使进入干燥器的气体温度不超过 90℃，相对湿度为 12%（见本题附图）。已知新鲜空气的质量流量为 0.5025kg/s，温度为 20℃，湿度为 0.005kg 水/kg 绝干气。试求空气的循环量及新鲜空气的预热温度。

L → $t_0\ H_0\ I_0$ → 预热器 → $t_1\ H_1\ I_1\ t_m\ H_m\ I_m$ → 干燥器 → $t_1\ H_2\ \varphi_2$；循环气 $L_R\ H_2\ t_2$

例 6-5 附图

解：在新鲜空气中，干空气的流量为

$$L=\frac{L'}{1+H_0}=\frac{0.5025}{1+0.005}=0.5\text{kg/s}$$

由饱和水蒸气表可以查得 60℃下水的饱和蒸气压为 19.92kPa，所以由式(6-3) 可以得到出口气体的湿度为

$$H_2=\frac{0.622\varphi_2 p_{s2}}{P-\varphi_2 p_{s2}}=\frac{0.622\times0.7\times19.92}{79.98-0.7\times19.92}=0.1313\text{kg 水/kg 绝干气}$$

同样，由饱和水蒸气表可以查得 90℃下水的饱和蒸气压为 70.14kPa，所以由式(6-3) 可以得到混合气体的湿度为

$$H_m=\frac{0.622\varphi_m p_{sm}}{P-\varphi_m p_{sm}}=\frac{0.622\times0.12\times70.14}{79.98-0.12\times70.14}=0.0731\text{kg 水/kg 绝干气}$$

以混合点为控制体，对水分作物料衡算

$$LH_1+L_R H_2=(L+L_R)H_m$$

可求出循环气量为

$$L_R=\frac{L(H_1-H_m)}{H_m-H_2}=\frac{0.5\times(0.005-0.0731)}{0.0731-0.1313}=0.585\text{kg/s}$$

以混合点为控制体作热量衡算

$$LI_1+L_R I_2=(L+L_R)I_m$$

其中，

$$\begin{aligned}I_1&=(1.01+1.88H_1)t_1+2490H_1\\&=(1.01+1.88\times0.005)t_1+2490\times0.005\\&=1.019t_1+12.45\end{aligned}$$

$$\begin{aligned}I_2&=(1.01+1.88H_2)t_2+2490H_2\\&=(1.01+1.88\times0.1313)\times60+2490\times0.1313\\&=402.35\text{kJ/kg 绝干气}\end{aligned}$$

$$\begin{aligned}I_m&=(1.01+1.88H_m)t_m+2490H_m\\&=(1.01+1.88\times0.0731)\times90+2490\times0.0731\\&=285.29\text{kJ/kg 绝干气}\end{aligned}$$

可求出新鲜空气的预热温度为 $t_1=133.3$℃。

6.4 干燥动力学与干燥时间

6.4.1 干燥动力学

通过干燥速率的计算，来完成一定干燥任务所需的干燥器的尺寸和干燥时间等的计

算，称为干燥动力学。下面的讨论将基于恒定干燥条件来进行，即干燥介质的温度、湿度、流速及与物料的接触方式等，在整个干燥过程中均保持恒定。这是一种对问题的简化处理方式，可适用于大量空气干燥少量湿物料的情况，空气的定性温度取进、出口温度平均值。恒定干燥通常适用于大量空气对少量物料进行的间歇干燥。在连续操作的干燥设备内，很难维持恒定干燥，沿干燥器的长度或高度空气的温度逐渐下降而湿度逐渐增高，这种操作称为变动状态下的干燥操作，简称变动干燥。因变动干燥过程中空气状态参数沿程而变，所以干燥速率的计算较恒定条件下要复杂得多。本章仅限于恒定干燥条件下的计算。

（1）干燥速率　干燥速率定义为单位时间单位干燥面积上汽化的水分量，即

$$U=\frac{dW'}{Sd\tau} \tag{6-35}$$

式中　U——干燥速率，又称干燥通量，kg/(m^2·s)；

S——干燥面积，m^2；

W'——一批操作中汽化的水分量，kg；

τ——干燥时间，s。

又因为

$$dW'=-G'dX$$

式中　G'——一批操作中绝干物料的质量，kg。

所以

$$U=\frac{-G'dX}{Sd\tau} \tag{6-36}$$

上式中的负号表示 X 随干燥时间的增加而减小。

（2）干燥速率曲线　干燥过程的计算主要包括确定干燥的操作条件，计算干燥时间和干燥器尺寸，这就必须求得干燥速率。干燥速率通常通过实验测得，即将实验数据计算处理后描点绘图，得到干燥速率曲线以供参考。

如图6-19为恒定干燥条件下一种典型的干燥速率曲线，AB 是预热段，很快进入恒速干燥阶段（BC 段），这是除去非结合水的阶段，所以速率大且不随 X 而变化。CD 和 DE 段是降速阶段，是除去结合力很强的结合水的过程，所以干燥速率随 X 减小而迅速下降，情况比较复杂。最后当 $U=0$ 时，达到该操作条件下的平衡含水量。其中 C 点是临界点，X_c 称为临界含水量（kg水分/kg绝干料），U_c 称为恒速段干燥速率［kg/(m^2·s)］。若 X_c 增大，则恒速段变短，不利于干燥操作。

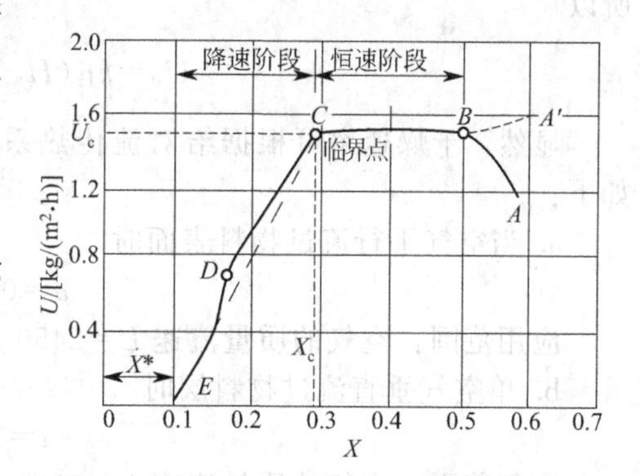

图6-19　恒定干燥条件下干燥速率曲线

临界含水量随物料的性质、厚度及干燥速率不同而异。对同一种物料，如干燥速率增大，则其临界含水量值亦增大。对同一干燥速率，物料层愈厚，X_c 值也愈高。物料的临界含水量通常由实验测定，在缺乏实验数据的条件下，可按表6-1所列的 X_c 值估计。

经实验测定和理论分析可知，空气平行流过物料表面时，U_c 与 $(L')^{0.8}$ 成正比；空气垂直流过物料表面时，U_c 与 $(L')^{0.37}$ 成正比。式中 L' 指湿气质量流速，kg/(m^2·h)，$L'=u\rho$。u 为空气流速（m/s）；ρ 为空气密度（kg/m^3）。

表 6-1 不同物料的临界含水量范围

有机物料		无机物料		临界含水量（干基）/%
特征	实例	特征	实例	
很粗的纤维	未染过的羊毛	粗粒无孔的物料，大于50目	石英	3～5
		晶体的、粒状的、孔隙较少的物料，颗粒大小为50～325目	食盐、海砂、矿石	5～15
晶体的、粒状的、孔隙较小的物料	麸酸结晶	细晶体有孔物料	硝石、细砂、黏土料、细泥	15～25
粗纤维细粉	粗毛线、醋酸纤维、印刷纸、碳素颜料	细沉淀物、无定形和胶体状态的物料、无机颜料	碳酸钙、细陶土、普鲁士蓝	25～50
细纤维、无定形的和均匀状态的压紧物料	淀粉、亚硫酸、纸浆、厚皮革	浆状，有机物的无机盐	碳酸钙、碳酸镁、二氧化钛、硬脂酸钙	50～100
分散的压紧物料、胶体状态和凝胶状态的物料	鞣制皮革、糊墙纸、动物胶	有机物的无机盐、催化剂、吸附剂	硬脂酸锌、四氯化锡、硅胶、氢氧化铝	100～3000

（3）干燥速率的影响因素

在恒速阶段与降速阶段内，物料干燥的机理不同，从而影响因素也不同，分别讨论如下。

① 恒速干燥阶段　恒速干燥阶段中，当干燥条件恒定时，物料表面与空气之间的传热和传质情况与测定湿球温度时相同，如式(6-7)和式(6-8)所示。

在恒定干燥条件下，空气的温度、湿度、速度及气固两相的接触方式均应保持不变，故α和k_H亦应为定值。这阶段中，由于物料表面保持完全润湿，若不考虑热辐射对物料温度的影响，则湿物料表面达到的稳定温度即为空气的湿球温度t_w，与t_w对应的$H_{s,tw}$值也应恒定不变。所以，这种情况湿物料和空气间的传热速率和传质速率均保持不变。这样，湿物料以恒定的速率汽化水分，并向空气中扩散。

在恒速干燥阶段，空气传给湿物料的显热等于水分汽化所需的潜热，如式(6-9)所示。所以

$$U_c=k_H(H_{s,t_w}-H)=\frac{\alpha}{r_w}(t-t_w) \tag{6-37}$$

显然，干燥速率可根据给对流传热系数α确定。对于静止的物料层，α的经验关联式如下：

a. 当空气平行流过物料表面时

$$\alpha=0.0204(\overline{L})^{0.8} \tag{6-38}$$

应用范围：空气的质量流速$\overline{L}=2450\sim29300\text{kg}/(\text{m}^2\cdot\text{h})$，空气的温度为45～150℃。

b. 单空气垂直流过物料层时

$$\alpha=1.17(\overline{L})^{0.37} \tag{6-39}$$

应用范围：空气的质量流速$\overline{L}=3900\sim19500\text{kg}/(\text{m}^2\cdot\text{h})$。

c. 在气流干燥器中，固体颗粒呈悬浮态，气体与颗粒间的对流传热系数α由下两式估算

$$Nu=2+0.54Re_p^{0.5} \tag{6-40a}$$

$$\alpha=\frac{\lambda_g}{d_p}\left[2+0.54\left(\frac{d_p u_t}{v_g}\right)^{0.5}\right] \tag{6-40b}$$

式中　d_p——颗粒的平均直径，m；

λ_g——空气的热导率，W/(m·℃)；

u_t——颗粒的沉降速度，m/s；

ν_g——空气的运动黏度，m^2/s。

d. 流化床干燥器的对流传热系数 α 由下两式估算

$$Nu=4\times10^{-3}Re^{1.5} \tag{6-41a}$$

$$\alpha=4\times10^{-3}\frac{\lambda_g}{d_p}\left(\frac{d_p w_g}{\nu_g}\right)^{0.5} \tag{6-41b}$$

式中　w_g——流化气速，m/s。

恒速干燥阶段属物料表面非结合水分汽化过程，与自由液面汽化水分情况相同。这个阶段的干燥速率取决于物料表面水分的汽化速率，亦即决定于物料外部的干燥条件，故又称为表面汽化控制阶段。

由式(6-37) 可知，影响恒速干燥速率的因素有 α、k_H、t-t_w、$H_{s,tw}$-H。提高空气流速能增大 α 和 k_H，而提高空气温度、降低空气湿度可增大传热和传质的推动力 t-t_w 和 $H_{s,tw}$-H。此外，水分从物料表面汽化的速率与空气同物料接触方式有关。图 6-20 给出了 3 种接触方式，其中以（c）接触效果最佳，不仅 α 和 k_H 最大，而且单位质量物料的干燥面积也最大；（b）次之；（a）最差。应注意的是，干燥操作不仅要求有较大的汽化速率，而且还要考虑气流的阻力、物料的粉碎情况、粉尘的回收、物料耐温程度以及物料在高温、低湿度气流中的变形或收缩等问题。所以，对于具体干燥物系，应根据物料特性及经济核算等来确定适宜的气流速度、温度和湿度等。

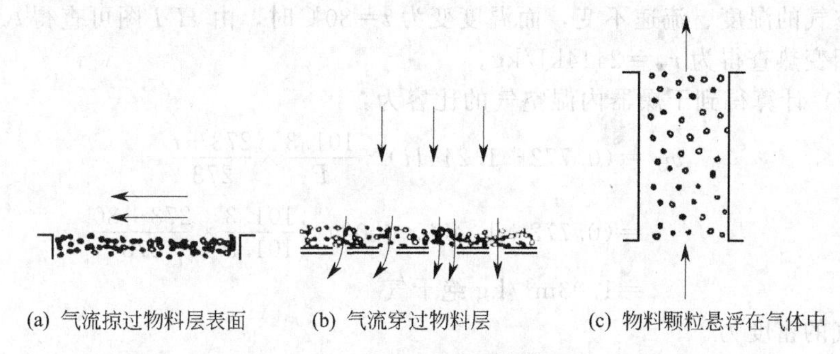

图 6-20　空气与物料的接触方式

② 降速干燥阶段　如图 6-19 所示，当物料的含水量降至临界含水量 X_c 以下时，物料的干燥速率随其含水量的减小而降低。此时，因水分自物料内部向表面迁移的速率低于物料表面水分汽化速率，所以湿物料表面逐渐变干，汽化表面逐渐向内部移动，表面温度逐渐上升。随着物料内部水分含量的不断减少，物料内部水分迁移速率不断降低，直至物料的含水量降至平衡含水量 X^*时，物料的干燥过程便停止。

在降速干燥阶段中，干燥速率的大小主要取决于物料本身结构、形状和尺寸，与外界干燥条件关系不大，故降速干燥阶段又称为物料内部迁移控制阶段。

综上所述，恒速干燥阶段和降速干燥阶段速率的影响因素不同。因此，在强化干燥过程时，首先要确定在某一定干燥条件下物料的临界含水量 X_c，再区分干燥过程属于哪个阶段，然后采取相应措施以强化干燥操作。

【例 6-6】　现将某固体颗粒物料平铺于盘中，在常压恒定干燥条件下进行干燥。温度为 50℃、湿度为 0.02kg 水/kg 绝干气的空气，以 4m/s 的流速平行吹过物料表面。设对流传热系数可用 $\alpha=14.3G^{0.8}$ W/(m²·℃)［G 为质量流速，kg/(m²·s)］计算，试求恒速阶段的干燥速率及当空气条件发生下列改变时该值的变化：（1）空气的湿度、流速不变，而温度升高至 80℃；（2）空气的温度、流速不变，而湿度变为 0.03kg 水/kg 绝干气；（3）空气的温度、湿度不变，而将流速提高至 6m/s。

解：原工况下，湿空气 $t=50℃$、$H=0.02\text{kg}$ 水/kg 绝干气，由 H-I 图可查得其 $t_w=30℃$，而该温度下水的相变热查得为 $r_w=2424\text{kJ/kg}$。

由式(6-5) 计算得到干燥器内湿空气的比容为：

$$\begin{aligned}v_H&=(0.772+1.244H)\times\frac{101.3}{P}\times\frac{273+t}{273}\\&=(0.772+1.244\times0.02)\times\frac{101.3}{101.3}\times\frac{273+50}{273}\\&=0.94\text{m}^3/\text{kg 绝干气}\end{aligned}$$

则湿空气的密度为

$$\rho=\frac{1+H}{v_H}=\frac{1+0.02}{0.94}=1.08\text{kg/m}^3$$

湿空气的质量流速为：

$$G=u\rho=4\times1.08=4.32\text{kg/(m}^2\cdot\text{s)}$$

对流传热系数为：

$$\alpha=14.3G^{0.8}=14.3\times4.32^{0.8}=46.10\text{W/(m}^2\cdot℃)$$

则由式(6-37) 可得到恒速阶段的干燥速率为：

$$U_c=\frac{\alpha}{r_w}(t-t_w)=\frac{46.1}{2424\times1000}\times(50-30)=3.80\times10^{-4}\text{kg/(m}^2\cdot\text{s)}$$

(1) 当空气的湿度、流速不变，而温度变为 $t=80℃$时，由 H-I 图可查得 $t_w=34℃$，该温度下水的相变热查得为 $r_w=2414\text{kJ/kg}$。

由式(6-5) 计算得到干燥器内湿空气的比容为：

$$\begin{aligned}v_H&=(0.772+1.244H)\times\frac{101.3}{P}\times\frac{273+t}{273}\\&=(0.772+1.244\times0.02)\times\frac{101.3}{101.3}\times\frac{273+80}{273}\\&=1.03\text{m}^3/\text{kg 绝干气}\end{aligned}$$

则湿空气的密度为

$$\rho=\frac{1+H}{v_H}=\frac{1+0.02}{1.03}=0.99\text{kg/m}^3$$

湿空气的质量流速为：

$$G=u\rho=4\times0.99=3.96\text{kg/(m}^2\cdot\text{s)}$$

对流传热系数为：

$$\alpha=14.3G^{0.8}=14.3\times3.96^{0.8}=43\text{W/(m}^2\cdot℃)$$

则由式(6-37) 可得到恒速阶段的干燥速率为：

$$U_c=\frac{\alpha}{r_w}(t-t_w)=\frac{43}{2414\times1000}\times(80-34)=8.19\times10^{-4}\text{kg/(m}^2\cdot\text{s)}$$

(2) 当空气的温度、流速不变，而湿度变为 0.03kg 水/kg 绝干气时，由 H-I 图可查得 $t_w=34℃$，该温度下水的相变热查得为 $r_w=2414\text{kJ/kg}$。

由式(6-5) 计算得到干燥器内湿空气的比容为：

$$\begin{aligned}v_H&=(0.772+1.244H)\times\frac{101.3}{P}\times\frac{273+t}{273}\\&=(0.772+1.244\times0.03)\times\frac{101.3}{101.3}\times\frac{273+50}{273}\\&=0.96\text{m}^3/\text{kg 绝干气}\end{aligned}$$

则湿空气的密度为

$$\rho=\frac{1+H}{v_H}=\frac{1+0.03}{0.96}=1.07\mathrm{kg/m^3}$$

湿空气的质量流速为：

$$G=u\rho=4\times1.07=4.28\mathrm{kg/(m^2\cdot s)}$$

对流传热系数为：

$$\alpha=14.3G^{0.8}=14.3\times4.28^{0.8}=45.76\mathrm{W/(m^2\cdot ℃)}$$

则由式(6-37) 可得到恒速阶段的干燥速率为：

$$U_c=\frac{\alpha}{r_w}(t-t_w)=\frac{45.76}{2414\times1000}\times(50-34)=3.03\times10^{-4}\mathrm{kg/(m^2\cdot s)}$$

(3) 空气的温度、湿度不变，而将流速提高至 6m/s 时，对流传热系数变为：

$$\frac{\alpha'}{\alpha}=\left(\frac{G'}{G}\right)^{0.8}=\left(\frac{6}{4}\right)^{0.8}=1.38\mathrm{kg/(m^2\cdot s)}$$

因空气的状态不变，故干燥速率变为

$$U_c'=\frac{\alpha'}{\alpha}U_c=1.38U_c=1.38\times3.80\times10^{-4}=5.24\times10^{-4}\mathrm{kg/(m^2\cdot s)}$$

由该例的计算可以看出，由于恒速干燥阶段为表面汽化控制阶段，其干燥速率主要取决于空气的调节。空气的温度越高、湿度越低、流速越大，则其干燥速率越大。

6.4.2 恒定干燥条件下干燥时间的计算

干燥时间是干燥器设计的重要依据，在给定的干燥条件下，将物料干燥至指定的湿含量，需要一定的干燥时间，物料在干燥器中的停留时间应大于或等于该干燥时间，由此确定干燥器的尺寸。

恒定干燥条件下，干燥时间等于恒速阶段干燥时间 τ_1 与降速阶段干燥时间 τ_2 之和，即

$$\tau_{总}=\tau_1+\tau_2 \tag{6-42}$$

(1) τ_1 的计算

因为

$$U_c=\frac{-G'\mathrm{d}X}{S\mathrm{d}\tau}\Rightarrow\int_0^{\tau_1}\mathrm{d}\tau=-\frac{G'}{U_cS}\int_{X_1}^{X_c}\mathrm{d}X$$

所以

$$\tau_1=\frac{G'}{U_cS}(X_1-X_c) \tag{6-43}$$

式中　X_1——物料的初始含水量，kg 水分/kg 绝干料；

G'/S——单位干燥面积上的绝干物料质量，kg 绝干料/m²。

又因为

$$U_c=\frac{\alpha(t-t_w)}{r_{t_w}}$$

所以

$$\tau_1=\frac{Gr_{t_w}}{S\alpha}\times\frac{X_1-X_2}{t-t_w} \tag{6-44}$$

(2) τ_2 的计算

$$\tau_2=\int_0^{\tau_2}\mathrm{d}\tau=-\frac{G'}{S}\int_{X_c}^{X_2}\frac{\mathrm{d}X}{U} \tag{6-45}$$

式中　X_2——降速阶段终了时物料的含水量，kg 水分/kg 绝干料；

U——降速阶段的瞬时干燥速度，kg/(m²·s)。

若 U 与 X 呈线性关系，即

$$U=K_x(X-X^*)$$

则

$$\tau_2=\frac{G'}{S}\int_{X_2}^{X_c}\frac{dX}{K_x(X-X^*)}=\frac{G'}{SK_x}\ln\frac{X_c-X^*}{X_2-X^*} \tag{6-46}$$

又因为

$$U_c=K_x(X_c-X^*)\Rightarrow K_x=\frac{U_c}{X_c-X^*}$$

代入式(6-46) 中得到

$$\tau_2=\frac{G'(X_c-X^*)}{SU_c}\ln\frac{X_c-X^*}{X_2-X^*} \tag{6-47}$$

式中 K_x——降速阶段干燥速率线的斜率，kg 绝干料/(m^2·s)。

若U与X呈非线性关系，则可采用图解积分法求解。

【例 6-7】 在一间歇干燥器中，在恒定空气条件下干燥一批物料。已知物料的平衡含水量为零，临界含水量为 0.125kg 水/kg 干物料，恒速阶段的干燥速率为 1.1kg/(m^2·h)，假设降速干燥阶段的干燥速率与自由含水量成正比。每批湿物料的处理量为 1000kg，初始干基含水量为 0.15kg 水/kg 干物料，要求将该湿物料干燥到 0.005kg 水/kg 干物料，干燥面积为 $55m^2$。试确定每批物料的干燥周期。

解： 每批绝干物料量为

$$G'=\frac{G_1}{1+X_1}=\frac{1000}{1+0.15}=869.56\text{kg}$$

由于 $X_1>X_c$ 和 $X_2<X_c$，所以总的干燥过程包括两个阶段：$X_1\rightarrow X_c$ 为恒速干燥阶段，$X_c\rightarrow X_2$ 为降速干燥阶段。

由式(6-43) 计算恒速干燥阶段所需的时间：

$$\tau_1=\frac{G'}{U_cS}(X_1-X_c)=\frac{869.56}{1.1\times55}\times(0.15-0.125)=0.36\text{h}$$

降速干燥阶段的干燥速率线的斜率为

$$K_x=\frac{U_c}{X_c-X^*}=\frac{1.1}{0.125-0}=8.8\text{kg 绝干料/(m}^2\cdot\text{s)}$$

由式(6-47) 可以计算得到降速阶段所需的时间为

$$\tau_2=\frac{G'(X_c-X^*)}{SU_c}\ln\frac{X_c-X^*}{X_2-X^*}=\frac{869.56\times(0.125-0)}{55\times1.1}\ln\frac{0.125-0}{0.005-0}=5.78\text{h}$$

所以，每批物料的操作周期为

$$\tau=\tau_1+\tau_2=0.36+5.78=6.14\text{h}$$

6.5 干燥器

6.5.1 干燥器的主要型式

工业上常用的干燥器类型多种多样，除了 6.1.2 节中介绍的气流干燥器外，还有以下几种主要类型。

6.5.1.1 厢式干燥器

厢式干燥器又称盘架式干燥器，如图 6-21 所示。其外形像一个箱子，外壁为绝热层，物料装在浅盘里，置于支架上，层叠放置。新鲜空气由风机引入，经预热器加热后沿挡板均匀进入各层挡板之间，吹过处于静止状态的物料而起干燥作用。部分废气经排除管排出，余下的循环使用以提高热效率。这种干燥器采用常压间歇式操作，可以干燥多种不同形态的物料，一般在下列情况下使用才合理：①小规模生产；②物料停留时间长时不影响产品质量；③同时干燥几种产品。

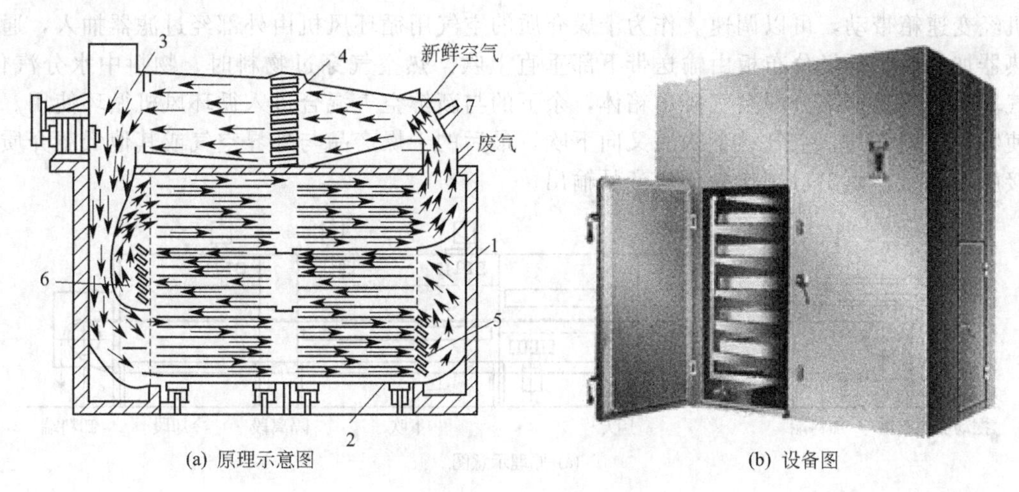

(a) 原理示意图　(b) 设备图

图 6-21　厢式干燥器

1—干燥室；2—小板车；3—送风机；4～6—空气预热器；7—调节门

厢式干燥器适用于处理爆炸性和易碎的物料；胶黏性、可塑性、膏浆状及粒状物料；陶瓷制品、棉纱纤维及其他制品等。厢式干燥器还可用烟道气作为干燥介质。

厢式干燥器也可在真空下操作，称为厢式真空干燥器。这时干燥厢是密封的，干燥时不通入热空气，而是将浅盘架制成空心的结构，加热气从中通过，以传导方式加热物料，使所含水分或溶剂汽化后用真空泵抽出，以维持厢内的真空度。真空干燥适于处理热敏性、易氧化及易燃烧的物料，或用于所排出的蒸气需要回收及防止污染环境的场合。

6.5.1.2　洞道式干燥器

洞道式干燥器是一种连续操作的干燥设备，如图 6-22 所示。外形为狭长的隧道，两端有门，底部有铁轨。待干燥的物料置于轨道的小车上，每隔一定时间用推车机推动小车前进，小车上的物料与热空气接触被干燥。这种干燥器容积大，常用来干燥陶瓷、木材、耐火制品等，缺点是干燥品种单纯，造价高。

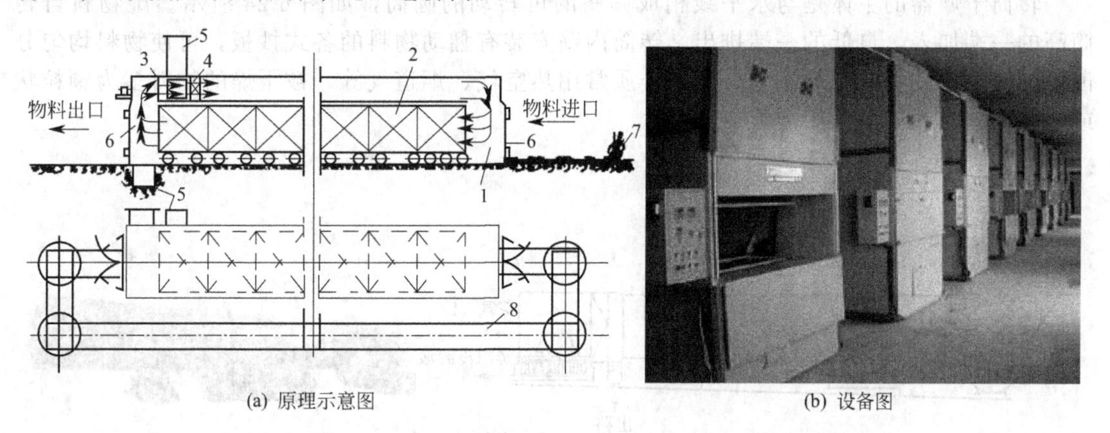

(a) 原理示意图　(b) 设备图

图 6-22　洞道式干燥器

1—洞道；2—运输车；3—送风机；4—空气预热器；5—废气出口；6—封闭门；7—推送运输车的绞车；8—铁轨

6.5.1.3 带式干燥器

带式干燥器的结构如图 6-23 所示。被干燥物料经加料装置被均匀地分布到输送带上，视被干燥物料的性质不同，输送带可用帆布、涂胶布、金属丝网或穿孔不锈钢薄板制成，由电机经变速箱带动，可以调速。作为干燥介质的空气用循环风机由外部经过滤器抽入，通过加热器加热后，再经分布板由输送带下部垂直上吹。热空气穿过物料时，物料中水分汽化，空气增湿、降温。部分湿空气排出箱体，余下的与新鲜空气混合进入循环风机循环使用。为了使物料干燥均匀，空气继上吹后又向下吹，最后的干燥产品与外界空气或其他低温介质直接接触冷却后，由出口端作为干燥产品输出。

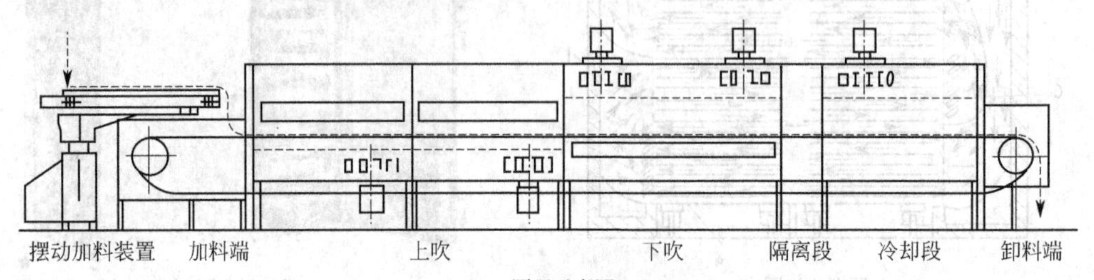

(a) 原理示意图

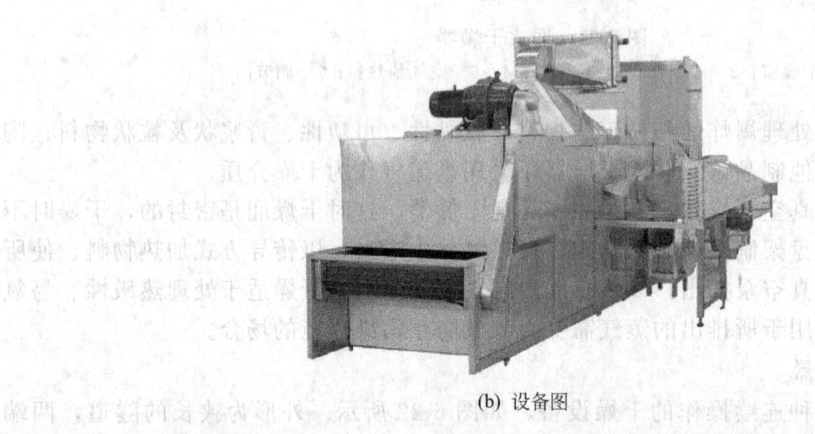

(b) 设备图

图 6-23 带式干燥器

6.5.1.4 转筒干燥器

转筒干燥器的主体是与水平线稍成倾斜的可转动的圆筒，如图 6-24 所示。湿物料自转筒高的一端加入，自低的一端排出。转筒内壁安装有翻动物料的各式抄板，可使物料均匀分散，同时也使物料向低处流动。干燥介质常用热空气、烟道气等，被干燥的物料多为颗粒状或块状，操作方式可采用逆流或并流。

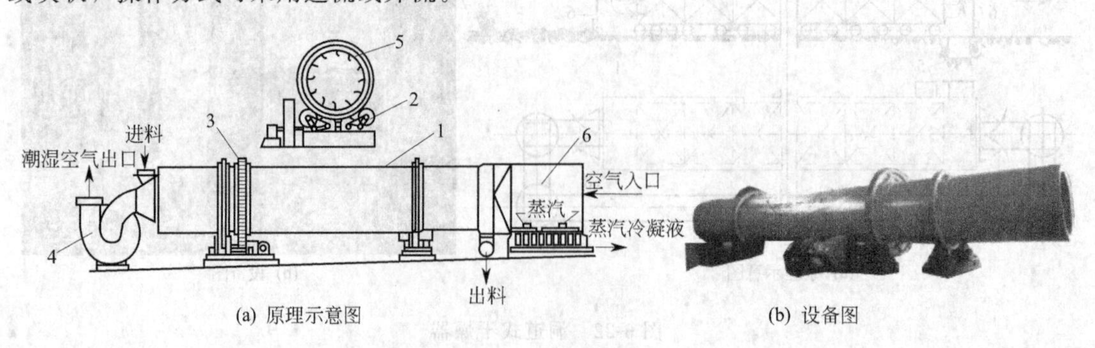

(a) 原理示意图　　(b) 设备图

图 6-24 转筒干燥器

1—圆筒；2—支架；3—驱动齿轮；4—风机；5—抄板；6—蒸汽加热器

转筒干燥器的优点是机械化程度高，生产能力大，流动阻力小，容易控制，产品质量均匀。此外，转筒干燥器对物料的适应性较强，不仅适用于处理散粒状物料，当处理黏性膏状物料或含水量较高的物料时，可于其中掺入部分干料以降低黏性。该类干燥器的操作弹性大，允许物料处理量有较大的波动范围，不致影响产品质量。

转筒干燥器的缺点是设备笨重；金属材料耗量多；热效率低，约为50%；结构复杂，占地面积大；传动部件需经常维修等。目前国内采用的转筒干燥器直径为0.6～2.5m，长度为2～27m；处理物料的含水量为3%～5%，产品含水量可降到0.5%，甚至低至0.1%（均为湿基）。物料在转筒内的停留时间为几分钟到2h，或更高。

6.5.1.5　喷雾干燥器

喷雾干燥器是连续式常压干燥器的一种，用于溶液、悬浮液或泥浆状物料的干燥，如图6-25所示。料液用泵送到喷雾器，在圆筒形的干燥室中喷成雾滴而分散于热气流中。物料与热气流以并流、逆流或混流的方式相互接触，使水分迅速汽化达到干燥的目的。干燥后可获得30～50μm粒径的干燥产品。产品经器壁落到器底，由风机吸至旋风分离器中被回收，废气经风机排出。这种干燥器干燥时间短，产品质量高，便于自动化控制；但对流传热系数小，热利用低，能量消耗大。

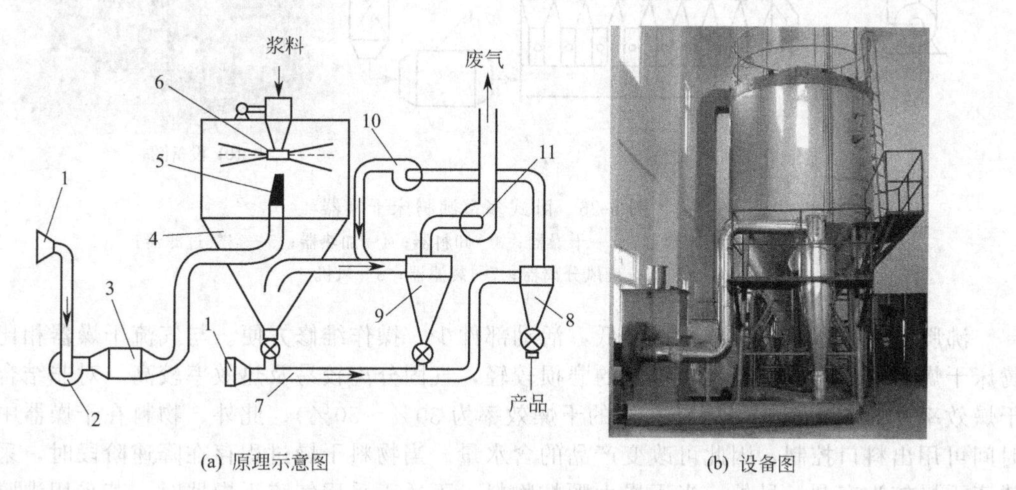

图6-25　喷雾干燥器

1—空气过滤器；2—送风机；3—预热器；4—干燥室；5—热空气分散器；6—雾化器；7—产品输送及冷却管道；8—1号分离器；9—2号分离器；10—气流输送用的风机；11—抽风机

喷雾器是喷雾干燥的关键部分。它将原料液分散成10～60μm的雾滴，使每升原料液具有100～600m^2的表面积，气、固接触好，干燥时间短。常用的喷雾器有3种。

(1) 压力式喷雾器　用高压泵使原料液在3000～20000kPa下通入喷嘴，喷嘴内有旋涡室，原料液在其中高速旋转，然后从0.25～0.5mm的小孔中呈雾状喷出。该喷雾器能耗低，生产能力大，应用广泛，但需高压液泵，喷孔易磨损，需用耐磨材料制造，且不能处理含固体硬颗粒的原料液。

(2) 离心喷雾器　原料液送入转速为4000～20000r/min、圆周速度为100～160m/s的高速旋转圆盘的中央。圆盘上有放射形叶片，原料液受离心力的作用而加速，至周边呈雾状甩出。该喷雾器对各种物料均能适用，尤其适用于含有较多固体量的原料液，但转动装置的制造和维修要求较高。

(3) 气流式喷雾器　用表压为100～700kPa的压缩空气与原料液同时通过喷嘴，原料液被压缩空气分散后呈雾滴喷出。该喷雾器适用于溶液和乳浊液的喷洒，也可处理含有少量固体的原料液。这种喷雾器要消耗压缩空气。

6.5.1.6 流化床干燥器

流化床干燥器（沸腾床干燥器）是流态化技术在干燥操作中的应用，如图 6-26 所示。干燥器内用垂直挡板分成 4～8 个隔室，挡板与多孔分布板之间留有一定间隙，让粒状物料通过，以达到干燥的目的。湿物料由加料口进入第一室，然后依次流到最后一室，最后由出料口排出。热气体自下而上通过分布板和松散的粒状物料层，气流速度控制在流化床阶段。此时，颗粒在热气流中上下翻动，气固两相进行充分的传热和传质。

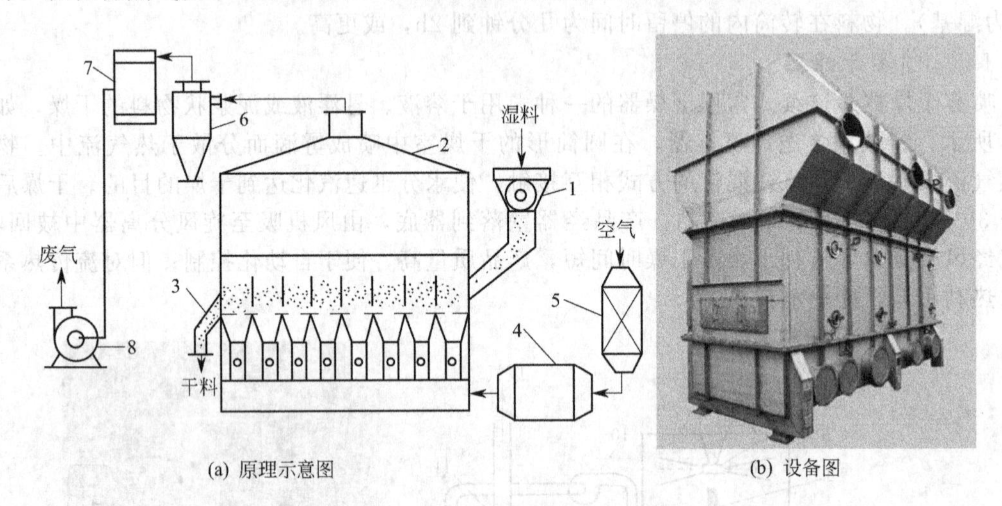

(a) 原理示意图　(b) 设备图

图 6-26 卧式多室沸腾床干燥器

1—摇摆式颗粒进料器；2—干燥器；3—卸料器；4—加热器；5—空气过滤器；6—旋风分离器；7—袋滤器；8—风机

沸腾床干燥器结构简单，造价低，活动部件少，操作维修方便。与气流干燥器相比，沸腾床干燥器的流动阻力较小，物料的磨损较轻，气固分离较易及热效率较高（对非结合水的干燥效率为 60%～80%，对结合水的干燥效率为 30%～50%）。此外，物料在干燥器中停留时间可用出料口控制，因此可改变产品的含水量。当物料干燥过程存在降速阶段时，采用沸腾床干燥较为有利。另外，当干燥大颗粒物料，不适于采用气流干燥器时，若采用沸腾床干燥器，则可通过调节风速来完成干燥操作。

沸腾床干燥器适用于处理粒径为 30μm～6mm 的粉粒状物料，这是因为粒径小于 20～40μm 时，气体通过分布板后易产生局部沟流；大于 4～8mm 时，需要较高的气速，从而使流动阻力加大，磨损严重。沸腾床干燥器处理粉粒状物料时，要求物料中含水量为 2%～5%；对颗粒状物料则为 10%～15%，否则物料的流动性就差，但若于湿物料中加入部分干料或在器内加搅拌器，则有利于物料的流化并防止结块。

6.5.2 干燥器设计原则与举例

干燥操作是一种比较复杂的过程，很多问题还不能从理论上解决，需要借助于经验。干燥器的类型和种类也很多，主要由物料的性质决定其所适用的干燥器。间歇操作的干燥器生产能力低，设备笨重，物料层是静止的，不适合现代化大生产的要求，只适用于干燥小批量或多品种的产品。间歇操作的干燥器已逐渐被连续操作的干燥器所代替。连续操作的干燥器可以缩短干燥时间，提高产品质量，操作稳定，容易控制。

6.5.2.1 干燥器选型时应考虑的因素

选择干燥器时，首先根据被干燥物料的性质和工艺要求选用几种可用的干燥器，然后通过对所选的干燥器的基建费和操作费进行经济核算，最终比较后选定一种最适用的干燥器。表 6-2 可作为干燥器选型的参考。

表 6-2　干燥器选型参考

项　目		物　料							
		溶液	泥浆	膏糊状	粒径 100 目以下	粒径 100 目以上	特殊形状	薄膜状	片状
加热方式	干燥器	无机盐、牛奶、萃取液、橡胶乳液等	颜料、纯碱、洗涤剂、石灰、高岭土、黏土等	滤饼、沉淀物、淀粉、染料等	离心机滤饼、颜料、黏土、水泥等	合成纤维、结晶、矿砂、合成橡胶等	陶瓷、砖瓦、木材、填料等	塑料薄膜、玻璃纸、纸张、布匹等	薄板、泡沫塑料、照相材料、印刷材料、皮革、三夹板
对流加热	气流	5	3	3	4	1	5	5	5
	流化床	5	3	3	4	1	5	5	5
	喷雾	1	1	4	5	5	5	5	5
	转筒	5	5	3	1	1	5	5	5
	盘架	5	4	1	1	1	1	5	1
传导加热	耙式真空	4	1	1	1	1	5	5	5
	滚筒	1	1	4	4	5	5	多滚筒	5
	冷冻	2	2	2	2	2	5	5	5
辐射加热	红外线	2	2	2	2	2	1	1	1
介电加热	微波	2	2	2	2	2	1	1	2

注：1—适合；2—经费许可时才适合；3—特定条件下适合；4—适当条件时可应用；5—不适合。

在了解各种干燥器的性能和特点的基础上，必须根据具体的干燥任务，对所要采取的干燥方法、干燥器的结构型式及操作方式（连续式或间歇式）等进行合理的选择。在干燥器选型时，主要应考虑如下因素。

① 物料性能及干燥特性。包括物料形态（片状、纤维状、粒状、液态、膏状等）、物理性质（密度、粒度分布、黏附性等）、干燥特性（热敏性、变形、开裂等）、物料与水分的结合方式等因素。

② 对干燥产品质量的要求及生产能力。包括对干燥产品的特殊要求（如保持产品特有的香味及卫生要求等）。生产能力不同，干燥设备的要求也不尽相同。

③ 湿物料含湿量的波动情况及干燥前的脱水。应尽量避免供给干燥器湿物料的含湿量有较大的波动，因为湿含量的波动不仅使操作难以控制而影响产品质量，而且还会影响热效率。对含湿量高的物料，应尽可能在干燥前用机械方法进行脱水，以减小干燥器除湿的热负荷。机械脱水的操作费用要比干燥去水低廉得多，经济上力求减少投资及操作费用。

④ 操作方便，劳动条件好。

⑤ 适应建厂地区的外部条件（如气象、热源、场地），做到因地制宜。

除上述因素外，还应考虑环境湿度改变对干燥器选型及干燥器尺寸的影响。例如，以湿空气作为干燥介质时，同一地区冬季和夏季空气的湿度会有相当明显的差别，而湿度的变化将会影响干燥产品质量及干燥器的生产能力。

干燥器的设计计算采用物料衡算、热量衡算、速率关系和平衡关系四类基本方程，但由于干燥过程的机理比较复杂，因此干燥器的设计仍借助经验或半经验的方法进行。各种干燥器的设计方法差别很大，但设计的基本原则是物料在干燥器内的停留时间必须等于或稍大于所需的干燥时间。

6.5.2.2 干燥器的设计步骤

对于一个具体的干燥任务，一般按下列步骤进行设计。

(1) 确定设计方案 包括干燥方法及干燥器结构型式的选择、干燥装置流程及操作条件的确定。确定设计方案时应遵循如下原则。

① 满足生产工艺要求且具有一定的适应性。保证产品质量能达到规定的要求，且质量要稳定。装置系统能在一定程度上适应不同季节空气湿度、原料含湿量、颗粒粒度的变化。

② 经济上的合理性。使得设备费与操作费总费用降低。

③ 安全生产。注意保护劳动环境，防止粉尘污染。

(2) 干燥器主体设计 包括工艺计算，设备尺寸和结构设计计算。

(3) 辅助设备的计算与选型 各种结构型式的干燥器的设计步骤和方法大同小异。

6.5.2.3 干燥条件的确定

干燥器操作条件的确定与许多因素有关，而且各种因素又是互相制约的，应予以综合考虑。干燥器的生产能力、物料的初始及最终含湿量由生产任务给定，干燥介质的有关参数则需根据物料特性和当地条件来确定。

(1) 空气进入预热器的状态 由当地年平均气象条件或根据当地最不利条件确定。

(2) 干燥介质进入干燥器的温度 为了提高经济性、强化干燥过程以及设备小型化，t_1 应保持在物料允许的最高温度范围内。对于非热敏性物料且除去非结合水时，t_1 可高达700℃以上；对于热敏性物料，应选择较低的 t_1，必要时可在床层内装置内热构件。

(3) 干燥介质离开干燥器的温度 t_2 和相对湿度 φ_2 提高干燥介质出口相对湿度 φ_2，可以减少空气消耗量，降低操作费；但 φ_2 提高，降低了干燥过程的平均推动力，使干燥器尺寸增大，即加大了设备费用。因此，适宜的 φ_2 数值应通过经济权衡和具体的干燥器对气速的要求来决定。

(4) 物料的出口温度 θ_2 物料的出口温度 θ_2 与许多因素有关，但主要取决于物料的最终含水量 X_2、临界含水量 X_c 和内部迁移控制段的传质系数。

如果干燥产品的含湿量 $X_2 \geqslant X_c$，则物料的出口温度 θ_2 就等于与它接触的空气的湿球温度；如果 $X_2 < X_c$，则 X_c 愈低，θ_2 也就愈低；传质系数愈高，θ_2 也愈低。

6.5.2.4 干燥过程的物料衡算和热量衡算

见 6.3 节。

6.5.2.5 气流干燥器的设计计算

不同形式干燥器的设计方法差异很大，本节介绍常用的气流干燥器的设计方法。气流干燥器的主要设计项目为干燥管的直径和高度。

(1) 干燥管的直径 干燥管中气流的流量公式为

$$\frac{\pi}{4}D^2 u_g = V_s = L v_H \tag{6-48}$$

所以干燥管的直径为

$$D = \sqrt{\frac{4Lv_H}{\pi u_g}} \tag{6-49}$$

式中 D——干燥管的直径，m；

v_H——湿空气的比热容，m^3/kg；

u_g——湿空气通过干燥管的速度，m/s。

(2) 干燥管的高度 干燥管的高度按下式计算

$$z=\tau(u_g-u_0) \tag{6-50}$$

式中　z——干燥管的高度，m；

τ——颗粒在干燥管中的停留时间，即干燥时间，s。

可按气体和物料间的传热要求计算干燥时间，即

$$Q=\alpha S\Delta t_m=\alpha(S_p\tau)\Delta t_m \tag{6-51}$$

$$\tau=\frac{Q}{\alpha S_p\Delta t_m} \tag{6-52}$$

式中　Q——传热速率，kW；

α——对流传热系数，kW/(m²·℃)；

S——干燥表面积，m²；

S_p——每秒钟颗粒提供的干燥表面积，m²/s；

Δt_m——平均温度差，℃。

【例 6-8】 试设计一气流干燥器以干燥某种颗粒状物料，基本数据为：

(1) 每小时干燥 180kg 湿物料。

(2) 进干燥器的空气温度 $t_1=90$℃、湿度 $H_1=0.0075$kg 水/(kg 绝干气)，离开干燥器的空气温度 $t_2=65$℃。

(3) 物料的初始含水量 $X_1=0.2$kg 水/kg 干物料，终了时的含水量 $X_2=0.002$kg 水/kg 干物料。物料进干燥器时温度 $\theta_1=15$℃，颗粒密度 $\rho_s=1544$kg/m³，绝干物料的比热容$C_s=1.26$kJ/(kg 绝干料·℃)，临界含水量 $X_c=0.01455$kg 水/kg 绝干料，平衡含水量 $X^*=0$kg 水/kg 绝干料。颗粒可视为表面光滑的球体，平均粒径 $d_{pm}=0.23$mm。

在干燥器没有补充热量，且热损失可以忽略不计的情况下，试计算干燥管的直径和高度。

解：(1) 首先计算物料离开干燥器时的温度 θ_2

物料在干燥器中的干燥过程如图 6-19 所示。物料出口温度 θ_2 与很多因素有关，但主要取决于物料的临界含水量 X_c 及降速阶段的传质系数。目前还没有计算 θ_2 的理论公式。对气流干燥器，若 $X_c<0.05$kg 水/(kg 绝干料)，则可按下式计算 θ_2：

$$\frac{t_2-\theta_2}{t_2-t_{w2}}=\frac{r_{tw2}(X_2-X^*)-C_s(t_2-t_{w2})\left(\dfrac{X_2-X^*}{X_c-X^*}\right)^{\frac{r_{tw2}(X_c-X^*)}{C_s(t_2-t_{w2})}}}{r_{tw2}(X_c-X^*)-C_s(t_2-t_{tw2})} \tag{a}$$

应用上式计算 θ_2 要采用试差法。

绝干物料流量　$G=\dfrac{G_1}{1+X_1}=\dfrac{180}{1+0.2}=150\text{kg/h}=0.0417\text{kg/s}$

水分蒸发量 $W=G(X_1-X_2)=0.0417\times(0.2-0.002)=0.000826\text{kg/s}$

下面利用物料衡算及热量衡算方程求解空气离开干燥器时的湿度 H_2。围绕干燥器作物料衡算，得

$$L(H_2-H_1)=W=0.00826\text{kg/s}$$

$$L=\frac{0.00826}{H_2-0.0075} \tag{b}$$

空气的进出口焓值为

$$\begin{aligned}I_1&=(1.01+1.88H_1)t_1+2490H_1\\&=(1.01+1.88\times0.0075)\times90+2490\times0.0075\\&=110.8\text{kJ/kg 绝干料}\end{aligned}$$

$$I_2=(1.01+1.88H_2)t_2+2490H_2$$
$$=(1.01+1.88H_2)\times 65+2490H_2$$
$$=65.65+2612.2H_2$$

设 $\theta_2=49℃$，则湿物料的进出口焓值为

$$I_1'=(C_s+C_wX_1)\theta_1=(1.26+4.187\times 0.2)\times 15=31.46\text{kJ/kg 绝干料}$$
$$I_2'=(C_s+C_wX_2)\theta_2=(1.26+4.187\times 0.002)\times 49=62.15\text{kJ/kg 绝干料}$$

围绕干燥器作热量衡算

$$LI_1+GI_1'=LI_2+GI_2'$$

并代入上面的焓值和流量值，得到

$$45.15L-2612.2H_2L=1.2798 \tag{c}$$

联立式(b) 和式(c) 求解，得

$$H_2=0.01674\text{kg 水气/kg 绝干气}$$
$$L=0.8939\text{kg 绝干气/s}$$

根据 $t_2=65℃$、$H_2=0.01674$kg 水气/kg 绝干气，由 H-I 图查得 $t_{w2}=31℃$，由附录查得相应的 $r_{tw2}=2421$kJ/kg。

将以上诸值代入式(a) 以核算所假设的温度 θ_2，即

$$\frac{65-\theta_2}{65-31}=\frac{2421\times 0.002-1.26\times(65-31)\times\left(\dfrac{0.002-0}{0.01455-0}\right)^{\frac{2421\times 0.01455}{1.26\times(65-31)}}}{2421\times 0.01455-1.26\times(65-31)}$$

解得　$\theta_2=49.2℃$

故假设 $\theta_2=49℃$是正确的。

(2) 计算干燥管的直径 D

$$D=\sqrt{\frac{Lv_H}{\frac{\pi}{4}u_g}}$$

其中，

$$v_H=(0.772+1.244H_1)\times\frac{273+t_1}{273}$$
$$=(0.772+1.244\times 0.0075)\times\frac{273+90}{273}$$
$$=1.04\text{m}^3/(\text{kg 绝干气})$$

取空气进入干燥管的速度 $u_g=10$m/s，则

$$D=\sqrt{\frac{Lv_H}{\frac{\pi}{4}u_g}}=\sqrt{\frac{0.8939\times 1.04}{\frac{\pi}{4}\times 10}}=0.344\text{m}$$

(3) 计算干燥管的高度 h

$$h=\tau(u_g-u_0)$$

式中　τ——颗粒在气流干燥器内的停留时间，即干燥时间，s；

u_0——颗粒沉降速度，m/s。

① 根据重力沉降中的沉降速度公式计算 u_0　假设颗粒处于过渡区，即 $Re_0\approx 1\sim 1000$，则阻力系数 $\zeta=18.5/Re_0^{0.6}$，代入沉降速度公式并整理为 u_0 的显式形式

$$u_0=\left[\frac{4(\rho_s-\rho)gd_{pm}^{1.6}}{55.5\rho\nu_g^{0.6}}\right]^{1/1.4}$$

空气的物性粗略地按绝干空气、且取进出干燥器的平均温度 t_m求算，即

$$t_m=(65+90)/2=77.5℃$$

在附录中查得 77.5℃时绝干空气的物性为

$$\lambda=3.03\times10^{-5}\text{kW/(m·℃)}\qquad \rho=1.007\text{kg/m}^3$$

$$\mu=2.1\times10^{-5}\text{Pa·s}\qquad \nu=\mu/\rho=2.1\times10^{-5}/1.007=2.085\times10^{-5}\text{m}^2\text{/s}$$

所以

$$u_0=\left[\frac{4(1544-1.007)\times9.81\times(0.23\times10^{-3})^{1.6}}{55.5\times1.007\times(2.085\times10^{-5})^{0.6}}\right]^{1/1.4}=1.04\text{m/s}$$

核算

$$Re_0=\frac{d_{\text{pm}}u_0}{\nu}=\frac{0.23\times10^{-3}\times1.04}{2.085\times10^{-5}}=11.5$$

所以假设 Re_0 值在 1～1000 范围内是正确的，相应的 $u_0=1.04$m/s 也是正确的。

② 计算 u_g　前面取空气进干燥器的速度为 10m/s，相应温度 $t_1=90$℃，现校核为平均温度 $t_m=77.5$℃下的速度：

$$u_g=\frac{10\times(273+77.5)}{273+90}=9.66\text{m/s}$$

③ 计算 τ

$$\tau=\frac{Q}{\alpha S_p\Delta t_m}$$

其中　Q——传热速率，kW；

α——对流传热系数，kW/(m²·℃)；

S_p——每秒钟内颗粒提供的干燥面积，m²/s；

Δt_m——平均温度差，℃。

$$S_p=\frac{6G}{d_{\text{pm}}\rho_s}=\frac{6\times0.0417}{0.23\times10^{-3}\times1544}=0.705\text{m}^2\text{/s}$$

$$Q=Q_{\text{I}}+Q_{\text{II}}$$

$$Q_{\text{I}}=G[(X_1-X_c)r_{\text{tw1}}+(C_s+C_wX_1)(t_{\text{w1}}-\theta_1)]$$

根据 $t_1=90$℃、$H_1=0.0075$kg 水/(kg 绝干气)，由湿焓图可查出 $t_{\text{w1}}=32$℃，相应的水的汽化热 $r_{\text{tw1}}=2419.2$kJ/kg，故

$$Q_{\text{I}}=0.0417\times[(0.2-0.01455)\times2419.2+(1.26+4.187\times0.2)(32-15)]=202.2\text{kW}$$

而

$$Q_{\text{II}}=G[(X_c-X_2)r_{\text{tm}}+(C_s+C_wX_2)(\theta_2-t_{\text{w1}})]$$

第二阶段物料平均温度 $t_m=(49+32)/2=40.5$℃，相应水的汽化热 $r_{\text{tm}}=2400$kJ/kg，所以

$$Q_{\text{II}}=0.0417\times[(0.01455-0.002)\times2400+(1.26+4.187\times0.002)(49-32)]=2.16\text{kW}$$

$$Q=20.2+2.16=22.36\text{kW}$$

$$\Delta t_m=\frac{(t_1-\theta_1)-(t_2-\theta_2)}{\ln\dfrac{t_1-\theta_1}{t_2-\theta_2}}=\frac{(90-15)-(65-49)}{\ln\dfrac{90-15}{65-49}}=38.2℃$$

空气与运动着的颗粒间的传热系数用下式计算：

$$\alpha=(2+0.54Re_0^{1/2})\frac{\lambda}{d_{\text{pm}}}=(2+0.54\times11.5^{1/2})\frac{3.03\times10^{-5}}{0.23\times10^{-3}}=0.505\text{kW/(m}^2\text{·℃)}$$

所以

$$\tau=\frac{22.36}{0.505\times0.705\times38.2}=1.64\text{s}$$

$$Z=\tau(u_g-u_0)=1.64\times(9.66-1.04)=14.1\text{m}$$

阅读资料

氯气干燥填料塔爆炸事故

氯碱厂生产氯气时，会同时产生氢气。为了避免氢气引起的爆炸，生产中要求严格控制氯气中的氢气含量。但在一些异常工况下，可能导致局部的氢气过量，从而引起爆炸。

1. 事故经过

1999年6月9日上午11时10分，国内某氯碱厂，因供电公司并网线电压低，氯氢处理工序液环式氯气压缩机（简称氯气泵）跳闸，操作人员紧急开启备用氯气泵。11时18分备用机切换正常，操作人员检查无误后返回操作室。随即氯气干燥填料塔上部发生爆炸，氯碱系统停车48小时，幸未造成人员伤亡。

2. 事故原因分析

氯气干燥流程图见图6-27。氯气经筛板塔进入干燥塔、缓冲罐，然后再进入氯气泵入口。正常情况下，该系统呈负压状态。在发生事故时，图6-27中填料塔顶部处有视镜B的阴影部分被炸得粉碎（PVC材质）。

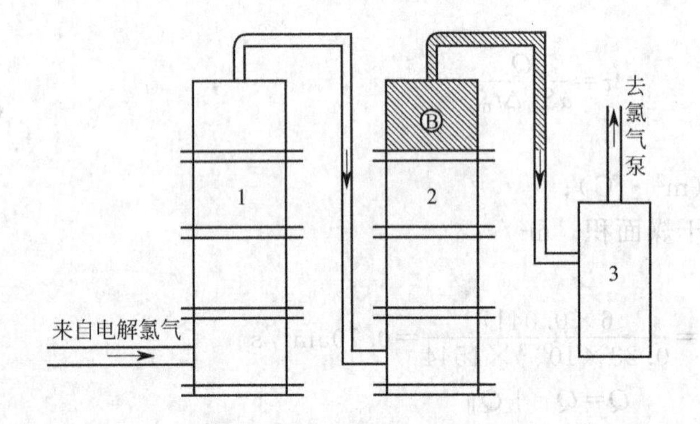

图6-27　氯气干燥流程图

1—筛板塔；2—干燥塔；3—缓冲罐

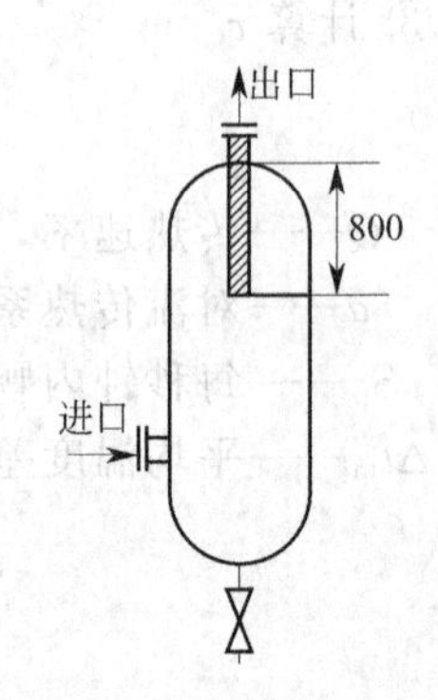

图6-28　缓冲罐结构图

查看爆炸前几日氯氢处理工序值班记录，发现氯内含氢指标稳定在0.13%，无任何异常现象。查阅值班运行记录，发现5月6日中、夜班出现过氯内含氢偏高（0.4%）的现象，其他工艺指标无任何异常现象。但根据现场观察情况，技术人员一致判定这次爆炸事故的主要原因是：氯内含氢偏高，在视镜B处见光爆炸。但氢气从哪里来？为什么氯内含氢偏高？技术人员认真分析了事故的经过。该爆炸事故发生在氯压机跳闸之后，可能与事故有关。最后大家把注意力集中在氯气缓冲罐上，该缓冲罐设计图如图6-28所示。

该缓冲罐直径1.2m，氯气沿进口切线方向进入，经上部出口排出。出口管伸入缓冲罐800mm。问题就出在图6-28中的阴影部分。由于氢气密度较小，在图6-28中阴影部位处极易聚集（体积为0.7m^3），这是本次爆炸事故的主要隐患。如果电解槽电流运行平稳或按程序正常开、停车，阴影部位聚集的氢气就会被冲散。正因为干燥氯气泵跳闸，泵后大量氯气回流进入缓冲罐，冲去阴影部位聚集的氢气，造成局部区域氯气含氢偏高。该混合气体逆流上行到达填料塔顶部视镜B处，见光爆炸。总之，氯气缓冲罐设计不合理是造成这次事故的主要原因，网上电压低氯气泵跳闸是造成这次事故的直接原因。

3. 纠正措施

① 将该缓冲罐及液氯冷冻工序氯气缓冲罐顶部出口管伸入设备内部管道全部割去，并

认真检查整个生产系统的设备及管道是否有"死角集氢现象"，一旦发现，立即整改。

② 针对并网线电压低影响安全生产的问题，及时与当地供电部门联系，新上一路备用电源，解决电力瓶颈问题。

③ 氯气泵出口安装自制止逆阀，防止意外故障，使氯气回流量增大。

④ 加强对电解、干燥工序的巡回检查，认真分析氯、氢指标，如有异常现象及时普查单槽，查找原因。

⑤ 干燥工序增设压力自动调节装置，确保电解槽氯、氢压力稳定。

采取以上措施后，该厂氯碱系统已安全多年无类似事故发生。

习　题

一、填空题

1. 不饱和湿空气的干球温度 t、湿球温度 t_w、露点 t_d 的大小顺序为________。

2. 恒速干燥与降速干燥阶段的分界点，称为________，其对应的物料含水量称为________。

3. 当湿空气的总压一定时，相对湿度 φ 仅与________及________有关。

4. 温度为 40℃、水汽分压为 5kPa 的湿空气与水温为 30℃的水接触，则传热方向为________，传质方向为________。已知 30℃和 40℃下水的饱和蒸气压分别为 4.247kPa 和 7.377kPa（均为绝压）。

5. 若空气中湿含量及温度均提高以保持相对湿度不变，则对同一湿物料，平衡含水量________，结合水含量________。（变大，变小，不变）

6. 在一定温度下，物料中结合水分和非结合水分的划分是根据________而定的；平衡水分和自由水分是根据________而定的。

7. 恒定的干燥条件是指空气的________、________均不变的干燥过程。

8. 在常压和 40℃下，测得湿物料的干基含水量 X 与空气的相对湿度 φ 之间的平衡关系为：当 $\varphi=100\%$时，平衡含水量 $X^*=0.16$kg/kg 绝干料；当 $\varphi=40\%$时，平衡含水量 $X^*=0.04$kg/kg 绝干料。已知该物料的初始含水量 $X_1=0.23$kg/kg 绝干料，现让该物料在 40℃下与 $\varphi=40\%$的空气充分接触，非结合水含量为________kg/kg 绝干料，自由含水量为________。

二、单项选择题

1. 湿空气经预热后，空气的焓值增大，而________。

A. H、φ 都升高　B. H 不变，φ 降低　C. H、φ 都降低

2. 作为干燥介质的热空气，一般应是________的空气。

A. 饱和　B. 不饱和　C. 过饱和

3. 影响降速干燥阶段干燥速率的主要因素是________。

A. 空气的状态　B. 空气的流速和流向　C. 物料性质与形状

4. 干燥热敏性的湿物料时，选用________干燥器较适合。

A. 气流　B. 厢式　C. 转筒　D. 喷雾

5. 干燥操作的经济性主要取决于________。

A. 能耗和干燥速率　B. 能耗和热量的利用率　C. 干燥速率　D. 干燥介质

6. 大量空气和少量水长期接触后水面的温度等于空气的________。

A. 干球温度　B. 湿球温度　C. 绝热饱和温度　D. 露点温度

7. 已知湿空气的如下两个参数________，便可确定其他参数。

A. H，p　B. H，t_d　C. H，t　D. I，t_{as}

8. 同一物料，如恒速阶段的干燥速率加快，则该物料的临界含水量将________。

A. 不变　B. 减少　C. 增大　D. 不一定

三、计算题

1. 湿度为 0.018kg 水/kg 绝干气的湿空气在预热器中加热到 128℃后进入常压等焓干燥器中，离开干燥器时空气的温度为 49℃，求离开干燥器时空气的露点温度。

2. 对于总压为 100kPa 的湿空气，试用湿-焓图填充下表：

干球温度/℃	湿球温度/℃	湿度/[kg水/kg绝干气]	相对湿度/%	热焓/[kJ/kg绝干气]	水汽分压/kPa	露点/℃
80	40					
60						29
40			43%			
		0.024		120		
50					3.0	

3. 在常压下某空气的温度为30℃，相对湿度为50%。试求：(1) 若保持温度不变，将空气压缩至0.15MPa（绝压），则该空气的相对湿度变为多少？(2) 若保持温度不变，将空气压力减半，则空气的相对湿度又变为多少？

4. 在常压下将含水量为5%（湿基，下同）的湿物料以1.58kg/s的速度送入干燥器中，干燥产品的含水率为0.5%。所用加热空气的温度为20℃，湿度为0.007kg水/kg绝干气。预热温度为127℃，废气出口温度为82℃。设干燥过程为理想干燥过程。试求：(1) 绝干空气的用量；(2) 预热器的热负荷。

5. 在压力为101.3kPa的逆流干燥器中干燥某湿物料，其平均比热容为3.5kJ/（kg·℃），湿物料的质量流量为0.8kg/s。干燥后，物料的含水量由30%降低到3%（湿基），物料的温度由25℃升高到60℃。干燥介质为20℃的常压湿空气，经预热器后加热到90℃，其中所含水汽分压为0.98kPa；离开干燥器的废气温度为45℃，其中所含水汽分压为6.53kPa，已知干燥系统的热效率为70%。试计算新鲜空气的消耗量与干燥器的热损失。

6. 用内径为1.2m的转筒干燥器干燥粒状物料，使其湿基含水量由30%降至2%。所用空气进入干燥器时的干球温度为110℃，湿球温度为40℃，空气在干燥器内的变化为等焓过程，离开干燥器时空气的干球温度为45℃。规定空气在转筒内的质量速度不得超过0.833kg/（m^2·s），以免颗粒被吹出。试求每小时最多能向干燥器加入多少湿物料？

7. 常压下以温度为20℃、相对湿度为60%的新鲜空气为介质，干燥某种湿物料。空气在预热器中被加热到90℃后送入干燥器，离开干燥器时的温度为45℃，湿度为0.022kg水/kg绝干气。每小时有1100kg温度为20℃、湿基含水量为3%的湿物料送入干燥器，物料离开干燥器时温度升到60℃，湿基含水量降到0.2%。湿物料的平均比热容为3.28kJ/（kg绝干料·℃）。忽略预热器向周围的热损失，并假设干燥器的热损失速率为1.2kW。试求：(1) 水分蒸发量；(2) 新鲜空气消耗量；(3) 若风机装在预热器的新鲜空气入口处，求风机的风量；(4) 预热器消耗的热量；(5) 干燥系统消耗的总热量；(6) 干燥系统的热效率。

8. 在压力为101.3kPa的气流干燥器（可视为理想干燥器）干燥一物料，空气的初始温度为20℃，湿度为0.008kg水/kg干空气，经预热器后温度为120℃，干燥器空气出口温度为40℃。忽略湿物料水分带入的焓及热损失。试求干燥系统的热效率。如果气体离开干燥器后，因在管道及旋风分离器中散热，温度降低了10℃，试判断能否发生物料返潮现象。

9. 已知常压下25℃时氧化锌物料在空气中的固相水分的平衡关系，其中当$\varphi=100\%$时，$X^*=0.02$kg水/kg绝干料；当$\varphi=40\%$时，$X^*=0.007$kg水/kg绝干料。设氧化锌物料含水量为0.35kg水/kg绝干料，若与温度为25℃、相对湿度为40%的恒定空气长时间充分接触，问该物料的平衡含水量、结合水分及非结合水分的浓度分别为多少？

10. 某物料在稳态空气条件下作间歇干燥操作。已知恒速干燥阶段的干燥速率为1.1kg/(m^2·h)，每批物料的处理量为1000kg绝干料，干燥面积为55m^2。试估计将物料从0.15kg水/kg绝干料干燥到0.005kg水/kg绝干料所需的时间。

物料的平衡含水量为零，临界含水量为0.125kg水/kg绝干料。作为粗略估计，可假设降速段的干燥速率与自由含水量成正比。

11. 某物料在恒定空气条件下干燥，降速阶段干燥速率曲线可近似作直线处理。已知物料初始含水量为0.33kg水/kg干物料，干燥后物料含水量为0.09kg水/kg干物料，干燥时间为7h。平衡含水量为0.05kg水/kg干物料，临界含水量为0.10kg水/kg干物料。求同样情况下将该物料从$X_1'=0.37$kg水/kg绝干料干燥至$X_2'=0.07$kg水/kg干料所需的时间。

12. 在一常压逆流转筒干燥器中，干燥某种晶状物料。温度为25℃、相对湿度为55%的新鲜空气经过预热器升温至85℃后送入干燥器中，离开干燥器时温度为30℃。湿物料的初始温度为24℃，湿基含水量为3.7%，干燥完毕后温度升到60℃，湿基含水量降至0.2%。干燥产品流量为1000kg/h，绝干物料的比热为

1.507kJ/(kg 绝干料·℃)。转筒干燥器的直径为 1.3m，长度为 7m。干燥器外壁向空气的对流-辐射系数为 35kJ/(m^2·h·℃)。试求绝干空气流量和预热器中加热蒸气消耗量。已知加热蒸气的绝对压强为 180kPa。

13. 在恒定干燥条件下进行干燥试验。已知干燥面积为 0.2m^2，绝对干燥物料质量为 15kg，测得的实验数据列于下表中，试标绘出干燥速率曲线，并求临界含水量与平衡含水量。

时间/h	0	0.2	0.4	0.6	0.8	1.0	1.2	1.4
湿物料质量/kg	44.1	37.0	30.0	24.0	19.0	17.5	17.0	17.0

思考题

1. 指出下列基本概念之间的联系和区别：

(1) 绝对湿度与相对湿度；(2) 露点温度与沸点温度；(3) 干球温度与湿球温度；(4) 绝热饱和温度与湿球温度。

2. 在 *H-I* 图上分析湿空气的 t、t_d 及 t_w（或 t_{as}）之间的大小顺序。在何种条件下，三者相等？

3. 试说明湿空气 *H-I* 图上的等干球温度线、等相对湿度线、蒸汽分压线是如何标绘出来的。

4. 当湿空气总压变化时，湿空气 *H-I* 图上的各种曲线将如何变化？如保持 t、H 不变而将总压提高，这对干燥操作是否有利？为什么？

5. 如何区分结合水分与非结合水分？说明理由。

6. 对一定的水分蒸发量及空气的出口湿度，试问应按夏季还是按冬季的大气条件来选择干燥系统的风机？

7. 根据干燥器热效率 η 的定义式讨论提高 η 的途径。

符号说明

英文字母：

C——比热容，kJ/(kg·℃)；
G——绝干物料的质量流量，kg/s；
G'——绝干物料的质量，kg；
H——空气的湿度，kg 水/kg 绝干空气；
I——空气的焓，kJ/kg；
I'——固体物料的焓，kJ/kg；
k_H——传质系数，kg/(m^2·s·ΔH)；
l——单位空气消耗量，kg 绝干空气/kg 水；
L——绝干空气消耗量，kg/s；
m——质量，kg；
M——分子量，kg/kmol；
p——水气分压，Pa；
P——湿空气总压，Pa；
Q——传热速率，J/s；
r——汽化潜热，kJ/kg；
S——干燥表面积，m^2；
t——温度，℃；
U——干燥速率，kg/(m^2·s)；
v——湿空气的比容，m^3/kg 绝干气；
V——空气的体积流量，m^3/s；
w——物料的湿基含水量；
W——水分蒸发量，kg/h 或 kg/s；
W'——水分蒸发质量，kg；
X——物料的干基含水量，kg 水/kg 绝干料；
X^*——物料的干基平衡水分，kg 水/kg 绝干料。

希腊字母：

φ——相对湿度；
α——对流传热系数，W/(m^2·℃)；
θ——固体物料的温度，℃；
η——热效率；
τ——干燥时间，s。

下标

as——饱和；
d——露点；
D——干燥器；
g——绝干空气；
H——湿；
L——热损失；
m——平均；
p——预热器；
s——饱和状态；
v——水汽；
w——湿球；
0——进预热器，或指标准状况下；
1、2——进、出干燥器。

下标

*——平衡状态；
′——固体物料。

第7章 膜分离技术

膜分离利用天然或人工合成的、具有选择透过能力的薄膜，以外界能量或化学位差为推动力，对双组分或多组分体系进行分离、分级、提纯或富集。分离膜可以是固体或液体。反应膜除起到反应体系中物质分离作用外，还作为催化剂或催化剂的固载体，改变反应进程，提高反应效率。膜分离技术由于具有常温下操作、无相态变化、高效节能、在生产过程中不产生污染等特点，因此在饮用水净化、工业用水处理，食品、饮料用水净化、除菌，生物活性物质回收、精制等方面得到广泛应用，并迅速推广到纺织、化工、电力、食品、冶金、石油、机械、生物、制药、发酵等各个领域。当利用常规分离方法不能经济、合理地进行分离时，膜分离过程作为一种分离技术就有可能特别适用。由于膜过程特别适用于热敏性物质的处理，所以在食品加工、医药、生化技术等领域有其独特的适用性。它也可以和常规的分离单元结合起来作为一个单元操作来运用。例如，膜渗透单元操作可用于蒸馏塔加料前破坏恒沸点混合物。

7.1 概述

7.1.1 膜分离技术发展简介

在人类的生活和生产实践中，人们早已不自觉地接触和应用了膜过程。在我国汉代的《淮南子》中已有制豆腐的记叙。后来，人们又知道了制豆腐皮、粉皮的方法。这可以说是人类利用天然物制得食用“人工薄膜”的最早记载。对膜过程的利用，最早的记述也可以追溯到2000多年以前。我国古代的先民们在酿造、烹饪、炼丹和制药的实践中，就利用了天然生物膜的分离特性。但随后的漫长历史进程中，我国的膜技术没有得到应有的发展。在国外，200多年前，Nollet在1748年就注意到了水能自发地扩散穿过猪膀胱而进入到酒精中的渗透现象。但由于受到人们认识能力和当时科技条件的限制，过了100多年后，1864年Traube才成功研制成人类历史上第一片人造膜——亚铁氰化铜膜。随后，研究工作一直徘徊不前。虽有Gibbs的渗透压理论及别的热力学理论做基础，但由于没有可靠的膜可供采用，研究工作曾一度被迫停顿。

到了20世纪，由于物理化学、聚合物化学、生物学、医学和生理学等学科的深入发展，新型膜材料及制膜技术的不断开拓，各种膜分离技术才相继出现和发展，并渗入研究和工业生产的各个领域，反渗透、超滤、微滤、电渗析和气体膜分离等技术开始在水的脱盐和纯化、石油化工、轻工、纺织、食品、生物技术、医药、环境保护领域得到应用。1925年世界上第一个滤膜公司（Sartorius）在德国Gottingen公司成立。1930年，Treorell Meyer、Sievers等对膜电动势的研究，为电渗析和膜电极的发明打下了一定的基础。1950年，W. Juda等试制成功第一张具有实用价值的离子交换膜，电渗析过程得到迅速发展。

但膜分离技术的大量发展和工业应用是在20世纪60年代以后，当时在大规模生产高通量、无缺陷的膜和紧凑的、高比表面积的膜分离器上取得突破，开发了水中脱盐的反渗透过程，获得巨大的经济效益和社会效益。1960年洛布和索里拉简首次研制成世界上具有历史意义的非对称反渗透膜，这在膜分离技术发展中是一个重要的突破，使膜分离技术进入了大规模工业化应用的时代。我国膜科学技术的发展是从1958年研究离子交换膜开始的。20世纪 60 年代进入开创阶段。1965 年着手反渗透的探索，1967 年开始的全国海水淡化会战，大大促进了我国膜科技的发展。20 世纪 70 年代进入开发阶段。这时期，微滤、电渗析、反渗透和超滤等各种膜和组器件都相继研究开发出来。20 世纪 80 年代跨入了推广应用阶段。80 年代又是气体分离和其他新膜开发阶段。

20 世纪膜分离发展的大致历史如图 7-1 所示。此外，以膜为基础的其他新型分离过程，以及膜分离与其他分离过程结合的集成过程也日益得到重视和发展。40 多年来，作为一门新型的高分离、浓缩、提纯及净化技术，新的膜过程不断地得到开发研究，如渗透汽化、膜蒸馏、支撑液膜、膜萃取、膜生物反应器、控制释放膜、仿生膜及生物膜等过程的研究工作不断深入。这些合成膜技术主要应用在四大方面：①分离（微滤、超滤、反渗透、电渗析、气体分离、渗透汽化、渗析）；②控制释放（治疗装置、药物释放装置、农药持续释放、人工器官）；③膜反应器（酶和催化剂反应器、生物反应传感装置、移植的免疫隔离）；④能量转换（电池隔膜、燃料电池隔膜、电解器隔膜、同体聚电解质）。这些膜过程，有的已经在生产上应用，有的即将进入实用阶段。同时，由于各种膜过程在使用中的最大问题是膜的污染与劣化，所以膜的形成机理、合成材料和条件以及如何控制其结构、料液的预处理、组件的流体力学条件的优化、膜的清洗等，就成为膜科学技术领域中的重要内容。

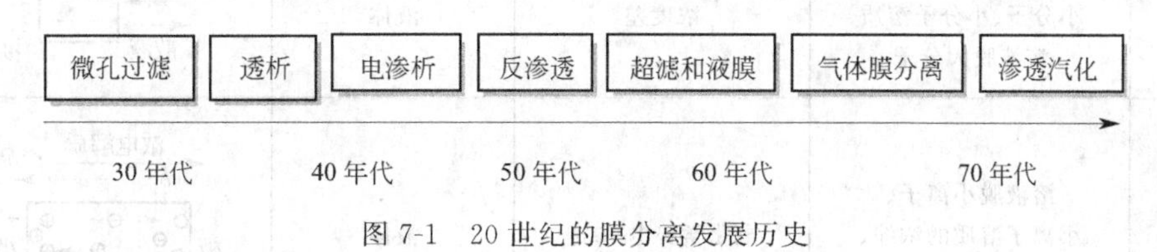

图 7-1　20 世纪的膜分离发展历史

膜科学目前的主要发展方向为：①集成膜过程；②杂化过程；③水的电渗离解；④细胞培养的免疫隔离；⑤膜反应器；⑥催化膜；⑦手征膜（Chirale）。1994 年世界膜和膜组件的销售总值为 35 亿美元（我国为 0.24 亿美元），且每年以 14%～30%的速度继续增长，最大的市场为生物医学市场。更严的环保法规，更高的能源和原材料价格将进一步刺激了膜市场的发展。可以说，膜分离过程已成为解决当代能源、资源和环境污染问题的重要高新技术及可持续发展技术的基础。

7.1.2　各种膜分离过程简介

物质通过膜的分离过程是复杂的，膜的传递模型可分为两类。第一类以假定的传递机理为基础，其中包含了被分离物的物化性质和传递特性，这类模型又可分为两种不同情况：一是通过多孔型膜的流动；另一是通过非多孔型膜的渗透。前者有孔模型、微孔扩散模型和优先吸附-毛细孔流动模型等，后者有溶解-扩散模型和不完全的溶解-扩散模型等。第二类以不可逆热力学为基础，称为不可逆热力学模型。它从不可逆热力学理论出发，统一关联了压力差、浓度差、电位差等对渗透流率的关系。

工业化应用膜过程的分类及其基本特性见表 7-1。

7.1.2.1　*超滤*

超滤属于以压力差为推动力的膜过程。一般地说，超滤膜表面孔径范围大体在 5nm 到几百 nm 之间，主要用于水溶液中大分子、胶体、蛋白质等的分离。超滤膜对溶质的截留作用是由于：①在膜表面及微孔内的吸附（一次吸附）；②在孔中的停留（阻塞）；③在膜表面的机械截留（筛分）。其中，一次吸附或阻塞会发生到怎样程度，与膜及溶质之间的相互作用和溶质浓度、操作压力、过滤总量等因素有关。超滤最早出现于 20 世纪初，最初的超滤膜是纤维素衍生物膜，60 年代中期以后开始有其他的高聚物商品超滤膜，近 10 年来无机膜成为受人重视的超滤膜新系列。超滤组件主要形式有管式、板框式、中空纤维式和螺旋卷式

表 7-1 工业化应用膜过程的分类及其基本特性

过程	分离目的	推动力	进料和透过物质的相态	结构简图
微滤 MF	溶液脱粒子 气体脱粒子	压力差 100kPa	液体或气体	进料；滤液(水)
超滤 UF	溶液脱大分子、 大分子溶液脱小分子、 大分子分级	压力差 100～1000kPa	液体	进料；浓缩液；滤液
纳滤 NF	溶剂脱有机组分、脱高价粒子，软化，脱色，浓缩、分离	压力差 500～1500kPa	液体	进料；高价离子 溶质(盐)；溶剂(水) 低价离子
反渗透 RO	溶剂脱溶质、 含小分子溶质的 溶液浓缩	压力差 1000～10000kPa	液体	进料；溶质(盐)；溶剂(水)
渗析 D	大分子溶质溶液脱 小分子、小分子溶质 溶液脱大分子	浓度差	液体	进料；净化液；扩散液；接收液
电渗析 ED	溶液脱小离子、 小离子溶质的浓缩、 小离子的分级	电化学势电-渗透	液体	浓电解质；产品(溶剂)；+极；-极；阴离子交换膜；进料；阳离子交换膜
气体分离 GS	气体混合物分离、 富集或特殊组分脱除	压力差 1000～10000kPa 浓度差	气体	进气；渗余气；渗透气
渗透汽化 PVAP	挥发性液体 混合物分离	分压差 浓度差	料液为液体， 透过物质为气体	进料；溶质或溶剂；溶剂或溶质
乳化液膜 ELM(ET)	液体混合物或气体 混合物分离、富集、 特殊组分脱除	浓度差 pH差	通常都为液体， 也可分为气体	内相；膜相；外相

四种。中空纤维是目前最广泛应用的一种，近年来具有错流结构的卷式组件受到重视，管式和板框式水力学流动状态较好，适用于黏度大、高浓度或不是很干净的废料液。

超滤特别适用于热敏性和生物活性物质的分离和浓缩，其主要应用有以下几个方面。

① 食品加工，如乳制品工业是国外食品工业中应用膜技术最多的部门。1988 年世界上用于乳品加工的超滤膜已超过 $150000m^2$，每年以 30％的速度增长。还可用于饮料和酒类的加工和食醋、酱油的精制除菌。

② 生物工程上酶的精制、生物活性物质的浓缩分离。

③ 环境工程中的处理工业废水已在纺织、造纸、金属加工、食品及电泳材料等部门推广应用。

④ 医疗卫生及超纯水制备等。

7.1.2.2　微孔过滤

微孔过滤（微滤）、超滤和反渗透都是以压力差为推动力的液相膜分离过程，三者之间并无严格的界限，它们组成了一个可分离固态颗粒到离子的三级膜分离过程。一般认为，微孔过滤的有效过滤范围为直径 0.1～10μm 的颗粒，操作静压差为 0.01～0.2MPa。微孔过滤的分离机理主要是筛分效应。因膜的结构不同，截留作用大体上分为：机械截留、吸附截留、架桥作用及网络型膜的网络内部截留作用。微孔过滤是开发最早应用最广泛的滤膜技术。1925 年，在德国哥丁根成立了世界上第一个滤膜公司。目前世界上产品销售额达到 15 亿美元以上，年增长率约为 15%。微孔过滤膜的主要特点为孔径的均一性、高空隙率和滤材薄。长期以来，微孔过滤膜的材料是高分子材料，随着膜分离技术在工业领域应用的迅速扩展，近十几年来无机微孔过滤膜引起重视并取得了很大进步。

微孔过滤膜组件也由框式、圆管式、螺旋卷式和中空纤维式四个种类组成。工业上应用的微孔过滤装置主要为板框式，它们大多仿照普通过滤器的形式设计。在微孔过滤中有死端过滤和错流过滤两种操作，错流过滤的原料液流动方向与过滤液的流动方向呈直角交叉状态，可使膜表面沉降物不断为原料液的横向液流冲跑，因而不易将膜表面覆盖，避免过滤速度下降。对于固含量高于 0.5%、易产生堵塞的原料应采用错流过滤。

我国的微滤技术起步较晚，直到 20 世纪 70 年代末还只有个别单位形成小批量生产能力，但近十年来我国微孔过滤膜及过滤器件的研究和开发取得了很大的进步。目前，我国已形成正式商品生产的微孔过滤膜仍以纤维素体系滤膜为主。聚酰胺、聚偏氟乙烯、聚砜、聚丙烯等微孔过滤膜，其中少数品种也已有商品出售。

微滤技术在我国纯水制造上已广泛应用，1985 年前，我国使用的微孔膜滤芯主要靠进口，近年来这一状况已基本改变。目前正处在以国产滤芯替代进口的阶段；用于高产值生物制品分离的微孔过滤膜主要仍从国外进口，在制造无菌液体和用于饮料、医药制品分离方面基本上还处于小规模试验阶段，少部分已用于生产线上。微孔过滤技术在我国国民经济中发挥更大作用有赖于国产微孔过滤膜和滤芯品种、规模、性能的进一步提高。

7.1.2.3　反渗透

反渗透（reverse osmosis，RO）是用足够的压力使溶液中的溶剂（一般常指水）通过反渗透膜（一种半透膜）而分离出来，方向与渗透方向相反，可使用大于渗透压的反渗透法进行分离、提纯和浓缩溶液。利用反渗透技术可以有效地去除水中的溶解盐、胶体、细菌、病毒、细菌内毒素和大部分有机物等杂质。反渗透膜的主要分离对象是溶液中的离子范围，无需化学品即可有效地脱除水中的盐分，系统除盐率一般为 98%以上。所以反渗透是最先进的也是最节能、环保的一种脱盐方式，也已成为了主流的预脱盐工艺。

1953 年，美国佛罗里达大学的 Reid 等人最早提出反渗透海水淡化，1960 年美国加利福尼亚大学的 Loeb 和 Sourirajan 研制出第一张可实用的反渗透膜。从此以后，反渗透膜开发有了重大突破，膜材料从初期单一的醋酸纤维素非对称膜发展到用表面聚合技术制成的交联芳香族聚酰胺复合膜。操作压力也扩展到高压（海水淡化）膜、中压（醋酸纤维素）膜、低压（复合）膜和超低压（复合）膜。20 年代 80 年代以来，又开发出多种材质的纳滤膜，目前已广泛运用于科研、医药、食品、饮料、海水淡化等领域。

7.1.2.4　气体膜分离

气体膜分离技术大规模工业化只是近 15 年的事。通常的气体分离膜可分成多孔质及非多孔质两种，它们分别由无机物膜材质和有机高分子膜材质组成。选择性高分子膜材质的性能对气体渗透的影响是十分明显的。气体分离用聚合物的选择通常是同时兼顾其渗透性与选择性。

以膜法分离气体的基本原理，主要是根据混合原料气中各组分在压力作用下，通过半透膜的相对传递速率不同而得以分离。与反渗透、超滤等液相膜分离过程雷同，气体分离膜在实际应用中也是以压差作为推动力的。一般需要把分离膜组装到一定形式的组件中操作，气体膜组件由板式、圆管式、螺旋卷式和中空纤维式四种类组成，不过，工业上用得比较多的是后两种，特别是中空纤维式。

气体膜分离技术在许多方面得到应用，如在从合成氨池放气中回收氢、合成气的比例调节、工业用锅炉及玻璃窑的富氧空气燃烧、油田气中分离回收 CO_2、从工业废气中回收有机蒸气及空气等气体的脱水等方面都作出了贡献。

7.1.2.5 渗透蒸发

渗透蒸发是指液体混合物在膜两侧组分的蒸气分压差作用下，其中组分以不同速度透过膜并蒸发除去，从而达到分离目的的一种膜分离方法。正因为这一过程是由“渗透”和“蒸发”两个过程组成的，所以称为渗透蒸发。渗透蒸发技术是膜分离技术的一个新的分支，也是热驱动的蒸馏法与膜法相结合的分离过程。不过，它不同于反渗透等膜分离技术，因为它在渗透过程中将产生由液相到气相的相变。渗透蒸发的原理是在膜的上游连续输入经过加热的液体，而在膜的下游则以真空泵抽吸造成负压，从而使特定的液体组分不断透过分离膜变成蒸气，然后，再将此蒸气冷凝成液体而得以从原料液中分离除去。渗透蒸发与反渗透、超滤及气体分离等膜分离方法的最大区别在于，前者透过膜时，物料将产生相变。因此，在操作过程中，必须不断地加入至少相当于透过物潜热的热量，才能维持一定的操作温度。

渗透蒸发过程有如下特点：

① 渗透蒸发的单级选择性好，这是它的最大特点。从理论上讲，渗透蒸发的分离程度无极限，适合分离沸点相近的物质，尤其适用于恒沸物的分离。对于回收含量少的溶剂也不失为一种好的方法。

② 由于渗透蒸发过程有相变发生，所以能耗较高。

③ 渗透蒸发过程操作简单，易于掌握。

④ 在操作过程中，进料侧原则上不需加压，所以不会导致膜的压密，因而其透过率不会随时间的增加而减少。而且，在操作过程中将形成活性层及所谓的“干区”，膜可自动转化为非对称膜，此特点对膜的透过率及寿命有益。

⑤ 渗透蒸发的通量较小。

基于上述特点，在一般情况下，渗透蒸发技术尚难与常规的分离技术相比，但由于它所特有的高选择性，在某些特定的场合，例如在混合液中分离少量难于分离的组分（例如对一些结构相似和沸点接近的有机溶剂——苯-环已烷）和在常规分离手段无法解决或虽能解决但能耗太大的情况下，采用该技术则十分合适。

7.1.2.6 膜的性能参数

膜的性能包括膜的理化稳定性和分离透过特性两方面。膜的理化稳定性是指膜对压力、温度、pH 以及对有机溶剂和各种化学药品的耐受性，它是决定膜的使用寿命的主要因素。膜的分离透过特性包括分离效率、渗透通量和通量衰减系数三个方面。

(1) 分离效率　分离效率是指膜对特定分离体系的分离能力。对不同的膜分离过程和分离对象，可以用不同的方法来表示膜的分离效率。

① 截留率 R。其定义为：

$$R=\frac{c_0-c_p}{c_0}\times 100\% \tag{7-1}$$

式中　c_0——原料液主体中被分离物质的摩尔浓度，$kmol/m^3$；

c_p——透过液中被分离物质的摩尔浓度，$kmol/m^3$。

② 截留分子量 $MWCO$（molecular weight cut off）。以截留率对截留物的相对分子质量作图，可获得膜的截留分子量曲线，如果该曲线越陡，则被截留物质的相对分子质量越窄，膜的孔径分布也越集中；反之，膜的孔径分布越宽。膜的截留分子量一般指截留率为 90% 时的物质的相对分子质量。

③ 分离因子 α 或分离系数 β。其定义分别为：

$$\alpha=\frac{y_A/(1-y_A)}{x_A/(1-x_A)} \tag{7-2}$$

$$\beta=\frac{y_A}{x_A} \tag{7-3}$$

式中 x_A——原料液主体中组分 A 的摩尔分数；

y_A——透过液中组分 A 的摩尔分数。

由式(7-2) 和式(7-3) 可以看出，α 与 β 分别类似于蒸馏中的相对挥发度和相平衡常数的概念。所以，这两个物理量也反映了待分离物质的可分离性能。

(2) 渗透通量 渗透通量是指单位时间内通过单位膜面积的透过物量，常用单位为 $kmol/(m^2 \cdot s)$ 或 $kg/(m^2 \cdot s)$。膜的渗透通量大小直接决定了分离设备的大小。

(3) 通量衰减系数 因为分离过程的浓差极化、膜的压密以及膜孔的堵塞等原因，膜的渗透通量将随时间而衰减，可以用下式表示：

$$J=J_0\tau^m \tag{7-4}$$

式中 J——操作时间 τ 时的渗透通量，$kmol/(m^2 \cdot s)$ 或 $kg/(m^2 \cdot s)$；

J_0——操作初始时的渗透通量，$kmol/(m^2 \cdot s)$ 或 $kg/(m^2 \cdot s)$；

τ——操作时间，s；

m——衰减系数。

对于任何一种膜分离过程，总希望膜的分离效率高，渗透通量大，但实际上这两者往往存在矛盾。分离效率高的膜，其渗透通量小；渗透通量大的膜，分离效率低。所以，在选择膜时常需在两者之间进行权衡。

7.1.3 典型膜分离设备简介

各种膜分离装置主要包括膜分离器、泵、过滤器、阀、仪表及管路等。所谓膜分离器是以某种形式组装在一个基本单元设备内，在外界驱动力作用下能实现对混合物中指定各组分分离的设备，这类单元设备称为膜分离器或膜组件（module）。在膜分离的工业装置中，根据生产需要，通常可设置数个或是数百个膜组件。

目前，工业上常用的膜组件形式主要有：板框式、圆管式、螺旋卷式和中空纤维式四种类型。一种性能良好的膜组件应具备以下条件：①对膜能提供足够的机械支撑并可使高压原料液和低压透过液严格分开；②在能耗最小的条件下，使原料液在膜表面上的流动状态均匀合理，以减少浓差极化；③具有尽可能高的装填密度（即单位体积的膜组件中填充较多的有效膜面积），并使膜的安装和更换方便；④装置牢固、安全可靠、价格低廉和容易维护。

(1) 板框式膜组件 板框式膜组件的最大特点是构造比较简单，而且可以单独更换膜片。这不仅有利于降低设备投资和运行成本，而且还可作为试验机将各种膜样品同时安装在一起进行性能检验。此外，由于原料液流道的截面积可以适当增大，因此板框式压降较小，线速度可高达 1～5m/s，而且不易被纤维等异物堵塞。它具体包括系紧螺栓式（见图 7-2）和耐压容器式（见图 7-3）两类。对于要求处理量更大的板框式微滤装置，可采用多层板框式过滤机。

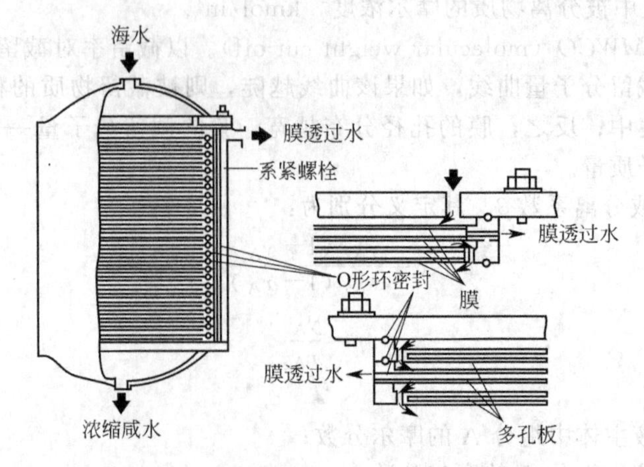

图 7-2 系紧螺栓式板框式膜组件构造

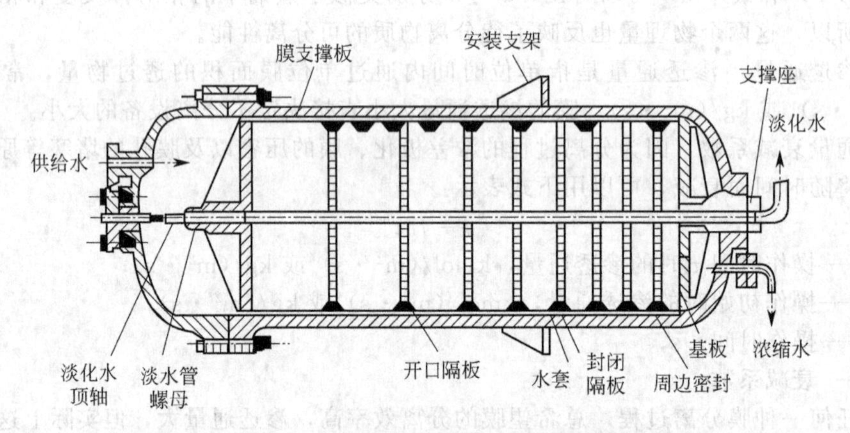

图 7-3 耐压容器式板框式膜组件构造

系紧螺栓式如图 7-2 所示。系紧螺栓式膜组件是由圆形承压板、多孔支撑板和膜，经黏结密封构成脱盐板，再将一定数量的这种脱盐板多层堆积起来并放入O形密封圈，最后用上、下头盖（法兰）以系紧螺栓固定组成而得。原水由上头盖进口流经脱盐板的分配孔，在诸多脱盐板的膜面上逐层流动，最后从下头盖的出口流出。与此同时，透过膜的淡水在流经多孔支撑板后，分别于承压板的侧面管口处流出。

耐压容器式如图 7-3 所示。耐压容器式膜组件主要是把多层脱盐板堆积组装后，放入一个耐压容器中而成。原水从容器的一端进入，分离后的浓水和淡水则由容器的另一端排出。容器内的大量脱盐板是根据设计要求串、并联相结合构成，其板数从进口到出口依次递减，目的是保持原水的线速度变化不大，以减轻浓差极化影响。

板框式膜分离装置用途十分广泛，除用于盐水脱盐外，还用于针头过滤器，即装在注射针筒和针头之间的一种微型过滤器，以微孔滤膜为过滤介质，用来除去微粒和细菌，常作静脉注射液的无菌处理。操作时，以注射针筒推注进行过滤，不需外加推动力。此外还在电渗析、气体分离及渗透蒸发过程中，广泛应用。

(2) 圆管式膜组件　所谓圆管式膜，是指在圆筒状支撑体的内侧或外侧刮制上半透膜而得到的圆管形分离膜。其支撑体的构造或半透膜的刮制方法随处理原料液的输入法及透过液的取出法而异。管式膜组件的形式较多，按其连接方式一般可分为内压单管式和管束式；按其作用方式又可分为内压式和外压式。即包括内压型管束式（见图 7-4）和外压型管式（见

图 7-5)。管式组件中的接头和密封是一个关键问题。单管式组件用 U 形管连接，采用喇叭口形，再用 O 形环进行密封。

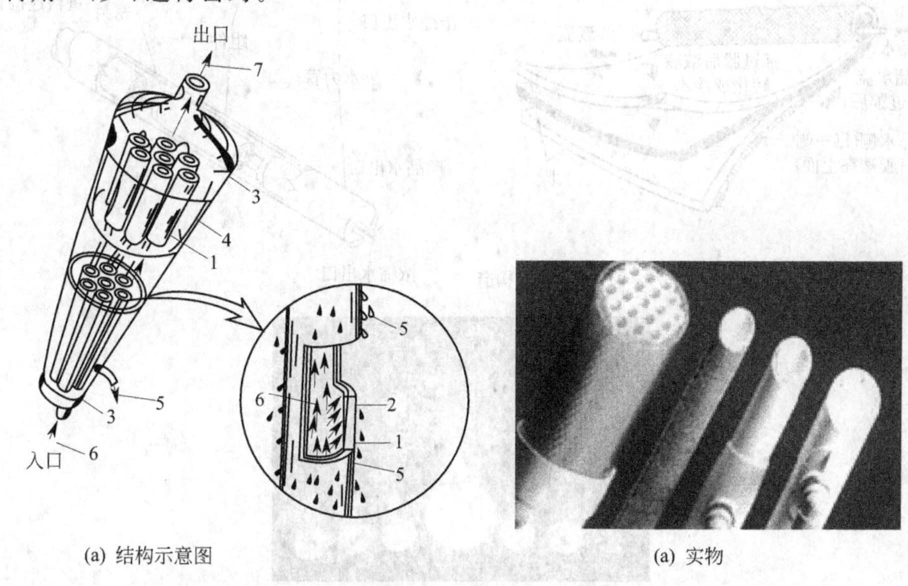

(a) 结构示意图　　(a) 实物

图 7-4　内压型管束式反渗透膜组件

1—玻璃纤维管；2—反渗透膜；3—末端配件；4—PVC 淡化水收集外套；5—淡化水；6—供给水；7—浓缩水

管式组件的优点是：流动状态好，流速易于控制，安装、拆卸、换膜和维修均较方便，而且能够处理含有悬浮固体的溶液；同时，机械清除杂质也较容易。此外，合适的流动状态还可以防止浓差极化和污染。管式组件的缺点是：与平板膜相比，管膜的制备条件较难控制。同时，采用普通的管径（1.27cm）时，单位体积内有效膜面积较小。此外，管口的密封也比较困难。

（3）螺旋卷式膜组件　如图 7-6 所示，螺旋卷式（简称卷式）膜组件的主要部件是：中间为多孔支撑材料，两侧是膜。它的三边被密封成信封状膜袋，其另一个开放边与一根多孔的中心产品水收集管（集水管）密封连接，在膜袋外部的原水侧再垫一层网眼型间隔材料（隔网），把膜袋-原水侧隔网依次叠合，绕中心集水管紧密地卷起来，形成一个膜卷（或称膜元件），再装进圆柱型压力容器内，就构成一个螺旋卷式膜组件。在实际应用中，通常是把几个膜元件的中心管密封串联起来，再安装到压力容器中，组成一个单元。原料液沿着与中心管平行的方向在隔网中流动，浓缩后由压力容器的另一侧引出。透过液（产品水）则沿着螺旋方向在两层间（膜袋内）的多孔支撑体中流动，最后汇集到中心集水管中而被导出。为了增加膜的面积，可以增加膜袋的长度，但膜袋长度的增加，透过液流向中心集水管的路程就要加长，从而阻力就要增大。为了避免这个问题，在一个膜组件内可以安装几叶的膜袋，这样既能增加膜的面积，又不增大透

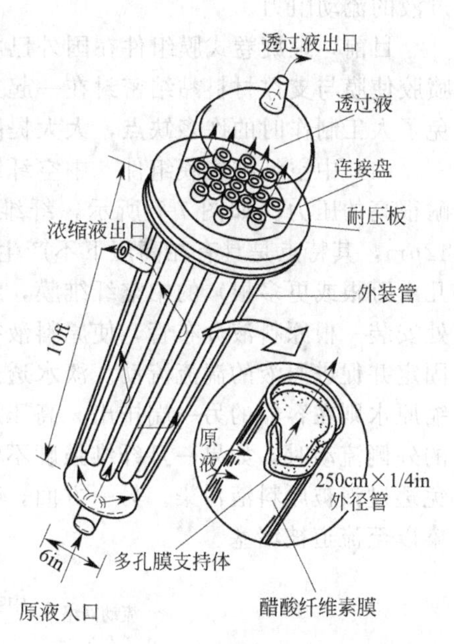

图 7-5　多管外压型管壳式膜组件

（1ft＝0.3048m，1in＝25.4mm）

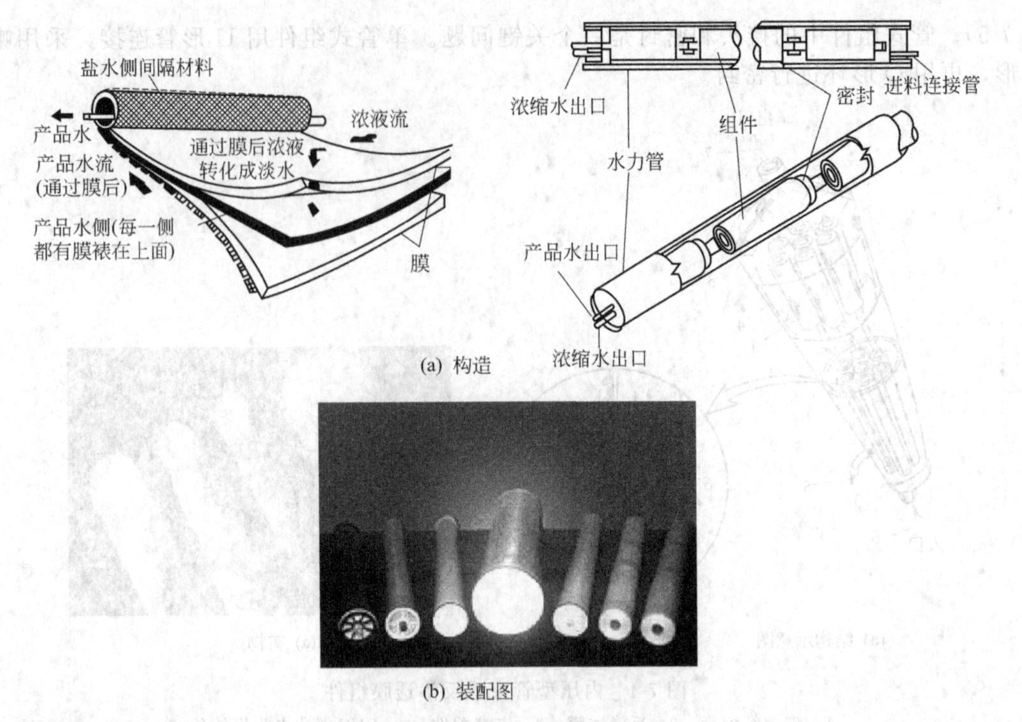

(a) 构造

(b) 装配图

图 7-6 螺旋卷式膜组件的构造

过液的流动阻力。

目前，螺旋卷式膜组件在国外已实现机械化生产。即采用一种 0.91m 的滚压机，连续喷胶使膜与支撑材料黏结密封在一起并卷成筒，牢固后不必打开即可使用。这种制作方法避免了人工制作时的许多缺点，大大提高了卷筒质量。

(4) 中空纤维式膜组件 中空纤维式是一种极细的空心膜管，无需支撑材料，本身即可耐很高的压力。如图 7-7 所示，纤维的外径有的细如人发，为 50～200μm，内径为 25～42μm，其特点是具有在高压下不产生形变的强度。中空纤维膜组件的组装是把大量（多达几十万根或更多根）的中空纤维膜，纤维束的开口端用环氧树脂铸成管板。纤维束的中心轴处安装一根原料液分布管，使原料液径向均匀流过纤维束。纤维束外部包以网布，使纤维束固定并促进原液的湍流流动。淡水透过纤维膜的管壁后，沿纤维的中空内腔经管板放出，浓缩原水则在容器的另一端排出。高压原料液在中空纤维的外侧流动的好处是：原料液在纤维的外侧流动时，如果一旦纤维强度不够，只能被压扁，将中空内腔堵死，但不会破裂，可避免透过液被原料液污染。另一方面，若把原料液引入这样细的纤维内腔，则很难避免膜面污染以至流道被堵塞。

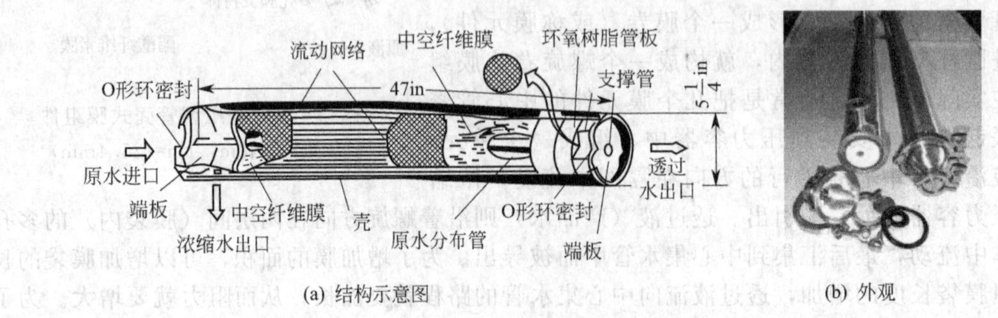

(a) 结构示意图 (b) 外观

图 7-7 中空纤维式膜组件

在组装中空纤维束的过程中，遇到的一个问题是如何把非常细的中空纤维放入环氧管板里，而且不使纤维破损泄漏或干燥皱缩。也就是要解决中空纤维的保护和环氧管板的浇注问题。环氧树脂的浇注是采用离心力的原理才得以解决的。将中空纤维束（插在保护套里）放在架子上，依次把架子放在离心机上。离心机转动时，浇注的纤维端沿着圆周周边运动，在50～60 倍的重力加速度推动下，把新配制的环氧树脂加入纤维束端部，直到环氧树脂固化时才停止离心机的转动。最后，在车床上将固化的环氧浇注头用非常锋利的刀具加工成环氧管板。浇注所使用的典型环氧树脂配方为：100g 缩水丁基甘油醚改性环氧聚合物，16g 改性脂肪固化剂和 20g 磷酸三苯酯。

遇到的另一个问题是中空纤维在分配管上的排列方式，这涉及中空纤维束的装填密度和流体的合理分布问题。中空纤维是以 U 形方式沿着中心分配管径方向均匀紧密排列，整个纤维束分十层，每一层最外边用无纺布包一层，纤维束最外层包有导流网。目前，纤维 U 形弯曲端也用环氧粘接，使流体合理分布。

中空纤维最早是由美国道（Dow）化学公司采用乙酸纤维素为原料研制成功的，并在工业上得到了应用。20 世纪 50 年代末，杜邦（Dupont）公司也开展了这方面的研制工作，于 1967 年提出了以尼龙 66 为膜原料的 B-5Permasep 渗透器。更具重要意义的是，杜邦公司于 1970 年 12 月以芳香聚酰胺为膜原料，首先研制成功 B-9Permasep 渗透器，从而找到了一个最有效的苦咸水淡化方法。该成果获得了 1971 年 Kirkpatrick 最高化工奖。在此基础上，杜邦公司又于 1973 年 9 月公布了可用于高浓度盐水淡化的新的中空纤维反渗透器 B-10Permasep。

中空纤维式膜组件的优缺点是：①不需要支撑材料，由于中空纤维是一种自身支撑的分离膜，所以不需考虑支撑问题。②结构紧凑：单位组件体积中具有的有效膜面积（即装填密度）高，一般可达 $16\sim30m^2/m^3$，高于其他所有组件。③透过液侧的压力降较大：由于透过液流出时，需通过极细的纤维内腔，因而流动阻力较大，压力降有时达到数个大气压。④再生清洗困难，同管式组件相比，因无法进行机械清洗（如以清洗球），所以一旦膜被污染，膜表面的污垢排除十分困难，因此对原料液要求严格的前处理。中空纤维式膜常用于氮氧分离、盐水淡化等。

（5）各种膜组件形式的优缺点对比　一般来说，它们各有所长，当然从检测单位体积的产液量来看，螺旋卷式和中空纤维式是所有类型中最高的，因此，工业上大型实用装置大多数都是采用这两种形式。然而应当指出的是，从装置的膜表面清洗角度来说，圆管式膜有它独特的特点。另外如板框式膜组件，尽管它是最古老的一种形式，本身有不足之处，但由于它仍具有一定的特色而被广泛采用。综上所述，究竟采用哪种组件形式最好，尚需根据原料液情况和产品要求等实际条件，具体分析，全面权衡，优化选定。

各类膜组件的比较见表 7-2。

表 7-2　各种膜组件优缺点和应用范围比较

类　型	优　　点	缺　　点	应用范围
板框式	组装简单，结构紧凑、牢固，能承受高压，易实现模块化；性能稳定，工艺成熟，换膜方便	膜比表面积小，单程回收率较低，液流状态较差，易造成浓差极化，设备制造费用高，能耗大	适用于产水百吨/天以下的水厂及含悬浮固体或高黏度液体产品的浓缩、提纯等，已商业化
管式	料液流速可调范围大，浓差极化较易控制，流道通畅，压力损失小，易安装，易清洗，易拆换，工艺成熟	单位体积膜面积小，设备体积大，装置成本高，管口密封较困难	适用于建造中小型水厂及医药、化工产品的浓缩、提纯，已商业化

续表

类 型	优 点	缺 点	应 用 范 围
螺旋式	结构紧凑，膜比表面积很大，组件产水量大，工艺较成熟，设备费用低，可使用强度好的平板膜	浓差极化不易控制，易堵塞，不易清洗，换膜困难，密封困难，不宜在高压下操作	适用于大型水厂，已商业化
中空纤维式	膜比表面积最大，不需外加支撑材料，设备结构紧凑，制造费用低	易堵塞，不易清洗，原料液的预处理要求高，换膜费用高	适用于大型水厂，已商业化
槽条式	单位体积膜面积较大，设备费用低，易装配，易换膜，放大容易	运行经验较少	已商业化

7.2 反渗透

1950 年，美国科学家 DR. S. Sourirajan 偶然发现，海鸥在海上飞行时从海面啜起一大口海水，隔了几秒后吐出一小口的海水。后来经解剖才明白，海鸥体内有一层薄膜，海水经由海鸥吸入体内后加压，再经由压力作用将水分子贯穿渗透过薄膜转化为淡水，而含有杂质及高浓缩盐分的海水则吐出嘴外。此即后来反渗透法的基本理论架构。反渗透作为一项新型的膜分离技术，最早是在 1953 年由美国 C. E. Reid 教授在佛罗里达大学首先发现醋酸纤维素类具有良好的半透性为标志的。同年，反渗透研究在 Reid 的建议下被列入美国国家计划。与此同时，美国加利福尼亚大学的 Yuster、Loeb 和 Sourirajan 等对膜材料进行了广泛的筛选工作，采用氯酸镁水溶液为添加剂，经反复研究和试验，终于在 1960 年首次制成了世界上具有历史意义的高脱盐率（98.6%）、高通量（10.1MPa 下透过速度为 0.3×10^{-3} cm/s）、膜厚约 100μm 的非对称醋酸纤维反渗透半透膜，大大促进了膜技术的发展。从此，反渗透法开始作为经济实用的海水和苦咸水的淡化技术进入实用和装置的研制阶段。反渗透目前已成为海水和苦咸水淡化最经济的技术，1994 年反渗透海水淡化产量为 $1.2\times10^3 m^3/d$，苦咸水淡化产量为 $5\times10^6 m^3/d$。反渗透已成为超纯水和纯水制备的优选技术。另外，在各种料液的分离、纯化和浓缩、锅炉水的软化、废液的再生回用、以及对微生物、细菌和病毒进行分离控制等方面都发挥着重要的作用。

我国反渗透技术的研究始于 1965 年，1967～1969 年在国家科学技术委员会和国家海洋局组织的海水淡化会战中，为醋酸纤维素不对称膜的开发打下了良好的基础。20 世纪 70 年代进行了中空纤维和卷式反渗透元件的研究，并于 80 年代实现了初步的工业化。70 年代还曾对复合膜进行过广泛的研究，后一度停了下来，80 年代中重新开始复合膜的开发。经“七五”、“八五”攻关，中试放大成功，我国反渗透技术开始从实验室研究走向工业规模应用。

7.2.1 反渗透过程原理及操作

7.2.1.1 渗透、渗透压及反渗透

一种只能透过溶剂而不能透过溶质的膜一般称为理想的半透膜。当把溶剂和溶液（或把两种不同浓度的溶液）分别置于此膜的两侧时，纯溶剂将自然穿过半透膜而自发地向溶液（或从低浓度溶液向高浓度溶液）一侧流动，这种现象叫做渗透（Osmosis）。当渗透过程进行到溶液的液面产生一定的高度 H，以抵消溶剂向溶液方向流动的趋势时，就达到了平衡，此 H 称为该溶液的渗透压 π [见图 7-8(a)]。若在溶液的液面上施加一个大于 π 的压力 p，则溶剂将沿着与原来渗透相反的方向，开始从溶液向溶剂一侧流动，这就是所谓的反渗透（reverse osmosis，RO），见图 7-8(b)。随着反渗透过程的进行，溶剂不断地从高浓度一侧通过膜渗透到低浓度一侧，而溶质则被膜截留，使膜表面的溶质浓度高于溶液主体浓度，在

膜表面附近形成溶质的浓度梯度，该现象称为浓差极化。

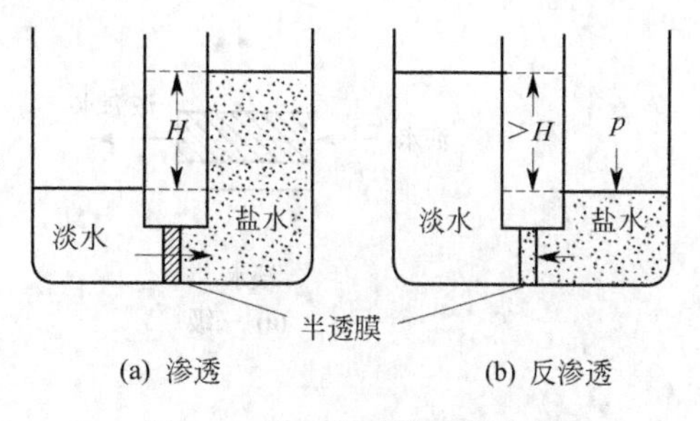

图 7-8　渗透与反渗透示意图

溶液的渗透压通常可根据范托夫（Van′t Hoff）渗透压公式计算：

$$\pi = ic_sRT = 0.08206ic_sT \tag{7-5}$$

式中　i——范托夫系数，当电解质完全解离时，其值等于解离的阴阳离子总数；

c_s——溶液中溶质的摩尔浓度，$kmol/m^3$；

T——热力学温度，K。

在一定温度下，对于二元体系来说，如果组分浓度以摩尔分数 x 表示时，渗透公式(7-5) 也可以简化为：

$$\pi = B_0 x \tag{7-6}$$

式中　B_0——比例常数，表 7-3 列出了某些溶质-水体系的 B_0 值。

表 7-3　某些溶质-水体系的 B_0 值

溶　质	$B_0 \times 10^{-3}$(atm,25℃)	溶　质	$B_0 \times 10^{-3}$(atm,25℃)
尿素	1.33	$K_2SO_4$①	3.02
甘油	1.39	$NaNO_3$	2.44
砂糖	1.40	NaCl	2.52
$CuSO_4$①	1.39	$Na_2SO_4$①	3.03
$MgSO_4$①	1.54	$Ca(NO_3)_2$	3.36
NH_4Cl	2.45	$CaCl_2$	3.63
LiCl	2.55	$BaCl_2$	3.48
$LiNO_3$	2.55	$Mg(NO_3)_2$	3.60
KNO_3	2.34	$MgCl_2$	3.65
KCl	2.48		

① 硫酸盐与其他盐不同，其 B_0 值随浓度的增高而减小。

高浓度非理想溶液的渗透压需要按下式计算：

$$\pi = \frac{RT}{V_i}\ln(x_i\gamma_i) \tag{7-7}$$

式中　V_i——组分 i 的摩尔体积，$m^3/kmol$；

x_i——组分 i 在溶液中的摩尔分数；

γ_i——组分 i 在溶液中的活度系数，此值可从有关手册中查得。

反渗透是渗透的一种反向迁移运动，它主要是在压力推动下，借助半透膜的截留作用，迫使溶液中的溶剂与溶质分开。由式(7-6) 可以看出，溶液浓度越高，π 值越大。在系统和膜强度允许的范围内，反渗透过程中所要施加的压力必须远大于溶液的 π 值，一般为 π 值的几倍到近十倍。

7.2.1.2　反渗透法的基本流程

反渗透技术是一种分离、浓缩和提纯的方法，下面以海水淡化为例说明常见的反渗透流程（见图 7-9）。

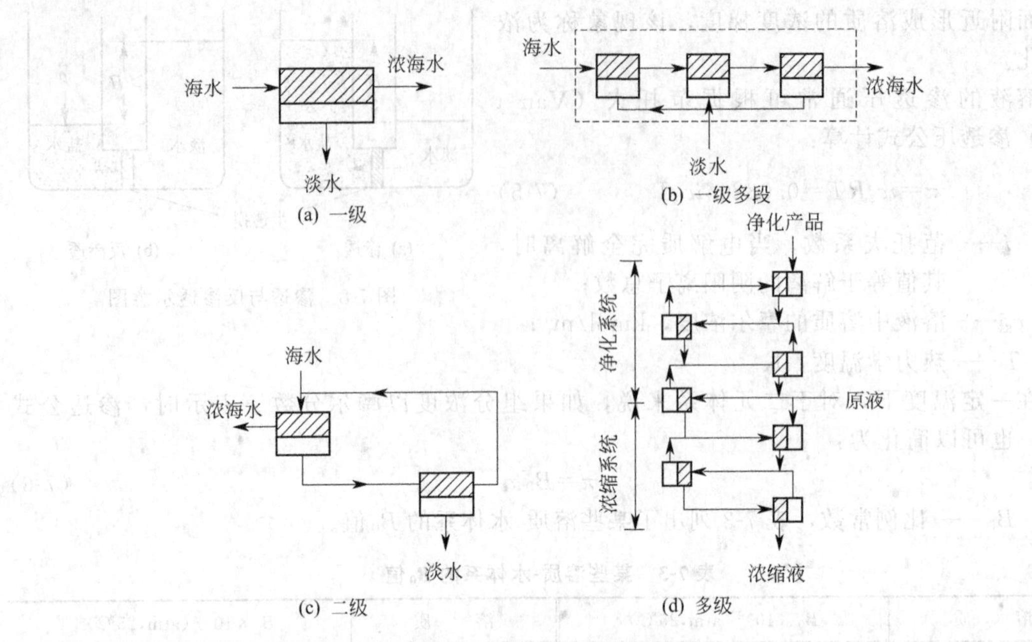

图 7-9　反渗透法工艺流程图

（1）一级流程　一级流程是指在有效横断面保持不变的情况下，原水一次通过反渗透装置便能达到要求的流程。此流程的操作最为简单，能耗也最少。

（2）一级多段流程　当采用反渗透作为浓缩过程时，如果一次浓缩达不到要求，可以采用这种多段浓缩流程方式。它与一级流程不同的是，有效横断面逐段递减。

（3）二级流程　反渗透浓缩时，如果一级流程达不到浓缩和淡化的要求时，可采用二级流程方式。二级流程的工艺线路是，把由一级流程得到的产品水，送入另一个反渗透单元去，进行再次淡化。

（4）多级流程　在化工分离中，一般要求达到很高的分离程度。例如在废水处理中，为了有利于最终处置，经常要求把废液浓缩至体积很小而浓度很高的程度；又如对淡化水，为达到重复使用或排放的目的，要求产品水的净化程度越高越好。在这种情况下，就需要采用多级流程。但由于必须经过多次反复操作才能达到要求，所以这种操作相当繁琐，能耗也很大。

在工业应用中，具体的反渗透法究竟采用哪种级数流程，需根据不同的处理对象、要求和所处的条件而定。

7.2.2　反渗透的应用

（1）海水淡化　反渗透装置已成功地应用于海水淡化，并达到饮用级的质量。用 RO 进行海水淡化时，因其含盐量较高，除特殊高脱盐率膜以外，一般均需采用二级 RO 淡化，如图 7-10 所示。

海水经 Cl_2 杀菌、$FeCl_3$ 凝聚处理及双层过滤器过滤后，调 pH 值至 6 左右。对耐氯性能差的膜组件，在进 RO 装置之前还需用活性炭脱氯，或用 $NaHSO_3$ 进行还原处理。为了回收浓缩液的高压能量，可用其带动连接到电机上的能量回收透平机。

世界上第一个海水淡化工厂于 1954 年建于美国，现在仍在得克萨斯州的弗里波特运转着。佛罗里达州的基韦斯特（Key West）市的海水淡化工厂是世界上最大的一个，它供应着城市用水。海水淡化主要是为了提供饮用水和农业用水，有时食用盐也会作为副产品被生产出来。海水淡化在中东地区很流行，在某些岛屿和船只上也被使用。亚洲最大的海水淡化

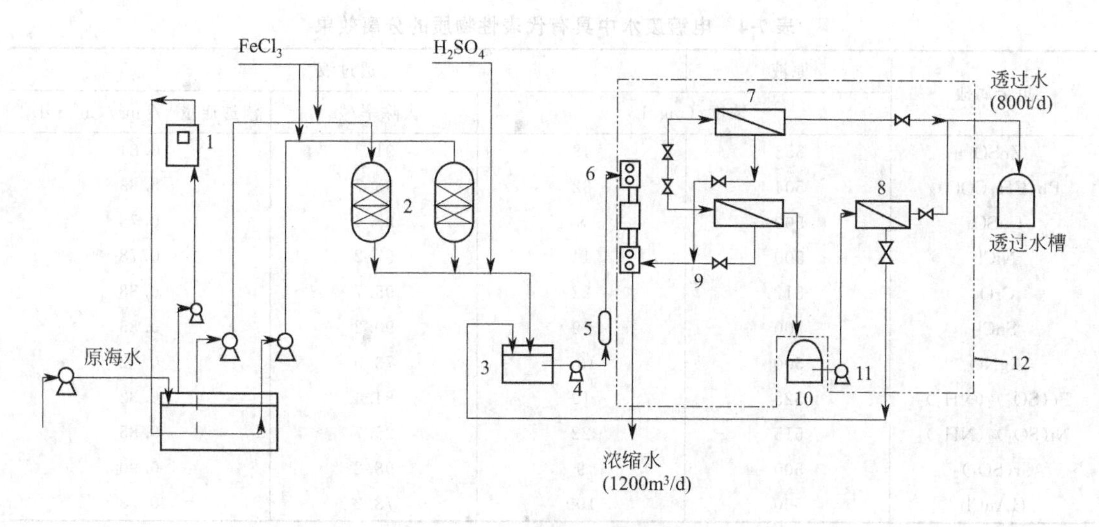

图 7-10 反渗透海水淡化流程图

1—电解氯发生器；2—复层过滤器；3—过滤水槽；4—增压泵；
5—内装式过滤器；6—第一级高压泵电机；7—中空纤维型组件；8—螺旋卷式组件；
9—能量回收透平机；10—中间槽；11—第二级高压泵；12—室内设备

厂——天津大港新泉海水淡化有限公司（见图 7-11），已于 2009 年 7 月全部建成，一期建设海水日处理能力为 10 万吨，最终形成日处理 15 万吨的能力。

图 7-11 天津大港新泉海水淡化厂

（2）用于电镀工厂及电泳涂漆工厂的闭路循环操作 这方面的应用不但可以回收有价值的物料，如镍、铬及氰化物，而且同时也解决了污水排放的问题。反渗透膜对高价重金属离子具有良好的去除效果，特别是重金属的价数越高，越容易分离。

反渗透膜对阳离子的拦截顺序为

$Al^{3+} > Fe^{3+} > Mg^{2+} > Ca^{2+} > Na^{+} > NH_4^{+} > K^{+}$

而对阴离子的拦截顺序为

$$SO_4^{2-} > CO_3^{2-} > Cl^{-} > PO_4^{3-} > F^{-}（与 CN^{-} 相当）> NO_3^{-} > B_4O_7^{2-}$$

在电镀行业中，一般都排放含有大量有害重金属离子的废水。反渗透对高价重金属离子有良好的去除效果，它不仅可以回收废液中几乎全部的重金属，而且还可以将回收水再利用。因此，采用反渗透法处理电镀废水是比较经济的，也是有应用前途的。

美国采用反渗透方法处理电镀工业废水中具有代表性的物质如表 7-4 所示。对锌、镍、镉、铜和铬等重金属盐均有良好的去除效果，而对氯化物的效率为 90%～93%，对硫酸盐的去除效果则较高。

目前我国很多电镀工厂，在电镀废水的回收利用方面，通常是将电镀废水进行常规的化学处理，达到排放标准后再对该水进行反渗透去盐。电镀生产线产生的电镀废水在进行常规的化学处理后，虽然去掉了重金属离子，但水中的非重金属离子和可溶解性盐类等杂质比例还非常高，电导率在 0.15～0.25S/m。这类水的性质和海水差不多，只能用于工厂的卫生间冲洗和有限的景观水，甚至不能长期用于绿化。采用反渗透法对该水过滤去盐处理，可以

表 7-4 电镀废水中具有代表性物质的分离效果

重金属盐	原液	透过液		
	浓度/(mg/L)		去除率/%	渗透通量①/[$m^3/(m^2 \cdot d)$]
$ZnSO_4$	553	48	91.3	0.84
$Pb(CH_3COO)_2$	504	32	93.7	8.83
$CuSO_4$	500	8	98.4	0.78
$NiCl_2$	500	14	97.2	0.78
CrO_3	512	22	95.7	0.88
$SnCl_2$	500	49	90.2	0.85
$AgNO_3$	500	135	73.0	0.92
$Fe(SO_4)_2(NH_4)_2$	525	19	94.4	0.82
$Ni(SO_4)_2(NH_4)_2$	515	22	95.7	0.85
$Cr(SO_4)_2$	500	9	98.2	0.90
$HAuCl_4$	500	109	78.2	0.78

① 在 6.28MPa 下测得。

将水的电导率降低到 0.035～0.045S/m，达到工业用 C 级水的标准。但也只能回用于电镀生产线前处理的部分粗洗，所以这种方法不能实现真正意义上的水的循环利用。图 7-12 为电镀厂所用的反渗透装置。

图 7-12 电镀厂的反渗透装置

由于再生水部分与废水处理部分是相对独立的，对于已有电镀废水处理设施的工厂来说，可以比较方便地增加反渗透装置对排放水进行进一步的净化处理，使之产生有限的回用，并对已有的电镀废水处理设施没有影响和改动。

但由于反渗透方法本身的特性，其生产再生水率最高只有 70%，如果计算电镀线上那些不宜回收而直接排放的水量，整个系统水的回收率仅在 50%左右。这对于国内环境保护要求高的地区（一般工业用水的回收率为 80%～90%）的工厂就必须采用另外的方法。此外，电镀废水虽然进行了常规的化学处理，但还残留有少量的氧化性杂质和有机杂质，这些都会对反渗透过滤膜起中毒和堵塞效应。最后，反渗透再生水处理装置的设备投资和使用维护费用很高。由于目前国内的反渗透系统设备的产品效能还不是很好，所以绝大多数电镀废水处理的反渗透系统设备都是采用国外品牌产品。

(3) 用于食品工业中加工乳浆、果汁浓缩　采用反渗透与超滤相结合的办法，可对分出奶酪后的乳浆进行加工，将其中所含的溶质进行分离，分离出主要含有蛋白质、乳糖以及乳酸的组分，并对每一个组分进行浓缩。

采用蒸发法浓缩果汁会造成各种挥发性醇、醛和酯的损失，造成浓缩汁的质量降低，采用反渗透膜装置可在常温下对果汁及蔬菜汁进行浓缩加工，可保持原有营养成分和口味特性。

典型的干酪乳清蛋白的回收流程如图 7-13 所示。采用这种超滤与反渗透组合技术回收乳清蛋白，在 Stauffer Chemical 公司早已达到年处理量 27.2 万吨的规模。

在制糖过程中对清净汁的浓缩，通常是采用加热蒸发法。但此法需要大量燃料，而且容易发生糖分的热分解。为了克服这些缺点，制糖工业已开始采用反渗透法进行浓缩。不过，由于高浓度的糖液具有较高的渗透压（蔗糖的饱和溶液，约为 67% 水溶液，渗透压为 200atm 左右），采用反渗透法进行浓缩有一定限度。在进行糖液的反渗透浓缩时，当糖的浓度超过 360g/L 后，浓缩能力将急剧下降。

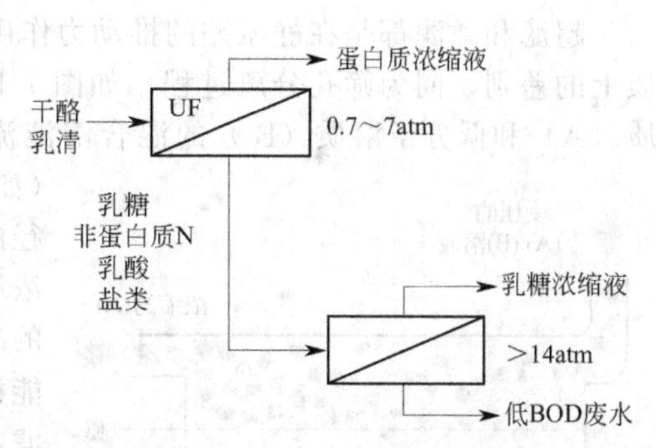

图 7-13　典型的干酪乳清蛋白回收流程

表 7-5 为分别采用蒸发和反渗透法蒸发 1kt 水的费用对比情况。可见，反渗透法比蒸发法的费用节省很多。另外，从反渗透法所用的设备费用来看，每天从系统中除去 1t 水的设备费是 200 英镑，这个数字比同容积蒸发法的设备费（蒸发罐＋锅炉）便宜。

表 7-5　电镀废水中具有代表性物质的分离效果

方　法	蒸　发　法	反 渗 透 法
燃料	220	—
电力	6	26.4
膜	—	72
蒸发罐清洗	3	—
合计	229	98.4

（4）油水乳液的分离　在金属加工操作中，油水乳液用于润滑及冷却工具及工作台。这样，废油水乳液中就夹带有金属。用超滤膜对乳化油废水处理对，由于低分子透过膜，所以 COD（chemical oxygen demand，化学耗氧量）和 BOD（biochemical oxygen demand，生化耗氧量）的分离率不高。采用超滤膜与反渗透联用时，将超滤的透过水再经反渗透作深度处理，这种乳液的流程如图 7-14 所示。经 RO 处理后，不仅可以得到环保允许排放的水，还可得浓缩的油相，而后者可以很容易地焚烧掉或者进一步精炼以得出可以回用的油。

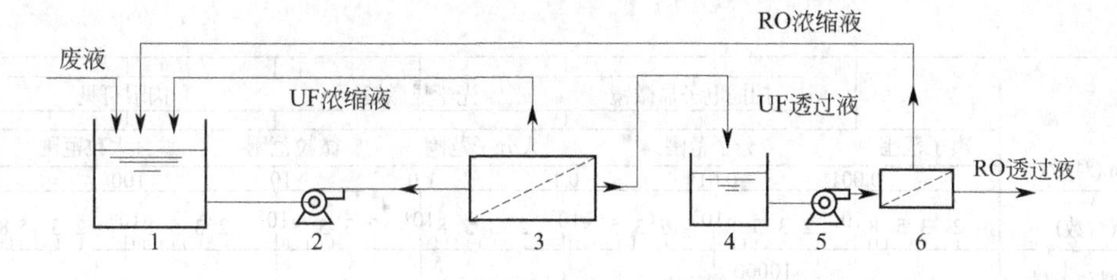

图 7-14　用反渗透对超滤透过液的深度处理

1，4—储槽；2，5—泵；3—UF；6—RO

7.3　超滤和微滤

7.3.1　过程原理

超滤是通过膜的筛分作用将溶液中大于膜孔的大分子溶质截留，使这些溶质与溶剂及小分子组分分离的过程。微滤是利用微孔膜孔径的大小，以压差为推动力，将滤液中大于膜孔径的微粒、细菌及悬浮物质等截留下来，达到除去滤液中微粒的目的。

超滤和微滤都是在静压差的推动力作用下进行的液相分离过程，从原理上说并没什么本质上的差别，同为筛孔分离过程，如图 7-15 所示。在一定的压力作用下，当含有高分子溶质（A）和低分子溶质（B）的混合溶液流过膜表面时，溶剂和小于膜孔径的低分子溶质（如无机盐）透过膜，成为渗透液被搜集。大于膜孔径的高分子溶质（如有机胶体），则被膜截留而作为浓缩液回收。当然，膜孔径在分离过程中不是唯一的决定因素，膜表面的化学性质也很重要。通常，能截留相对分子质量 $500\sim10^6$ 的膜分离过程称为超滤，只能截留更大分子（通常称为分散颗粒）的膜分离过程称为微滤。

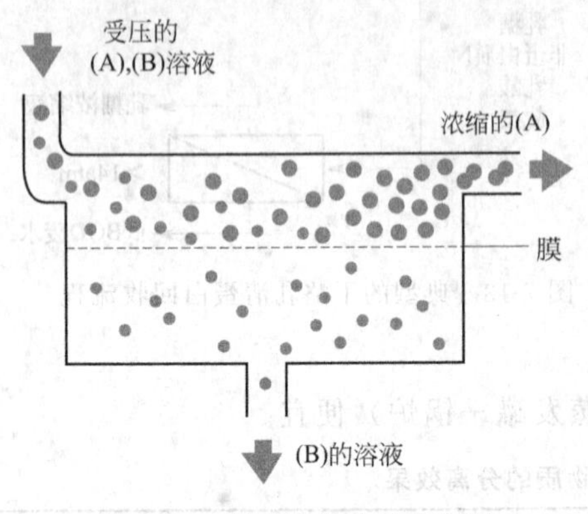

图 7-15　超滤和微滤工作原理

超滤和微滤都是以压差为推动力，分离的主要机理是膜的筛分作用。通常，微滤过程采用多孔膜，孔径在 0.05～10μm 范围内，用于分离或纯化直径在 0.02～10μm 范围内的微粒、细菌等液体。由于微滤所分离的粒子通常远大于用反渗透和超滤分离溶液中的溶质及大分子，基本上属于固液分离，不必考虑溶液渗透压的影响，过程的操作压差为 0.01～0.2MPa，膜的渗透通量远大于反渗透和超滤。微滤在工业上主要用于无菌液体的生产、超纯水的制造和空气过滤。

在超滤过程中，膜孔的大小和形状对分离起主要作用，一般认为膜的理化性质对分离性能影响不很大。由于超滤过程的对象是大分子，膜的孔径常用截留分子量来表征。常用的膜为非对称膜，表面活性层的微孔孔径为 1～20nm，截留分子量为 $5\times10^5\sim500\times10^5$。由于超滤截留溶液中的大分子溶质，溶液的渗透压比反渗透过程溶液的渗透压低，因此操作压差比反渗透过程低，通常为 0.1～1.0MPa。

超滤、微滤和反渗透均是以压差作为推动力的膜分离过程，它们组成了可以分离溶液中的离子、分子、固体微粒这样一个三级分离过程，其分工及范围见图 7-16。根据所要分离物质的不同，选用不同的方法。但也需说明，这三种分离方法之间的分界并不十分严格。表 7-6 列出了超滤、微滤和反渗透过程的原理和操作性能，以供比较。

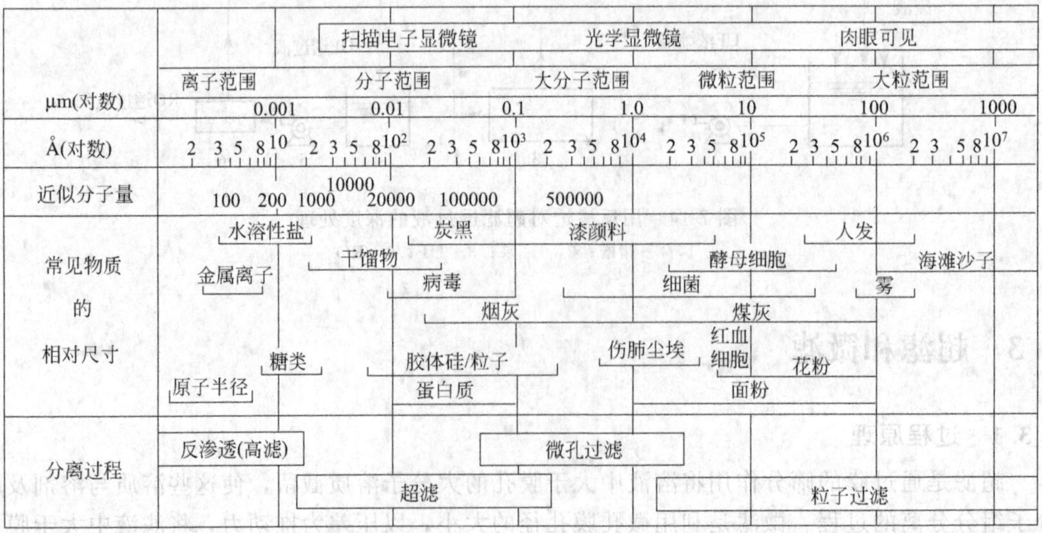

	扫描电子显微镜　光学显微镜　肉眼可见
	离子范围　分子范围　大分子范围　微粒范围　大粒范围
μm(对数)	0.001　0.01　0.1　1.0　10　100　1000
Å(对数)	2 3 5 8 10　2 3 5 8 10^2　2 3 5 8 10^3　2 3 5 8 10^4　2 3 5 8 10^5　2 3 5 8 10^6　2 3 5 8 10^7
近似分子量	100　200　1000　10000　20000　100000　500000
常见物质的相对尺寸	水溶性盐　炭黑　漆颜料　人发　干馏物　酵母细胞　海滩沙子　金属离子　病毒　细菌　雾　烟灰　煤灰　糖类　胶体硅/粒子　伤肺尘埃　红血细胞　花粉　原子半径　蛋白质　面粉
分离过程	反渗透(高滤)　微孔过滤　超滤　粒子过滤

图 7-16　超滤、微滤和反渗透的适用范围（$1Å=10^{-10}$m）

表 7-6　超滤、微滤和反渗透的比较

项　目	反　渗　透	超　　滤	微　滤
膜	表层致密的不对称膜	不对称微孔膜	微孔膜
操作压差/MPa	2～10	0.1～0.5	0.01～0.2
分离物质	相对分子质量小于 500 的小分子物质	相对分子质量大于 500 的分子至细小胶体微粒	粒径大于 0.1μm 的粒子
分离机理	非简单筛分，膜物化性能起主要作用	筛分，但膜物化性能有影响	筛分
水通量/[$m^3/(m^2 \cdot d)$]	0.1～2.5	0.5～5	200～2000

7.3.2　过程与操作

与反渗透过程相似，超滤、微滤过程也必须克服浓差极化和膜孔堵塞带来的影响。一般而言，超滤和微滤的膜孔堵塞问题十分严重，往往需要高压反冲技术予以再生。因此在设计微滤、超滤过程时，除像设计反渗透过程一样，注意膜面流速的选择、料液的湍动、预处理以及膜的清洗等因素以外，尚需特别注意对膜的反冲洗以恢复膜的通量。

由于超滤过程膜通量远高于反渗透过程，因此其浓差极化更为明显，很容易在膜面形成一层凝胶层。此后膜通量将不再随压差增加而升高，这一渗透量称为临界渗透通量。对于一定浓度的某种溶液而言，压差达到一定值后渗透通量达到临界值，所以实际操作应选在接近临界渗透通量附近，此时压差一般为 0.4～0.6MPa，过高的压力不仅无益而且有害。

超滤过程操作一般均呈错流，即料液与膜面平行流动，料液流速影响着膜面边界层的厚度。提高膜面流速有利于降低浓差极化影响，提高过滤通量，这与反渗透过程机理是类似的。微滤过程以前大都采用折褶筒过滤，属终端过滤，对于固相含量高的料液无法处理。近年来发展起来的错流微滤技术，过程类似于反渗透和超滤。

微滤、超滤过程的操作压力、温度以及料液预处理、膜清洗过程的原理与反渗透极为相似，但其操作过程亦有自己的特点。超滤过程常用的操作模式有三种。

（1）单段间歇操作　如图 7-17 所示。在超滤过程中，为了减轻浓差极化的影响，膜组件必须保持较高的料液流速，但膜的渗透通量较小，所以料液必须在膜组件中循环多次才能使料液浓缩到要求的程度，这是工业过滤装置最基本的特征。图 7-17 所示两种回路的区别在于，闭式回路中料液从膜组件出来后不进料液槽，而直接流至循环泵入口，这样输送大量循环液所需能量仅仅是克服料液流动系统的能量损失；而开式回路中的循环泵除了需提供料液流动系统的能量损失外，还必须提供超滤所需的推动力即压差，所以闭式回路的能耗低。

（2）单段连续操作　如图 7-18 所示。与间歇操作相比，其特点是超滤过程始终处于接近浓缩液的浓度下进行，因此渗透量与截留率均较低。为了克服此缺点，可采用多段连续操作。

（3）多段连续操作　如图 7-19 所示。各段循环液的浓度依次升高，最后一段引出浓缩液。因此，前面几段中料液可以在较低的浓度下操作。这种连续多段操作适用于大规模工业生产。

7.3.3　应用简介

（1）超滤的应用　超滤技术广泛用于微粒的脱除，包括细菌、病毒和其他异物的除去，在食品工业、电子工业、水处理工程、医药、化工等领域已经获得广泛的应用。

在水处理领域中，超滤技术可以除去水中的细菌、病毒和其他胶体物质，因此用于制取电子工业超纯水、医药工业中的注射剂、各种工业用水的净化以及饮用水的净化。

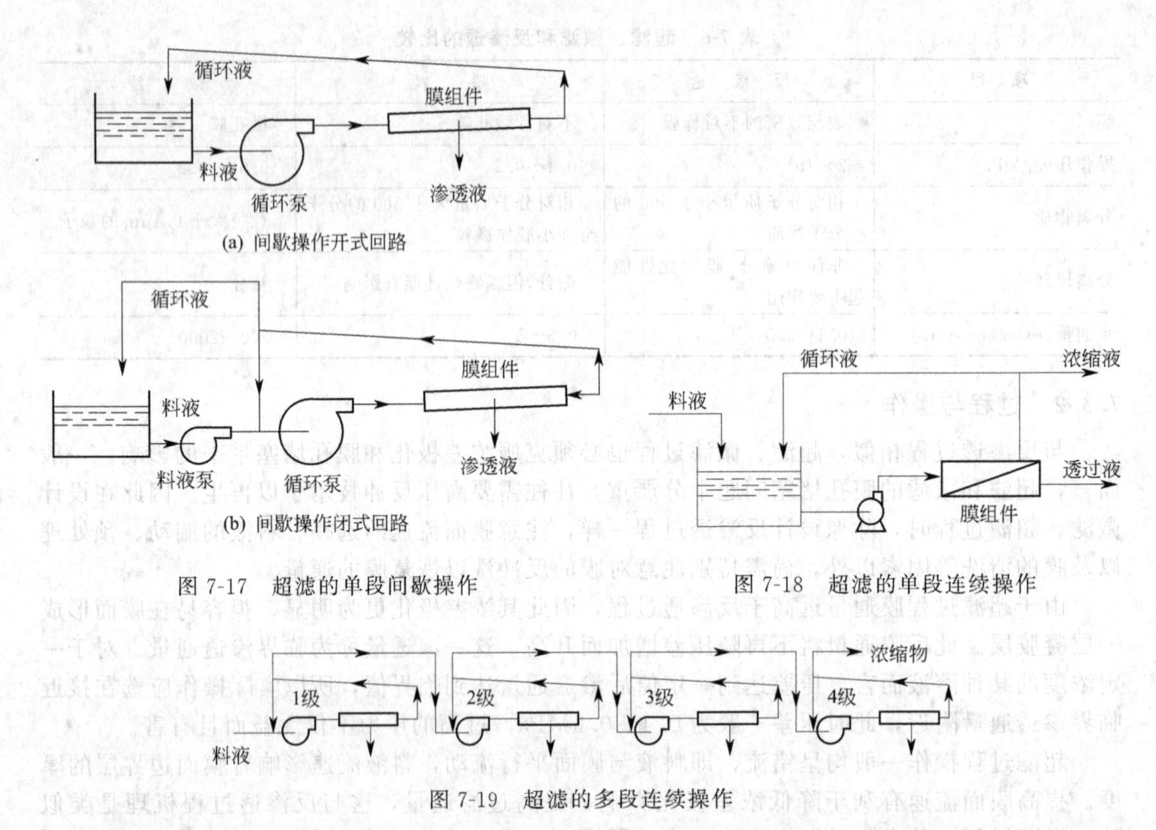

图 7-17 超滤的单段间歇操作

图 7-18 超滤的单段连续操作

图 7-19 超滤的多段连续操作

在食品工业中，乳制品、果汁、酒、调味品等生产中逐步采用超滤技术。如牛奶或乳清中蛋白和低分子量的乳糖与水的分离，果汁澄清和去菌消毒，酒中有色蛋白、多糖及其他胶体杂质的去除等，酱油、醋中细菌的脱除，较传统方法显示出经济、可靠、保证质量等优点。

在医药和生物化工生产中，常需要对热敏性物质进行分离提纯，超滤技术对此显示其突出的优点。用超滤来分离浓缩生物活性物（如酶、病毒、核酸、特殊蛋白等）是相当合适的。从动、植物中提取的药物（如生物碱、荷尔蒙等），其提取液中常有大分子或固体物质，很多情况下可以用超滤来分离，使产品质量得到提高。

在废水处理领域，超滤技术用于电镀过程淋洗水的处理是成功的例子之一。在汽车和家具等金属制品的生产过程中，用电泳法将涂料沉积到金属表面上后，必须用清水将产品上吸着的电镀液洗掉。洗涤得到含涂料 1%～2%的淋洗废水，用超滤装置分离出清水，涂料得到浓缩后可以重新用于电涂，所得清水也可以直接用于清洗，即可实现水的循环使用。目前国内外大多数汽车工厂使用此法处理电涂淋洗水。

超滤技术也可用于纺织厂废水处理。纺织厂退浆液中含有聚乙烯醇（PVA），用超滤装置回收 PVA，清水回收使用，而浓缩后的 PVA 浓缩液可重新上浆使用。

随着新型膜材料（功能高分子、无机材料）的开发，膜的耐温、耐压、耐溶剂性能得以大幅度提高，超滤技术在石油化工、化学工业以及更多的领域应用将更为广泛。

(2) 微滤的应用 微滤主要用于除去溶液中大于 0.05μm 左右的超细粒子，其应用十分广泛，在目前膜过程商业销售额中占首位。

在水的精制过程中，微滤技术可以除去细菌和固体杂质，可用于医药、饮料用水的生产。在电子工业超纯水制备中，微滤可用于超滤相反渗透过程的预处理和产品的终端过滤。

微滤技术亦可用于啤酒、黄酒等各种酒类的过滤，以除去其中的酵母、霉菌和其他微生物，使产品澄清，并延长存放期。

微滤技术在药物除菌、生物检测等领域也有广泛的应用。

7.4 电渗析

电渗析是以电位差为推动力，利用离子交换膜的选择透过特性使溶液中的离子定向移动，以达到脱除或富集电解质的膜分离技术。目前电渗析主要用于溶液中电解质的分离。

7.4.1 电渗析原理

离子交换膜有两种类型：基本上只允许阳离子透过的阳膜（以 C 表示）和只允许阴离子透过的阴膜（以 A 表示）。它们交替排列组成若干平行通道，如图 7-20 所示。通道宽度为 1～2mm，其中放有隔网避免阳膜和阴膜接触。在外加直流电源的作用下，料液流过通道时 Na^+ 之类的阳离子向阴极移动，穿过阳膜，进入浓缩室，而浓缩室中的 Na^+ 则受阻于阴膜而被截留。同理，Cl^- 之类的阴离子将穿过阴膜向阳极方向移动，进入浓缩室，而浓缩室中的 Cl^- 则受阻于阳膜而被截留。于是，浓缩液与淡化液得以分别收集。另外，阳极室和阴极室分别发生氧化和还原反应，生成电极反应产物。

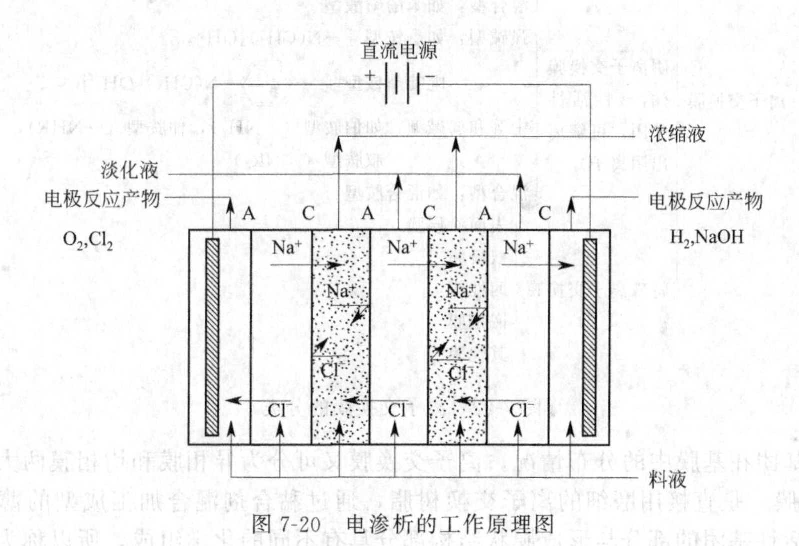

图 7-20 电渗析的工作原理图

电渗析的传递十分复杂，有以下传递现象发生。

① 反离子迁移，指与膜所带电荷相反的离子穿过膜的传递现象。这种迁移是电渗析的主要传递过程，电渗析正是利用这种迁移达到分离的。

② 同性离子迁移，指与膜上固定离子电荷相同的离子通过膜的传递现象。这种迁移是由于在阳膜中进入了少量阴离子，阴膜中进入了少量阳离子引起的。

③ 电解质渗析。由于膜两侧浓缩室和淡化室的浓度差，使电解质从浓缩室向淡化室扩散。

④ 溶剂（水）渗透。随着电渗析过程的进行，淡化室中溶剂（水）的含量增加，由于渗透压的作用，淡化室中溶剂（水）向浓缩室渗透。

⑤ 水的电渗析。由于离子的水合作用，在反离子和同性离子迁移时，携带一定的水分子迁移。

⑥ 压差渗漏。由于膜两侧的压力差，造成溶液从高压侧向低压侧渗漏。

⑦ 水的电解，当发生浓差极化时，水电离产生的 H^+ 和 OH^- 也可通过膜。

在电渗析过程中，除反离子迁移以外的传递现象都将使电渗析过程的效率降低、能耗增加，应尽可能避免这些传递现象的发生。

7.4.2 离子交换膜及其性质

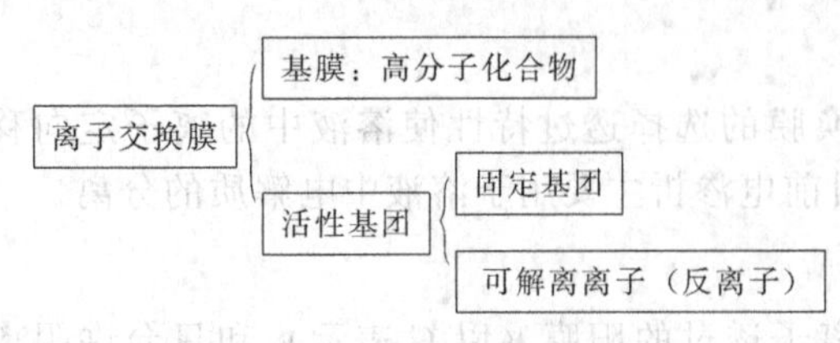

图 7-21 离子交换膜的结构

(1) 结构和分类

离子交换膜被誉为电渗析的“心脏”，是一种膜状的离子交换树脂，其结构可简单表示如图 7-21 所示。

按膜中所含活性基团的种类，可分为阳离子交换膜、阴离子交换膜和特殊离子交换膜三大类，如图 7-22 所示。

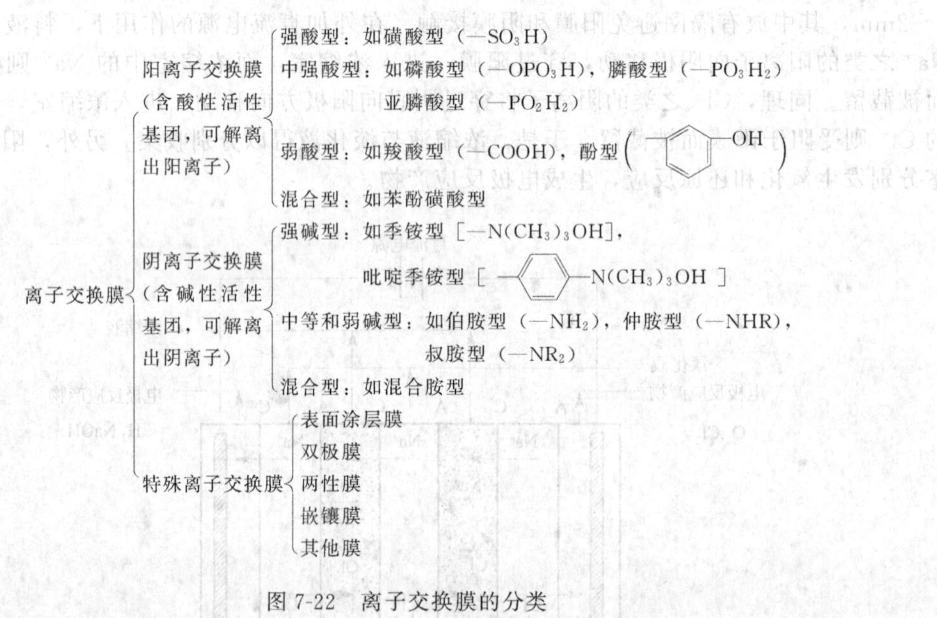

图 7-22 离子交换膜的分类

按活性基团在基膜中的分布情况，离子交换膜又可分为异相膜和均相膜两大类。

① 异相膜 是直接用磨细的离子交换树脂，通过黏合剂混合加工成型的薄膜。其中含有离子交换活性基团的部分与形成膜状结构部分具有不同的化学组成，所以称为异相膜或非均相膜。由于这类膜中含有黏合剂，膜的各部分显得很不均匀，且黏合剂有把活性基团包住的倾向，所以膜电阻较大，选择透过性也较低。但在水处理方面，异相膜的电化学性能已基本上满足给水除盐的要求，并具有工艺成熟、供应量大、价格较低等优点，故目前仍大量应用。随着膜技术的迅速发展，异相膜将逐步被均相膜所取代。

② 均相膜 是不含黏合剂的离子交换膜。通常是在高分子基膜上直接接上活性基团而得的离子交换膜，或用含活性基团的高分子树脂的溶液直接制得的膜，称为均相膜。这种膜中，离子交换活性基团的分布是均匀的，膜的整体结构是均一的化学结合。均相膜厚度较小，电化学性能好，但目前因制作复杂，价格较高。

(2) 选择透过性 离子交换膜对离子的选择透过性主要来自两个方面：膜中孔隙和基膜上带固定电荷的活性基团。

膜中孔隙是离子通过膜的通道。从正面看是直径为 $10^{-7}\sim10^{-6}$ m 的微孔，从侧面看是一条条弯弯曲曲的通道，只有水力半径小于膜孔的离子才能通过膜，这种作用称为“筛分作用”。

当带有活性基团的离子交换膜浸入水溶液时，膜吸水溶胀，促使活性基团离解，产生的反离子进入水溶液。于是，在膜上留下了带有一定电荷的固定基团。这些存在于膜孔隙中带一定电荷的固定基团，好比狭长通道上的一个个“卫士”，对进入的离子依据同性相斥、异性相吸的原理进行鉴别和选择。因而在外加直流电场的作用下，溶液中带正电荷的阳离子可被带负电荷固定基团的阳膜吸引、传递而通过孔隙进入膜的另一侧；而带负电荷的阴离子则受到排斥和阻挡，不能通过孔隙进入膜的另一侧。相反，带正电荷固定基团的阴膜可被阴离子通过而排斥阻挡阳离子。这就是离子交换膜对离子的选择透过性。

（3）制备　制备离子交换膜的高分子材料最常用的是聚乙烯、聚丙烯、聚氯乙烯、氟碳高聚物等苯乙烯接枝高聚物。

异相膜一般通过以下方法制备：①将离子交换树脂和用作黏合剂的成膜聚合物，如聚乙烯、聚氯乙烯等以及其他辅料一起通过压延或模压方法成膜；②将离子交树脂均匀分散到成膜聚合物的溶液中浇铸成膜，然后蒸发除去溶剂；③将离子交换树脂分散到仅部分聚合的成膜聚合物中浇铸成膜，最后完成聚合过程。

均相膜的制备方法可归纳为三种类型：①多组分共聚或缩聚成膜，其中必有一组分带有或可带有活性基团；②先用赛璐玢、聚乙烯醇、聚乙烯、聚苯乙烯等制成底膜，然后再引入活性基团；③将聚砜之类的聚合物溶解，然后在其链节上引入活性基团，最后浇铸成膜，蒸发除去溶剂。

7.4.3　电渗析设备与操作

（1）电渗析设备的结构　电渗析器主要由膜堆、极区及夹紧装置三个部分组成，如图 7-23 所示。

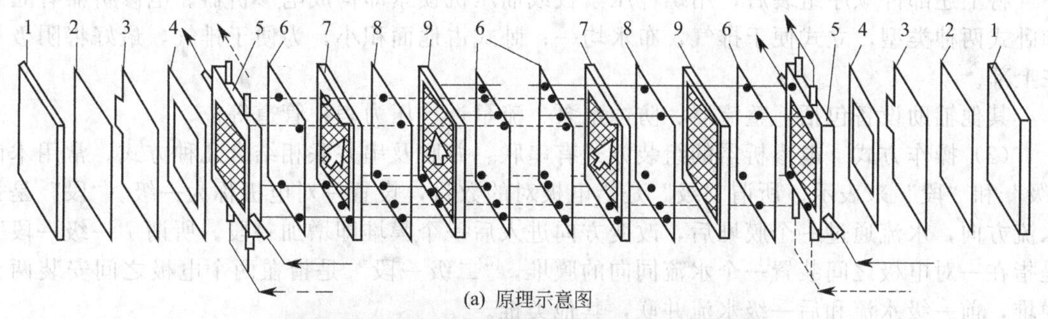

(a) 原理示意图

(b) 设备图

图 7-23　电渗析器

1—压紧板；2—垫板；3—电极；4—垫圈；5—导水、极水板；6—阳膜；7—淡水隔板框；8—阴膜；9—浓水隔板框膜堆位于电渗析器的中间，由浓、淡水隔板和阴、阳离子交换膜交替排列构成浓水室和淡水室。常见的浓、淡水隔板分回流式和直流式两种，如图 7-24 所示。常用材料有聚氯乙烯硬板、聚丙烯板、改性聚丙烯板或合成橡胶板等，一般厚度为 0.5～2mm。为使阴、阳膜保持一定距离，并使水流湍动，一般在隔板框内加入隔网，网的形式有鱼鳞网、编织网和挤压网等。在隔板框上设有进出水孔，通常为圆形或矩形，用它构成浓、淡水室水流内流道。在隔网与水孔之间有布水道，其截面积以小为宜，应注意不使积留固体颗粒，水流线速度取 2～3m/s。

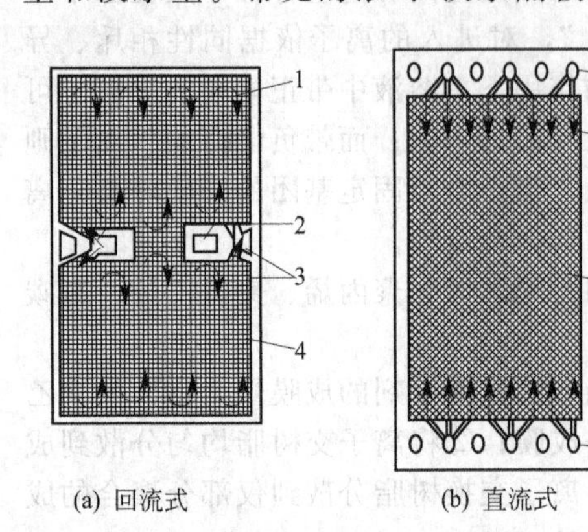

图 7-24　浓、淡水隔板
1,6—料液流道；2,5—进水孔；
3,8—出水孔；4,7—隔网

阴、阳极区分别位于膜堆两侧，包括电极和极水隔板。电极与直流电源相连，为电渗析器供电。极水隔板比浓、淡水隔板厚，内通极水，供传导电流和排除废气、废液之用。电极的形式有板状、网状及金属细棒状多种。电极材料应耐腐蚀、导电性能好、超电位低、机械强度高、价格便宜且易得，常用的有二氧化钌电极、石墨电极、不锈钢电极等。

根据需要，在电极室和膜堆之间可设保护室隔板和隔膜。另外，膜堆两侧还应具备导水板，多采用电极框兼作。

将上述部件顺序组装后，用螺杆压紧板或油压机锁紧即构成电渗析器。电渗析器有立式和卧式两种类型，立式便于排气，布水均一；卧式占地面积小，为便于排气，最好将阴极装在上部。

其他辅助设备包括：整流器、防蚀水泵、流量计、压力表、管道等。

(2) 操作方式　电渗析器的组装方式有串联、并联及串并联相结合几种方式。常用术语“级”和“段”来表示。所谓“级”是指电极对的数目，设置一对电极称为一级。“段”是指水流方向，水流通过一个膜堆后，改变方向进入后一个膜堆即增加一段。所谓“一级一段”，是指在一对电极之间装置一个水流同向的膜堆，“二级一段”是指在两个电极之间安装两个膜堆，前一级水流和后一级水流并联，其他类推。

为了减轻浓差极化的影响，在电渗析器的淡化室中电流密度不能很高，应低于极限电流密度，而水流则应保持较高的速度（一般为 5～15cm/s）。所以水流通过淡化室一次能够除去的离子量是有限的，用电渗析脱盐时应根据原水含盐量与脱盐要求采用不同的操作流程。对于含盐量很少和脱盐要求不高的情况，水流通过淡化室一次即可达到要求，否则盐水需通过淡化室多次才能达到要求。为此可采用以下的电渗析器结构和操作流程。

① 二段电渗析器　如图 7-25 所示。含盐原水经淡化室淡化一次后，再串联流经另一组淡化室淡化，以提高脱盐率。

② 多台电渗析器串联连续操作　如图 7-26 所示。第 1 台电渗析器脱盐后，又继续在第 2、3 台电渗析器中进一步脱盐，以期达到较高的脱盐率。

③ 循环式脱盐　如图 7-27 所示。间歇循环式脱盐流程中，原水一次加入循环槽，用泵送入电渗析器进行脱盐，从电渗析流出的水回循环槽，然后再用泵送入电渗析器。这样，原水每经电渗析器一次，脱盐率提高一步，

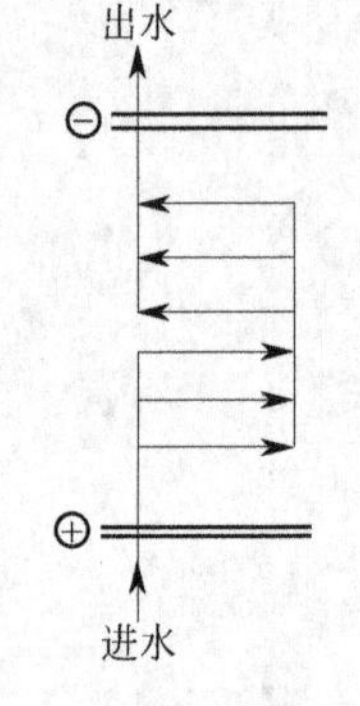

图 7-25　二段电渗析器

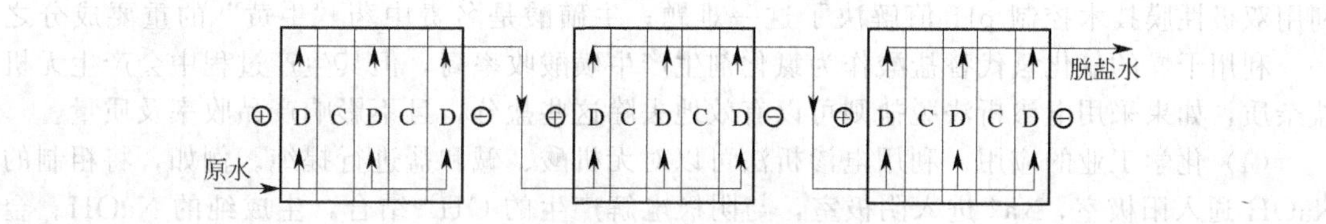

图 7-26 多台电渗析器串联操作

C—浓缩室；D—脱盐室

直到脱盐率达到要求为止。循环式脱盐也可以连续操作，此时循环水的一部分作为淡化水连续导出，同时连续加入原水。

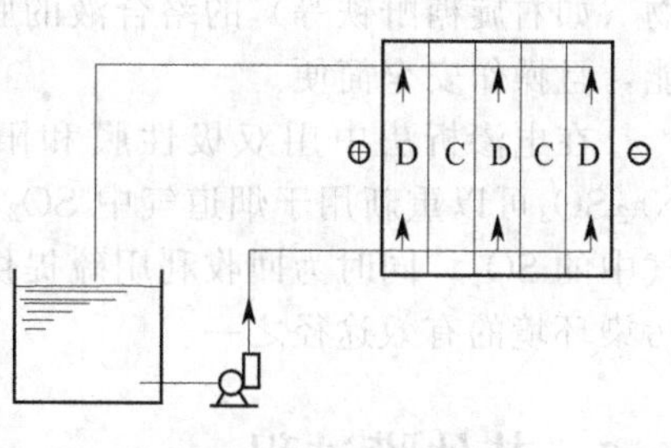

图 7-27 循环式脱盐操作

C—浓缩室；D—脱盐室

7.4.4 电渗析的应用

电渗析最早应用于苦咸水淡化。1952 年，美国 Lomos 公司制成世界上第一台电渗析装置，应用于苦咸水淡化，随后这项新技术便在欧洲等发达国家迅速推广。20 世纪 60 年代初，日本又将电渗析技术广泛应用到浓缩海水制盐等方面。目前，我国的电渗析技术已成功地用于海水淡化、苦咸水淡化和各种纯水制备。电渗析技术具有较强的抗污染能力，对原水的水质要求相对较低，目前广泛应用于饮用水、工业废水、医药用水处理以及食品、化学工业等领域，并取得了良好效果。

(1) 饮用水及过程水的应用　1998 年 4 月，山东潍坊在渤海湾地区建成一座电渗析苦咸水淡化站，将含盐量为 3500mg/L 的苦咸水淡化到含盐量为 500mg/L 的饮用水，淡化 $1m^3$ 海水总能耗为 2.4kW·h。2005 年 6 月，黄骅市官庄乡官庄村安装了 $2.5m^3/h$ 电渗析苦咸水淡化设备一套，并调试成功，开始向全乡群众供应净化水。含盐量为几百 mg/L 的原水制取纯水，一般采用离子交换法。若盐水浓度太高，则适合用电渗析法做离子交换的前处理。先脱除原水中的大部分盐分，减轻离子交换的负担，延长其使用周期。在制取高纯水时把两者结合起来使用，往往会产生很好的技术效果和经济效果。

电渗析技术还广泛应用于浓缩海水制盐。日本的制盐基本上都是用电渗析法，此方法与传统盐田法制盐相比有许多优点，如占地面积小，投资少，不受外界环境影响，易于实现自动化。我国在西南地区采用电渗析法将盐泉卤水制盐，使 NaCl 的含量稳定提高到 120g/L，与原来采用的单纯熬盐法相比，产量增加而成本降低。

(2) 工业医药废水处理　电渗析可用于重金属废水、电镀废水等的处理，提取废水中的金属离子等，既能回收水和有用资源，又减少污染排放，保护了环境。电渗析法与离子交换法结合从酸洗废液中回收重金属和酸的工艺已在工业上应用。1986 年，我国在浙江省邮电印刷厂安装了一套电渗析和离子交换联合设备，用于处理含铜废水，经处理后的废水含铜量为 100mg/L，pH 值为 6～7，达到允许排放的标准。

(3) 食品工业的应用　乳酸是一种重要有机酸，一般都采用发酵法制备。但由于发酵液组分比较复杂，从中提取含量较低的乳酸相当困难，而用电渗析法将乳酸等电解质离子和发酵液中其他大分子糖以及中性物质等分开，节约原材料，降低成本，大大提高产率。该技术还可用于柠檬酸、苹果酸和其他有机酸的分离。

电渗析在食品工业中的应用还有：利用电渗析技术对酱油进行脱盐处理，可以制得低盐酱油并基本保持酱油原有风味；从海带浸泡液中提取甘露醇，通常采用电渗析除盐精制；在苹果汁的生产中，刚生产出来的果汁很快会发生催化反应，使口味变差，颜色变成褐色，而利用双极性膜技术控制 pH 值解决了这一难题；牛磺酸是名贵中药“牛黄”的重要成分之一，利用干燥的氯化氢代替盐酸作为氯化剂生产牛磺酸收率高，但其生产过程中会产生无机盐杂质，如果采用电渗析法脱盐则可以有效地去除这些盐分，且不影响产品收率及质量。

（4）化学工业的应用　利用电渗析法可以对无机酸、碱和盐进行提纯。例如，将粗制的 NaOH 通入阳极室，Na^+ 进入阴极室，与阴极电解产生的 OH^- 结合，生成纯的 NaOH。金属元素的分离也可以运用电渗析法，如可以采用电渗析与配位化学结合的方法分离金属离子，也可以利用离子迁移速度的不同来进行分离。现在电渗析法还开始研究用于高分子聚合物（如右旋糖酐铁等）的络合液的脱盐浓缩处理，此方法相对于传统的醇沉法更为经济节能，且操作安全简便。

在电渗析法中用双极性膜和阳膜还可以实现 $NaHSO_3$ 向 Na_2SO_3 的转化，转化成的 Na_2SO_3 可以重新用于烟道气中 SO_2 的吸收，又变成 $NaHSO_3$。利用此技术不仅可以清除废气中的 SO_2，同时为回收利用硫提供了一种方法，是解决电厂、冶金厂等大量气体排放从而污染环境的有效途径之一。

7.5 其他膜过程

7.5.1 气体膜分离

7.5.1.1 概述

混合气体的组分分离，有多种常规方法可供选用。分离少量组分时，常用吸收或吸附。组分沸点相近或需分离成较纯组分时，则使混合气体在液化条件下用精馏分离。

混合气体的膜分离操作也称为气体渗透。所用的膜是致密膜，它以压力差为推动力，依据气体组分在膜内的溶解度和扩散系数的差别进行分离。气体膜分离操作既无相变化，又不用分离剂（吸收剂或吸附剂），是一种节能的分离方法。早在 1831 年，J. Y. Mitchell 发表了气体对膜渗透的论文。1866 年，T. Graham 提出了气体渗透的机理。但由于透气速率极低，没有工业应用。反渗透的开发促进了气体渗透，20 世纪 70 年代才有气体膜分离工业应用的报道。

7.5.1.2 气体渗透膜

气体渗透用无孔的致密膜。一般来说，所有的膜对气体都是可透的，只要在膜的两侧存在压力差，就会发生气体的渗透。气体透过膜的步骤是：①气体流向膜，与膜面接触；②气体溶入膜表面；③气体在浓度差的推动下，在膜内扩散，到达膜的另一表面；④气体从膜表面释出。由于气体渗透的机理是气体在膜内的溶解与扩散，膜的透气速率就取决于气体在膜内的溶解度和扩散系数，因而表述膜透气特性的渗透系数，是溶解度系数和扩散系数的乘积。表 7-7 给出了不同膜材料对 He、O_2、N_2 和 CO_2 的渗透系数值。

表 7-7　一些高分子膜材料的气体渗透系数

膜	温度/℃	渗透系数×10^{10}/($cm^3 \cdot cm \cdot cm^{-2} \cdot s \cdot cmHg$)			
		He	O_2	N_2	CO_2
聚二甲基硅氧烷	20	216	352	181	1120
天然橡胶	25	—	23.4	9.5	154
聚丁二烯	25	—	19.0	6.45	138
乙基纤维素	25	53.4	14.7	4.43	113
低密度聚乙烯	25	4.93	2.89	0.97	12.6
聚苯乙烯	20	16.7	2.01	0.315	10.0

续表

膜	温度/℃	渗透系数$\times 10^{10}$/($cm^3 \cdot cm \cdot cm^{-2} \cdot s \cdot cmHg$)			
		He	O_2	N_2	CO_2
聚碳酸酯	25	19	1.40	0.3	8.0
高密度聚乙烯	25	1.41	0.41	0.143	3.62
聚醋酸乙烯	20	9.32	0.225	0.032	0.676
聚氯乙烯	25	2.20	0.044	0.012	0.149
醋酸纤维素	22	13.6	0.43	0.14	—
尼龙 6	30	—	0.038	0.01	0.16
聚丙烯腈	20	0.44	0.0018	0.0009	0.012
聚偏氯乙烯	20	0.109	0.00046	0.00012	0.0014
聚乙烯醇	20	0.0033	0.00052	0.00045	0.00048

注：1cmHg=1333.22Pa。

混合气体中各组分透过膜的推动力是分压差。即使膜两侧的总压相等，只要组分有分压差，仍然会出现该组分从高分压侧向低分压侧渗透。若混合气体中各组分的渗透系数有差别，则易渗组分富集于膜的低压侧，同时难渗组分浓集于留下的气体中，从而实现了组分分离。

气体渗透用膜，按材质分为无机的和有机的。无机膜是金属箔和玻璃膜，有机膜就是高分子聚合物制的膜。

高压的氢气能够透过钢板。氢气对钯、铁、镍、铜、铝、铂等金属箔的渗透系数中，对钯的渗透系数最大，钯箔（厚 0.05～0.1mm）和钯银合金箔用于渗透法制备高纯氢，一次渗透就能提纯到 99.99%以上。

玻璃膜是用熔石英、石英玻璃制成的毛细管膜。它在高温下操作，用于透过并净化氢气或氦气。

无机膜的气体渗透系数小，玻璃膜又比金属膜小。由于可在高温下操作，温度升高可使渗透系数增大，从而得到一些补偿。

渗透用的高分子膜，膜体没有孔道。由于高分子链热振动的结果，随机地形成的间隙（<1nm），作为透过气体分子的通道。如果膜上有了直径大于 1nm 的针孔，气体分子就穿孔流过，降低了膜的选择性。因而无孔膜的渗透系数与膜的材质和处理有关，与气体分子的尺寸和性质有关，并与膜和气体分子的相互作用有关。

各种因素对渗透系数的影响，就是对溶解度系数和扩散系数影响的综合。氢气、氦气的分子直径小，扩散系数大，因而渗透系数也大。在玻璃化温度以上的聚合膜，分子链剧烈旋转，扩散系数大；低于玻璃化温度时，聚合物转变为准晶态，由于气体不溶于结晶，不能在晶体区域内扩散，因此结晶度高的膜扩散系数下降。溶胀的膜的渗透系数提高，特别是水分溶入的影响显著，这是由于气体在水中的扩散系数高得多。气体在致密膜中的溶解，服从 Hery 定律，因之溶入浓度与其分压成正比。低于玻璃化温度时，膜内出现微孔，这时气体的溶解和表面的吸附同时起作用，渗透情况就复杂得多。

对气体渗透膜的基本要求是高的透气速率和高的选择性，并能在高的压力下操作。提高操作温度，扩散系数增加得较多，溶解度系数降低得较少，总的结果是提高了渗透系数，但实用时还需考虑膜的强度和升温耗费的热量。提高操作压力对提高渗透系数总是有利的，但需核算设备和运行费用，应尽量利用料气原有的压力。

7.5.1.3　膜组件

气体分离膜在具体应用时，必须将其装配成各种膜组件。气体分离膜组件常见的有平板式、卷式和中空纤维式三种。

平板式组件的主要优点是制造方便，且平板式膜的渗透选择皮层可以制得比非对称中空纤维膜的皮层薄2～3倍，但它的主要缺点是膜的装填密度太低。如图7-28(a)所示，是德国GKSS公司开发的平板式气体分离膜组件，膜的装填密度仅有$656.2m^2/m^3$。中空纤维组件的主要优点是膜的装填密度很高，图7-28(c)所示是Monsanto公司开发的中空纤维Prism组件，膜的装填密度高达$9842.5m^2/m^3$，是GKSS平板式膜组件的15倍，但它的主要缺点是气体通过中空纤维组件时将造成很大的压力损失。卷式组件的装填密度介于平板和中空纤维之间，图7-28(b)所示是Air product开发的卷式Separex组件，膜的装填密度是$3280.8m^2/m^3$。

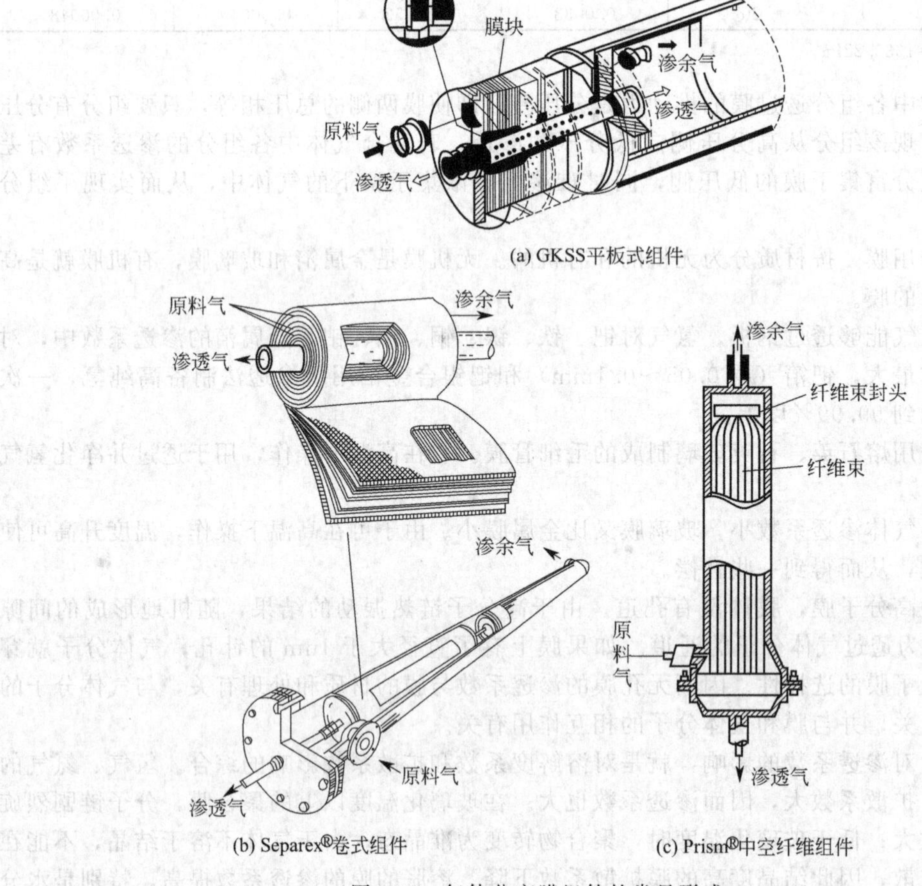

图7-28 气体分离膜组件的常见形式

7.5.1.4 气体膜分离的应用

气体膜分离的工程应用是提取或浓缩各种混合气体中的有用成分，主要有如下应用。

(1) 从工业气体中回收氢　氢是重要的工业原料，所以从合成氨厂弛放气、石油炼厂气和氢化反应的尾气等工业气体中回收氢，是有现实意义的。氢的渗透系数比其他气体高得多，有时经过一级渗透就能达到工艺要求。例如某合成氨厂的弛放气，组成为H_2 63%、N_2 21%、NH_3 2%，其余为氩、甲烷等惰性气体。弛放气经水洗脱氨后，进入两组串联的气体渗透器。第一组的渗透气作为第二组的进料气。第一组渗透气的压力较高，送往氢氮压缩机的第二段入口；第二组渗透气的压力较低，送往压缩机第一段入口。两组渗透气的平均组成为H_2 89%、N_2 6%，其余为惰性气体，渗余气的组成为H_2 20%、N_2 42%，其余为惰性气

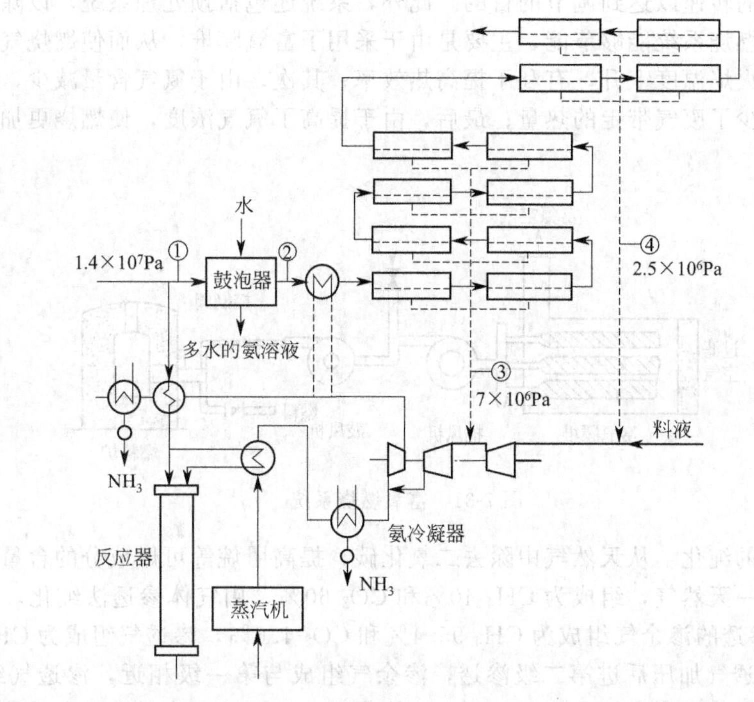

图 7-29　合成氨尾气中 H_2 的回收流程

①—原料弛放气；②—脱氨后的弛放气；③—第一组渗透气；④—第二组渗透气

体，它仍可作燃料使用。气体渗透的氢回收率约为 90%。工艺流程如图 7-29 所示。

(2) 从天然气回收氦　回收氦所用的是醋酸纤维素膜，与反渗透所用的相同。天然气经水分离、过滤、压缩、硅胶脱水并加热以后，用两级气体渗透。第一级有 8 个膜组件，进料气串联流过，渗透气并联流出。第一级的渗透气压缩后送往第二级。第二级有 2 个膜组件，进料也是串联的。渗透气是产品，部分渗余气在级内循环，另一部分返回第一级，并入进料气中。第一级的操作压力为 5.8MPa，温度为 47℃；第二级压力为 6.4MPa，温度为 26℃，各级渗透气的压力接近大气压。第一级的进料气是含 He 5.7% 的天然气和含 He 11.5% 的第二级渗余气。第二级的渗余气中含 He 2.3%。第二级的进料气即第一级的渗透气，第二级的渗透气中含 He 82.5%。氦的回收率约为 62%。

(3) 富氧空气的制备　氧气用于医疗、冶炼、焊接和化学反应等方面。传统的空气制氧是将空气液化后用蒸馏分离，可得到纯度高的氧气，但设备和操作费用高。用分子筛变压吸附法制富氧空气，设备较简单，但产品的输出不是均匀连续的。用气体膜分离法制备富氧空气，操作简便，供气连续，易于小型化，便于医疗应用（见图 7-30）。硅橡胶能选择透过氧，但成膜困难。在聚砜多孔膜上加二甲基硅氧烷的涂层，氧的选择透过性很好。空气在 0.6MPa、40～50℃ 的条件下，一次渗透就能取得含 O_2 34% 的富氧空气。

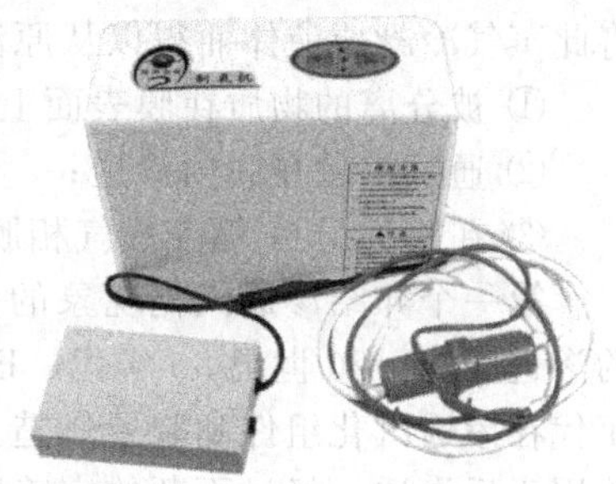

图 7-30　采用富氧膜制成的制氧机

有代表性的富氧燃烧系统如图 7-31 所示。富氧膜装置是平面膜堆，该系统还包括抽风机与鼓风机，前者是为了在膜两侧形成压力差，后者是为了调节送入燃烧炉中气体的氧浓度。燃烧炉及加热炉是使用富氧空气的设备。系统设有自控装置，通过计算机计算所需的氧气量，然后控制抽风机与鼓风机的转速以达到调节的目的。此外，系统还包括预处理系统，以除去空气中尘灰等杂质。富氧燃烧系统能够节能，主要是由于采用了富氧膜堆，从而使燃烧气体的容积减少，燃烧的最高火焰温度上升，有利于提高热效率；其次，由于氮气含量减少，从而降低了排气容量，并减少了废气带走的热量；最后，由于提高了氧气浓度，使燃烧更加充分，从而节省了燃料。

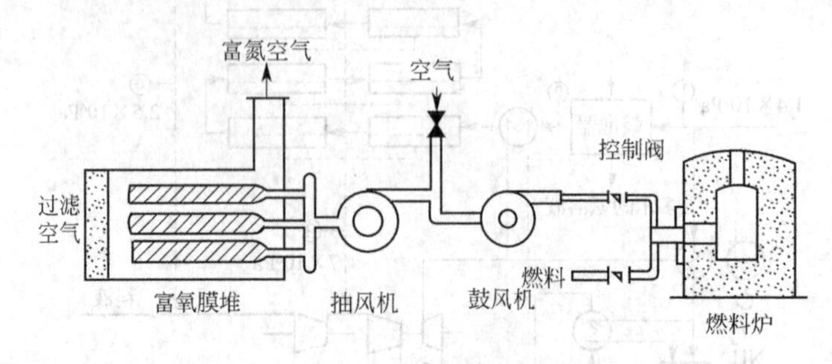

图 7-31 富氧燃烧系统

(4) 天然气的纯化 从天然气中除去二氧化碳，提高甲烷等可燃成分的含量，以提高它的热值。例如某一天然气，组成为 CH_4 40%和 CO_2 60%，用气体渗透法纯化，操作压力为6MPa。第一级渗透的渗余气组成为 CH_4 95.4%和 CO_2 4.6%，渗透气组成为 CH_4 20.5%和 CO_2 79.5%。渗透气加压后进第二级渗透，渗余气组成与第一级相近，渗透气组成为 CH_4 5.2%和 CO_2 94.8%。甲烷回收率达92%。气体渗透法也可用于降低发酵产生的生物气体中的二氧化碳含量，从而提高它的热值。

7.5.2 渗透汽化

7.5.2.1 概述

渗透汽化（pervaporation，简称 PVAP）是一有相变的膜渗透过程。膜上游物料为液体混合物，下游透过侧为蒸气。为此，分离过程中必须提供一定热量，以促进过程进行。在一定条件下渗透汽化膜的选择性可以非常高，因此对某些用常规分离方法能耗高或费用高的分离体系，特别是恒沸混合物的分离，渗透汽化技术常可发挥它的优势。渗透汽化使这些用常规蒸馏难以分离的体系得到很好的分离，因为渗透汽化的分离因子除与组分的沸点（蒸气压）有关外，更与组分与膜的性质有关。图 7-32 为苯-环己烷在不同条件下的“平衡”曲线。虚线为热力学上的汽-液平衡曲线，表明这是恒沸体系，且在全浓度范围内，气、液相组成都很接近，用精馏难以分离。其他各条曲线表示渗透汽化膜过程中料液与透过侧的组成，可见渗透汽化膜过程的分离因子比精馏大得多。

渗透蒸发分离的原理如图 7-33 所示。即在膜的上游连续输入经过加热的液体，而在膜的下游以真空泵抽吸造成负压，从而使特定的液体组分不断变作蒸气透过分离膜。然后，再将此蒸气冷凝成液体而得以从原液体中分离出去。概括起来，其分离机制可分为 3 步：

① 被分离的物质在膜表面上有选择地被吸附并被溶解；

② 通过扩散在膜内渗透；

③ 在膜的另一 侧变成气相脱附而与膜分开。

第一个介绍渗透汽化现象的是 Kober。1917 年他在发表的论文里描述了水通过火棉胶的渗透汽化。20 世纪 50 年代，Binning 等人对渗透汽化过程进行了较系统的学术研究，60 年代在渗透汽化组件和装置制造上申请了专利。1965 年，Lonsdale 提出的溶解扩散模型开始用于反渗透，经过不断的完善已成为目前普遍接受的描述渗透汽化机理的模型。20 世纪 80 年代以后，渗透汽化膜技术无论在学术研究还是应用开发上，都进入了高潮。德国 GFT

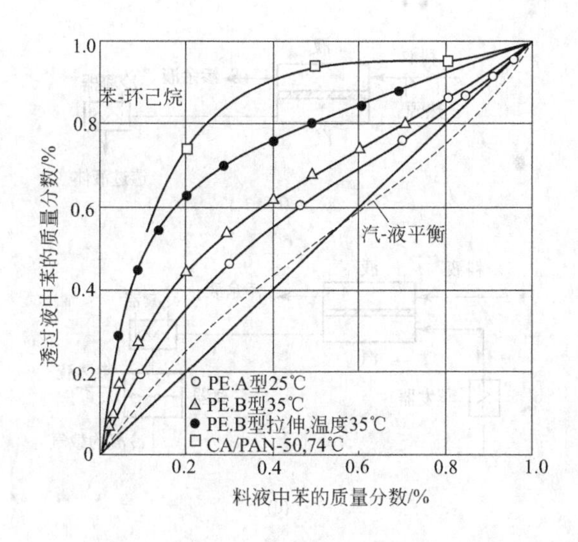

图 7-32　苯-环已烷的汽液平衡分离的比较

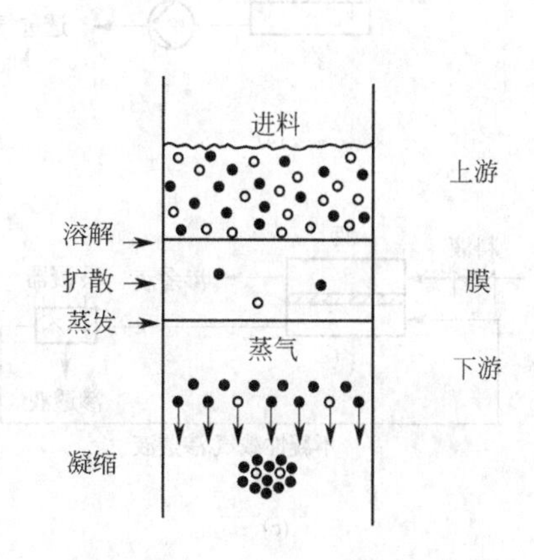

图 7-33　渗透汽化分离的原理

公司在欧洲首先建立了乙醇脱水制高纯酒精的渗透汽化工业装置。到 90 年代初已有 140 多套渗透汽化装置投入应用。除了用于乙醇、异丙醇脱水外，还用于丙酮、乙二醇、四氢呋喃、乙酸等溶剂的脱水。

7.5.2.2　过程与分类

渗透汽化时，组分在膜两侧蒸气压差的推动下，首先选择性地溶解在膜料液侧的表面，再扩散透过膜，最后在膜透过侧表面汽化、解吸。按照造成膜两侧蒸气压差的方法，渗透汽化主要有六种，如图 7-34 所示。

(1) 真空渗透汽化　见图 7-34(a)。膜透过侧用真空泵抽真空，以造成膜两侧组分的蒸气压差。若不需收集透过侧物料，用该法最方便。

(2) 热渗透汽化或温度梯度渗透汽化　见图 7-34(b)。通过料液加热和透过侧冷凝的方法，形成膜两侧组分的蒸气压差。一般冷凝和加热费用远小于真空泵的费用，且操作也比较简单，但传质推动力比方法（1）小，工业生产上常将（1）、(2) 两类方法相结合。

(3) 载气吹扫渗透汽化　见图 7-34(c)。用载气吹扫膜的透过侧，以带走透过组分。吹扫气经冷却冷凝以回收透过组分，载气循环使用。若透过组分无回收价值（如有机溶剂脱水)，则可不用冷凝，直接将吹扫气放空。

(4) 使用可冷凝载气的渗透汽化　见图 7-34(d)。当透过组分与水不互溶时，可用低压水蒸气为吹扫载气，冷凝后水与透过组分分层后，水经蒸发器蒸发重新使用。该方法适用于从水溶液中脱除低浓度甲苯、二氯乙烷之类非水溶性有机溶剂。

(5) 渗透液冷凝分相后部分循环　见图 7-34(e)。当透过组分在水中有一定溶解度时，冷凝分相后，含有溶剂的水相可循环回入料液侧。

(6) 渗透液部分冷凝的渗透汽化　见图 7-34(f)。透过侧后串联两个冷凝器。在第一个分凝器中，通过部分冷凝提高透过组分的浓度。如用透醇膜进行稀醇水溶液的浓缩，富醇的透过蒸气在第一分凝器部分冷凝分出富水相，循环回入料液侧，气相进入第二冷凝器冷凝后可得到高浓度的富醇液。

7.5.2.3　应用

渗透汽化的应用可分以下三种：有机溶剂脱水、水中少量有机溶剂的脱除及有机/有机混合物的分离。有机溶剂脱水，特别是乙醇、异丙醇的脱水，目前已有大规模的工业应用。随着渗透汽化技术的发展，其他两种应用将会增长。特别是有机混合物的分离，作为某些精

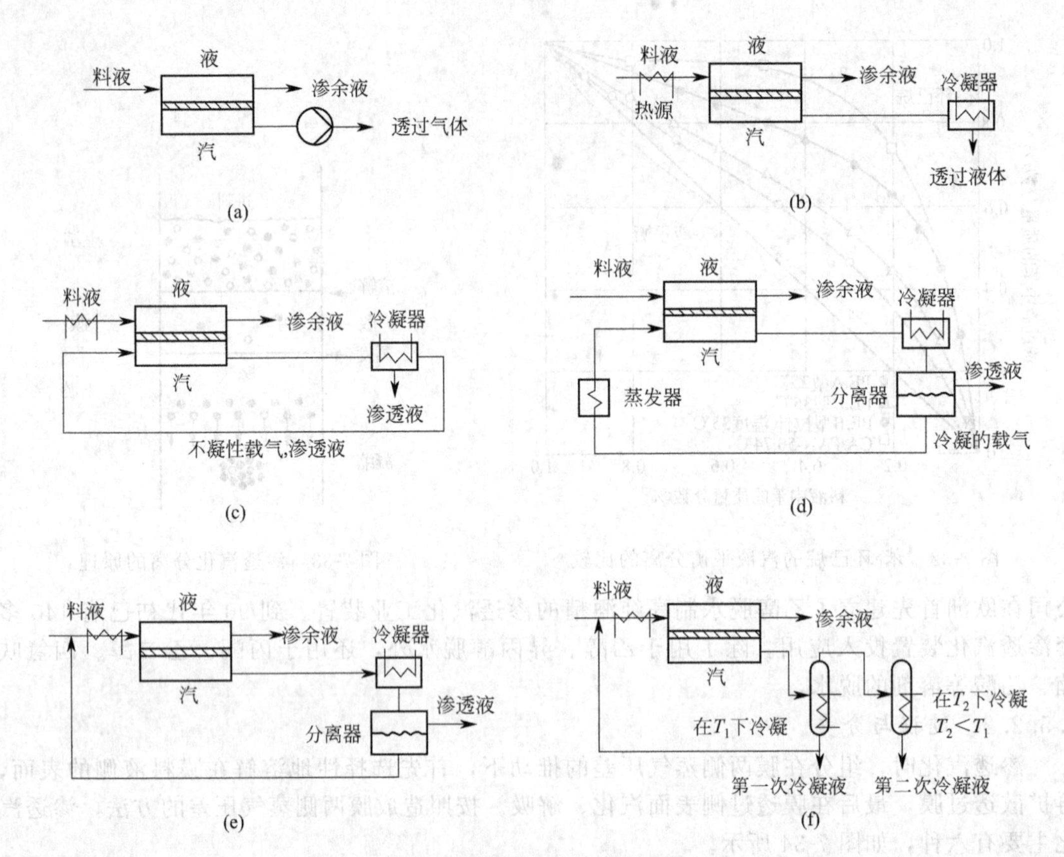

图 7-34 渗透汽化分离的方法

馏过程的替代和补充技术，在化工生产中有很大的应用潜力。

（1）有机溶剂脱水 乙醇等有机溶剂与水形成恒沸物，制取高纯溶剂时，需用恒沸精馏、萃取精馏或分子筛脱水，这些过程费用都很高。而在恒沸、近沸组成时，渗透汽化的分离特别有效（见图 7-35）。图 7-35 也表明，渗透汽化适用于高醇浓度区，在低醇浓度区使用精馏更有效。以 GFT 膜进行乙醇脱水时，料液中水一般应为 5%～20%，产品中水含量可小于 500×10^{-6}。因此，将渗透汽化过程与精馏等其他化工过程优化组合可得到更好的经济效果。GFT 在法国建立的日产量为 150m^3 的无水乙醇的渗透汽化装置，就与原工厂精馏塔配套使用，以提高原设备的处理能力和产品纯度。

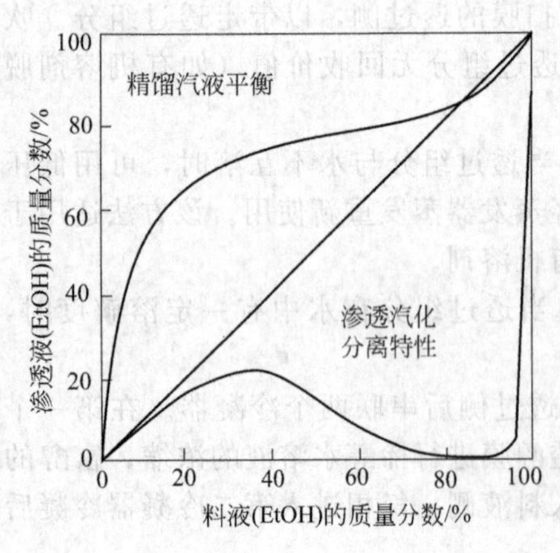

图 7-35 乙醇-水渗透汽化分离特性

在渗透汽化过程中，为了在膜两侧形成大的蒸气压差，以提高膜渗透速率，乙醇脱水时膜料液侧温度常高达 105～130℃，相应的料液蒸气压为 202～606kPa。在这样的条件下，GFT 膜的寿命仍可达 4 年。为了弥补蒸发所需热量，料液需逐级加热，但可使用低压蒸气，以利节能。

除了乙醇脱水外，化工生产中常需将许多溶剂中所含少量水脱至 10^{-6} 量级。若使用精馏过程，不但常遇到恒沸问题，而且少量水脱除用精馏过程不经济。用沸石之类分子筛吸附是一种经典方法，但需要再生，回收率也较低。而对含水量 0.1%～10%的有机溶剂脱水，渗透汽化是一种经济方法。

(2) 水中有机物的脱除　用渗透汽化从水中分离、脱除有机物主要用于以下目的：控制水污染、溶剂回收和某些特殊要求，如啤酒脱醇。如果水中有机物含量极低，如地下水中微量三氯乙烷的脱除，其目的是为了水的净化，当溶剂质量分数大于1%～2%时，溶剂回收具有一定的经济意义。

用渗透汽化法脱除水中有机物的技术开发晚一些。到目前为止，对各种有机物的除去，包括醇、酸、酯、芳香族化合物、氯化烃等已经进行了广泛研究，试验过各种材料，其中最常用的膜材料是硅橡胶。

用渗透汽化法脱除水中有机物的经济性与水中有机物的含量和有机物本身的情况有关。一般来说，与其他各种分离与处理方法比较，水中有机物含量在0.1%～5%之间时，用渗透汽化法比较好。浓度更高时，目前常用的蒸馏、蒸汽汽提等方法可能在经济上更有利。有机物浓度过低，渗透汽化的推动力小，渗透通量小，膜面积大，膜组件的投资大。此时，一般把它作为废液处理，采用吸附或生物处理法可能在经济上更合理。

(3) 有机/有机混合物的分离　由于分离过程的条件比较苛刻，因此有机/有机混合物的分离是目前渗透汽化技术应用开发最少的领域。如果膜和组件的稳定性得以解决，它将成为21 世纪重要的膜应用技术。

用渗透汽化法进行有机物混合液分离主要是近沸物和恒沸物的分离。因为对于这些体系采用常用的精馏法，需要庞大的设备，很大的能耗，或者需要外加恒沸剂或萃取剂，过程复杂，且易致使产品与环境被污染。如果近沸物与恒沸液中两种组分的含量相差较大，则应用渗透汽化，采用优先透过少量组分的膜，一级分离即可达到较完全的分离效果，这时渗透汽化具有明显的竞争力。当恒沸物中两组分的含量接近时，采用渗透汽化与精馏联合的过程是很经济的。对于近沸物，当两组分含量相当时，要将两组分完全分开，必须采用有回流的多级操作，这时应用渗透汽化通常是不经济的。因为渗透汽化质量小，多级操作所需膜面积大，透过物需在低压和较低温度下多次冷凝，冷凝系统投资与操作费用大，所以这种情况下只有在膜分离系数和渗透通量都很大时，渗透汽化才可能有竞争力。

7.5.3　液膜分离技术

液膜是液体膜的简称。和固体膜分离法相比，液膜分离法具有选择性高、相传质速率大的特点，因此被各界日益重视。

7.5.3.1　液膜分类

液膜是由悬浮在液体中一层很薄的乳液微粒构成的。乳液通常由溶剂（水或有机溶剂）、表面活性剂（乳化剂）和添加剂组成。其中溶剂构成膜的基体；表面活性剂含有亲水基和疏水基，它可以定向排列以固定油水分界面，使膜的形状得以稳定。通常膜的内相（分散相）试剂与液膜是不互溶的，而膜的内相与膜的外相（连续相）是互溶的。将乳液分散在第三相（连续相）中，就形成了液膜。液膜从形态上可分为乳化液膜和支撑液膜。

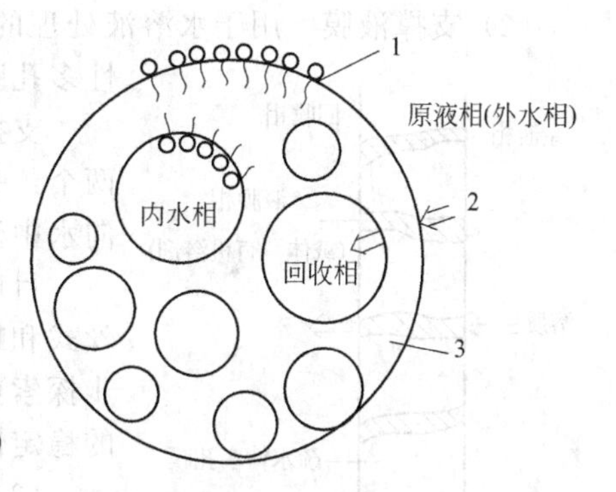

图 7-36　乳化液膜结构

1—表面活性剂；2—溶质；3—液膜相（载体、表面活性剂、膜强化剂、有机溶剂）

(1) 乳化液膜　乳化液膜的形成如图 7-36 所示。首先将回收液（内相）同液膜溶液充分乳化制成W/O（油包水）型乳液，然后令其分散于原液（外相）中形成W/O/W（水包油包水）型多相乳液。介于被包封的内相与连续的外相之间即是液膜相。由于液膜对各种物质的选择渗透能力不同，因此它能将溶液中的某种物质捕集到内相或外相，而达到分离的目的。通常，内相的微滴直径为数微米，而 W/O 乳液的滴径为 0.1～1mm，膜的有效厚度为 1～10μm。因而，单位体积中膜的总面积非常大，溶液组分的透过速度相当快，其传质速度比一般的聚合物膜高数十至数百倍。

表面活性剂在乳化液膜中是不可缺少的组分。它是由亲水基和疏水基两部分组成的，两种活性基团构成了不同的亲油平衡值。一般，以 HLB（hydrophile lipophile balance）表示。若想形成油包水型液膜，可选用 HLB 值为 3～6 的表面活性剂；若想形成水包油型液膜，则选用 HLB 值为 8～18 的表面活性剂。

为了重新使用已用过的乳液，必须将已形成的并经过分离操作的乳液进行破坏，称为“破乳”。从中分出膜相和内相，以分别进行处理。破乳的成功与否关系到乳化液膜的分离成败，它是整个分离操作的关键。破乳的方法通常有化学法、静电法、离心法与加热法。从迄今使用的效果来看，其中以静电法较好。图 7-37 为连续破乳装置示意图。

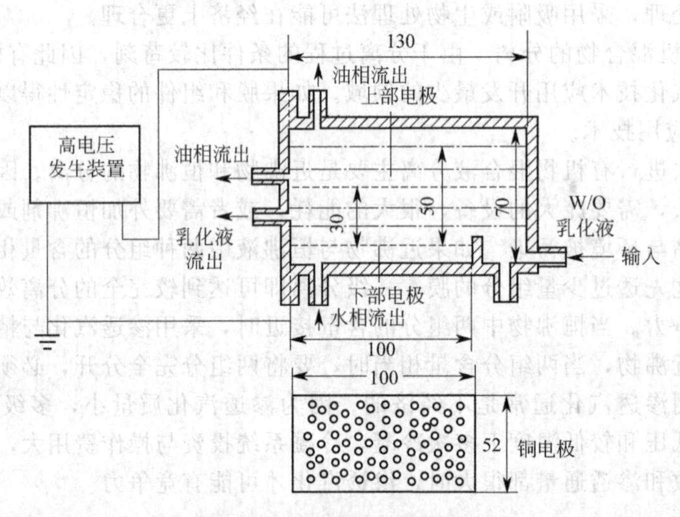

图 7-37　静电破乳装置

静电破乳的原理是让（W/O）乳液通过两块平行的裸电极板之间，在两极板间外加的脉冲式直流高电压的作用下，达到破乳目的。这种装置的特点是两极板间的距离可在 1～5cm 内改变，被破乳后的油相能通过上部极板的孔，而水相则由下部极板的孔分别由装置中不断排出，未被破乳的乳液根据需要也可被导出。

（2）支撑液膜　用于水溶液处理的支撑液膜如图 7-38 所示。液膜支撑体主要采用疏水性多孔膜，液膜溶液借助微孔的毛细管力含浸于其内。

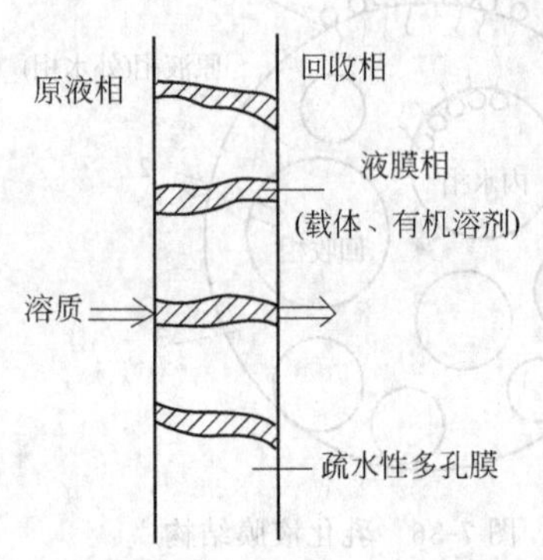

图 7-38　支撑液膜结构

支撑液膜的主要问题是性能衰减。其产生的主要原因有两个：一是被微量污物污染；二是微孔中的液膜溶液不断地向水中流失，从而导致液膜性能一再劣化。

目前，为使支撑液膜实用化而采用的膜组件主要有中空丝式和螺卷式。为使液膜达到大规模应用的水平，尚需进一步探索更新的液膜材料，开发最佳成膜工艺，彻底解决液膜的稳定性和高效破乳技术等方面的问题。

（3）乳化液膜与支撑液膜的比较　综上所述，乳化液膜与支撑液膜有各自的优缺点，归纳如下。

① 乳化液膜的优缺点

a. 要使 W/O 乳化液分成有机膜相和内水相，需设置乳化器与破乳器。

b. 其分离过程相当复杂。

c. 膜面积非常大，一般为 $1000 \sim 3000 m^2/m^3$（液体体积），因此透过速度十分高。

d. 若想使原液相接近活塞流状态，必须进行多级化分离。

e. 在溶剂萃取中，由于油水两相基本上已达平衡状态，因而采取逆流操作的方法，且分离各级必须设置沉降器。相反，对乳化液膜法来说，因内水相的反萃取剂捕集透过物的容量比较大，可采取顺流操作方法，各萃取槽不必设沉降器。

② 支撑液膜的优缺点

a. 不必为相分离而设置沉降器（但当使有机膜相向膜支撑体中含浸时，需要小型油水分离器），因而有机相的损耗较少。

b. 膜的调制是单一的含浸操作，与载体固定膜（使载体与膜支撑体化学结合的膜）相比工序简单，可广泛采用溶剂萃取试剂作载体。

c. 多孔支撑体的价格昂贵。

d. 在中空丝式、螺卷式等组件中，因原液相可接近活塞流状态，所以可达到高脱除率的效果。

e. 容易设计和放大。

f. 细孔内的有机相，由于溶解于水相或被水相所置换而使膜劣化，膜的厚度难以做成数十微米以下，因此膜的阻力增大，流速小。

g. 必须令有机相含浸于液膜支撑体内，才能使液膜再生。

支撑液膜与乳状液膜相比，具有高效、经济、简便的优势，因此具有广泛的应用价值。自支撑液膜出现以来，特别是近十年来，大量的支撑液膜体系不断出现，支撑液膜体系已被用于分离有毒金属离子、放射性离子、稀土元素、有机酸、生物活性物质、药物、气体和手性物质。支撑液膜也成功地应用于分析过程中的样品预处理。

7.5.3.2　液膜应用

（1）金属离子处理　废水的处理，尤其是对含有金属离子的工业废水的处理，在环保事业中占有较大的比重。因为这类废水不仅量大，而且对生态环境污染十分严重。因此，采用较为有效的方法处理这类废水，并从中回收有使用价值的金属是当务之急。

相比较而言，固体支撑液膜处理这类工业废水有其独特的优势。透过支撑液膜的受促迁移已被国内外专家推荐作为从溶液中选择性分离、浓缩和回收金属的一种新技术。在这类迁移中，金属离子可以“爬坡”透过液膜，即逆浓度梯度进行迁移。将可以流动的载体溶于同水不相混溶的有机稀释剂中并吸附于微孔聚丙烯薄膜上，该载体可以同水溶液中的金属离子（或工业废液中的金属离子），如 Zn^{2+}、Cd^{2+} 等形成膜的可溶性金属络合物，从而实现膜的受促迁移分离过程。

原则上讲，利用不同的载体可实现浓缩周期表中所有元素的目的，这又为微量元素的提取开辟了崭新的途径。在一些稀土元素的分离中，由于它们具有相似的性质，所以很难用一般的方法进行分离，支撑液膜技术则提供了有效的分离方法。

（2）有机酸处理　用支撑液膜分离有机酸与分离金属离子具有相似的机理。Aroca. G 等采用了三辛胺（TCA）作载体制成的支撑液膜体系，采用 Na_2CO_3 作解吸试剂，对废水中的有机酸进行迁移并建立了定量的迁移模型。Molinari Raffacle 利用支撑液膜体系提取氨基酸，对应用条件进行了广泛研究，所建立的体系使用寿命较长，温度范围较宽，效果良好。Bryjak Marek 建立了聚乙烯多孔膜作支撑体的支撑液膜，该体系对不同立体结构的氨基酸进行分离，效果良好。

（3）手性物质处理　由于手性化合物的性质极为相似，很难进行外消旋混合物的分离，但在制药工业上分离和提纯这些物质至为重要。在许多情况下，只有一种异构体是有效的，其他的是无效的或是有副作用的。例如，镇定剂的一种异构体是有效的，但另一种却是毒性很强的物质。因此，完全分离这样的异构体非常重要。采用一般的分离很难进行，但是用支撑液膜却可以得到很好的分离效果。

(4) 其他物质处理　一些气体，如 NH_3、CO、NO、CO_2、H_2S、O_2、烯烃、炔烃等，都可以成功地用支撑液膜进行分离。据报道，用 $AgNO_3$ 作载体可以从含 33%乙烷、34%乙烯和 33%丙烯混合物中分离得到 99%～99.9%的乙烯。

支撑液膜法现在逐渐开始应用于分析化学中，主要用在分析试样的前期处理，即分析成分的浓缩过程中。

支撑液膜技术也开始应用于无机酸溶液的处理过程，为其应用拓宽了前景。

7.5.4 膜蒸馏

7.5.4.1 概述

初期的膜蒸馏研究对象均为稀盐水溶液，1985 年后开始用于化学物质浓缩和回收及处理发酵液的新方向，以有机物水溶液及恒沸混合物为对象的膜蒸馏研究工作已有报道。膜蒸馏的分离模型如图 7-39 所示。

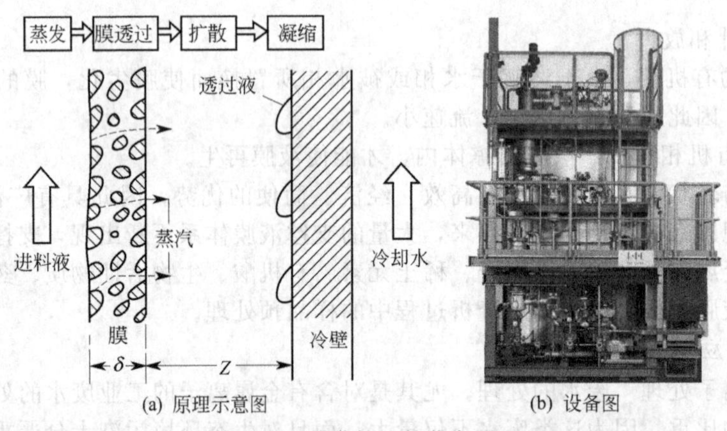

(a) 原理示意图　(b) 设备图

图 7-39　膜蒸馏法的分离原理

在疏水性多孔膜的一侧与高温原料水溶液相接（即暖侧），而在膜的另一侧则与低温冷壁相邻（即冷侧）。正是借助这种相当于暖侧与冷侧之间温度差的蒸气压差，促使暖侧产生的水蒸气通过膜的细孔，再经扩散到冷侧的冷壁表面被凝缩下来，而液相水溶液由于多孔膜的疏水作用无法透过膜被留在暖侧，从而达到与气相水分离的目的。需要指出的是，这里的冷侧既可如图 7-39(a) 所示设一与膜保持一定距离（Z）的冷壁（间接接触法），也可不设冷壁而直接与冷却水相接（直接接触法）。膜蒸馏过程的特征：膜为微孔膜，膜不能被所处理的溶液所润湿，在膜孔内没有毛细管冷凝现象发生，只有蒸气能通过膜孔传质，所用膜不能改变所处理液体中所有组分的汽液平衡，膜至少有一面与所处理的液体接触，对于任何组分，该膜过程的推动力是该组分在气相中的分压差。

膜蒸馏的优点和缺点：膜蒸馏的优点为过程在常压和较低温度（约 40℃）下进行，设备简单、操作方便，有可能利用太阳能、地热、温泉、工厂的余热和温热的工业废水等廉价能源；因为只有水蒸气能透过膜孔，所以蒸馏液十分纯净，可望成为大规模、低成本制备超纯水的有效手段，是目前唯一能从溶液中直接分离出结晶产物的膜过程；膜蒸馏组件很容易设计成潜热回收形式，并具有以高效的小型组件构成大规模生产体系的灵活性。膜蒸馏的缺点是：过程中有相变，热能的利用效率较低，考虑到潜热的回收，膜蒸馏在有廉价能源可利用的情况下才更有实际意义；膜蒸馏与制备纯水的其他膜过程相比通量较小，所以目前尚未实现在工业生产中应用。

7.5.4.2　膜蒸馏分类

根据膜下游侧冷凝方式的不同，膜蒸馏可分为四种形式，如图 7-40 所示。

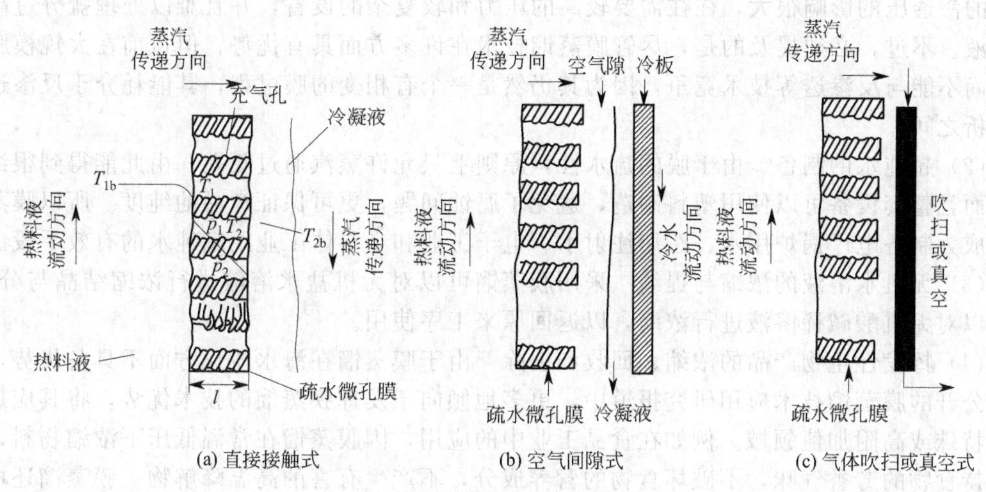

图 7-40　膜蒸馏的主要类型

T_{1b}—热料液的汽化温度；T_{2b}—蒸汽的冷凝温度；T_1，T_2，P_1，P_2—微孔各处的温度和压强

(1) 直接接触膜蒸馏（DCMD）　直接接触膜蒸馏是膜的一侧为热溶液，另一侧为冷溶液［见图 7-40(a)］，传质的主要步骤为：①水从料液主体扩散到料液侧膜表面；②水在料液侧表面汽化；③汽化的蒸汽扩散通过疏水性膜孔；④疏水性膜在透过侧冷凝。

(2) 空气隙膜蒸馏（AGMD）　透过侧不直接与冷溶液相接触，而是保持一定的间隙，透过蒸汽在冷却的固体表面（即冷凝壁，如金属板）上进行冷凝［见图 7-40(b)］，降低透过侧的压力，其传质推动力大小与直接接触膜蒸馏相当，均为水的饱和蒸气压。AGMD 传质步骤的前三步也与直接接触膜蒸汽相同，从第四步开始，透过的水蒸气透过空气滞留层扩散到冷凝壁表面，并在冷凝壁表面上进行冷凝。

(3) 真空膜蒸馏（VMD）　透过侧用真空泵抽真空，以造成膜两侧更大的蒸气压差［见图 7-40(c)］，类似真空渗透汽化。传质的前三步与直接接触膜蒸馏类似，第四步透过蒸汽可能全部被抽走。真空膜蒸馏比其他膜蒸馏过程具有更大的传质通量，所以近几年来受到比较大的关注，并提出了各种各样的数学模型。在真空膜蒸馏过程中，因为透过膜的气态物质分子的平均分子自由程 λ 一般为 $1\mu m$，远大于膜的平均孔径，而且膜的下游处于真空状态，只有痕量气体在膜中，所以膜内的传质过程表现为努森扩散。

(4) 吹扫气膜蒸馏（SGMD）　与吹扫渗透汽化一样，用载气吹扫膜的透过侧，以带走透过的蒸汽［见图 7-40(c)］，传质过程也在第四次发生变化，传质推动力除了包括蒸汽的饱和蒸气压外，还包括由于载气的收扫而形成的负压，因此传质推动力比直接接触式膜蒸馏和空气间隙式膜蒸馏大。

到底采用哪种形式的膜蒸馏，取决于透过物的组成、流量和挥发性。一般来说，DCMD 结构要求的设备最少且操作最易，它适于脱盐或浓缩水溶液（橘汁等），水为主要渗透成分；SGMD 或 VMD 用于从水溶液中除去挥发性有机物或可溶气体；AGMD 是用途最广的膜蒸馏结构，它可用于几乎所有的场合。

7.5.4.3　膜蒸馏的应用

膜蒸馏的应用领域主要取决于膜的润湿性，因此膜蒸馏主要用来处理含无机质的水溶液。这类溶液和水的表面张力相差很小，同其他多数膜过程一样，产品可以是渗透物，也可以是截留物。目前膜蒸馏主要应用于以下几个方面。

(1) 海水淡化　膜蒸馏过程的开发最初是以海水淡化为目的。虽然也有其他方法如电渗析和反渗透可用于海水淡化，但电渗析处理高浓度盐水能耗太高；反渗透过程受高浓度原料溶液的渗透压的影响很大，往往需要较高的压力和较复杂的设备，并且难以处理盐分过高的水溶液。不过，必须提及的是，尽管膜蒸馏技术在许多方面具有优势，但目前在大规模脱盐方面尚不能与反渗透等技术竞争，因为其仍然是一个有相变的膜过程，其能耗介于反渗透和电渗析之间。

(2) 超纯水的制备　由于膜的疏水性，原则上只允许蒸汽通过膜孔，由此能得到很纯的水。而且整套设备可以使用塑料制造，避免了腐蚀问题，更可保证产品的纯度。所以膜蒸馏有望成为制备电厂锅炉用水、医用注射水、电子工业和半导体工业用超纯水的有效手段。

(3) 无机水溶液的浓缩与提纯　采用膜蒸馏可以对无机盐水溶液进行浓缩结晶与分离，也可以对无机酸碱稀溶液进行浓缩，以返回原来工序使用。

(4) 挥发性生物产品的浓缩、回收和去除　由于膜蒸馏在海水淡化方面不具备优势，在最近公开的膜蒸馏技术应用研究报道中，更多地倾向于发挥膜蒸馏的技术优势，将其应用于一些特殊或高附加值领域。例如在食品工业中的应用，因膜蒸馏在常温低压下浓缩物料，可以保持食物的芳香气味，不破坏食物的营养成分，不产生有害的高温降解物。膜蒸馏还可以应用于无菌条件下的液体物料浓缩、液体物料的耦合分离、低温下从液体物料中剔除易挥发组分、常压低温高度浓缩等。此外，膜蒸馏也可用于从水溶液中脱除挥发性有机物，如氯代烃或芳香族化合物，这些挥发性有机物常以低浓度存在于地表水或工业废水中。

(5) 共沸混合物的分离　除了渗透汽化能分离共沸物外，膜蒸馏对有些共沸物也能起到分离效果。甲酸-水共沸混合物的膜蒸馏分离结果发现，甲酸-水用膜蒸馏分离时不出现共沸现象，分离系数为 1.93。也有研究用膜蒸馏来分离水和丙酸的共沸物，结果使丙酸-水物系消除了共沸现象。

(6) 其他应用领域　如重水分离；航天器中废水回收；利用废热或太阳能作为热源，或与其他分离过程结合，将膜蒸馏用于脱盐、水处理等领域。

7.5.5 膜反应器

从原则上讲，膜具有两大主要功能：即分离功能（如前面所述的膜过程）和反应功能。膜的反应功能是以膜作为反应介质与化学反应过程相结合而实现的，这样构成的反应设备或系统也称为膜化学反应器。该类反应器旨在利用膜的特殊功能，如分离、分隔、高比表面积、微孔等，实现产物的原位分离、反应物的控制输入、反应与反应的耦合、相间传递的强化、反应分离过程集成等，从而达到提高反应转化率、改善反应选择性、提高反应速率、延长催化剂使用寿命、降低设备投资等目的。

膜反应器（membrane reactor）可分两类：①膜催化反应器——将膜分离与催化反应结合，可突破化学平衡的限制，提高反应转化率；②膜生物反应器——将膜分离与生物反应结合，可控制产物抑制作用，回收生物催化剂，提高生化反应转化率。

不管是膜催化反应器还是膜生物反应器，都有两种基本的操作形式。以反应 A↔B 为例，第一种如图 7-41（a）所示，反应和分离在同一装置中同时进行；第二种如图 7-41（b）所示，反应在反应器中进行，分离在膜元件内进行，通常反应物和催化剂循环回入反应器。

(1) 膜催化反应器　许多重要的化学反应都是平衡反应，使用普通反应器无法突破平衡转化率的限制，必须对未反应物进行分离、回收和循环使用。这样，在许多高温催化反应中由于要对大量反应物进行反复冷却、加热，能量浪费很大。又如许多重要的工业化脱氢反应的转化率常由生成的氢量控制，生产上采用通入空气氧化氢气生成水，以使反应向正方向移动，由此产生的热量势必造成温度升高，导致反应物热分解而析出炭，使催化剂结炭失活。

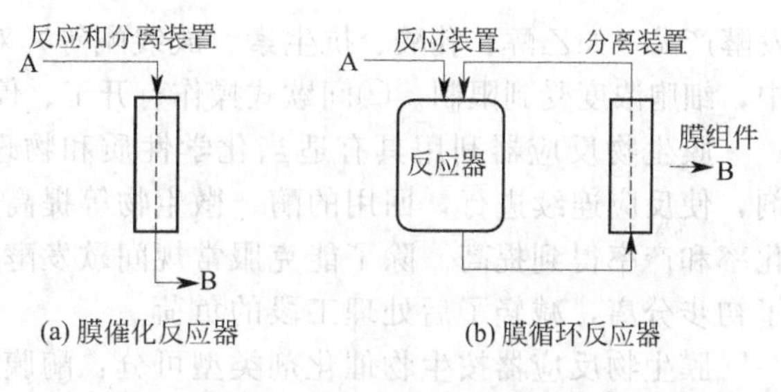

(a) 膜催化反应器　(b) 膜循环反应器

图 7-41　两种形式的膜反应器

此外，对于平行反应和串联反应，如何抑制副反应，获得更多的目的产物，都是一些大问题，这些问题在膜反应器中都可以得到相当程度的改进。

在膜催化反应器（membrane catalytic reactor）中，利用膜的选择透过性，可连续脱除某些组分（最好是反应产物），而保留其他组分（最好是反应物或中间产物），使化学平衡发生移动，以提高可逆反应的转化率，减少未反应物的循环量。由于使分离直接在反应区进行，不但热效率高，而且简化了分离回收的操作过程。由于转化率高，膜反应器可在较低温度下进行反应，这对保持催化剂的活性是有利的，且能有效地抑制副反应。因此膜反应器对许多气相催化反应过程极有吸引力。已得到研究的体系有脱氢反应、加氢反应、酯化反应、分解反应、氧化反应等。

膜催化反应器的应用研究主要有以下三方面。

① 催化加氢　可用于不饱和烯烃、多环烯烃和芳烃的加氢；石油化工中 C_2、C_3 馏分选择性加氢和精细化工合成中的加氢反应。

② 催化脱氢　有实用价值的是低级烷烃脱氢制烯烃、长链烷烃（如庚烷）脱氢环化制芳烃、丙烷脱氢环化二聚制芳烃、异丙醇或环己醇脱氢制丙酮或环已酮、环己烷脱氢制苯、乙苯脱氢制苯乙烯、丁烷或丁烯脱氢合成二烯和 2-甲基丁烯脱氢制异戊二烯等反应。

③ 烃类催化氧化　值得探索的有作为 C_1 化学中的甲烷氧化偶联制烯烃、甲烷直接氧化制甲醇、甲醇氧化制甲醛以及乙醇氧化制乙醛、丙烯氧化制丙烯醛和 环烯烃氧化制环状氧化物等反应。

上述催化反应大多还处于实验室研究阶段。许多基础研究结果均表明膜催化反应技术具有广阔的工业应用前景，但在向工业化发展的过程中，尚存在很多问题。首先是膜的制备，与实验室制膜有很大的不同，工业用膜必须是大面积的，这就要求成本低，制膜重复性好，对支撑体要求也更严格。其次是高温下设备的密封问题。聚合物密封圈只能用于 300℃以下；石墨密封圈在氧化气氛中能耐 450℃，但有一定的泄漏；最近发展的多孔陶瓷和致密陶瓷烧结，然后在致密陶瓷管上密封，或将致密陶瓷管与金属管烧结等技术，成本均很高，难以工业化。第三个问题是膜的污染与稳定性。高温结炭对膜的污染特别严重。降低结炭的常用方法是通入蒸汽作为反应物的稀释剂。另一个可能的方法是形成氧化气氛，将形成的炭除去，但这方面的工作有待深入。第四个问题是膜催化反应过程的模拟技术。影响膜反应器性能的因素很多，如物料流动方式、速率、反应物组成、膜的选择性与渗透性、催化剂活性、比表面积、操作温度、压力等。虽然有些学者开始进行这方面的研究，但建立较全面的膜反应器模拟方法仍是一个极富挑战性的任务。

图 7-42　膜生物反应器

(2) 膜生物反应器　膜生物反应器（membrane bioreactor，MBR）是以酶、微生物或动、植物细胞为催化剂，进行化学反应或生物转化的装置（见图 7-42）。这种反应通常在常温、常压下进行，它既节能、省资源，污染亦少。目前工业上应用的生物反应器大多为间歇式，它具有以下缺点：①发酵过程中由于营养物不能及时补给，同时发酵产品不能及时移出，使细胞生长受到抑制。因为无论从动力学还是热力学上分析，发酵产品（如乙醇、乳酸、抗生素、放线酮等）对生物合成都起抑制作用，所以在间歇发酵中，细胞浓度受到限制。②间歇式操作有开工、停工过程，工作效率低，产品性质不稳定。

膜生物反应器利用具有适当化学性质和物理结构的聚合物膜固定或回收以上生物催化剂，使反应连续进行，回用的酶、微生物等提高了反应液中生物催化剂的浓度，使反应的转化率和产率得到提高。除了能克服常规间歇发酵的缺点以外，膜生物反应器还对反应液进行了初步分离，减轻了后处理工段的负荷。

膜生物反应器按生物催化剂类型可分：酶膜生物反应器，膜发酵器（微生物）和膜组织培养三类。若按反应器形式分，早期有：膜循环生物反应器和催化膜生物反应器。近年来一种将膜组件直接浸在生物反应器内的浸没式膜生物反应器（或称为一体式膜生物反应器）在废水处理中崭露头角，并很快在日本、欧洲、美国等国家和地区的中水及下水处理中得到了大规模应用。

20世纪70年代后期，大规模好氧膜生物反应器首先在北美应用，然后依次是日本、欧洲、中国。膜生物反应器在日本得到了极大的发展，目前在日本运行（包括在建）的膜生物反应器占全球66%。膜生物反应器在不同种类废水中的应用比例为：工业废水27%、大楼废水24%、生活污水27%、城市污水12%、土地填埋厂渗滤液9%。

近年来，膜生物反应器在国内已进入了实用化阶段。膜生物反应器的处理对象从生活废水扩展到高浓度有机废水和难降解工业废水，如制药废水、化工废水、食品废水、屠宰废水、烟草废水、豆制品废水、粪便废水、黄泔废水等。应用实例表明，膜生物反应器对生活废水、高浓度有机废水、难降解工业废水的处理效果良好。

阅读资料

嵊山500吨/日反渗透海水淡化示范工程

海天佛国，群岛之城，舟山是我国唯一以群岛设立的地级市。全市共有大小岛屿1390个，其中住人岛屿103个，素有“东海鱼仓”、“祖国渔都”的美誉。舟山地处海岛，山低源短，无过境客水，水资源全靠降水补给。“如何解决缺水，保障全市经济社会可持续发展”一直是舟山上下孜孜以求的课题。

1. 跨海输水

“如何把水从水多的地方引到水少的地方”，这在过去只是一件想得到却做不到的事情。如今，舟山大陆引水工程，从宁波姚江引水，是解决舟山缺水的一项应急工程（见图7-43）。舟山大陆饮水一期工程投资3亿元，引水规模为1立方米/秒，年平均引水量2160万立方米。工程管路全长67千米，管径1米，其中跨海段长36千米，是迄今国内最长、最大的跨海输水工程。工程自1999年8月16日开工建设，2001年8月完成海上段钢管敷设，2003年8月建成通水，日引水6万～8万立方米，至2008年累计引水7450万立方米，有效提升了水资源的保障能力。目前投资14.6亿元，引水总规模2.8个流量，年均引水能力0.6亿立方米的大陆引水二期工程正在加紧建设之中。同时，舟山积极构建本岛和附近重要岛屿之间跨区域引水网络，已建成4处岛际引水工程，有效解决了重要岛屿水资源的供需矛盾，实现了水资源在更大空间上的开发利用和优化配置。

2. 海水淡化

舟山四面环海，海水资源丰富，开发海水代用和海水淡化，是解决水资源供需矛盾的现实选择和战略举措。近20年来，舟山市各地积极采用海水制冰、电厂等用海水作冷却，水产企业中大量使用海水作清洁洗鱼用水等途径，把海水代用逐步推广到各个领域。同时为进一步确保全市水资源供给安全，舟山充分利用丰富的海水资源积极实施海水淡化工程，缓解水资源的供需矛盾。1997年10月，在嵊山建起全国第一座500吨级反渗透海水淡化示范工

图 7-43　舟山大陆引水工程建设现场

程（见图 7-44），2003 年大旱时为嵊山岛居民提供了 60%的饮用水。至 2008 年年底，全市已投资 2.5 亿元，在重要岛屿建成海水淡化工程 12 处，海水淡化总能力 2.84 万吨/日。目前，投资 2 亿元的 3 处海水淡化工程正在抓紧建设中，至今年底可新增海水淡化能力 2.50 万吨/日，使全市海水淡化能力达到 5.34 万吨/日。海水淡化已成为舟山市边远小岛解决居民生活、生产用水的重要水源，为解决海岛缺水问题开辟了一条创新之路。

图 7-44　嵊山海水淡化厂

3. 嵊山海水淡化工程

嵊山又称“尽山”，意为海水于此而尽。嵊山岛地处东海边缘，东临太平洋，北濒黄海。该海水淡化工程采用海滩打双柱式沉井，以多级离心潜水泵取水，高架管引水的设计方案。项目采用反渗透海水淡化技术，工艺流程见图 7-45。

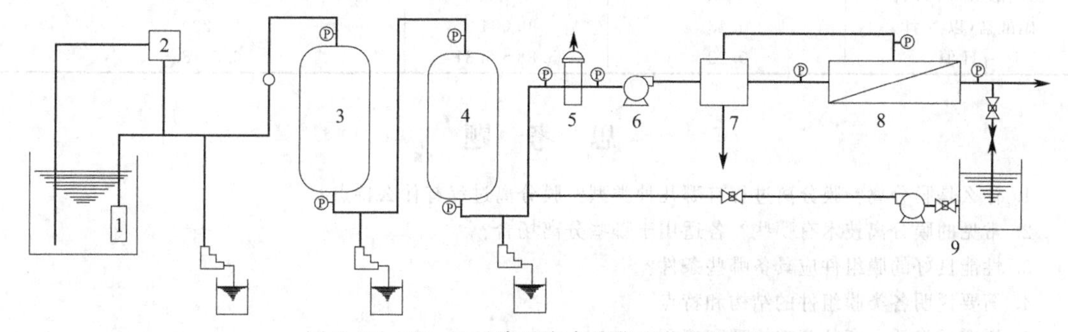

图 7-45　500t/d 反渗透海水淡化工艺流程简图

1—深井潜水泵；2—次氯酸钠发生器；3—多介质滤器；4—活性炭滤器；5—保安滤器；6—高压泵；7—水力透平机；8—反渗透装置；9—清洗置换装置

反渗透膜元件选用美国陶氏化学公司 Filmtec 卷式膜元件 SW630HR-8040，它是反渗透海水淡化的核心部件。该元件具有大于99%的高脱盐率，产水量 $15m^3/d$，较好的耐压性和抗氧化耐污染性能。反渗透装置采用 6 个膜元件串联、6 个压力母管并联的一级一段组合结构，并配置低压自动冲洗排放和淡化水低压自动冲洗置换，不合格产水自动切换排放。在该系统中还设置高、低压保护和高压泵、清洗泵的联锁。

整个反渗透海水淡化控制系统设计采用先进的计算机程序控制，由工控机操作站和可编程控制器 PLC 组成一个分散采样控制、集中监视操作的控制系统。该控制系统的主要功能如下。

① 按工艺参数设置高低压保护开关、自动切换装置，电导、流量和压力出现异常时，能实现自动切换、自动联锁报警、停机，以保护高压泵和反渗透膜元件。

② 变频控制高压泵的启动和关停，实现高压泵的软操作，节省能耗，防止由于水锤或反压造成高压泵和膜元件损坏。

③ 在反渗透装置开机和停机前后，能实现低压自动冲洗。特别在停运时，浓缩海水的亚稳定状态会转化出现沉淀，污染膜面，低压淡化水自动冲洗能置换出浓缩海水，保护膜面不受污染，延长膜的使用寿命。

④ 对系统的温度、流量、水质、产量等相关参数能实现显示、储存、统计、制表和打印。监视操作中的动态工艺流程画面清晰直观，系统控制简化人工操作，确保系统能自动、安全、可靠地运行。

$500m^3/d$ 反渗透海水淡化示范工程经过 5 个月精心设计和施工，于 1997 年 10 月 16 日竣工，整套系统投入试运行。从 1998 年 7 月 5 日开始 500h 的系统性能考核运行，测试记录近 4000 个运行参数数据，并对原海水、反渗透产水和浓水水质进行了分析测定。通过考核运行和测试结果表明，该系统运行参数稳定，设备运行正常，自控系统满足工艺要求，性能指标达到设计要求，产品水符合国家生活用水标准（见表 7-8）。

表 7-8　海水淡化产水水质与生活用水水质标准对照（mg/L）

项目	海水	淡化产水	国家生活饮用水指标(GB 5749—85)
总硬度($CaCO_3$计)	4939.0	12.41	450
TDS	33434.9	211.95	1000
硫酸盐	2158.0	2.18	250
氯化物	15624.36	122.10	250
铁	0.08	<0.01	0.3
锰	0.04	<0.01	0.1
COD	2.43	0.89	—
亚硝酸盐(以N计)	0.003	0.001	<0.002
硝酸盐(以N计)	0.43	0.004	20
pH值	0.22	5.88～6.31	6.5～8.5

思考题

1. 什么是膜分离？膜分离过程有哪几种类型？膜分离过程有什么特点？
2. 常见的膜分离技术有哪些？各适用于哪些分离场合？
3. 性能良好的膜组件应具备哪些条件？
4. 简要说明各类膜组件的结构和特点。
5. 说明反渗透分离的基本原理和流程。
6. 超滤和微滤在工业生产中主要用于何种产品的生产？
7. 电渗析器的组装方式有哪些？

8. 什么是浓差极化？
9. 什么是溶液的渗透压？
10. 气体膜分离主要用于哪些气体组分的分离？
11. 家用制氧机的工作原理是什么？
12. 普通精馏很难分离具有恒沸点的液体混合物，利用膜分离技术可以分离这些混合物吗？
13. 按照造成膜两侧蒸气压差方法的不同，可以将渗透汽化过程分为哪几类？
14. 与乳化液膜相比，支撑液膜具有哪些优点？它主要应用于哪些物质的分离？
15. 膜蒸馏与精馏分离的区别是什么？
16. 简要说明膜反应器的工作原理。
17. 试比较反渗透、超滤和微滤的差异和共同点。
18. 试说明反渗透、电渗析和渗透汽化的基本原理。
19. 常规的膜组件有几种？其特性和应用范围是什么？

符号说明

英文字母：

B_0——式(7-6) 中的比例常数；

c_0——原料液主体中被分离物质的浓度，$kmol/m^3$；

c_p——透过液中被分离物质的浓度，$kmol/m^3$；

c_s——溶液中溶质的浓度，$kmol/m^3$；

i——范托夫系数；

J——渗透通量，$kmol/(m^2 \cdot s)$ 或 $kg/(m^2 \cdot s)$；

m——衰减系数；

R——截留率；

T——热力学温度，K；

V——组分的摩尔体积，$m^3/kmol$；

x——组分在溶液中的摩尔分数；

y_A——透过液中组分 A 的摩尔分数。

希腊字母：

α——分离因子；

β——分离系数；

τ——操作时间，s；

π——溶液的渗透压，atm；

γ——组分在溶液中的活度系数。

下标：

i——第 i 个组分；

0——初始条件下。

第 8 章　其他分离单元

除了前面几章介绍的典型三传单元设备以外，化工实践中还存在一些特定领域中广泛采用的单元操作。这些单元内部也存在着复杂的传质与传热，但又很难简单地归并到前面几类单元中，所以将在本章中集中进行介绍。但由于这些单元种类众多，结构复杂，所以本章仅就其中的结晶、吸附、离子交换过程进行简要介绍，并着重说明各自的操作原理和设备形式，而复杂的设计计算过程则不予介绍。

8.1　结晶

结晶是固体物质以晶体状态从蒸气、溶液或熔融物中析出的过程。与其他化工分离单元操作相比，结晶过程具有如下特点：①能从杂质含量相对多的溶液或多组分的熔融混合物中产生纯净的晶体，对于许多使用其他方法难以分离的混合物系，例如同分异构体混合物、共沸物系、热敏性物系等，采用结晶分离往往更为有效；②能量消耗少，操作温度低，对设备材质要求不高，一般亦很少有“三废”排放，有利于环境保护；③结晶产品包装、运输、存储或使用都很方便。

8.1.1　结晶的基本概念

（1）结晶过程分类　结晶过程可分为溶液结晶、熔融结晶、升华结晶和沉淀结晶四大类，其中溶液结晶和熔融结晶是化学工业中最常采用的结晶方法。

溶液结晶操作中，溶液在结晶器中结晶出来的晶体和剩余的溶液所构成的混悬物称为晶浆，去除悬浮于其中的晶体后剩下的溶液称为母液。工业上，通常对晶浆进行固液分离以后，再用适当的溶剂对固体进行洗涤，以尽量除去由于黏附和包藏母液所带来的杂质。在工业上的结晶过程中，不仅晶粒的产率和纯度是重要的，晶粒的形状和大小也是很重要的。通常，希望晶粒大小均匀一致，使包装中的结块现象减至最低限度，且便于倒出、洗涤和过滤。同时，在使用时其性能也能均匀一致。

熔融结晶是根据待分离物质之间的凝固点不同而实现物质结晶分离的过程。与溶液结晶过程比较，熔融结晶过程的特点见表 8-1。

表 8-1　熔融结晶过程与溶液结晶过程的比较

项目	溶液结晶过程	熔融结晶过程
原理	冷却或除去部分溶剂，使溶质从溶液中结晶出来	利用待分离组分凝固点的不同，使之结晶分离
操作温度	取决于物系的溶解度特性	在结晶组分的熔点附近
推动力	过饱和度，过冷度	过冷度
过程的主要控制因素	传质及结晶速率	传热、传质及结晶速率
目的	分离、纯化，产品晶粒化	分离、纯化
产品形式	呈一定分布的晶体颗粒	液体或固体
结晶器型式	釜式为主	釜式或塔式

熔融结晶过程主要应用于有机物的分离提纯，例如将萘与杂质（甲基萘等）分离可制得纯度（质量分数）达 99.9%的精萘，而专门用于冶金材料精制或高分子材料加工的区域熔炼过程也属于熔融结晶。熔融结晶的产物外形，往往是液体或整体固相，而非颗粒。

（2）晶体的几何形态　晶体可以定义为按一定的规则重复排列的原子、离子或分子所组成的固体，它是一种有严格组织的物质形式(见图 8-1)。

晶体是具有几个面和角的多面体。相同物质的不同晶体，其各个面和棱的相对尺寸可能有很大差别。然而，同一种物质的所有晶体，其对应面之间的夹角相同。晶体正是根据这些面的夹角来分类的。这种晶体点阵或这些空间晶格的结构，在各个方向上是重复延续的。晶体按其与它们的夹角有关的晶轴的排列情况，分为七种类型（见图 8-2)。

图 8-1　晶体外观

① 立方晶系—三条相等的晶轴相互垂直；

② 四方晶系—三条晶轴相互垂直，其中一条晶轴比另外两条长；

③ 正交晶系—三条晶轴相互垂直，长度各不相等；

④ 六方晶系—三条相等的晶轴在一个平面上彼此成 60°夹角，第四条晶轴与该平面垂直，晶轴的长度与其他三条不一定相等；

⑤ 单斜晶系—三条晶轴各不相等，其中两条在一个平面内垂直相交，第三条与该平面成某个角度；

⑥ 三斜晶系—三条互不相等的晶轴彼此夹角互不相等，而且夹角不是 30°、60°或 90°；

⑦ 三方晶系—有三条相等并且等倾斜度的晶轴。

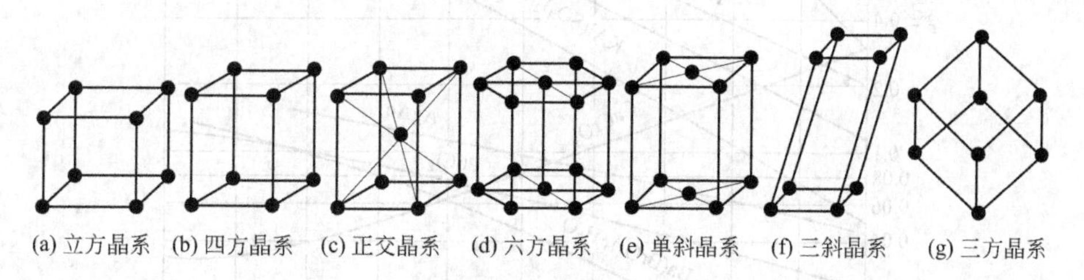

(a) 立方晶系　(b) 四方晶系　(c) 正交晶系　(d) 六方晶系　(e) 单斜晶系　(f) 三斜晶系　(g) 三方晶系

图 8-2　晶体结构

对于一给定溶质的结晶过程，晶体不同形式的面的成长可能是不同的。NaCl 从水溶液中结晶仅具有立方晶面。在另一种情况下，如果 NaCl 从含有少量某种杂质的水溶液中结晶，晶体将具有八个面。这两种晶型都属于立方晶系。但晶体结构并不相同。一般来说，结成片状晶还是针状晶，通常取决于晶体生长的工艺条件，而与晶体结构和晶系无关。

(3) 结晶水合物与结晶水　由于水合作用，从溶液中析出的晶体可含有一定数量的溶剂（水）分子，称为“结晶水”，含有结晶水的晶体称为结晶水合物。晶体中结晶水的含量不同，会影响晶体的性质和外形。例如，虽然 Na_2SO_4、$Na_2SO_4 \cdot 7H_2O$ 和 $Na_2SO_4 \cdot 10H_2O$ 都是无色的，但无水硫酸钠晶体是斜方晶系，七水硫酸钠晶体是正方或斜方晶系，而十水硫酸钠晶体则是单斜晶系。又如，硫酸铜水溶液在 240℃以上结晶时，得到的是白色三棱形针状的无水硫酸铜（$CuSO_4$）晶体，但若在常温下结晶，得到的是亮蓝色的三斜晶系晶体，该晶体中含有 5 个分子的结晶水（$CuSO_4 \cdot 5H_2O$)。

结晶水合物具有一定的蒸气压，此类晶体在空气中储存时，若其蒸气压高于周围空气中的水蒸气压，则易失去结晶水而风化；若其蒸气压低于周围空气中的水蒸气压，则易吸取水分而分解。

8.1.2　相平衡与溶解度

固体与其溶液相达到固、液相平衡时，单位质量的溶剂所能溶解的固体的质量，称为固体在溶剂中的溶解度。工业上通常采用以每 100 质量份的总溶剂（大多数情况为水）中，所含的无水溶质的分数来表示溶解度的大小。

在结晶中，当溶液或母液饱和时达到了平衡。这种平衡用溶解度曲线来表示，溶解度主要由温度决定，压力对溶解度的影响可以忽略不计。溶解度数据以曲线形式表示。在溶解度曲线中，溶解度以某种方便的单位表示成与温度的关系。很多化学手册中给出了溶解度数据表。图 8-3 表示出了一些典型的盐类在水中的溶解度。通常，大多数盐类的溶解度随温度的升高而增加。

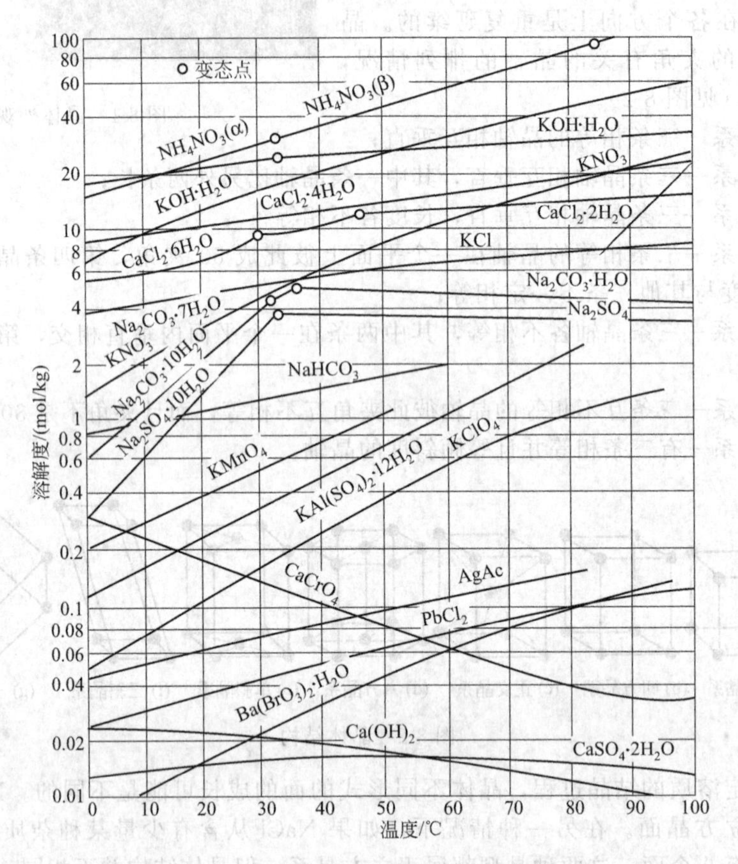

图 8-3　一些典型无机物在水中的溶解度曲线

根据溶解度随温度的变化特征，可将物质分为不同的类型。有些物质的溶解度随温度的升高而显著地增加，如 KNO_3、$NaNO_3$ 等；有些物质的溶解度随温度升高以中等速度增加，如 KCl、$(NH_4)_2SO_4$ 等；还有一类物质，如 NaCl 等，其溶解度的特点是随温度的变化很小。上述物质在溶解过程中需要吸收热量，即具有正溶解度特性。另外有一些物质，如 Na_2SO_4 等，其溶解度随温度升高反而下降，它们在溶解过程中放出热量，即具有逆溶解特性。此外，从图中还可以看出，还有一些形成水合物的物质，在其溶解度曲线上有转折点，物质在转折点两侧含有的水分子数不等，故转折点又称为变态点。例如低于 32.4℃时，从 Na_2SO_4 水溶液结晶出来的固体是 $Na_2SO_4 \cdot 10H_2O$，而在这个温度以上结晶出来的固体是 Na_2SO_4。

物质的溶解度特性对于结晶方法的选择起决定性的作用。对于溶解度随温度变化敏感的物质，适合用变温结晶方法分离；对于溶解度随温度变化缓慢的物质，适合用蒸发结晶法分离等。另外，根据在不同温度下的溶解度数据，还可计算出结晶过程的理论产量。

溶液的过饱和度是工业结晶的主要推动力。溶液浓度恰好等于溶质的溶解度，即达到液固相平衡状态时，称为饱和溶液。溶液含有超过饱和量的溶质，则称为过饱和溶液。Wilhelem Ostwald 第一个观察到过饱和现象。他将一个完全纯净的溶液在不受任何扰动（无搅拌，无振荡）及无任何刺激（无超声波等作用）的条件下，徐徐冷却，就可以得到过饱和溶液。但超过一定限度后，澄清的过饱和溶液就会开始析出晶核，Ostwald 称这种不稳定状态区段为“不稳区”。标志溶液过饱和而欲自发地产生晶核的极限浓度曲线称为超溶解度曲线。溶解度平衡曲线与超溶解度曲线之间的区域为结晶的介稳区。在介稳区内溶液不会自发成核。在图 8-4 中划出了这几个区域。图 8-4 中的 AB 线段是溶解平衡曲线，超溶解度曲线应是一簇曲线 $C'D'$，其位置在 CD 线之下，而与 CD 的趋势大体一致。图中的 E 点代表一个欲结晶物系，可分别使用冷却法、真空绝热冷却法或蒸发法进行结晶，所经途径相应为 EFH、$EF''G''$ 及 $E'FG'$。

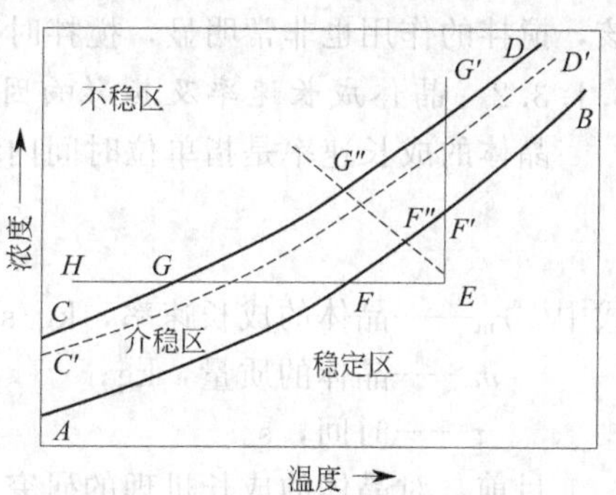

图 8-4 溶液的超溶解度曲线

工业结晶过程要避免自发成核，才能保证得到平均粒度大的结晶产品。只有尽量控制在介稳区内结晶才能达到这个目的。所以只有按工业结晶过程条件来测定出超溶解度曲线，并给出介稳区才富有实用价值。

溶质从溶液中结晶出来，要经历两个步骤：①首先要产生被称为晶核的微小晶粒作为结晶的核心，这种过程称为成核；②然后晶核长大，成为宏观的晶体，这个过程称为晶体成长。无论是成核过程还是晶体成长过程，都必须以溶液浓度与平衡溶解度之差即溶液的过饱和度作为推动力。溶液过饱和度的大小直接影响上述两个过程的快慢，而这两过程的速度又影响着晶体产品的粒度分布。因此，过饱和度是结晶过程中一个极其重要的参数。

8.1.3 结晶动力学简介

结晶动力学主要讨论结晶的速率问题。由于结晶过程有成核和晶体成长两个阶段，所以结晶速率包括成核速率和晶体成长速率。

8.1.3.1 成核速率及其影响因素

成核速率是指单位时间、单位体积溶液内所产生的晶核数，即：

$$r_N = \frac{dN}{d\tau} \tag{8-1}$$

式中 r_N——成核速率，$1/(m^3 \cdot s)$；

N——单位体积晶浆中的晶核数，$1/m^3$；

τ——时间，s。

由于影响成核速率的因素很多，而对其机理的了解也有限，所以一般都使用比较简单的经验关系式来描述。由于溶液的过饱和度是结晶过程的推动力，通常将成核速率表示成过饱和度的幂函数，即：

$$r_N = K_N \Delta c^n \tag{8-2}$$

式中 K_N——成核的速率常数；

n——成核过程的动力学级数。

式(8-1) 和式(8-2) 中的 r_N 为初级成核速率与二次成核速率之和。初级成核速率比二次成核速率大很多，而且对过饱和度变化非常敏感而难以控制。因此，除了超细粒子的制备外，一般的工业结晶过程应尽量避免初级成核。

对一定的物系而言，影响成核速率的因素很多，主要的影响因素有如下几种。

（1）过饱和度 过饱和度是影响成核速率的关键因素，通常成核速率特别是初级成核速率随过饱和度的增加而增大。对不同的物系，过饱和度对成核速率的影响也不相同。在结晶操作中，应根据具体需要将过饱和度控制在适当的范围内。

（2）杂质 溶液中杂质的存在对成核速率产生很大的影响，但这种影响不能事先预测。它的存在对溶质的溶解度起促进或抑制作用，可使成核速率增加或减小。目前的研究结果还没有总结出具有普遍性的规律。

（3）搅拌作用 搅拌等机械作用对提高成核速率有利。但对其作用的认识目前还仅处于定性阶段。对均相成核，在过饱和溶液中的任何轻微振动均可使成核速率增加。对二次成核，搅拌的作用也非常明显，搅拌时碰撞的次数及冲击能量的增加能使成核速率加大。

8.1.3.2 晶体成长速率及其影响因素

晶体的成长速率是指单位时间内结晶出来的溶质量，即：

$$r_m = \frac{dm}{d\tau} \tag{8-3}$$

式中 r_m——晶体的成长速率，kg/s；

m——晶体的质量，kg；

τ——时间，s。

目前，对晶体的成长机理的研究尚不成熟，通常也将晶体的成长速率表示成过饱和度的幂函数，采用一般的简单速率表达式来进行描述，即：

$$r_m = K_m \Delta c^m \tag{8-4}$$

式中 K_m——晶体的成长速率常数；

m——晶体的成长过程的动力学级数。

对一定的物系，晶体成长速率的大小与溶液的过饱和度、结晶温度、溶液黏度和密度、杂质、结晶位置、晶体粒度和搅拌强度等许多因素有关。

（1）过饱和度 过饱和度对晶体的成长速率影响很大，对不同的物系，过饱和度对晶体的成长速率影响不同。过饱和度还影响晶体的形状、粒度及粒度分布。例如，在低过饱和度下，β-石英晶体呈短而粗的外形，均匀性较好；但在高过饱和度下，晶体的外形呈细长状，且均匀性也较差。

（2）溶液黏度和密度 溶液的黏度大，则流动性差，使得溶质向晶面的传质速率下降，这时晶体顶角和棱边较易获得溶质而生长较快，导致结晶的形成。晶体的析出和放出结晶热使溶液产生局部的密度差，从而造成溶液的涡流，涡流在晶体周围造成浓度的不均，从而导致不规则晶体的生成。

（3）搅拌作用 搅拌是影响结晶粒度分布的重要因素。大搅拌强度使晶体粒度变细，温和而又均匀的搅拌，则易获得粗颗粒结晶。

（4）晶体粒度 较大晶体的表面能较小，其成长速率比小晶体大。另外，对控制步骤为扩散过程的结晶，由于大晶体在溶液中的沉降速度较大，可以减小晶体表面静止液膜的厚度，从而降低溶质的扩散阻力，使其更易获得溶质而继续长大。

8.1.4 结晶过程的计算

溶液结晶过程计算的基础是物料衡算和热量衡算。在结晶操作中，原料液中溶质的含量是已知的。对于大多数物系，结晶过程终了时母液与晶体达到了平衡状态，可由溶解度曲线查得母液中溶质的含量。对于结晶过程终了时仍有剩余过饱和度的物系，终了母液中溶质的含量需由实验测定。当原料液及母液中溶质的含量均为已知时，则可计算结晶过程的产品量。

8.1.4.1　物料衡算

对于不形成水合物的结晶过程，溶质的物料衡算方程为

$$WC_1=G+(W-VW)C_2 \tag{8-5a}$$

或

$$G=W[C_1-(1-V)C_2] \tag{8-5b}$$

式中　W——原料液中溶剂的量，kg 或 kg/h；

G——结晶产品的量，kg 或 kg/h；

V——溶剂蒸发量，kg/kg 原料溶剂；

C_1、C_2——原料液与母液中溶质的含量，kg 无溶剂溶质/kg 溶剂。

对于形成水合物的结晶过程，溶质水合物携带的溶剂不再存在于母液中，因此在做衡算时这部分溶剂量应从母液溶剂中减去，即

$$WC_1=\frac{G}{R}+W'C_2 \tag{8-6}$$

式中　R——溶质水合物摩尔质量与无溶剂溶质摩尔质量之比；

W'——母液中溶剂量，kg 或 kg/h。

式(8-6) 中左侧项表示原料液中的溶质量，右侧第一项 G/R 表示溶质水合物中纯溶质的量，注意此式中的 G 表示溶质水合物的结晶量，而右侧第二项为母液中存在的溶质量。对溶剂作物料衡算，得

$$W=VW+G\left(1-\frac{1}{R}\right)+W'$$

故

$$W'=(1-V)W-G\left(1-\frac{1}{R}\right) \tag{8-7}$$

将式(8-7) 代入式(8-6) 中，得

$$WC_1=\frac{G}{R}+\left[(1-V)W-G\left(1-\frac{1}{R}\right)\right]C_2$$

解得

$$G=\frac{WR[C_1-(1-V)C_2]}{1-C_2(R-1)} \tag{8-8}$$

显然，若结晶时无水合作用，$R=1$，则式(8-8) 变为式(8-5b)。

对于不同的结晶过程，运用式(8-8) 时情况各有不同，现分别介绍。

(1) 不移除溶剂的冷却结晶　此时 $V=0$，故式(8-8) 变为

$$G=\frac{WR(C_1-C_2)}{1-C_2(R-1)} \tag{8-9}$$

(2) 移除部分溶剂的结晶　此时又可分为以下两种情况。

① 蒸发结晶　在蒸发结晶器中，移出的溶剂量 W 若已预先规定，则可由式(8-8) 求出 G。反之，则可根据已知的结晶量 G 求出 W。

② 真空冷却结晶　此时溶剂蒸发量 V 为未知量，需通过热量衡算求出。由于真空冷却蒸发是溶液在绝热情况下的闪蒸，故蒸发量取决于溶剂蒸发时需要的汽化热、溶质结晶时放出的结晶热以及溶液绝热冷却时放出的显热。列热量衡算式，得

$$VWr_s=C_p(t_1-t_2)(W+WC_1)+\Delta H_{cr}G \tag{8-10}$$

将式(8-10) 与式(8-8) 联立求解，得

$$V=\frac{\Delta H_{cr}R(C_1-C_2)+C_p(t_1-t_2)(1+C_1)[1-C_2(R-1)]}{\Delta H_s[1-C_2(R-1)]-\Delta H_{cr}RC_2} \tag{8-11}$$

式中　ΔH_{cr}——结晶热，J/kg；

ΔH_s——溶剂汽化热，J/kg；

t_1、t_2——溶液的初始及最终温度，℃；

C_p——溶液的比热容，J/（kg・℃）。

8.1.4.2　热量衡算

溶质从溶液中结晶出来时会放出结晶热。结晶热为生成单位质量溶质晶体所放出的热量。结晶的逆过程是溶解，单位质量溶质晶体在无限稀释的溶液中溶解所吸收的热量称为溶解热。由于绝大多数物质的稀释热很小，与溶解热相比可以忽略，因此可认为结晶热等于负的溶解热。在工业结晶过程中，由于母液需要被加热或冷却，且常常伴随溶剂的蒸发，故还需计算热负荷以确定传热面积，结晶过程的热负荷可通过如下的热量衡算求得：

$$Q=VW\Delta H_s-C_p(t_1-t_2)(W+WC_1)-\Delta H_{cr}G \tag{8-12}$$

式中　Q——热负荷，即外界与结晶器的传热量，向结晶器供热为正，移热为负，kJ/h。

【例 8-1】　温度为 313K、含 Na_3PO_4 23%（质量分数）的水溶液在某冷却结晶器中从 313K 冷却到 298K，连续结晶出 $Na_3PO_4\cdot 12H_2O$ 晶体，结晶过程中水的蒸发量可忽略不计。已知溶液的平均比热容为 3.2kJ/(kg・K)，$Na_3PO_4\cdot 12H_2O$ 的结晶热为 146.5kJ/kg 水合物，Na_3PO_4 在 298K 下的溶解度为 0.155kg/kgH_2O。冷却水的进、出口温度分别为 288K 和 293K，总传热系数为 0.14kW/(m^2・K)，单位长度结晶器的有效传热面积为 1.2m^2/m。要求结晶产量为 226.8kg/h，求结晶器的长度。

解：由题可知

$$C_1=23/77=0.30\text{kg/kg 水},\ G=226.8\text{kg/h},\ V=0$$

因为 $Na_3PO_4\cdot 12H_2O$ 的相对分子质量为 380，Na_3PO_4 的相对分子质量为 164，故 $Na_3PO_4\cdot 10H_2O$晶体中，Na_3PO_4 在 298K 下的溶解度为 0.155kg/kgH_2O，即母液中溶质的含量为 $C_2=0.155$kg/kg 水。

$$R=380/164=2.32$$

由式(8-8) 的总物料衡算得：

$$226.8=\frac{W\times 2.32\times[0.299-(1-0)\times 0.155]}{1-0.155\times(2.097-1)}$$

所以有：

$$W=563.45\text{kg/h}$$

由式(8-12) 的热量衡算得：

$$Q=VW\Delta H_s-C_p(t_1-t_2)(W+WC_1)-\Delta H_{cr}G$$

$$Q=-3.2\times(313-298)\times(563.45+563.45\times 0.299)-146.5\times 226.8$$
$$=68358.43\text{kJ/h}=18.99\text{kW}$$

按逆流传热，对数平均温差为：

$$\Delta t_m=\frac{(313-293)-(298-288)}{\ln\left(\frac{313-293}{298-288}\right)}=14.43\text{K}$$

所需传热面积为：

$$S=\frac{Q}{K\Delta t_m}=\frac{18.99}{0.14\times 14.43}=9.40\text{m}^2$$

结晶器的长度为：9.40/1.2=7.83m。

8.1.5　工业结晶方法与设备

工业上的结晶操作可分为冷却法、蒸发法、真空冷却法及加压法四类。

最简单的冷却结晶过程是将热的结晶溶液置于无搅拌的、甚至是敞口的结晶釜中，靠自然冷却作用降温结晶。所得产品纯度较低，粒度分布不均，容易发生结块现象。设备所占空间大，容积产生能力较低。但由于该种设备造价低，安装使用条件不高，所以至今仍在使用。

图 8-5　利用太阳能晒盐

蒸发结晶是去除一部分溶剂的结晶过程，主要是使溶液在常压或减压下蒸发浓缩而变成过饱和。此法使用于溶解度随温度降低而变化不大或具有逆溶解度特性的物系。利用太阳能晒盐就是最古老而简单的蒸发结晶操作（见图 8-5）。蒸发结晶器与一般的溶液浓缩蒸发器在原理、设备结构及操作上并无不同。但一般的蒸发器用于蒸发结晶操作时，对晶体的粒度不能有效加以控制。

真空冷却结晶是使溶剂在真空下闪蒸而使溶液绝热冷却的结晶法。此法适用于具有正溶解度特性而溶解度随温度的变化率中等的物系。真空冷却结晶器的操作原理是：把热浓溶液送入绝热保温的密闭结晶器中，器内维持较高的真空度，由于对应的溶液沸点低于原料液温度，溶液势必闪蒸而绝热冷却到与器内压强相对应的平衡温度。实质上，溶液通过蒸发浓缩及冷却两种效应来产生过饱和度。真空冷却结晶过程的特点是主题设备结构相对简单，无换热面，操作比较稳定，不存在内表面严重结垢现象。

加压结晶是靠加大压力改变相平衡曲线进行结晶的方法。该方法已受工业界重视，装置见图 8-6。

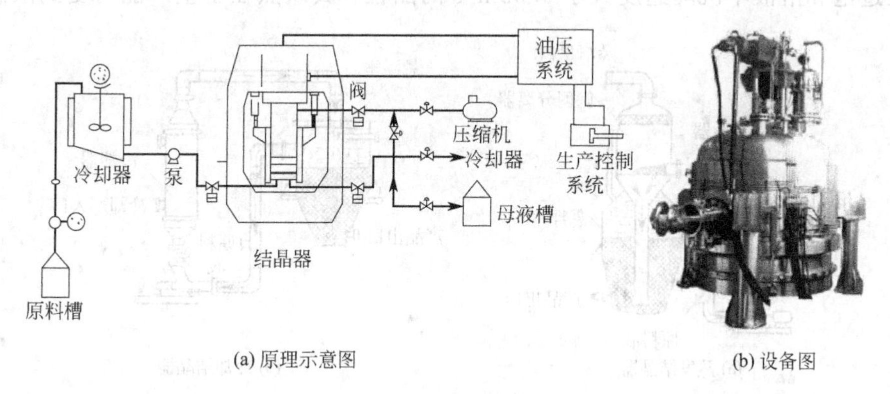

(a) 原理示意图　　(b) 设备图

图 8-6　加压结晶装置

几种主要的通用结晶器如下。

（1）强迫外循环型结晶器　图 8-7 所示是一台连续操作的强迫外循环型结晶器。部分晶浆由结晶室的锥形底排出后，经循环管与原料液一起通过换热器加热，沿切线方向重新返回结晶室。这种结晶器可用于间接冷却法、蒸发法及真空冷却法结晶过程。它的特点是生产能力很大。但由于外循环管路较长，所需的压头较高，另一方面它的循环量较低，结晶室内的晶浆混合不很均匀，存在局部过浓现象，因此，所得产品平均粒度较小，分布不均。

（2）流化床型结晶器　图 8-8 是流化床型蒸发结晶器及冷却结晶器的示意图。因结晶室的上部比底部截面积大，所以流体向上的流速逐渐降低，其中悬浮晶体的粒度越往上越小，

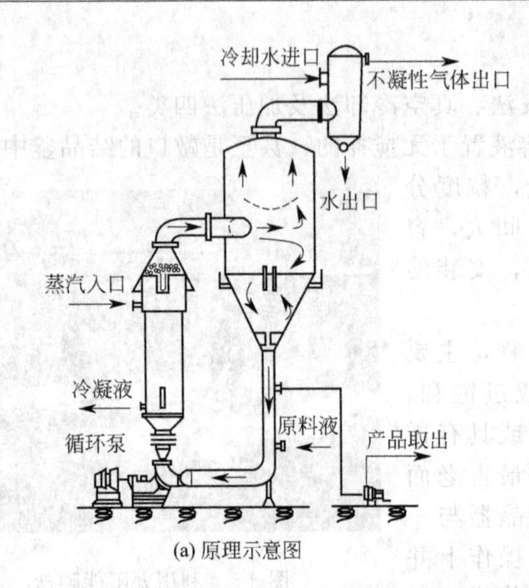

(a) 原理示意图

(b) 设备图

图 8-7 强迫外循环型结晶器

因此结晶室成为粒度分级的流化床。在结晶室的顶部，基本上已不含有晶粒，作为澄清的母液进入循环管路，与热浓料液混合后，或在换热器中加热并送入汽化室蒸发浓缩（对蒸发结晶器），或在冷却器中冷却（对冷却结晶器）而产生过饱和度。过饱和的溶液通过中央降液管流至结晶室底部，与富集于底层的粒度较大的晶体接触，晶体长得更大。溶液在向上穿过晶体流化床时，逐步气固解除其过饱和度。

流化床型结晶器的特点是将过饱和度产生的区域与晶体成长区分别设置在结晶器的两处，由于采用母液循环式，循环液中基本上不含有晶粒，从而避免发生叶轮与晶体间的接触成核现象，再加上结晶室的粒度分级作用，使这种结晶器所产生的晶体大而均匀。特别适合于生产在过饱和溶液中沉降速度大于 0.02m/s 的晶粒。其缺点在于生产能力受到限制。

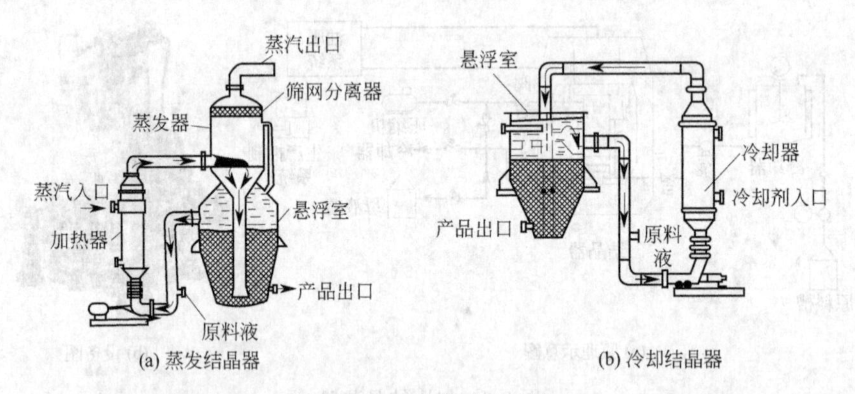

(a) 蒸发结晶器　　(b) 冷却结晶器

图 8-8 流化床型结晶器

(3) DTB 型结晶器　如图 8-9 所示，它是导流筒及挡板的结晶器的简称。器下部接有淘析柱，器内设有导流筒和筒形挡板，操作时热饱和料液连续加到循环管下部，与循环管内夹带有小晶体的母液混合后泵送至加热器。加热后的溶液在导流筒底部附近流入结晶器，并由缓慢转动的螺旋桨沿导流筒送至液面。溶液在液面蒸发冷却，达过饱和状态，其中部分溶质在悬浮的颗粒表面沉积，使晶体长大。在环形挡板外围还有一个沉降区。在沉降区内大颗粒沉降，而小颗粒则随母液入循环管并受热溶解。晶体于结晶器底部入淘析柱。为使结晶产品的粒度尽量均匀，将沉降区来的部分母液加到淘析柱底部，利用水力分级的作用，使小颗粒随液流返回结晶器，而结晶产品从淘析柱下部卸出。DTB 型结晶器可用于真空冷却法、蒸发法、直接接触冷冻法及反应结晶法等多种结晶操作。DTB 型结晶器性能优良，生产强度高，能产生粒度达 600～1200μm 的大粒结晶产品，器内不易结晶疤，已成为连续结晶器的最主要形式之一。

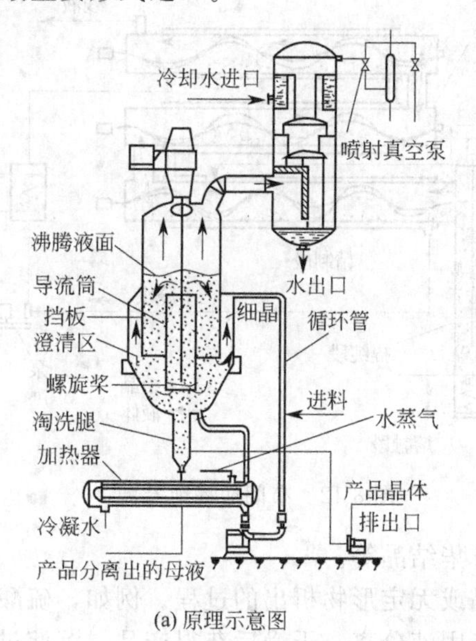

(a) 原理示意图

(b) 设备图

图 8-9　DTB 型真空结晶器

（4）熔融结晶过程及设备　熔融结晶是在接近析出物熔点温度下，从熔融液体中析出组成不同于原混合物的晶体的操作。其过程原理与精馏中因部分冷凝（或部分汽化）而形成组成不同于原混合物的过程类似。熔融结晶过程中，固液两相需经多级（或连续逆流）接触后才能获得高纯度的分离。与溶液结晶过程比较，熔融结晶过程的特点见表 8-1。

熔融结晶设备主要有塔式结晶器和通用结晶器两类。其中，塔式结晶器的结构和操作原理源于对精馏塔的联想，如图 8-10 所示。这种技术的主要优点，是能在单一的设备内达到相当于若干个分离级的分离效果，有较高的生产速率。如图 8-10 所示，料液由塔的中部加入，晶粒在塔底被加热熔化，部分作为高熔点产物流出，部分作为液相回流向上流动。部分液相在塔顶作为低熔点产物采出，部分被冷却析出结晶向下运动。这种液固两相连续接触传质的方式又称分步结晶。

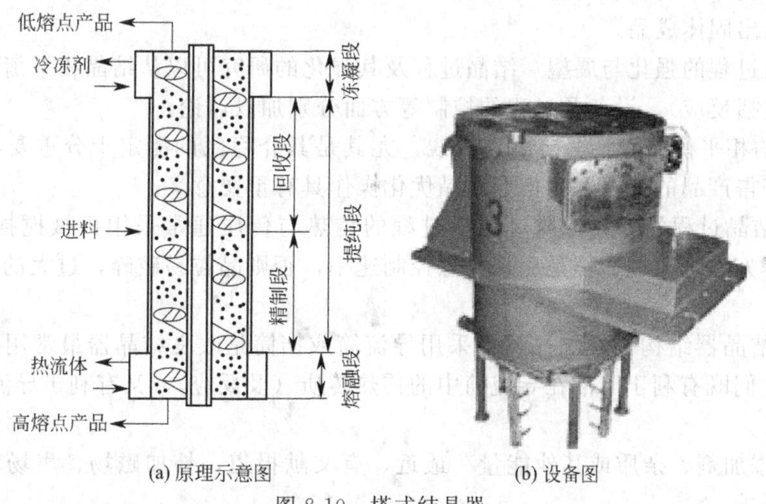

(a) 原理示意图　　(b) 设备图

图 8-10　塔式结晶器

而通用结晶器有苏尔寿MWB结晶器（见图8-11）、布朗迪提纯器（见图8-12）等。

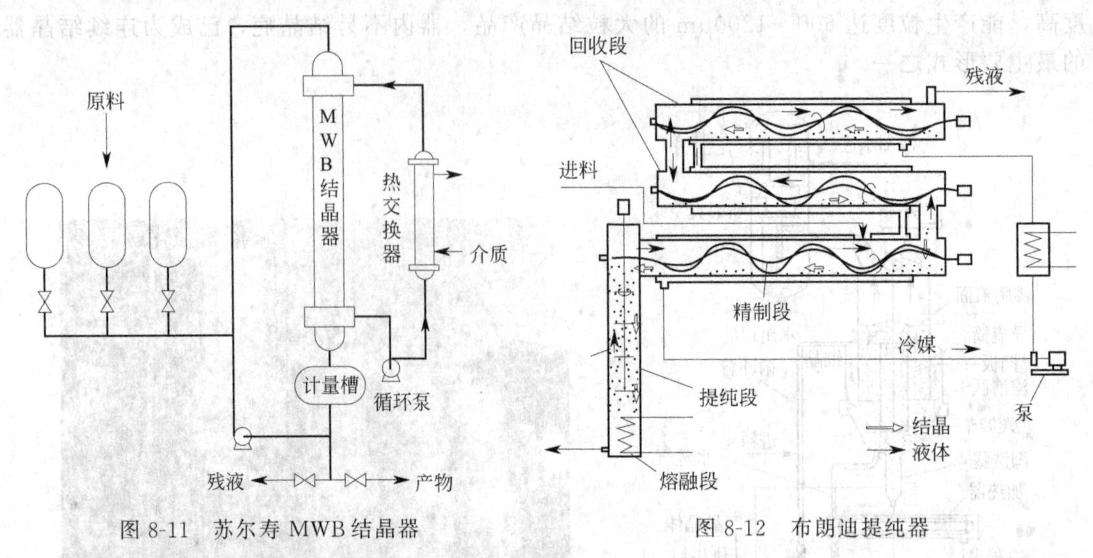

图8-11 苏尔寿MWB结晶器

图8-12 布朗迪提纯器

此外，其他结晶方法还包括反应沉淀、盐析及升华结晶等。

反应沉淀是液相中因化学反应生成的产物以结晶或无定形物析出的过程。例如，硫酸吸收焦炉气中的氨生成硫酸铵并以结晶析出，经进一步固液分离、干燥后获得产品。沉淀过程首先是反应形成过饱和度，然后成核、晶体成长。与此同时，还往往包含了微小晶粒的成簇及熟化现象。显然，沉淀必须以反应产物在液相中的浓度超过溶解度为条件，此时的过饱和度取决于反应速率。因此，反应条件（包括反应物浓度、温度、pH值及混合方式等）对最终产物晶粒的粒度和晶形有很大影响。

盐析是一种在混合液中加入盐类或其他物质以降低溶质的溶解度，从而析出溶质的方法。例如，向氯化铵母液中加盐（氯化钠），母液中的氯化铵因溶解度降低而结晶析出。盐析剂也可以是液体。例如，向有机混合液中加水，使其中不溶于水的有机溶质析出，这种盐析方法又称为水析。盐析的优点是直接改变固液相平衡，降低溶解度，从而提高溶质的回收率。此外，还可以避免加热浓缩对热敏物的破坏。

升华结晶通常指蒸气经骤冷而直接凝结成固态晶体，如含水的湿空气骤冷形成雪。升华结晶常用来从气体中回收有用组分。例如，用流化床将萘蒸气氧化生成邻苯二甲酸酐，混合气经冷却后析出固体成品。

(5) 结晶过程的强化与展望　结晶过程及其强化的研究可以从结晶相平衡、结晶过程的传热传质（包括反应）、设备及过程的控制等方面分别加以讨论。

① 溶液的相平衡曲线　即溶解度曲线，尤其是其介稳区的测定十分重要，因为它是实现工业结晶获得产品的依据，对指导结晶优化操作具有重要意义。

② 强化结晶过程的传热传质　结晶过程的传热与传质通常采用机械搅拌、气流喷射、外循环加热等方法来实现。但是应该注意控制速率，否则晶粒易破碎，过大的速率也不利于晶体成长。

③ 改良结晶器结构　在结晶器内采用导流筒或挡筒是改良结晶器最常用的也是十分有效的方法，它们既有利于溶液在导流筒中的传热传质（及反应），又有利于导流筒（或挡筒）外晶体的成长。

④ 引入添加剂、杂质或其他能量　最近，有文献报道，外加磁场、声场对结晶过程能产生显著的影响。

⑤ 结晶过程控制　为了得到粒度分布特性好、纯度高的结晶产品，对于连续结晶过程，控制好结晶器内溶液的温度、压力、液面、进料及晶浆出料速率等十分重要。对于间歇结晶过程来讲，计量加入晶种并采用程序控制以及控制冷却速率等，均是实现获得高纯度产品、控制产品粒度的重要手段。目前，工业上已应用计算机对结晶过程实现监控。

由上可以看出，结晶过程的强化不仅涉及流体力学、粒子力学、表面化学、热力学、结晶动力学、形态学等方面的机理研究和技术支持，同时还涉及新型设备与材料、计算机过程优化与测控技术等方面的综合知识与技术。因此进一步开展上述方面的研究是十分重要和必要的。

8.2　吸附

8.2.1　吸附现象及其工业应用

吸附现象早已被人们发现。两千多年前中国人民已经采用木炭来吸湿和除臭，如湖南省长沙市附近出土的汉代古墓中就放有木炭，显然墓主当时是用木炭吸收潮气等作为防腐措施的。之后，在 18 世纪已有人注意到热的木炭冷却下来会捕集几倍于自身体积的气体。稍后，又认识到不同的木炭对不同的气体所捕集的体积是不一样的，并指出木炭捕集气体的效率依赖于暴露的表面积，进而强调了木炭中孔的作用。现在，人们认识到吸附现象中的两个重要因素，即表面积和孔隙率不仅在木炭中有，在其他多孔固体颗粒中也有。所以，可以从气体或蒸汽的吸附测量，来获得有关固体表面积和孔结构的信息。

“吸附”这个词最早由 Kayser 在 1881 年提出，用于描述气体在自由表面的凝聚。它与“吸收”不一样，吸附只发生于表面，吸收则指气体进入固体或液体本体中。1909 年，McBain 提议用词“吸着”来指表面吸附、吸收和孔中毛细凝聚的总和。国际上对上述三个词已有严格的定义。一般而言，吸附包括表面的吸附和孔中的毛细凝聚两部分。

8.2.1.1　概述

吸附过程是指多孔固体吸附剂与流体（液体或气体）相接触，流体中的单一或多种溶剂向多孔固体颗粒表面选择性传递，积累于多孔固体吸附剂微孔表面的过程。类似的逆向操作过程称为解吸过程，它可以使已吸附于多孔固体吸附剂表面的各类溶质有选择性地脱出。通过吸附和解吸可以达到分离、精制的目的。吸附中，具有一定吸附能力的固体材料称为吸附剂，被吸附的物质称为吸附质。

吸附分离操作，多数情况下都是间歇式进行的。混合气体通过填充着吸附剂的固定床层，首先是易被吸收组分的大部分在床层入口附近就已被吸附，随着气体进入床层深处，该组分的其余部分也会被吸附掉。吸附剂的吸附容量（指的是滤料或离子交换剂吸附某种物质或离子的能力）被饱和后，必须要将吸附质从吸附剂中除去。这时对吸附质是回收还是废弃，要根据它的浓度或纯度以及价值来确定。一般是采用置换吸附质或使之脱吸的方法来再生吸附剂，若当吸附质被牢固地吸附于吸附剂上时，还可采用燃烧法使吸附剂再生。一般情况下，随温度上升或压力下降，吸附剂的吸附容量是减少的，所以再生吸附剂时，就可采用升温或减压的操作方法，而且利用水蒸气的升温操作是工业上最为便利的方法。

提高吸附过程的处理量需要反复进行吸附和解吸操作，增加循环操作的次数。通常采用的吸附及解吸再生循环操作的方法有如下几种。

(1) 变温吸附　提高温度使吸附剂的吸附容量减少而解吸，利用温度的变化完成循环操作。小型的吸附设备常直接通入水蒸气加热床层，取其传热系数高、加热升温迅速，又可以清扫床层的优点。

(2) 变压吸附　降低压力或抽真空使吸附剂解吸，升高压力使之吸附，利用压力的变化来完成循环操作。

(3) 变浓度吸附　待分离溶质为热敏性物质时可利用溶剂冲洗或萃取剂抽提来完成解吸再生。

(4) 色谱分离　可分为迎头分离操作、冲洗分离操作和置换分离操作等几种形式。混合气通入吸附柱后，不同组分按吸附能力的强弱顺序流出，称为迎头分离操作。在连续通入惰性溶剂的同时，脉冲送入混合溶液，各组分由于吸附能力大小不同，得到有一定间隔的谱峰，称为冲洗分离操作。用吸附能力最强的溶质组分通入达到吸附饱和的床层，依次将吸附能力强弱不同的各组分置换下来，吸附能力最强的置换溶质组分则可采用加热或其他方法解吸，称为置换分离操作。工业上采用何种操作方式可根据处理量大小、产品和溶剂的价格等因素综合确定。

8.2.1.2　吸附剂

吸附过程设计中，吸附剂的选择是十分重要的。吸附剂的种类很多，可分成无机的和有机的，合成的和天然的。吸附剂可以根据需要加以改性修饰，使之对分离体系具有更高的选择性，以满足对结构类似或浓度很低的组分的分离回收的要求。吸附剂的吸附容量有限，在1%～40%（质量分数）之间。

常见的吸附剂种类如下。

(1) 天然吸附剂　天然矿产如活性白土、蒙脱土、漂白土、黏土和硅藻土等，经适当加工处理，就可直接作为吸附剂使用。天然吸附剂虽价廉易得，但活性较低，一般使用一次失效后不再回收。天然高分子物质，如纤维素、木质素、甲壳素和淀粉等，经过反应交联或引进官能团，也可制成吸附树脂。

(2) 活性炭　活性炭是一种多孔结构的、具有吸附性能的碳基物质的总称。将煤、椰子壳、果壳、木材等进行炭化，再经过活化处理，可制成各种不同性能的活性炭，其比表面积可达 $1500m^2/g$。活性炭的结构除石墨化晶态炭外，还有大量的过渡态碳。过渡态碳有三种基本结构单元，即乱层石墨、无定形和高度有规则的结构（见图 8-13）。活性炭性能稳定，耐酸耐碱耐腐蚀，可用于回收混合气体中的溶剂蒸气、各种油品和糖液的脱色、水的净化、气体的脱臭和作为催化剂载体等。

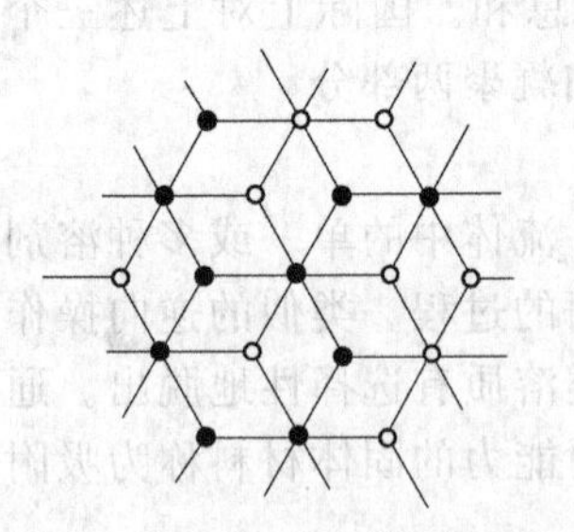

(a) 石墨结构的重叠状态

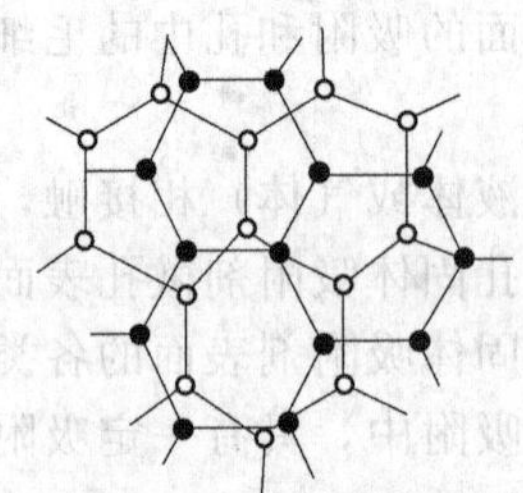

(b) 乱层结构的重叠状态

图 8-13　活性炭结构

(3) 活性炭纤维　活性炭纤维可以编织成各种织物，使装置更为紧凑并减少流动阻力。它的吸附能力比一般的活性炭高出 1～10 倍，对有机物的吸附量较高，例如对恶臭物如丁硫醇等的吸附量比活性炭的高出 40 倍以上。活性炭纤维适用于脱除气体中的恶臭和废水中的污染物以及制作防护用具和服装等。在脱附阶段，当温度较高时，活性炭纤维的脱附速度比颗粒活性炭的要快得多，且无拖尾现象。

(4) 分子筛　分子筛是具有许多孔径大小均一、微孔的物质，能够选择性吸附直径小于其孔径的分子，起到筛选分子的作用。这种固体吸附剂很多，如炭分子筛、沸石分子筛、微孔玻璃分子筛等。分子筛广泛用于气体和液体的干燥、脱水、净化、分离和回收等，应用后可以再生。此外，分子筛也可用作催化剂，如用于石油裂化等。

(5) 硅胶　硅胶是一种坚硬、无定形、链状和网状结构的硅酸聚合物，其分子式是 $SiO_2 \cdot nH_2O$。硅胶是一种亲水性的球形吸附剂，其比表面积可达 $600m^2/g$，易于吸附极性物质（如水、甲醇等）。它吸附气体中的水分可达其本身质量的 50%，即使在相对湿度为 60%的空气流中，微孔硅胶的吸湿量也可达 24%（质量分数）。因此，硅胶常用于高湿含量气体的干燥。吸附脱水时，放出大量的吸附热，常易使其破碎。

(6) 活性氧化铝　氧化铝水合物经不同温度的热处理，可得 8 种亚稳态的氧化铝，其中以 γ-Al_2O_3和 η-Al_2O_3的化学活性最高，习惯上称为活性氧化铝。活性氧化铝是一种极性吸附剂，它一般不是纯粹的 Al_2O_3，而是部分水合无定形的多孔结构物质，其中不仅有无定形的凝胶，还有氢氧化物的晶体。活性氧化铝的孔径分布范围较宽，为 1～1000nm，宜在 177～316℃下再生。活性氧化铝用作脱水和吸湿的干燥剂或作为催化剂的载体，它对水分的吸附容量大，常用于高湿度气体的脱湿和干燥。

工业吸附对吸附剂具有如下要求：

① 吸附量要大：吸附量主要决定于内表面，内表面越大，则比表面积越大，即吸附容量越大。

② 选择性要好：吸附剂对不同的吸附质具有选择性吸附作用，影响选择性的因素主要是吸附剂的种类、结构和吸附机理等。

③ 应具有一定的机械强度和物理特性要求（如颗粒大小等）。

④ 再生容易，具有良好的化学稳定性和热稳定性、价廉易得等。

8.2.1.3　吸附剂的再生

工业上能否实现吸附分离，除了取决于所选用的吸附剂是否具有良好的吸附性能外，吸附剂的再生也非常关键。吸附剂的再生程度不但决定了再生后吸附处理产品的纯度，而且也关系到处理量。因此，确定适宜的再生方法和工艺条件是吸附过程在工业上应用的一个很重要的问题。

吸附剂的再生应根据吸附工艺要求及操作条件而采取不同的方法。一般吸附操作可以分为吸附净化和吸附分离两类。

吸附净化：处理流体中的吸附质体积分数小于 3%，如脱水、脱色、脱臭等，吸附后的吸附质可以抛弃不用。这类吸附-脱附再生的操作循环周期较长，再生时应尽可能除去吸附剂上所有的吸附质。

吸附分离：处理流体中的吸附质含量较大，一股体积分数为 3%～50%，被吸附的吸附质需要回收为高纯度产品。如从合成氨弛放气中回收氢，混合二甲苯中分离对二甲苯和间二甲苯等。这类吸附-脱附操作都采用小的吸附量差和快速循环操作，主要考虑吸附-脱附处于最高效率点范围的情况。

吸附量差是指吸附后吸附剂上的平均吸附量和再生后留在吸附剂上的平均吸附量之间的差，它取决于吸附与脱附操作状况及操作循环时间。

吸附剂的脱附再生的基本方法主要有以下四种。

(1) 升温脱附　因为吸附剂对吸附质的吸附容量随温度升高而下降，用升高温度的方法可使被吸附的吸附质从吸附剂上脱附，从而使吸附剂再生。由于固体吸附剂的热容量较大，传热系数较小，升温、降温速度慢，故循环周期长。

(2) 降压脱附　因为吸附剂对吸附质的吸附容量随吸附质的分压下降而下降，用降低系统压力或抽真空的方法可使被吸附的吸附质从吸附剂上脱附，从而使吸附剂再生。

(3) 置换脱附　这种方法用其他吸附质（称为脱附剂）把原吸附质从吸附剂上置换下来，特别适用于热敏性物质。当然，采用置换脱附时，还需将脱附剂进行脱附，才能使吸附剂再生。

(4) 冲洗脱附　用吸附剂所不吸附或基本不吸附的惰性气体冲洗吸附剂床层，使吸附剂再生。

在工业上常根据情况将上述各方法综合使用，特别是经常把降压、升温和通气冲洗联合使用以达到吸附剂再生的目的。

8.2.1.4 吸附的工业应用

多孔介质固体颗粒的吸附剂具有极大的比表面积，如硅胶吸附剂颗粒的比表面积可高达$800m^2/g$。由于吸附剂本身化学结构的极性、化学键能等物理化学性质，而形成了物理吸附或化学吸附性能。吸附剂对某些组分有很大的选择吸附性能，并有极强的脱除痕量物质的能力，这对气体或液体混合物中组分的分离提纯、深度加工精制和废气废液的污染防治都有重要的意义。吸附分离过程的应用范围大致为如下几方面。

(1) 气体或溶液的脱水和深度干燥　水分常是一些催化剂的毒物，例如在中压下乙烯催化合成中压聚乙烯时，乙烯气体中痕量的水分可使催化剂的活性严重地下降，以致影响聚合物产品的收率和性能。对于液体或溶液，如冷冻机或家用冰箱用的冷冻剂，亦需严格脱水干燥。微量的水常在管道中结冰堵塞管道，导致增加管道的流体阻力、增加冷冻剂输送的动力消耗，并影响节流阀的正常运转。同时，微量的水也可能为冷冻剂分解，生成氯化氢之类的酸性物质而腐蚀管道和设备。

(2) 气体或溶液的除臭、脱色和溶剂蒸气的回收　常用于油品或糖液的脱色、除臭以及从排放气体中回收少量的溶剂蒸气。在喷漆工业中，常有大量的有机溶剂如苯、丙酮等挥发逸出，用活性炭处理排放气体，不仅可以减少周围环境的污染，同时还可回收此部分有价值的溶剂。

(3) 气体的预处理和气体中痕量物质的吸附分离精制　在气体工业中，气体未进入压缩机之前需预处理，脱除气体中的CO_2、水分、炔烃等杂质，以保证后续过程的顺利进行。

(4) 气体本体组分分离　例如，从空气中分离制取富氧、富氮和纯氧、纯氮，从油田气或天然气中分离甲烷，从高炉气中回收一氧化碳和二氧化碳，从裂解气或合成氨弛放气中回收氢，从其他各种原料气或排放气体中分离回收低碳烷烃等各种气体组分。

(5) 烷烃、烯烃和芳烃馏分的分离　石油化工、轻工和医药等精细化工都需要大量的直链烷烃或烯烃作为合成材料、洗涤剂、医药和染料的原料。例如，轻纺工业的聚酯纤维的基础原料是对二甲苯。从重整、热裂解或炼焦煤油等所得的混合二甲苯为乙苯、间位、邻位和对位二甲苯各种异构体的混合物。其中除乙苯是塑料聚苯乙烯的原料外，其他三种异构体均是染料、医药、涂料等工业的原料。由于邻二甲苯与其他三种异构体沸点相差较大，所以可用一般精馏塔分离。其他三种，特别是间二甲苯与对二甲苯的沸点极为接近（在101.32kPa下，二者相差仅为0.75℃），不可能用一般的精馏过程分离。采用冷冻结晶法，其设备材料和投资都要求较高和较大，能量的消耗也很多。当模拟移动床吸附分离法工业化并广泛采用后，在世界上基本上已取代了结晶法。

(6) 食品工业的分离精制。在食品工业和发酵产品中有各种异构体和性质相类似的产物。例如，果糖和葡萄糖等左旋和右旋的碳水化合物，其性质类似，热敏性高，在不太高的温度下受热都易于分离变色。用色谱分离柱吸附分离果-葡萄浆，可取得果糖含量在90%以上的第三代果糖糖浆，其生产能力已达年产果糖浆万吨以上。在其他食品工业中，产品的精制加工也常采用色谱分离柱吸附分离法。

(7) 环境保护和水处理　加强副产物的综合利用回收和“三废”的处理，不仅仅涉及环境保护、生态平衡和增进人民的身体健康，还直接关系到资源利用、降低能耗、增产节约和提高经济效益的问题。例如，从高炉废气中回收一氧化碳和二氧化碳；从煤燃烧后废气中回收二氧化硫，再氧化制成硫酸；从合成氨厂废气中脱除NO_x；从炼厂废水中脱除大量含氧（酚）含氮（吡啶）等化合物和有害组分，可使大气和河流水源免遭污染，并具有较高的社会效益和经济效益。

(8) 海水工业和湿法冶金等工业中的应用　由于吸附剂有很强的富集能力，从海水中回收富集某些金属离子，如钾、铀等，对国民经济都有很高的效益。众所周知，我国化肥中氮和钾的比例不当，钾元素的用量过低，因此在我国如何从海水中提取钾肥是重要的课题。我国的贵金属（黄金）和稀土金属资源丰富，采用活性炭吸附回收常是有效的方法。其他如能源利用吸附剂的特性，在太阳能的收集制冷、稀土金属的贮氢材料方面，作为能量转换等都为人们所注意。

如上所述，吸附分离技术过去只作为脱色、除臭和干燥脱水等的辅助过程。由于新型吸附剂如合成沸石分子筛等的开发，并又经过了各种改性，所以提高了吸附剂对各种性质近似的物质和组分的选择性系数。随着适宜的连续吸附分离工艺的开发，相继建立了各种大型的生产装置，满足了工业生产的需要。吸附分离工艺得到迅速发展，日益成为重要的单元操作。对于液相吸附，我国已建立了多套年产万吨以上对二甲苯的生产装置。对于气相吸附分离，大型的炼厂气或合成氨弛放气变压吸附分离氢气的装置，大型空气变压吸附分离制氧和氮的装置均已工业化并普遍推广。

8.2.2　吸附平衡与吸附速率

8.2.2.1　吸附平衡

根据吸附剂对吸附质之间吸附力的不同，吸附可分为物理吸附和化学吸附。

对于物理吸附，吸附剂和吸附质之间通过分子间力相互吸引，形成吸附现象。吸附质分子和吸附剂表面分子之间的吸引机理，与气体的液化和蒸气的冷凝机理类似。因此，吸附质在吸附剂表面形成单层或多层分子吸附时，其吸附热比较低，接近其相变热，一般为41.868～62.802kJ/kmol。一般来说，物理吸附过程是可逆的，几乎不需要活化能（即使需要也很小），吸附和解吸的速率都很快。

化学吸附时，被吸附的分子和吸附剂表面的原子发生化学作用，在吸附剂和吸附质之间发生了电子转移、原子重排或化学键的破坏与生成等现象。因而，化学吸附的吸附热接近于化学反应的反应热，比物理吸附大得多，一般都在几十 kJ/mol 以上。因为在吸附过程中形成化学键，所以吸附剂对吸附质的选择性比较强。化学吸附需要一定的活化能，在相同的条件下，化学吸附（或解吸）的速率都比物理吸附慢。

气体分离过程的绝大部分是物理吸附，只有较少数例子，如活性炭（或活性氧化铝）上载铜的吸附剂，具有较强选择性吸附 CO 或 C_2H_4 的特性，同时具有物理吸附及化学吸附性质。

吸附剂对吸附质的吸附，实际上包含吸附质分子碰撞到吸附剂表面被截留在吸附剂表面的过程（吸附），和吸附剂表面截留的吸附质分子脱离吸附剂表面的过程（解吸）。随着吸附质在吸附剂表面数量的增加，解吸速率逐渐加快。当吸附速率和解吸速率相当，宏观上看吸附量不再继续增加时，就达到了吸附平衡，此时吸附剂对吸附质的吸附量称为平衡吸附量。平衡吸附量的大小，与吸附剂的物化性能——比表面积、孔结构、粒度、化学成分等有关，也与吸附质的物化性能、压力（或浓度）、吸附温度等因素有关。在吸附剂和吸附质一定时，平衡吸附量 q_0 就是吸附质分压 p（和浓度 c）和温度 t 的函数，即 $q_0=f(p, t)$。

(1) 单分子层物理吸附　当温度保持一定时，吸附量与压力（浓度）的关系，可以绘制为吸附等温线。吸附等温线是描写吸附过程最常用的基础数据，大体上可分为图 8-14 所示的五种类型。

假设吸附剂表面均匀，被吸附的分子间无作用，吸附质在吸附剂的表面只形成均匀的单分子层，则吸附量随吸附质分压的增加而缓慢接近于平衡吸附量。常见气体在分子筛、活性氧化铝、硅胶等吸附剂上的吸附等温线基本上属于这种单分子层的物理吸附，即图 8-14 中的Ⅰ型曲线，其数学关系可用 Langmuir 方程表示。根据吸附系统的不同，Langmuir 方程经过了多次修正和完善，有多种表现形式，但其基本理论是一样的。最基本的 Langmuir 方程为：

$$\theta=\frac{q}{q_{\mathrm{m}}}=\frac{BP}{1+BP} \tag{8-13}$$

式中　θ——吸附剂表面吸附质的覆盖率；

q——压力为 P 时对应的平衡吸附量；

q_{m}——吸附剂的最大吸附容量；

B——Langmuir 常数；

P——吸附压力。

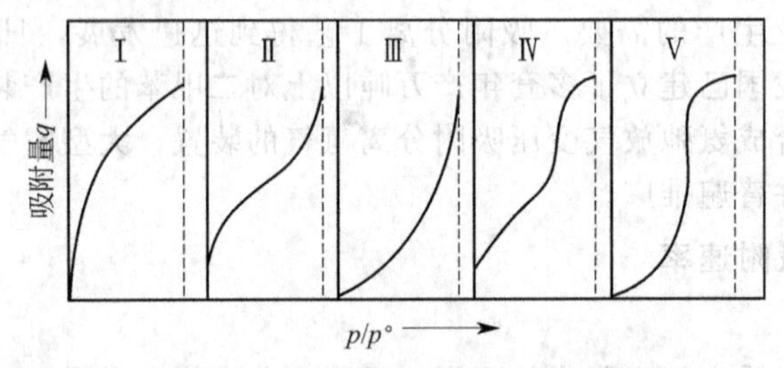

图 8-14　气体单组分吸附平衡曲线

（2）多分子层吸附　假设吸附分子在吸附剂上按层次排列，已吸附的分子之间作用力忽略不计，吸附的分子可以重叠，而每一层的吸附服从 Langmuir 吸附机理，此吸附为多分子层吸附。该类吸附的等温线如图 8-14 中Ⅱ所示，吸附等温方程用 B. E. T. 方程来描述，其表达式为

$$q=\frac{Dq_{\mathrm{m}}\dfrac{p}{p^{\circ}}}{\left(1-\dfrac{p}{p^{\circ}}\right)\left(1-\dfrac{p}{p^{\circ}}+D\dfrac{p}{p^{\circ}}\right)} \tag{8-14}$$

式中　D——吸附特征常数；

p°——吸附剂的饱和蒸气压，Pa；

p——吸附质的分压，Pa。

式(8-14) 经整理得

$$\frac{p}{q(p^{\circ}-p)}=\frac{1}{q_{\mathrm{m}}D}+\frac{D-1}{q_{\mathrm{m}}D}\times\frac{p}{p^{\circ}} \tag{8-15}$$

在 0.05Pa$<p<$0.35Pa 的范围内，$\dfrac{p}{q(p^{\circ}-p)}$与$\dfrac{p}{p^{\circ}}$呈直线关系，其斜率为 $\alpha=\dfrac{D-1}{q_{\mathrm{m}}D}$，截距为 $\beta=\dfrac{1}{q_{\mathrm{m}}D}$。所以，$q_{\mathrm{m}}=\dfrac{1}{\alpha+\beta}$，再由 q_{m} 即可求出吸附剂的比表面积。

（3）其他情况下的吸附等温曲线　气相单组分的吸附除单分子层吸附机理、多分子层吸附机理外，也有人认为吸附是因产生毛细管凝结现象等所致，其吸附等温线如图 8-14 中的Ⅲ、Ⅳ、Ⅴ所示。

8.2.2.2　吸附速率

吸附速率是设计吸附装置的重要依据。吸附速率是指当流体与吸附剂接触时，单位时间内的吸附量，单位为 kg/s。吸附速率与物系、操作条件及浓度有关，当物系及操作条件一定时，吸附过程包括以下三个步骤（见图 8-15）：

① 吸附质从流体主体以对流扩散的形式传递到固体吸附剂的外表面，此过程称为外扩散；

② 吸附质从吸附剂的外表面进入吸附剂的微孔内，然后扩散到固体的内表面，此过程为内扩散；

③ 吸附质在固体内表面上被吸附剂所吸附，称为表面吸附过程。

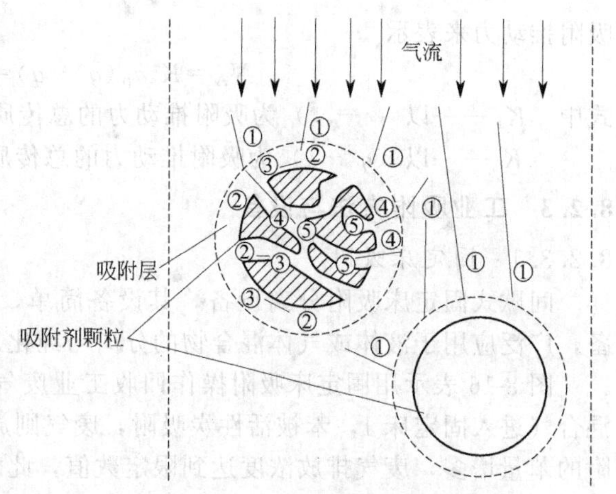

图 8-15　吸附质在吸附剂上的扩散示意图

①—外扩散；②—外表面吸附；③—表面扩散；④—孔扩散；⑤—内表面吸附

通常吸附为物理吸附，表面吸附速率很快，故总吸附速率主要取决于内外扩散速率的大小。当外扩散速率小于内扩散速率时，总吸附速率由外扩散速率决定，此吸附为外扩散控制的吸附。当内扩散速率小于外扩散速率时，此吸附为内扩散控制的吸附，总吸附速率由内扩散速率决定。

(1) 外扩散的传质速率方程　吸附质在流体主体和吸附剂颗粒表面有浓度差时，吸附质以分子扩散的形式穿过颗粒表面处流体的滞流膜，由流体主体传递到吸附剂颗粒的外表面，其外扩散的传质速率方程为

$$N_A = k_F a_p (c - c_i) \tag{8-16}$$

式中　N_A——外扩散的传质速率，kg 吸附质/s；

k_F——外扩散的传质系数，m/s；

a_p——吸附剂颗粒的外表面积，m^2；

c——吸附质在流体主体内的平均质量浓度，kg/m^3；

c_i——吸附剂颗粒外表面处吸附质的质量浓度，kg/m^3。

外扩散的传质系数与流体的性质、两相接触状况、颗粒的几何形状及吸附操作条件（温度、压力等）有关。

(2) 内扩散的传质速率方程　因颗粒内孔道的孔径大小及表面不同，故吸附质在吸附剂颗粒微孔内的扩散机理也不同，且比外扩散要复杂得多。其内扩散共分 5 种情况。

① 当孔径远大于吸附质分子运动的平均自由程时，吸附质的扩散在分子间碰撞过程中进行，称为分子扩散。

② 当孔道直径很小时，扩散在以吸附质分子与孔道壁碰撞为主的过程中进行，此情况的扩散称为努森（Knudsen）扩散。

③ 当孔径分布较宽，有大孔径又有小孔径时，分子扩散与 Knudsen 扩散同时存在，此扩散为过渡扩散。

④ 颗粒表面凹凸不平，表面能也起伏变化，吸附质在分子扩散时沿表面碰撞弹跳，从而产生表面扩散。

⑤ 吸附质分子在颗粒晶体内的扩散称为晶体扩散。

将内扩散过程作简单处理，传质速率方程采用下述简单形式

$$N_A = k_s a_p (q_i - q) \tag{8-17}$$

式中　k_s——内扩散的传质系数，$kg/(m^2 \cdot s)$；

q_i——与吸附剂外表面浓度成平衡的吸附量，kg 吸附质/kg 吸附剂；

q——颗粒内部的平均吸附量，kg 吸附质/kg 吸附剂。

k_s与吸附剂的孔结构、吸附质的性质等有关，通常由实验测定。

(3) 吸附过程的总传质速率方程　吸附剂外表面处吸附质的 c_i、q_i 很难测定，因此吸附过程的总传质速率，常以与流体主体平均浓度相平衡的吸附量和颗粒内部平均吸附量之差为

吸附推动力来表示

$$N_A = K_s a_p (q^* - q) = K_F a_p (c - c^*) \tag{8-18}$$

式中 K_F——以 $(c-c^*)$ 为吸附推动力的总传质系数，m/s；

K_s——以 (q^*-q) 为吸附推动力的总传质系数，$kg/(m^2 \cdot s)$。

8.2.3 工业吸附方法与设备

8.2.3.1 固定床吸附

间歇式固定床吸附分离设备，其设备简单，容易操作，是中等处理量以下最常用的设备，广泛应用于液体或气体混合物的分离与纯化。

图 8-16 表示用固定床吸附操作回收工业废气中的苯蒸气，吸附剂选用活性炭。含苯的混合气进入固定床 1，苯被活性炭吸附，废气则放空。操作一段时间后，由于活性炭上所吸附的苯量增多，废气排放浓度达到限定数值，此时切换使用固定床 2。与此同时，水蒸气送入固定床 1 进行脱附操作。从活性炭上脱附下的苯随水蒸气一起进入冷凝器 3，冷凝液排放到静止分离器 4，使水与苯分离。脱附操作完成以后，还要将空气通入固定床 1，使活性炭干燥、冷却以备再用。

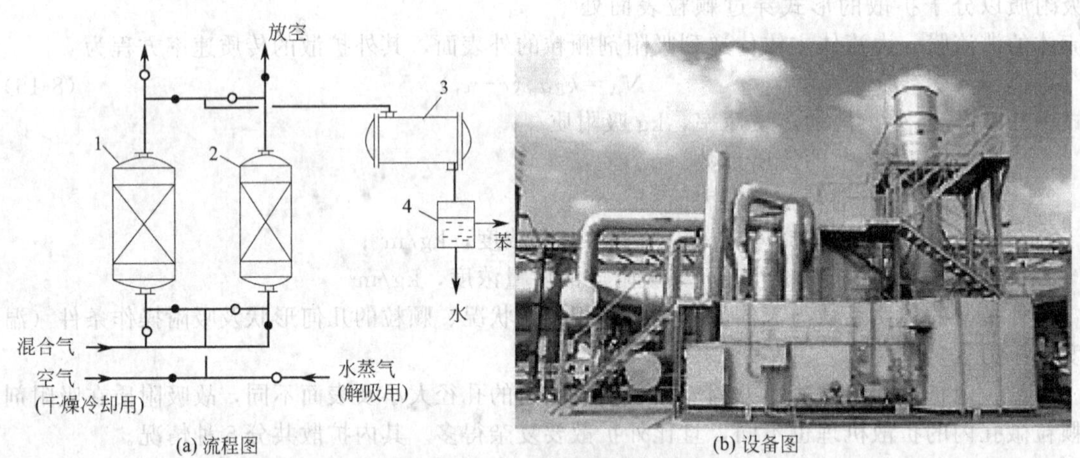

(a) 流程图 (b) 设备图

图 8-16 固定床吸附

1,2—装有活性炭的吸附器；3—冷凝器；4—分层器

(图中o表示开着的阀门；●表示关着的阀门)

8.2.3.2 流化床吸附

流态化除了大量用于化学反应方面之外，还可用于流化吸附分离单元操作。用于吸附操作的流化床一般为双体流化床，即该系统由吸附单元与脱附单元组成（见图 8-17）。

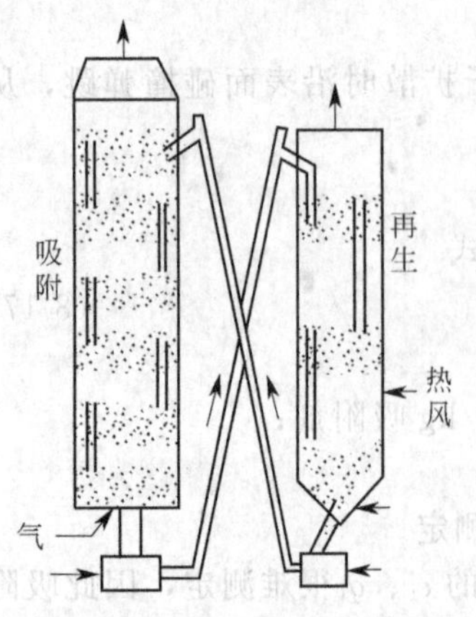

图 8-17 流化床吸附流程

含有吸附质的流体由吸附塔底进入，由下而上流动，使向下流动的吸附剂流态化。净化后的流体由吸附塔顶部排出，吸附了吸附质的吸附剂由吸附塔底部排出，进入脱附单元顶部。在脱附单元，用加热吸附剂或用其他方法使吸附质解吸，从而使脱附后的吸附剂再返回吸附单元顶部，继续进行吸附操作。

为了使颗粒处于流态化状态，流体的速度必须大于使吸附剂颗粒呈流态化所需的最低速率。所以它适用于处理大量流体的场合。

流化床吸附分离的优点是床内流体的流速高，传质系数大，床层浅，因而压力损失小。其缺点是吸附剂磨损比较大，操作弹性很窄，设备比较复杂，费用高。

8.2.3.3　移动床和模拟移动床吸附

移动床连续吸附分离又称超吸附，如图 8-18 所示。移动床连续吸附是充分利用吸附剂的选择性能高的优点，同时考虑到固体颗粒难于连续化和吸附容量低的缺点而设计的。固体吸附剂在重力作用下，自上而下移动，通过吸附、精馏、脱附、冷却等单元过程，使吸附剂连续循环操作。移动床早期用于含烃类原料气（如焦炉气）中提取烯烃等组分，目前在液相（如糖液脱色或润滑油精制）吸附精制中仍有采用。移动床吸附分离一般在接近常压和室温下操作，对比深冷精馏法，对设备和钢材的要求不高，投资费用也较低。但对吸附剂的要求较高：除要求吸附性能良好外，还要强度高、耐磨性能好，才能实现其优点。

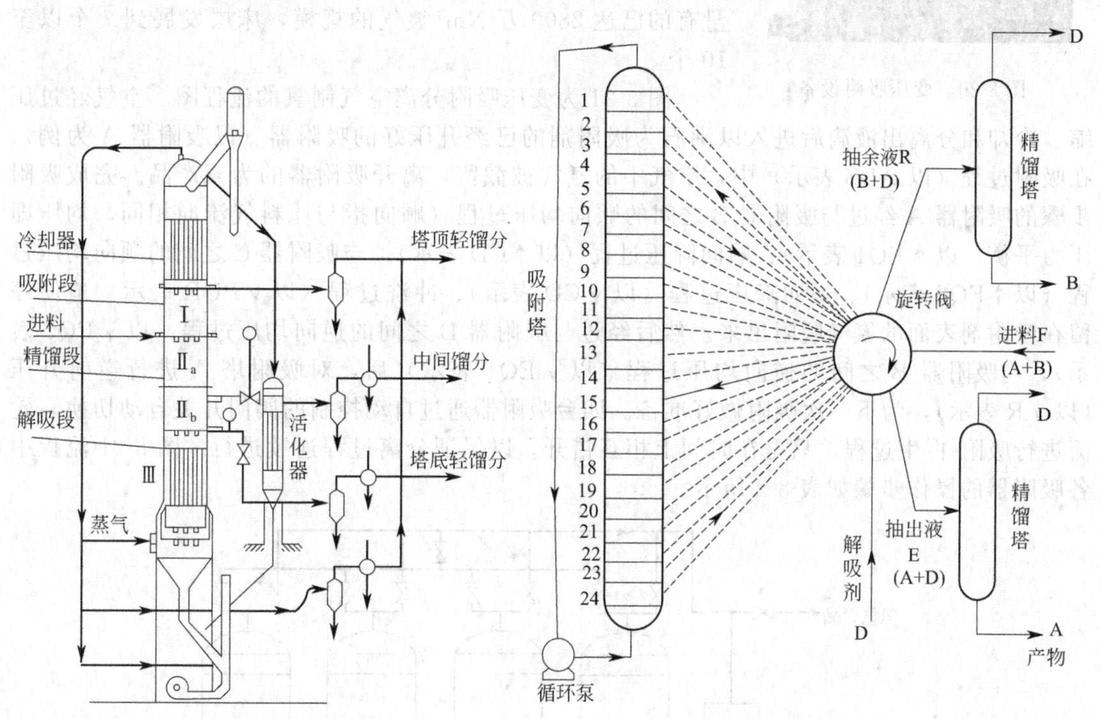

图 8-18　移动床吸附分离　　　　图 8-19　模拟移动吸附分离操作流程图

液相模拟移动床吸附操作是大型吸附分离装置，如图 8-19 所示。它可分离各种异构体，如分离 C_8 芳烃中的对二甲苯 PX、间二甲苯 MX、邻二甲苯 OX 及乙基苯 EB 等过程已实现工业化。模拟移动床综合各操作的优势，用脱附剂冲洗置换代替移动床使用的升温脱附，定期启闭切换各塔节进液料的阀门和脱附剂的进出口。在塔节足够多时，各液流进出口位置不断改变，相当于在吸附剂颗粒微孔内的液流和循环泵输送的循环液不断逆流接触。在各进出口未切换的时间内，各塔节是固定床；但对整条吸附塔在进出口不断切换时，却是连续操作的移动床。

8.2.3.4　变压吸附

变压吸附（pressure swing adsoption，PSA）分离过程是以压力为热力学参量，不断循环变换的过程，广泛用于气体混合物的分离精制（见图 8-20）。该过程在常温下进行，故又称为无热源吸附分离过程，可用于气体混合物的本体分离，或脱除不纯组分（如脱水干燥）精制气体，还可以将去除杂质（水分和 CO_2）作为预处理与本体吸附分离同时进行。

变压吸附是以压力变化为推动力的热力学参量泵吸附分离过程，在取得产品的纯度一定、回收率较高的情况下，要尽量降低能耗，以降低操作费用。为了回收床层和管道等死空

图 8-20 变压吸附设备

间内气体的压力能量，除增加储罐外，增加了均压、升压等步骤。变压吸附工艺对氢气的回收和精制是特别成功的，这是由于氢气和其他组分，如CH_4、CO、CO_2等在分子筛和活性炭吸附剂上的选择性系数相差很大。例如，原来的脱氢装置，多数是四床层系统，基本阶段是吸附、均压、并流清洗、下吹、清洗和升压。过程在室温下进行，典型压力为10～40kg/cm^2，可获得 99.999%～99.9999%的高纯度氢，回收率在 85%～90%之间。而目前，吸附剂的利用效率（即每单位质量吸附剂回收氢）从 10%增至 20%，单一装置的容量有的已达 2800 万 Nm^3 氢气的规模，床层发展到 7 个以至 10 个。

图 8-21 为变压吸附分离空气制氧的流程图。空气经过压缩、冷却和分离出液滴后进入以沸石为吸附剂的已经升压好的吸附器（以吸附器 A 为例），在吸附过程（以 ADS 表示）中，空气中的氮气被截留，离开吸附器的为氧产品。完成吸附步骤的吸附器 A 经过与吸附器 B 之间的顺向均压过程（顺向指与原料气流向相同，均压即压力平衡，以↑EQ1 表示)、顺向降压过程（以↑CD 表示），与吸附器 C 之间的顺向均压过程（以↑EQ2 表示)、逆向降压过程（以↓CD 表示)、冲洗过程（以↓PUR 表示）迫使停留在吸附剂表面的氮气脱附出来。然后经过与吸附器 D 之间的逆向均压过程（以↓EQ2 表示)，与吸附器 B 之间的逆向均压过程（以↓EQ1 表示）后，对吸附塔 A 进行逆向升压（以↓R 表示)，为下一次吸附做好准备。四台吸附器通过自动控制的阀门开关自动切换，轮流进行吸附-再生过程，只是在时间上相互错开，以保证分离过程连续进行。图 8-21 流程中各吸附器的操作步骤如表 8-2 所示。

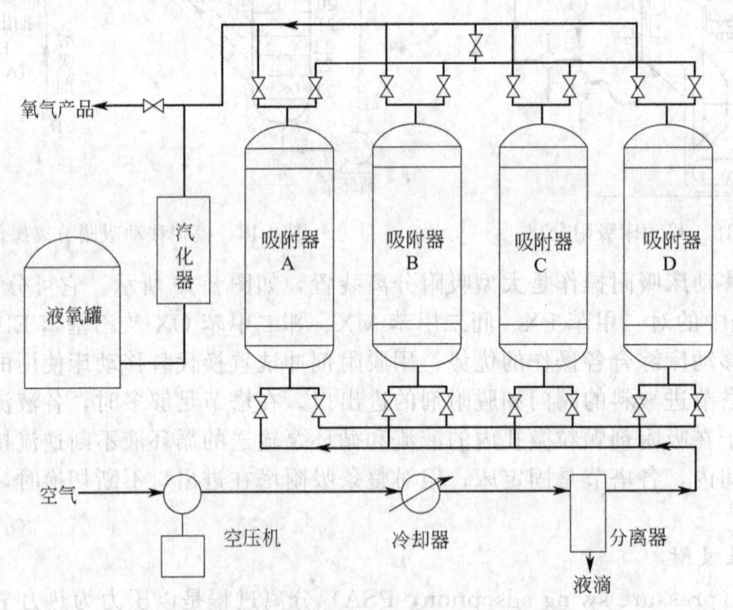

图 8-21 变压吸附分离空气制氧的流程图

8.2.3.5 色谱吸附分离

扩大气体色谱处理量，用在实验室规模的分离上，谓之制备色谱。但把它扩大到工厂规模，经过无数次尝试，20 世纪 80 年代初期才获得成功。大型色谱分离法是在色谱分析的基础上发展起来的，即将一种气体混合物加入载气中，通过色谱柱的分离，可得到若干个二元

表 8-2　四塔变压吸附分离空气制氧工艺中各吸附器的操作步骤

<table>
<tr><th>吸附器</th><th colspan="12">操作步骤</th></tr>
<tr><td>A</td><td colspan="3">ADS</td><td>↑EQ1</td><td>↑CD</td><td>↑EQ2</td><td>↓CD</td><td>↓PUR</td><td>↓EQ2</td><td>↓EQ1</td><td colspan="2">↓R</td></tr>
<tr><td>B</td><td>↓CD</td><td>↓PUR</td><td>↓EQ2</td><td>↓EQ1</td><td colspan="2">↓R</td><td colspan="3">ADS</td><td>↑EQ1</td><td>↑CD</td><td>↑EQ2</td></tr>
<tr><td>C</td><td>↑EQ1</td><td>↑CD</td><td>↑EQ2</td><td>↓CD</td><td>↓PUR</td><td>↓EQ2</td><td>↓EQ1</td><td colspan="2">↓R</td><td colspan="3">ADS</td></tr>
<tr><td>D</td><td>↓EQ1</td><td colspan="2">↓R</td><td colspan="3">ADS</td><td>↑EQ1</td><td>↑CD</td><td>↑EQ2</td><td>↓CD</td><td>↓PUR</td><td>↓EQ2</td></tr>
</table>

气体混合物（载气和某一组分），然后再将这些二元混合物逐一分离而得到产品。由于产品易被载气所污染，所以选择载气特别重要。一般选择不易冷凝或不吸附的气体，如氦气和氢气作载气，它们很容易从产品中分离出来，可循环使用。

色谱法比吸附法分离效率高，是由于气体和吸附剂相之间的不断接触和平衡，每次接触相当于一个理论板，通常在短柱中可能达到几百到几千的理论板数。因此，对于精馏来说，相对挥发度特别低，而对一般吸附来说分离系数特别小的混合物系统，采用色谱是最有效的。

放大到生产规模色谱分离的主要困难，是色谱柱的均匀装填。装填不均匀会造成沟流样的非理想流动，或导致短路，从而使分离效率降低。此外，对于直径大的色谱柱希望径向分散高，轴向分散低。为了提高分离效率，可在柱内加挡板。

Elf-SRTI 法目前已商业化，其分离规模已扩大到 100t/a 的香料原料，同时声称已有厂家能分离 10×10^4 t/a 的正构和异构烷烃。此方法见图 8-22。

Asahi 公司也声称用改良的大沸石柱的装填方法，用于工厂规模的液相二甲苯和乙苯的色谱分离。

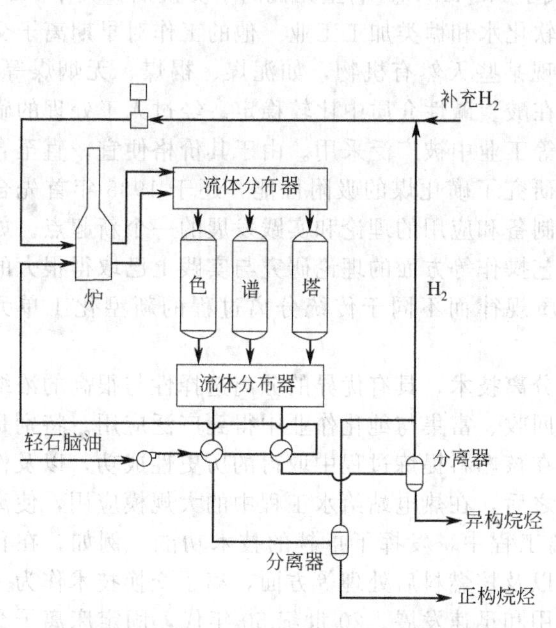

图 8-22　以轻石脑油为原料分离正构和异构烷烃的色谱分离器

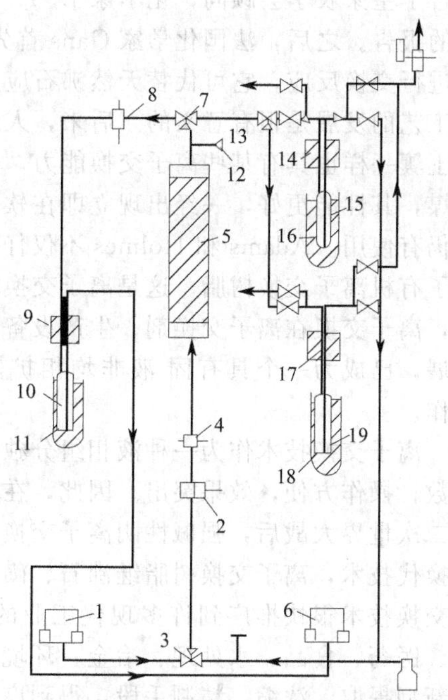

图 8-23　大型色谱法分离氪-氙混合物流程

1,6—气柜；2—压缩机；3,7,13—阀；4,8—流量计；5—塔；9,14,17—换热器；10,15,18—吸附器；11—液氮瓶；12—气体分析仪；16,19—杜瓦瓶

在稀有气体的制备中，可用大型色谱分离氪-氙或直接制取氪-氙混合物。流程见图8-23，以纯氢为载气，氢-氪或氢-氙的分离采用负压液氮温度下冻结的方法。

单个的吸附塔都是间歇式操作的，但如果把两个或两个以上的塔连接起来，使吸附再生交换进行，这样一来整个吸附系统就能够连续操作了。气体吸附和液体吸附都是这样的流程。例如，在工业上废水处理过程中，先用生物的手段除去废水中部分有机物，再通过絮凝沉降、砂滤等方法，除去水中悬浮物之后，这时就可用活性炭吸附来处理那些残留于水中的有机物。

另外，液体吸附和气体吸附，在操作上没有本质的区别，所以有关的分离原理可参考前面的内容。其中有较大差别的是对吸附剂的再生方法。如果是气体吸附，常使用蒸气加热或减压等方法，比较简单就可实现再生。而对于液体，由于吸附组分被牢固地吸附于吸附剂上，所以方法要复杂一些，主要是加热法、燃烧再生法和药物处理法（也称为提取置换法）、湿式氧化分解法、微生物分解法。

8.3　离子交换

8.3.1　离子交换原理与离子交换剂

8.3.1.1　概述

离子交换现象早已为人们所知道，如海水经砂层过滤后会变得淡些，并以此来制备饮用水。英国农业化学家 H. S. Thompson 首先发现了离子交换现象：用硫酸铵溶液处理土壤时，大部分铵被土壤吸附，且不能用水洗下，同时有硫酸钙析出。1848 年，他将研究成果报告了皇家农学会顾问，化学家 J. T. Way 对此进行了全面审查并向皇家农学会作了总结性的报告。之后，法国化学家 Gans 首先合成了 $Na_2Al_2Si_3O_{10}$ 型无机离子交换剂，其中 Na^+ 能进行交换反应，它可代替天然沸石应用于软化水和糖类加工工业。他的工作对早期离子交换工艺的发展是很有意义的。后来，人们发现某些天然有机物，如泥煤、褐煤、无烟煤等，同土壤一样也具有某些离子交换能力，而且在酸、碱性介质中比较稳定。经过人工处理的磺化煤，其性能更好，一经出现立即在软化水等工业中被广泛采用。由于其价格便宜，直至今天仍有使用。Adams 和 Holmes 不仅仔细地研究了磺化煤的吸附性能，还于 1935 年首先合成了有机离子交换树脂。这是离子交换材料制备和应用的理论和实践发展的一个新起点。如今，离子交换在离子交换剂、生产设备及工艺操作等方面的理论研究与实践上已取得很大的进展，已成为一个具有固-液非均相扩散传质规律而不同于传统分离过程的新型化工单元操作。

离子交换技术作为一种液相组分独特的分离技术，具有优异的分离选择性与很高的浓缩倍数，操作方便，效果突出。因此，在各种回收、富集与纯化作业中得到广泛应用。特别是第二次世界大战后，强碱性阴离子交换树脂在核燃料提炼过程中取得的历史性成功，以及作为换代技术，离子交换树脂继沸石、磺化煤之后，在热电站给水工程中的大规模应用，使离子交换技术很快推广到许多现代工业的分离工程中，发挥了卓越的技术功能。例如，在化工、医药、食品、水处理、冶金、环境保护以及核燃料后处理等方面，离子交换技术作为一种新型提取、浓缩、精制手段，得到广泛应用和迅速发展。20 世纪 50 年代，固定床离子交换设备的大量应用，曾被誉为离子交换技术发展的“黄金时代”。70 年代以后，离子交换分离技术与流态化技术相结合，出现了塔型多级流化床连续逆流离子交换设备，则被认为是离子交换技术发展史上的丰碑。

在许多水溶液组分的分离过程中，如稀贵金属的回收、高附加值生物制品与产品的提取、高纯水的制备以及污染控制等工艺中，所处理的工艺物料一般来说数量大，成分复杂，杂质含量很高，甚至含有大量悬浮固体，待分离、待提取的有用组分含量往往很低，而分离过程中却又常常要求很高的回收率和选择性。面对生产发展中这种苛刻的要求，常规分离方法往往难以奏效。因此，具有独特操作行为和分离性能的离子交换技术，便应运而兴，成为一种颇引人注目的分离手段。今天，在应用的广度与研究的深度上，离子交换技术的发展潜力，日益引起人们的关注，不断更新人们的观念。

8.3.1.2 离子交换原理

离子交换过程是被分离组分（即被提取、被纯化的离子）在水溶液与固体交换剂之间发生的一种化学计量分配过程。离子交换反应，发生在固相的离子交换树脂和水相的离子之间。离子交换时，有些离子负载到树脂上，与溶液中其他离子分离，然后再从树脂上洗脱下来回收；同时使树脂再生，反复使用，如同萃取和反萃一样。不过在交换和洗脱两个操作之间，要进行洗涤，以除去树脂上残留的溶液。

离子交换树脂为一带有极性基团的高分子化合物，它不溶于水、酸、碱及任何溶剂。其结构可分为三部分：①不溶性高分子骨架；②骨架上有极性基团；③极性基团可以电离的离子。连于母体上的离子叫固定离子，与固定离子荷电相反的离子叫反离子（也叫可交换离子或可扩散离子）。

反离子能与溶液中的同性离子发生交换。例如，用 HR 代表阳离子交换树脂，它在水中能电离出 H^+（即反离子），可与溶液中的正离子（如 Na^+）发生如下交换反应：

$$\overline{H^+R^-}+Na^+ \rightleftharpoons \overline{Na^+R^-}+H^+ \tag{8-19}$$

其中，带上划线的代表树脂相。

树脂虽为固体，但当与水接触而水分子进入树脂内部后，其极性基闭上的离子水化而溶胀。溶胀的树脂为凝胶状，含有大量水分子，就像浸在水中一样，故而可视为电解质。这类电解质的许多性质与溶液中的电解质很相似，主要不同点是树脂的一种离子（固定离子）太大，它不能进入溶液。所以，树脂虽为固体，但与溶液中离子交换反应可作为液相中的反应来处理。

由于电中性的缘故，交换到树脂上 Na^+ 的摩尔数与树脂上释放出的 H^+ 的摩尔数完全相等，即交换反应是严格按照定量关系进行的。而且，离子交换反应是可逆的。例如，H-型阳离子交换树脂（HR）与 Na^+ 发生交换时，H^+ 又能置换出 Na^+。树脂的再生正是利用了交换反应的可返性。

离子交换过程表现出的反应速率不如溶液中离子互换反应速率那样快。这是因为树脂与溶液接触进行的离子交换反应，不仅发生在树脂颗粒表面，更主要的是在颗粒内部进行。当溶液中的欲交换离子扩散到树脂表面后，还需经过5个步骤，才能完成一个交换过程：

① 溶液中欲交换离子穿过树脂颗粒表面的液膜（称为膜扩散）；

② 继续在树脂相（即树脂颗粒内）扩散（称为粒扩散），达到交换位置；

③ 离子交换；

④ 交换下来的离子在树脂相扩散，扩散至颗粒表面；

⑤ 穿过颗粒表面的液膜进入溶液。

图 8-24 给出了离子交换反应式（8-19）的上述步骤。

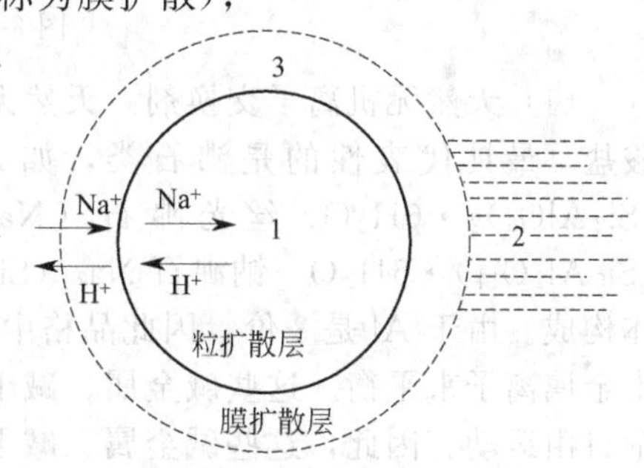

图 8-24 离子交换过程示意图
1—树脂相；2—溶液相；3—液膜

以上5个步骤都可能成为离子交换反应的控制步骤，但是究竟哪一步最慢，取决于许多条件。

滞留层（液膜）中的扩散系数与一般溶液中无太大差异，离子通过滞留层速率取决于层的厚度。如果滞留层中的扩散是控制步骤，就称为颗粒外扩散控制，或液膜控制。提高外面溶液的流速，可以在一定程度上减少滞留层厚度，提高颗粒外扩散的速度。滞留层厚度大概在0.1～1mm之间。反应离子的浓度很低时（如小于0.001mol/L），扩散的浓差推动力十分小，容易造成液膜控制。颗粒外扩散控制的一个特点是交换速度与树脂颗粒直径成反比。

由于孔隙狭窄而且曲折，分布着许多高分子链，对离子扩散造成非常大的阻力，扩散系数比一般溶液中的低几个数量级，往往是最慢的一步。颗粒内扩散除了受制于浓度差，还受孔内电场的影响，所以高价离子颗粒内扩散速度更慢。颗粒内扩散为控制步骤时，离子交换速度与颗粒直径的平方成反比。另外，交换和被交换离子的选择系数差别越大，交换的推动力越大，速度越快。

如果化学反应速率非常慢，成为控制步骤，则称为反应控制。此时具有一般化学反应动力学的特点，比如温度对交换速率的影响比扩散控制显著。不过，这几乎仅仅发生在反应速率很慢的情况下，比如螯合树脂与金属离子的交换。反应控制的重要特征是交换速率不受树脂颗粒大小的影响。

8.3.1.3 离子交换剂的种类

离子交换技术的早期应用，是以沸石类天然矿物净化水质开始的。离子交换剂的发展是离子交换技术进步的标志。离子交换剂是一种带有可交换离子（阳离子或阴离子）的不溶性固体。它具有一定的空间网络结构，在与水溶液接触时，就与溶液中的离子进行交换，即其中的可交换离子由溶液中的同符号离子取代。不溶性固体骨架在这一交换过程中不发生任何化学变化。带有阳性可交换离子的交换剂，称为阳离子交换剂；带有阴性可交换离子的交换剂，称为阴离子交换剂。

固体离子交换剂的分类见图8-25。其中，SA、WA分别代表强酸性与弱酸性，SB、WB分别代表强碱性与弱碱性。

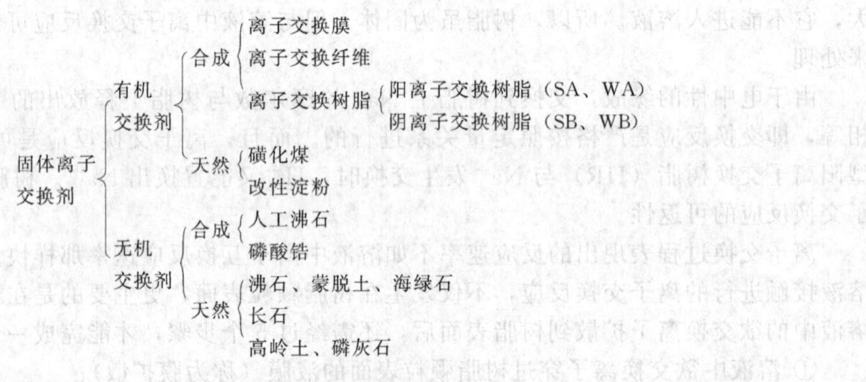

图8-25 离子交换剂的分类

（1）天然无机离子交换剂　天然无机离子交换剂，主要是一些具有一定结晶构造的硅铝酸盐。最具代表性的是沸石类，如方沸石 $Na(Si_2AlO_6)_2\cdot H_2O$、菱沸石 $(Na,Ca)(Si_2AlO_6)_2\cdot 6H_2O$、丝光沸石 $(Na,Ca)(Si_5AlO_{12})_3\cdot 3H_2O$、交沸石 $(K,Ba)(Si_5Al_2O_{14})\cdot 5H_2O$、钠沸石 $Na_2(Si_3Al_2O_{10})\cdot 2H_2O$。沸石的晶格由 SiO_2、AlO_2 的四面体构成。由于Al是3价，因此晶格中带有负电荷，此负电荷可由晶格骨架中的碱金属、碱土金属离子来平衡。这些碱金属、碱土金属离子虽然不占据固定位置，却可在晶格骨架通道中自由运动。因此，这些碱金属、碱土金属离子也就是可被交换的反离子。它们能与其他外部阳离子进行交换，即沸石类天然矿物具有阳离子交换剂的特性。

具有阳离子交换性质的天然硅铝酸盐还有蒙脱土与绿砂。前者具层状结构，组成为

$Al_2[Si_4O_{10}(OH)_2]_nH_2O$；后者称海绿石，有可供交换的钾离子，因结晶构造较密实，故阳离子交换行为只能发生于结晶表面处。

另一种天然硅铝酸盐是长石类矿物，如正长石（$K_2O \cdot Al_2O_3 \cdot 6SiO_2$）、钠长石（$Na_2O \cdot Al_2O_3 \cdot 6SiO_2$）、灰长石（$NaAlSi_3O_5 + CaAl_2Si_2O_3$）、钙长石（$CaO \cdot Al_2O_3 \cdot 2SiO_2$）。它们也具有一定的阳离子交换作用，可作为阳离子交换剂使用。

某些蒙脱土、高岭土，特别是磷灰石［$Ca_5(PO_4)_3$］F、羟基磷灰石［$Ca_5(PO_4)_3$］（OH），都具有阴离子交换特性。

（2）合成无机离子交换剂

① 合成沸石　将钠、钾、长石、高岭土等的混合物熔融，可制得具有天然沸石行为的人工沸石，即熔融型沸石。碱与硫酸铝、硅酸钠的酸性溶液反应析出沉淀，沉淀物经过适当干燥，可制得另一种类似天然沸石的凝胶型沸石。这两种合成沸石都是无定形结构。

② 分子筛　将含有铝、硅的碱溶液在较高温度下进行结晶，可制得具有规则结晶构造的分子筛。这样制备的分子筛，具有严格确定的微孔结构与孔尺寸，主要用作高选择性吸附剂。

③ 氢氧化物凝胶　许多两性金属氢氧化物凝胶——Fe_2O_3、Al_2O_3、Cr_2O_3、Bi_2O_3、TiO_2、ZrO_2、ThO_2、SnO_2、MoO_3、WO_3的水化物，在高于其等电点 pH 值的条件下，具有阳离子交换性质。TiO_2的水化物凝胶称钛胶，曾用于从海水中提取钠的研究。在海水提铀的研究中，还应用各种复合型的金属氢氧化物凝胶。

④ 磷酸锆类无机离子交换剂

将氯氧化锆（$ZrOCl_2$）水溶液用磷酸或碱性磷酸盐沉淀，可制得不同铅磷比例（ZrO_2/P_2O_5）的磷酸锆，以 ZrP 表示，代号为 Phozir。这是一种阳离子交换剂。

上述合成产品多是非化学计量化合物，其化学组成决定于制备条件，通常完全不溶于水。作为离子交换剂，其特点是交换容量较高，离子交换速率也比较快，而且热稳定性与辐射稳定性皆优于合成树脂。

（3）离子交换树脂　离子交换树脂是一种具有活性交换基团的不溶性高分子共聚物，由惰性骨架（母体）、固定基团与活动离子（交换离子或称反离子）三部分构成，其结构模型如图 8-26 所示。其交换基团使用失效后，经过再生可以恢复交换能力，重复使用。树脂的母体构架或称骨架，由高分子碳链构成，是一种三维多孔性海绵状不规则网状结构，不溶于酸、碱溶液及有机溶剂。

市售工业树脂是粒度为 0.3～1.2mm（14～48 目）的均匀球形颗粒。

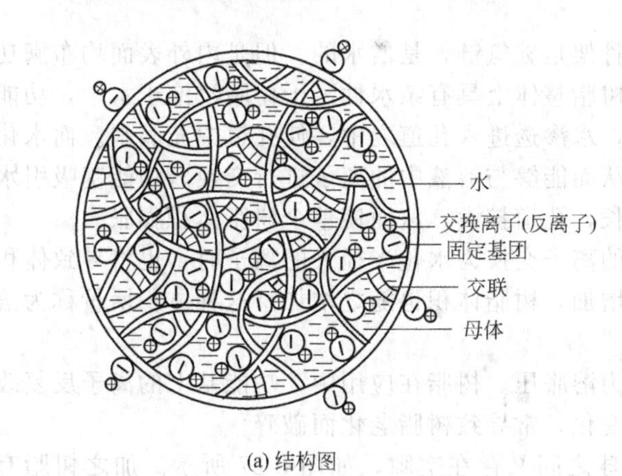

(a) 结构图

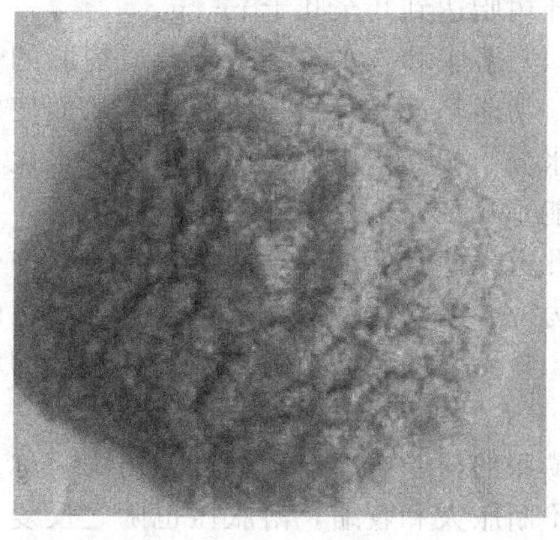
(b) 外观

图 8-26　离子交换树脂结构及外观

离子交换树脂的颜色及颜色的深浅与其种类、结构有关。例如，凝胶型树脂具有松香样光泽，大孔树脂则无光泽。

商品离子交换树脂有各种类型。按交换基团分，有阳离子交换树脂（含有$—SO_3H$、$—COOH$、$—PO_3H_2$等基团）和阴离子交换树脂（含有$—N^+R_3$、$—NR_2$等基团）；按骨架材料分为聚苯乙烯型、酚醛型、丙烯酸型、乙烯吡啶型等；按结构形式分，有凝胶型、大孔型、载体型、蛇笼型、布丁型等；按功能分，有常规树脂、螯合树脂、两性树脂、热再生树脂、磁性树脂、氧化还原树脂等。

8.3.1.4 离子交换树脂的基本性质

在上述的离子交换剂中，最主要的是离子交换树脂。离子交换树脂的基本性质可分为交换容量、交联度、树脂的孔洞、溶胀和含水量、密度、稳定性等。

(1) 交换容量 交换容量是指一定量树脂可交换离子的量。总容量是干燥恒重的酸性阳离子交换树脂或氯型阴离子树脂可交换的离子总量，实际对应于其基团总量。

实际使用条件下，由于解离常数的限制，弱酸或弱碱基团不可能完全参与交换，此时的容量称为表观容量或有效容量。显然表观容量和测定条件有关。

在离子交换过程中常同时伴有吸附，总容量加吸附称做全容量。有时吸附作用十分显著，如弱碱性树脂对苯酚的强吸附作用，使交换容量超过了理论量。有时离子交换和吸附同时存在。

离子交换在一定的设备中进行，而且需要达到一定的指标，在这种限定条件下的交换容量为工作容量或使用容量

(2) 交联度 树脂骨架由线形高分子互相交联而成，合成的高分子之间的交联度不同，导致树脂的密度、强度、孔隙率和溶胀性不同。交联度并不能直接测定，所以只能以合成时加入的交联剂的量表达。如合成聚苯乙烯时加二乙烯苯作交联剂，常以二乙烯苯在总量中的百分含量表示交联度。

交联度大，树脂强度增大，树脂结构越紧密，功能基越难进行反应，交换速度下降。

(3) 树脂的孔洞 描述树脂孔洞的参数包括孔隙率、孔径和比表面积。孔隙率是孔的总体积和树脂体积的比值。另外，也可以用孔度表示，即单位质量或体积的树脂所具有的孔体积，常用单位是mL/g或mL/mL。

凝胶树脂的孔径平均为2～4nm，大孔树脂的孔径达到20～500nm，外观呈半透明或不透明状。

比表面积易于测定，是衡量孔隙率的重要指标。凝胶树脂的比表面积在$1m^2/g$左右，而大孔树脂达到几至几十m^2/g。

(4) 溶胀和含水量 尽管合成树脂的骨架是碳氢链，是憎水的。但是内外表面均布满功能基，功能基都具有很强的极性，从而使树脂整体上具有亲水性。干树脂浸泡于水中，功能基与水分子相互作用，活性基团充分水化，水渗透进入孔道之中，使孔道中充满水。而水化的功能基几乎完全处于水溶液的环境中，从而能够与溶液中的离子进行交换。功能基吸引水渗入孔道，使骨架高分子的链被挤开、伸长，孔道扩大，从而使整个树脂体积膨胀。

另外，当功能基的离子由水化半径小的离子交换为水化半径大的离子时，也将导致体积膨胀。显然，随着交换的离子水化半径的增加，树脂体积也随之增加。这种体积增量称为溶胀率。

膨胀的树脂内部产生很大的压力，称为溶胀压。树脂在应用中，功能基上的离子反复改变，不断胀大和收缩，溶胀压也随之反复变化，常导致树脂老化而破碎。

(5) 密度 每个树脂球内部有孔隙，球之间又存在空隙，如图8-27所示。加之树脂有干湿之分，树脂的密度存在不同表达方式。

显然，树脂体积等于树脂材料自身组织的体积加上树脂空隙体积，即：

$$V_s = V_r + V_p \tag{8-20}$$

树脂在容器中的体积为树脂体积加上其间的空隙，从而有

$$V_b = V_s + V_i \tag{8-21}$$

干树脂材料的真密度为：

$$\rho_r = \frac{W_r}{V_r} \tag{8-22}$$

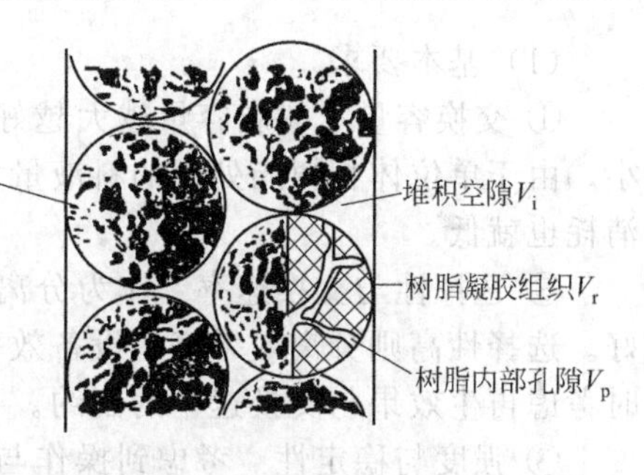

图 8-27　填装树脂的剖面

式中　W_r——树脂干质量，kg。

一般阳离子交换树脂的真密度为1.2～1.4g/mL，强酸性阳离子交换树脂为1.3g/mL；一般阴离子交换树脂为1.1～1.3g/mL，强碱性的为1.1g/mL。

湿树脂的质量除以其体积，即为湿真密度：

$$\rho_s = \frac{W_s}{V_{r(w)}} \tag{8-23}$$

树脂的表观密度又称视密度，是一定量的树脂，按规定方式加入特定容器，自然产生的堆积状态而形成的密度，故又称堆积密度或松装密度，可表示为：

$$\rho_a = \frac{W_s}{V_b} \tag{8-24}$$

式中　V_b——树脂在容器中的体积，m^3。

一般树脂的表观密度为0.6～0.8g/mL。阴离子树脂较轻，偏于下限；阳离子树脂偏于上限。

有时为了提高树脂的密度，在合成时加入高密度的物料如氧化锆等，或者在骨架上引入一个卤素原子，称为高密树脂或加重树脂。高密树脂的密度达到1.3g/L以上。

更有的树脂在合成时加入具有磁性的γ-Fe_2O_3，使树脂能在磁场作用下聚集，沉降速度可以提高10倍，称为磁性树脂，特别适用于浆状介质中的离子交换。

(6) 稳定性

① 物理稳定性　树脂在设备中，特别是流动中不断发生碰撞、摩擦以及受到流体的冲击。合成树脂需要具有一定的机械强度，才能够在这些条件下经久操作。

树脂都有相当的耐热性，阳离子交换树脂一般可以耐受100℃以上的温度，但是阴离子交换树脂的实际操作温度不能高于60℃。一般来说，盐型树脂比酸型或碱型树脂的热稳定性好。

② 化学稳定性　合成树脂对非氧化性酸碱都有较强的稳定性。不过阳离子交换树脂对碱的耐受性不及酸，一般不宜长期泡在2mol/L以上的碱溶液中。由于有机胺在碱中易发生重排反应，所以阴离子树脂对碱的耐受性也不好，保存时应该转化为氯型，而非羟基型。

树脂功能基团的耐氧化性差别很大，浓硝酸、次氯酸、铬酸、高锗酸都能使一些树脂氧化。阴离子树脂的耐氧化性的顺序如下：

叔胺＞氯型季铵＞伯胺、仲胺＞羟基型季铵

除伯胺、仲胺易和醛发生缩合反应外，其他树脂都有很强的耐还原能力。

8.3.1.5　离子交换树脂的选用

选用树脂与分离组分的性质（离子种类与形式）、体系特点（浓度、pH值等介质条件）以及分离要求等因素有关。一般来说，应选容量大、选择性好、交换速率快、强度高、易再生、价廉易得的树脂。由于这些因素与条件可能相互制约，因此需根据实验结果综合考虑，权衡决定。

(1) 基本要求

① 交换容量　树脂容量越大越好，因为容量大则用量少、投资省，且设备紧凑、体积小。由于单位体积树脂处理的料液量大（料液浓度相同时），相对来说洗脱、再生时的试剂消耗也就低。

② 选择性与交换速率　作为分离、提取的一种手段，树脂的选择性与交换速率越大越好。选择性高则分离效果好，设备效率高，可减少设备级数与高度。考虑树脂选择，也应同时考虑再生效果与交换速率的制约。

③ 强度与稳定性　考虑到操作与成本，离子交换树脂应能长期、重复使用，要求所选树脂耐冷热、干湿、胀缩的变化，不破碎、不流失、耐酸碱、抗氧化、抗污染。

④ 洗脱与再生　吸附操作本身并非目的，只是分离过程的一个环节，因此吸附后还要将分离目标物从树脂上有效地洗脱下来。一般来说，离子越易被树脂吸附，则洗涤也就越困难。考虑吸附时，也应同时考虑洗脱与再生，有时为了兼顾洗脱操作，不得不放弃容量或选性，也就是全面考虑后有时宁可选用吸附性能略差一点的树脂。

(2) 树脂种类的选择　被分离组分是阳离子，如无机阳离子、有机碱阳离子、络合阳离子时，可用阳离子交换树脂分离；被分离组分是阴离子，如无机阴离子、有机酸阴离子、组合阴离子时，可用阴离子交换树脂处理。但是这并非绝对的。为了提高分离效果或进行有效分离，可调节介质的条件，使分离组分改变存在形态。例如，硫酸溶液中的六价铀以 UO_2^{2+} 阳离子形式存在，由于大量其他阳离子共存，很难用阳离子交换树脂进行有效的分离。调整溶液中的 SO_4^{2-} 浓度与 pH 值，使铀以 $UO_2(SO_4)_2^{2-}$、$UO_2(SO_4)_3^{4-}$ 阴离子形式存在，用阴离子交换树脂则可进行有效的分离。同样，强碱性阴离子交换树脂也可从碳酸盐溶液中成功地分离 $UO_2(CO_3)_3^{4-}$。

对于两性氨基酸的提取，可根据其等电点调整溶液的 pH 值，以所要求的离子形式进行分离。例如，谷氨酸在大于等电点 pH 值 (3.22) 时，以阴离子形式存在，可用阴离子树脂提取；在 pH 值低于 3.22 时，谷氨酸以阳离子形式存在，可用阳离子交换树脂处理。

对于大分子化合物，例如蛋白质、色素等物质，可用大孔型树脂分离。因常规树脂骨架疏水且电荷密度较大，易使蛋白质类不稳定性生物高分子产生不可逆变性。

(3) 树脂功能基团的选择　选定阳离子交换树脂或阴离子交换树脂后，还要选择合适的功能基团与使用的离子形式。

功能基团的选择，以与交换离子亲和力强弱、选择性大小为依据，这是分离的基础。例如，金的提取与分离可用硫脲基树脂，对 Cu、Hg 的提取可用巯基树脂或羧胺基树脂，对 Ni 的分离可用肟基树脂等。

在中性盐溶液中要完全除去其中的阳离子与阴离子，可用强酸性阳离子交换树脂与强碱性阴离子交换树脂。例如，要求完全除去 Ca^{2+}、Mg^{2+} 时，可用强酸性阳离子交换树脂；若只要求部分除去其中的阳离子与阴离子，则可用弱酸、弱碱树脂，或强酸、弱碱树脂，或弱酸、强碱树脂。

按功能基团酸碱强度（以 pK_a 表示）的大小选择树脂，固然是分离的基础，但 pK_a 值的大小并非选择功能基团的唯一标准，因为还要兼顾洗脱、再生行为，这在实际生产中往往很重要。这种情形在离子交换工艺中不乏其例。例如链霉素的提取，因其分子结构中含有两个强碱性胍基基团和一个弱碱性葡糖氨基基团，用强酸性树脂时，吸附效果虽好但洗脱困难，故生产中采用选择性与含量都很高的羧酸型弱酸树脂（或弱碱树脂）。有机碱、生物碱与强酸性树脂作用太强，故通常用弱酸性树脂分离。多价金属阳离子在中性或碱性介质中用弱酸树脂处理，既易吸附又易洗脱。因一般弱酸性树脂只能在高 pH 值条件下操作，pH 值越高其容量越大。在弱酸性介质中的阴离子可用弱碱性树脂处理。一般极性低的阳离子多用弱酸性树脂处理。乳清的净化用丙烯酸类弱酸性树脂处理时，既易吸附又易洗脱。糖液净化时，用弱酸树脂可避免糖的转化。含铬废水中铬以 $Cr_2O_7^{2-}$ 的形式存在，可选用大孔型阴离子交换树脂处理，这种树脂容量大、再生好且抗氧化。含 CN^- 废水可用丙烯酰胺类弱碱性阴离子交换树脂处理，这种树脂易洗脱、抗污染。

树脂离子型式的选择与被分离离子的性质有关。例如，葡萄糖与果糖的分离可用钙型阳离子交换树脂，因为果糖与钙离子之间通过羟基可形成配位络合物，从而果糖与水进行配位交换，实现葡萄糖与果糖的分离。

树脂离子型式的选样更与交换体系的性质有关。例如，若离子交换前后要求溶液的 pH 值不发生变化，则应该用盐型树脂。在从等电点结晶母液中回收谷氨酸时，因母液中含有大量 NH_4^+，常规离子交换法用 H 型树脂无能为力，可用 NH_4^+ 型树脂进行有效提取。在链霉素的提取过程中，链霉素在发酵液中呈中性的硫酸盐形式存在，用 Na 型或 NH_4^+ 型弱酸树脂处理，可将溶液的 pH 值维持在 5～7，以利于交换。

树脂粒度与密度的选择，应依据操作系统的工艺条件而决定。对于传质速率较慢的交换体系，特别是颗粒扩散控制时，可选用细粒度树脂处理，以增加两相接触表面积，缩短固相扩散路程，提高交换速率。这时，需考虑床层阻力增加的制约与树脂流失问题。通常，流化床操作中可选用大粒度树脂和高密度树脂。在混合床操作中，选用一种大密度树脂可增加两种树脂间的差异，有利于两种树脂的分离。

8.3.2　离子交换平衡与交换速率

离子交换反应的理论主要包括交换平衡的热力学和交换反应速率的动力学。离子交换平衡是研究在给定条件下，当树脂和溶液中的离子组成不随时间而变化时（平衡状态），各种交换离子在树脂和溶液间的分配关系及其有关的物理化学规律。单纯的离子交换反应是研究得最多的一种离子交换过程，其反应通式如下：

$$|Z_A|\overline{B}^{Z_B}+|Z_B|A^{Z_A} \rightleftharpoons |Z_B|\overline{A}^{Z_A}+|Z_A|B^{Z_B} \tag{8-25}$$

式中，A、B 表示任意的两种离子，带上横线者表示树脂相，不带上横线者表示溶液相；Z_A、Z_B 分别表示它们的电荷数；$|Z_A|$、$|Z_B|$ 为 Z_A、Z_B 的绝对值。离子交换反应一般是可逆反应。

8.3.2.1　描述离子交换平衡的方法

描述离子交换平衡的最基本方法，是测定在给定条件下的离子交换等温线（也称平衡曲线）。交换等温线可用曲线图表示，也可用各种参数如分配系数、分离因数以及选择性系数等来描述。这些特性常数随条件而变化。在理论研究中，还经常采用热力学平衡常数来表达离子交换平衡。

（1）离子交换等温线　在给定条件下，离子交换树脂中某一交换离子的浓度与溶液中该离子浓度之间的函数关系，称为离子交换等温线。对于反应式(8-25) 的二元交换体系，通常采用离子在树脂和溶液中的摩尔分数（分别以 $\overline{X}_A$ 和 X_A 表示）之间的函数关系表示等温线（见图 8-28）。离子当量分数定义为

$$\overline{X}_A=\frac{|Z_A|\overline{C}_A}{|Z_A|\overline{C}_A+|Z_B|\overline{C}_B} \tag{8-26a}$$

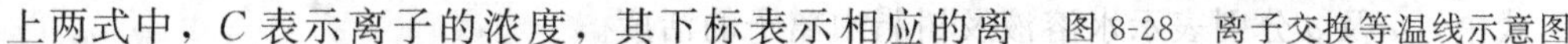

$$X_A=\frac{|Z_A|C_A}{|Z_A|C_A+|Z_B|C_B} \tag{8-26b}$$

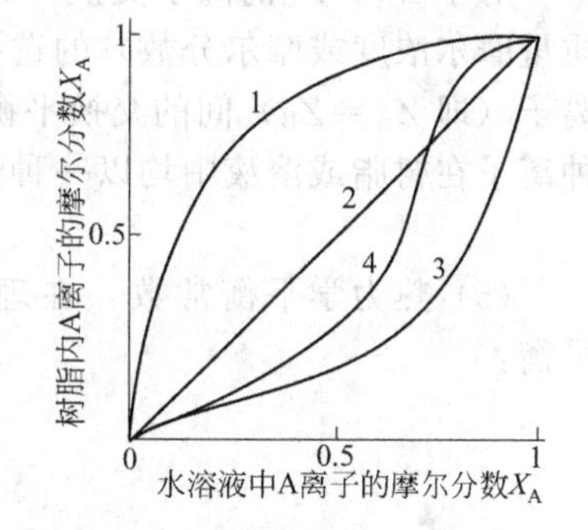

图 8-28　离子交换等温线示意图

上两式中，C 表示离子的浓度，其下标表示相应的离

子；带上横线者表示树脂相，浓度单位为 mmol/g 或 mmol/mL；不带上横线者表示水相，浓度单位为 $mmol/gH_2O$ 或 mmol/mL。

离子交换等温线的形状，反映了该交换平衡的特性。图 8-28 示出了不同特性的交换平衡类型：曲线 1 表示有利平衡，即在整个浓度范围内树脂总是优先吸附 A 离子；曲线 2 表示树脂对 A、B 两种离子无选择性，吸附性能相同，为直线型平衡；曲线 3 表示不利平衡，即树脂对 B 离子优先吸附；S 形曲线 4 为双官能团交换剂的特征。

(2) 分配系数　在实际应用中，经常采用反离子的分配系数 (λ) 来表示其平衡关系，它被定义为离子在树脂上和溶液中浓度的比值，即

$$\lambda_A = \frac{\bar{C}_A}{C_A} \tag{8-27a}$$

若 A 离子在溶液或树脂中以若干种形态存在时，则可采用总分配系数表示：

$$\lambda_{A总} = \frac{\sum \bar{C}_A\text{（树脂上 A 的总浓度）}}{\sum C_A\text{（溶液中 A 的总浓度）}} \tag{8-27b}$$

由图 8-28 可见，除曲线 2 这类交换平衡外，分配系数值随溶液中 A 离子的摩尔分数值 X_A 而变。对于微量组分的交换，分配系数尤其有用。因为在这种情况下，交换反应处在其等温线接近于原点的很小一段内，通常可把它看作直线，即分配系数与 X_A 值无关，为一常数。

(3) 分离因数　一般以 $\alpha_{A,B}$ 表示分离因数，其定义为：在一定温度下，在给定的介质中，树脂对两种反离子（A 和 B）分配系数之间的比值，即：

$$\alpha_{A,B} = \frac{\lambda_A}{\lambda_B} \tag{8-28a}$$

由上述分配系数定义式(8-27a) 可得：

$$\alpha_{A,B} = \frac{\bar{C}_A C_B}{\bar{C}_B C_A} \tag{8-28b}$$

该值反映了离子交换树脂对这两种反离子中的某一种所具有的优先吸附性。若对 A 离子是优先吸附，则 $\alpha_{A,B}$ 值大于 1，为图 8-28 中的曲线 1；反之，$\alpha_{A,B}$ 小于 1，树脂对 B 离子是优先吸附的，为图 8-28 中的曲线 3；$\alpha_{A,B}$ 为 1 时，树脂对 A、B 的吸附性能相同，为图 8-28 中的直线 2。分离因数的量纲为 1，与浓度单位的选择无关。

(4) 选择性系数　选择性系数用 $k_{A,B}$ 来表示，它定量地描述了树脂对于同一溶液中两种反离子之间相对的选择能力。对于反应式(8-25) 表示的一般离子交换反应，选择性系数 $k_{A,B}$ 定义为：

$$k_{A,B} = \frac{\bar{C}_A^{\ |Z_B|} C_B^{\ |Z_A|}}{\bar{C}_B^{\ |Z_A|} C_A^{\ |Z_B|}} \tag{8-29}$$

对于 $Z_A \neq Z_B$ 的离子交换，$k_{A,B}$ 值与离子在树脂及溶液中的浓度单位（如体积摩尔浓度、质量摩尔浓度或摩尔分数）的选择也有关。因此，在这种情况下需注明浓度单位。对于同价离子（即 $Z_A = Z_B$）间的交换平衡，则选择性系数值与浓度单位的选择无关。而且，当这两种离子在树脂或溶液中均以一种形态存在时，选择性系数与分离因数有如下的关系：

$$k_{A,B} = \alpha_{A,B}^{\ |Z_A|} \tag{8-30}$$

(5) 热力学平衡常数　在理论研究中，还采用热力学平衡常数 $K_{A,B}$ 来表示离子交换平衡：

$$K_{A,B} = \frac{\bar{a}_A^{\ |Z_B|} a_B^{\ |Z_A|}}{\bar{a}_B^{\ |Z_A|} a_A^{\ |Z_B|}} \tag{8-31}$$

式中，a 及 $\bar{a}$ 分别表示水溶液及树脂中离子的活度。

该常数随温度而变，不随树脂或溶液中离子的组成而变。因此，为一真正的平衡常数。但是，由于树脂中的组分 RA 和 RB 的活度系数一般不易求得，因此限制了 $K_{A,B}$的应用。

8.3.2.2　离子交换动力学

交换平衡仅决定离子交换的可能性，而离子交换速率决定交换所需时间，影响生产周期。所以控制适宜的交换速率是很重要的。离子交换动力学研究的内容涉及下列问题：离子交换过程是按什么机理进行的；其控制步骤是什么；这些控制步骤服从怎样的速率定律；此种速率定律如何进行理论推导。即离子交换动力学是研究如何建立描述离子交换过程行为的物理模型与数学模型，及如何求解的问题。

离子交换动力学包括微观动力学与宏观动力学。前者涉及固体离子交换剂，与电解质溶液接触时，伴随着交换、平衡、扩散、传递等过程而发生的一系列化学变化、物理化学变化与电化学变化。后者则涉及一系列复杂的流体力学工程行为。

固-液非均相传质过程，不可避免地要涉及流动场中两相的流体力学行为。大型工业设备中进行的离子交换分离过程，就涉及不同尺度的动力学问题，如约 10m 规模的传质设备与 1m 左右的分离级内两相流体的随机性流动行为；10^{-3} m 大小交换剂颗粒的流动规律；10^{-4}～10^{-5} m 范围液膜中的扩散传质规律；10^{-6}～10^{-8} m 量级内颗粒中的胶体行为，以及 10^{-9} m 量级分子规模的化学反应等。

离子交换树脂，可看作是一种具有一定微孔结构的活性凝胶，或无序结构的多孔性网络。其交换基团在交联的凝胶骨架中呈无规则的随机均匀分布。因此，离子交换过程不只是在树脂颗粒表面进行，也在颗粒结构内部进行。这是由离子交换树脂的结构特征决定的。

在电解质溶液中，离子交换剂整个颗粒内外的功能基都要发生交换作用，这就需要一定的时间才能达到平衡状态。达到平衡时间的长短就是交换速率。各种类型的离子交换剂的交换速率有很大差别。一般地讲，天然泡沸石的交换速率较慢，而低交联或大孔型树脂的交换速率就很快；阳离子交换树脂比阴离子交换树脂快。

8.3.3　离子交换工业流程及设备

8.3.3.1　离子交换的操作程序

(1) 交换树脂使用前的处理

① 溶胀　树脂使用前需要做许多准备工作，首先是以水浸泡，使其充分溶胀，然后装入设备，再以水淋洗，直至洗出的水清澈为止。如果树脂已经完全干燥，则不能直接以水浸泡，而应该用浓氯化钠溶液浸泡，逐渐稀释，以减缓溶胀速度。最后以水清洗，防止树脂胀裂。以上所用水都应该是纯水，至少不含钙、镁等高价离子。

② 清洗　新树脂使用前需要经过清洗。通常先在容器中从底部进水，向上冲去悬浮物。然后依次用 4%氢氧化钠溶液洗，再用水洗，而后用 4%的盐酸溶液洗，再经水洗。酸、碱液的用量为树脂体积的 3～5 倍。对于有机物敏感的工艺，最后需用 95%的乙醇浸泡，溶出合成时的残余有机物。这样的清洗过程需循环反复几次，视使用的工艺要求而定。

③ 转型　清洗过的树脂要根据工艺要求经过转型才能使用。氯型强碱性阴离子交换树脂转化为氢氧根型比较困难，需要用树脂体积 6～8 倍的 1mol/L 的 NaOH 溶液处理，而后以清水洗至流出水无碱性（酚酞指示剂不变色）。所用的碱中不应含碳酸根，因为碳酸根一旦交换于树脂上，会使树脂容量下降。氢氧根型强碱性阴离子交换树脂转化为氯型则十分容易，可用氯化钠溶液处理，当流出液 pH 值升至 8～8.5 时即已完成。

清洗过的强酸性阳离子交换树脂转化为 H 型，常用 1mol/L 的 HCl 处理，而后水洗至无酸性。从 H 型转化为其他离子型可用相应的盐溶液处理。最常用的是钠型。在冶金工艺流程中，有时为了避免将其他离子引入溶液，需要特别离子形式的树脂，也同样可以用相应盐溶液进行转型。

弱阴离子交换树脂易于转化为氢氧根型，除了氢氧化钠，也可采用氨水进行转换。如氢氧根型需转变为其他形式，可进一步与含相应阴离子的酸反应。弱酸性阳离子交换树脂易于转化为H型，再转变为其他离子形式时，除了加相应的盐，同时要加入氢氧化钠，中和产生的酸，有利于反应进行完全。

(2) 交换吸附 将前述经过清洗、转型的树脂与料液接触，被交换的离子和树脂的反离子进行交换反应，使溶液相中需要除去离子的浓度下降到期望值，同时树脂达到相当的负载容量。以钠型强酸性阳离子交换树脂从料液中除钙为例，总的反应可表示如下：

$$2\overline{RNa}+CaCl_2 \longrightarrow \overline{R_2Ca}+2NaCl \tag{8-32}$$

显然，目的是既要将钙离子尽量除去，又要使树脂得到充分利用。

在实际应用中，被交换负载于树脂上的离子，既可以是打算从溶液中除去的杂质，如前述例子的钙，也可以是要回收的有价金属。

(3) 洗脱和再生 对于反应(8-32)的离子交换，交换结束后，树脂负载了钙离子，成为钙型树脂。首先要把钙从树脂上脱除下来；如果负载的离子是打算回收的金属，洗脱之后的溶液就是中间产品，应该满足一定的工艺要求。在实际条件下，树脂上负载的往往不只是一种金属离子，洗脱就要分段进行，分别回收为不同产品。其次是要把树脂恢复为钠型，以便返回使用。最好这两个任务能同时完成，不然就要先脱钙，而后再转为钠型。

对于强阳离子交换树脂，只要用浓度较高的氯化钠溶液就能使反应式(8-32)反向进行，即同时达到脱吸和树脂再生两个目的。但是有时并不能一步完成，如氯型弱碱性的阴离子交换树脂交换为硫酸根型后，不论用HCl或NaCl溶液洗脱，再生效率都十分低，因为硫酸根的交换势远高于氯离子，所以先要用NaOH洗脱硫酸根，使树脂转变为氢氧根型，再以HCl使之转为氯型，如下列方程所示：

$$\overline{[RN(CH_3)_3]_2SO_4}+2NaOH \longrightarrow 2\,\overline{RN(CH_3)_3OH}+Na_2SO_4 \tag{8-33a}$$

$$\overline{RN(CH_3)_3OH}+HCl \longrightarrow \overline{RN(CH_3)_3Cl}+H_2O \tag{8-33b}$$

后一步包含了中和反应，因此十分有利于反应向右进行。

(4) 洗涤 在进行了交换和洗脱再生之后，首先要把残留在树脂床层中的料液、洗脱液等残液冲出床层之外。这些残液应该返回合并到相应的原始溶液中去。另外，反应之后有一些固体颗粒和余液残留在树脂球的间隙、表面甚至孔内，需要用水经过反复清洗，才能进行下一步工序。

8.3.3.2 树脂的中毒问题

树脂在使用过程中由于交换、吸附了不能为通常方法洗脱的物质或者被污染，导致交换能力明显下降，甚至不能继续使用，就称为“中毒”。中毒的原因可以归结为以下几点。

(1) 溶液中的大分子有机物污染 矿石浸取液和其他料液中有时含有天然有机化合物，如植物腐烂产生的腐殖酸等，还有前面工序加入的选矿药剂、絮凝剂等。它们具有多个活性基团，又有较大的碳氢链或稠环，因此有的有较强的交换能力，有的易于吸附于骨架之上，是常见的导致中毒的原因。中毒树脂往往颜色加深，甚至呈现棕色，乃至黑色。

(2) 负载的离子交换势极高 当负载的离子交换势极高时，通常的洗脱剂难以洗脱，逐渐积累，占据了树脂的大部分功能团，使其不能再与其他离子交换而失效。对于阳离子交换树脂，Fe^{3+}交换势很高，而且用NaCl、HCl溶液等一般洗脱剂难以将其从树脂上置换下来。料液中含Fe^{3+}就可能积累而引起中毒。

(3) 负载离子发生变化 仍以前述负载了Fe^{3+}的阳离子交换树脂为例。当以pH值较高的溶液洗涤树脂时，Fe^{3+}发生水解，产生氢氧化铁凝胶，沉淀于树脂孔隙之中，造成孔道堵塞，是另一种中毒现象。同样，阴离子交换树脂负载正钨酸根，遇酸性溶液，正钨酸聚合为多钨酸，分子体积庞大，也会造成相似的中毒。

(4) 溶液中的固体颗粒　料液中的固体颗粒、胶体附着在树脂表面，甚至进入孔道，降低了树脂的有效表面积。

当料液存在引起中毒的因素时，为减少树脂中毒，一方面应该尽量净化料液，如去除固体颗粒；另一方面应该选择适当的树脂。许多大孔径的树脂比较能耐受污染物，甚至可以去除溶液中的有机物，而且可以洗脱，反复使用。有的树脂厂家开发了抗污染的专门树脂，孔径特别大，达到几千纳米，孔容量约 1mL/g，不易被有机物毒化。有时选用这些树脂放置在前面，吸附有机物，可以保护后面的树脂。另外，应该避免出现上述的附着离子发生反应，产生胶体或固体，堵塞树脂孔道。

对于已经中毒的树脂，通常需要选择适当的清洗剂，对症下药去除污染物，使树脂恢复正常性能，主要的解毒方法如下。

① 对于因固体沉淀而中毒的树脂，使用能使沉淀溶解的溶液洗涤。如氢氧化铁胶体可以用较浓的盐酸溶液浸泡，使之溶解。可使用 10%～20%的盐酸溶液浸泡，但浸泡时间不宜太长，更不要加热，以免损伤树脂。而且不能在酸洗后，紧接着就用清水淋洗。因为树脂内外的浓度差过大，会产生很大的渗透压，导致树脂破裂。正确的操作方法是浓酸洗之后，用稀酸溶液淋洗，逐渐降低浓度，最终过渡到纯水。硅酸胶体也常出现在湿法冶金过程的料液之中，吸附在树脂之上，可以用氢氧化钠溶液浸泡除去。

② 吸附的有机物很难洗脱，可以使用氧化剂将其氧化，分解为小分子化合物，溶于水或生成二氧化碳而除去。次氯酸钠和过氧化氢是常用的氧化剂。次氯酸钠的浓度可为 0.2%～1%，过氧化氢浓度可略高。有些负载的离子难以用其他离子置换的方法洗脱，也要采用化学方法分解它们，才能洗脱。如硫代钼酸根配阴离子交换势特别大，负载于强碱性树脂，就不能用通常的方法洗脱。可用 1%的次氯酸钠溶液将其中的硫根氧化为硫酸根，使硫代钼酸根分解而洗脱。

8.3.3.3　离子交换设备

离子交换树脂，是实现离子交换分离过程的基础。如何合理有效地使用树脂，充分发挥每一粒树脂在操作中的交换作用，是离子交换设备设计的关键。这就要求离子交换设备必须具备相宜的结构，以提供有效的固-液相接触方式与条件，以完成所要求的分离任务。

目前，已投产应用的工业规模离子交换设备与尚处于研究开发阶段的实验室离子交换设备，种类很多，设计各异。按结构类型分，有罐式、塔式与槽式；按操作方式分，有间歇式、周期式与连续式；按两相接触方式分，有固定床、移动床与流化床。流化床又分为液流流化床、气流流化床与搅拌流化床。固定床分为单床、多床、复床与混合床，正流操作型与反流操作型，以及重力流动型与加压流动型。

(1) 固定床交换柱设备　固定床交换柱是一种应用广泛的工业设备，由于树脂床在柱内不移动，所以称为固定床。离子交换树脂柱通常是高径比在 2～5 之间的圆柱体，底部和顶部多为球形或椭球形。不但顶部和底部有进出液管，而且柱的中间也有支管，用于进液或出液，如图 8-29 所示。

小型设备可采用聚氯乙烯、玻璃钢等制作柱体和管道。直径大于 1m 的设备多采用碳钢，内衬氯丁橡胶、聚氯乙烯、环氧树脂等防腐材料。主体高度大致为树脂层高度的 1.8～2 倍，以留给树脂足够的膨胀空间。交换时，阳离子交换树脂的层高可能膨胀 75%，而阴离子交换树脂则可能膨胀 1 倍。

树脂层的高度取决于树脂和交换体系的性质，一般为 1～3m。有的高达几米。顶部留有一段空间，操作时充入空气或溶液。

底部是底板，用于支承树脂和透过溶液，多采用具有排水帽的孔板，多数为平板形，也

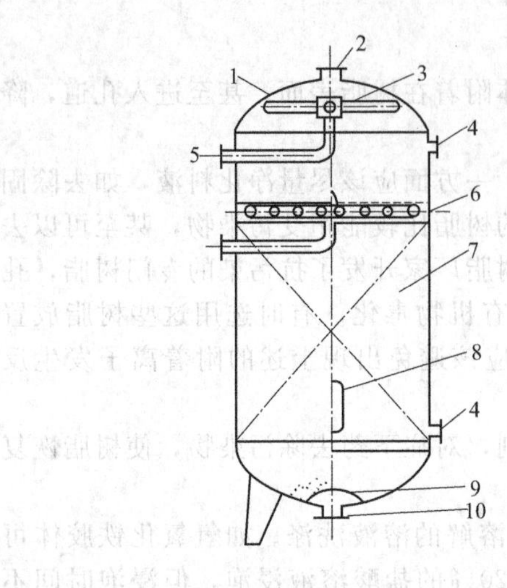

(a) 结构示意图

(b) 外观图

图 8-29　固定床离子交换柱设备

1—柱体；2—排气管；3—上布水器；4—树脂装卸口；5—进液口；
6—中排液管；7—树脂床；8—窥视孔；9—下布水器；10—出液口

有的采用下凹球面形。有的柱底采用铺垫石英砂作为树脂承载层，底板用多孔板。石英层的高度随柱径增大而提高，总高为 0.5～1m，分为 4、5 层铺垫，粒度由下而上，逐层变细。粗砂粒径约为 20mm，细砂粒径为 1～2mm。

为了使溶液在柱内沿径向均匀分布，使树脂都能接触到溶液，交换柱的顶部、中部和底部都安装了布液装置。顶部的布液器包括喷头、喇叭斗、多孔管和带排水帽的多孔板等。

交换柱在逆流操作时从中间排液管出液，为了达到均匀排出贫再生液的目的，中间排液管具有多个出口孔，呈水平状均匀分布在交换柱的中上部。一般采用平行垂直排布于一根母管的多个支管或者环形管结构。

下布液管多采用孔板。

固定床的优点是结构比较简单，易于操作，而且易于设计放大。另外，树脂之间没有很强的摩擦，也有利于减少机械损失。但是，固定床填装的树脂量大，增大了投资；部分树脂在交换过程中，不能参与反应，树脂利用率低。另外，固定床还不适于处理固体含量高的料液。

(2) 移动树脂床设备　固定床在工作过程中，树脂在床层间不发生移动，只有液体流过床层。与此不同，移动床则在交换过程中液体和树脂都发生移动。移动床的基本思想是：树脂在设备中移动，能够在一个设备的不同部位，分别完成交换、洗脱、再生等过程，使过程趋于连续化，从而使树脂的利用效率大为提高，显著减少树脂的用量。而且设备中树脂和液体都在运动，既强化传质，又消除树脂床的死角。

图 8-30 为一种环形移动床，由交换段、清洗段、洗脱再生段和另一个清洗段组成，各段之间有阀门分隔，操作时分为工作周期和树脂转移周期。在工作周期，阀门 A、E、F、G、I、K 打开，各段之间的阀门 B、C、D 和脉冲进口阀 H 全部关闭，各段分别同时进行交换、清洗、洗脱再生等作业。交换段采用降流，交换完成后的尾液从本段的底部排走。环形的下半部分是洗脱再生段和一个洗除洗脱剂的清洗段。右侧上部为负载树脂贮存和清洗段，清洗采用反上柱，以清除夹带的固体杂质。工作周期结束后，旋即开始树脂转移周期。关闭贮存室和脉冲空间的阀门 A 及 E、F、G、I、K 诸进出口的阀门，打开各室间阀门 B、C、D 和脉冲进口阀 H。开启脉冲，可以使树脂按顺时针方向移动，从一个段进入下一个段仅需

要约 30s。这样，清洗毕的树脂流入下面的脉冲室，交换室的负载树脂进入清洗贮存段，储存于脉冲段的负载树脂进入下面的洗脱段。而经过清洗的洗脱再生树脂则向上进入交换段。

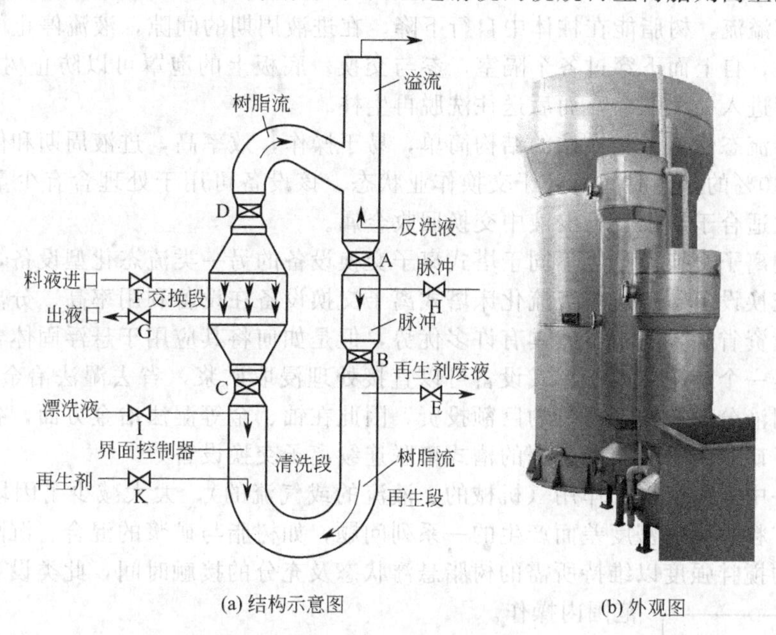

(a) 结构示意图　(b) 外观图

图 8-30　移动床离子交换设备

移动床离子交换的工作和转移周期连续交替进行。由于转移周期非常短，所以工作周期几乎是在连续运行，不断地产出成品液。对于同样生产能力的设备，环形移动床使用的树脂量仅为固定床的 15%～30%，使树脂利用率大为提高。设备的效率也远高于固定床，操作线速度达 180m/h，比一般设备高出 5～10 倍。它特别适合于处理稀溶液。此种设备洗涤效率非常高，产生的废液比较少，是它的另一个优点。但是，树脂的频繁迁移，阀门反复开关，设备结构比较复杂，而且易导致树脂破碎，是该装置的缺点。

(3) 流态化离子交换设备　借助流态化方法使树脂悬浮流动，不断更新。此时，树脂和料液逆流运动，既可以连续作业，还可以使交换反应的效率大为提高，显著减少树脂的使用量，从而也节约了洗脱剂和洗涤用水。与移动床不同，一个流态化设备只完成一个工序，即交换、洗脱分别在不同的交换柱中进行。由于液固两相流态化技术的日臻成熟，各种流态化离子交换柱的设计、制作呈现出多样化，其中不少已经广泛应用于各种工业。

图 8-31 所示为一种应用于铀和黄金等的湿法冶金过程的多层流态化离子交换设备。它的特点是柱体中设置了若干水平多孔隔板，分为许多室，每个室都装填树脂，成为多级流态化床。柱顶有一个扩大段，减缓液流线速度，防止树脂随液体从顶部溢出。底部是带泡罩的液流分布板。

设备运行时，料液周期性地进入底部，通过分流板向上流动，自下而上地通过各个室进行交换。液流速度达到可以使各个室中的树脂发生流态化。水平隔板减少了液体和树脂的返混，提高了交换柱的效率。完成交换后的液流从扩大段上部溢流流出。

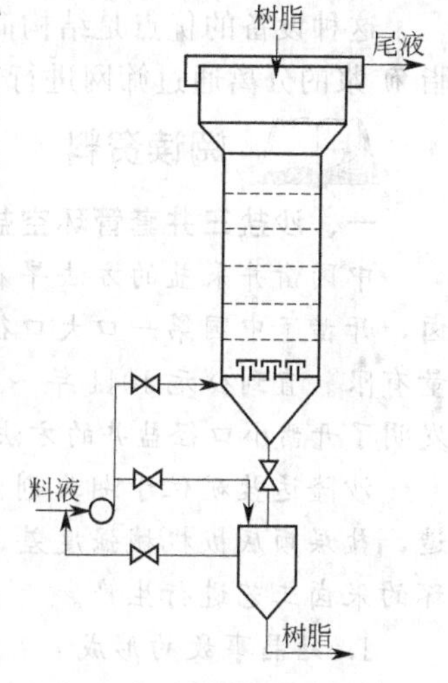

图 8-31　流态化离子交换设备结构示意图

树脂的运动方向和液流相反，即从顶部加入交换柱中。扩大段和柱体直径的比例选择，应该保证流体线速度在柱体中可以使树脂流态化，而在柱顶可以让树脂和流体反向流动。即流体能从顶部溢流，树脂能在柱体中自行下降。在进液周期的间隙，液流停止上行，树脂从塔板孔隙下降，自上而下穿过各个隔室，参与交换。底板上的泡罩可以防止树脂全部排尽。树脂排出柱后进入一个贮仓，而后送往洗脱再生柱。

这种多层流态化离子交换柱的结构简单，易于操作，效率高，进液周期和停止期之比约为 9∶1，即 90%的操作时间是处于交换作业状态。该设备可用于处理含有少量固体悬浮物的料液，因此适合于从矿石堆浸液中交换回收金属。

(4) 槽式离子交换设备　不同于塔式离子交换设备的另一类流态化型设备，是多级串联的槽式离子交换设备。近代多级流化床塔式离子交换设备在设备利用率高、分离性能好、占地面积小、投资省等方面，虽然具有许多优势，但是如何将其应用于悬浮固体含量高的料液系统中，仍是一个难题。由于槽式设备可以直接处理浸取矿浆，省去湿法冶金中操作繁琐、费用昂贵的固液分离操作，可节约巨额投资，因此在铀、金等湿法冶金方面，各国都在大力开发这种适于矿浆离子交换等过程的槽式串联连续离子交换设备。

槽式设备中，由于搅拌作用（机械的、液流的或气流的），大大减少了因塔式设备中树脂与矿浆（矿粒）间的密度差而产生的一系列问题，如树脂与矿浆的混合、沉降问题等。只要提供足够的搅拌强度以维持所需的树脂悬浮状态及充分的接触时间，此类设备就可在很大范围内操作。

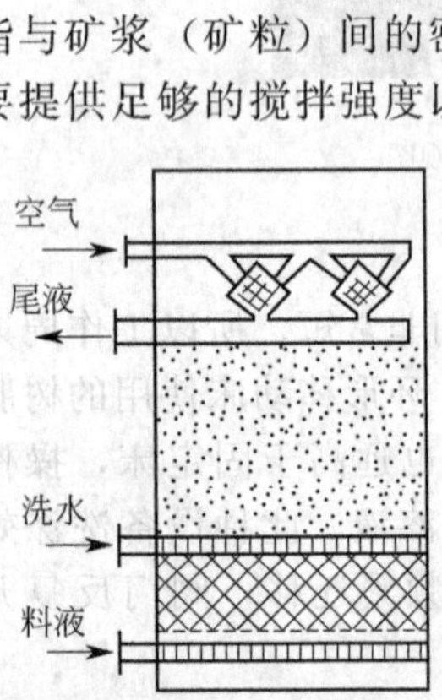

这类槽式离子交换设备的主要特点是：设备简单，操作方便，适应性强，处理能力大。

图 8-32 所示为一槽式离子交换设备。它利用升流矿浆所具有的曳力将树脂悬浮在设备的中上部，即树脂处于松散的悬浮状态，与流过的矿浆进行接触。矿浆出口处设有筛网，以阻挡树脂被矿浆带走。为了使矿浆均匀分布于设备中，在矿浆入口分布管以上有一层石英填充层。有时为了松动树脂，槽中还通入少量搅拌空气。运行时，一般是 3～4 个槽串联操作。当首槽达饱和时，由系统中切下，进行洗脱。因此，不需要进行槽间的树脂转移与输送。为了提高设备的生产能力，可以使用增重树脂与大粒度树脂。

空气
尾液
洗水
料液

图 8-32　槽式离子交换设备结构示意图

这种设备的优点是结构简单，适用性强，树脂磨损少。缺点是吸附线速度较低。因为树脂-矿浆的分离通过筛网进行，因此矿浆通过筛网的能力决定了设备的生产能力。

阅读资料

一、沙盐三井套管环空盐结晶事故的处理

中国凿井采盐的方法早在战国时期就已出现，李冰在兴建都江堰水利工程时发现了盐卤，开凿了中国第一口大口径盐井——广都盐井，开始了最早的盐业生产。但这种盐井采盐量有限。直到公元 1041 年～1048 年，也就是北宋庆历年间，勤劳智慧的四川大英卓筒井镇人发明了开凿小口径盐井的方法（见图 8-33）。至此，地下盐卤开采进入了一个崭新的时期。

沙隆达盐矿位于湖北荆州市沙市东郊，盐层埋深 2400～2850m，属陆相碎屑岩地质构造，盐层顶底板机械强度差，极易垮塌。沙盐三井井深 2850m，采取单井对流两管油垫正循环的采卤工艺进行生产。

1. 结晶事故的形成

因盐矿采卤生产能力大于公司电化厂 6 万吨烧碱的生产需要，故沙盐三井采取间断开车的方式生产，停井时间一般 1～2 周，每次开井生产均发现卤水中带有大量的结晶盐。由于盐层中泥岩、钙芒硝、硬石膏等不溶物含量超过 35%，无法实施反循环生产。为防止套管盐结晶堵管，生产中采取开泵正循环后，每 4 小时定期向套管环空压注水一次，每次压注水 35m³，直到生产参数稳定为止。

图 8-33 四川大英县卓筒井

1999 年 2 月 11 日停井，1999 年 2 月 23 日上午 8：30开泵采卤。发现卤水中带有大量的浮盐，经过 11：00、16：00 两次向套管反压注清水。晚上 20：00 再次发现卤水中带有结晶盐，再次反压注清水时套管环空因结晶盐形成盐桥将套管堵塞，并进一步结晶将堵塞的程度加剧。事故后通过水泥压裂车向套管环空注水，注水压力 17MPa 不能进水。套管堵塞后，中心管并未因此受到影响，中心管与溶腔连通较好。通过中心管向溶腔注水，中心管压力 10MPa，进水量 30m³/h，同时打开套管出卤阀门，套管出水量为 50～80L/h，且呈逐步减少趋势。因套管结晶堵塞。循环通道破坏，致使生产中断。

2. 处理措施

盐矿认真分析了结晶堵塞的原因。由于钙芒硝、硫酸根、泥沙、盐等物质均可引起在套管内结晶堵塞，但不同的结晶其特征各不相同。通过分析沙盐三井近一段时间的钙芒硝、硫酸根的化验分析数据，其浓度值均很低，且含量很稳定，排除了钙芒硝、硫酸根结晶的可能。泥沙不溶物搭桥堵管的可能性也不存在。因沙盐三井结晶堵管是在开泵运行 12 小时后，且循环方式为正循环，套管卤水流速低，携砂量极低。所以，盐矿认为此次堵管主要是大颗粒结晶盐在套管环空内逐步形成的盐桥，致使循环中断，并伴随进一步的结晶而加剧套管堵塞。

根据以上堵管事故，分析制定了相应的处理措施。

首先，始终保持中心管的畅通。因为本地区盐层品位低，水不溶物多，加上盐井停井十多天后中心管压力已达到 12MPa，中心管一旦泄压将很容易形成中心管内因沉砂搭桥、盐结晶而形成堵管事故。其次，由于溶腔已采盐达 12 万吨，通过中心管向溶腔内强行注水 4h，共注水 100m³，注水压力达到 14MPa。提高溶腔的压力后，观察记录套管出水量的大小，流量为 80～100L/h。又由于套管出卤量很小，加上结晶的井段比较长，造成套管内阻力损失较大，故通过套管向溶腔里面压水作业，这样会促使流量过大，容易造成压力迅速上升，无法连续作业，因而不能将结晶盐解堵。通过分析，盐矿认为：如果能找到一种压力足够克服结晶后套管内新的阻力损失值，且注水量在 100L/h 左右的高压泵，则可以逐步解决套管的结晶堵管问题。最后选用了四川简阳生产的 DSY-35 型电动试压泵，该泵基本具备处理事故所需的工艺技术条件。

1999 年 3 月 12 日，在事故发生后的第 17 天，将试压泵接到沙盐三井井口高压管口上，关闭中心管阀门，利用试压泵向套管环空注水，注水约 40L 后压力由 10MPa 上升到 16MPa，停泵。待压力降为 10MPa 后，再次开泵注水 40L，压力再次上升到 16MPa，停泵。待压力降为 10MPa，第三次开泵，注水 20L，压力上升到 16MPa。随后压力逐步下降为 10MPa，试压泵在 10MPa 的压力下稳定工作 1h，共注水 200L 后，试压泵压力下降到了 8MPa，已接近了此时的正常套管压力值。这时，技术人员认为套管已和溶腔连通，所以立即停下试压泵，启动采卤泵连续大排量通过套管向溶腔内注水，泵压为 11.5MPa。20min 后向套管内注水 13m³，至此沙盐三井套管的盐结晶堵管得到了基本解堵。

3. 事故的后期处理

沙盐三井从 1999 年 2 月 23 日，因结晶堵管到 3 月 12 日共停井 17 天。套管内聚积了大量的结晶盐，排出的卤水中固体结晶盐约占20%，最大的结晶盐块达30mm×50mm，加上溶腔经过长达29天的关井静溶，卤水浓度和溶腔温度均很高，随时都有因重结晶造成套管堵塞的可能。盐矿采取在正循环生产的同时，每4h向环空压注清水1次。经过4天的处理，沙盐三井卤水中NaCl含量为310g/L，卤水中不再携带浮盐。井口中心管压力为10MPa，注水量$35m^3/h$，生产稳定。

至此，沙盐三井套管结晶事故得到了彻底处理，全部修井处理费用仅1万元，达到了安全、经济修井的目的。此次事故的处理，虽然在施工措施上比较简单，但却很实用，避免了一次复杂的修井作业。这种处理方法，对于井矿盐开采中因套管环空盐结晶堵塞，关闭阀门后套管压力能够上升，打开套管出口阀门有少量出卤，但又不能建立正常生产循环的盐井事故，具有一定的参考借鉴价值。

二、$300m^3/h$变压吸附制氮装置的改造

氮气是目前我国化工行业广泛使用的置换介质，主要来源于压缩空气。1998年某厂为1500t/a聚丙烯装置上了一套$300m^3/h$的变压吸附制氮装置，以保证聚合釜进料前的安全置换，达到平稳生产的目的。因此氮气质量是否合格，将直接影响聚丙烯的正常操作和生产。

变压吸附制氮原理如下：压缩空气干燥后进入吸附塔，由于吸附剂（炭分子筛）的微孔直径稍小于氮分子的直径，故氧分子以较快的速度向微孔扩散，优先被吸附剂所吸附，从而实现氧、氮的分离，此时的氮气是粗氮。粗氮气中少量氧通过钯催化剂，在一定的温度下与氢气反应生成水，然后再干燥即为产品精氮（含氮99.99%以上）。由此可见，粗氮合格与否不仅影响氢气的耗量，而且直接影响精氮的质量。

1. 存在问题及分析

该装置刚刚运行时比较平稳，基本能达到设计要求。运行一段时间后，发现在室外排空处有吸附剂粉尘排出，并且量在不断增加。粗氮含氧严重超标，为保证生产，只有加大氢气量，严重时不得不停车添加吸附剂。同时由于粉尘的排出，使仪表控制阀磨损严重，经常失灵，从而引起设备故障频繁发生，甚至直接影响聚丙烯的正常运行。

在每次拆开吸附塔进行检修时，都发现塔内吸附剂缺量，并且吸附剂粒度变小，粉尘增多。对此分析认为，本装置所设计的压实结构不尽完善（见图8-34）。当吸附剂装满后，尽管也压实了，但当设备运行时，在0.7MPa风压的吸附、再生、逆放过程中，吸附剂要进一步充实，因此产生一定的小空间，而固定的压实装置对吸附剂不能再产生压实作用，使之运行时处于剧烈运动状态。这样吸附剂之间必然要相互摩擦，而且国内所生产的吸附剂强度较低，这样长时间就会使吸附剂颗粒变小，粉尘增加，粉尘又随逆放过程排至室外，缺吸附剂现象会越来越严重，粗氮就会不合格。

2. 改造方案

经过上述分析，技术人员提出了一个具体改造方案（见图8-35）。

主要是将塔内固定压实结构改造，即拆除原有的压实机构，重新安装由压实板、活塞、汽缸、固定杆等组成的新型自动压实机构，是利用塔内的压缩空气自动完成对吸附剂再次压实过程。装完吸附剂时，压实板即压在吸附剂上面，从而保证了汽缸内压力平衡。当吸附剂缺少时，压实板与吸附剂就会出现空间，这时汽缸内的压缩空气就压着活塞带着实板向下运动，对吸附剂进行了再次压实。如此循环运动，保证吸附剂始终处于静止状态。当活塞向下移动量达到设定值（150mm）时，自动报警，需停机重新添加吸附剂。

3. 改造后效果

① 改造后，设备及仪表控制阀的故障率大大减少，从而降低了工人的劳动强度，保证了产品的产量和质量。另一方面，氢气及吸附剂的消耗明显降低，仅此每年可为工厂节约原料费约40万元。

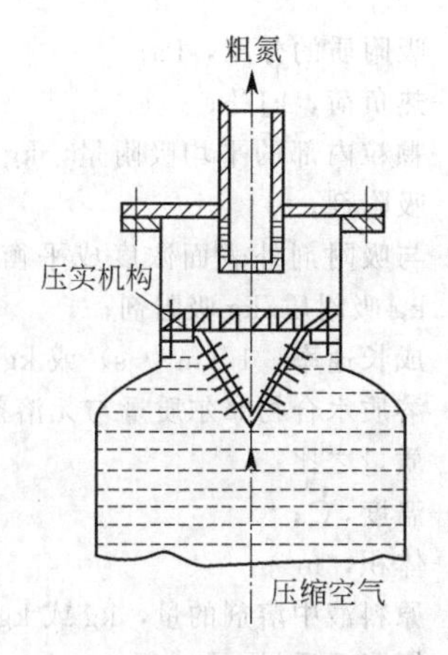

图 8-34 改造前的压实结构

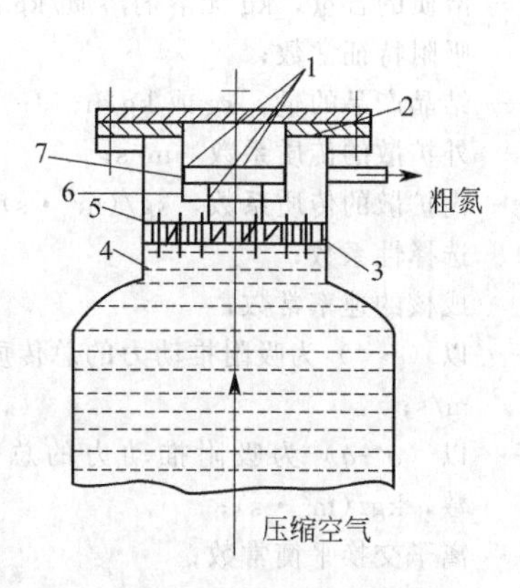

图 8-35 改造后的压实结构

1—密封；2—单向阀；3—胶圈；
4—挡板；5—压实板；
6—气缸；7—活塞

② 改造后，由于吸附剂处于相对静止状态，颗粒之间没有了相互摩擦，在逆放时没有粉尘，室内的环境大为改善。

通过对 $300m^3/h$ 变压吸附压实装置存在的问题进行分析，提出的具体改造方案，经过长时间的生产实践证明，效果良好，消除了改造前所存在的问题，收到了很好的经济效益和社会效益。

思 考 题

1. 与其他化工分离单元操作相比，结晶过程具有哪些特点？
2. 结晶操作分为哪几类？
3. 简要分析结晶水是如何影响晶体性能的。
4. 溶解度如何随温度来变化？
5. 结晶成长速度与哪些因素有关？
6. 举例给出工业生产中常用的几类结晶器形式。
7. 试分析吸附与吸收的相似之处。
8. 常见的吸附剂有哪几类？
9. 工业吸附对吸附剂有哪些具体要求？
10. 吸附这类单元操作主要的工业用途有哪些？
11. 说明吸附过程的具体步骤。
12. 说明变压吸附的原理和工业用途。
13. 简要叙述离子交换技术的发展历史。
14. 离子交换的原理是什么？
15. 离子交换剂分为哪几类？主要的离子交换剂是哪种？
16. 如何选用离子交换树脂？
17. 说明离子交换的具体操作程序。

符 号 说 明

英文字母：

a_p——吸附剂颗粒的外表面积，m^2；

B——Langmuir 常数；

c——吸附质在流体主体内的平均质量浓度，kg/m^3；

c_i——吸附剂颗粒外表面处吸附质的质量浓度，kg/m^3；

C_p——溶液的比热容，J/(kg·℃)；

C——溶质的含量，kg 无溶剂溶质/kg 溶剂；
D——吸附特征常数；
G——结晶产品的量，kg 或 kg/h；
k_F——外扩散的传质系数，m/s；
k_s——内扩散的传质系数，$kg/(m^2 \cdot s)$；
$k_{A,B}$——选择性系数；
K——成核的速率常数；
K_F——以（c-c^*）为吸附推动力的总传质系数，m/s；
K_s——以（q^*-q）为吸附推动力的总传质系数，$kg/(m^2 \cdot s)$；
$K_{A,B}$——离子交换平衡常数；
m——晶体的质量，kg；
N——单位体积晶浆中的晶核数，$1/m^3$；
N_A——外扩散的传质速率，kg 吸附质/s；
P——吸附压力，Pa；
p——吸附质的分压，Pa；
Q——热负荷，kJ/h；
q——颗粒内部的平均吸附量，kg 吸附质/kg 吸附剂；
q_i——与吸附剂外表面浓度成平衡的吸附量，kg 吸附质/kg 吸附剂；
r——成长速率，$1/(m^3 \cdot s)$ 或 kg/s；
R——溶质水合物摩尔质量与无溶剂溶质摩尔质量之比；
t——温度，℃；
V——体积，m^3；
W——原料液中溶剂的量，kg 或 kg/h；
W_r——树脂干质量，kg；
W'——母液中溶剂量，kg 或 kg/h；
ΔH——热量变化，J/kg。

希腊字母：

$\alpha_{A,B}$——分离因数；
θ——吸附剂表面吸附质的覆盖率；
ρ——密度，kg/m^3；
τ——时间，s。

下标：

b——树脂在容器中；
cr——结晶；
m——晶体或最大；
N——晶核；
p——树脂空隙；
r——树脂；
s——溶剂汽化或树脂整体；
1——原料液或初始；
2——母液或最终；
i——树脂之间。

上标：

m——晶体的成长过程的动力学级数；
n——成核过程的动力学级数；
°——饱和蒸汽。

参 考 文 献

[1] 夏清，陈常贵，姚玉英．化工原理（下册）．天津：天津大学出版社，2010.

[2] 陈敏恒，丛德滋，方图南，齐鸣斋．化工原理（下册）．北京：化学工业出版社，2007.

[3] 钟理，伍钦，马四朋．化工原理（下册）．北京：化学工业出版社，2008.

[4] 管国锋，赵汝溥．化工原理．北京：化学工业出版社，2008.

[5] 柴诚敬．化工原理（下册）．北京：高等教育出版社，2009.

[6] 王晓红，田文德，王英龙．化工原理．北京：化学工业出版社，2009.

[7] 田文德，王晓红．化工过程计算机应用基础．北京：化学工业出版社，2007.

[8] 时均．化学工程手册．北京：化学工业出版社，2002.

[9] 范文元．化工单元操作节能技术．合肥：安徽科学技术出版社，2000.

[10] ［美］Warren L. McCabe，Julian C. Smith，Peter Harriott 著．化学工程单元操作．伍钦，钟理，夏清，熊丹柳改编．北京：化学工业出版社，2008.

[11] 贾绍义，柴诚敬．化工原理课程设计（化工传递与单元操作课程设计）．天津：天津大学出版社，2002.

[12] 丁忠伟．化工原理学习指导．北京：化学工业出版社，2006.

[13] 匡国柱．化工原理学习指导．大连：大连理工大学出版社．2002.

[14] 柴诚敬，夏清．化工原理学习指南，北京：高等教育出版社，2007.

[15] 徐革联，熊楚安．化工原理课程学习辅导．哈尔滨：哈尔滨地图出版社，2006.

[16] 丛德滋．化工原理示例与练习．上海：华东化工学院出版社，1988.

[17] 王凯全主编．化工生产事故分析与预防．北京：中国石化出版社，2008.

[18] 王湛．膜分离技术基础．北京：化学工业出版社，2000.

[19] 吕璟慧，温哲．膜分离技术的发展状况及工业应用．科技传播，2010，8（上）：165，159.

[20] 王学松．膜分离技术及其应用．北京：科学出版社，1994.

[21] 李广，梁艳玲，韦宏．电渗析技术的发展及应用．化工技术与开发，2008，37（7）：28-30.

[22] 朱长乐．膜科学技术．北京：高等教育出版社，2004.

[23] 高以烜，叶凌碧．膜分离技术基础．北京：化学工业出版社，1989.

[24] 安树林．膜科学技术实用教程．北京：化学工业出版社，2005.

[25] 郑领英，王学松．膜技术．北京：化学工业出版社，2000.

[26] 余美琼．液膜分离技术．化学工程与装备，2007，5：57-62.

[27] 徐铜文．膜化学与技术教程．合肥：中国科学技术大学出版社，2003.

[28] 诸林，刘瑾，王兵等．化工原理．北京：石油工业出版社，2007.

[29] 陈诵英等．吸附与催化．郑州：河南科学技术出版社，2001.

[30] 冯孝庭．吸附分离技术．北京：化学工业出版社，2000.

[31] 叶振华．化工吸附分离过程．北京：中国石化出版社，1992.

[32] 马荣骏．离子交换在湿法冶金中的应用．北京：冶金工业出版社，1991.

[33] 姜志新，谌竟清，宋正孝．离子交换分离工程．天津：天津大学出版社，1992.

[34] 朱屯．萃取与离子交换．北京：冶金工业出版社，2005.

[35] 杨兴华，杨吉，陈李江．沙盐三井套管环空盐结晶事故的处理．中国井矿盐，1999，6：9-11.

[36] 刘向民，杨崇功．300m^3/h 变压吸附制氮装置的改造．中国氯碱，2001，5：37-38.

[37] 姚春辉．塔的布置与管线设计．规划与设计，2010，27：380-381.

[38] 高云忠，徐丽美，赵汝文．国产大型塔器技术简评（上）．化学工程，2009，37（9）：76-78.

[39] 高云忠，徐丽美，赵汝文．国产大型塔器技术简评（下）．化学工程，2009，37（10）：73-78.